中文版

Office 2010 应用大全

宋翔 编著

兵器工业出版社

北京希望电子出版社
Beijing Hope Electronic Press
www.bhp.com.cn

内容简介

本书由微软全球最有价值专家（MVP）编写，全书在整体结构上进行了细致的构思与划分，系统讲解了Office办公套装软件中的各项功能和使用方法，并与实际案例相结合，使读者能够真正理解和掌握软件的精髓，从而解决实际工作或生活中的各种问题。

本书共分30章，第1章～第3章主要介绍了Office 2010的新功能、在新界面中导航的方法、Office文档的共性操作以及对Office界面环境的个性化定制；第4章～第9章详细介绍了Word的使用方法和操作技巧；第10章～第16章介绍了Excel处理与分析数据的方法；第17章～第21章介绍了使用PowerPoint设计与制作幻灯片的方法；第22章～第24章介绍了使用Access设计与开发数据库的方法；第25章～第27章详细地介绍了其他Office办公组件的使用方法；第28章～第30章详细地介绍了Office办公的高级应用；附录中提供了可以快速查询的Office常用快捷键以及Excel函数列表，以方便读者随时查询。

本书适合初、中、高级等具有不同Office操作水平的读者阅读使用，同时也适合各行业的办公人员，包括文秘与行政、人力资源管理、市场与销售、会计与财务、文教与出版等多个行业的不同人群。另外，本书还是社会求职者或在校学生学习与深入研究Office软件的最佳自学参考书。

本书附赠1张DVD教学光盘，包含书中案例的源文件、部分视频教学文件以及附赠的模板、Windows 7视频教学等实用资源，方便读者学习与参考。

图书在版编目（CIP）数据

中文版Office 2010应用大全 / 宋翔编著. -- 北京 : 兵器工业出版社, 2011.7

ISBN 978-7-80248-562-4

Ⅰ. ①中… Ⅱ. ①宋… Ⅲ. ①办公自动化－应用软件，Office 2010 Ⅳ. ①TP317.1

中国版本图书馆CIP数据核字（2011）第089965号

出版发行：兵器工业出版社　北京希望电子出版社
邮编社址：100089　北京市海淀区车道沟10号
100085　北京市海淀区上地3街9号
金隅嘉华大厦C座611
电　　话：010-62978181（总机）转发行部
010-82702675（邮购）010-82702698（传真）
经　　销：各地新华书店　软件连锁店
印　　刷：北京市密东印刷有限公司
版　　次：2011年7月第1版第1次印刷

封面设计：深度文化
责任编辑：刘　立　赵丽丽　焦昭君
责任校对：刘　伟
开　　本：787mm×1092mm 1/16
印　　张：34
印　　数：1-3 500
字　　数：785千字
定　　价：65.00元（配1张DVD光盘）

感谢您购买本书！掌握Office软件的使用方法已经是现代社会从业人员的必备技能之一，任何人都非常有必要学习和掌握Office自动化办公技术。

Office 2010在早期Office版本的基础上做了大量改进，包括应用程序界面和功能。相对于Office 2003甚至使用更早Office版本的用户而言，本书具有十分重要的参考价值。此外，对于一直在使用Office 2007的用户，本书也可以使他们快速熟悉Office 2010带来的新功能、新变化，从而让Office 2010的新特性在工作中快速发挥作用。

》本书的组织结构

本书对Office 2010的整体内容进行了章节划分，在降低学习难度的同时还可以使读者更容易找到并学习自己所需的部分。全书结构安排见下表。

章节划分	内容介绍
Office 2010使用基础（第1章～第3章）	详细介绍了Office 2010的新增功能、安装方法、在功能区中导航以及Office文档的基本操作方法
使用Word创建与编排文档（第4章～第9章）	详细介绍了使用Word编辑文本并进行排版的方法，包括编辑文字和段落、使用表格和图形对象、使用样式和模板等自动化排版工具、域与邮件合并等高级排版功能以及页面版式的设置等内容
使用Excel处理与分析数据（第10章～第16章）	详细介绍了使用Excel处理与分析数据的方法，包括在工作表中输入与编辑数据、设置数据格式、使用公式与函数进行数据计算、使用多种数据分析工具对数据进行分析、使用图表让数据可视化以及打印工作表等内容
使用PowerPoint设计与制作幻灯片（第17章～第21章）	详细介绍了使用PowerPoint的方法，包括在幻灯片中添加文本和图形对象等基本内容、设置具有动画和交互功能的幻灯片、设计母版与版式以及打包和发布演示文稿等内容
使用Access设计与开发数据库（第22章～第24章）	详细介绍了使用Access的方法，包括数据库基本操作、创建与设计表以及创建查询、窗体和报表等内容

（续表）

章节划分	内容介绍
使用其他Office组件 （第25章～第27章）	详细介绍了其他Office办公组件的使用方法，包括使用Outlook收发和管理邮件、使用OneNote组织信息、使用Publisher设计出版物等内容
数据共享与VBA自动化办公 （第28章～第30章）	详细介绍了Office办公的高级应用，包括Office组件间的数据共享、使用VBA自动化办公等内容
附录 （附录1、附录2）	提供了两个实用的附录：Office常用快捷键和Excel函数速查表，供读者随时查询

随书光盘中的内容

本书包含了大量的示例，随书光盘中提供了这些示例文件，供读者参考学习或上机练习。随书光盘中包括以下内容。

- 近80个本书各章使用的源文件。
- 总时长400分钟的本书重点内容的教学视频。
- 附赠100套Word、Excel和PowerPoint实用模板。
- 附赠Excel VBA电子书一套。
- 附赠Word和Excel实用插件及其安装方法视频教学。
- 附赠总时长180分钟的Windows 7和Windows Vista教学视频。

致谢

这是一本大部头的书，为了使本书尽快出版，这里要感谢北京希望电子出版社的编辑朋友们，他们为本书的顺利出版付出了很多辛勤劳动。特别要感谢武天宇编辑，在本书编写和出版的过程中给予了大力支持和帮助。

另外，参与本书资料收集、整理和编写工作的还有徐海凤、谷朝辉、卢秋萍、徐国生、杜景珍、徐海伟、周文娟、徐海波、王玲、徐国良、屈娟、徐国强、肖成云、徐海红、尤献明、徐国庆、刘淑平、张志忠、徐艳荣、张宏君、王建梅等人。

编著者

CONTENTS 目录

Chapter 01 初识Office 2010

Chapter 02 在Office 2010中导航

Chapter 03 掌握Office文档基本操作

Chapter 04 输入与编辑文本

Chapter 05 使用表格

Chapter 06 使用图形对象

Chapter 07 使用Word自动化排版

Chapter 08 域与邮件合并

Chapter 09 页面设置与打印

Chapter 10 在工作表中输入与编辑数据

Chapter 11 设置数据格式

Chapter 12 公式与函数基础

Chapter 13 使用函数解决实际问题

Chapter 14 使用数据分析工具

Chapter 15 使用图表让数据更直观

Chapter 16 打印工作表

Chapter 17 组建幻灯片内容

Chapter 18 添加动画与多媒体

Chapter 19 利用交互功能增强用户体验

Chapter 20 设计母版与版式

Chapter 21 放映、打包与发布演示文稿

Chapter 22 Access数据库基础

Chapter 23 创建Access表

Chapter 24 使用查询、窗体和报表处理数据

Chapter 25 使用Outlook收发与管理邮件

Chapter 26 使用OneNote组织信息

Chapter 27 使用Publisher设计出版物

Chapter 28 在Office组件之间共享数据

Chapter 29 VBA零基础入门

Chapter 30 VBA典型应用

中文版 Office 2010 应用大全

Chapter 01

初识Office 2010

本章介绍了用户第一次使用Office应用程序时应该了解的基础内容，这些内容是使用Office时需要掌握的基本知识，如果读者已经使用过Office或有一定基础，那么可以跳过本章，直接学习后面的内容。而如果是想要了解Office 2010新版本的特性，那么将会发现本章内容很有用。

1.1 Office 2010简介

Office 2010是微软公司推出的办公自动化软件，其中包括了用于处理不同办公事物的应用程序组件。例如，可以使用Office Word 2010（以下简称Word 2010）来编辑与排版各类公文、书籍等；使用Office Excel 2010（以下简称Excel 2010）可以对各类销售、财务以及其他数据进行计算、分析和处理；使用Office PowerPoint 2010（以下简称PowerPoint 2010）则可以制作图文并茂的演讲稿，并可以搭配不错的动画效果，为演讲稿增光添彩。此外，在Office 2010中还包含其他很多不同功能和用途的应用程序，包括Access 2010、Outlook 2010、OneNote 2010以及Publisher 2010等。

1.1.1 Office 2010的组件构成

由于Office 2010发布了多个版本用于满足不同用户的使用需要，因此，每个版本中的Office 2010所包含的具体组件是不同的。为了便于您选择适合自己的Office版本，这里对Office 2010的各版本情况作简单介绍。针对不同的用户群体和办公用途，微软官方将Office 2010划分为以下几个版本，具体见表1-1所示。

表1-1 普通用户购买Office 2010时包含的组件

Office 2010家庭和学生版	Office 2010小型企业版	Office 2010专业版
Word 2010	Word 2010	Word 2010
Excel 2010	Excel 2010	Excel 2010
PowerPoint 2010	PowerPoint 2010	PowerPoint 2010
OneNote 2010	OneNote 2010	Access 2010
	Outlook 2010	OneNote 2010
		Outlook 2010
		Publisher 2010

另外，如果用户购买了批量许可证，则可以获得以下两个Office 2010版本，其中包含的组件更多，具体见表1-2所示。

表1-2 购买批量许可证时Office 2010包含的组件

Office 2010标准版	Office 2010专业增强版
Word 2010	Word 2010
Excel 2010	Excel 2010
PowerPoint 2010	PowerPoint 2010
OneNote 2010	Access 2010
Outlook 2010	OneNote 2010
Publisher 2010	Outlook 2010

（续表）

Office 2010标准版	Office 2010专业增强版
Office Web Apps	Publisher 2010
	InfoPath 2010
	SharePoint Workspace 2010
	Communicator 2007 R2
	Office Web Apps

1.1.2 Office 2010新增功能

相信正在翻开本书的您一定是希望接触并了解Office 2010的功能和用法。如果您当前正在使用Office 2003版本，那么从Office 2003过渡到Office 2010后，可能会发现在操作界面上有些不适应；而如果您目前正在使用Office 2007，那么将会非常容易地过渡到Office 2010，因为这两个Office版本在界面上非常相似。无论您之前使用的是哪个版本的Office，都可以花费少量的时间快速熟悉Office 2010的操作界面，而Office 2010所带来的易用、实用及强大的功能更会让您很快喜欢上它。

1. 全新的【文件】面板

在Office 2007应用程序窗口的左上角提供了一个Office按钮，单击该按钮，可以执行与文档有关的操作，包括新建、打开、保存、关闭、打印、发送、发布等。在Office 2010中，将Office按钮改为【文件】按钮，单击该按钮将打开【文件】面板，微软官方将其称为BackStage。在这个面板中，可以执行与文档有关的各种操作，并且在某些操作时可以看到一个相关的文档视图，如图1-1所示为打印视图，在右侧可以看到文档当前页面的预览效果。

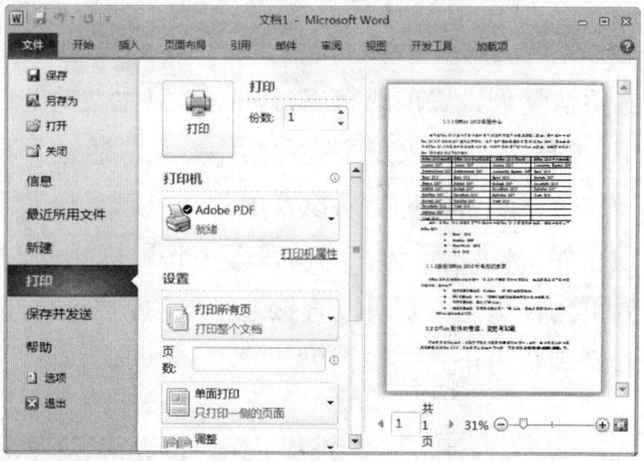

图1-1

对Office应用程序的设置也将在【文件】面板中完成，只需选择【选项】命令，然后在打开的对话框中进行各项设置即可。

交叉参考

常用功能的设置方法请参考本书第2章中的相关内容。

2. 灵活定制功能区操作界面

Office 2010允许用户随意指定功能区和快速访问工具栏中的命令，可以很容易地在功能区中添加新的选项卡和组，并在其中添加命令，这使得用户自定义适合自己的操作环境变得轻松自如；而在Office 2007中如果想添加新的选项卡，则只能通过特殊方法才能实现。如图1-2

所示为在功能区中新增了一个名为“我的工具箱”的选项卡，并在该选项卡中自定义了三个组，每个组中添加了不同数量的命令按钮。

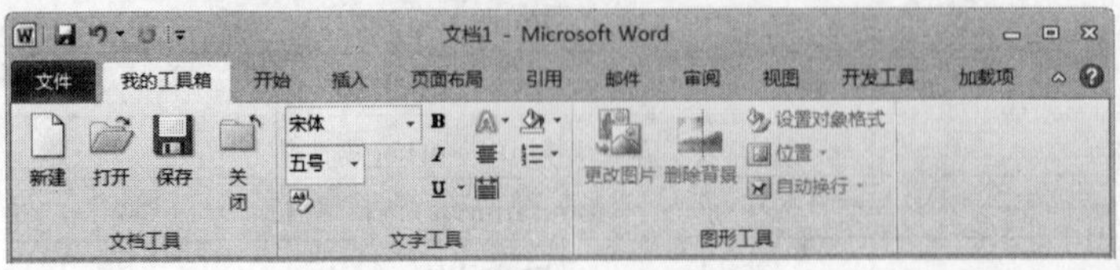

图1-2

交叉参考

功能区的定制方法请参考本书第2章中的相关内容。

3. 便捷的格式设置工具

对于Office 2010来讲，当需要设置内容的格式时，将会变得比以前更加方便。例如，在Excel 2010中，当进入单元格编辑状态并选择一些内容后，选择这些内容并将光标移动到选区附近，将会自动显示出一个工具栏，这就是Office 2010中新增的格式设置功能，即浮动工具栏，如图1-3所示。

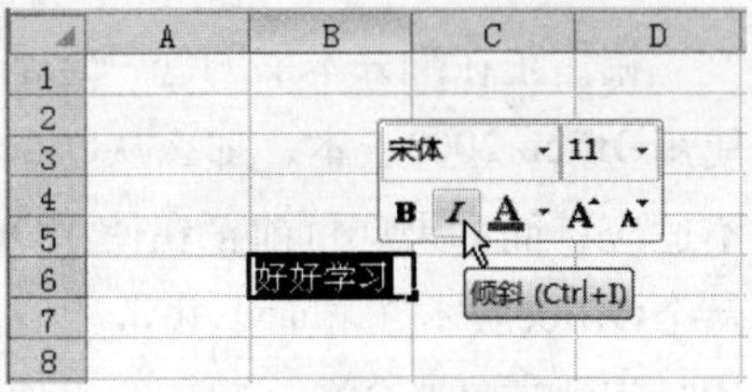

图1-3

4. 实时显示预览效果

以往的Office版本中，在进行很多操作（例如，格式设置）时，只能在选择了某个设置项后，才能看到最终的设置效果。但是如果对设置效果不满意，那么就需要重新设置，而且如果希望恢复到设置前的状态，则需要记住之前的外观并进行还原设置，这样会导致设置效率低下。Office 2010改变了这种操作方式，通过一种被称为实时预览的功能，以实现在进行某种操作时，当将鼠标指向设置项时，可以直接看到选择该项后的设置效果，而无须真正选择该项。如图1-4所示为在当前段落中将鼠标指向2.0行间距时的预览效果。如果觉得显示的预览效果比较满意，则可以直接选择该项，否则可以将鼠标指向其他设置项继续观察预览效果，直到满意为止。

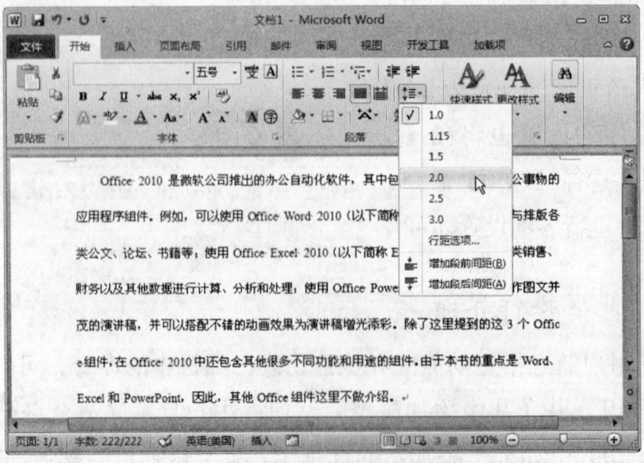

图1-4

5. 智能且更加人性化的粘贴功能

粘贴功能在Office之前的版本中都大同小异，但是在Office 2010中有了很大的改进，粘贴变得更加易于使用。当复制了一种带有字体和段落格式的文字后，右击要粘贴到的目标位置，在弹出的快捷菜单中可以发现在【粘贴选项】下方有几个图标，如图1-5所示，这些图标会根据复制的源对象来自动调整各自的功能，以实现不同的粘贴功能。例如，当复制一段带有格式的文字时，可以从【粘贴选项】命令下选择是否带格式粘贴，还是只粘贴内容而保留原来的格式。

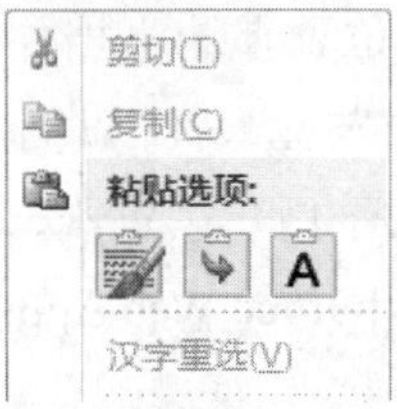

图1-5

6. 增强的图形处理能力

Office 2010又一大吸引人且非常实用的功能就是对图形对象的处理。在Office 2010中提供了屏幕截图功能，使用该工具可以截取当前未最小化的程序窗口或特定的区域，然后将截取后的图片插入到当前文档中，这项工具十分实用。另外，Office 2010还提供了自动去除图片背景的功能，可以将图片中所需的部分提取出来，而去除其他无用的背景。

交叉参考

本书第6章将会详细介绍截取图片和去除背景的功能和用法。

7. 专业高效的图示工具

Office 2010新增的SmartArt功能可以让用户快速创建出专业美观的图示，只需简单的几步操作即可完成，为制作精美的图示提供了简单的方法。如图1-6所示为使用SmartArt功能创建的一个结构简单的组织结构图。

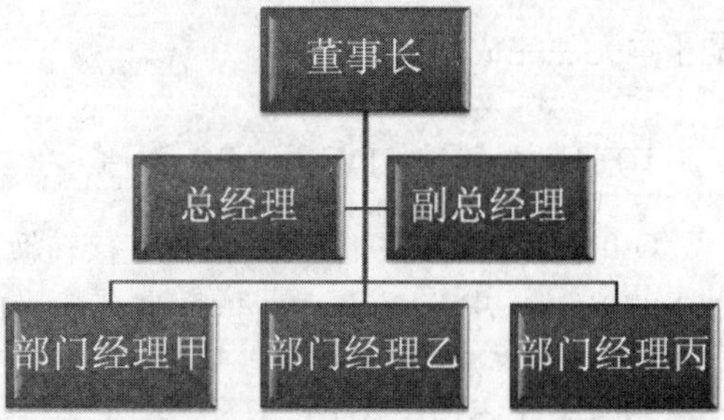

图1-6

另外，在Office 2010中，可以利用现有资源快速创建SmartArt图示。例如，可以从选中的图片中快速创建SmartArt图示，并为图片添加说明文字，如图1-7所示。

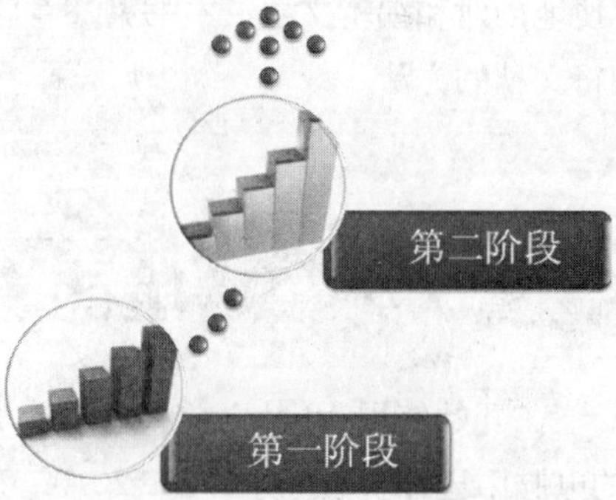

图1-7

8. 快速美化Office文档

主题是一个在Office 2010之前的版本中就有的功能，但是在Office 2010中各组件可以同时共享相同的Office主题。可能有些用户并未使用过主题功能，所以这里简单地介绍一下主题的含义。主题是一组预定义的颜色、字体、线条和填充效果，可应用于整个文档或特定项目（例如，图表、表格等）。除了使用Office的预置主题外，用户也可以自定义主题，这样可以创建出极具个性化的主题。

9. 恢复未保存的Office文档

Office 2010加强了文档的恢复能力，即使在用户从未保存过文档的情况下关闭了文档，仍然可以恢复这些未保存的文档，这在早期Office版本中是根本无法完成的工作。

交叉参考

有关恢复未保存的Office文档的内容请参考本书第3章中的相关内容。

10. 快速创建PDF或XPS文档

Office 2010提供了将Office文档直接转换为PDF或XPS格式的功能，这样省去了在Office 2007中需要安装名为SaveAsPDFandXPS插件的麻烦，而是直接将文档保存为PDF或XPS格式。

11. 使用Office Web Apps在线编辑Office文档

使用Office Web Apps可以在线免费创建、编辑、存储和共享文档，可以在桌面或通过浏览器使用Office应用程序来访问文档。换句话说，可以在任意位置存储文档并与他人共享。Office Web Apps允许使用浏览器（Internet Explorer、Firefox等）与他人轻松共享和协作处理单个文档。Office Web Apps将Word、Excel和PowerPoint功能引入了用户浏览器，并可以非常灵活方便地创建和编辑文档。本书第28章将详细介绍个人用户使用Office Web Apps功能在线查看和编辑文档的方法。

1.2 安装Office 2010

在开始使用Office之前，首要任务就是将它正确地安装到电脑中。当然，也许在您的电脑中已经安装好了Office 2010，那么您可以跳过本节内容直接阅读后面的内容。

1.2.1 安装Office 2010的系统要求

Office虽然是应用非常广泛的一款优秀的办公软件，但是要想顺利地安装最新版的Office 2010，电脑也需要具备一定的硬件条件。

- 操作系统版本：Windows XP SP3、Windows Vista SP1、Windows 7、Windows Server 2003 R2、Windows Server 2008、Windows Server 2008 R2。
- CPU：PⅢ 500MHZ处理器或其他同等水平的处理器。
- 内存：不低于256MB。
- 硬盘：可用空间至少在1.5GB以上，具体占用空间大小由安装Office组件的多少决定。

由以上硬件要求可以看出，如果之前电脑中安装过Office 2007，那么基本上无须升级硬件，直接安装Office 2010即可。

01 Chapter
02 Chapter
03 Chapter
04 Chapter
05 Chapter
06 Chapter
07 Chapter
08 Chapter
09 Chapter
10 Chapter

1.2.2 开始安装Office 2010

安装Office 2010时可以选择升级安装或自定义安装。如果当前电脑中已经装有早期的Office版本，那么可以直接将其升级为Office 2010。但是如果您希望在不同的情况下使用多个Office版本，那么就需要使用自定义安装。这里假设电脑中已经存在另一个Office版本，那么就需要选择自定义安装（升级安装与自定义安装的过程是类似的），具体操作方法如下。

Step 01 将Office 2010的安装光盘放入光驱中，系统将自动运行安装程序并打开安装向导，在文本框中输入产品序列号，如图1-8所示，然后单击【继续】按钮。

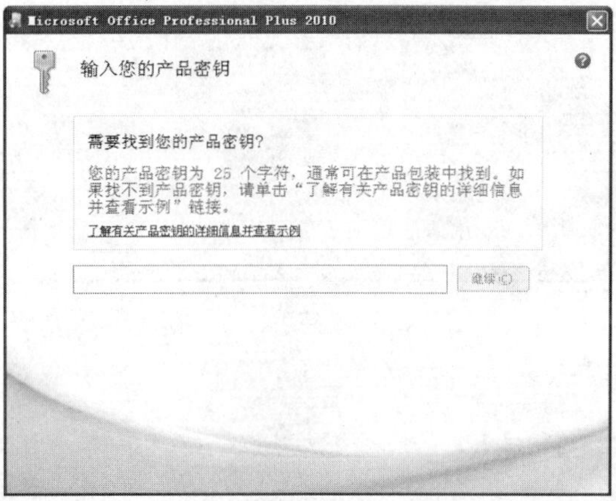

图1-8

Step 02 进入如图1-9所示的界面中，此处有两个选项：【升级】和【自定义】。如果目前电脑中安装了早期版本的Office，并且希望在保留这些Office的情况下再安装Office 2010，那么就需要单击【自定义】按钮，使多版本Office程序共存。否则可以单击【升级】按钮，从早期版本升级到Office 2010。此处单击【自定义】按钮。

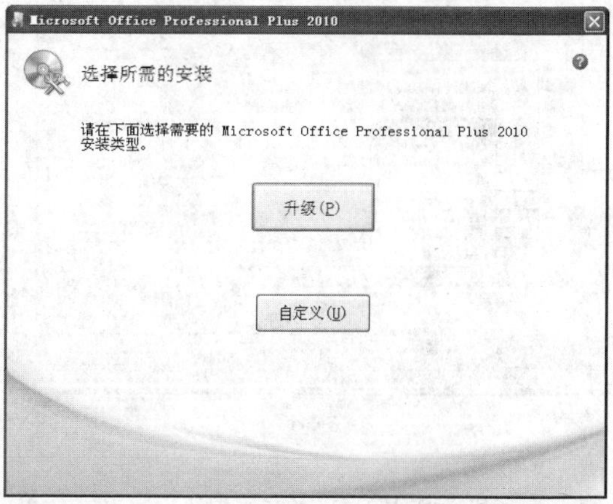

图1-9

Step 03 进入如图1-10所示的界面，在【升级】选项卡中，单击【保留所有早期版本】单选按钮，保留当前电脑中已存在的Office版本。

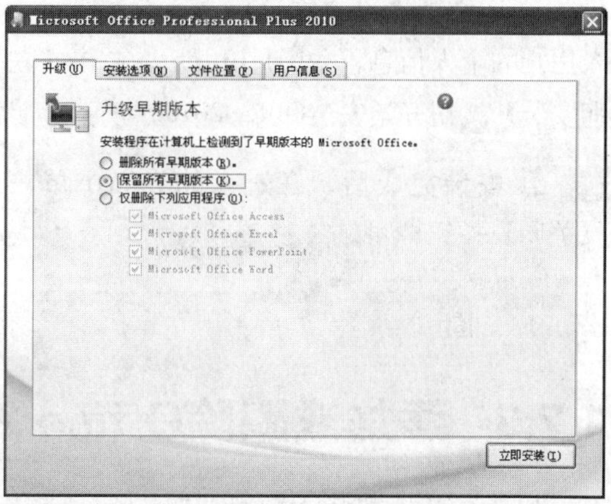

图1-10

Step 04 切换到【安装选项】选项卡，默认显示的是安装所有Office组件。如果不想安装某个组件，可以单击该组件对应的黑色下三角按钮，在弹出的菜单中选择【不可用】命令，如图1-11所示。单击组件前的“+”号，可以进行更详细的选择。

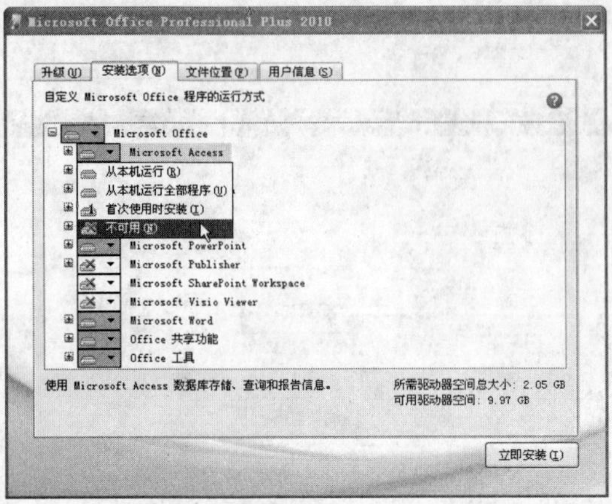

图1-11

Step 05 切换到【文件位置】选项卡，在文本框中可以重新输入Office 2010的安装路径，也可以单击【浏览】按钮选择安装位置，如图1-12所示。

Step 06 切换到【用户信息】选项卡，然后输入用户的个人信息，如图1-13所示。单击【立即安装】按钮开始安装Office 2010。

Step 07 安装完成后，在进入的界面中单击【关闭】按钮即可。

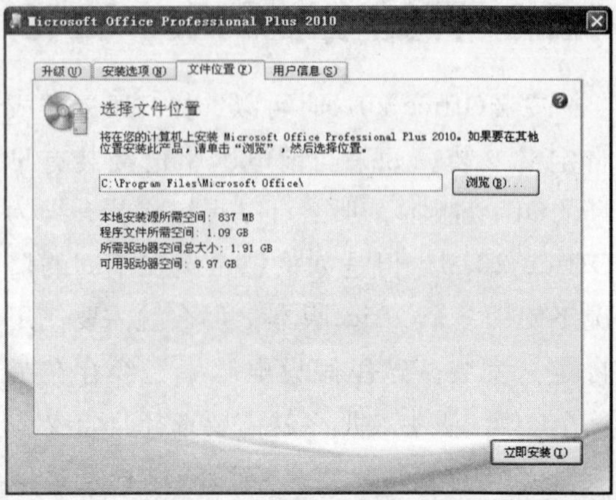

图1-12

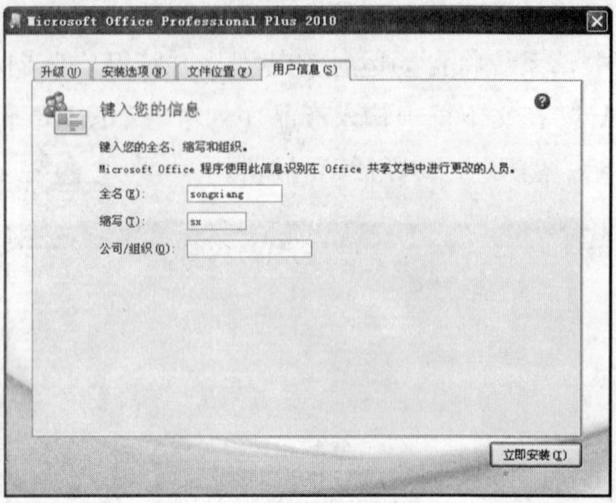

图1-13

1.2.3 添加或删除Office 2010组件

如果在初始安装Office时未选择全部安装，那么Office的某些组件或功能将无法正常使用，可以根据需要来添加未安装的Office功能，具体操作方法如下。

Step 01 单击桌面左下角的【开始】按钮，在弹出的菜单中选择【控制面板】命令。

Step 02 打开【控制面板】窗口，单击【切换到经典视图】链接，然后双击【添加或删除程序】图标。

Step 03 打开【添加或删除程序】对话框，在列表中选择【Microsoft Office Professional Plus 2010】选项（该选项会根据所安装的Office版本而变），然后单击选项右侧的【更改】按钮，如图1-14所示。

Step 04 打开如图1-15所示的对话框，单击【添加或删除功能】单选按钮，然后单击【继续】按钮。

Step 05 进入相应的界面，从列表中选择要添加的功能或是要删除的功能，然后单击【继续】按钮，即可添加或删除相应的Office组件了。如果要删除Office 2010中的某个组件，那么可以在图1-15中单击【删除】单选按钮，然后单击【继续】按钮。

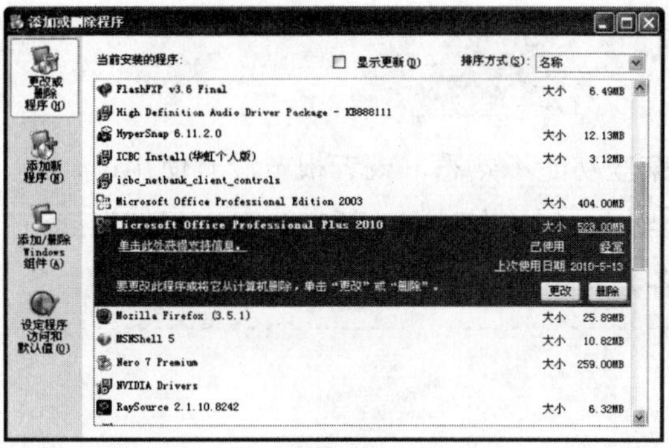

图1-14

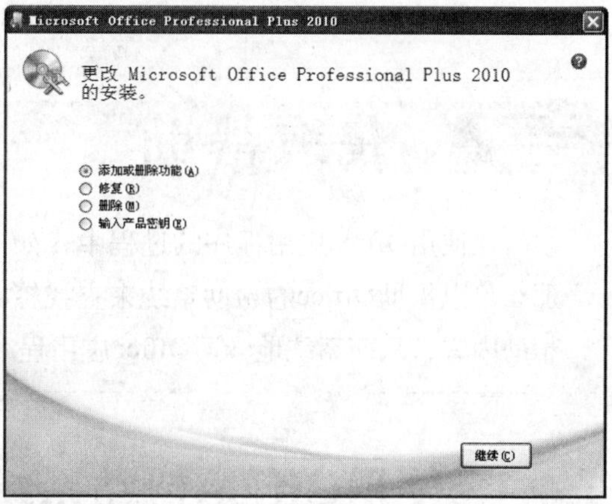

图1-15

1.3 启动与退出应用程序

将应用程序安装到电脑后，要使用这个应用程序就需要先启动它。当使用完某个应用程序后，为了节省系统资源，应该正确地将其关闭。本节将介绍使用一个应用程序最基本的两个操作——启动和退出。

1.3.1 启动应用程序

在开始使用任何一个Office应用程序之前，都需要先启动它。单击桌面左下角的【开始】按钮，然后依次选择【所有程序】→【Microsoft Office】命令，再根据需要选择要使用的Office应用程序的名称，例如，选择【Microsoft Excel 2010】命令来启动Excel 2010。此外，还可以双击文件夹中的某个Office文档，在启动对应的Office应用程序的同时打开这个文档。

1.3.2 退出应用程序

当不再使用某个Office应用程序时，应该及时退出该程序，以节约系统资源。使用以下几种方法都可以退出Office应用程序。

- 单击Office应用程序窗口右上角的关闭按钮 ☒。有些Office应用程序包含内外两层窗口，例如Excel，其中的内层窗口是工作簿窗口，而外层窗口才是Excel应用程序窗口。

因此对于Excel来说，需要单击外层窗口右上角的关闭按钮才能退出Excel应用程序。

- 双击Office应用程序窗口左上角的应用程序图标。
- 单击【文件】按钮并选择【退出】命令。
- 按Alt+F4组合键。

1.4 获取帮助

在使用Office应用程序的过程中，如果对某些功能不熟悉，或者根本没有使用过，那么可以借助Office的帮助系统来查找答案。当然，如果有时间的活，也可以仔细阅读帮助内容，从而系统地学习Office应用程序的各方面功能。

1.4.1 使用Office帮助系统

在使用Office应用程序的过程中，可以随时使用Office自带的帮助系统来学习Office应用程序的功能。如果不了解功能区中某个命令的功能，那么可以将鼠标指向功能区中的该命令，此时会弹出一个信息栏，其中会显示命令的名称和功能说明。有时还会在信息栏底部显示类似“有关详细帮助，请按F1”的文字，如图1-16所示。如果包含这种文字，那么可以按F1键打开该命令的帮助内容，以便了解更多关于该命令的使用方法。

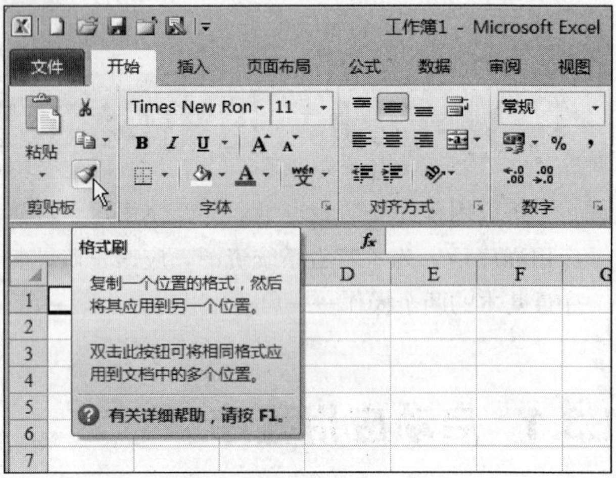

图1-16

如果希望按类别来查看帮助内容，那么可以在任何时候按F1键打开帮助窗口。单击帮助窗口顶部的 按钮，在窗口左侧打开目录，如图1-17所示，可以展开目录中的外层标题来浏览下一级标题。如果标题左侧显示为 ，说明该标题包含子标题，单击这样

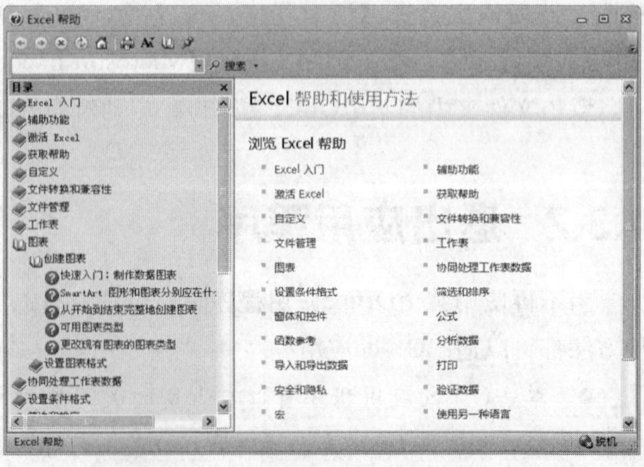

图1-17

的标题可以继续展开；如果标题左侧显示为 ，单击这类标题将在右侧显示与标题对应的具体的帮助内容。

如果希望在帮助窗口中快速找到自己想要了解的内容，可以在搜索文本框中输入描述文字，然后单击右侧的【搜索】按钮或按Enter键，窗口右侧会显示与搜索内容匹配的标题，单击标题可以浏览详细内容。

1.4.2 使用微软在线帮助

除了电脑中自带的帮助功能外，还可以使用微软的在线帮助系统。如果使用的是电脑中自带的帮助系统，那么可以单击帮助窗口右下角的文字，然后在弹出的菜单中选择【显示来自Office.com的内容】命令，如图1-18所示，这样就可以在帮助窗口中查看Office在线帮助的内容了。

图1-18

此外，还可以使用网页浏览器登录微软官方的Office技术论坛发帖提问，也可以在微软的在线知识库中查阅相关的知识。微软TechNet论坛的地址是：http://social.technet.microsoft.com/Forums/zh-cn/categories，Office分论坛的地址是：http://social.technet.microsoft.com/Forums/zh-CN/category/officeit。

读·书·笔·记

中文版 Office 2010 应用大全

Chapter 02

在Office 2010中导航

由于Office 2010与Office 2003及Office更早版本的界面存在着很大差异。为了更好地使用Office 2010，因此首先需要了解Office 2010的界面组成，知道如何在其中导航。本章将详细介绍这些内容。

2.1 Office 2010界面布局结构

从Office 2007开始，微软就对Office应用程序的界面做了重大改进，当原来的Office 2003用户初次接触Office 2007时，会对新界面感到非常不习惯。即使对Office 2003有足够使用经验的老用户，也需要花些时间来学习Office 2007新的界面操作环境。Office 2010是Office 2007的下一个版本，保留了Office 2007的新界面环境，同时对界面进行了少量改进。

Office 2010中包含的所有组件的操作环境都极为类似，为了统一说明界面环境，这里以Excel 2010为例进行介绍。如图2-1所示就是Excel 2010的应用程序窗口，主要分为以下部分。

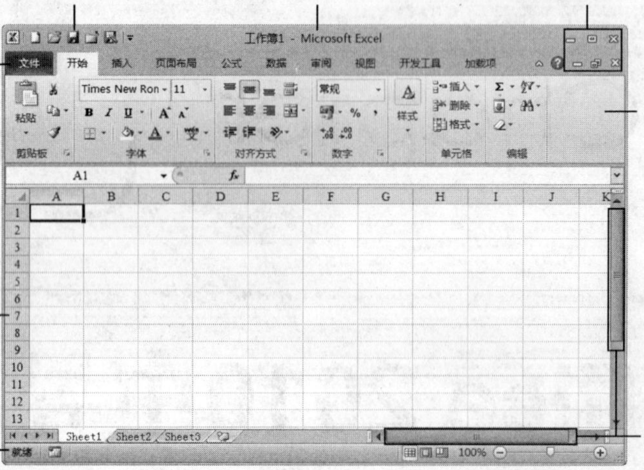

图2-1

- 标题栏：显示Office应用程序名称和文档名称。
- 快速访问工具栏：提供默认的按钮或用户添加的按钮，可以加速命令的执行。相当于早期Office应用程序中的工具栏。
- 【文件】按钮：相当于早期Office版本中的【文件】菜单，其中包括对文档的各种操作。
- 功能区：提供常用命令的直观访问方式，相当于早期Office应用程序中的菜单栏和命令。功能区由选项卡、组和命令三部分组成。
- 窗口控制按钮：调整窗口的不同状态，包括最大化、最小化、还原、关闭。
- 编辑区：编辑数据的主要区域。不同的Office组件，其编辑区的外观和使用方法也不相同，例如Excel的编辑区由纵横交错的单元格组成，而Word则由一个空白页面组成。
- 滚动条：调整文档窗口中当前显示的内容。
- 状态栏：显示当前文档的工作状态或一些额外信息。状态栏右侧包含用于切换文档视图或调整窗口显示比例的按钮。

2.2 使用快速访问工具栏

快速访问工具栏位于Office应用程序窗口左上角程序图标的右侧、标题栏的左侧，默认情况下只显示三个命令：【保存】、【撤消】、【恢复】。如果不知道与命令对应的图标是什么，可以将鼠标指向该命令，稍后即可自动显示该命令的名称。

有的命令还可以使用快捷键执行，在弹出的命令名称中包含带有括号的快捷键提示，如图2-2所示。如果命令呈灰色状态，说明当前环境下无法使用该命令。

图2-2

虽然快速访问工具栏在默认情况下只包含三个命令，但是可以根据需要很容易地向其中添加自己常用的命令。最简单的方法就是单击快速访问工具栏右侧的下三角按钮，在弹出的菜单中包含了Excel内置的一些命令，其中名称左侧带有勾选标记的是已经出现在快速访问工具栏中的命令，单击想要添加的命令，即可将其添加到快速访问工具栏中。

交叉参考

使用上面的方法向快速访问工具栏中添加命令十分有限，如果希望添加其他命令，可以参考本章2.6.2节中的内容。

对于不再需要的命令，可以将其从快速访问工具栏中删除，右击该命令，从弹出的快捷菜单中选择【从快速访问工具栏删除】命令即可。

2.3 使用功能区

功能区是Office 2010应用程序的重要部分，因为大多数命令都位于功能区中。功能区位于应用程序标题栏的下方，是一个贯穿于应用程序水平方向上的矩形区域。本节介绍功能区各部分的组成情况，阅读本节内容可以对功能区有一个系统的了解。

2.3.1 选项卡、组和命令

功能区是Office 2010应用程序顶部的一个矩形面板，它位于应用程序标题栏的下方。如图2-3所示为Word 2010应用程序的功能区。

图2-3

01 Chapter
02 Chapter
03 Chapter
04 Chapter
05 Chapter
06 Chapter
07 Chapter
08 Chapter
09 Chapter
10 Chapter

功能区由多个选项卡组成，单击每个选项卡上方的文字标签，可以在不同的选项卡之间切换。当切换到某个选项卡后，可以看到选项卡被分为几部分，这些部分通常是依据功能来划分的，这样便于用户按类别快速找到所需的命令。在每个组中排列着数量不等的命令，这些命令包含了多种类型，通常分为普通按钮、开关按钮、组合按钮、复选框、下拉列表、库等。如图2-4所示为Word 2010中【插入】选项卡【插图】组中包含的命令。

图2-4

下面介绍一下组中包含的各类命令。

- 普通按钮：单击这类按钮可以立刻执行相应的操作。
- 开关按钮：这类按钮分为两种状态：按下和弹起。当按下时表示正在使用或设置与该按钮所对应的功能；当弹起时则说明当前没有使用该按钮所对应的功能。例如，Word 2010的【开始】→【字体】组中的【加粗】按钮。
- 组合按钮：这类按钮比较特殊，从外观上看，它分为两部分，例如，【开始】→【字体】→【下划线】按钮 U·，两部分包括左侧带有下划线图标的按钮以及右侧带有三角箭头的下拉按钮，单击下拉按钮将弹出如图2-5所示的下拉列表，可以从中选择更多选项。
- 复选框：通过勾选或取消勾选可以实现功能之间的切换，用法与开关按钮类似。
- 下拉列表：类似于图2-5中的列表，例如，在【开始】→【字体】组中，可以打开【字体】下拉列表，可以为所选文本设置字体，如图2-6所示。

图2-5

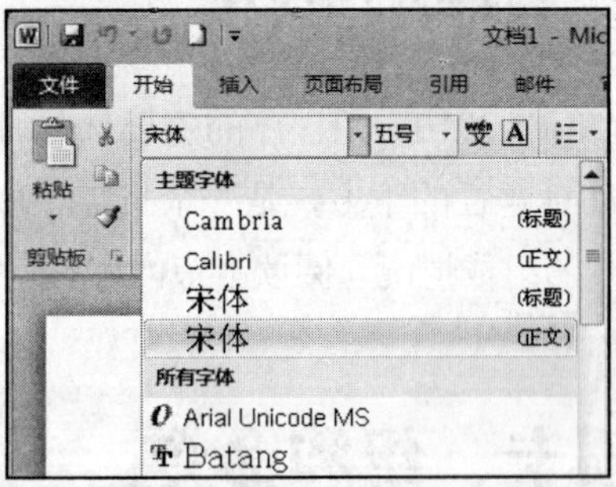

图2-6

- 库：与下拉列表类似，也可以打开一个列表并允许用户从中选择所需的内容，其中可能会提供一些可供使用的命令。例如，如图2-7所示是【开始】→【样式】组中的【样式】库。还可以对列表中的选项进行设置，即右击列表中的选项，会弹出一个快捷菜单，其中的命令通常用于对选项的一些编辑操作。

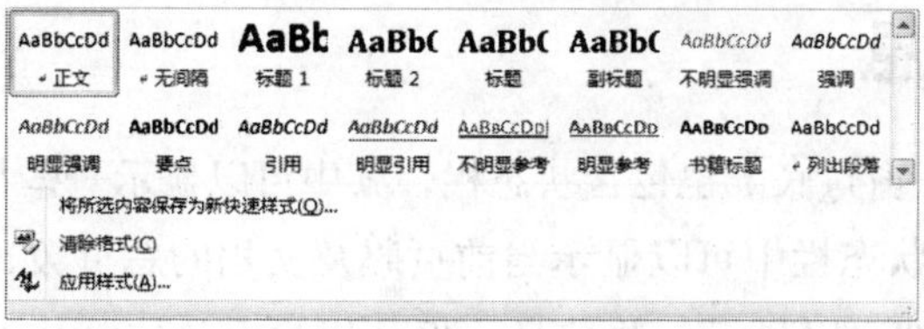

图2-7

2.3.2 对话框启动器

在选项卡的某些组的右下角可能会发现包含一个 形状的按钮，通常将其称为“对话框启动器”，单击该按钮可以打开一个对话框，这个对话框中的选项其实就是对该按钮所在组的选项的集合，其中可能还包含了组中没有的选项。例如，单击Excel 2010功能区中的【开始】→【字体】组中的对话框启动器，可以打开【字体】对话框。

2.3.3 【文件】按钮

在Office 2007中，曾经在应用程序窗口左上角带有一个Office按钮，单击这个按钮可以打开一个菜单，其中列出了用于文档操作的命令。大多数用户都不喜欢这个Office按钮，初次接触Office 2007的人都没有注意这个Office按钮，以至于很多功能都找不到。因此，在Office 2010中将Office按钮改为了【文件】按钮，这样不但可以让用户轻易发现该按钮，而且也会让人觉得更加亲切（因为在Office 2003中有一个【文件】菜单）。

在Office 2010中，【文件】按钮菜单中的命令除了可以执行与文档有关的基本操作外（例如，打开、保存、关闭等），还具有其他很多功能。例如，打印任务已经完全整合到了【文件】菜单的【打印】面板中，如图2-8所示。

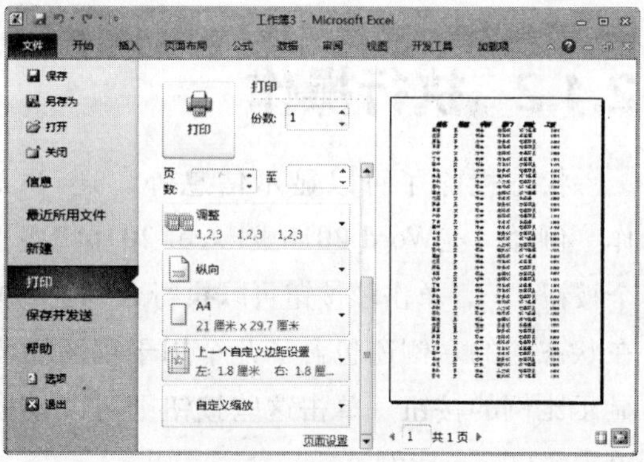

图2-8

2.4 状态栏

Office应用程序中的状态栏对用户有很大帮助，因为它可以通知用户当前程序或文档正在发生的一些事情或状态信息。Office 2010对状态栏作了很大改进，从而可以让用户灵活控制在状态栏中显示的内容。

2.4.1 显示信息

Office 2003应用程序窗口底部也包含状态栏，其中可以显示一些与当前文档有关的信息。例如，对于Word来说，状态栏中可以显示当前页码及文档的总页数，还可以显示光标当前所处的行和列的位置。虽然可以显示一些信息，但是用户无法控制是否在状态栏中显示这些信息。Office 2010应用程序窗口底部的状态不但显示了大量有用的信息，而且还允许用户自己决定在状态栏中显示哪些信息。只需右击状态栏，在弹出的快捷菜单中选择想要显示的信息或开启的功能即可。如图2-9所示是在Excel 2010中选择一个数据区域后，状态栏自动统计出了选区中数值的平均值、个数以及总和。

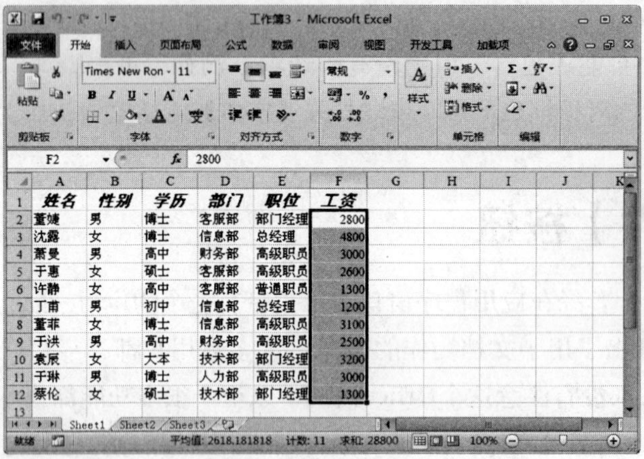

图2-9

2.4.2 执行操作

状态栏除了可以显示信息外，还可以执行一些操作。例如，在Word 2010或Excel 2010状态栏的左侧有一个按钮 ，单击该按钮可以执行录制宏的操作。此外，在状态栏的右侧还包含了几个用于视图切换和调整窗口显示比例的按钮，单击这些按钮则可以切换文档视图或设置窗口显示比例。

交叉参考

关于视图和显示比例的详细内容请参考本书第3章中的相关内容。

2.5 使用对话框

在使用Office应用程序的过程中，可能会经常使用对话框，例如，在对话框中输入数据并执行命令从而得到结果，在对话框中对选项进行设置等。下面对在Office 2010中可能遇到的对话框进行简要介绍。

2.5.1 简单对话框与选项卡式对话框

一种经常遇到的对话框就是在关闭未保存的文档时，弹出一个提示用户是否保存文档的对话框，这种对话框非常简单，只有两三个按钮，对话框中没有过多信息和选项。

略微复杂一些的对话框类似于图2-10所示的对话框，它是Word 2010中用于设置页码格式的对话框。在这个对话框中除了包含【确定】和【取消】两个按钮外，还有很多选项供用户选择，从而完成指定的任务。如果单击【确定】按钮表示接受对话框中所有选项的设置并关闭对话框；单击【取消】按钮则关闭对话框并放弃所做的任何设置。

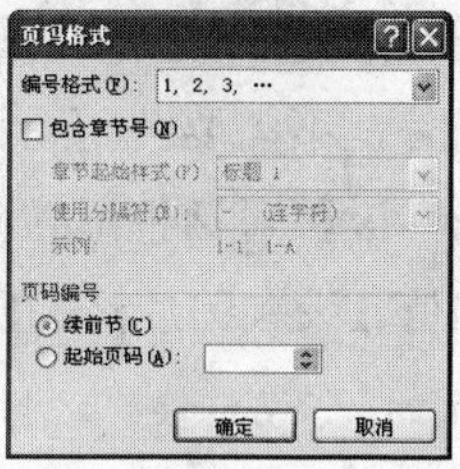

图2-10

更为复杂的对话框是带有选项卡的对话框。如图2-11所示就是选项卡式对话框的典型示例，通过单击【文件】按钮并选择【选项】命令即可打开该对话框。左侧列表中列出了多个标题，通过选择不同的标题可以改变右侧的设置界面。换句话说，左侧的标题相当于对不同界面进行了分类，每一个标题代表一个设置界面，其中包含不同的选项，用于完成不同类别的设置。

图2-11所示为Office 2010新式的选项卡对话框。在Office 2010中还保留了Office 2003中的选项卡对话框，外观如图2-12所示。这个对话框是Excel 2010中通过单击功能区中的【开始】→【字体】组中的对话框启动器得到的。选项卡位于对话框的顶部，通过选择不同的选项卡来切换设置界面。

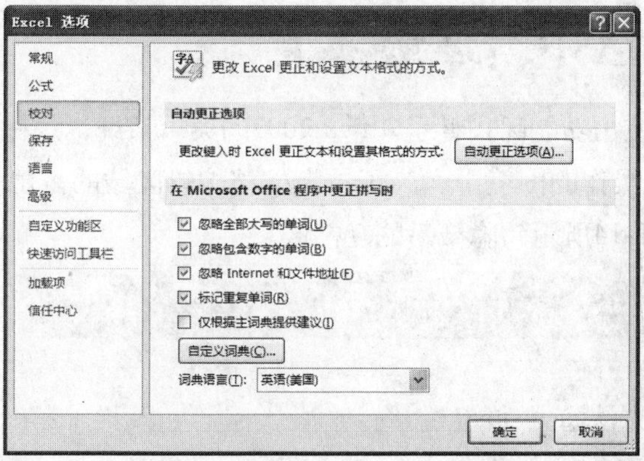

图2-11

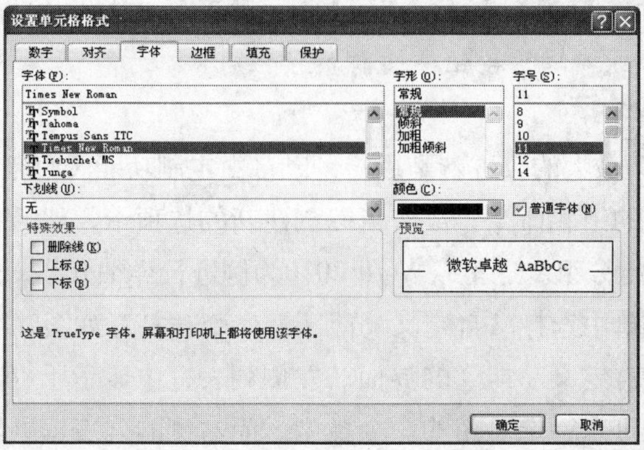

图2-12

2.5.2 使用带有【关闭】按钮的对话框

在Office应用程序的大多数对话框中，在设置完选项后都需要单击【确定】按钮才能看到设置后的效果，但是还有另外一种对话框，在这种对话框中进行选项设置的同时，不需要关闭对话框就可以在文档中看到设置的结果，这种对话框通常包含一个【关闭】按钮，典型的示例是【设置图片格式】对话框，如图2-13所示。

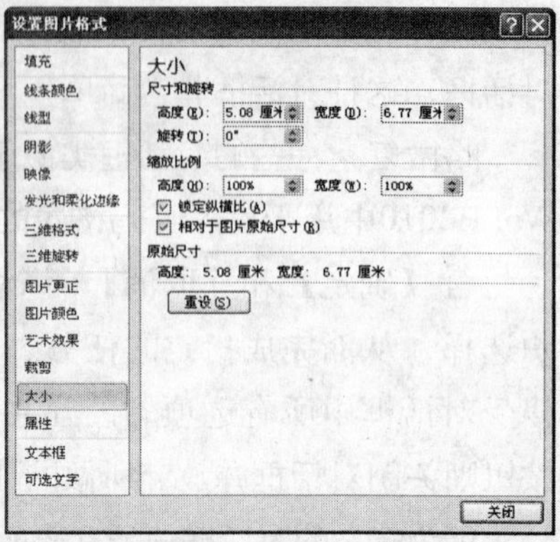

图2-13

2.6 自定义用户操作界面

本节提供了在使用Office 2010之前可能需要预先进行的一些设置，这些设置将帮助您更好地使用Office 2010进行工作，而且会避免一些可能发生的小麻烦。

2.6.1 在功能区中新建选项卡

在Office 2010中，使用功能区代替了Office 2003的菜单系统，这样使操作更加直观简洁，避免用户陷入层层菜单操作的困境中。为了扩大文档编辑区域的范围，可以将功能区设置为隐藏和显示状态，如图2-14所示为隐藏后的功能区。

图2-14

可以使用以下几种方法隐藏功能区。

- 双击功能区中的任意一个选项卡标签。
- 右击功能区或快速访问工具栏，在弹出的快捷菜单中选择【功能区最小化】命令。
- 单击功能区右侧【帮助】按钮 左侧的按钮。
- 按Ctrl+F1组合键。

Office 2010对功能区最大的改进就是用户可以自由定制功能区中包含的内容。例如，可以在现有选项卡中添加新的组和命令，或者可以创建新的选项卡，然后在其中定制完全符合自己需要的常用命令并进行分组。这里以Word 2010为例进行详细介绍。右击功能区中的选项卡标签，在弹出的快捷菜单中选择【自定义功能区】命令，打开如图2-15所示的【Word选项】对话框，并自动切换到自定义功能区的界面。左侧列表框中显示了可以添加的命令，通过该列表框上方的下拉列表可以筛选可用的命令类型。而右侧的列表框则显示了当前功能区中包含的所有选项卡、组和命令，这些内容都可以由用户来决定是否出现在功能区中。

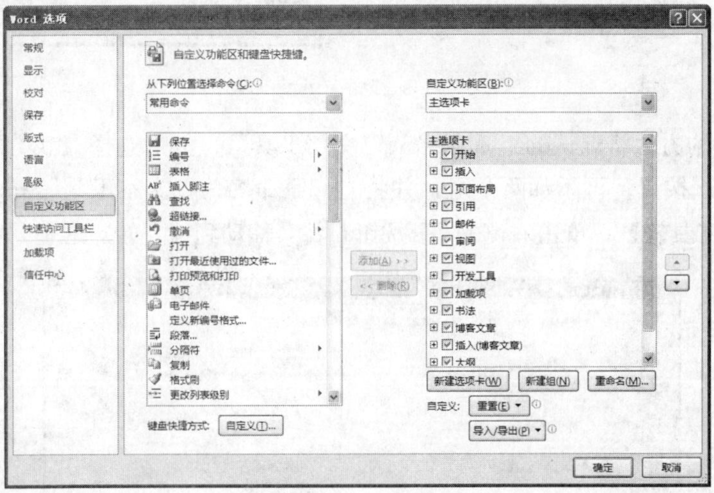

图2-15

通过单击右侧列表框下方的【新建选项卡】、【新建组】按钮，可以创建新的选项卡并在其中创建新的分组，然后单击【重命名】按钮为新建的选项卡和组起一个有意义的名称，再通过左侧列表框中选择所需命令并单击【添加】按钮，将所选命令添加到右侧的列表框中，最后可以单击对话框右侧的 ▲ 或 ▼ 按钮，调整各选项卡或组的排列顺序。

下面通过上述操作说明来完成一个实际的功能区定制示例，这里仍以Word 2010为例。在本例中，将创建一个名为“我的工具箱”的选项卡，将该选项卡置于【开始】选项卡之前。然后在该选项卡中添加三个组，组名分别为“文档工具”、“文本工具”和“图形工具”，在每个组中再添加一些常用的命令。要完成上述功能区的定制，具体操作方法如下。

Step 01 单击【文件】按钮并选择【选项】命令，打开【Word选项】对话框，切换到自定义功能区界面。

Step 02 单击【新建选项卡】按钮，默认情况下会在【开始】下方添加一个新的选项卡和一个组，如图2-16所示。

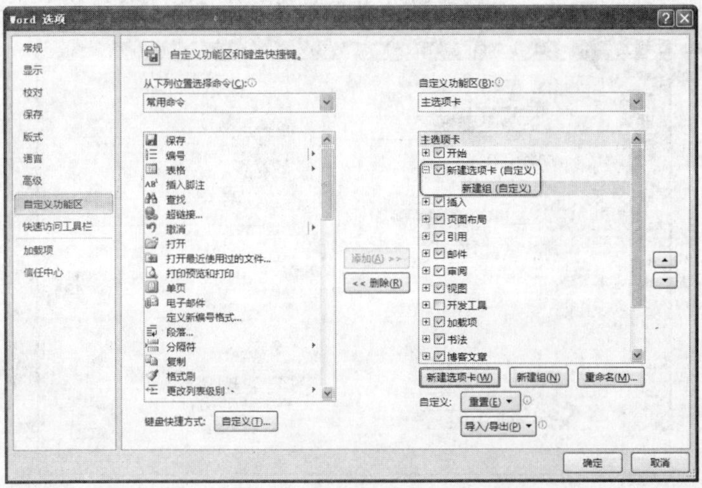

图2-16

Step 03 选择新建的选项卡并单击【重命名】按钮，将其重命名为“我的工具箱”，如图2-17所示。

图2-17

Step 04 使用同样的方法将默认的组重命名为“文档工具”，然后选择【我的工具箱】，并单击两次【新建组】按钮，再添加两个组，并将它们重命名为“文本工具”和“图形工具”。再次选择【我的工具箱】，单击右侧的▲按钮，将其移动到【开始】之前，如图2-18所示。

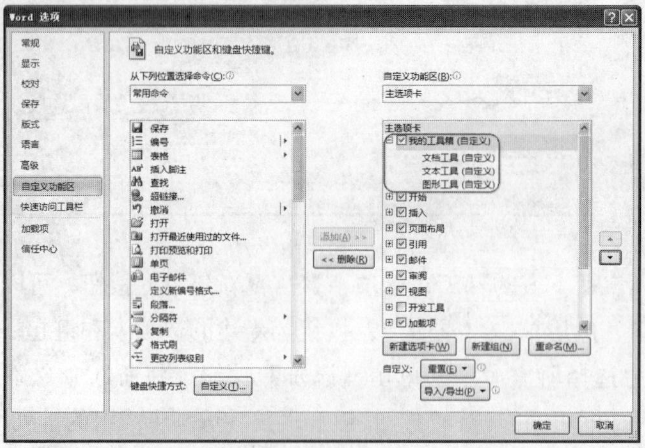

图2-18

Step 05 接下来需要将所需的命令从左侧列表框中添加到右侧列表框的自定义组中，具体操作如下。

- 单击右侧列表框中要添加命令的组，例如【文本工具】。
- 在左侧的【从下列位置选择命令】下拉列表中选择【主选项卡】命令。
- 在下方列表框中展开【开始】选项卡中的【字体】组，选择要添加的命令，例如【字体】。
- 单击【添加】按钮，将左侧的【字体】命令添加到右侧的【文本工具】组中，如图2-19所示。如果添加有误，则可以选中添加项，然后单击【删除】按钮将其删除。

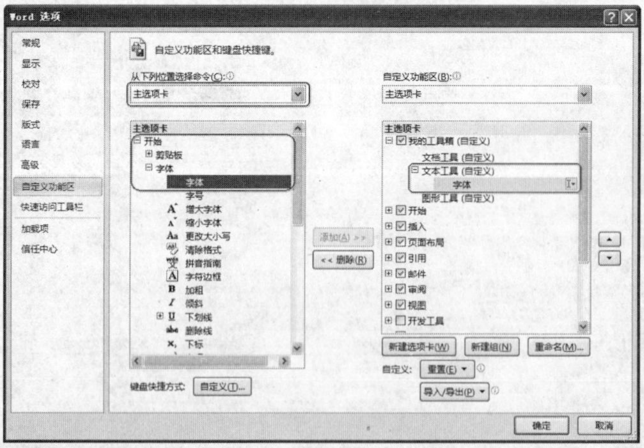

图2-19

Step 06 按照相同的方法重复步骤5中的操作，向右侧列表框中的自定义组中添加所需的命令。全部完成后单击【确定】按钮，关闭【Word选项】对话框，返回应用程序窗口后将看到自定义的选项卡及其包含的组和命令，如图2-20所示。

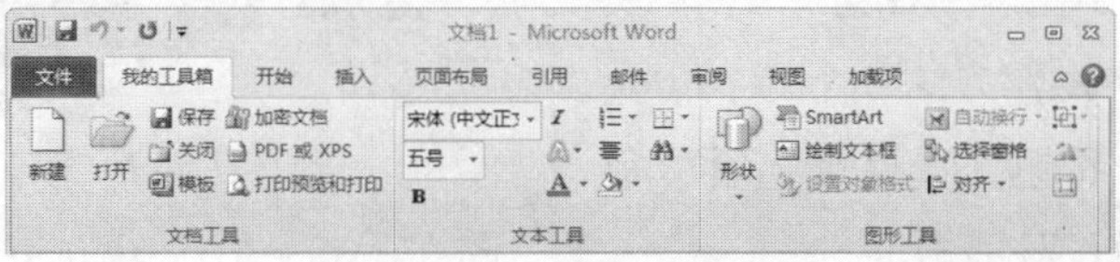

图2-20

提示　如果希望删除所有的自定义选项卡，可以在【Word选项】对话框中单击【重置】按钮，并选择【重置所有自定义项】命令。

2.6.2 向快速访问工具栏中添加常用命令

Office早期版本中的工具栏在Office 2010中也不再存在，取而代之的是功能区上方的快速访问工具栏。其实它与Office早期版本的工具栏类似，也是由很多用于执行不同命令的按钮组成，只不过它不能在应用程序窗口中任意摆放，而只能位于功能区的上方或下方。如果希望将命令添加到快速访问工具栏中，以便于可以快速执行某些常用操作，那么可以使用以下两种方式。

- 添加存在于功能区中的命令。
- 添加功能区中没有的命令。

要将存在于功能区中的命令添加到快速访问工具栏中非常简单，只需右击功能区中要添加的命令，在弹出的快捷菜单中选择【添加到快速访问工具栏】命令即可。如果要添加的命令没有出现在功能区中，则需要使用类似于2.6.1节中自定义功能区的方法进行添加。

右击快速访问工具栏，从弹出的快捷菜单中选择【自定义快速访问工具栏】命令，打开如图2-21所示的自定义界面。与自定义功能区类似，都是在左侧列表框中选择好命令，通过单击【添加】按钮将所选命令添加到右侧。在【从下列位置选择命令】下拉列表中选择要添加的命令所属的分类，以便找到所需的命令。完成后单击【确定】按钮即可。

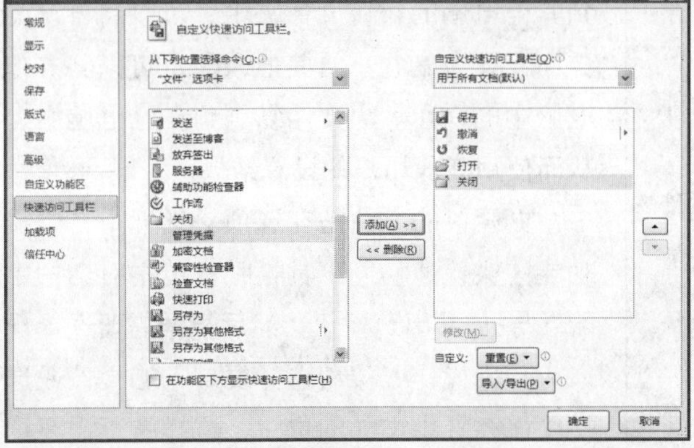

图2-21

技巧　可以将一个组中的所有命令添加到快速访问工具栏中，方法是：右击功能区的某选项卡中组内空白处，在弹出的快捷菜单中选择【添加到快速访问工具栏】命令，即可将该组添加到快速访问工具栏中。

01 Chapter
02 Chapter
03 Chapter
04 Chapter
05 Chapter
06 Chapter
07 Chapter
08 Chapter
09 Chapter
10 Chapter

2.6.3 设置界面颜色

在Office 2010中，可以根据个人喜好从三种预置的界面颜色中选择任意一种，以Excel 2010为例，具体操作方法如下。

Step 01 单击【文件】按钮并选择【选项】命令，打开【Excel选项】对话框。

Step 02 选择【常用】选项卡，在右侧的【配色方案】下拉列表中选择一种界面颜色（蓝色、银色、黑色），然后单击【确定】按钮。

2.6.4 隐藏屏幕提示

Office 2010提供了一项比较人性化的功能，就是当鼠标指向某个按钮时，会弹出一个浮动菜单，其中显示了对该按钮功能的简要说明。当然，在编辑文档时，可能用户已经对Office应用程序的各项功能比较熟悉，不再需要显示这些提示信息，那么可以将此功能关闭，以Excel 2010为例，具体操作方法如下。

Step 01 单击【文件】按钮并选择【选项】命令，打开【Excel选项】对话框。

Step 02 选择【常用】选项卡，在右侧的【屏幕提示样式】下拉列表中选择【不显示屏幕提示】选项，然后单击【确定】按钮。

2.6.5 关闭实时预览

在本书第1章介绍Office 2010的新功能时，也曾谈及实时预览功能。Office 2010中的这种实时预览功能需要耗费一定的系统性能。如果希望Office速度优先，那么可以关闭实时预览功能，以Excel 2010为例，以具体操作方法如下。

Step 01 单击【文件】按钮并选择【选项】命令，打开【Excel选项】对话框。

Step 02 选择【常用】选项卡，然后在右侧取消勾选【启用实时预览】复选框。

2.6.6 禁用浮动工具栏

浮动工具栏是Office 2007中的新功能，而在Office 2010中仍然保留了该功能。如果不希望在每次选中文本内容时都自动弹出浮动工具栏，那么可以禁用它，以Excel 2010为例，具体操作方法如下。

Step 01 单击【文件】按钮并选择【选项】命令，打开【Excel选项】对话框。

Step 02 选择【常用】选项卡，然后在右侧取消勾选【选择时显示浮动工具栏】复选框，最后单击【确定】按钮。

2.6.7 将自定义方案共享

一旦对快速访问工具栏或功能区进行了自定义设置，Office应用程序就会自动创建一个后缀名为.officeUI的文件，该文件包含了关于界面的自定义设置信息，该文件在Windows XP操作系统的默认位置是C:\Documents and Settings\<用户名>\Local Settings\Application Data\Microsoft\OFFICE，在Windows 7操作系统的默认位置是C:\Users\<用户名>\AppData\Local\Microsoft\Office。将Office UI文件复制到其他电脑的相应文件夹中，可以将自己的界面设置方案共享给其他人。也可以将其他电脑中的Office UI文件复制到自己电脑中，从而使用其他用户的设置结果。

更简单的方法是在选项对话框中自定义功能区或快速访问工具栏时，单击对话框中的【导入/导出】按钮，然后根据需要选择导入或导出操作，接着选择要导入的文件或选择要保存导出文件的位置，这样就不需要记住.officeUI文件的路径了。

中文版 Office 2010 应用大全

Chapter 03

掌握Office文档基本操作

本章将对Office文档的基本操作进行统一介绍。虽然Office包含多种不同的应用程序（例如，Word和Excel），但每一种应用程序在文档基本操作方面都有着类似的方式，大部分都包括以下操作：新建文档、打开文档、保存文档、关闭文档。本章除了介绍文档的共性操作外，还将介绍与文档操作相关的有用设置，这些设置可以对文档操作起到很好的辅助作用。

3.1 文档的基本操作

虽然Word、Excel、PowerPoint等应用程序属于不同的Office组件，但是对于文档级别的操作方式来说却极其相似。本节主要以Word、Excel和PowerPoint这三种Office组件环境为例来介绍它们在文档级别上的操作方法，其他Office组件与它们类似，在此不作详述。

3.1.1 了解Office 2010文件格式与兼容模式

Office 2010继续使用Office 2007中引入的基于XML的新文件格式。默认情况下，使用Office 2010创建的文档，其扩展名将在早期的Office版本的扩展名后面多了一个字母x或m，其中x表示不包含宏的XML文件，而m表示包含宏的XML文件。例如，使用Excel 2010创建一个新的工作簿并保存后，该工作簿默认的文件扩展名是xlsx，而不是xls。如果创建一个包含宏的工作簿，那么保存工作簿后的扩展名是xlsm而不是xls。下面简单介绍一下XML文档类型的优势。

1. 对文档进行自动压缩

Open XML格式使用zip压缩技术来存储文档，自动压缩文件，因此可以减少存储文件所需的磁盘空间，最多可使文档体积减小75%。无须安装特殊的压缩工具，即可在Office 2010中对XML格式的文档进行自动压缩和解压缩，这些工作在关闭与打开文件时就自动完成了。

2. 更好地恢复受损文件

文件结构以模块形式进行组织，从而使文件中的不同数据组件彼此独立，即使文件中的某个组件损坏，也可以打开文件。

3. 更高的安全性

XML文档具有更高的安全性，可以在保存文档时，通过文档检查器检测文档中是否包含有个人身份信息或业务敏感信息，如果有则可以将这些内容删除。

表3-1、表3-2和表3-3分别列出了Word 2010、Excel 2010和PowerPoint 2010中包含的文件类型及其扩展名。

表3-1 Word 2010文件类型与扩展名

文件类型	扩展名
文档	.docx
包含宏的文档	.docm
文档模板	.dotx
包含宏的文档模板	.dotm

表3-2 Excel 2010文件类型与扩展名

文件类型	扩展名
工作簿	.xlsx
包含宏的工作簿	.xlsm
工作簿模板	.xltx
包含宏的工作簿模板	.xltm
非XML二进制工作簿	.xlsb
包含宏的加载项	.xlam

表3-3 PowerPoint 2010文件类型与扩展名

文件类型	扩展名
演示文稿	.pptx
包含宏的演示文稿	.pptm
演示文稿模板	.potx
包含宏的演示文稿模板	.potm
包含宏的加载项	.ppam
播放	.ppsx
包含宏的播放	.ppsm
幻灯片	.sldx
包含宏的幻灯片	.sldm

如果需要将一个文档在不同电脑的不同Office版本之间正常打开并进行编辑，那么会涉及Office版本之间的兼容性问题。如果是在Office 2010中打开早期Office版本创建的文档，那么可以正确打开，同时在应用程序窗口的标题栏中会显示“兼容模式”；但如果是在早期Office版本中打开由Office 2010版本创建的文档，则需要到微软官方网站下载文件类型转换器。为了确保转换器正常工作，必须先将Office早期版本更新到下面列出的Service Pack之一中。

- Office 2000的用户需要更新到Office 2000 Service Pack 3。
- Office XP的用户需要更新到Office XP Service Pack 3。
- Office 2003的用户需要更新到Office 2003 Service Pack 1。

3.1.2 升级到新的文件格式

如果是使用Office 2010应用程序打开Office早期版本创建的文档，那么将会在Office 2010应用程序窗口标题栏中显示“兼容模式”字样，如图3-1所示。

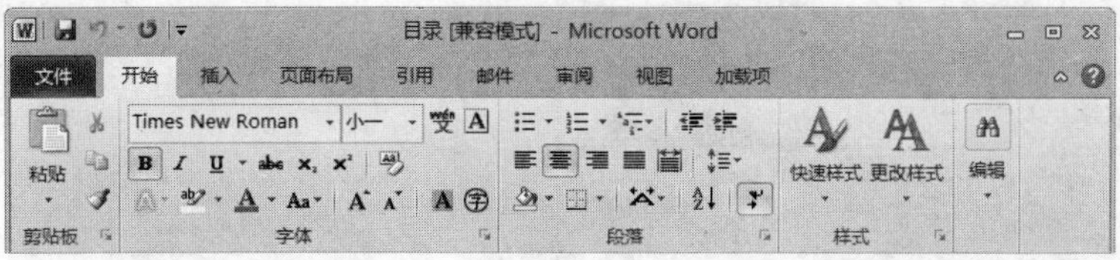

图3-1

01 Chapter
02 Chapter
03 Chapter
04 Chapter
05 Chapter
06 Chapter
07 Chapter
08 Chapter
09 Chapter
10 Chapter

在这种情况下，文档可以正常显示和编辑，但是无法使用Office 2010提供的一些新功能。为此，可以将Office早期版本的文档格式转换为Office 2010文档格式。对于Word、Excel和PowerPoint等组件来说操作都是相同的，只需单击【文件】按钮并单击【信息】→【转换】按钮即可。

3.1.3 新建文档

对于Office应用程序来说，在第一次使用时，都会先启动组件对应的应用程序。程序启动后将自动建立一个空白文档，例如，如果启动Word 2010，那么就会创建一个空白的Word文档；如果启动的是Excel 2010，那么就会创建一个空白的Excel工作簿；如果启动的是PowerPoint 2010，则会创建一个空白的演示文稿。当然，用户也可以自己创建新文档，而且Office各组件在新建文档的操作上是类似的。

单击Office应用程序窗口左上角的【文件】按钮，在弹出的菜单中选择【新建】命令，展开【新建】面板，选择新建文档的方式，如图3-2所示，可以新建一个空白文档，或者使用模板创建新文档，这里显示的是Word 2010新建文档的界面。

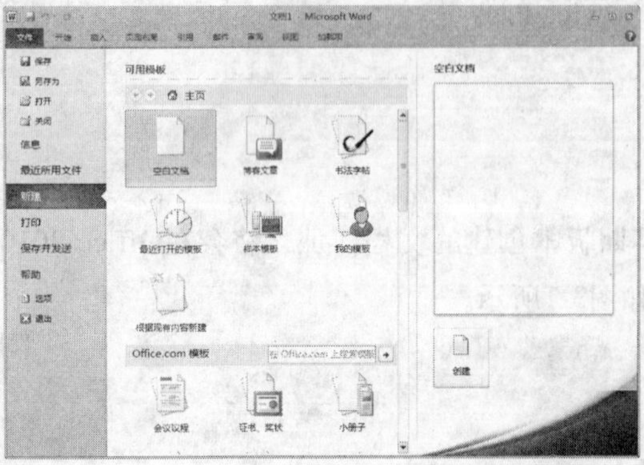

图3-2

例如，选择【样本模板】选项，就会进入如图3-3所示的界面，选择一种详细的文档模板，在右侧可以看到该模板的缩略图。如果觉得合适，可以单击【创建】按钮以此模板为基础创建新文档。

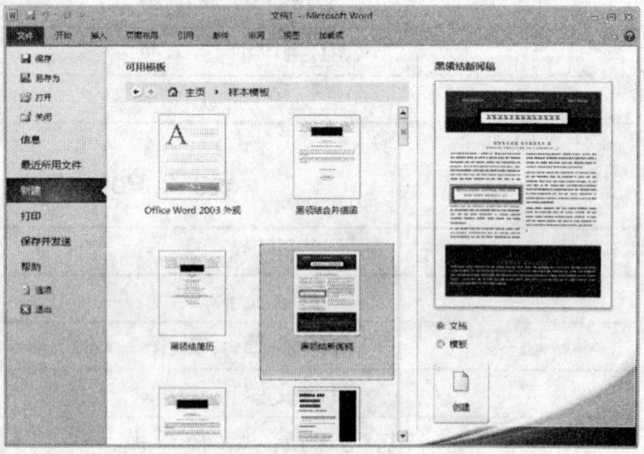

图3-3

提示　对应【新建】命令的快捷键是Ctrl+N。

3.1.4 打开文档

无论Word、Excel还是其他Office组件，它们在打开文档的操作上都是类似的。例如，要打开Excel工作簿，可以单击Excel应用程序窗口左上角的【文件】按钮，然后在弹出的菜单中选择【打开】命令，此时会弹出一个对话框，从中选择要打开的工作簿，然后单击【打开】按钮，也可以直接双击工作簿将其打开。

提示　对应【打开】命令的快捷键是Ctrl+O。

3.1.5 保存文档

保存Office文档的操作也基本是相同的。例如，要保存Excel工作簿，可以单击快速访问工具栏中的【保存】按钮；或者单击【文件】按钮，然后在弹出的菜单中选择【保存】命令进行保存。无论使用上面哪种方法，如果文档从未保存过，都会弹出一个【另存为】对话框，提示用户输入文档保存的名称和位置。输入完成后单击【保存】按钮，即可将文档保存到电脑中。

提示　对应【保存】命令的快捷键是Ctrl+S。

在Office中还有一种被称为“另存为”的保存方式，这种保存方式通常用于下列情况。

- 不希望破坏原有文档，但是又需要在原有文档的基础上进行修改，然后存成一份新文档。
- 希望复制一份完全相同的文档，即获得一个文档的副本。

要执行另存为操作，只需单击【文件】按钮，然后在弹出的菜单中选择【另存为】命令，之后的操作与保存操作类似。

3.1.6 关闭文档

同样，关闭Office文档的操作方法在多个Office组件中也是类似的。只需单击【文件】按钮，然后在弹出的菜单中选择【关闭】命令即可关闭当前文档。如果在关闭文档前对文档进行了修改，但是又未进行保存，那么在关闭文档时就会弹出如图3-4所示的对话框（以Word为例），询问用户是否保存。

图3-4

单击【保存】按钮保存并关闭当前文档；单击【不保存】按钮不保存并关闭文档；单击【取消】按钮不保存也不关闭文档，返回当前编辑窗口。

提示　可以按快捷键Ctrl+F4关闭当前文档。

3.1.7 将文档转换为PDF格式

在Office 2010之前的版本中，如果要将Office文档转换为PDF格式，一般使用PDF虚拟打印机，在Office 2007中则可以下载安装微软的PDF转换插件。但无论使用哪种方法，都有些麻烦。在Office 2010中将使这些操作变得非常轻松，因为Office 2010已经拥有将文档保存为PDF格式的功能了。

打开要转换的Office文档，单击【文件】按钮并选择【保存并发送】命令，然后双击【创建PDF/XPS文档】选项，打开如图3-5所示的【发布为PDF或XPS】对话框，选择保存位置并输入一个文件名。如果单击【选项】按钮可以对发布选项进行详细设置，否则可以直接单击【发布】按钮，将当前文档转换为PDF格式。

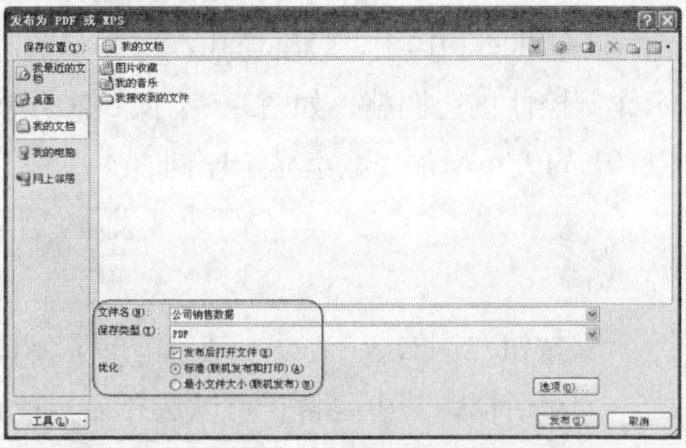

图3-5

3.2 文档显示与切换

在Office文档的操作过程中，最常见的操作之一就是显示文档。因为在打开一个文档时首先看到的就是这个文档的内容，如果视力不佳或是希望放大查看文档的某个细微部分，那么就需要调整文档的显示比例。此外，经常会同时打开多个文档，当需要在多个文档之间进行操作时，就需要在多个文档之间切换。

3.2.1 了解文档的不同视图

视图是指文档窗口的布局结构，不同的Office应用程序都有各自特有的视图方式。例如，Word 2010包含五个视图，Excel 2010只包含三个视图，而PowerPoint 2010则包含四个视图。不同的视图有着不同的作用。例如，在Excel 2010的三个视图中，普通视图是大部分操作所使用的视图，主要用于数据的输入、编辑、计算、处理和分析等工作；页面布局视图主要是为了设置工作表的页面版式，例如，添加页眉和页脚；而分页预览视图主要是为了设置分页效果。如图3-6所示显示了Excel 2010中的三种视图。可以使用文档窗口底部状态栏右侧的按钮在不同的视图之间切换。

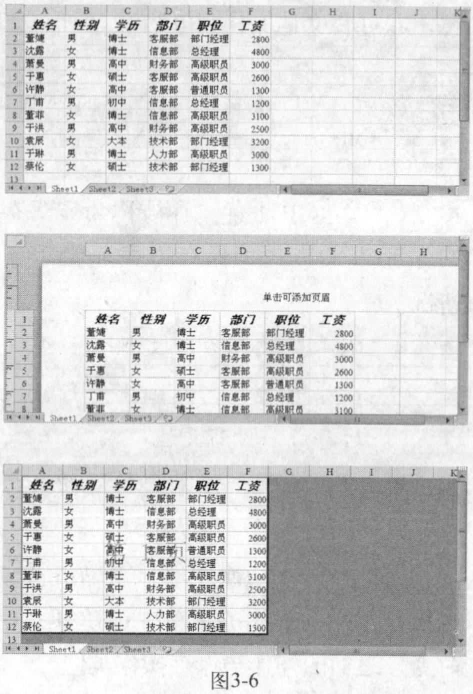

图3-6

交叉参考

关于文档不同视图的功能和用法会在本书其他章节中进行介绍。

3.2.2 设置文档的显示比例

在Office 2010中，调整应用程序窗口的显示大小变得更加方便，可以使用状态栏右侧的显示比例控件进行调整，如图3-7所示。拖动滑块可以任意调整显示比例，单击 或 按钮则以10%的大小增加或减小显示比例。

图3-7

按钮左侧的数字 100% 是当前的显示比例，此数字是一个可以单击的按钮，单击它会弹出一个对话框，其中包含了可以选择显示比例的选项，如图3-8所示。也可以单击功能区中的【视图】→【显示比例】→【显示比例】按钮打开这个对话框。

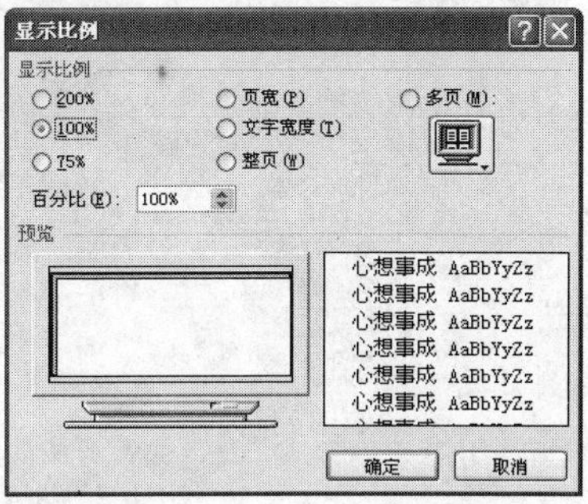

图3-8

3.2.3 在多个文档之间切换

当打开多个同类型的文档窗口时，例如，打开了多个Excel工作簿，要从当前工作簿窗口显示另一个工作簿，可以直接单击任务栏中的另一个工作簿窗口按钮，也可以单击功能区中的【视图】→【窗口】→【切换窗口】按钮，然后在打开的列表中选择要显示的工作簿名称，如图3-9所示。

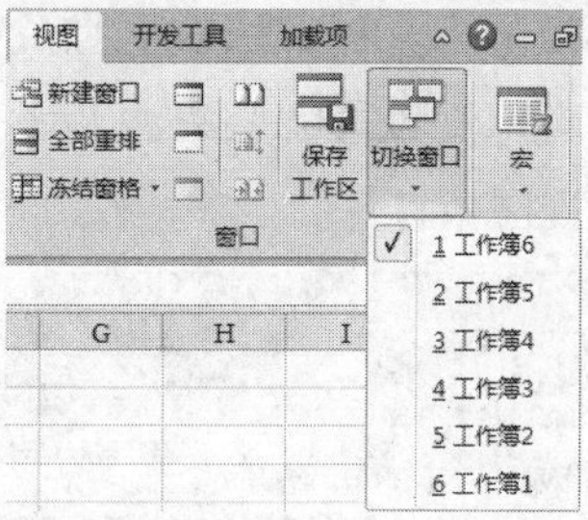

图3-9

如果是在不同类型的文档之间切换，例如，当前打开的文档包括Word文档、Excel工作簿、PowerPoint演示文稿、Access数据库等，此时就无法使用前面介绍的【切换窗口】按钮来切换文档，因为这些文档是不同类型的，可以直接单击任务栏中的文档窗口按钮，或者按Alt+Tab组合键，在弹出的面板中显示了当前打开的所有窗口的图标，按住Alt键不放依次按Tab键选择不同的图标，面板下方会显示当前选中图标的标题名称，直到找到需要显示的标题后释放按键。

3.3 保护文档安全

数据的价值有时是无法用金钱衡量的，很多重要的商业数据意义重大，通常是无法用金钱买回来的。因此，如何更好地保护文档安全成为一件需要格外注意和考虑的事情。本节将介绍Office中常用的文档保护措施，其中包括Office 2010新增的受保护视图模式。

3.3.1 受保护视图模式

受保护视图模式是Office 2010中新增的一个功能，它主要用于在打开可能包含病毒或其他任何不安全因素的文档前的一种保护性措施。为了尽可能保护电脑安全，存在安全隐患的文档都会在受保护的视图中打开，此时大多数编辑功能被禁用，用户可以检查文档中的内容，以便降低可能发生的风险。

默认情况下，来自Internet中的文档会在受保护视图中打开，此时功能区下方的消息栏中会显示一条警告信息，如图3-10所示，同时还会显示用于启用编辑的选项，用户可以根据实际情况选择是否允许编辑该文档。另外，用户也可以自定义设置哪些来源及类型的文档在受保护视图中打开。

图3-10

下面几种情况下的文件都会自动在受保护视图中打开。

- 该文件是从某个Internet位置中打开。
- 文件的接收方式为Outlook 2010附件，而且当前计算机策略中已将发送者定义为不安全。
- 文件从不安全的位置打开，例如，IE浏览器的【Internet临时文件】文件夹。
- 文件被“文件阻止”功能阻止。

可以手动在受保护视图中打开某个特定文档。单击Office应用程序左上角的【文件】按钮，在弹出的菜单中选择【打开】命令，在【打开】对话框中选择要打开的文档，然后单击【打开】按钮右侧的下拉按钮，在弹出的菜单中选择【在受保护的视图中打开】命令，即可将所选文档在受保护视图中打开。

如果需要编辑文档中的内容并需要保存和打印，那么就必须退出受保护视图，方法是在功能区下方出现警告信息时单击【启用编辑】按钮，或者单击【文件】按钮并选择【信息】命令，打开如图3-11所示的面板，然后单击【启用编辑】按钮。

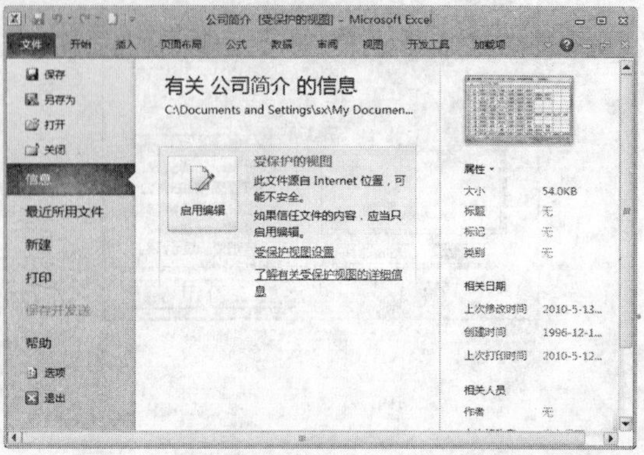

图3-11

单击图3-11中的【启用编辑】按钮右侧的【受保护视图】链接，可以打开如图3-12所示的受保护视图设置界面，根据需要来更改这些设置，即对特定类型的内容启用或禁用受保护视图。

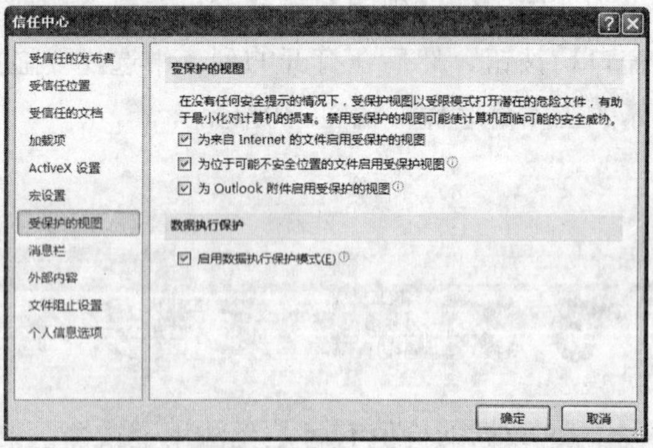

图3-12

用户还可以使用下面的方法打开图3-12的受保护视图设置界面。

Step 01 单击【文件】按钮并选择【选项】命令，打开【xx选项】对话框，其中xx表示应用程序的名称，例如，Excel。

Step 02 选择【信任中心】选项卡，然后单击右侧的【信任中心设置】按钮。

Step 03 打开【信任中心】对话框，选择【受保护的视图】选项卡，在右侧即可看到图3-12所示的设置界面。

3.3.2 清除文档中的隐私信息

在将制作好的文档发送给别人之前，如果担心其中包含隐私数据，那么可以使用检查文档功能来批量删除这些内容。单击【文件】按钮并选择【信息】命令，然后单击【检查问题】按钮并选择【检查文档】命令，打开【文档检查器】对话框，如图3-13所示（以Excel 2010为例），勾选要检查的项目前的复选框，然后单击【检查】按钮开始对文档进行检查。

检查后如果发现某些项包含隐私数据，那么会在这些项的右侧显示一个【全部删除】按钮，单击该按钮即可将对应项的隐私内容删除。

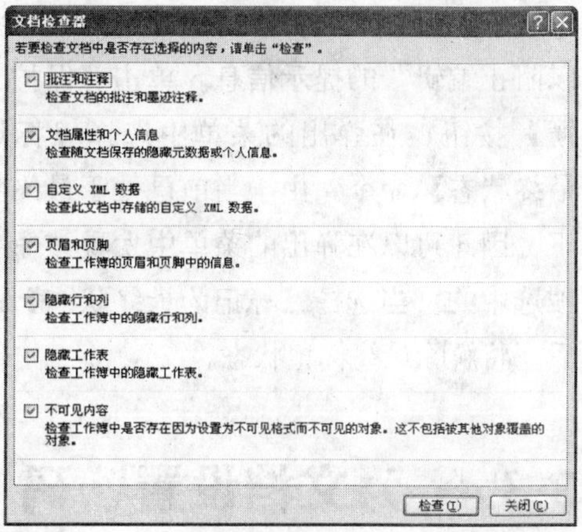

图3-13

3.3.3 将文档标记为最终状态

如果一个文档中的内容已经编辑完成，为了让该文档的所有用户都能清楚地知道这是一个已完成的版本，那么可以将文档标记为最终状态，这样可以防止用户无意中修改文档内容。换句话说，使用"标记为最终状态"功能可以将文档设置为只读，禁止其他人对文档进行编辑。以Excel 2010为例，将文档标记为最终状态的具体操作方法如下。

Step 01 单击【文件】按钮并选择【信息】命令，然后单击【保护工作簿】→【标记为最终状态】命令。

Step 02 弹出如图3-14所示的对话框，提示用户先进行标记，然后保存工作簿，最后单击【确定】按钮。在弹出的对话框中提示用户已将当前工作簿标记为最终状态。

图3-14

Step 03 单击【确定】按钮返回Excel窗口，在状态栏中可以看到最终状态标记，并且在功能区下方会显示一个信息栏，提示用户当前工作簿已被标记为最终状态，但可以随时通过单击【仍然编辑】按钮来启用编辑功能，如图3-15所示。

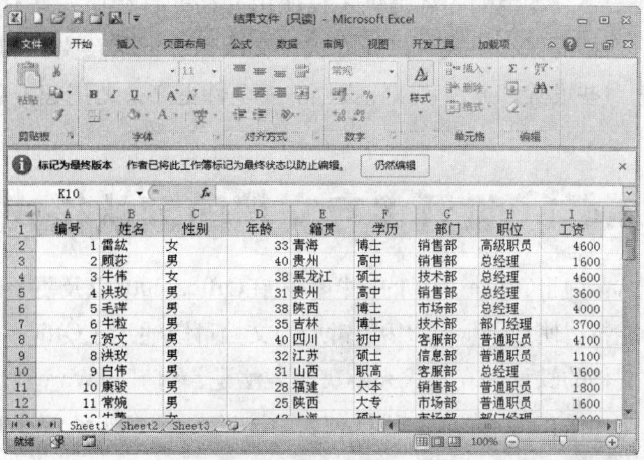

图3-15

如果要取消最终状态，可以单击【文件】按钮并选择【信息】命令，在展开的面板中可以看到“此工作簿已标记为最终状态以阻止编辑”的提示信息。单击【保护工作簿】按钮，在弹出的菜单中选择【标记为最终状态】命令。由于当前已处于最终状态下，因此可以在弹出的菜单中发现该命令是被选中的。当选择【标记为最终状态】命令后，将解除最终标记状态。

3.3.4 为文档设置密码

如果希望只限于一小部分用户可以访问文档的内容，那么可以为文档设置密码，这样只有知道密码的人才能打开这个文档，其他人无法打开。打开要设置密码的文档（以PowerPoint 2010为例），然后单击【文件】按钮并选择【信息】命令，单击【保护演示文稿】按钮并选择【用密码进行加密】命令，打开如图3-16所示的【加密文档】对话框，输入演示文稿的密码。单击【确定】按钮后再输入一遍密码，再次单击【确定】按钮即可。

当打开设置密码的文档时，会弹出如图3-17所示的对话框，只有输入正确的密码才能打开该文档。在打开了加密的文档后（仍以PowerPoint 2010为例），可以单击【文件】按钮并选择【信息】命令，然后单击【保护演示文稿】按钮并选择【用密码进行加密】命令，将对话框中的密码删除即可解除文档密码，最后保存该文档即可。

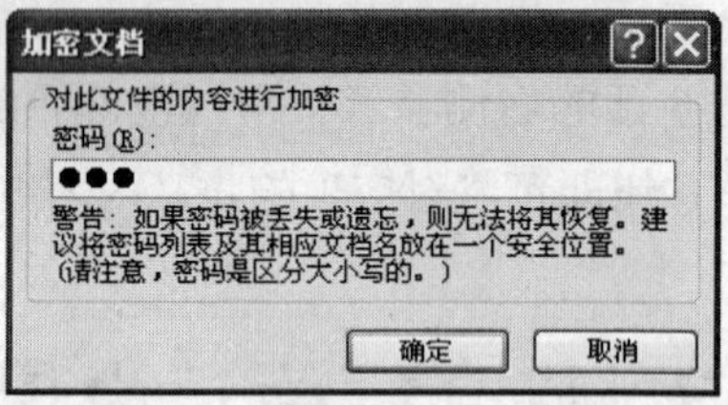

图3-16

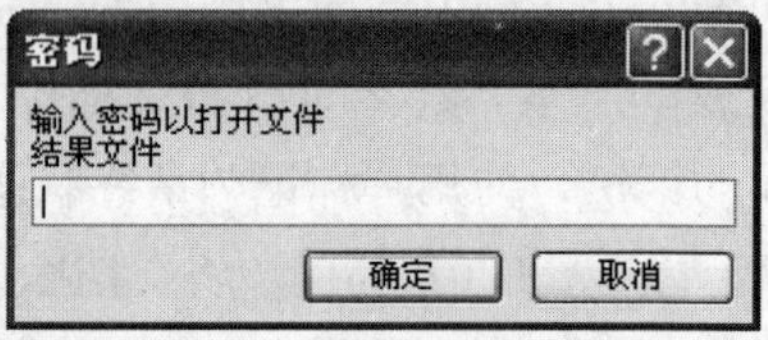

图3-17

3.4 设置文档的使用方式

本节的内容提供了在使用文档的过程中一些有用的设置，这些设置功能涵盖了文档的保存格式、打开方式、文档历史记录及文档的恢复功能。在开始工作前先做好这些设置，通常可以让文档的安全性更高，使用起来会更方便。

3.4.1 设置保存文档的默认格式

由于Office 2010的文档格式在Office 2003以及更早的版本中默认是无法打开的，因此，可能希望使用Office 2010编辑后的文档可以通用于Office的各个版本。这时，可以通过设置Office文档的默认保存格式来解决。方法是：打开【Word选项】对话框的【保存】选项卡，在【将文件保存为此格式】下拉列表中选择名为【Word 97-2003文档（*.doc）】的文档类型即可。

3.4.2 设置打开文档的默认文件夹

默认情况下，当启动一个Office程序并执行打开文件的操作时，都将自动定位到默认的打开文件位置，具体如下。

- Windows XP操作系统：C:\Documents and Settings\<用户名>\My Documents。
- Windows 7操作系统：C:\Users\<用户名>\Documents。

如果常用的Office文档位于其他固定的文件夹中，则可以修改以上默认文件夹的位置。这里以Word 2010为例，具体操作如下。

Step 01 单击【文件】按钮并选择【选项】命令，打开【Word选项】对话框。

Step 02 选择【保存】选项卡，单击【默认文件位置】右侧的【浏览】按钮。

Step 03 打开【修改位置】对话框，利用导航按钮选择要作为默认位置的文件夹。单击【确定】按钮，返回【Word选项】对话框，在【默认文件位置】文本框中可以看到新选择的文件夹路径，如图3-18所示。最后单击【确定】按钮。

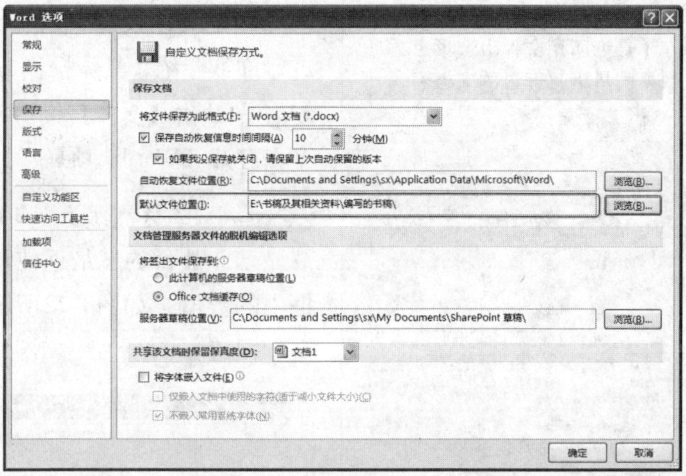

图3-18

注 意

Word 2010中可以通过单击【浏览】按钮来选择保存文件位置，但是在Excel 2010和PowerPoint 2010中只能通过手工输入文件夹路径来进行设置。

3.4.3 设置记录最近使用文档的数目

在Office早期版本中，当单击菜单栏中的【文件】命令时，会弹出一个菜单，在菜单底部会列出最近打开过的几个文件的路径和名称。Office 2010仍然保留了这项功能，而且增强了该功能，因为它不但可以列出最近打开过的文档，而且还可以显示这些文档所在的文件夹。单击【文件】按钮并选择【最近所用文件】命令，可以在右侧看到最近打开过的文档以及它们所在的文件夹，如图3-19所示。

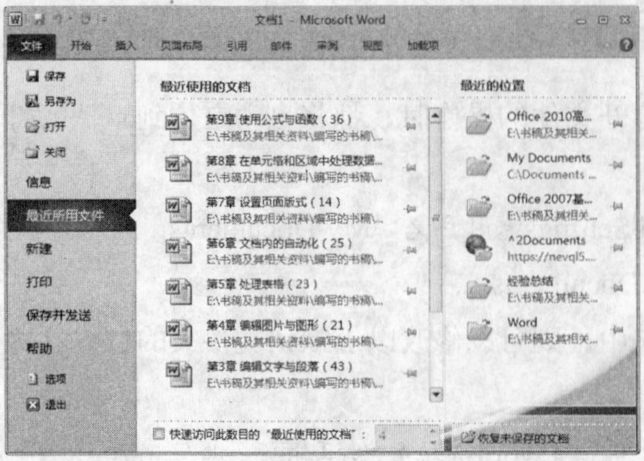

图3-19

技巧　如果希望在不选择【最近所用文件】命令时也可以看到最近使用的文件列表，则可以勾选图3-19底部的【快速访问此数目的“最近使用的文档”】复选框，然后在右侧设置要显示文档的数量。这样，即使在【文件】面板中定位到其他选项时，也可以在【最近所用文件】选项上方显示出指定数量的最近打开过的文档名，如图3-20所示。

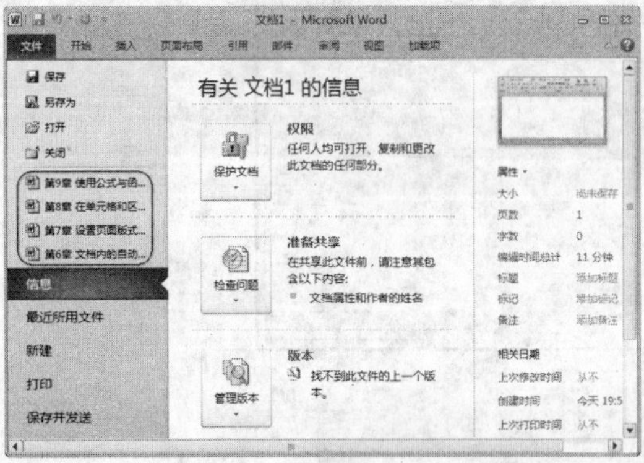

图3-20

随着打开不同文档数量的增加，在【最近所用文件】面板中只能显示最近打开的一定数量的文档。如果希望某些文档常驻于【最近所用文件】面板中，可以单击文件名右侧的 按钮，这样就可以将相应的文档名称锁定在【最近所有文件】面板中，此时该按钮变为 ，单击 则会解锁。也可以通过右键菜单来完成该操作，右击要锁定或解锁的文件名称，在弹出的快捷菜单中选择【固定至列表】或【从列表中取消固定】命令即可，如图3-21所示。

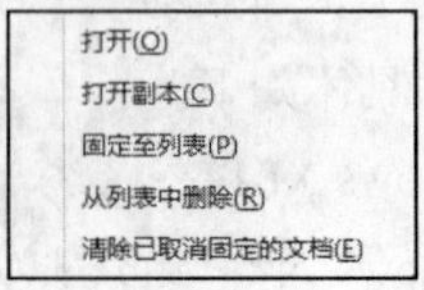

图3-21

提示　如果不想让某些重要或机密文件的打开记录出现在【最近所用文件】面板中，则可以在图3-21所示的右键快捷菜单中选择【从列表中删除】命令。

默认情况下，Office 2010应用程序可以在【最近所用文件】面板中显示不同名的25个已打开过的文档名称。用户可以根据实际情况自定义该数量。这里以Word 2010为例进行详细介绍，具体操作方法如下。

Step 01 单击【文件】按钮并选择【选项】命令，打开【Word选项】对话框。

Step 02 选择【高级】选项卡，在右侧修改【显示此数目的“最近使用的文档”】文本框中的数值，如图3-22所示。最后单击【确定】按钮。

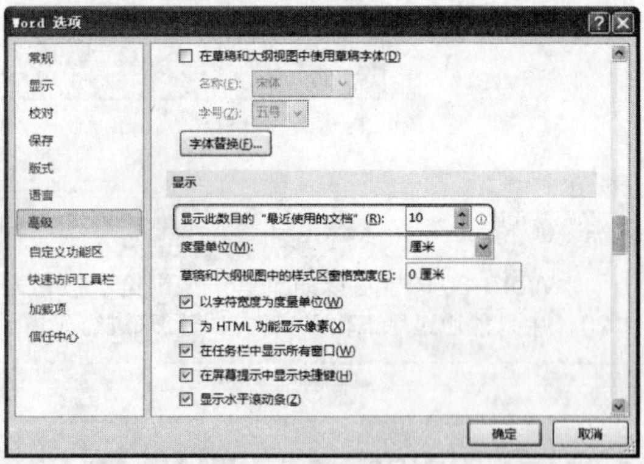

图3-22

技巧　如果希望快速清除【最近所用文件】面板中所有打开文件的记录，则可以将图3-22中的【显示此数目的“最近使用的文档”】参数设置为0。

3.4.4 启用或禁用未保存文档的恢复功能

Office 2010提供了对未保存的文档进行恢复的功能，这里所说的未保存的文档是指新建一个文档，输入一些内容，然后不保存而直接将其关闭。在Office 2010中可以恢复这类文档。这里以Word 2010为例进行介绍（在Excel 2010和PowerPoint 2010中也提供了相同的功能）。新建一个Word文档，然后在其中输入一些内容并在不保存的状态下将该文档关闭，然后可以使用Word 2010的新功能来恢复该文档，有以下两种方法。

- 单击【文件】按钮并选择【最近所用文件】命令，在展开的面板底部单击【恢复未保存的文档】按钮，打开如图3-23所示的对话框，双击要恢复的文档即可。
- 单击【文件】按钮并选择【信息】命令，在展开的面板中单击【管理版本】按钮并选择【恢复未保存的文档】命令，然后在打开的对话框中选择要恢复的文档。

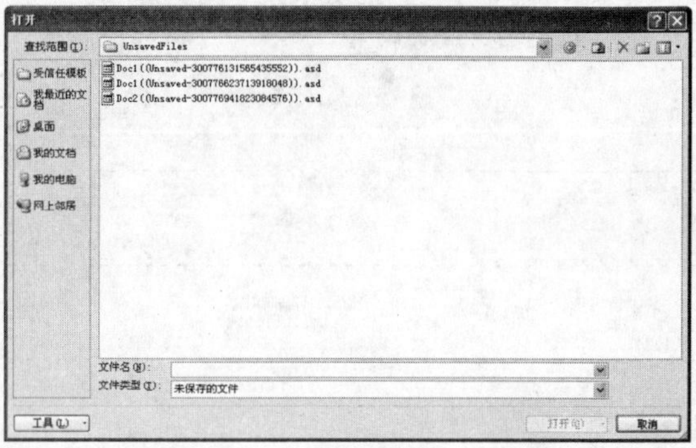

图3-23

可恢复的未保存过的文档位于以下路径。

- Windows XP操作系统：C:\Documents and Settings\<用户名>\Local Settings\Application Data\Microsoft\OFFICE\UnsavedFiles。
- Windows 7操作系统：C:\Users\<用户名>\AppData\Local\Microsoft\Office\UnsavedFiles。

注意

要使用恢复未保存文档这项功能，需要具备两个条件：首先要开启自动保护功能，方法是：单击【文件】按钮并选择【选项】命令，打开【xx选项】（xx表示选项名称）对话框并选择【保存】选项卡，在右侧勾选【如果我没保存就关闭，请保留上次自动保留的版本】复选框；其次，工作簿的编辑时间不低于【保存自动恢复信息时间间隔】中的时间。

3.4.5 设置自动恢复文档的保存时间间隔

Office应用程序提供了一种在程序意外关闭时的补救措施。默认情况下，Office应用程序会每隔10分钟自动保存当前打开文件的一个临时备份。当出现如突然停电或电脑意外死机等突发情况时，可以使用临时备份文件来恢复出现问题之前的文档数据。这里以Word 2010为例来讲解修改默认的自动保存时间间隔的具体操作方法。

Step 01 单击【文件】按钮并选择【选项】命令，打开【Word选项】对话框。

Step 02 选择【保存】选项卡，在右侧勾选【保存自动恢复信息的时间间隔】复选框，然后在右侧的文本框中输入希望的时间间隔。最后单击【确定】按钮。

读·书·笔·记

中文版 Office 2010 应用大全

Chapter 04

输入与编辑文本

文字与段落是构成Word文档中最基础的对象，段落由一个个文字组成，而文档由一个个段落组成，Word排版中处理最多的对象就是文字和段落。本章将详细介绍在Word中处理文本的方法，包括文本的输入、选择、编辑、字体和段落格式的设置、单级、多级自动编号以及查找和替换操作。

4.1 在文档中输入文本

在Word 2010中，英文字符、中文汉字、常用符号等都可以使用键盘输入。对于一些特殊符号，可以借助Word 2010内置的功能来输入。此外，在Word中还可以利用构建基块重复输入由用户定制的内容，包括图片和图形。Word中还隐藏了一种输入虚拟内容的方法。本节还将介绍输入与编辑文本的一些常用方法，包括移动、复制和删除文本。

4.1.1 输入中文和英文内容

在Word文档中输入英文字符很简单，直接按键盘上对应的字母键即可，而输入中文则需要在Word文档中切换到中文输入法状态。如果是从英文输入法切换到默认的中文输入法，只需按Ctrl+空格键；如果希望在多个不同的输入法之间切换，则需要按Ctrl+Shift组合键。

在文档中输入内容之前，首先需要了解Word是如何知道用户要将内容输入到哪里。在任何一个文档中都可以看到一条黑色的竖线，如图4-1所示。它的位置决定了内容被输入到哪里，通常将这条线称为“插入点”，本书后面的内容也会使用这一名称。

图4-1

在输入文字的过程中，插入点会随着文字的输入而自动向右移动，如图4-2表示两个不同输入状态下的插入点位置。

当输入到一行的结尾时，如果继续输入文字，那么Word会自动将内容转到下一行并继续显示。此时，这些内容被认为是属于同一个段落。如果希望将不同的内容输入到不同的段落中，则可以在要作为段落的分界处按Enter键。如图4-3所示的文档就包含了两个段落，可以看到从第三行开始的内容属于第二个段落。

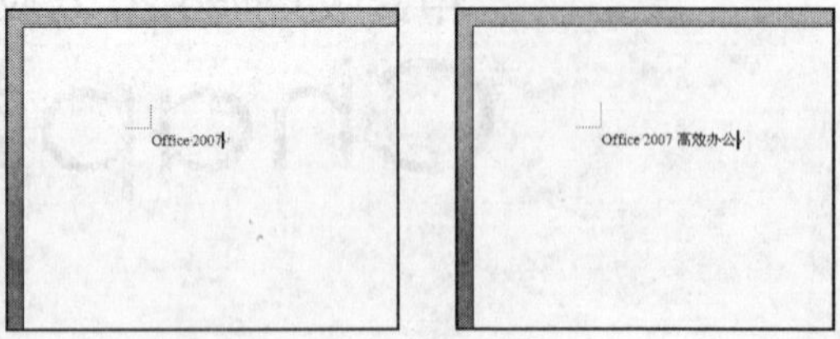

图4-2

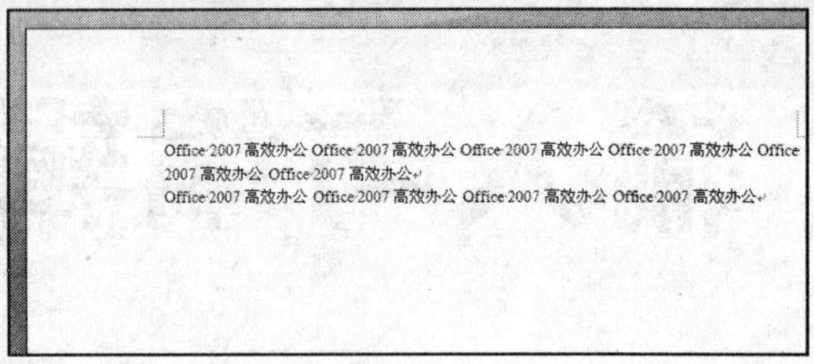

图4-3

在图4-3中可以看到↵标记，该标记是段落标记，表示一个段落的终止，也预示着在下一行将是一个新段落的开始。可以使用下面的方法在文档中显示该标记：单击功能区中的【开始】→【段落】→【显示/隐藏编辑标记】按钮。如果单击该按钮后未显示段落标记，那么可以打开【Word选项】对话框，选择【显示】选项卡，然后勾选右侧的【段落标记】复选框。

4.1.2 输入各类符号

利用键盘可以轻松输入平时常用的标点符号，包括逗号、顿号、句号、括号等。在输入这些符号时，通常都要切换到中文输入法状态下，然后配合Shift键及其他键来输入。例如，要输入省略号，可以在中文输入状态下按Shift+6组合键；如果要输入顿号，可以按Shift+\组合键（“\”键位于主键盘区BackSpace键和等号键之间）。

如果要输入常用标点符号以外的其他符号，那么Word也可以胜任。现在的中文输入法程序都自带了符号输入功能，但是由于本书的目的是介绍Office软件的使用，因此这里只介绍如何在Word中输入各种符号的方法。单击功能区中的【插入】→【符号】→【符号】按钮，在弹出的菜单中选择【其他符号】命令，打开如图4-4所示的【符号】对话框。在这个对话框中输入符号的诀窍在于从【符号】选项卡的【字体】和【子集】下拉列表中选择不同的组合，然后在下方列表框中会列出不同的符号。

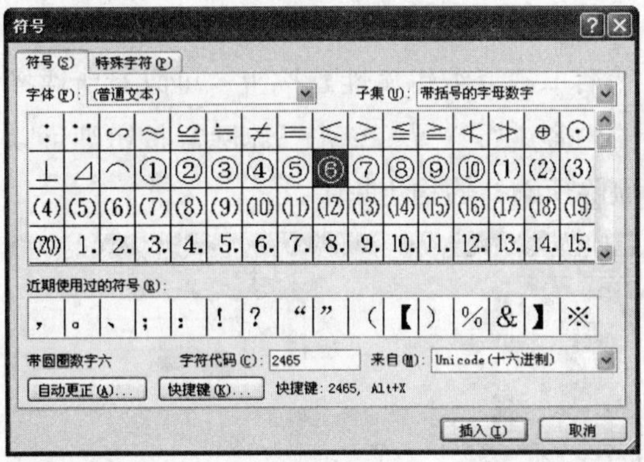

图4-4

> **技巧** 为了便于快速输入某些常用的特殊符号，可以单击图4-4中的【快捷键】按钮，然后在打开的对话框中输入快捷键组合。其中还会要求用户选择快捷键的保存位置，可以保存到当前文档或打开的模板中。关于模板的内容请参考本书第7章中的相关内容。

4.1.3 输入数学公式

与以往Office版本不同，在Office 2010中除了可以使用公式编辑器来输入公式外，还可以使用新增的插入公式功能区来输入和编辑公式。这里将重点介绍使用功能区输入公式的方法（早期输入公式的方法请读者参考Office 2003类的书籍）。例如，这里想要输入如图4-5所示的公式，具体操作方法如下。

$$\sqrt{\frac{n\sum x^2-(\sum x)^2}{n(n-1)}}$$

图4-5

Step 01 将插入点定位到要输入公式的位置，单击功能区中的【插入】→【符号】→【公式】按钮，在弹出的菜单中选择【插入新公式】命令，在文档中自动插入了一个用于输入公式的编辑器，同时激活功能区中的【设计】选项卡，在该选项卡中显示了可用的公式编辑工具。

Step 02 这里需要先输入一个根式，单击【结构】组中的【根式】按钮，并从打开的列表中选择如图4-6所示的根式。

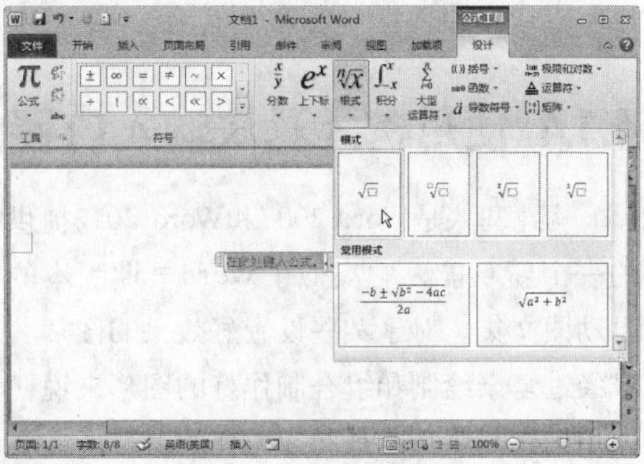

图4-6

Step 03 此时将在公式编辑框中插入一个根式符号，按左方向键，将插入点移动到根式中，如图4-7所示。

Step 04 单击【结构】组中的【分数】按钮，并从打开的列表中选择第一个分数类型，即“分数（竖式）”，即可在根式中插入一个分数线，如图4-8所示。

图4-7

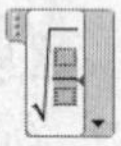
图4-8

Step 05 按一次左方向键，将插入点定位到分母中，然后输入分母的内容。再按一次上方向键，将插入点定位到分子中，然后输入分子的内容，其间可能需要插入求和以及上标符号。输入好后单击外区域，完成公式的设置，如图4-9所示。

$$\sqrt{\frac{n\sum x^2-(\sum x)^2}{n(n-1)}}$$

图4-9

Step 06 最后单击公式输入框左上角的全选按钮，然后单击功能区中的【开始】→【字体】→【倾斜】按钮，为公式设置斜体即可，如图4-10所示。

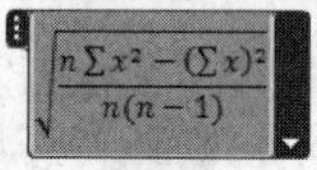
图4-10

4.1.4 使用构建基块输入内容

构建基块是Word 2007和Word 2010提供的一个新功能，它类似于Word早期版本的自动图文集。对于某些设置好效果的图片，或经过复杂绘制和组合制作好的图形来说，使用构建基块功能是非常方便的。选择需要重复输入的内容，可以是文字、图形、图片等各种对象，单击功能区中的【插入】→【文本】→【文档部件】按钮并选择【将所选内容保存到文档部件库】命令，打开【新建构建基块】对话框，输入一个易于辨识的名称，然后选择保存位置，如图4-11所示。设置完成后单击【确定】按钮，以后就可以通过单击功能区中的【插入】→【文本】→【文档部件】按钮，在弹出的菜单中选择之前创建的内容，直接将其添加到文档中，如图4-12所示。

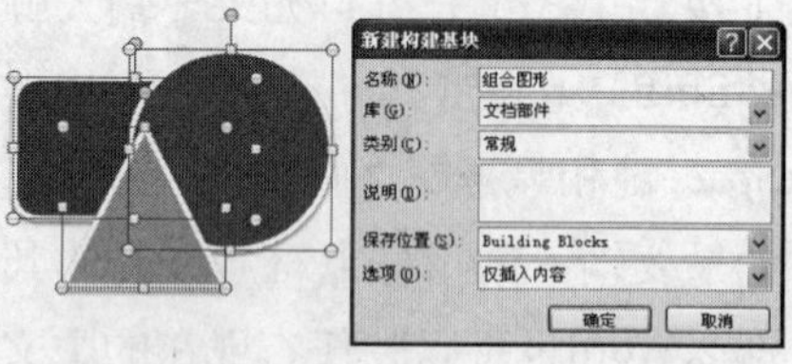

图4-11

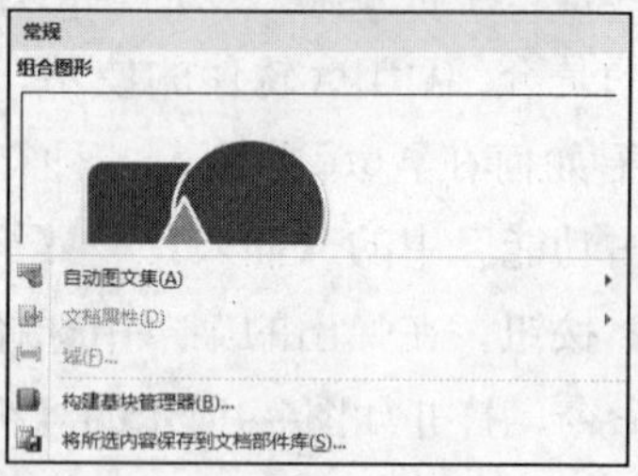

图4-12

在图4-12所示的列表中右击已有的构建基块，在弹出的快捷菜单中选择【整理和删除】命令，将打开如图4-13所示的【构建基块管理器】对话框。从列表中选择某一项，然后单击【编辑属性】按钮，可以对所选择的内容进行设置。单击【删除】按钮则可以删除所选择的构建基块。

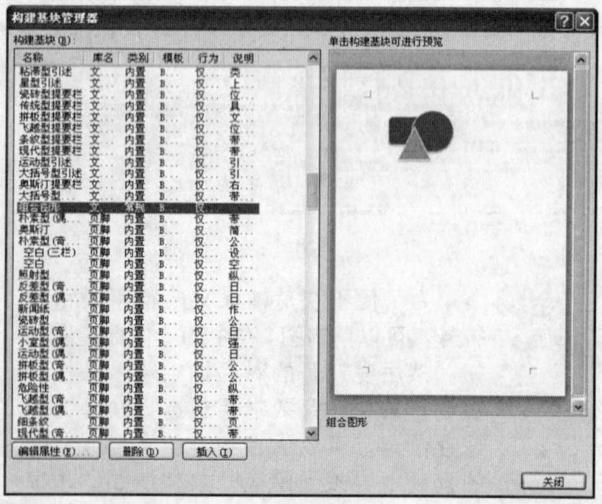

图4-13

注意

在关闭所有文档并准备退出Word 2010应用程序时，如果创建或修改过构建基块，那么会提示用户是否将构建基块的更改保存到Building Blocks文件中，根据需要进行选择即可。

4.1.5 输入虚拟内容

如果手头没有现成的文字，但还需要试验Word中的各项排版功能，那么可以使用虚拟文本功能快速在文档中输入一些内容。例如，在一个新的段落开始位置输入公式“=rand(2,5)”，按Enter键即可自动输入两个段落，每个段落包含五句话，如图4-14所示。这个公式的通用形式如下：=rand(p,s)，其中第一个参数p表示段落的数量，参数s表示每个段落中包含的句子数量。

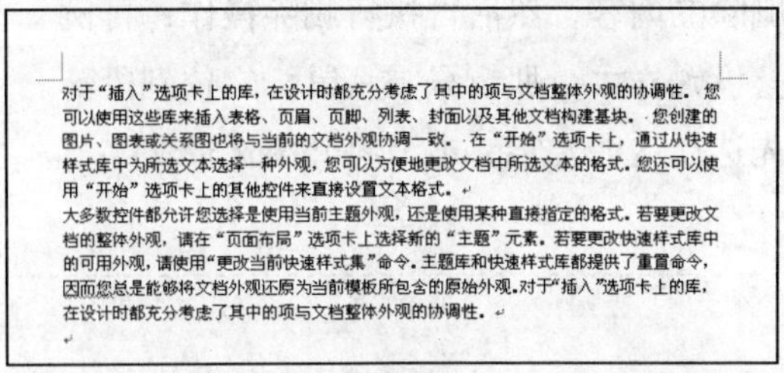
对于“插入”选项卡上的库，在设计时都充分考虑了其中的项与文档整体外观的协调性。您可以使用这些库来插入表格、页眉、页脚、列表、封面以及其他文档构建基块。您创建的图片、图表或关系图也将与当前的文档外观协调一致。在“开始”选项卡上，通过从快速样式库中为所选文本选择一种外观，您可以方便地更改文档中所选文本的格式。您还可以使用“开始”选项卡上的其他控件来直接设置文本格式。

大多数控件都允许您选择是使用当前主题外观，还是使用某种直接指定的格式。若要更改文档的整体外观，请在“页面布局”选项卡上选择新的“主题”元素。若要更改快速样式库中的可用外观，请使用“更改当前快速样式集”命令。主题库和快速样式库都提供了重置命令，因而您总是能够将文档外观还原为当前模板所包含的原始外观。对于“插入”选项卡上的库，在设计时都充分考虑了其中的项与文档整体外观的协调性。

图4-14

4.1.6 插入与改写模式

在编辑文档时很有可能在毫无察觉的情况下按下Insert键，如果不小心碰触了该按键，那么在以后输入新内容时，会自动删除插入点右侧的内容。出现此问题的原因是由于按下Insert键而导致Word处于“改写”模式，可以在如图4-15所示的Word窗口底部的状态栏中看到。可以使用Insert键在“改写”与“插入”模式之间切换，也可以单击状态栏中的“改写”/“插入”字样来切换。

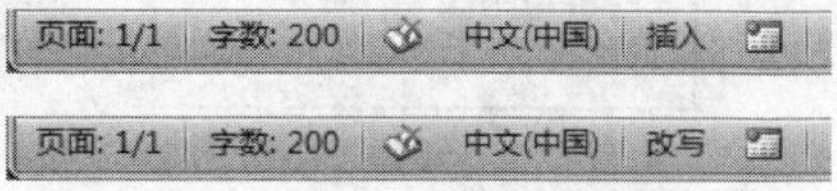

图4-15

如果希望在任意一个位置插入一些内容，那么只需单击要插入内容的位置，然后输入所需内容即可。修改文本的方法相当于是“选择”和“插入”操作的结合。首先使用鼠标或键盘选择要修改的内容，然后输入新内容，这样新内容会直接覆盖掉旧内容。另外，在修改和删除内容时，还可以使用BackSpace键和Delete键。每按一次BackSpace键，会删除插入点左侧的一个字符；每按一次Delete键，会删除插入点右侧的一个字符。

交叉参考

选择文本的方法请参考本章4.2节中的内容。

4.1.7 移动与复制文本

有时可能需要调整已有内容在文档中的位置，或者需要重复输入某些内容，此时可以使用Word中的移动和复制功能来解决。移动是指将文档中的内容从一个位置转移到另一个位置，原位置内容消失；而复制则是在将原位置内容转移到新位置后，原位置内容仍然保留。

移动内容很简单，先选择要移动的内容，然后将鼠标移动到选区上，当鼠标变为 形状时单击并按住鼠标左键（如图4-16所示），将内容拖动到目标位置，再释放鼠标左键即可。复制内容与移动类似，只是在拖动前按住Ctrl键就行了。

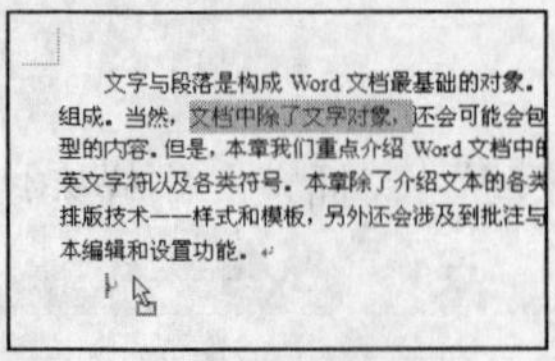

图4-16

对于目标位置与原位置相距较远的情况，使用拖动的方法来移动和复制就显得不是很方便了，这时可以使用【剪切】、【复制】和【粘贴】命令来完成，具体操作方法如下。

- 通过命令进行移动：右击待移动区域，从弹出的快捷菜单中选择【剪切】命令，然后右击目标位置，从弹出的快捷菜单中选择【粘贴选项】中的一种粘贴方式。
- 通过命令进行复制：右击待移动区域，从弹出的快捷菜单中选择【复制】命令，然后右击目标位置，从弹出的快捷菜单中选择【粘贴选项】中的一种粘贴方式。

另外，还可以通过功能区中的【开始】→【剪贴板】→【剪切】/【复制】/【粘贴】按钮进行文本的移动和复制。以上操作还可以使用Ctrl+X、Ctrl+C和Ctrl+V组合键代替。Ctrl+X组合键执行剪切操作，Ctrl+C组合键执行复制操作，Ctrl+V组合键执行粘贴操作。

4.2 选择文本

在很多操作中都需要先选择要操作的对象，然后才能对选择的内容进行各种操作。例如，在删除文字或段落时，就需要先选择要删除的内容，然后再执行删除操作；再例如，在为文字和段落设置样式时，如果是为段落设置样式，那么只需将鼠标定位到段落内即可，但如果为文字设置样式，那么就必须先选择这些文字。本节将介绍选择文字与段落的方法。

4.2.1 选择连续的文本

最简单、最直观地选择文本的方法就是使用鼠标，通常可以使用以下几种方法。

1. 选择字、词、句

可以通过拖动鼠标选择字、词、句，当然，也可以选择行、段落以及文档中的所有内容。首先将插入点定位到待选择内容第一个字符的左侧，然后按住鼠标左键并向右和向下拖动（如果包含多行的话），当到达待选择内容结尾时释放鼠标左键。如果要选择一个词，可以单击这个词的第一个字的左侧，双击即可选择该词。如果要选择一句话，可以在按住Ctrl键的同时单击这个句子中的任意位置。

2. 选择一行或多行

- 选择一行：将插入点移动到要选择行的左侧，当鼠标变为 ↗ 形状时单击。
- 选择多行：首先选择一行，然后按住鼠标左键向上或向下拖动。

01 Chapter
02 Chapter
03 Chapter
04 Chapter
05 Chapter
06 Chapter
07 Chapter
08 Chapter
09 Chapter
10 Chapter

3. 选择一段或多段

- 选择一段：将插入点移动到要选择行的左侧，当鼠标变为⬀形状时双击选择，如图4-17所示的阴影部分。
- 选择多段：首先选择一段，然后按住鼠标左键向上或向下拖动，即可选择多段。也可以先通过选择一行，然后扩展到选择多个段落。

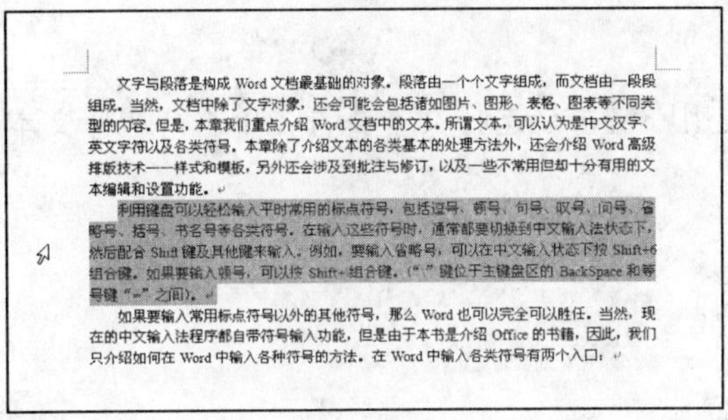

文字与段落是构成 Word 文档最基础的对象。段落由一个个文字组成，而文档由一段段组成。当然，文档中除了文字对象，还会可能会包括诸如图片、图形、表格、图表等不同类型的内容。但是，本章我们重点介绍 Word 文档中的文本。所谓文本，可以认为是中文汉字、英文字符以及各类符号。本章除了介绍文本的各类基本的处理方法外，还会介绍 Word 高级排版技术——样式和模板，另外还会涉及到批注与修订，以及一些不常用但却十分有用的文本编辑和设置功能。

利用键盘可以轻松输入平时常用的标点符号，包括逗号、顿号、句号、叹号、问号、省略号、括号、书名号等各类符号。在输入这些符号时，通常都要切换到中文输入法状态下，然后配合 Shift 键及其他键来输入。例如，要输入省略号，可以在中文输入状态下按 Shift+6 组合键。如果要输入顿号，可以按 Shift+\组合键。（“\”键位于主键盘区的 BackSpace 和等号键“=”之间）。

如果要输入常用标点符号以外的其他符号，那么 Word 也可以完全可以胜任。当然，现在的中文输入法程序都自带符号输入功能，但是由于本书是介绍 Office 的书籍，因此，我们只介绍如何在 Word 中输入各种符号的方法。在 Word 中输入各类符号有两个入口：

图4-17

4. 选择所有内容

将插入点移动到文档内某行的左侧，当鼠标变为⬀形状时单击三次，即可选择文档中的所有内容。

5. 使用Shift键选择

可以使用键盘来选择连续的内容。例如，在当前插入点位置按住Shift键，然后按方向键，即可选择从当前插入点到指定位置之间的内容。如果希望选择从当前插入点位置到插入点所在的行首或行尾之间的内容，那么可以按住Shift键，然后按Home或End键。

> **技巧** 有时在复制一个段落时，如果使用鼠标的方法进行选择，那么会同时选择段落结尾的段落标记。这样的段落在粘贴时会附带段落格式。有时用户只希望复制段落内容而不包含格式，可以这样来处理：首先选择整个段落（包含段落标记），然后按住Shift键再按一次左方向键即可。

如果要选择文档内某个指定大范围的区域，使用鼠标拖动肯定可以做到，但是定位时可能不够准确，不是多选择了，就是少选择了。对于范围很大的区域，使用鼠标拖动选择比较费时，这时可以使用鼠标并配合Shift键来进行选择，既快速又准确。在待选择区域的起始处选择少许内容，例如，可以选择一个词、一个字或不定数量的文字，滚动鼠标滚轮定位到待选择区域的结尾位置，然后在按住Shift键的同时单击结尾处最后一个字符的右侧，这样就可以选择由起始和结尾位置包围的内容。

6. 选择所有内容

使用键盘来选择文档的所有内容是最方便快捷的，无论插入点位于文档中的什么位置，只需按Ctrl+A组合键即可选择整个文档内容。

4.2.2 选择不连续的文本

如果希望选择多处不连续的内容，可以在按住Ctrl键的同时拖动鼠标来完成，效果如图4-18所示的阴影部分。

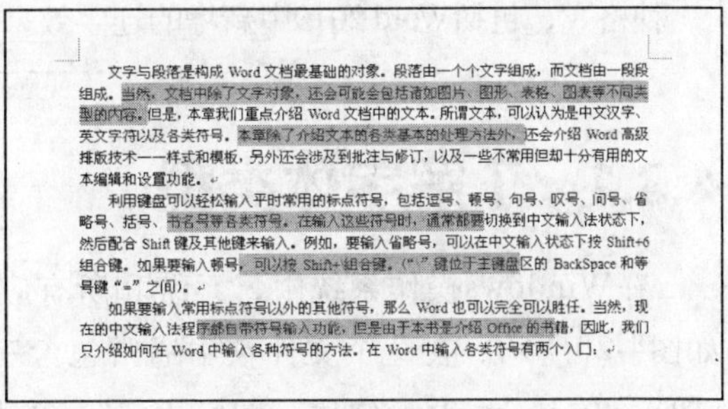

文字与段落是构成 Word 文档最基础的对象。段落由一个个文字组成，而文档由一段段组成。当然，文档中除了文字对象，还会可能会包括诸如图片、图形、表格、图表等不同类型的内容。但是，本章我们重点介绍 Word 文档中的文本。所谓文本，可以认为是中文汉字、英文字符以及各类符号。本章除了介绍文本的各类基本的处理方法外，还会介绍 Word 高级排版技术——样式和模板，另外还会涉及到批注与修订，以及一些不常用但却十分有用的文本编辑和设置功能。

利用键盘可以轻松输入平时常用的标点符号，包括逗号、顿号、句号、叹号、问号、省略号、括号、书名号等各类符号。在输入这些符号时，通常都要切换到中文输入法状态下，然后配合 Shift 键及其他键来输入。例如，要输入省略号，可以在中文输入状态下按 Shift+6 组合键。如果要输入顿号，可以按 Shift+\组合键。（“\”键位于主键盘区的 BackSpace 和等号键“=”之间）。

如果要输入常用标点符号以外的其他符号，那么 Word 也可以完全可以胜任。当然，现在的中文输入法程序都自带符号输入功能，但是由于本书是介绍 Office 的书籍，因此，我们只介绍如何在 Word 中输入各种符号的方法。在 Word 中输入各类符号有两个入口：

图4-18

4.2.3 纵向选择文本

一般的选择都是横向进行的，既只有选择了一行后，才能选择下一行，其实在Word

中也可以纵向选择文本内容。只需按住Alt键，然后拖动鼠标进行选择即可，效果如图4-19所示的阴影部分。

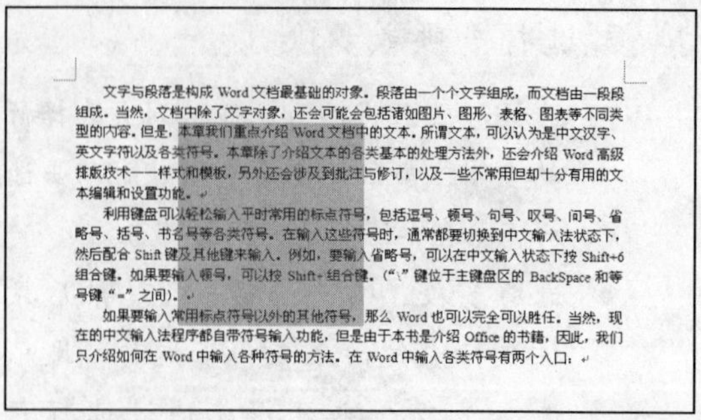
文字与段落是构成 Word 文档最基础的对象。段落由一个个文字组成，而文档由一段段组成。当然，文档中除了文字对象，还会可能会包括诸如图片、图形、表格、图表等不同类型的内容。但是，本章我们重点介绍 Word 文档中的文本。所谓文本，可以认为是中文汉字、英文字符以及各类符号。本章除了介绍文本的各类基本的处理方法外，还会介绍 Word 高级排版技术——样式和模板，另外还会涉及到批注与修订，以及一些不常用但却十分有用的文本编辑和设置功能。

利用键盘可以轻松输入平时常用的标点符号，包括逗号、顿号、句号、叹号、问号、省略号、括号、书名号等各类符号。在输入这些符号时，通常都要切换到中文输入法状态下，然后配合 Shift 键及其他键来输入。例如，要输入省略号，可以在中文输入状态下按 Shift+6 组合键。如果要输入顿号，可以按 Shift+\ 组合键。（“\”键位于主键盘区的 BackSpace 和等号键“=”之间）。

如果要输入常用标点符号以外的其他符号，那么 Word 也可以完全可以胜任。当然，现在的中文输入法程序都自带符号输入功能，但是由于本书是介绍 Office 的书籍，因此，我们只介绍如何在 Word 中输入各种符号的方法。在 Word 中输入各类符号有两个入口：

图4-19

4.2.4 扩展选择文本

Word还提供了另一个选择文本的方式——使用F8键扩展选择文本。首先单击待选择文本区域的起始处，然后根据需要进行以下操作。

- 按一次F8键，再单击待选择区域的结尾处，将自动选中两次单击所包围的区域。
- 按二次F8键，选择插入点位置所在的单词。
- 按三次F8键，选择插入点位置所在的句子。
- 按四次F8键，选择插入点位置所在的段落。
- 按五次F8键，选择文档的所有内容。
- 按Esc键，退出扩展选择模式。

4.3 设置字体格式

字体格式适用于文本中的每一个文字或字符，通过设置字体格式，可以极大地改变文档的局部或整体外观，起到很好的美化文档的效果。本节将详细介绍Word中字体的各种格式，包括Word 2010中新增的连字效果。

4.3.1 了解字体类型

在Windows操作系统中，系统和所有应用程序所使用的字体都保存在Fonts文件夹中，如图4-20所示。在这个文件夹中通常包含三类字体，可以通过字体图标区分它们：图标为“TT”的是TrueType字体，图标为“O”的是OpenType字体。这两种字体都是轮廓字体，这就意味着每个使用这些字体的字符都只包括轮廓。当设定字体大小时，实际上是设置了字体的外围轮廓，然后再用黑色或其他颜色对字体进行填充。因此，TrueType和OpenType字体在显示上一般不会失真。另一种字体在Fonts文件夹中的图标为“A”，这种字体是Raster字体，它通常由小图形组成，因此在放大时可能会变得不清晰。

图4-20

4.3.2 添加更多的字体

如果在排版时发现Windows系统或Word中没有合适的字体，或是对字体有特殊需要，那么可以安装新的字体。安装新字体的具体操作方法如下。

Step 01 打开【控制面板】窗口，在经典视图下双击【字体】选项。

Step 02 打开【字体】窗口，选择菜单栏中的【文件】→【安装新字体】命令。

Step 03 打开【添加字体】对话框，在【驱动器】和【文件夹】中选择字体文件所在的磁盘驱动器和文件夹。如果选择正确，那么【字体列表】列表框中会显示所选文件夹中的所有字体。在按住Ctrl键的同时单击字体名称可以选择多个字体，如图4-21所示。如果要选择所有字体，则可以单击【全选】按钮。

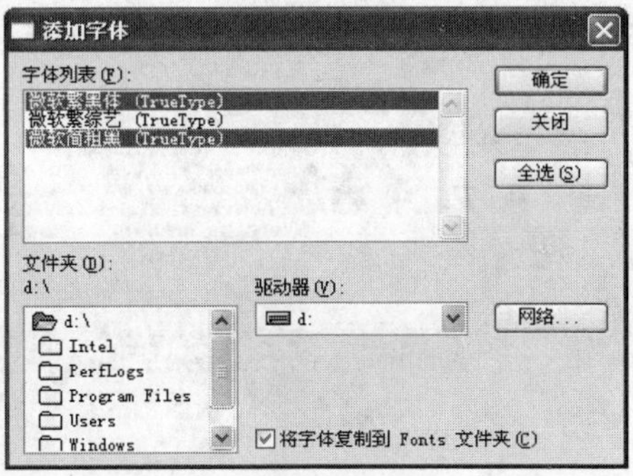

图4-21

Step 04 选择好字体后，单击【确定】按钮，即可将所选字体安装到Windows系统中。

4.3.3 改变字体和大小

在文档编辑过程中，可以随时改变文本的字体及其大小。选择要设置字体的文本，然后单击功能区中的【开始】→【字体】→【字体】下拉按钮，在打开的列表中选择一种字体。正像前面介绍的那样，在每种字体的左侧包含一个图标，用于区分TrueType和OpenType两种字体。

如果要调整文字的大小，可以单击功能区中的【开始】→【字体】→【字号】下拉按钮，在打开的列表中选择一种字号。在列表中使用了两种方式表示文字大小，表4-1列出了字号与磅值之间的对应关系。在列表中选择的最大字号是72，如果要设置更大的字号，那么可以直接在字号组合框中输入一个数字，然后按Enter键，但输入的数字不能大于1638。

表4-1 字号与磅之间的对应关系

字号	初号	小初	一号	小一	二号	小二	三号
磅值	42	36	26	24	22	18	16
字号	小三	四号	小四	五号	六号	七号	八号
磅值	15	14	12	10.5	7.5	5.5	5

4.3.4 改变字体颜色

默认情况下，Word为文档中的文字设置的颜色是【自动】。【自动】的含义就是文字颜色随文档背景色自动进行调整。例如，默认情况下文档背景为白色，那么字体就是黑色；如果将文档背景设置为黑色，那么字体就变为白色。单击功能区中的【开始】→【字体】→【字体颜色】按钮，可以将所选文字设置为与该按钮上的颜色相同的颜色。如果希望从更多颜色中选择，需要单击【字体颜色】按钮右侧的下三角按钮，在打开的颜色列表中选择，如图4-22所示。

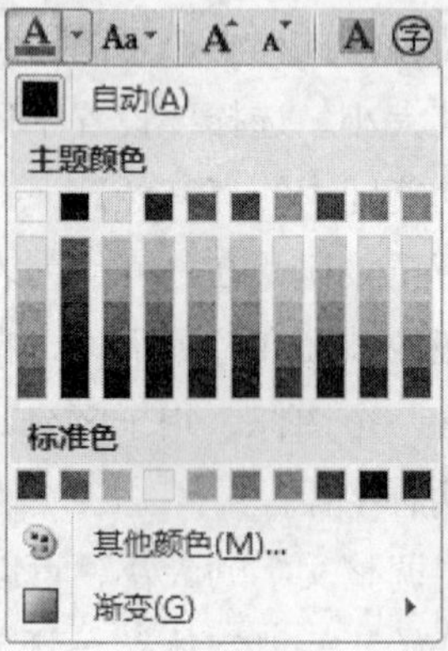

图4-22

选择列表中的【其他颜色】选项，打开【颜色】对话框，可以在【标准】选项卡中选择颜色块，或者在【自定义】选项卡中通过设置颜色的R、G、B值来指定精确的颜色（如图4-23所示），其中R表示颜色中的红色、G表示颜色中的绿色、B表示颜色中的蓝色，每种颜色可以是0~255之间的一个数值，通过组合R、G、B三个颜色的分量来得到一个颜色。

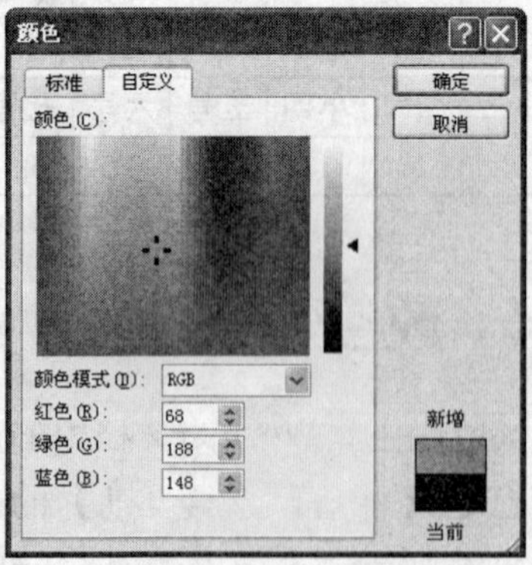

图4-23

4.3.5 设置字体特殊效果

有时为了重点突出某些文字，可以为它们设置粗体或斜体格式。选择好要设置的文字，然后单击功能区中的【开始】→【字体】→【加粗】按钮或【倾斜】按钮，就可以将文字设置为粗体或斜体。要取消文字的粗体或斜体，可以选择这些文字并再次单击【加粗】或【倾斜】按钮。如图4-24所示是设置了文字加粗和倾斜后的效果，其中的“文字”和“段落”被设置了加粗和倾斜格式。

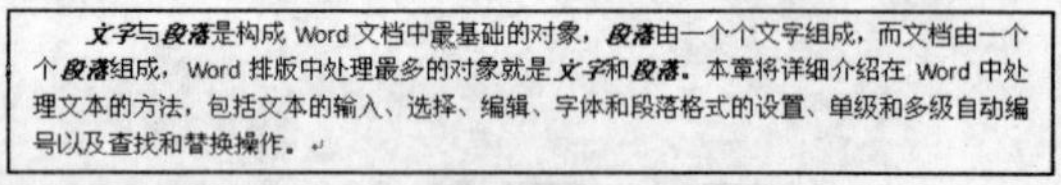
文字与***段落***是构成 Word 文档中最基础的对象，***段落***由一个个文字组成，而文档由一个个***段落***组成，Word 排版中处理最多的对象就是***文字***和***段落***。本章将详细介绍在 Word 中处理文本的方法，包括文本的输入、选择、编辑、字体和段落格式的设置、单级和多级自动编号以及查找和替换操作。

图4-24

4.3.6 设置艺术字外观

Word 2010增强了文字的格式设置功能，可以为普通文本设置艺术字效果，这在早期Word版本中是无法完成的。在Word 2010中为普通文本设置艺术字效果的操作很简单，先选择要设置的文字，然后单击功能区中的【开始】→【字体】→【文本效果】按钮，在打开的列表中选择一种艺术字样式即可，如图4-25所示。还可以使用艺术字效果列表中的【轮廓】、【阴影】、【映像】和【发光】选项来自定义所选文字的效果。

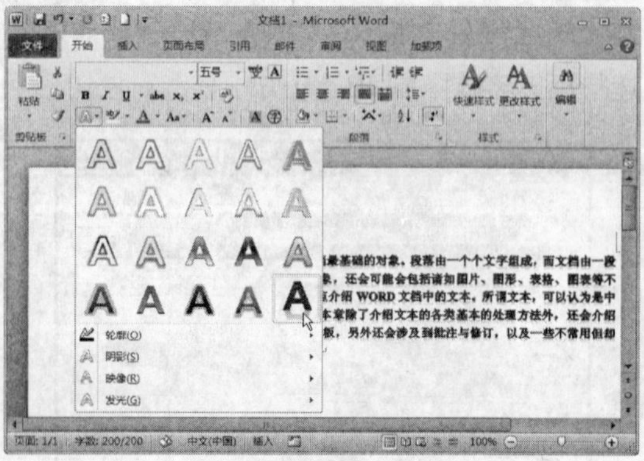

图4-25

4.3.7 利用格式刷复制字体格式

如果要为多处文字设置完全相同的格式，那么可以使用格式刷功能，而无须手工为每一处重复进行格式设置。首先为一处文本设置好最终想要的格式，然后单击包含该格式的文本内部，接着双击功能区中的【开始】→【剪贴板】→【格式刷】按钮，此时鼠标变为 形状，像选择文本一样拖动过要设置格式的文本，这样就可以快速为这些文本设置相同的格式。完成设置后，按Esc键退出格式复制模式。

4.3.8 清除字体格式

当在文本上设置了多种格式后，如果要使文本恢复到初始状态，可以使用Word中的清除字体格式功能。选择好要清除格式的文本，然后单击功能区中的【开始】→【字体】→【清除格式】按钮 。

4.3.9 控制字符间距

有些排版任务需要精确调整文字之间的距离，以便取得良好的排版效果。在选择要调整间距的文字后，右击选区，从弹出的快捷菜单中选择【字体】命令，打开【字体】对话框，切换到【高级】选项卡，如图4-26所示。在这个选项卡中可以控制文字之间的距离，同时还可以调整文字的缩放比例以及垂直位置。

例如，要扩大文字间的距离，可以在【间距】下拉列表中选择【加宽】选项。接着在右侧的文本框中输入一个数值，以此数值作为增加字符间距的依据。如图4-27所示为将字符间距设置为加宽3磅后的效果。

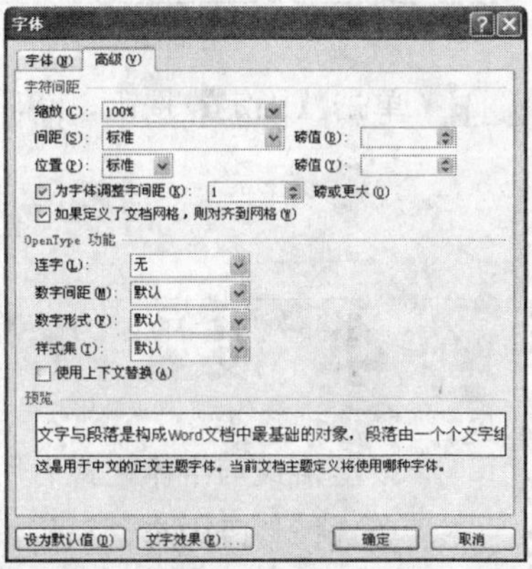

图4-26

文 字 与 段 落 是 构 成 Word 文 档 中 最 基 础 的 对 象 ，段 落 由 一 个 个 文 字 组 成 ， 而 文 档 由 一 个 个 段 落 组 成 ， Word 排 版 中 处 理 最 多 的 对 象 就 是 文 字 和 段 落 。本 章 将 详 细 介 绍 在 Word 中 处 理 文 本 的 方 法 ， 包 括 文 本 的 输 入 、 选 择 、 编 辑 、 字 体 和 段 落 格 式 的 设 置 、 单 级 和 多 级 自 动 编 号 以 及 查 找 和 替 换 操 作 。↵

图4-27

4.3.10 设置连字效果

连字效果是Word 2010中的新增功能，通过为文字设置连字效果，可以让文字看上去更连贯、更流畅。需要注意的是，Word 2010中的连字功能只能用于英文而不能用于中文。设置连字效果的具体操作方法如下。

Step 01 打开Windows操作系统的【开始】菜单，在所有程序中依次选择【Microsoft Office】→【Microsoft Office 2010工具】→【Microsoft Office 2010语言首选项】命令。

Step 02 打开【Microsoft Office 2010语言首选项】对话框，在列表框中选择【英语（美国）】，然后单击【设为默认值】按钮，如图4-28所示。

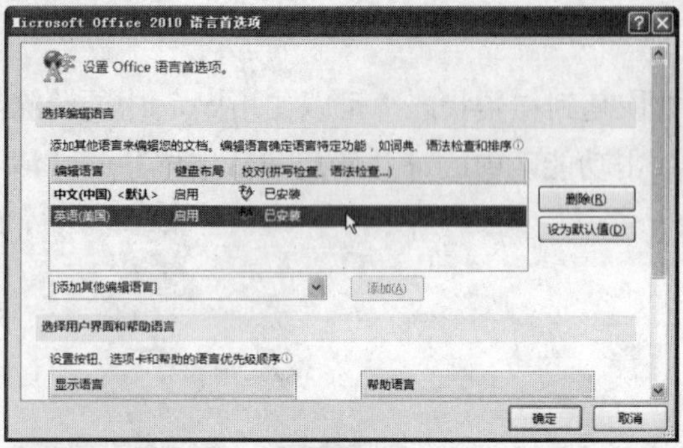

图4-28

Step 03 单击【确定】按钮，然后关闭当前运行的Word 2010。重新启动Word 2010，然后在文档中输入英文单词，选中这些单词，打开【字体】对话框，在【高级】选项卡中将【连字】设置为【仅标准】，效果如图4-29所示。

连字前：attention

连字后：attention

图4-29

4.3.11 设置文档的默认字体

在任何一个新建的文档中，Word默认的字体格式都是宋体、五号。如果平时在编辑文档时都需要使用楷体、小五号字，那么可以在【字体】对话框中根据自己的需要进行设置，然后单击【设为默认值】按钮，让新设置成为Word的默认字体格式，以后新建的每一个文档都将使用新的字体格式。

4.4 设置段落格式

段落格式与字体格式有所不同，字体格式仅限于选中的内容，而段落格式在设置时不需要选择整段内容，只需单击段落内部，然后设置格式，即可对整个段落有效。但是如果要设置多个段落的格式，那么就需要在设置前先选择这些段落，然后再进行设置。

4.4.1 了解段落

Word中的每个段落都是以 ↵ 符号结尾的，这个符号是段落标记，两个段落标记之间的内容就是一个段落。如图4-30所示的文档包含了两个段落。

段落格式与字体格式有所不同，字体格式仅限于选中的内容，而段落格式在设置时不需要选择整段内容，只需单击段落内部，然后设置格式，即可对整个段落有效。但是如果要设置多个段落的格式，那么就需要在设置前先选择这些段落，然后再进行设置。↵

段落格式与字体格式有所不同，字体格式仅限于选中的内容，而段落格式在设置时不需要选择整段内容，只需单击段落内部，然后设置格式，即可对整个段落有效。但是如果要设置多个段落的格式，那么就需要在设置前先选择这些段落，然后再进行设置。↵

图4-30

可能您并未在文档中看到段落标记，可以单击功能区中的【开始】→【段落】→【显示/隐藏编辑标记】按钮 来显示该标记。如果单击该按钮后仍未显示段落标记，那么可以单击【文件】按钮并选择【选项】命令，在【Word选项】对话框中选择【显示】选项卡，然后在右侧勾选【段落标记】复选框。

4.4.2 不同换行方式对段落格式的影响

在4.4.1节中介绍过标记是一个段落标记，用以确定一个段落的结束部分。但是在很多情况下，我们可能还会在文档中看到 ↓ 形状的标记，例如，在如图4-31所示的段落中，就包含了这种标记，虽然看上去好像通过 ↓ 标记将文字划分为两个段落，但其实这些文字仍属于同一个段落。如果对一部分文字设置段落格式，那么另一部分也会自动生效，这就说明这两部分是同一个段落。

> 文字与段落是构成 Word 文档中最基础的对象，段落由一个个文字组成，而文档由一个个段落组成，Word 排版中处理最多的对象就是文字和段落。↓
> 本章将详细介绍在 Word 中处理文本的方法，包括文本的输入、选择、编辑、字体和段落格式的设置、单级和多级自动编号以及查找和替换操作。↵

图4-31

↓ 标记可以通过按Shift+Enter组合键输入，而段落标记则通过按Enter键输入。↓ 标记称为手动换行，俗称软回车；段落标记 ↵ 称为自动换行，俗称硬回车。一般在将网页中的内容复制到Word文档后，其中都会包含大量的 ↓ 标记。这种标记非常不利于设置段落的格式，因此，需要将标记替换为段落标记 ↵ 。利用查找替换功能可以快速完成这个任务，具体操作方法如下。

Step 01 按Ctrl+H组合键打开【查找和替换】对话框的【替换】选项卡，单击【更多】按钮，展开该对话框。

Step 02 单击【查找内容】文本框，然后单击底部的【特殊格式】按钮，在弹出的菜单中选择【手动换行符】命令。

Step 03 单击【替换为】文本框，然后单击底部的【特殊格式】按钮，在弹出的菜单中选择【段落标记】命令。

Step 04 单击【全部替换】按钮，将文档中的所有软回车替换为硬回车。

4.4.3 设置行距和段间距

行距表示段落中行与行之间的垂直距离，既可以是某个固定值，也可以是行高的某个百分比。最简单的设置行距的方法是使用功能区中的【开始】→【段落】→【行和段落间距】按钮 下的菜单，其中包含了几个预置的行距选项，这里列出的行距选项是以每行字体高度的倍数来表示的。单击要设置行距的段落内部，然后选择一个行距。如图4-32所示是将行距设置为1.5倍时的效果。

> **技巧** 可以使用快捷键快速设置段落行距，按Ctrl+1组合键设置1倍行距；按Ctrl+2组合键设置两倍行距；按Ctrl+5组合键设置1.5倍行距。

> 文字与段落是构成 Word 文档中最基础的对象，段落由一个个文字组成，而文档由一个个段落组成，Word 排版中处理最多的对象就是文字和段落。本章将详细介绍在 Word 中处理文本的方法，包括文本的输入、选择、编辑、字体和段落格式的设置、单级和多级自动编号以及查找和替换操作。↵

图4-32

如果选择行距菜单中的【行距选项】选项，将打开【段落】对话框的【缩进和间距】选项卡，在【行距】下拉列表中可以选择更多行距选项。如果选择【最小值】或【固定值】选项，那么需要在右侧指定行高值。如果用户设置了【最小值】选项，那么行距将由单倍行距和用户设置值之间的大小决定。只有在单倍行距小于用户设置值时，才使用最小值设置，否则使用单倍行距。固定值则是一个绝对值，它直接决定了行距，因此，如果设置的固定值小于每行字体的高度，那么每行字体就不能完全显示。例如，当前段落的字体大小是16磅，但是将行距设置为12磅，那么每行文字都不能完全显示。

段间距包括段前和段后两种，可以使用功能区中的【开始】→【段落】→【行和段落间距】→【增加段前间距】或【增加段后间距】命令来增加段前或段后间距，选择后会增加12磅的间距。如果希望更灵活地设置段间距，那么可以打开【段落】对话框，然后设置【段前】和【段后】文本框中的数值。

在设置多个连续段落的段间距时，为了避免发生错误，最好的做法是只设置每一段的段后间距，而不使用段前间距。这样做是因为段间距与行距有关，而行距作用于段落内每一行的下方。

4.4.4 设置段落缩进

段落缩进是指段落第一行或整个段落向左或向右偏移的距离，分为首行缩进、悬挂缩进、左缩进和右缩进四种。

- 首行缩进：段落第一行的水平位置向右侧偏移。
- 悬挂缩进：段落除第一行外的其他行的水平位置向右侧偏移。
- 左缩进：整个段落的水平位置向右侧偏移。
- 右缩进：整个段落的水平位置向左侧偏移。

设置段落缩进最直观的方式是使用标尺上的缩进标记。选择功能区中的【视图】→【显示】→【标尺】复选框，在功能区下方显示出标尺，其中包含四个标记，每个标记与每一种段落缩进对应，将鼠标指向这些标记会显示它们的名称。单击要设置缩进的段落内部，然后直接拖动标尺中的缩进标记，即可对段落设置指定类型的缩进。如图4-33所示为对段落设置首行缩进和左缩进后的效果。

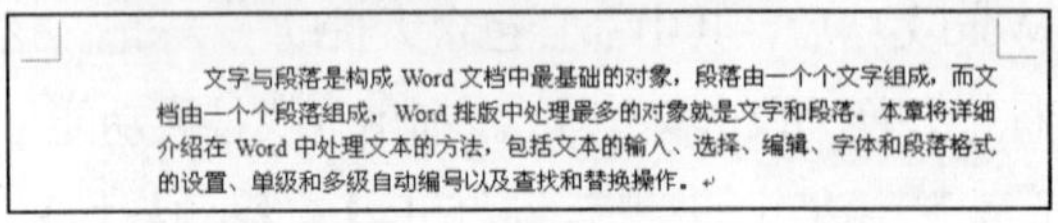
文字与段落是构成 Word 文档中最基础的对象，段落由一个个文字组成，而文档由一个个段落组成，Word 排版中处理最多的对象就是文字和段落。本章将详细介绍在 Word 中处理文本的方法，包括文本的输入、选择、编辑、字体和段落格式的设置、单级和多级自动编号以及查找和替换操作。

图4-33

如果要精确设置缩进距离，那么需要使用【段落】对话框。打开【段落】对话框，如果要设置左缩进和右缩进，那么需要设置【左侧】和【右侧】文本框中的数值；首行缩进和悬挂缩进则需要在【特殊格式】下拉列表中进行选择。在选择了一种缩进方式后，在右侧文本框中设置缩进的距离。

4.4.5 设置段落对齐方式

用于设置段落的对齐规则包括左对齐、右对齐、居中对齐、两端对齐、分散对齐。段落对齐方式都是相对于页面水平方向而言的。

- 左对齐 ：将段落以页面左侧对齐排列。
- 居中对齐 ：将段落以页面中间对齐排列。
- 右对齐 ：将段落以页面右侧对齐排列。

- 两端对齐：将段落的每行在页面中首尾对齐。当各行之间的字体大小不同时，Word会自动调整字符间距。
- 分散对齐：与两端对齐类似，将段落在页面中分散对齐排列，并根据需要自动调整字符间距。

单击要设置的段落内部，然后单击功能区【开始】→【段落】组中的段落对齐按钮，即可为当前段落设置所需的对齐方式。除此之外，也可以在【段落】对话框【缩进和间距】选项卡的【对齐方式】下拉列表中选择段落对齐方式。

4.4.6 设置段落分页方式

对于一个段落分布在两个页面的情况，可以通过设置来灵活控制段落的位置。打开该段落所属的【段落】对话框，切换到【换行和分页】选项卡，在如图4-34所示的【分页】选项组中可以根据需要选择不同的选项，从而控制段落的位置。

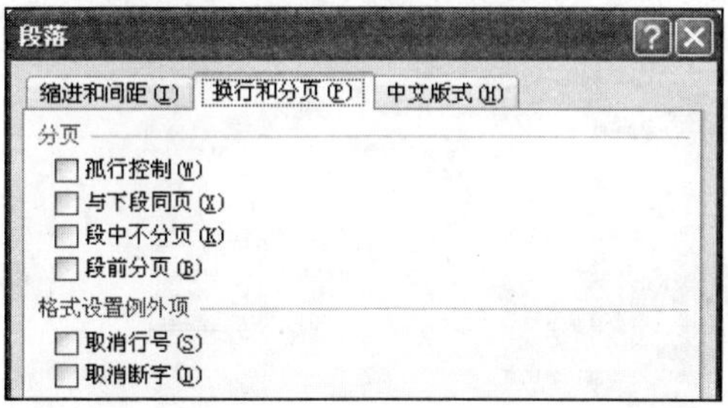

图4-34

- 【孤行控制】：用于确保整个段落始终出现在同一个页面，而不会出现段落第一行或最后一行与段落其他行分开的情况。
- 【与下段同页】：应用了该设置的段落始终与其下一个段落在同一个页面中。
- 【段中不分页】：应用了该设置的段落始终位于同一个页面。
- 【段前分页】：应用了该设置的段落，会自动显示在一个新页面的顶部。换句话说，【段前分页】功能与分页符类似，将在应用了该设置的段落之前分页。

4.4.7 设置段落边框和底纹

可以通过为段落设置边框和底纹使文档内的某些重点内容更醒目突出。段落边框是指在段落边界添加线条，可以起到很好的分隔作用；而段落底纹则是指为段落添加背景色，即文字在上，颜色位于文字下方，以起到很好地突出段落的效果。

无论是设置边框还是底纹，在设置前都需要先选择要设置的段落内容，可以是整段内容，也可以是段落中的部分内容。在功能区中的【开始】→【段落】组中【底纹】按钮右侧的按钮，按钮上的图标表示当单击该按钮时将设置的边框类型。可以通过单击按钮右侧的下拉按钮，在打开的列表中选择其他预置的边框类型，如图4-35所示。而按钮左侧的按钮则用于设置段落的底纹效果。

可以通过选择【边框和底纹】命令来自定义段落的边框和底纹，这里主要介绍自定义的方法。选择【边框和底纹】命令，打开如图4-36所示的【边框和底纹】对话框，在【边框】选项卡中的【设置】中选择预置的边框方案；在【样式】中选择边框的线形；在【颜色】和【宽度】下拉列表中为边框线设置颜色和粗细。通过单击【预览】中的四个按钮，或直接单击预览图中灰色区域的四个边界，可以为段落添加或删除边框，右侧的【预览】框中显示的效果就是当前段落添加边框的实际效果。

图4-35

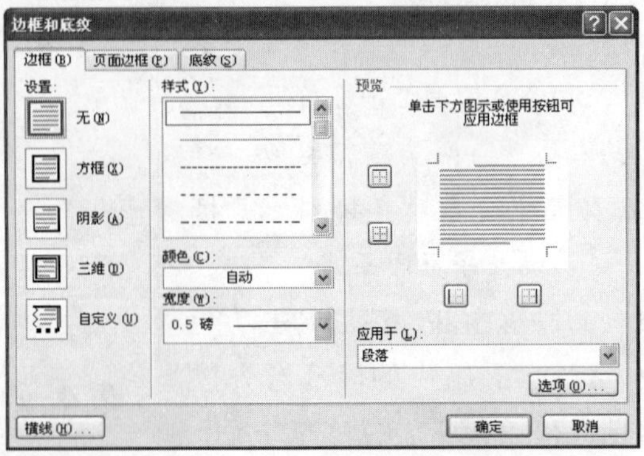

图4-36

提示 可以单击【选项】按钮，在打开的对话框中控制边框线与段落文字之间的距离。

切换到【底纹】选项卡，可以为选中段落设置填充背景色或图案，设置的效果仍然可以在右侧的【预览】中显示出来。下面的示例演示了为段落设置边框的方法，该示例将为选中段落设置一个1.5磅粗细的双线形边框，并为整个段落添加一个灰色底纹，具体操作方法如下。

Step 01 选择要设置的段落（包括段落结尾的段落标记），打开【边框和底纹】对话框，然后按图4-37所示进行设置。

- 在【样式】列表框中选择双线形。
- 在【宽度】下拉列表中选择【1.5磅】。

Step 02 切换到【底纹】选项卡，在【填充】下拉列表中选择灰色的填充色，如图4-38所示。

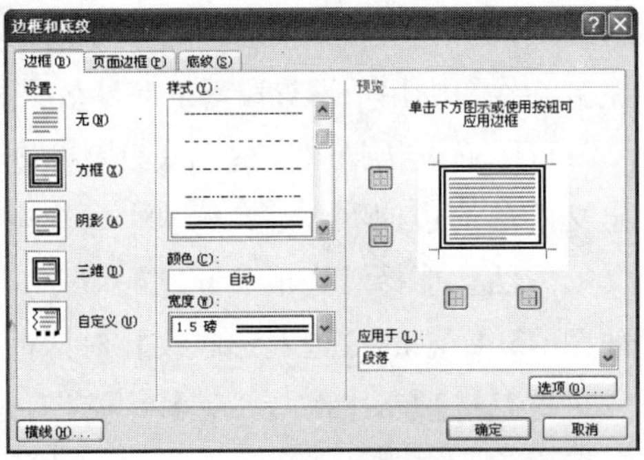

图4-37

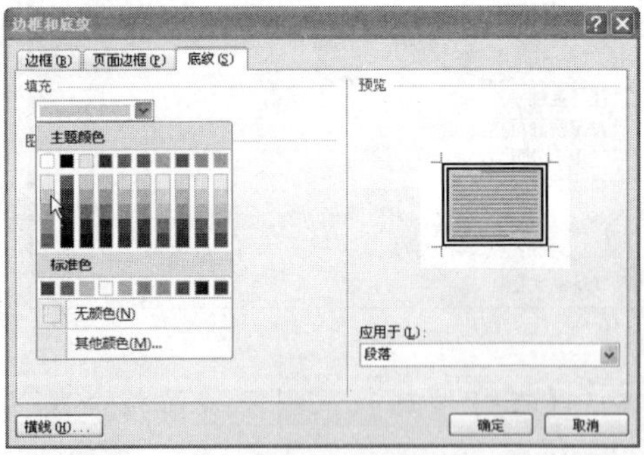

图4-38

Step 03 单击【确定】按钮，将为选中段落设置边框和底纹，如图4-39所示。

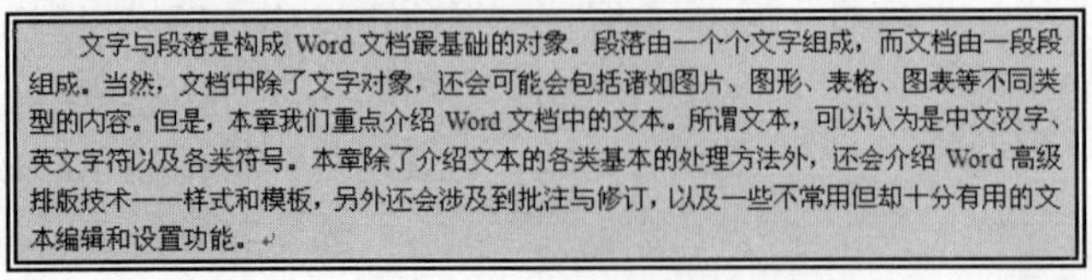
文字与段落是构成 Word 文档最基础的对象。段落由一个个文字组成，而文档由一段段组成。当然，文档中除了文字对象，还会可能会包括诸如图片、图形、表格、图表等不同类型的内容。但是，本章我们重点介绍 Word 文档中的文本。所谓文本，可以认为是中文汉字、英文字符以及各类符号。本章除了介绍文本的各类基本的处理方法外，还会介绍 Word 高级排版技术——样式和模板，另外还会涉及到批注与修订，以及一些不常用但却十分有用的文本编辑和设置功能。

图4-39

4.4.8 设置制表位

制表位是指按Tab键后插入点移动后与移动前之间的距离，而每次插入点以后所在的位置则称为制表符。可以在不创建表格的情况下利用制表位对齐文字。在Word 2010中可以使用以下两种方法设置制表位。

- 在Word窗口的标尺中通过单击鼠标左键来任意指定制表符的位置。
- 在【制表位】对话框中进行精确设置。

根据对齐方式，Word包含以下几种制表符：左对齐、居中对齐、右对齐、小数点对齐、竖线对齐。默认情况下每次按Tab键，插入点将向右移动两个字符的距离。

打开【段落】对话框，在任意一个选项卡中单击【制表位】按钮，打开如图4-40所示的【制表位】对话框，在【默认制表位】中显示了Word默认的制表位位置。可以直接修改该数值从而改变按下Tab键时插入点移动的距离，也可以根据实际需要自定义制表位。具体操作步骤如下。

Step 01 在【制表位位置】文本框中输入制表位的距离。

Step 02 在【对齐方式】和【前导符】选项组中选择在制表位位置上的文字的对齐方式，以及两个制表符之间的连接字符样式，如图4-41所示。

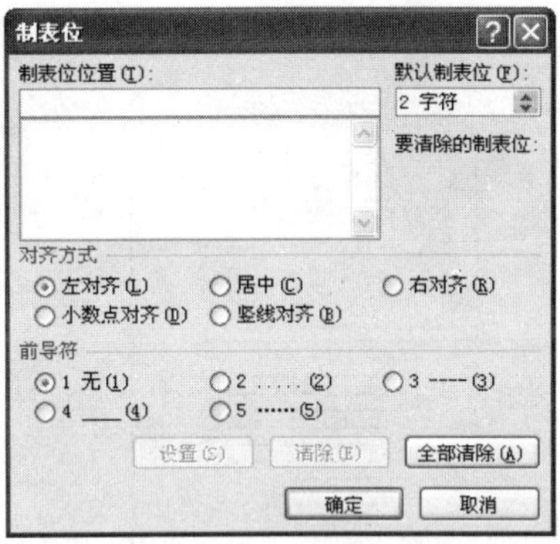

图4-40

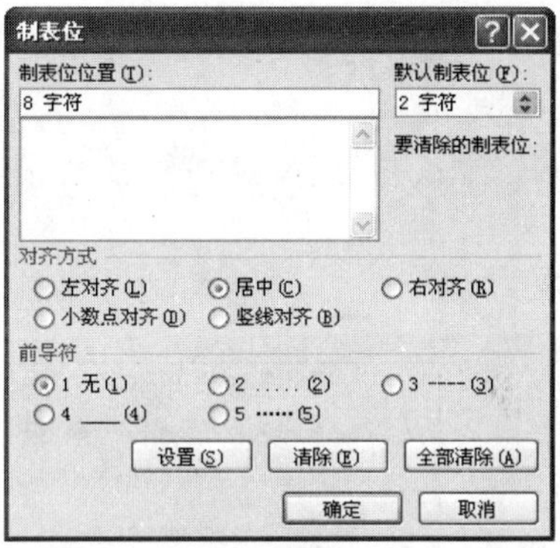

图4-41

Step 03 单击【设置】按钮，然后重复前两步的操作，直到设置好所有的制表位。

Step 04 单击【确定】按钮，然后在文档中对设置的制表位进行测试。每输入一个内容后按一次Tab键，然后观察每次新内容的位置是否与预期的相同，如图4-42所示。

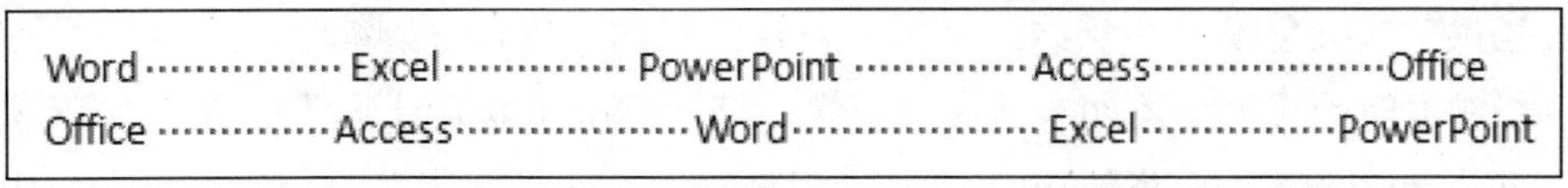

图4-42

通过单击【制表位】对话框中的【清除】按钮，可以删除当前选择的制表位。如果要删除所有自定义制表位，需要单击【全部清除】按钮。也可以在Word窗口中将标尺显示出来，然后拖动标尺上的小黑点来删除制表位。

4.5 使用自动编号功能

自动编号在文档排版中会经常用到，因为它是自动的，所以用户无须额外为编号的顺序花费过多精力。无论设置了自动编号的段落位于文档的哪个位置，Word都会让这些段落按先后顺序编号。

4.5.1 设置单级编号

最简单的自动编号是单级编号，也就是类似于自然序数1、2、3这种编号形式。它只适合位于一个层次上的编号。例如，要列出多条规则内容，通过为这样的内容设置自动编号，可以让阅读者很快了解到规则一共有多少条，而且可以搞清楚规则的先后关系。选择要设置自动编号的一个或多个段落，然后单击功能区中的【开始】→【段落】→【编号】按钮，将为所选内容设置Word默认的编号格式，如图4-43所示。

由图4-43中可以看出，设置自动编号的每一个段落长度如果超出一行，那么下一行将自动左缩进显示。右击设置了自动编号的段落，在弹出的快捷菜单中选择【编号】命令，然后可以在子菜单中更改编号的格式。如果选择【定义新编号格式】命令，那么可以在打开的如图4-44所示的对话框中创建新的编号格式。

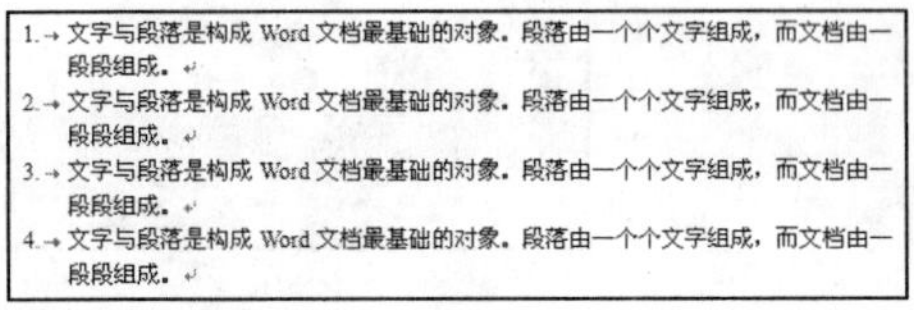
1. 文字与段落是构成 Word 文档最基础的对象。段落由一个个文字组成，而文档由一段段组成。
2. 文字与段落是构成 Word 文档最基础的对象。段落由一个个文字组成，而文档由一段段组成。
3. 文字与段落是构成 Word 文档最基础的对象。段落由一个个文字组成，而文档由一段段组成。
4. 文字与段落是构成 Word 文档最基础的对象。段落由一个个文字组成，而文档由一段段组成。

图4-43

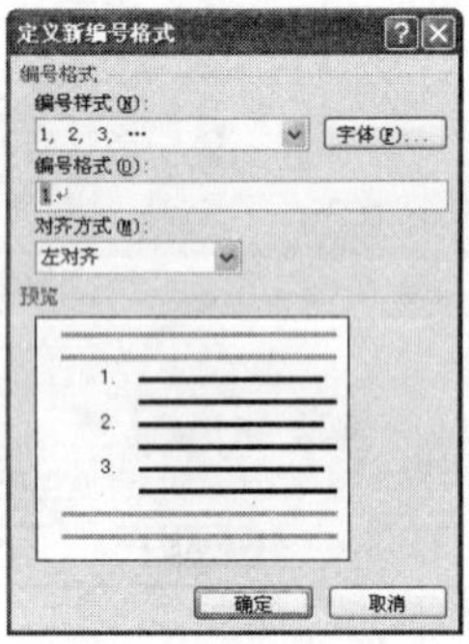

图4-44

4.5.2 设置多级编号

当文档内容包含复杂的多层结构，需要对每一层内容进行分别编号时，就需要使用多级编号。多级编号随处可见，正如本书目录一样，每章标题都由类似于“第1章”的形式开始，每章下面又分为多个节，由类似于“1.1”的形式开始，而每一节下面又分为多个小结，由类似于“1.1.1”的形式开始。类似于这种结构的编号都属于多级编号，但是是否可以自动编号则取决于文档制作者。

多级编号完全可以使用手工输入来完成，但是如果各章位置需要调整，那么相关章节的编号势必也要全部更改。因此，为了提高工作效率，对于体系较为复杂的多级编号，我们应该尽可能让其自动排序。在Word 2010中很方便地设置了类似于上述介绍的多级编号。

下面的示例将创建一个书籍中通用的多级编号格式，形式如下。

```
第1章
  1.1
    1.1.1
……
  1.2
    1.2.1
……
第2章
  2.1
    2.1.1
……
  2.2
    2.2.1
……
```

创建具有上述格式的多级自动编号的方法如下。

Step 01 新建一个文档，单击功能区中的【开始】→【段落】→【多级列表】按钮，在弹出的菜单中选择【定义新的多级列表】命令。

Step 02 打开【定义新多级列表】对话框，单击左下角的【更多】按钮，如图4-45所示。选择左侧数字列表中的【1】，然后在右侧的【将级别链接到样式】下拉列表中选择要为哪个样式使用第一级自动编号，这里选择【标题1】。

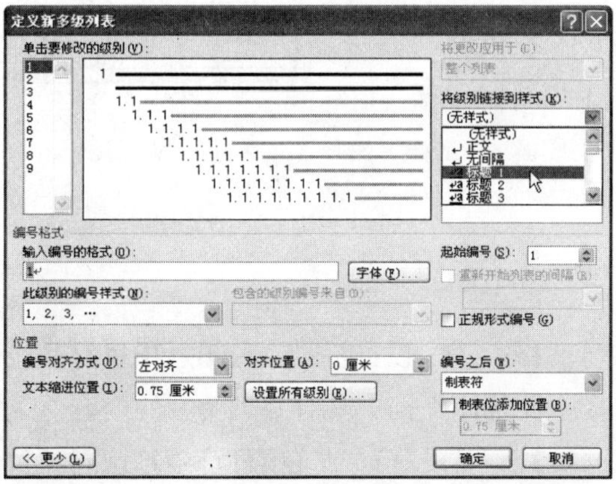

图4-45

Step 03 在【输入编号的格式】文本框中输入以后在文档中使用该编号显示的外观，这里输入“第1章”。但是只需在“1”的两侧分别输入“第”和“章”即可，如图4-46所示，如果手工输入“1”则编号将无法自动更新。

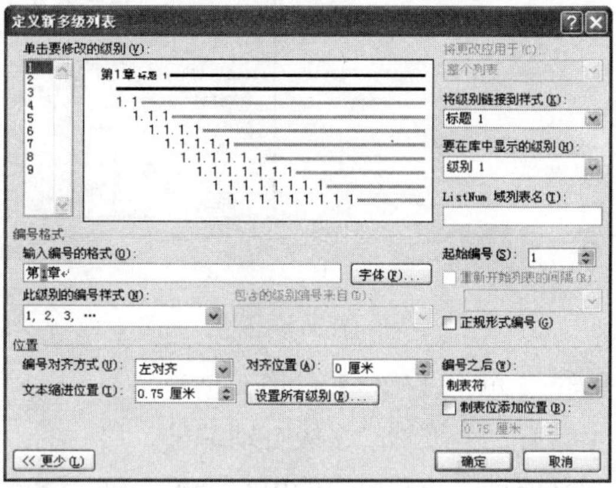

图4-46

Step 04 继续设置第二级和第三级编号样式。在对话框上方的数字列表中单击【2】，然后在【将级别链接到样式】下拉列表中选择【标题2】，在【要在库中显示级别】下拉列表中选择【级别2】，如图4-47所示。

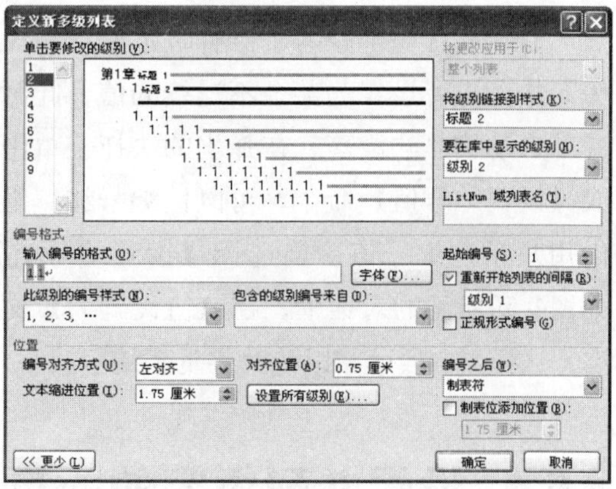

图4-47

Step 05 按照同样的方法设置第三级自动编号，在对话框上方的数字列表中单击【3】，然后在【将级别链接到样式】下拉列表中选择【标题3】，在【要在库中显示的级别】下拉列表中选择【级别3】，如图4-48所示。

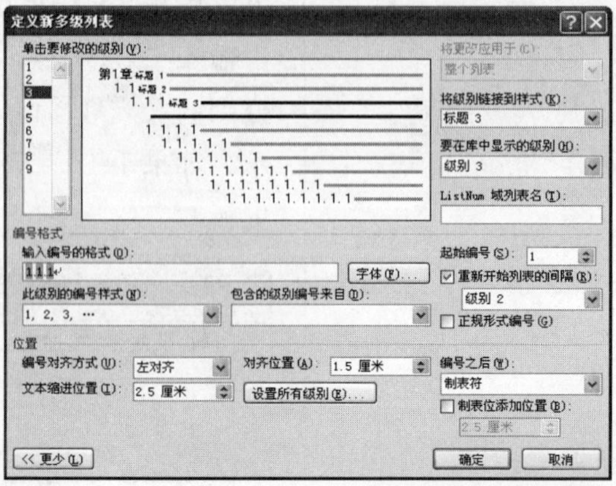

图4-48

Step 06 单击【确定】按钮，创建了一个具有三个级别的多级自动编号。接下来就可以为文档中的内容设置多级编号了。分别为不同级别的内容设置不同级别的编号样式即可，效果类似于如图4-49所示。

·第1章 Office 软件基本操作入门
1.1→Office 2007 简介
1.1.1→为什么要使用 Office 2007
1.1.2→Office 2007 包括什么
1.1.3→安装 Office 2007 对电脑的要求
1.2→Office 软件的安装、变更与卸载
1.2.1→安装 Office 2007
1.2.2→添加 Office 2007 中的功能
1.2.3→卸载 Office 2007
1.3→设置 Office 操作环境
1.3.1→设置功能区
1.3.2→设置快速访问工具栏
1.3.3→去除浮动工具栏

图4-49

4.5.3 修改起始编号

编号是自动排序的，但有时希望后面段落中的编号可以从头开始，或者设置为某个不连续的值，此时可以右击文档中设置了自动编号的段落，在弹出的快捷菜单中选择【连续编号】或【设置编号值】命令，可以让编号继续上一个编号编排或者由用户指定编号值。当选择【设置编号值】命令时，将打开如图4-50所示的对话框，在【值设置为】文本框中指定一个数字，这样当前段落将以该数字重新编号。

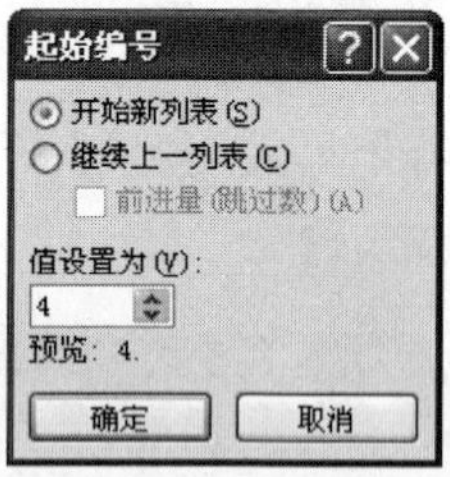

图4-50

4.5.4 设置并列内容的项目符号

除了自动编号外，Word还包含另一种类似编号的格式——项目符号，只不过项目符号没有顺序而言，只能提供一种易于辨认的形状符号，主要是让文档中具有并列关系的内容看上去更醒目、更有层次感。可以通过功能区中的【开始】→【段落】→【项目符号】访问项目编号，其设置方法与自动编号类似，这里就不作详述了。

4.6 使用查找和替换功能

在Word中，查找和替换功能非常强大。很多用户在平时的操作中可能仅仅是进行简单的查找和替换操作，但如果对查找和替换功能稍加研究，就会发现它是提高工作效率的利器。Word 2010对查找进行了改进，使得查找操作变得更直观、更简捷。

4.6.1 查找和替换文字

单击功能区中的【开始】→【编辑】→【查找】按钮，在文档窗口左侧打开【导航】窗格。在窗格顶部的搜索框中输入要查找的内容，Word将自动在文档中查找与用户输入相匹配的内容，并以黄色进行标记，如图4-51所示。在【导航】窗格中可以通过单击 和 按钮依次定位到匹配的内容。在搜索框下方的列表框中显示了每一个包含匹配内容的上下文，可以便于用户联系上下文来找到指定位置上的匹配内容。

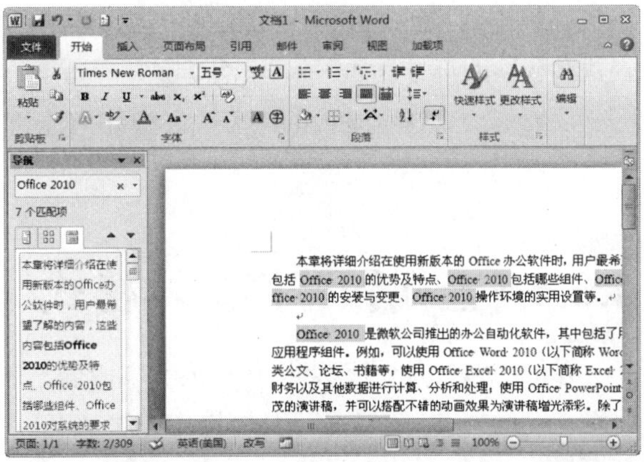

图4-51

单击搜索框右侧的 按钮删除当前正在搜索的内容，然后可以输入新的搜索内容，或者单击 按钮，从弹出的下拉列表中选择Word预置的内容类型，包括图形、表格、公式、脚注、尾注和批注。

4.6.2 按照大小写查找和替换英文单词

对于英文字符来说，默认情况下是不区分大小写查找的，例如，在查找Office时，OFFICE、OFFice、oFFICE等也同样会被找到。如果希望按照大小写进行查找，那么可以单击【导航】窗格顶部按钮 右侧的下三角按钮，在弹出的菜单中选择【区分大小写】选项，在打开的对话框中勾选【区分大小写】复选框，如图4-52所示。单击【确定】按钮，Word就会严格按照英文大小写形式来查找内容。

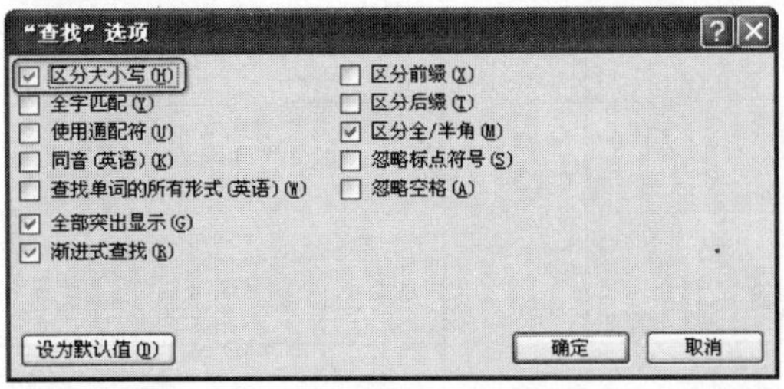

图4-52

4.6.3 查找和替换特殊符号

有时需要查找文档中的一些特殊符号，例如，在本章4.4.2节中介绍的将所有软回车替换为硬回车的操作，需要在【查找和替换】对话框中完成。单击功能区中的【开始】→【编辑】→【替换】按钮，打开【查找和替换】对话框的【替换】选项卡，单击【更多】按钮展开该对话框，通过单击【特殊格式】按钮，然后在弹出的菜单中选择要查找和替换的符号，如图4-53所示。

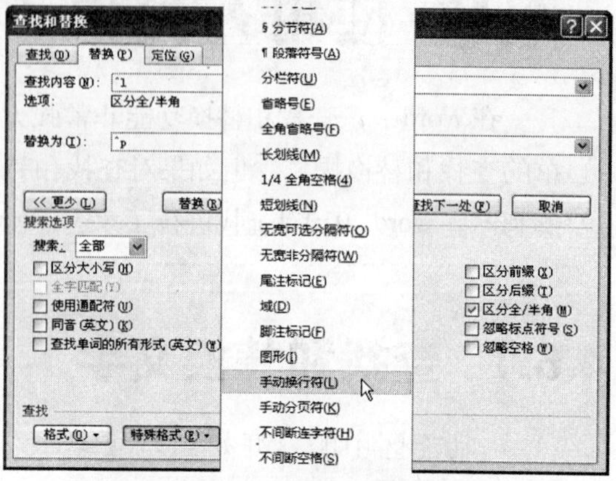

图4-53

设置好要查找和替换的内容后，单击【全部替换】按钮，将所有匹配的内容替换为所需的内容。

4.6.4 查找和替换文本格式

Word 2011不但可以查找和替换文本内容，还可以查找和替换格式，例如，可以将文档中的所有红色文字改为蓝色，具体操作方法如下。

Step 01 按Ctrl+H组合键，打开【查找和替换】对话框的【替换】选项卡，单击【更多】按钮展开该对话框。

Step 02 单击【查找内容】文本框，然后单击【格式】按钮并选择【字体】，打开【查找字体】对话框，在【字体】选项卡中将【字体颜色】设置为【红色】，如图4-54所示。

Step 03 单击【确定】按钮，返回【查找和替换】对话框。按照同样的方法，在【替换为】中设置字体颜色为蓝色。设置后的【查找和替换】对话框如图4-55所示，单击【全部替换】按钮，即可将文档中所有红色文字替换为蓝色文字。

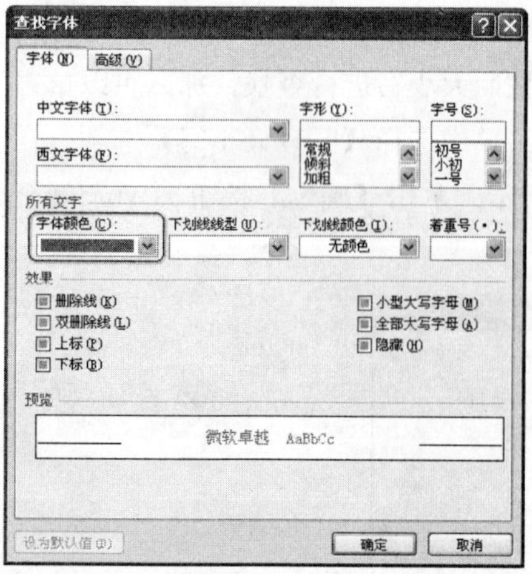

图4-54

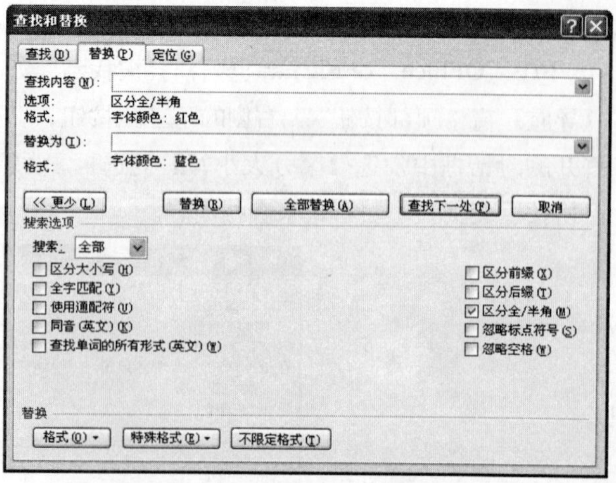

图4-55

4.6.5 使用通配符查找和替换复杂内容

为了使查找和替换变得更加灵活、适应性更强，那么就需要使用通配符进行查找和替换。本节介绍的示例需要在【查找和替换】对话框中勾选【使用通配符】复选框。

1. 批量删除手工编号

例如，在一个合同中，有开头为第1条、第2条这种编号形式的条款，但由于合同的内容很多，如果手工为这些条款编号会是一件麻烦事，尤其在后期需要对条款的位置进行调整时，更会觉得比较烦琐。如果文档中已经手工输入了这些编号，那么可以通过查找和替换功能一次性将它们删除，然后统一为这些段落设置自动编号。查找替换的方法如下（如图4-56所示）。

```
【查找内容】：第[0-9]{1,2}条
【替换为】：留空
```

说明：[0-9]表示数字0~9，{1,2}表示数字的出现次数，即出现1~2次的数字，也就是说，[0-9]{1,2}表示0~99之间的任意数字。

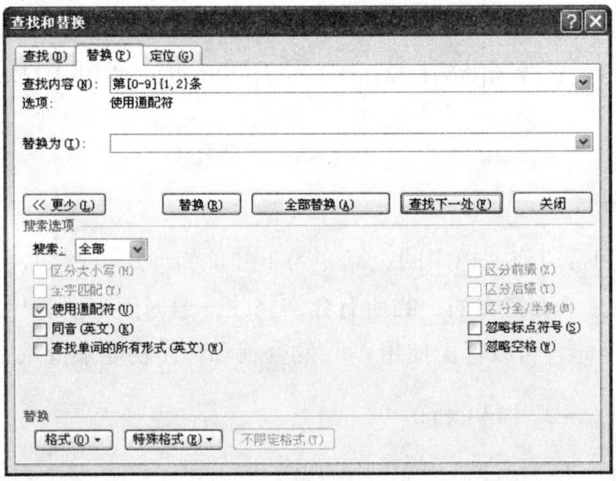

图4-56

2. 批量设置样式

如果文档中的各标题没有设置样式，或者有些设置了而有些没有设置，那么可以通过批量替换的方法来为那些未设置样式的标题自动设置样式。例如，在文档中一共包含三种标题，类似于下面的形式。

```
一级标题：第1章……
二级标题：1.1……
三级标题：1.1.1……
```

现在需要对类似这种结构的标题设置样式，为了加快操作速度，可以通过查找和替换功能来批量完成，而无须手工为一个个标题设置样式。方法如下。

（1）一级标题的设置方法

【查找内容】：第[0-9]{1,2}章
【替换为】：留空，但将样式设置为【标题1】

（2）二级标题的设置方法

【查找内容】：[0-9]{1,2}.[0-9]{1,2}
【替换为】：留空，但将样式设置为【标题2】

（3）三级标题的设置方法

【查找内容】：[0-9]{1,2}.[0-9]{1,2}.[0-9]{1,2}
【替换为】：留空，但将样式设置为【标题3】

说明：由于一级标题要查找的内容的形式类似于“第1章”、“第2章”，也就是说“第”和“章”是固定的，而只有中间的数字会变化。因此，查找“第”和“章”，然后在这两个字之间输入[0-9]{1,2}，其中[0-9]表示0~9之间的任意一个数字，而{1,2}表示0~9之间的任意一个数字出现一次或两次，这是因为文档中除了1~9章外，还可能会出现第10章、第11章这种形式。而二级标题和三级标题的查找内容与一级标题的原理是相同的，只不过根据文档内二级和三级标题的格式修改为[0-9]{1,2}.[0-9]{1,2}和[0-9]{1,2}.[0-9]{1,2}.[0-9]{1,2}的形式就可以了。

3. 批量设置千分位分隔符

很多朋友都会遇到希望将文档中的金额变为千分位的形式。例如，对于1568元，希望在文档中显示为1,568元。手工将文档中的所有数字修改一遍固然可以，但是这种完全手工的操作效率实在是很低，因此，可以考虑使用Word的查找和替换功能来批量完成。方法如下。

【查找内容】：([0-9]{1})([0-9]{3})
【替换为】：\1,\2

说明：([0-9]{1})和([0-9]{3})表示两个表达式，每个表达式查找一个三位数。\1,\2表示在第一和第二个表达式之间添加一个千分位分隔符“,”。需要注意的一点是，对于四位数的数字，有可能查找到的是年份。为了将表示年份的数字排除在外，可以在【查找内容】中输入([0-9])([0-9]{3}[!年])，它表示查找结尾不是年的四位数字，如将“2010年”这样的数字排除在外。

注意

如果文档中的数字不止四位数，那么必须从位数最多的数字开始替换，否则会发生错误。

Chapter 05

使用表格

在文档中充分利用表格，可以起到很好的数据整理与归纳作用，使各类数据看起来整齐有序。表格内的数据还可以进行计算，对于一些常规计算，我们完全可以抛弃计算器而使用Word自带的计算功能。另外，本章还将介绍使用表格进行排版的一些有用技巧。

5.1 表格的基本操作

熟悉表格的基本操作是用好表格的第一步。本节将介绍创建表格、在表格中添加内容以及表格与文本之间进行转换等内容。

5.1.1 创建表格

在Word中可以使用多种方法来创建表格，单击功能区中的【插入】→【表格】→【表格】按钮，打开如图5-1所示的列表，其中显示了创建表格的不同方法。可以在上半部分的方框中通过拖动鼠标的方式选择要创建表格的行数和列数，拖动时鼠标当前经过的行、列数会动态显示在列表的顶部。使用这种方法最大只能创建8行10列的表格。

图5-1

【绘制表格】、【Excel电子表格】和【快速表格】这三种方法各有所长。使用【绘制表格】方法可以手工随意地在文档中绘制表格的边框线，也可以随时擦除已绘制的边框线；使用【Excel电子表格】方法则是在Word文档中插入一个嵌入式的Excel工作表对象，双击该对象可以进入Excel编辑环境来输入表格数据，当退出Excel编辑环境后，又会返回Word文档环境；而使用【快速表格】方法则可以利用Word内置的表格样式来快速创建具有一定格式和内容的表格，直接对数据进行某些修改即可投入使用。【文本转换成表格】的内容将在本章5.1.4节中进行介绍。

这里主要介绍的是【插入表格】这种方法。当选择【插入表格】命令时，打开【插入表格】对话框，如图5-2所示。在【列数】和【行数】文本框中指定要创建的表格所包含的列数和行数，单击【确定】按钮即可创建指定大小的表格。

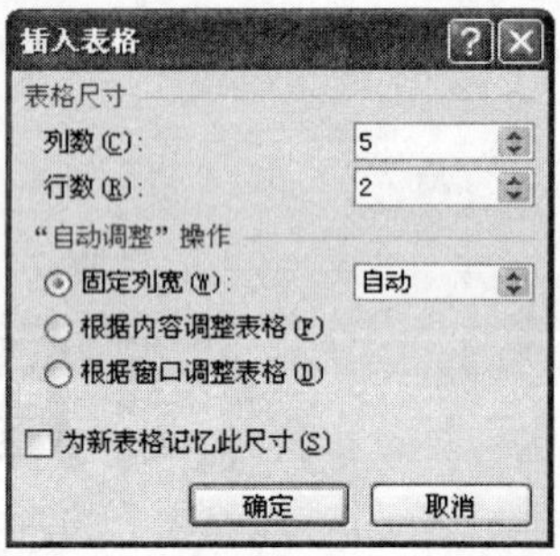

图5-2

在【插入表格】对话框中包含以下几个选项。

- 【固定列宽】：单击该单选按钮所创建出的表格的列宽将以“厘米”为单位。
- 【根据内容调整表格】：单击该单选按钮所创建出的表格大小将根据其中包含内容的多少而自动缩放。因此，刚创建的表格将会非常小，因为表格中不包含任何内容。
- 【根据窗口调整表格】：单击该单选按钮所创建出的表格的列宽与当

前文档的版心相等。当调整文档页边距时，表格宽度会随之改变。

- 【为新表格记忆此尺寸】：如果每次创建的表格都具有相同的行、列数，那么可以勾选该复选框，让Word记住用户的设置，以后创建的表格都将使用之前的行、列数。

5.1.2 在表格中添加内容

在表格中输入文字时，只需牢记下面的规则即可。

- 输入前必须先将插入点定位到接收用户输入的单元格中，定位的方法可以使用鼠标单击，也可以使用方向键进行定位。
- 在单元格中输入内容后，可以按Tab键将插入点移动到同行右侧的单元格中，按Shift+Tab组合键将插入点移动到同行左侧的单元格中。
- 当移动到一行的最后一个单元格时，按Tab键将插入点移动到下一行的第一个单元格中。
- 在单元格中可以编辑输入的内容，与在文档中编辑的方法类似。可以使用BackSpace和Delete键删除文字，也可以使用Enter键在单元格内换行输入。

图5-3所示就是在一个7行7列的表格中输入内容后的效果。

编号	姓名	性别	学历	部门	工龄	工资
1	秦明	男	中专	财务部	6	4220
2	秦磊	男	专科	技术部	13	2811
3	冯慧	女	专科	销售部	6	1102
4	尤娟	男	职高	客服部	1	2234
5	朱京	女	本科	财务部	8	1799
6	沈美	女	专科	客服部	15	4144

图5-3

5.1.3 在多页表格中自动输入标题行内容

当一个表格横跨十几页或数十页时，除了第一页外的其他页中的表格外，都不会显示标题行。换句话说，这样的结果将导致用户无法弄清表格中每一列数据的含义。为了解决这个问题，可以单击第一页表格标题行（一般都是第一行）内的任意一个单元格，然后单击功能区中的【布局】→【数据】→【重复标题行】按钮，Word会自动在每页表格的第一行添加标题，如图5-4所示。

编号	姓名	性别	学历	部门	工龄	工资
1	秦明	男	中专	财务部	6	4220
2	秦磊	男	专科	技术部	13	2811
3	冯慧	女	专科	销售部	6	1102
4	尤娟	男	职高	客服部	1	2234
5	朱京	女	本科	财务部	8	1799
6	沈美	女	专科	客服部	15	4144

编号	姓名	性别	学历	部门	工龄	工资
43	沈娟	男	本科	信息部	10	2775
44	吴辉	女	中专	人力部	7	4127
45	陈娟	男	专科	技术部	8	3211
46	朱淼	女	中专	技术部	20	2920
47	秦雯	女	专科	销售部	12	2054
48	冯淼	女	专科	财务部	6	4764

编号	姓名	性别	学历	部门	工龄	工资
85	冯亮	男	专科	客服部	6	2036
86	尤京	男	硕士	工程部	7	3955
87	韩达	女	中专	技术部	16	3968
88	杨美	女	硕士	工程部	11	3954
89	蒋亮	女	中专	客服部	16	4464
90	杨磊	女	中专	客服部	12	1016

图5-4

5.1.4 表格与文本之间的转换

可以将表格中的内容转换为普通文本的形式，即自动去除表格边框线，只保留其中的文字，文字之间以指定的符号分隔。单击表格内部，然后单击功能区中的【布局】→【数据】→【转换为文本】按钮，打开如图5-5所示的对话框，选择希望在转换为文本后文字之间想要使用的分隔符类型，然后单击【确定】按钮进行转换。s

也可以将带有分隔符号的文本转换为带有边框线的表格。选择要转换的文本，然后单击功能区中的【插入】→【表格】→【表格】按钮，在弹出的菜单中选择【文本转换成表格】命令，打开如图5-6所示的对话框。Word会自动判断所选文本可能需要转换的表格的行、列数，并根据所选文本之间的分隔符类型而自动选择正确的分隔符。如果文本实际上使用的分隔符并非是Word自动选择的，那么可以重新选择或输入新的分隔符。单击【确定】按钮即可将所选文本转换为表格。

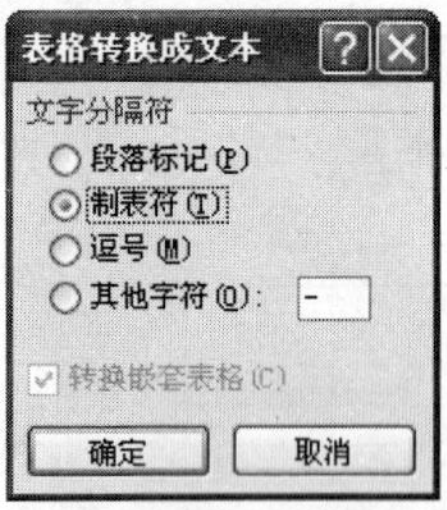

图5-5

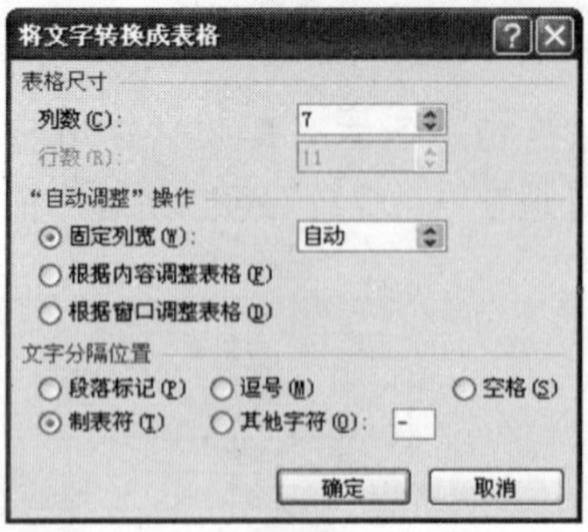

图5-6

5.2 调整表格结构

初始创建的表格不一定适合所有需要，而且可能经常需要对表格的结构进行调整。本节介绍了调整表格结构的方法，包括选择表格元素、添加或删除表格元素、合并与拆分单元格以及设置表格尺寸。

5.2.1 选择表格元素

如果要编辑表格内的行、列或单元格，那么通常需要先选择这些对象。因此，熟练掌握表格元素的选择方法是操作表格的基础。

1. 选择整个表格

如果要删除表格内的所有内容但保留表格，或删除整个表格，或者为整个表格设置一种统一性的格式，都需要先选择整个表格。将鼠标移动到表格范围内，稍后会在表格左上角显示全选标记 ⊞，单击该标记即可选中整个表格。

2. 选择行

表格行的选择分为以下几种情况（下面出现的选定栏是指页面左边距中的空白位置）。

- 选择一行：将鼠标移动到选定栏中，当光标变为 形状时单击，可选择与鼠标在同一水平位置上的一行。
- 选择连续多行：将鼠标移动到选定栏中，当光标变为 时按住鼠标左键向下或向上拖动，可选择连续的多行。
- 选择不连续多行：将鼠标移动到选定栏中，当光标变为 形状时按住Ctrl键，然后单击多个行的左侧，可选择单击过的不连续的多行。

3. 选择列

与选择行类似，列的选择也分为以下几种情况。

- 选择一列：将鼠标移动到某列的上方，当光标变为⬇形状时单击，可选择鼠标下方对应的一列。
- 选择连续多列：将鼠标移动到某列的上方，当光标变为⬇形状时按住鼠标左键向左或向右拖动，可选择连续的多列。
- 选择不连续多列：将鼠标移动到某列的上方，当光标变为⬇形状时按住Ctrl键，然后单击多个列的上方，可选择不连续的多列。

4. 选择单元格

与选择行和列的情况类似，选择单元格也分为选择一个单元格，选择连续或不连续的多个单元格三种情况，方法如下。

- 选择一个单元格：将鼠标移动到单元格内的左边缘，当光标变为 形状时单击，可选择该单元格。
- 选择连续的多个单元格：单击某个单元格，然后按住鼠标左键向上、下、左、右拖动，将选择鼠标经过的所有单元格。
- 选择不连续的多个单元格：首先选择一个单元格，然后按住Ctrl键依次单击其他单元格，这样将选择不连续的多个单元格。

5.2.2 添加或删除表格元素

在编辑表格时，使用最多的操作是添加新行/列或删除行/列。添加新行/列通常是为了在已有数据中的某个位置上插入一些数据，而删除行/列是将无用的行、列删除。由于添加与删除行和列的操作是类似的，因此这里以行为例来介绍添加和删除行的方法，具体说明如下。

- 右击某行中任意一个单元格，在弹出的快捷菜单中选择【插入】命令，然后选择要插入行的位置，分为“在上方插入行”和“在下方插入行”两种。根据选择的不同，将在当前单元格上方或下方添加一个新行。
- 在某行结尾处的表格边框线外单击，然后按Enter键，将在该行下方插入一个新行。
- 单击表格右下角的单元格，按Tab键；或单击表格右下角单元格的表格边框线外侧后按Enter键，都将在表格底部添加一个新行。
- 右击表格内的任意一个单元格，在弹出的快捷菜单中选择【插入】命令，然后在其子菜单中选择要在哪个位置上添加行、列或单元格。

如果要删除行，需要先选择这些要删除的行，然后右击选区，从弹出的快捷菜单中选择【删除行】命令。

5.2.3 合并和拆分单元格

在Word表格中，有很多情况需要将一些单元格合并起来，成为一个面积较大的单元格。例如，在制作类似信息登记表时，对于照片所在的位置，就需要将多个单元格合并到一起，提供较大的面积。如图5-7所示为某表格中的合并单元格，表格第一行和最后一行的各列单元格合并到了一起。

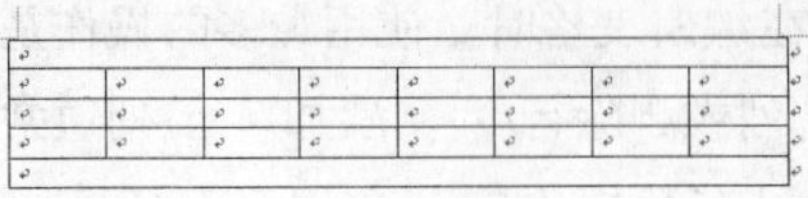

图5-7

如果要合并整行中的单元格，只需选择该行，然后右击选区，从弹出的快捷菜单中选择【合并单元格】命令；如果要合并的是一个单元格区域，则需要先选择这些单元格，然后按照前面的方法进行操作即可。

与合并单元格相反，可以将一个单元格按照指定的行、列数拆分为多个单元格。右击要拆分的单元格，在弹出的快捷菜单中选择【拆分单元格】命令，然后在如图5-8所示的对话框中输入拆分后的行数和列数，最后单击【确定】按钮即可。

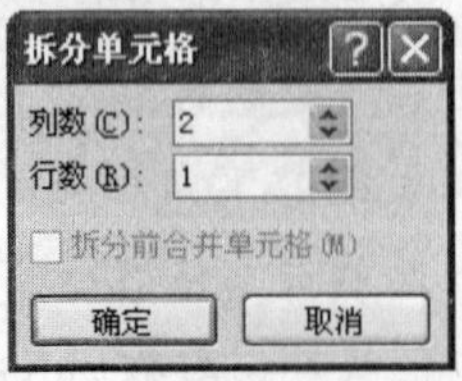

图5-8

5.2.4 设置表格尺寸

在创建表格时，表格的各行与各列有其默认尺寸，用户可以根据需要随时对表格尺寸进行调整，方法如下。

- 鼠标拖动任意调整：将鼠标指向要调整的行边框线或列边框线上，当鼠标变为上下或左右的双向箭头时，按住鼠标左键并拖动即可调整行高或列宽，如图5-9所示为调整表格的列宽后的效果。

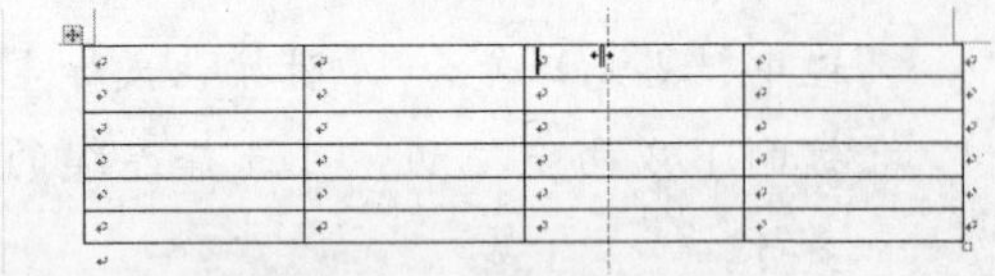

图5-9

- 精确调整：单击要调整的行或列中的任意一个单元格，然后在功能区中的【布局】→【单元格大小】组中修改【高度】和【宽度】数值，如图5-10所示。

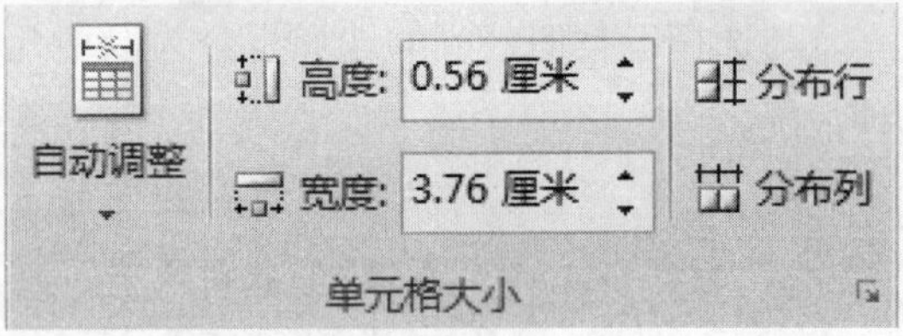

图5-10

- 平均分布各行和各列：如果希望让多个行或列的尺寸相同，可以先选择这些行或列，然后右击选区，从弹出的快捷菜单中选择【平均分布各行】或【平均分布各列】命令，这样可以快速让选区中的所有行或列具有相同的行高或列宽。

如果希望将整个表格的宽度设置为一个具体的尺寸，那么可以右击表格内部，在弹出的快捷菜单中选择【表格属性】命令，打开【表格属性】对话框。在【表格】选项卡中勾选【指定宽度】复选框并设置表格的总宽度，如图5-11所示。在【表格属性】对话框中还可以精确设置行高和列宽。

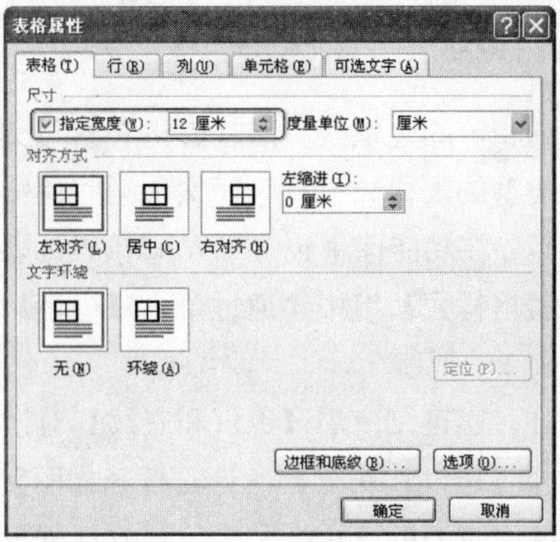

图5-11

5.3 设置表格外观

创建表格后，为了让表格更加美观，可以对表格外观进行设置。Word提供了大量的预置表格样式供用户选择，这样可以快速改变表格的外观。此外，用户也可以对表格的边框、背景色等进行自定义设置。

5.3.1 设置表格样式

美化表格的最快方法就是使用Word预置的表格样式。单击表格内部，打开功能区中的【设计】→【表格样式】下拉列表，其中包含了大量的表格样式，每种样式都有一个缩略图，这样即使不进行设置也可以大致了解设置后的表格效果，如图5-12所示。

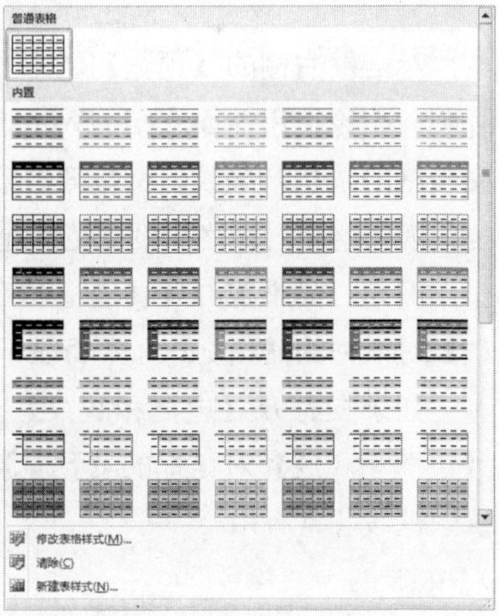

图5-12

注 意

在选择某种表格样式之前，如果已经手动对表格进行了一些格式设置，那么在使用表格样式后，可能会覆盖之前的格式。如果想要保留之前的格式，那么需要右击要应用的表格样式，在弹出的快捷菜单中选择【应用并保持格式】命令。

为表格设置表格样式后，可以在功能区【设计】→【表格样式选项】组中对表格进行一些调整。选择【表格样式】下拉列表中的【清除】选项，将删除当前表格中所设置的表格样式，还可以选择【修改表格样式】或【新建表格样式】选项以修改现有表格样式或新建一个表格样式。

5.3.2 设置表格的边框和底纹

默认创建的表格具有粗细相等的边框线，而且表格背景与文档同色，即表格是没有背景颜色的。为了制作各种不同类型的表格，或者为了实现一些特殊效果，用户可以自定义表格的边框样式和背景色（底纹）。在功能区中包含了Word预置的表格边框和底纹设置选项，它们位于功能区【设计】→【表格样式】组中，通过单击【边框】和【底纹】按钮可以找到这些选项。

除了预置的边框和底纹外，还可以使用【边框和底纹】对话框进行自定义设置。右击表格，从弹出的快捷菜单中选择【边框和底纹】命令，打开如图5-13所示的【边框和底纹】对话框，这个对话框与设置段落时打开的【边框和底纹】对话框类似，左侧的【设置】列表中的选项为预置的边框整体设计方案；【样式】列表框中的选项提供了边框线的类型；【颜色】和【宽度】两个下拉列表提供了可用的边框线的颜色和粗细等选项。

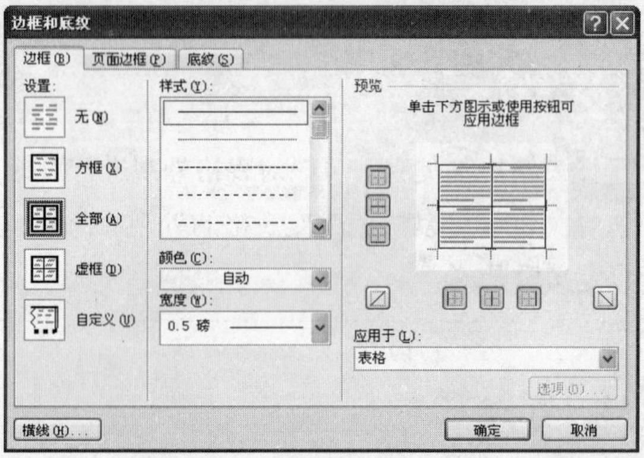

图5-13

对话框右侧的【预览】区中显示了打开该对话框前鼠标的位置或选择的表格内的区域的外观。无论使用前面介绍的Word预置的边框和底纹选项还是使用【边框和底纹】对话框自定义表格的边框和底纹，都需要注意一点：在设置前鼠标所选择的单元格或单元格区域非常重要，因为这将对最终的设置范围起到决定性的作用。

例如，如果在打开【边框和底纹】对话框之前选择了整个表格，那么打开的【边框和底纹】对话框的【预览】区中将显示如图5-14所示的外观。

如果在打开【边框和底纹】对话框之前选择了表格内的某一行整个表格，那么打开的【边框和底纹】对话框的【预览】区中将显示如图5-15所示的外观。记住这种规则对正确设置边框线非常有用。

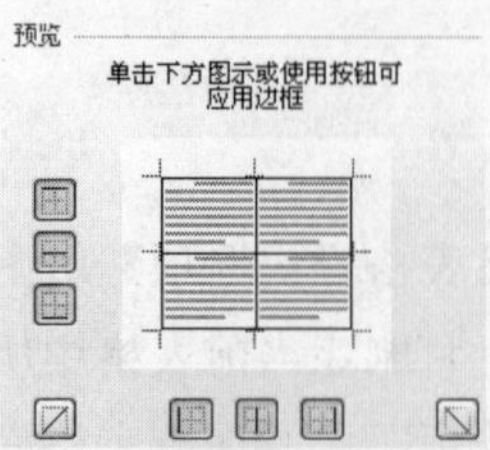

图5-14

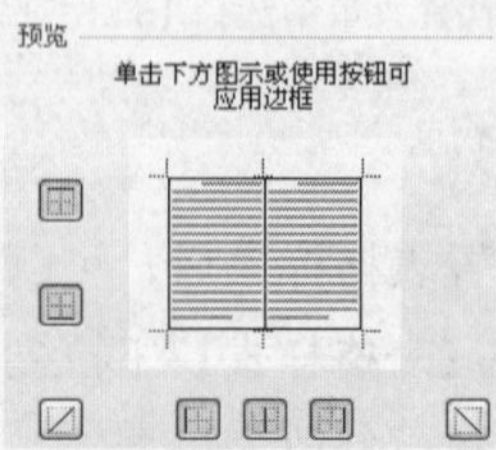

图5-15

如果在打开【边框和底纹】对话框之前什么也不选，只单击表格内的某个单元格，那么打开的【边框和底纹】对话框的【预览】区中的显示将和选择整个表格后的效果相同。根据设置前选择表格内的不同范围，在设置后将会得到不同的结果。另外，在【预览】区中包含了八个小按钮，单击这些按钮可以完成添加或删除边框的操作。此外，也可以通过直接单击【预览】区中表格边框示意图中不同位置上的线条来添加或删除表格边框线。

对于表格底纹的设置，与边框设置的方法类似。切换到如图5-16所示的【底纹】选项卡后，可以通过【填充】和【图案】两个下拉列表为表格内的选中区域设置填充色或图案。

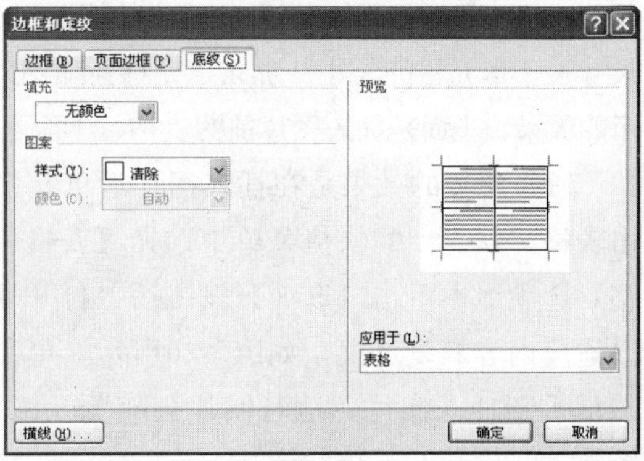

图5-16

5.4 在表格中排版

通常在一篇文档中不仅仅只有表格，大多数情况下，还会包括文字、图片等内容。这样就会涉及到表格与其他内容的混合排版。本节将介绍表格在各种情况下的排版方法，其中还包括一些使用表格实现的特殊排版效果。

5.4.1 在表格中定位文字

默认情况下，在表格中输入的文字会自动在单元格内左上对齐。单元格内的文字位置分为水平和垂直两个方向，水平方向分为左、中、右三种，垂直方向分为上、中、下三种，因此单元格内文字的对齐方式一共有九种（3×3），在功能区【布局】→【对齐方式】组中可以找到这些对齐选项，如图5-17所示。

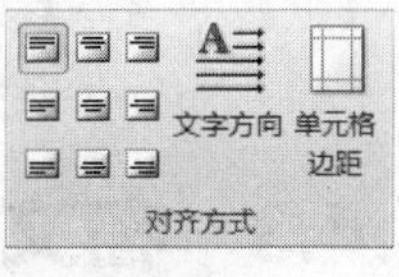

图5-17

除了使用功能区命令设置对齐方式外，还可以通过右键菜单中的【单元格对齐方式】命令进行设置。图5-18所示的表格演示了单元格内文字的九种对齐方式的实际效果。

表格	表格	表格
表格	表格	表格
表格	表格	表格

图5-18

5.4.2 在表格中定位图片

有时可能需要在表格中插入一些图片，从而使内容更直观、更具说服力。单击要放置图片的单元格，然后使用第6章介绍的方法插入所需的图片。但是在默认情况下，如果插入的图片的尺寸大于单元格的大小，那么单元格会随图片自动扩大而导致整张表格变形，类似如图5-19所示的效果，上面是插入图片前的表格，下面是插入图片后的表格。

通常想要的效果是在插入图片后单元格的宽度保持不变，为了解决这个问题，可以右击表格，从弹出的快捷菜单中选择【表格属性】命令，打开【表格属性】对话框。在【表格】选项卡中单击【选项】按钮后，打开【表格选项】对话框，取消勾选【自动重调尺寸以适应内容】复选框，如图5-20所示。单击两次【确定】按钮，将表格内原有图片删除，然后重新插入图片，这时图片会随单元格大小自动缩放，而不是单元格随图片尺寸自动缩放。

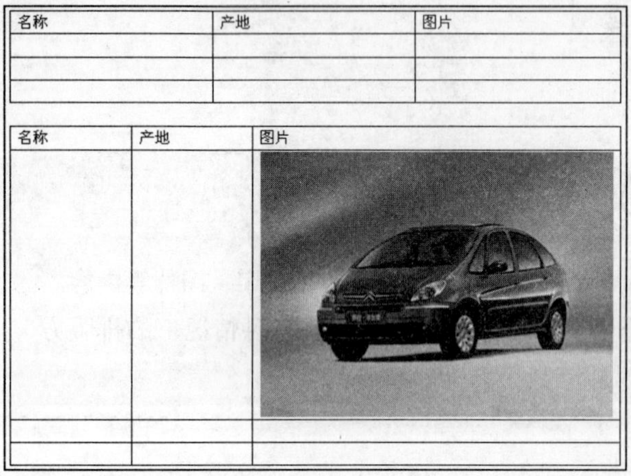

图5-19

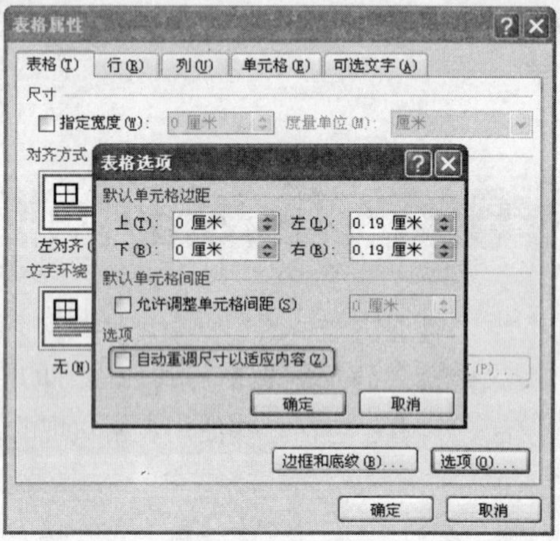

图5-20

在图5-20中还可以设置图片与单元格四周的间距，从而控制图片在单元格中的位置。在【上】、【下】、【左】、【右】中的数值越大，表示图片与单元格的间距越大。

5.4.3 在文档中定位表格

前面介绍的是文字、图片等对象在表格内是如何放置的，本节介绍的则是表格在文档中的位置。如果窗口的宽度小于文档版心的宽度，那么就可以看到创建的表格在文档中是默认左对齐的。与图片在文档中的位置类似，也可以设置表格在文档中的对齐方式。单击表格左上角的全选标记，以选择整个表格，然后使用功能区【开始】→【段落】组中的对齐按钮设置表格在文档中的对齐方式。也可以右击表格，从弹出的快捷菜单中选择【表格属性】命令，在打开对话框的【表格】选项卡的【对齐方式】中选择表格的水平位置，如图5-21所示。

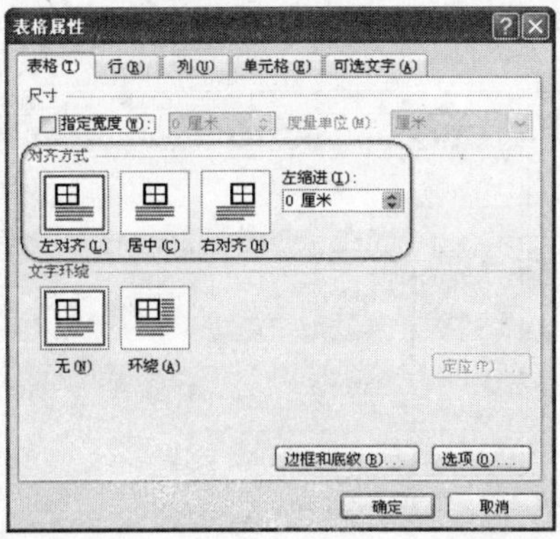

图5-21

【文字环绕】选项组中的选项可用于设置表格与其周围文字进行混合排版的方式，这点与图片与文字的环绕方式类似，具体请参考本书第6章中的内容。选择【环绕】后可以单击【定位】按钮作进一步的设置。

5.4.4 使用表格实现分栏效果

利用表格包含多列的特性，可以使用表格实现分栏排版的效果。例如，对于需要双栏排版的文档来说，可以创建一个一行两列的表格，将每一列当作一栏，然后在每一列中输入所需的内容，这样每一栏的内容都只在自己所属的列中分布，而不会进入另一列，从而实现双栏效果。唯一的问题是由于在文档中大量使用表格而可能使文档体积过大。如图5-22所示就是使用表格实现双栏排版的效果，由于隐藏了表格的边框线，所以很难察觉出这个文档是用表格作为双栏排版工具的。

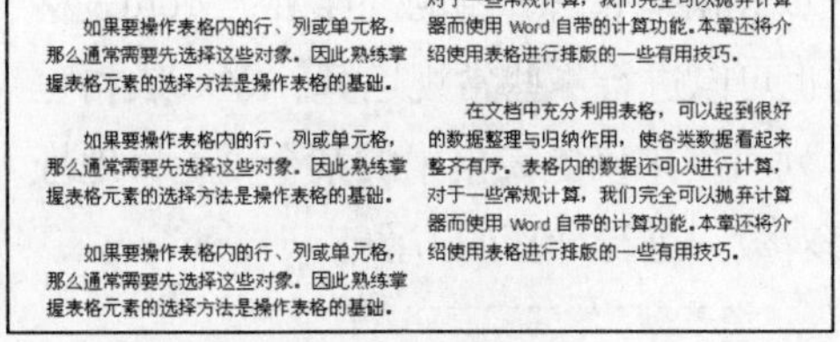
如果要操作表格内的行、列或单元格，那么通常需要先选择这些对象。因此熟练掌握表格元素的选择方法是操作表格的基础。

如果要操作表格内的行、列或单元格，那么通常需要先选择这些对象。因此熟练掌握表格元素的选择方法是操作表格的基础。

如果要操作表格内的行、列或单元格，那么通常需要先选择这些对象。因此熟练掌握表格元素的选择方法是操作表格的基础。

如果要操作表格内的行、列或单元格，那么通常需要先选择这些对象。因此熟练掌握表格元素的选择方法是操作表格的基础。

在文档中充分利用表格，可以起到很好的数据整理与归纳作用，使各类数据看起来整齐有序。表格内的数据还可以进行计算，对于一些常规计算，我们完全可以抛弃计算器而使用 Word 自带的计算功能。本章还将介绍使用表格进行排版的一些有用技巧。

在文档中充分利用表格，可以起到很好的数据整理与归纳作用，使各类数据看起来整齐有序。表格内的数据还可以进行计算，对于一些常规计算，我们完全可以抛弃计算器而使用 Word 自带的计算功能。本章还将介绍使用表格进行排版的一些有用技巧。

图5-22

如果对每一列内容的位置有特殊要求，那么使用表格进行排版更方便，因为表格可以随意定制行数，而且可以灵活设置行高，这样就可以让每一列中每一个段落的位置变得非常灵活自如，不受任何限制。

5.4.5 对表格内容排序

排序分为升序和降序两种，Word可以对列方向上的数据进行排序，但不能对行方向上的数据排序。要启用排序功能，可以单击功能区中的【布局】→【数据】→【排序】按钮，或者单击功能区中的【开始】→【段落】→【排序】按钮，打开【排序】对话框，设置好排序选项后单击【确定】按钮，即可完成排序操作。Word中的排序分为以下三种。

1. 同时对表格所有数据排序

单击表格内任意一个单元格，然后打开【排序】对话框，为了更好地识别【主要关键字】中要作为排序依据的列，通常单击【有标题行】单选按钮，如图5-23所示。然后从【主要关键字】下拉列表中选择要作为排序依据的列标题，在右侧选择排序类型，最后单击【确定】按钮，将以所选列为排序基准对整个表格中的数据进行排序。

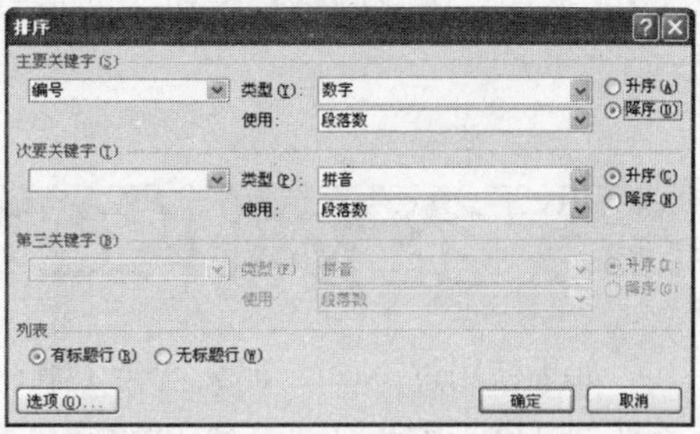

图5-23

2. 对单列数据排序

前面介绍的排序是对表格内所有内容都

有效。例如，在如图5-24所示的表格中，如果对编号列进行了降序排列，那么将同时对每个编号所在的整行数据的位置进行调整。

编号	姓名	性别	学历	部门	工龄	工资
1	秦明	男	中专	财务部	6	4220
2	秦磊	男	专科	技术部	13	2811
3	冯慧	女	专科	销售部	6	1102
4	尤娟	男	职高	客服部	1	2234
5	朱京	女	本科	财务部	8	1799
6	沈美	女	专科	客服部	15	4144
7	褚梅	男	专科	信息部	2	4838
8	蒋达	女	中专	信息部	12	2122
9	杨京	男	本科	财务部	8	1015
10	王蕾	女	本科	信息部	16	3274

编号	姓名	性别	学历	部门	工龄	工资
10	王蕾	女	本科	信息部	16	3274
9	杨京	男	本科	财务部	8	1015
8	蒋达	女	中专	信息部	12	2122
7	褚梅	男	专科	信息部	2	4838
6	沈美	女	专科	客服部	15	4144
5	朱京	女	本科	财务部	8	1799
4	尤娟	男	职高	客服部	1	2234
3	冯慧	女	专科	销售部	6	1102
2	秦磊	男	专科	技术部	13	2811
1	秦明	男	中专	财务部	6	4220

图5-24

如果只想改变编号列的数字顺序，而其他列数据的位置保持不变，那么可以使用单列排序功能。进行单列排序有两个关键点：选择要排序的列，然后指定仅按列排序。下面的示例仍使用前面的表格数据，仅对表格中编号列中的数字排序，而其他列的位置在排序后保持不变。选择表格第一列除文字“编号”以外的其他单元格，然后打开【排序】对话框，单击【选项】按钮，在【排序选项】对话框中勾选【仅对列排序】复选框，如图5-25所示。然后对排序选项进行其他设置，最后单击【确定】按钮，即可只对编号列排序，而其他列保持不变。

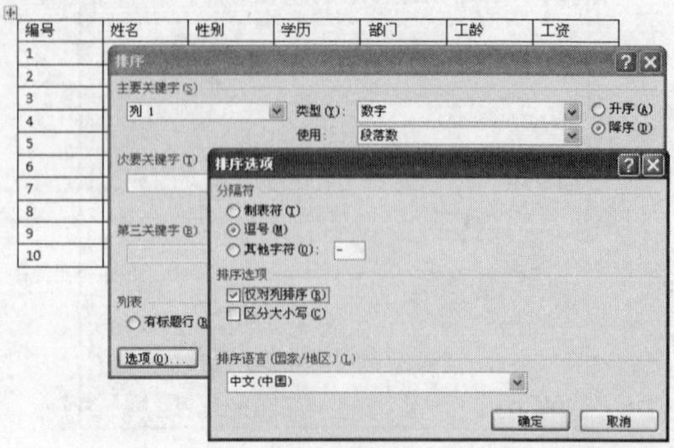

图5-25

3. 对多列数据排序

如果需要按照多个条件对表格进行排序，那么可以使用多列排序。多列排序的关键是在排序中指定多个关键字，Word将会按照关键字的顺序依次对数据进行排序。如图5-26所示的是一个多列排序的示例，它首先按照员工工资降序排列，然后在此基础上再按员工的工龄降序排列。

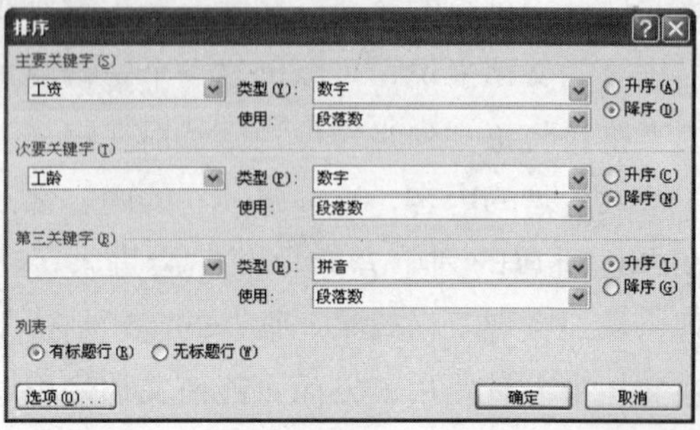

图5-26

5.5 在表格内进行计算

如果使用过Excel，那么就会了解在Excel中计算数据是非常容易的一件事。Word表格在数据计算方面的功能虽然没有Excel强大，但是也可以进行一些常规运算。Word表格也有着与Excel工作表一样的原理，即也是通过行、列引用来确定表格中的某个单元格地址的，只是没有Excel直观。本节介绍在Word表格中对数据进行计算的方法。

5.5.1 了解表格中的单元格引用方式

Word表格中的每个单元格都有一个单元格地址（与Excel工作表中的单元格地址类似）。表格左上角的单元格地址为A1，因为这个单元格位于第一行第一列，列以26个英文字母表示，行以自然序数表示。如图5-27所示显示了表格中单元格地址的表示方法。如果了解了表格内单元格地址的表示方法，那么我们就可以计算表格内任意位置上的数据了。

	A	B	C
1	A1	B1	C1
2	A2	B2	C2
3	A3	B3	C3
4	A4	B4	C4

图5-27

5.5.2 在表格中输入公式

Word可以完成对表格内数据进行计算的工作。下面的示例使用Word功能自动计算出了表格中所有员工的工资总和（如图5-28所示的灰色数字），具体操作方法如下。

编号	姓名	性别	学历	部门	工龄	工资
1	秦明	男	中专	财务部	6	4220
2	秦磊	男	专科	技术部	13	2811
3	冯慧	女	专科	销售部	6	1102
4	尤娟	男	职高	客服部	1	2234
5	朱京	女	本科	财务部	8	1799
6	沈美	女	专科	客服部	15	4144
7	褚梅	男	专科	信息部	2	4838
8	蒋达	女	中专	信息部	12	2122
9	杨京	男	本科	财务部	8	1015
10	王蕾	女	本科	信息部	16	3274
						27559

图5-28

Step 01 单击要放置计算结果的单元格，然后单击功能区中的【布局】→【数据】→【公式】按钮，打开如图5-29所示的【公式】对话框，在【公式】文本框中自动输入了求和公式，其中的SUM是一个求和函数，ABOVE是SUM函数的参数，表示公式所在单元格上方的所有单元格。

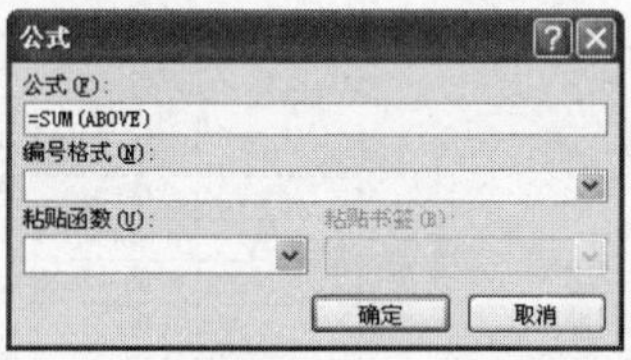

图5-29

Step 02 单击【确定】按钮，即可得到求和结果。

可以修改【公式】文本框中的函数名称。【粘贴函数】下拉列表中提供了很多可用的函数。在选择一个函数的同时会自动输入一对圆括号，在括号中可以指定要进行计算的单元格区域。

注 意

如果要计算的单元格是一个连续的区域，可以使用冒号将起始和终止单元格连接起来表示。否则，只能在公式中每个单元格之间添加一个逗号。

5.5.3 在表格外计算表格内的数据

现在需要在表格下方输入对所有产品总销量的一些总结性的内容，这就涉及到如何在表格外部计算表格内部数据的问题。要实现这种功能，需要使用Word中的书签功能，将表格定义为一个书签，然后在公式中引用此书签，也就相当于引用了书签所代表的表格，具体操作方法如下。

Step 01 单击表格左上角的全选标记 ⊞，以选中整个表格。单击功能区中的【插入】→【链接】→【书签】按钮，打开【书签】对话框，在【书签名】文本框中输入一个用于标识表格的书签名（例如，“工资表”），如图5-30所示。

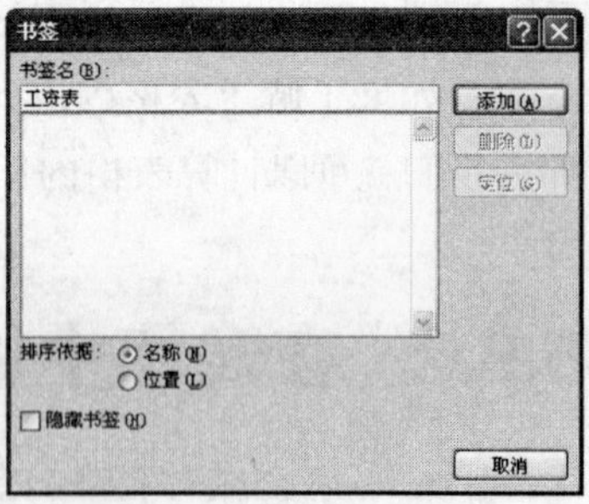

图5-30

Step 02 单击【添加】按钮，为表格创建名为“工资表”的书签。单击表格内部，然后右击【布局】→【数据】→【公式】按钮，在弹出的快捷菜单中选择【添加到快速访问工具栏】命令，将【公式】按钮添加到快速访问工具栏中。

Step 03 在表格下方输入一些总结性的语言，然后单击要放置所有产品总销量的位置，再单击快速访问工具栏中的【公式】按钮，打开【公式】对话框。在【公式】文本框中已经自动输入了一个等号，在等号右侧输入“SUM(”。然后从【粘贴书签】下拉列表中选择已创建的书签“工资表”，书签名将自动输入到【公式】文本框中，如图5-31所示。

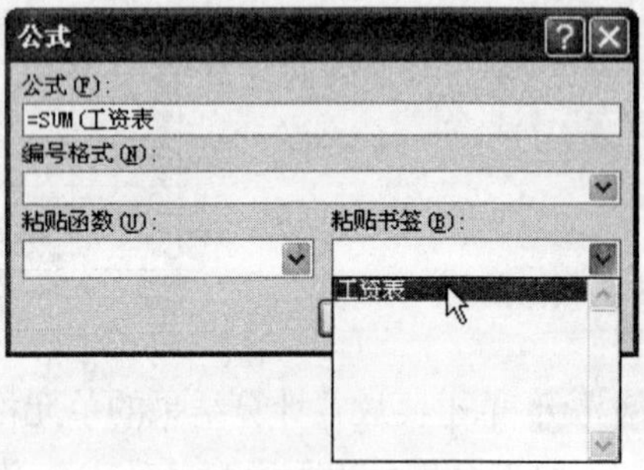

图5-31

Step 04 输入一个空格，然后输入“G2:G11)”，单击【确定】按钮，将计算出区域G2:G11中的数据之和，即员工工资总和，如图5-32所示。

编号	姓名	性别	学历	部门	工龄	工资
1	秦明	男	中专	财务部	6	4220
2	秦磊	男	专科	技术部	13	2811
3	冯慧	女	专科	销售部	6	1102
4	尤娟	男	职高	客服部	1	2234
5	朱京	女	本科	财务部	8	1799
6	沈美	女	专科	客服部	15	4144
7	褚梅	男	专科	信息部	2	4838
8	蒋达	女	中专	信息部	12	2122
9	杨京	男	本科	财务部	8	1015
10	王蕾	女	本科	信息部	16	3274

公司员工的工资总和为：27559 元

图5-32

中文版 Office 2010 应用大全

Chapter 06

使用图形对象

图形与图像通常是文档中不可缺少的内容，根据文档上下文内容插入适当的图片，可以起到很好的说明或指引效果，使文档内容图文并茂。图形可以置于文档内的任意位置上，因此在文档排版中提供了很大的灵活性。本章将介绍Word文档中的图片与图形的各类操作以及它们之间的差异，还会介绍文本框、艺术字以及SmartArt图示等图形对象的编辑与设置方法。

6.1 使用图片

Word 2010中加强了对图片的处理能力，提供了很多图片特效，可以轻松地将文档中的图片制作出像经过专业软件处理过的图片效果。本节将介绍在文档中如何利用Word提供的图片工具来处理图片。

6.1.1 插入图片

只有将图片添加到文档后，才能利用Word提供的各种图片处理工具来设置图片。单击文档中要放置图片的位置，然后单击功能区中的【插入】→【插图】→【图片】按钮，打开【插入图片】对话框。双击要插入的图片，即可将所选图片插入到文档中，如图6-1所示。

图6-1

> 提示　如果单击【插入】按钮右侧的下拉按钮，则会弹出一个菜单，可以选择图片的插入方式，其中的【链接到文件】方式并没有真正地将图片插入到文档中，而只是在文档中记录了图片在电脑中的路径。当以链接方式插入图片时，文档保存后的体积相对来说会比较小。右击图片，从弹出的快捷菜单中选择【更改图片】命令，可以通过选择新的图片来替换当前图片，并且新图片的位置和大小与原图片完全相同。

在Word 2010中增强了对图片的处理功能，其中的一个非常实用的功能就是可以截取系统中未最小化的窗口，然后将截取后的图片自动插入到当前Word文档中。此功能也包含在Excel 2010和PowerPoint 2010中。单击功能区中的【插入】→【插图】→【屏幕截图】按钮，在弹出的列表中可以看到当前所有未最小化的窗口，如图6-2所示。单击要截取的窗口，即可将该窗口截图插入到截图前活动的文档中。

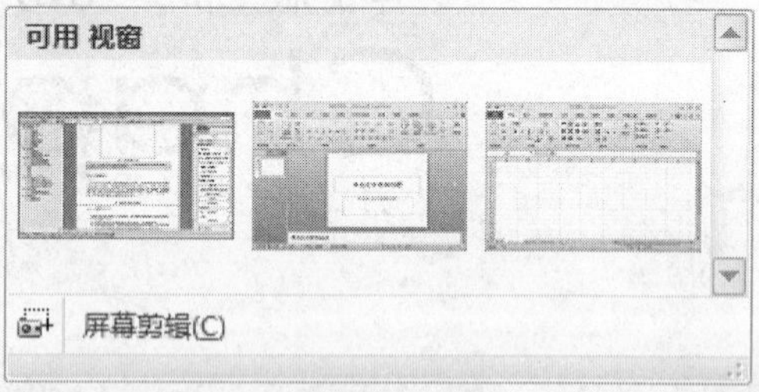

图6-2

如果希望截取屏幕中任意区域的内容，则可以选择图6-2中的【屏幕剪辑】命令，屏幕将变为灰白色，此时可以通过拖动鼠标绘制要截取的区域，然后即可将拖动过的区域作为图片插入到文档中。

> 提示　如果在进入屏幕剪辑状态后又不想截图了，可以按Esc键退出该状态。

6.1.2 设置图片大小

如果插入到文档中的图片大小不符合要求，那么需要对其进行调整。通常可以使用以下三种方法设置图片的尺寸。

- 拖动法：单击图片后直接拖动图片四周的控制点，可以随意缩放图片。

- 使用功能区中的选项：单击图片，激活功能区中的【格式】选项卡，在【大小】选项组中可以修改【高度】和【宽度】中的数值来调整图片大小，如图6-3所示。

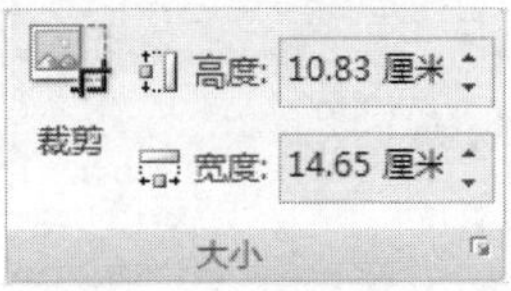

图6-3

- 使用【布局】对话框：右击图片，从弹出的快捷菜单中选择【大小和位置】命令，打开如图6-4所示的【布局】对话框，在该对话框中可以指定图片的实际大小，或输入一个较原图片大小的比值。

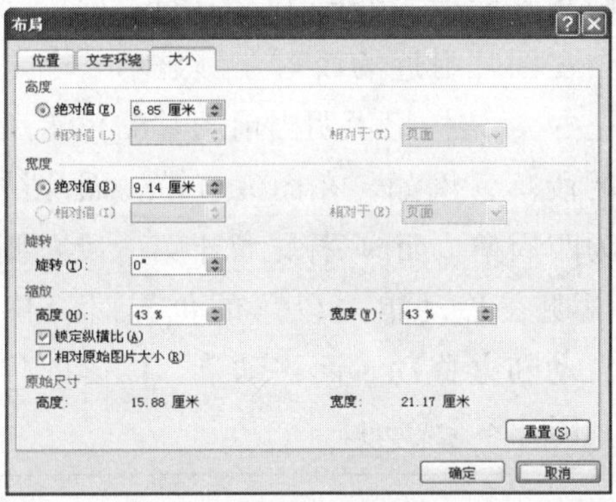

图6-4

> **提示** 如果希望在调整图片大小时始终保持图片的宽度与高度同时调整，而不会发生图片变形的情况，那么请在调整前勾选【锁定纵横比】复选框。

6.1.3 通过剪裁保留图片的有用区域

剪裁图片是一个非常有用的功能，因为它们可以将插入到文档中图片的多余部分去掉，突出显示图片中重要部分。例如，希望在文档中只保留图片中的太阳部分，而去掉其他内容，可以按以下步骤操作。

Step 01 单击如图6-5所示的图片，激活功能区中的【格式】选项卡。

图6-5

Step 02 单击【格式】选项卡中的【裁剪】按钮，鼠标变为形状，表示当前进入图片的剪裁模式。同时，图片四周会出现黑色的粗线条，如图6-6所示。

图6-6

Step 03 将鼠标置于想要剪裁位置的黑线上，当鼠标形状有所变化时，按住鼠标左键进行拖动，拖动经过的区域都将被剪裁掉，如图6-7所示。

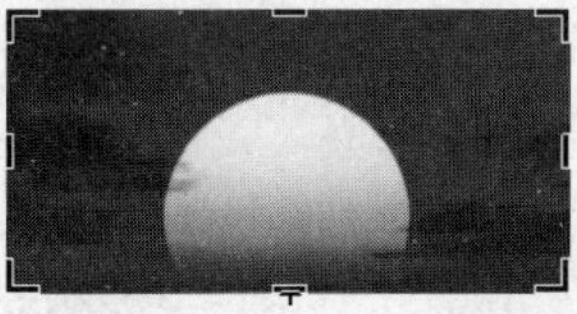

图6-7

Step 04 将图片四个方向上的多余部分都剪裁掉后，效果如图6-8所示。

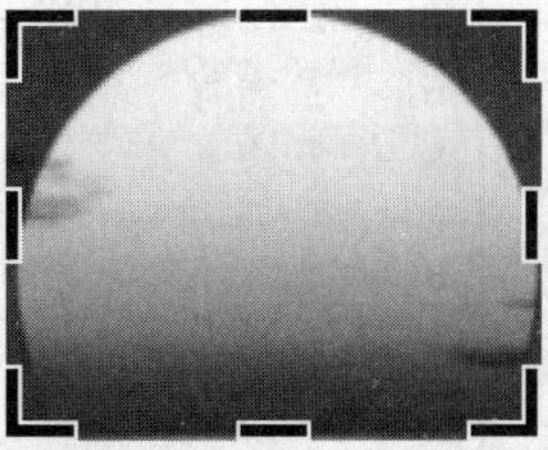

图6-8

如果需要对图片进行非常精确的剪裁，则可以右击图片，从弹出的快捷菜单中选择【设置图片格式】命令，打开如图6-9所示的对话框。选择【裁剪】选项卡，在右侧文本框中输入剪裁值，最后单击【关闭】按钮。

Word 2010增强了对图片的裁剪功能，除了使用鼠标拖动来进行任意裁剪图片外，还可以将图片裁剪为某一种形状或者是按预置的某种比例进行快速裁剪，只需使用【裁剪为形状】和【纵横比】命令即可。

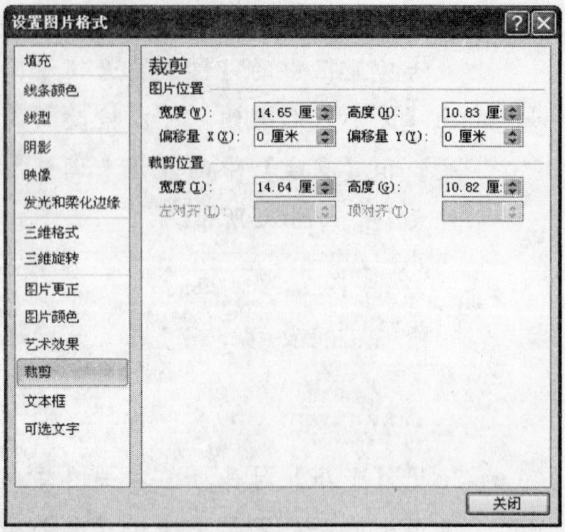

图6-9

6.1.4 设置图片在文档中的版式

一篇Word文档中通常少不了图片的存在，这样就会涉及到图片和文字的混合排版。图片在文档中的存在方式分为两类：嵌入式和浮动式。默认情况下，在文档中插入的图片均属于嵌入式，但可以随时在嵌入式和浮动式之间转换。嵌入式图片与文字类似，它只能在文档的每一行中移动和存放，而不能随意在文档中移动。浮动式图片则可以在文档中随意摆放，不受限制。可以将浮动式图片覆盖在文字上方，或者置于文字下面作为背景。

右击文档中的嵌入式图片，在弹出的快捷菜单中选择【自动换行】命令，然后在其子菜单中可以更改图片与文字的环绕方式，如图6-10所示。

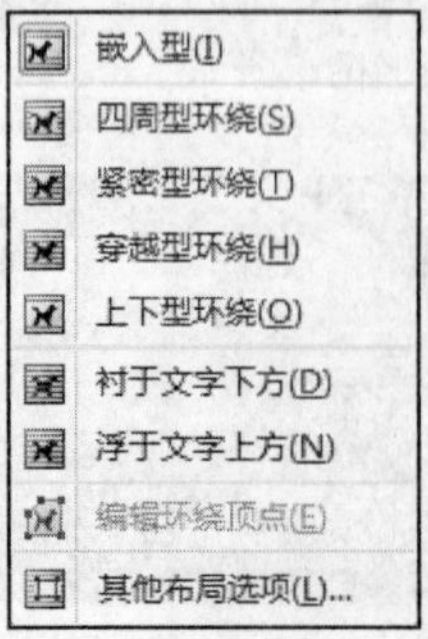

图6-10

当图片和文字共同存于文档中时，如果将图片转换为非嵌入式中的一种，那么将会在图片附近的段落左侧显示一个定位标记 ⚓，该标记说明当前图片的位置所依赖的段落。例如，在图6-11中，图片被设置为四周型，而 ⚓ 标记位于第一段左侧，则说明在移动第一段落的位置时，图片会自动随之移动，而移动第二段落的位置时，图片不会移动。

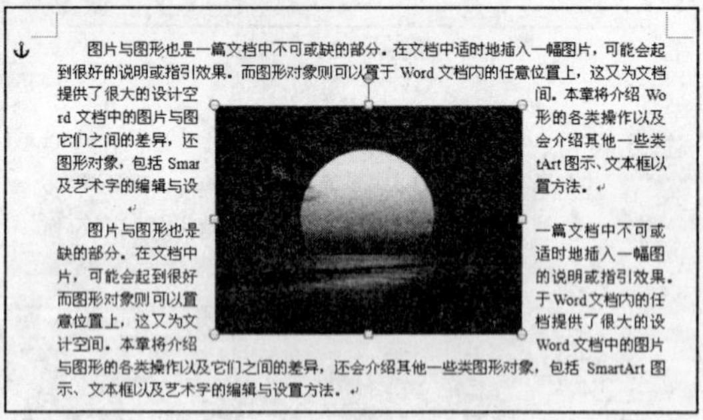

图6-11

可以通过拖动定位标记来改变图片所依赖的段落。如图6-12所示为将图6-11中的定位标记拖动到了第二个段落左侧。此后，在移动第二个段落时，图片将随之移动。

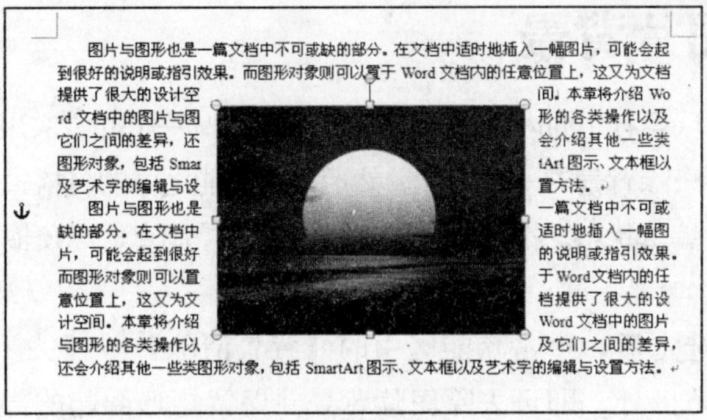

图6-12

提示 右击图片，从弹出的快捷菜单中选择【自动换行】→【其他布局选项】命令，在打开的【布局】对话框中切换到【位置】选项卡，勾选【锁定标记】复选框，即可锁定图片的定位标记，这样将无法随意改变图片定位标记的位置。

Word 2010为图片提供了在文档中定位的预设位置。选中图片后，单击功能区中的【格式】→【排列】→【位置】按钮，在打开的列表中可以选择一种位置方式，可以通过缩略图来了解各选项的作用，如图6-13所示。

图6-13

6.1.5 设置插入图片时的默认版式

如果希望每次向文档中插入的图片为非嵌入式的，那么可以对Word进行设置。方法是：打开【Word选项】对话框，选择【高级】选项卡，然后在右侧的【将图片插入/粘贴为】下拉列表中修改插入图片时的默认环绕方式即可，如图6-14所示。

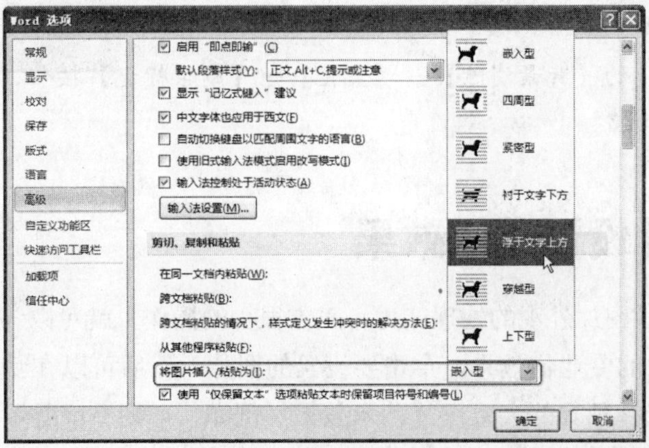

图6-14

6.1.6 删除图片背景

为了快速从图片中获得有用的内容，Word 2010提供了又一个非常实用的图片处理工具——删除背景。选择文档中要去除背景的一张图片，然后单击功能区中的【格式】→【调整】→【删除背景】按钮，进入图片编辑状态。推动矩形边框四周上的控制点，以便圈起最终要保留的图片区域，如图6-15所示。

完成图片区域的选定后，单击功能区中的【背景清除】→【关闭】→【保留更改】按钮，或直接单击图片范围外，即可去除图片背景并保留矩形圈起的部分，如图6-16所示。

图6-15

图6-16

注 意

在很多操作中，按Esc键可以放弃当前操作或关闭对话框而不应用其中的设置。但是在删除背景的操作中，即使按Esc键，Word仍然为图片删除背景。如果希望不删除图片背景并返回图片原始状态，则需要单击功能区中的【背景清除】→【关闭】→【放弃所有更改】按钮。

通常只需调整矩形框来括起要保留的部分，即可得到想要的结果。但是如果希望更灵活地控制要去除背景而保留下来的图片区域，可以在进入图片去除背景的状态下执行以下操作。

- 单击功能区中的【背景消除】→【优化】→【标记要保留的区域】按钮，指定额外的要保留下来的图片区域。
- 单击功能区中的【背景消除】→【优化】→【标记要删除的区域】按钮，指定额外的要删除的图片区域。
- 单击功能区中的【背景消除】→【优化】→【删除标记】按钮，可以删除以上两种操作中标记的区域。

6.1.7 为图片设置艺术效果

Word 2010加强了图片外观的处理能力，只需很少的操作，就可以为图片设置需要通过专业软件才能制作出来的专业化效果。单击要设置的图片，然后可以在功能区中的【格式】→【图片样式】组中选择预置的大量图片艺术效果。例如，如图6-17所示是为图片设置了【映像棱台，白色】后的效果。

除了直接为图片设置预置的艺术效果外，还可以配合【调整】组中的选项来调整图片的亮度、对比度、颜色等不同参数，从而实现对图片外观的多样化设置。如果希望集中设置图片的各种格式，那么可以单击功能区中的【格式】→【图片样式】组中的对话框启动器，在打开的【设置图片格式】对话框中对图片进行完全自定义设置。

图6-17

6.2 使用形状、文本框和艺术字

形状、文本框和艺术字都属于图形，它们与图片不同，因为在默认情况下，这三种对象可以放置到文档中的任意位置，使用它们可以灵活排版，而不会受到文档正文范围的限制。此外，形状、文本框和艺术字的大多数操作都类似，因此，掌握其中的一个，也就很容易掌握另外两个。

6.2.1 绘制形状

图形与图片有所不同，默认情况下，在文档中绘制的图形均为非嵌入式，即所有图形可以随意在文档中移动。单击功能区中的【插入】→【插图】→【形状】按钮，在打开的列表中选择所需的图形。Word按类别对图形进行了分组，这样可以便于用户快速找到所需要的图形。

选择一个图形，然后在文档中按住鼠标左键拖动，即可绘制一个指定大小的图形。如果需要多次重复绘制同一个图形，可以单击功能区【插入】→【插图】→【形状】按钮，在打开的列表中右击要使用的图形，在弹出的快捷菜单中选择【锁定绘图模式】命令，然后在文档中绘制。当要绘制其他图形时，只需按Esc键退出即可。

6.2.2 改变形状

如果对最初绘制的形状不满意，发现矩形改为圆形更好，而且此时已经对矩形设置了大量的格式，那么此时只需更改形状即可，而不用重新绘制形状并设置格式。选择形状并单击功能区中的【格式】→【插入形状】→【编辑形状】按钮，在弹出的菜单中选择【更改形状】命令，然后在打开的列表中选择其他形状。

6.2.3 设置形状外观

单击文档中绘制好的形状，激活功能区中的【格式】选项卡，可以使用该选项卡的【形状样式】下拉列表中的选项快速设置形状外观，也可以使用【形状填充】、【形状

01 Chapter
02 Chapter
03 Chapter
04 Chapter
05 Chapter
06 Chapter
07 Chapter
08 Chapter
09 Chapter
10 Chapter

轮廓】、【形状效果】按钮自定义形状的外观，如图6-18所示为使用预置的形状样式加上一点立体效果而得到的新形状。

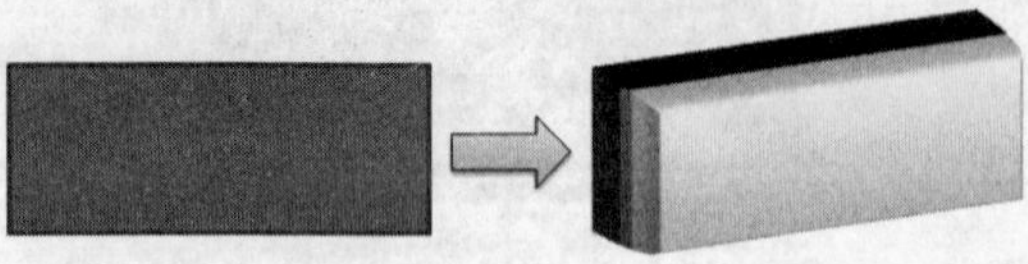

图6-18

如果有必要，也可以将形状转换为嵌入式类型。单击形状，然后单击功能区中的【格式】→【排列】→【自动换行】按钮，在弹出的菜单中选择【嵌入型】命令。

6.2.4 快速对齐多个形状

在使用形状绘制复杂图形时，为了快速排列多个图形，对齐功能是最常用的操作之一。首先选择要进行对齐设置的多个图形，然后单击功能区中的【格式】→【排列】→【对齐】按钮，在弹出的菜单中选择图形的对齐方式。下面的示例说明了对齐功能的用法。如图6-19所示为插入的四条直线，现在希望它们居中对齐。首先要选择这四条直线，然后单击功能区的【格式】→【排列】→【对齐】按钮，在弹出的菜单中选择【左右居中】命令即可。

图6-19

> **技巧** 默认情况下，对齐操作是以所选对象为参照的。如果选择对齐菜单中的【对齐页面】命令，那么所有对齐操作都将以页面为参考。例如，如果此时选择【左右居中】命令，那么所有的图形都将居于文档的中间。

6.2.5 将多个形状组合为一个整体

如果使用几个形状共组绘制了一个图形，并且这个图形对各形状有严格的位置要求，那么最好的方法是将这些形状组合在一起，这样无论以后是移动还是复制这些形状，都不会分散，也便于对它们进行整体操作。单击功能区中的【开始】→【编辑】→【选择】按钮，然后选择【选择对象】命令，在文档中通过拖动鼠标框选要组合的多个图形，当选中所有图形后，单击功能区中的【格式】→【排列】→【组合】按钮并选择【组合】命令，即可将所选的多个图形组合为一个整体，如图6-20所示。

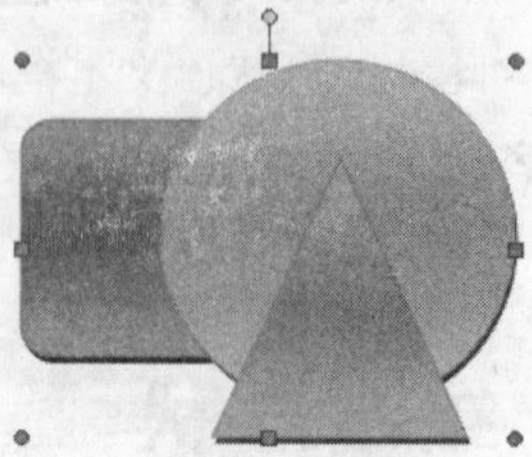

图6-20

6.2.6 图片与图形的操作对比

分别选择文档中的图片和图形，都将激活一个名为【格式】的选项卡。该选项卡用于设置图片或图形的格式。下面总结了图片与图形类似的操作。

- 都可以设置大小。
- 都可以更改形状。
- 都可以设置边框效果。
- 都可以设置特殊效果。
- 都可以设置文字环绕方式。
- 都可以设置旋转角度。
- 都可以设置对齐方式。
- 都可以设置层叠位置。

- 都可以设置在文档中的位置。

下面总结了图片与图形不一样的操作。

- 可以对图片进行色彩方面的调整，而图形不可以。
- 图片有压缩功能，而图形没有。
- 可以直接更改当前图片，而图形只能删除后重新绘制。
- 可以为图片设置图片样式，而图形只可以设置形状样式。
- 可以为图形设置填充色，但图片不能。
- 可以在图形中添加文字，但图片不能。

6.2.7 在形状中添加文字

可以在形状中添加文字，这样可以让形状变得会“说话”。右击形状，从弹出的快捷菜单中选择【添加文字】命令，然后输入所需的文字即可。可以通过设置形状中的字体格式来改善形状中文字的显示效果。单击形状的边框，然后在功能区【开始】→【字体】组中进行设置。如图6-21所示就是将形状中添加的文字设置为【华文行楷】、【二号】并设置了【填充-红色，强调文字颜色2，粗糙冷态】艺术字样式后的效果。

图6-21

6.2.8 设置文本框随文字自动缩放

通过进行一些简单的设置，可以在调整文本框内文字大小时，让文本框自动随之缩放，使文本框内的文字始终可以正常显示出来。要实现这样的功能，具体操作如下。

Step 01 右击文本框边框，在弹出的快捷菜单中选择【设置形状格式】命令，打开【设置形状格式】对话框。

Step 02 选择【文本框】选项卡，在右侧勾选【根据文字调整形状大小】复选框，并取消勾选【形状中的文字自动换行】复选框，如图6-22所示。

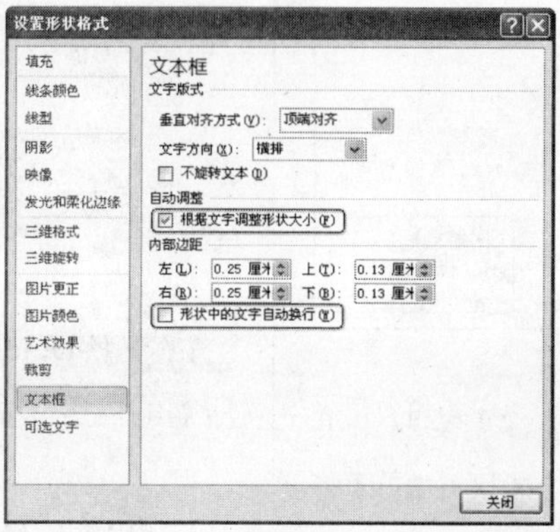

图6-22

Step 03 单击【确定】按钮，改变文本框内的文字大小，可以观察其效果。

6.2.9 链接多个文本框

如果希望在多个文本框中显示连续的内容，则可以设置多个文本框的链接，然后将内容输入到链接后的第一个文本框中，当第一个文本框的内容填满后，会将剩余内容自动输入到下一个链接文本框中。设置链接文本框的具体操作方法如下。

Step 01 新建一个文档，在其中插入多个文本框。双击要设置链接关系的第一个文本框的边框，然后单击功能区中【格式】→【文本】→【创建链接】按钮。

Step 02 当光标变为 形状时单击要链接的文本框，即可设置下一个文本框与上一个文本框的链接关系。设置多个文本框链接的操作方法相同，如图6-23所示。

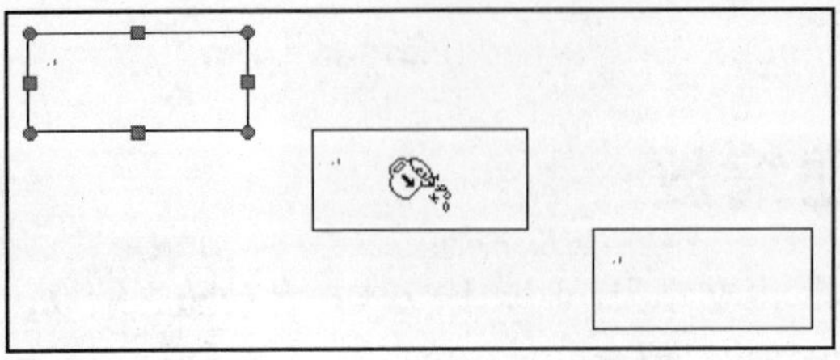

图6-23

Step 03 设置好多个文本框的链接后，当在第一个文本框中输入的内容较多时，无法容纳的内容将显示在下一个链接文本框中，如图6-24所示。

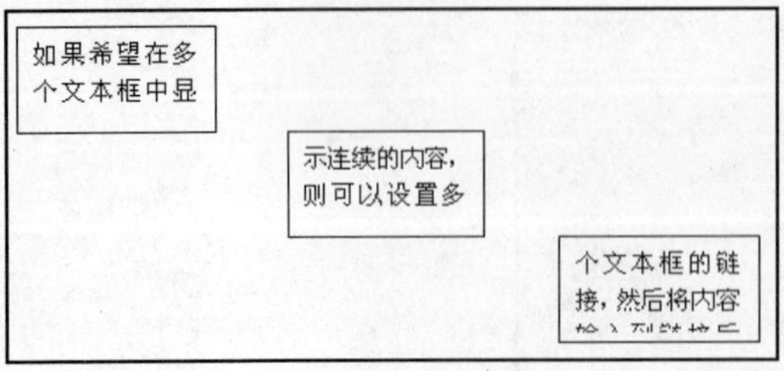

图6-24

如果要取消文本框的链接，需要双击第一个链接文本框，然后单击功能区中的【格式】→【文本】→【断开链接】按钮即可。

6.2.10 插入艺术字

艺术字也可以看作是一种图片或图形，默认情况下创建的艺术字类似于图片，属于嵌入式类型。当然，也可以通过设置艺术字的文字环绕方式来将其改为非嵌入式的，从而可以将艺术字置于文档内的任何位置上。这里只简单地介绍一下艺术字的创建方法，其他功能的用法请参考本章前面关于图片和图形部分的内容。下面给出了在文档中创建艺术字的常规步骤。

Step 01 单击要放置艺术字的位置，然后单击功能区中的【插入】→【文本】→【艺术字】按钮，在弹出的菜单中选择一种艺术字样式，如图6-25所示。

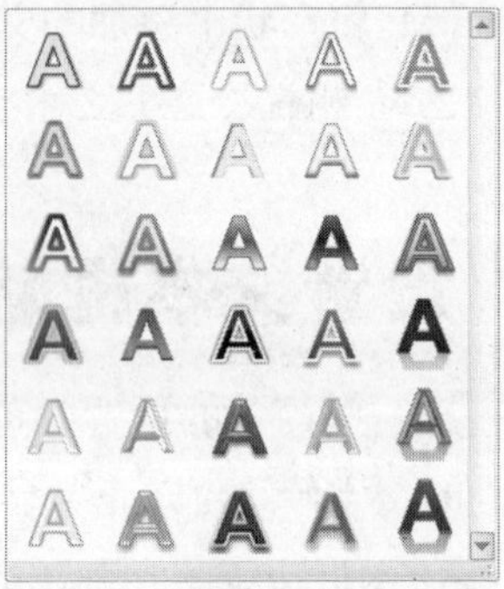

图6-25

Step 02 选择艺术字样式后，将在插入点位置插入一个文本框，其中自动输入了默认的文字，并体现了与所选艺术字样式对应的效果，如图6-26所示。

图6-26

Step 03 按Delete键删除默认文字，然后输入所需的内容，如图6-27所示。

图6-27

技巧 可以直接将文档中已经存在的普通文本创建为艺术字，首先选择要创建为艺术字的内容，然后单击功能区中的【插入】→【文本】→【艺术字】按钮，在弹出的菜单中选择一种艺术字样式即可。

6.2.11 使用绘图画布组织多个图形对象

使用绘图画布可以将多个不同的图形组织到一起，这样在移动绘图画布时，其中的图形将随之一起移动，而且图形之间的位置关系不会发生任何变化。单击要插入绘图画布的位置，然后单击功能区中的【插入】→【插图】→【形状】按钮，在打开的列表中选择【新建绘图画布】选项，将在插入点位置插入一个绘图画布。

单击绘图画布，然后使用前面介绍的操作方法在绘图画布中插入图片或绘制图形，这样，这些图形对象都是位于绘图画布中的。如图6-28所示为在绘图画布中插入了两个图片并绘制了一个图形后的效果。

图6-28

由图6-28所示可以看到，两个图片和一个图形并未完全占用绘图画布的整个空间，绘图画布中有很大的空白区域，这样的排版效果很明显是不合适的。此时可以右击绘图画布任意一个边框，在弹出的快捷菜单中选择【调整】命令，将使绘图画布边框紧紧围绕住内部图形对象的上、左、右三个方向上的最大边界，如图6-29所示。而下边界则需要用户手工拖动绘图画布边框上的控制点进行调整。

图6-29

如果将绘图画布的文字环绕方式调整为非嵌入式的，那么当在文档中移动绘图画布时，其中的各个对象的相对位置是不会发生改变的，这也正是使用绘图画布的优势所在。

6.3 使用SmartArt图示

在Office 2007中就已经引入了SmartArt图示功能，而在Office 2010中对SmartArt功能进行了增强，新增了更多的图示模板，而且可以由文档中的图片直接创建为图示。使用SmartArt功能可以快速创建出专业美观的图示化效果。对于创建好的图示，还可以使用现有的编辑功能进行一些简单处理，从而使图示更具专业水平。

6.3.1 创建SmartArt图示

如果要在文档中创建一个SmurtAtr图示，可采用如下方法。

Step 01 单击文档中要放置SmartArt图示的位置。

Step 02 单击功能区中的【插入】→【插图】→【SmartArt】按钮，打开【选择SmartArt图示】对话框。

Step 03 在左侧列表中选择SmartArt图示的大类，在中间列表中选择指定大类中的某个子类型，在右侧将对当前所选的子类型图示进行说明，如图6-30所示。

Step 04 单击【确定】按钮，将在插入点位置创建步骤3选择的SmartArt图示，如图6-31所示。

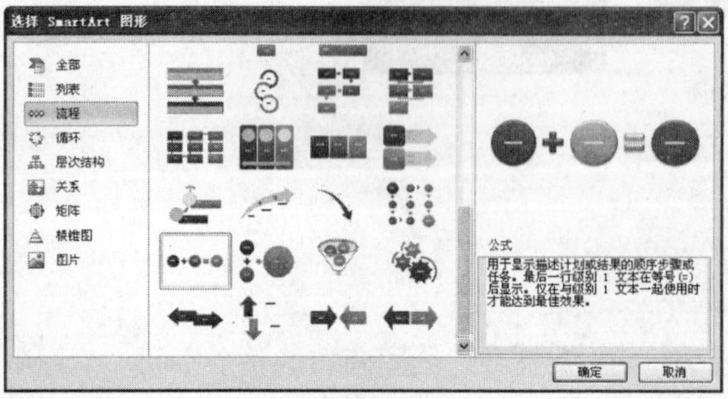

图6-30

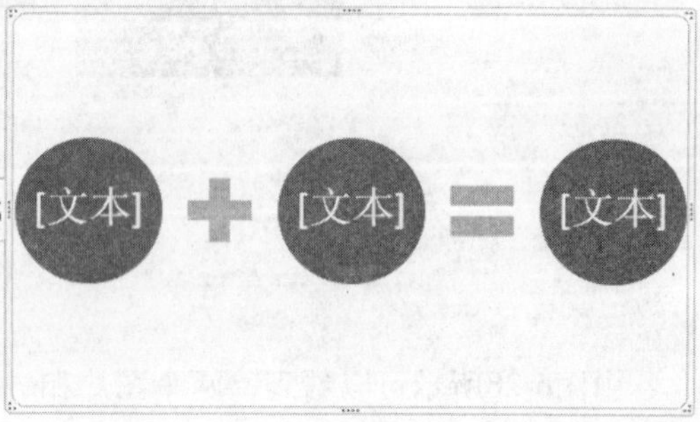

图6-31

6.3.2 调整SmartArt图示的结构

通常都需要对默认创建的SmartArt图示的结构进行调整，例如，添加一些附加的形状来补充默认图示的不足。调整SmartArt图示的结构主要分为以下几类。

- 为SmartArt图示选择新的布局：单击SmartArt图示将其选中，然后在功能区中的【设计】→【布局】下拉列表中为SmartArt图示选择新的布局，如图6-32所示。
- 更改现有形状的等级：SmartArt图示的某些类型的内部形状有级别之分，例如，层次结构图。单击这个改变等级的形状，然后单击功能区中的【设计】→【创建图形】→【升级】按钮或【降级】按钮，即可升级或降级所选择的形状。
- 添加新的形状：通常新创建的SmartArt图示中默认包含的形状个数都无法满足使用需求，因此，需要向SmartArt图示中继续添加新的形状。首先选择SmartArt图示中的一个形状，然后单击功能区中的【设计】→【创建图形】→【添加形状】按钮，在弹出的菜单中选择形状添加的位置，即可添加新形状，如图6-33所示。

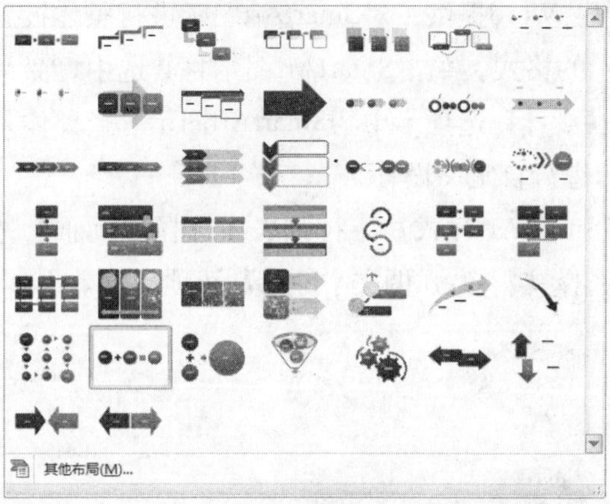

图6-32

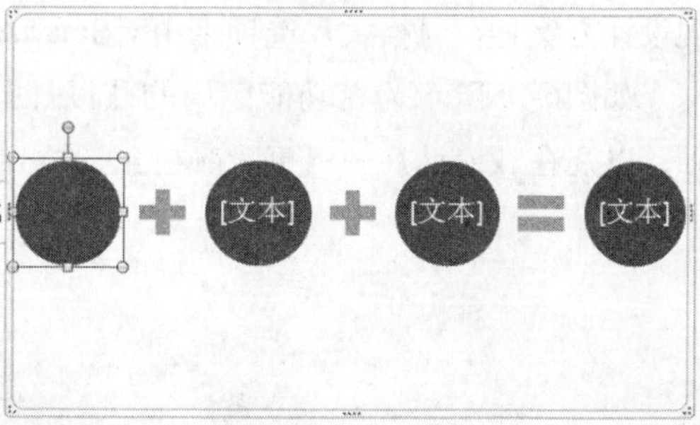

图6-33

6.3.3 在SmartArt图示中添加内容

可以直接在SmartArt图示的形状中输入文字，也可以利用文本窗格来输入文字。单击功能区中的【设计】→【创建图形】→【文本窗格】按钮，打开文本窗格，它显示在SmartArt图示的左侧。【文本窗格】按钮是一个开关按钮，通过单击该按钮可以在打开或关闭窗格之间切换。

提示　打开与关闭文本窗格还可以使用以下两种方法：第一，单击SmartArt图示左侧边框中间带有箭头的位置；第二，右击SmartArt图形内部空白处，从弹出的快捷菜单中选择【显示文本窗格】或【隐藏文本窗格】命令。

打开文本窗格后，单击要输入内容的文本框，然后在其中输入所需的内容。输入的同时将在右侧相应的图形元素中显示相应的内容，如图6-34所示。输入好后按下方向键接着输入其他形状中的内容。

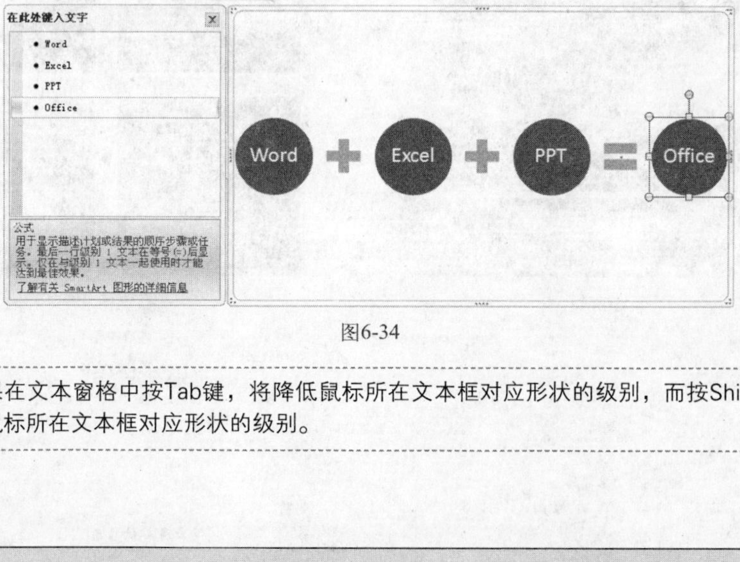

图6-34

技巧　如果在文本窗格中按Tab键，将降低鼠标所在文本框对应形状的级别，而按Shift+Tab组合键则会提升鼠标所在文本框对应形状的级别。

6.3.4 设置SmartArt图示的外观

可以根据需要对SmartArt图示的外观进行设置。Word提供了对SmartArt图示进行整体设置的美化方案，同时也允许用户自定义SmartArt图示的格式。单击SmartArt图示将其选中，激活功能区中的【设计】和【格式】选项卡。可以在【设计】选项卡中为SmartArt图示选择整体外观设计方案；在【格式】选项卡中对SmartArt图示进行自定义设置。

如图6-35所示为在功能区中的【设计】→【SmartArt样式】下拉列表中选择【优雅】选项，以及在【设计】→【更改颜色】下拉列表中选择【彩色-强调文字颜色】选项后的效果。

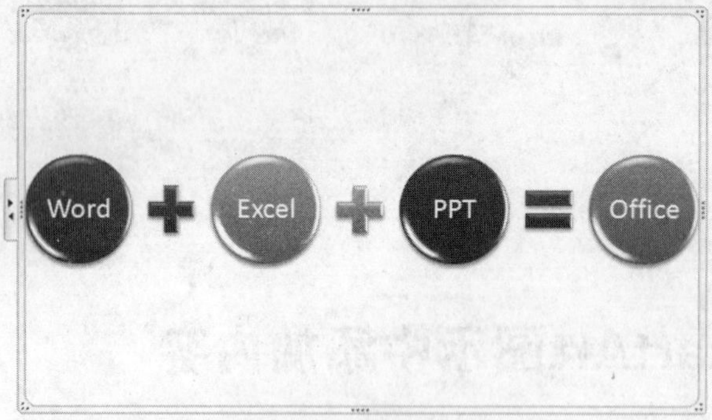

图6-35

6.3.5 将图片转换为SmartArt图示

用户可以将文档中的现有图片制作为SmartArt图示，方法很简单，首先选择文档中的一个嵌入式图片，然后单击功能区中的【格式】→【图片样式】→【图片版式】按钮，在打开的列表中选择一个SmartArt布局。选择好布局后只需修改图示中的文字即可，如图6-36所示。

对于文档内的非嵌入式图片，则可以同时选择多个图片并一次性为它们创建SmartArt图示。如图6-37所示为在同时选择两个图片后所创建的SmartArt图示。

图6-36

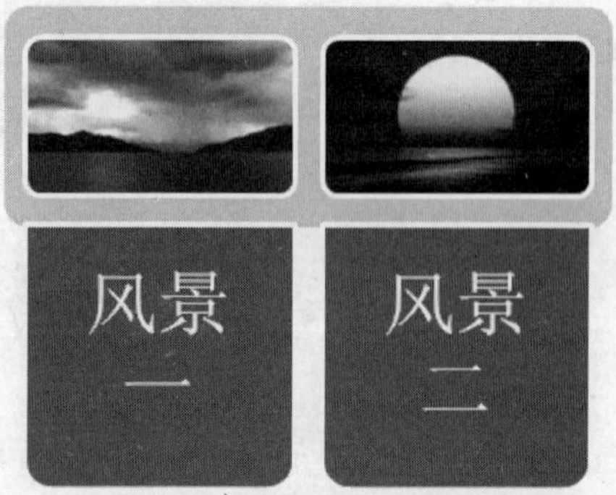

图6-37

中文版 Office 2010 应用大全

Chapter 07

使用Word自动化排版

用户应该在编辑和排版文档时尽可能地使用Word提供的自动化功能，这样可以远离手工操作所带来的烦琐与低效。本章详细地介绍了排版中经常用到的各种自动化功能，希望通过这些功能可以提高工作效率，充分享受Word排版的轻松与便捷。

7.1 使用样式

样式是一种包含了多种基本格式的混合体，这些基本格式就是前几章介绍的可以直接设置到文本上的格式，包括字体格式、段落格式、边框和底纹等。按样式类别划分，Word包含字符、段落、链接段落和字符、表格、列表五种样式。用户可以很容易地从样式类别名称了解到样式的功能。字符样式用于设置文字格式；段落样式用于设置段落格式；链接段落和字符样式可以同时设置文字和段落的格式；表格样式只用于表格；列表样式则用于自动编号和项目符号。在创建一个样式之前，首先应该考虑这个样式用在何处，希望包含哪些格式。

7.1.1 将现有格式创建为样式

创建新样式最简单的方法就是以文档中某个文本格式为准直接创建样式。假设已经对某些文本设置好了一些字体格式，包括颜色、加粗、倾斜、下划线等格式，而文档中的其他多处文本也需要设置同样的格式，一种解决方法就是利用格式刷（在第4章中曾经介绍过这种方法），但是这种方法必须要确保格式化处于工作状态，灵活性不够；另一种方法就是将现有格式创建为样式，这样可以随时对需要的内容应用样式，既灵活又方便。将现有格式创建为样式的具体操作方法如下。

Step 01 右击包含目标格式的文本内部，在弹出的快捷菜单中选择【样式】→【将所选内容保存为新快速样式】命令。

Step 02 打开【根据格式设置创建新样式】对话框，输入一个易于辨识的名称，预览中显示了样式包含的格式效果，如图7-1所示。

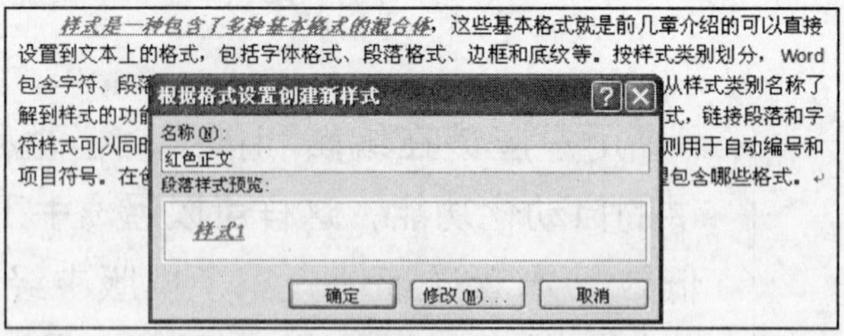

图7-1

Step 03 如果接受Word一切默认设置，单击【确定】按钮即可创建新样式。如果希望进行一些修改，那么可以单击【修改】按钮，打开如图7-2所示的对话框，可以对与样式相关的选项进行调整。例如，这里将样式的默认类型由【链接段落和字符】改为【字符】，这样该样式只作用于选中的文字，而不会自动作用于整个段落。

Step 04 修改好样式后，单击【确定】按钮创建新样式。在【样式】窗格中可以看到新建的样式，如图7-3所示。单击功能区【开始】→【样式】组中的对话框启动器，可以打开【样式】窗格。

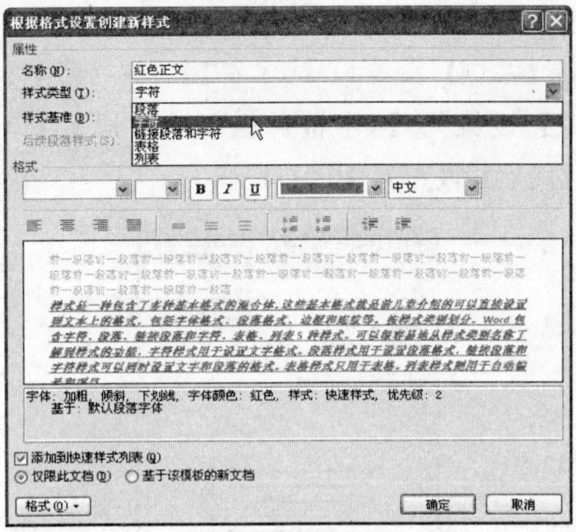

图7-2

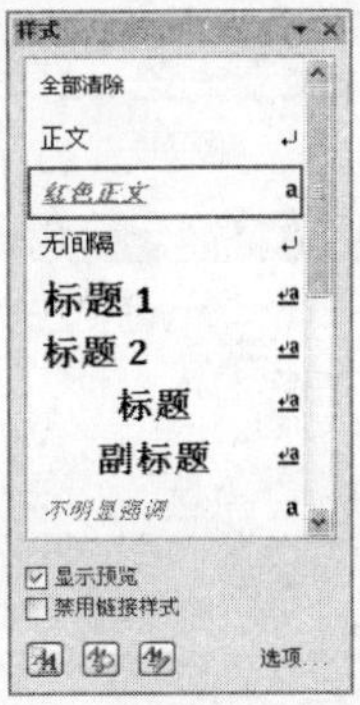

图7-3

提示　图7–3所示的对话框的各部分功能将在7.1.2节作详细介绍。

7.1.2 重新创建新样式

除了以现有格式为基础来创建样式外，还可以重新创建新样式。重新创建样式时，Word会给出文档中字体和段落的一些默认格式作为初始格式，用户可根据最终格式的需要对所有选项进行调整。单击【样式】窗格底部的【新建样式】按钮 ，打开【根据格式设置创建新样式】对话框。在7.1.1节已经见过【根据格式设置创建新样式】对话框了。这个对话框分为以下三部分。

- 属性：该部分用于设置新样式的基本信息，包括【名称】、【样式类型】、样式中格式的来源（【样式基准】）以及样式之后的下一段落自动指定为哪个样式（后续段落样式）。
- 格式：该部分用于设置样式的字体和段落等基本格式，包括字体、字号、字体颜色、对齐方式、行距、缩进等。
- 附加格式：该部分需要单击对话框底部的【格式】按钮并从中选择一种类型来进行设置。这里是对样式在格式上的扩充，可以全面设置字体格式、段落格式、边框和底纹、自动编号、文字效果等多种格式，这些格式的设置方法与单独设置文本的某个格式的方法是相同的。还可以为样式设置快捷键以加快使用样式的速度。

下面的示例演示了在文档中创建新样式的具体步骤，该示例将创建名为“操作步骤”的新样式，该样式包含以下几种格式。

- 字体格式：楷体、五号、蓝色。
- 段落格式：设置段前、段后均为0.2行。
- 编号：设置形如“第1步”、“第2步”这种格式的自动编号。
- 快捷键：当按Alt+S组合键时，对文本内容设置该样式。
- 希望在为当前段落设置该样式并按下Enter键后，下一个段落也自动设置该样式。

创建包含上述功能的样式的具体操作方法如下。

Step 01 打开【样式】窗格，单击底部的【新建样式】按钮 。

Step 02 打开如图7-4所示的【根据格式设置创建新样式】对话框，进行以下几项设置。

- 将【名称】修改为“操作步骤”。
- 将【样式类型】设置为【段落】。
- 将【样式基准】设置为【（无样式）】。
- 将【后续段落样式】设置为【操作步骤】。
- 在【字体】下拉列表中选择【楷体-GB2312】选项，在【字体颜色】下拉列表中选择蓝色。

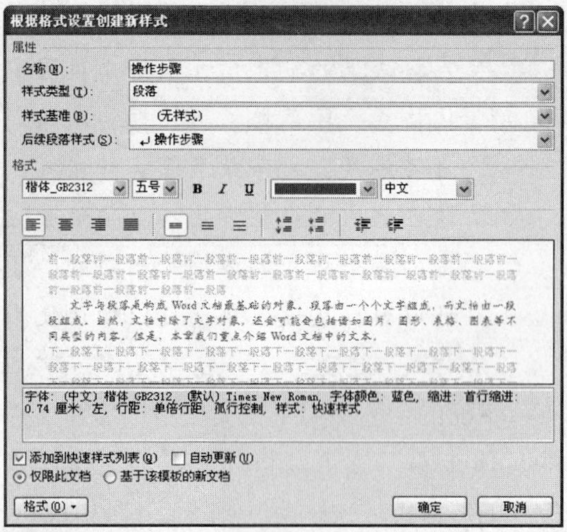

图7-4

注 意

在为样式选择【样式基准】时要特别注意，因为一旦将新建样式以某个样式为起点开始创建格式，那么当修改这个基准样式的格式时，新建样式的格式也会随时变化，这样通常会导致更多的混乱。因此，最好在新建样式时将【样式基准】设置为【（无样式）】。

Step 03 单击底部的【格式】按钮并选择【编号】命令，打开【编号和项目符号】对话框，单击【定义新编号格式】按钮，打开【定义新编号格式】对话框。将【编号格式】文本框中的默认内容修改为如图7-5所示的内容。

Step 04 单击两次【确定】按钮，再单击【根据格式设置创建新样式】对话框底部的【格式】按钮，在弹出的菜单中选择【段落】选项，打开如图7-6所示的【段落】对话框，将【左侧】设置为【0字符】，将【悬挂缩进】设置为【4字符】，再将【段前】和【段后】设置为【0.2行】。

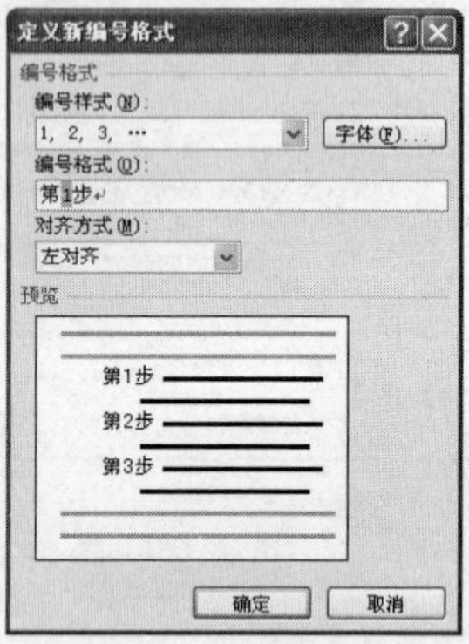

图7-5

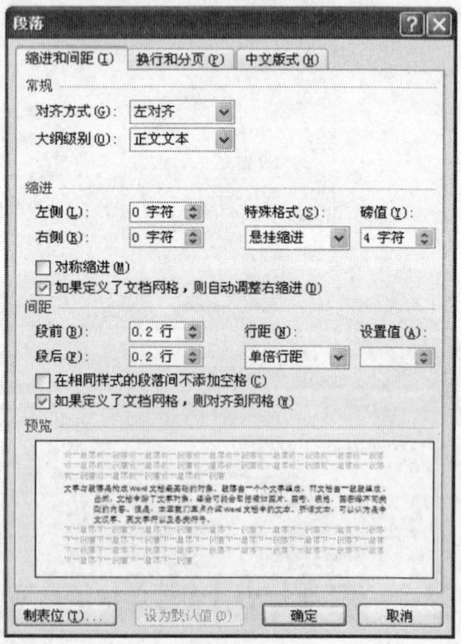

图7-6

Step 05 单击【确定】按钮返回【根据格式设置创建新样式】对话框，然后单击【格式】按钮并选择【快捷键】命令，打开如图7-7所示的【自定义键盘】对话框。单击【请按新快捷键】文本框，然后按下Alt+S组合键，然后单击【指定】按钮，将此快捷键添加到左侧的【当前快捷键】列表框中，再将【将更改保存在】设置为当前文档名称（例如“文档1”）。

Step 06 单击【关闭】按钮和【确定】按钮，完成新样式的创建。在【样式】窗格中将显示新建的样式，如图7-8所示。

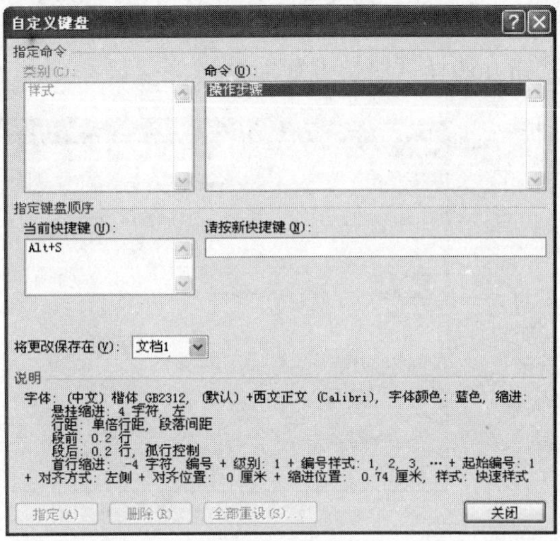

图7-7

图7-8

Step 07 以后就可以在文档中使用该样式，如图7-9所示为设置该样式后的效果。

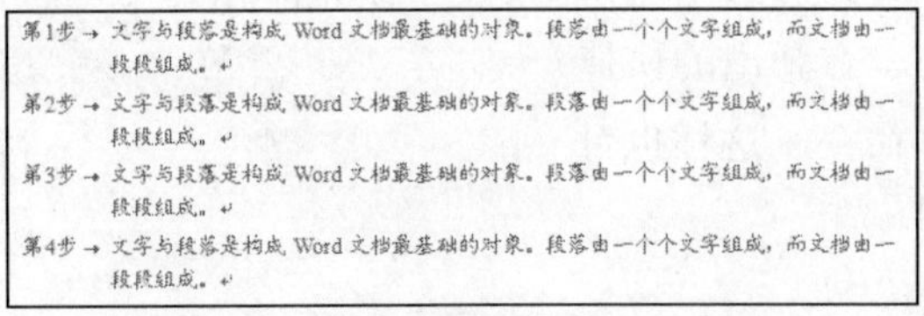

第1步 → 文字与段落是构成 Word 文档最基础的对象。段落由一个个文字组成，而文档由一段段组成。↵

第2步 → 文字与段落是构成 Word 文档最基础的对象。段落由一个个文字组成，而文档由一段段组成。↵

第3步 → 文字与段落是构成 Word 文档最基础的对象。段落由一个个文字组成，而文档由一段段组成。↵

第4步 → 文字与段落是构成 Word 文档最基础的对象。段落由一个个文字组成，而文档由一段段组成。↵

图7-9

7.1.3 重命名Word内置样式

对于用户自己新建的样式，可以非常方便地修改样式的名称。只需右击【样式】窗格中的样式名称，在弹出的快捷菜单中选择【修改】命令，然后在打开的对话框中输入新的名称即可。但对于Word内置样式而言，虽然用户也可以为它们输入新名称，但Word会以“旧名称+新名称”的方式显示内置样式的名称，如图7-10所示的【标题1,主标题】就是命名后的内置样式。

打开【样式】窗格，单击底部的【选项】按钮，在弹出的【样式窗格选项】对话框中勾选【存在替换名称时隐藏内置名称】复选框，如图7-11所示。单击【确定】按钮，将只显示内置样式的新名称而隐藏默认名称。

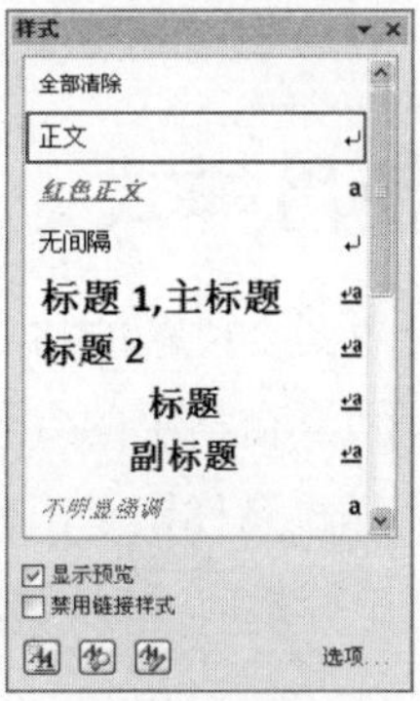

图7-10

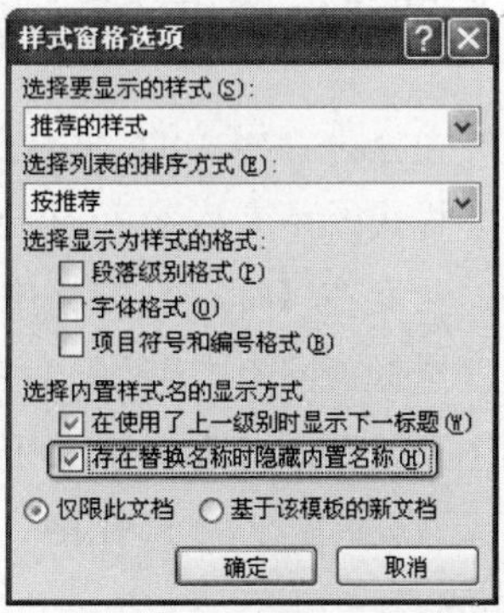

7-11

7.1.4 为样式设置快捷键

对于频繁使用的样式，每次都往返于【样式】窗格和编辑窗口十分麻烦。可以为经常使用的样式设置快捷键，这样只需按下对应的组合键就可以为文本设置指定的样式。为样式设置快捷键的具体操作方法如下。

Step 01 在【样式】窗格中右击要设置快捷键的样式，在弹出的快捷菜单中选择【修改】命令。

Step 02 打开【修改样式】对话框，单击【格式】按钮并选择【快捷键】命令。

Step 03 打开如图7-12所示的【自定义键盘】对话框，在【请按新快捷键】中按下要设置的快捷键组合，然后单击【指定】按钮，即可为样式设置快捷键。

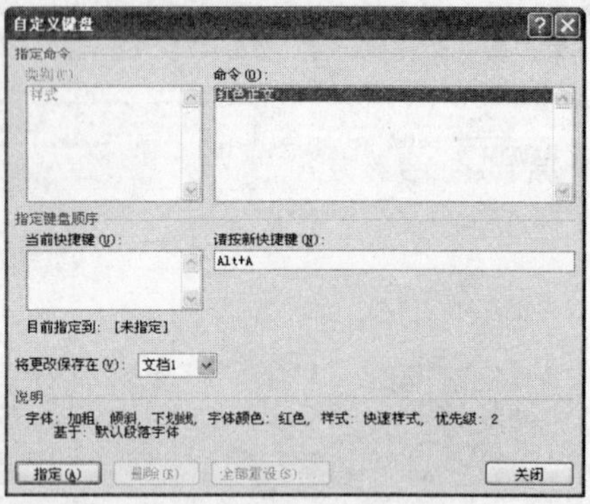

图7-12

提示　在指定样式快捷键时，需要考虑如何设置【将更改保存在】选项，该选项用于限定快捷键的作用范围。如果只想在当前文档中使用快捷键来代替指定的样式，那么就需要将该选项设置为当前文档的名称。如果样式保存在模板中，而希望使用该模板的每一个文档都可以使用快捷键，那么就需要选择模板的名称。模板的详细介绍请参考本章7.2节的内容。

7.1.5 使用样式

如果要设置某个段落的格式，可以单击该段落范围内，然后在【样式】窗格中选择所需的样式。【样式】窗格中的每一个标题代表一个样式名称，勾选窗格底部的【显示预览】复选框，可以让样式名称显示出带有样式字体格式的外观。如果希望查看某个样式包含的具体格式，可以将鼠标指向【样式】窗格中的该样式，然后在弹出的信息栏中查看。

7.1.6 通过样式快速选择文本

为文档内容设置样式的一个好处就是可以非常方便地选择应用了同一个样式的所有内容。首先应该确定要选择应用了哪个样式的文本，然后在【样式】窗格中右击此样式，在弹出的快捷菜单中选择【选择所有8个实例】命令（8代表应用样式的文本段数量），如图7-13所示。也可以右击文档中的内容，在弹出的快捷菜单中选择【样式】→【选择格式相似的文本】命令，这样也可以实现同样的效果。

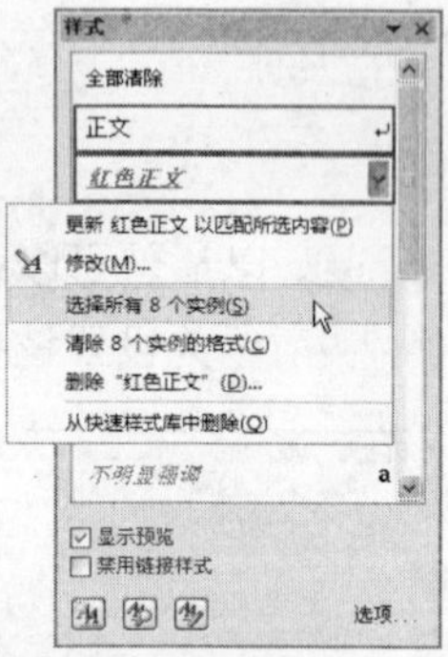

图7-13

7.1.7 根据文本格式自动更新样式

有时可能会发现，在对应用了样式的文本手动设置字体或段落格式时，使用该样式的其他文本也自动更新了格式。可以使用下面的方法解决这个问题：打开【修改样式】对话框，取消勾选【自动更新】复选框即可。

7.1.8 指定在【样式】窗格中显示的样式

当新建一个文档时，【样式】窗格中只显示一些常见的默认样式，而大多数样式并未显示出来。如果需要查找并使用某个未出现在【样式】窗格中的样式，那么可以调整【样式】窗格的显示方式。打开【样式】窗格，单击底部的【选项】按钮，打开【样式窗格选项】对话框，在上方的两个下拉列表中选择要显示的样式类型及排列方式即可。

7.2 使用模板

本质上讲，模板也是文档的一种，只不过模板中包含了通用的页面格式、样式，以及可以反复使用的基准文本。使用模板可以批量创建同类型同格式的多个文档，然后只需根据需要进行文档的个别定制即可。本节将介绍模板的基础知识以及创建、使用与管理模板的方法。

7.2.1 模板的类型和存储位置

也许您一直认为自己从未使用过模板，其实不是。当第一次启动Word时，就已经接触模板了。在Word 2010中，有一个名为Normal.dotm的文档，所有默认新建的文档都是以这个文档为基础而创建的，这个文档就是Word中的模板，它是所有新文档创建的基础。正是因为这个原因，在很多Word启动出现问题时，可以尝试使用删除Normal模板的方法来解决，而且在很多情况下都很有效。默认情况下，Normal模板（以及其他模板）保存在以下位置。

- Windows XP：C:\Documents and Settings\<用户名>\Application Data\Microsoft\Templates。
- Windows 7/Windows Vista：C:\Users\<用户名>\AppData\Roaming\Microsoft\Templates。

提示　默认情况下在上面的路径中看不到Normal.dotm模板文档，最可能的原因是您未改变Word的默认设置。例如，可以改变文档中的默认字体为楷体，这样Normal.dotm就会出现在上面指定的路径中。

除了Normal模板外，用户也可以根据需要创建新的模板，可以在自己的模板中创建经常要使用的样式，将模板文档的页面尺寸和方向设置为所需的规格，还可以在页眉和页脚中加入公司或个人标志等内容。

7.2.2 确定当前文档使用的模板

如何知道当前文档正在使用哪个模板呢？单击【文件】按钮并选择【信息】命令，然后在右侧单击文件属性列表最底部的【显示所有属性】，【模板】右侧显示的就是当前文档使用的模板，如图7-14所示。

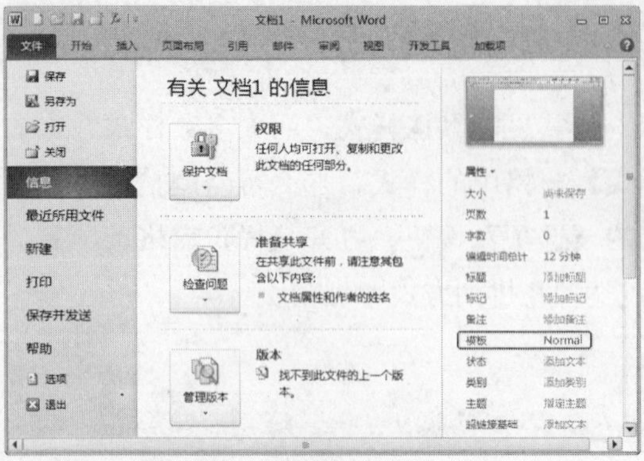

图7-14

7.2.3 创建模板

前面曾经介绍过，模板也是Word文档中的一种，模板中一般包含了特定的页面设置、样式等大量的通用内容，这样可以方便用户以模板为基准批量创建大量具有相同格式的文档。Word提供了大量的模板，用户可以在新建文档时直接使用它们。如果觉得Word预置的模板都不符合自己的需要，那么也可以创建完全自定义的模板。下面的示例演示了创建模板的过程。

Step 01 新建一个文档，设置好所需的页面格式，包括纸张大小、方向、页边距、页眉和页脚的尺寸等。

Step 02 使用7.1节介绍的方法在该文档中创建所需的一个或多个样式。可能的话可以为常用样式设置快捷键。

Step 03 单击【文件】按钮并选择【另存为】命令，打开【另存为】对话框，将【文件类型】设置为【Word文档模板】，然后为模板起一个名字。

Step 04 单击【保存】按钮，完成模板的创建。

7.2.4 使用模板创建新文档

有了模板，就可以使用它来批量创建大量相同格式的文档了。单击【文件】按钮并选择【新建】命令，在右侧的【可用模板】类别中选择【我的模板】选项，打开【新建文档】对话框，选择【模板】类别下的【我的模板】选项，打开如图7-15所示的【新建】对话框，选择要使用的模板，单击【确定】按钮，将新建一个文档，其中的页面格式与所选模板完全相同，而且还将继承模板中的所有样式。

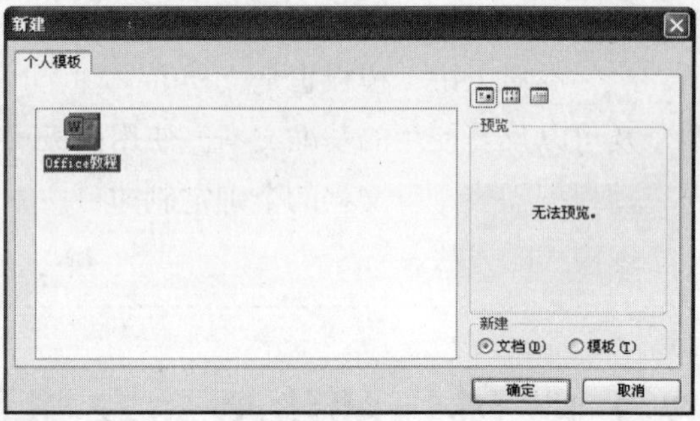

图7-15

> **技巧** 在图7-15所示的对话框内的空白处右击，在弹出的快捷菜单中选择【打开】命令，可以快速打开保存模板的文件夹。

7.2.5 修改模板

当多个文档都使用了同一种模板创建时，如果这些文档中都使用了模板中的同一种样式设置了文本格式，当需要修改文本格式时，可以在每个文档中依次修改样式的格式，但是更好的方法是直接修改模板中的样式，这样可以将修改结果自动反应到使用这个模板的每个文档中。

可以使用两种方法修改模板中的样式，一种是打开模板文件，然后修改其中的样式；另一种方法是在使用模板的文档中直接将样式的修改结果作用到模板中。第一种方法很简单，只需按照打开文档的常规方法打开模板文件，然后在【样式】窗格中修改指定的样式，最后对模板进行保存即可。第二种方法其实更简单，只需在使用模板的文档中打开【样式】窗格，然后右击要修改的样式，从弹出的快捷菜单中选择【修改】命令，打开【修改样式】对话框，单击【基于该模板的新文档】单选按钮（如图7-16所示），然后对样式进行修改即可。

使用上面的方法可以将样式的修改直接作用到该样式所在的模板中，这样无须打开模板就可以修改其中的样式了。当保存当前文档时，会弹出如图7-17所示的对话框，询问用户是否将对样式的修改保存到模板中，单击【是】按钮即可。

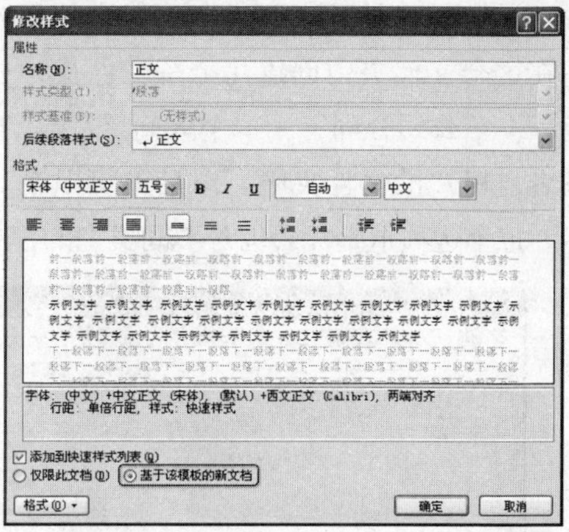

图7-16

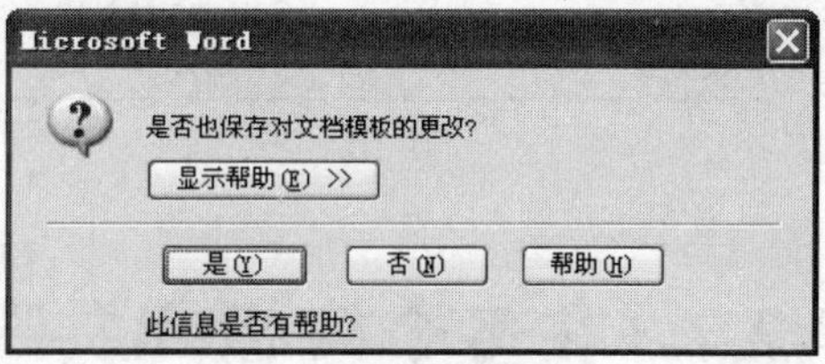

图7-17

注 意

用户可能发现使用上述方法修改模板后，样式的新格式并未更新到每一个应用该模板的文档中。此时可以做以下检查：右击快速访问工具栏，从弹出的快捷菜单中选择【自定义功能区】命令，在自定义功能区界面中勾选右侧列表框中的【开发工具】复选框，将【开发工具】选项卡添加到功能区中，单击【确定】按钮，然后单击功能区中的【开发工具】→【模板】→【文档模板】按钮，打开如图7-18所示的对话框，检查是否已经勾选了【自动更新文档样式】复选框。只有勾选该复选框，模板中样式的新变化才会自动更新到应用该模板的所有文档中。

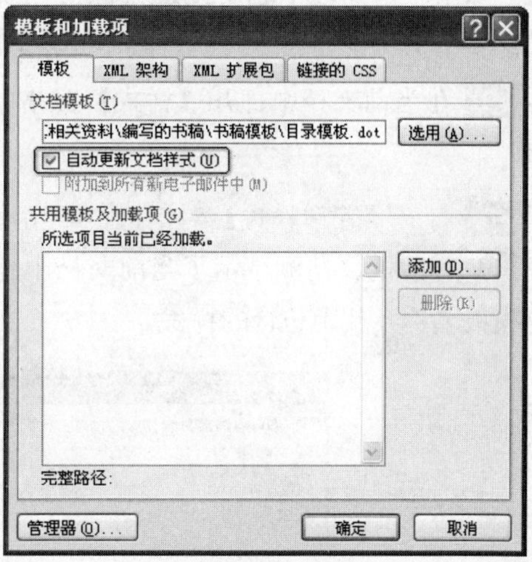

图7-18

7.2.6 为模板分类

用户很可能在不知不觉中创建了大量的模板，或者已经收集了很多精彩实用的模板。就像Windows操作系统管理文件一样，需要将同类型或同样用途的文件放入到同一个文件夹中。在使用模板的过程中，也应该遵循这个原则，及时对模板归类，这样在使用时才可以很方便地找到。

首先可以利用7.2.4节介绍的方法很方便地打开模板所在的文件夹，然后根据模板的类型在这个文件夹中创建几个子文件夹，子文件夹的名称以模板类型来命名，例如“公司制度”、“公司合同”、“个人简历”、“销售表格”等。接着，将不同类型的模板分别移动到各自所属的文件夹中。以后就可以在【新建】对话框中看到以子文件夹名称命名的选项卡，每个选项卡中都会包含不同类型的模板，如图7-19所示。

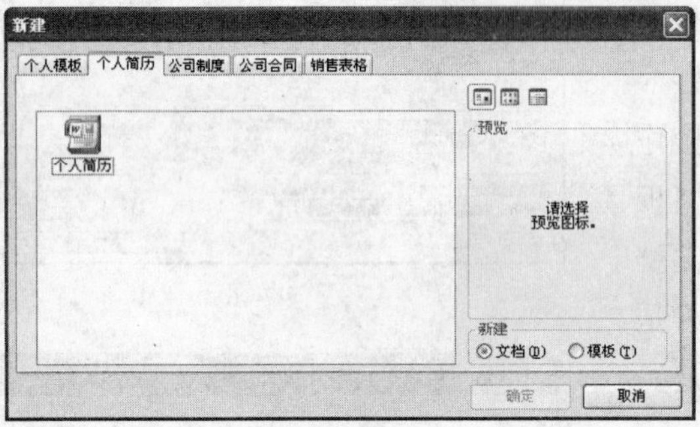

图7-19

注 意

用户可能会发现【新建】对话框中并没有出现预期的选项卡，这是因为在这些同名的子文件夹中一个模板都没有。只要在每个文件夹中都放置至少一个模板文件，就可以在【新建】对话框中看到与文件夹同名的选项卡了。

7.2.7 在多个模板间共享样式

如果当前文档中想要使用其他文档或模板中的某个样式，那么可以通过设置让同一个样式在多个文档或模板中共享，具体操作方法如下。

Step 01 在当前文档中打开【样式】窗格，单击底部的【管理样式】按钮（底部右侧第一个按钮）。

Step 02 打开【管理样式】对话框，单击底部的【导入/导出】按钮，打开如图7-20所示的【管理器】对话框。左侧显示了当前文档中包含的样式以及文档名称，右侧显示了当前文档套用的模板名称及其中包含的样式。

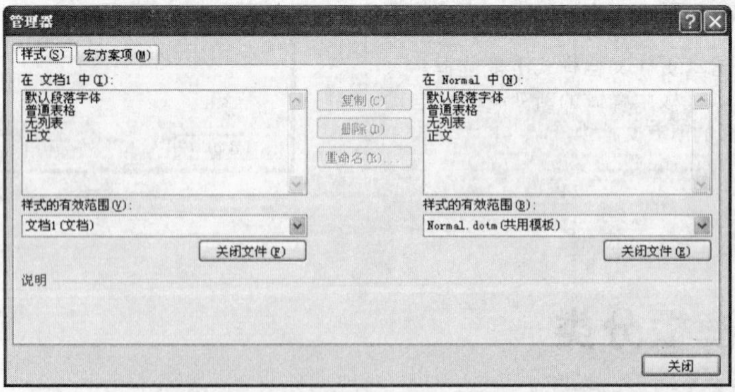

图7-20

Step 03 通过单击【关闭文件】按钮可以关闭当前打开的文档或模板，然后再单击【打开文件】按钮打开包含要使用样式的文档或模板，在列表框中选择要传递的样式并单击【复制】按钮，这样就可以将样式从一个文档或模板复制到另一个文档或模板中，如图7-21所示。

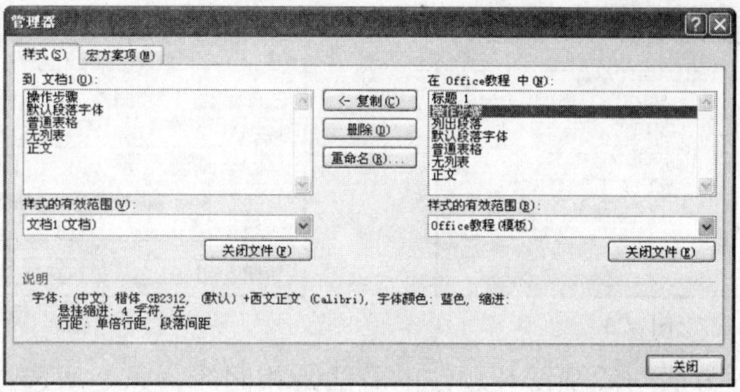

图7-21

Step 04 完成复制操作后单击【关闭】按钮，如果出现提示信息则需要单击【保存】按钮保存所做的修改。

7.3 创建题注

科技类书籍通常都要求在每张图下方填写编号以及说明性文字，表格的情况也与图片类似。对于这种带有流水号和说明性文字的东西，可以将其称为题注。在Word中很容易为文档内的图片和表格添加题注。题注通常由三部分组成：题注标签、流水号、说明文字。

如图7-22所示就是一个题注，这个题注表示当前标注的是一个图，图编号为第1章的第3个图，图的说明性文字是“浮动工具栏”，在题注的1-3中，前一个1表示章编号，而后一个3表示这一章中图的流水号。

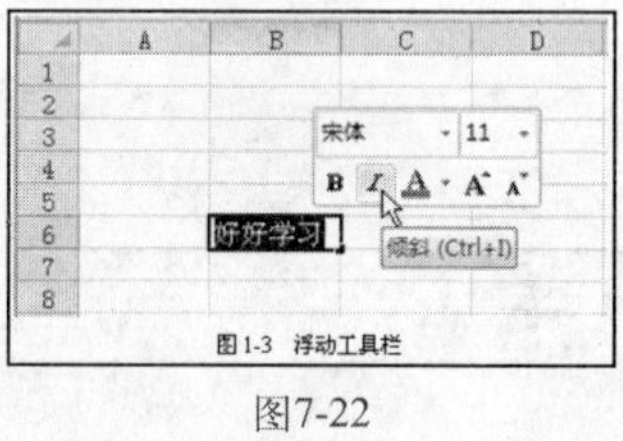

图7-22

右击文档中的图片，在弹出的快捷菜单中选择【插入题注】命令，打开如图7-23所示的【题注】对话框。在【题注】文本框中自动输入了其中一个默认的题注标签，可以在标签后输入题注的说明文字。并可以在【位置】下拉列表中选择要将题注置于图片的上方或是下方。单击【确定】按钮，即可在当前图片的上方或下方插入题注。

Word预置了三种题注标签，分别是表格（Table）、公式（Equation）、图表（Figure）。如果这几种题注标签不能满足使用需要，则可以创建新的题注标签。在【题注】对话框中单击【新建标签】按钮，打开【新建标签】对话框，在【标签】中输入要作为题注标签的文字（例如“图”）。单击【确定】按钮，将在【标签】下拉列表中看到新建的题注标签，如图7-24所示。此后就可以在创建题注时使用新的题注标签了。

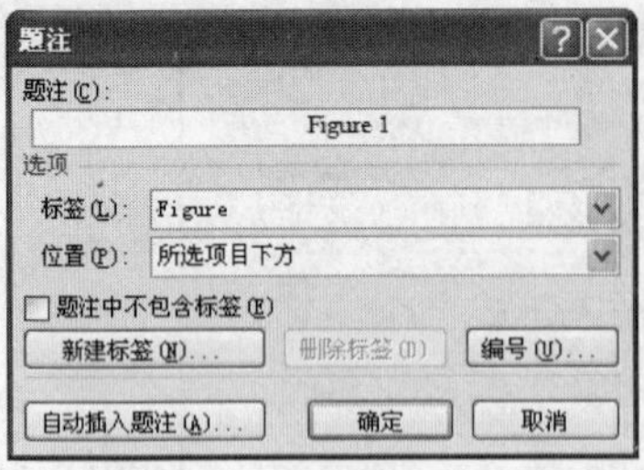

图7-23

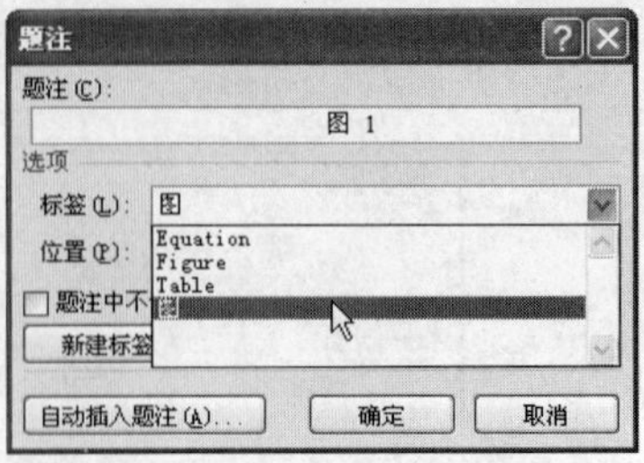

图7-24

添加表格题注的方法与添加图片题注的方法是相同的，只是所选择的题注标签不同而已，这里就不作详述了。

可以添加形如“1-1”这种格式的题注。首先需要为Word内置的标题1~9样式设置自动编号，然后在【题注】对话框中单击【编号】按钮，勾选【包含章节号】复选框，这样才能使用类似于“1-1”这种格式的题注。

可以实现在文档中插入新图片时自动为图片添加题注。首先打开【题注】对话框，然后单击【自动插入题注】按钮，打开如图7-25所示的对话框。在列表框中勾选【Microsoft Word Picture】复选框，然后设置所用的题注标签和插入题注的位置等。以后在文档中插入新图片时，题注将自动插入到图片上方或下方。

图7-25

7.4 在文档中定位

Word提供了在文档中定位的工具，所谓定位是指在文档中从一处跳转到另一处。Word至少提供了三种定位工具：交叉引用、书签、超链接。这三种工具的作用有些类似，但又有所不同。本节将详细介绍这三种定位工具的使用方法。

7.4.1 使用交叉引用

在编辑文档的过程中，经常需要引用文档内其他位置上的内容，例如，“请参考第6章的内容”这种形式的文字，这类内容就属于交叉引用。为了便于表述，我们把输入“请参考第6章的内容”这类文字的位置称为“引用位置”，而把这些内容中所指向的位置称为“被引用位置”。使用手工输入完全可以胜任这类工作，但是一旦被引用处的内容有所变化，尤其是编号发生改变，那么引用位置上的文字就需要手工修改，否则就出错了。

在仅有几页的文档中，使用手工方式完成上述所说的交叉引用工作是毫无问题的，即使被引用位置的内容改变了，手工修改引用位置的内容也不会有太多麻烦。但是对于几十页甚至上百页的文档，一旦一处或多出被引用位置的内容发生变化，那么修改引用位置的内容将成为一件非常可怕的事情。

为了可以让引用位置上的内容自动随被引用位置上的内容而同步修改，就需要使用Word提供的交叉引用功能。使用下面的方法可以创建一个交叉引用。

Step 01 在引用位置输入所需的内容，例如，“请参考本章节”。其中“章”和“节”之间留给要引用的可变内容。

Step 02 单击“章”和“节”中间，然后单击功能区中的【插入】→【链接】→【交叉引用】按钮，打开如图7-26所示的【交叉引用】对话框。由于这里要引用标题的编号，因此，在【引用类型】中选择【标题】，在【引用内容】中选择【标题编号】，然后在下方的列表框中选择对应的标题。

提示 如果勾选【插入为超链接】复选框，则可以让交叉引用具有超链接的功能，即按住Ctrl键的同时单击交叉引用文字，可跳转到被引用的位置。

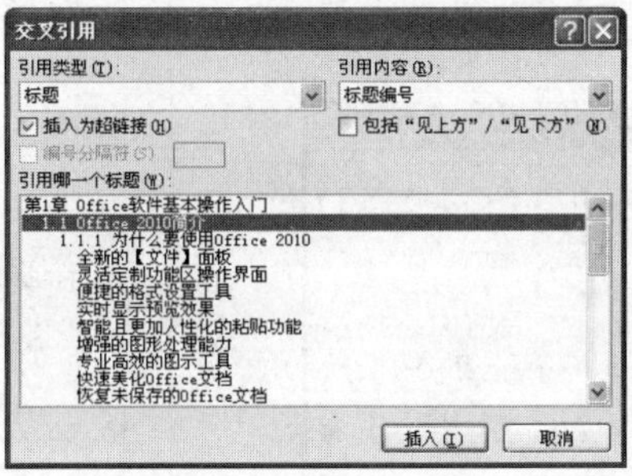

图7-26

Step 03 单击【插入】按钮和【关闭】按钮，将在“章”和“节”中间插入一个编号。单击编号内部时，将会显示灰色底纹，如图7-27所示。这是域的特征，关于域的内容请参考本书第8章中的相关内容。

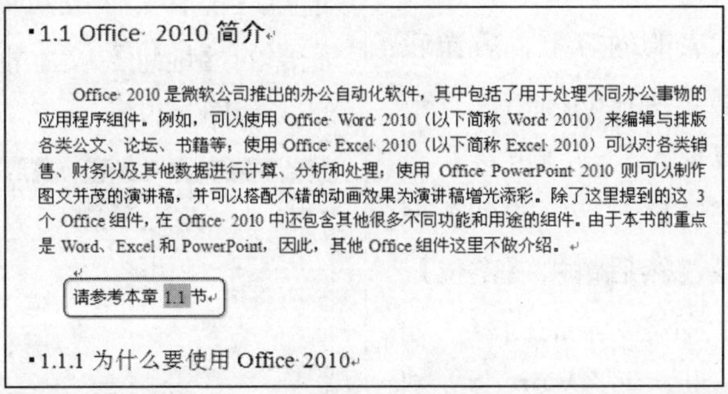
1.1 Office 2010 简介

Office 2010 是微软公司推出的办公自动化软件，其中包括了用于处理不同办公事物的应用程序组件。例如，可以使用 Office Word 2010（以下简称 Word 2010）来编辑与排版各类公文、论坛、书籍等；使用 Office Excel 2010（以下简称 Excel 2010）可以对各类销售、财务以及其他数据进行计算、分析和处理；使用 Office PowerPoint 2010 则可以制作图文并茂的演讲稿，并可以搭配不错的动画效果为演讲稿增光添彩。除了这里提到的这 3 个 Office 组件，在 Office 2010 中还包含其他很多不同功能和用途的组件。由于本书的重点是 Word、Excel 和 PowerPoint，因此，其他 Office 组件这里不做介绍。

请参考本章 1.1 节

1.1.1 为什么要使用 Office 2010

图7-27

以后如果被引用位置的编号发生了改变，那么可以右击交叉引用处的编号，在弹出的快捷菜单中选择【更新域】命令，即可自动更新引用位置上的编号，使其与被引用位置上的编号一致。

7.4.2 创建书签

交叉引用在文档定位中起到了一个连接两点的作用，而本节介绍的书签，则相当于是连接中的其中一点。当将文档中的内容或某个位置设置为书签后，Word就会记住而且很容易地找到这个位置。可以利用书签快速定位文档内容，也可以在交叉引用中使用书签，还可以将超链接的目的地指向书签。

书签可以包含文档中的任何部分，可以是选择的某部分内容，也可以是只一个插入点。选择要标记为书签的内容，然后单击功能区中的【插入】→【链接】→【书签】按钮，打开如图7-28所示的【书签】对话框，在【书签名】文本框中输入一个名称，然后单击【添加】按钮创建书签。

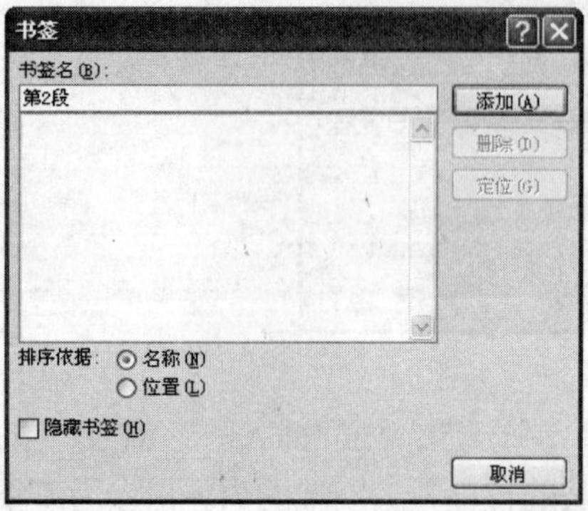

图7-28

创建书签后，在文档中的任意位置都可以快速定位到书签所代表的内容上，就像我们平时可以快速找到书签所在的图书位置一样。单击功能区中的【插入】→【链接】→【书签】按钮，在【书签】对话框的列表框中选择要定位到的书签，然后单击【定位】按钮，Word会自动选中书签对应的内容。如果书签仅仅是一个插入点，那么Word会立刻将插入点移动到书签对应的位置。对于不需要的书签，可以在【书签】对话框的列表框中选择这个书签并单击【删除】按钮，将其从文档中删除。

本书第5章曾经介绍过书签的一个典型应用，利用它可以实现在表格外计算表格内的数据，因为事先将表格定义为一个书签，这样就可以在公式中使用书签来引用整个表格，这个例子说明了书签在Word中具有十分灵活的作用。

7.4.3 设置超链接

超链接是指从一个位置跳转到另一个位置。例如，可以在文档中输入一个词语，通过单击这个词语打开一个网页，这就是超链接功能。超链接既可以在文档内部实现跳转，也可以跳转到文档外的位置上。要添加超链接，必须先指定要将超链接作用在哪些东西上（超链接对象），然后再决定要链接到什么地方（超链接目标）。超链接对象可以是文字、图片、图形、文本框、艺术字等不同类型的内容。

选择要创建超链接的对象，然后右击选区，从弹出的快捷菜单中选择【超链接】命令，打开【插入超链接】对话框，根据在左侧的【链接到】中选择的不同，将会得到不同的设置界面。例如，如果要为文档中的文字设置链接到网页的功能，那么需要在左侧选择【现有文件或网页】选项，然后在右侧底部的【地址】文本框中输入要链接到的网址，如图7-29所示。

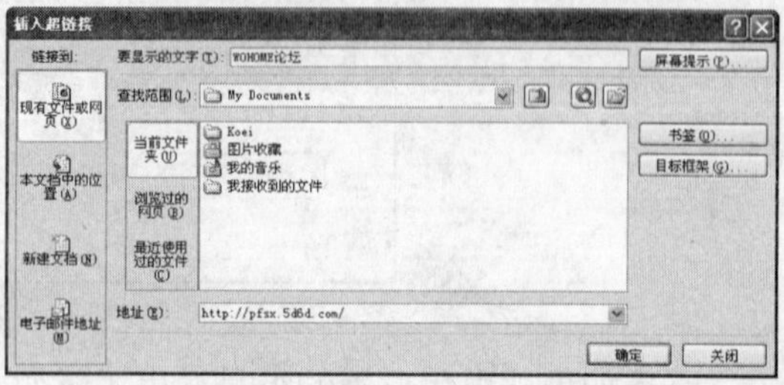

图7-29

单击【确定】按钮完成超链接的设置。在按住Ctrl键的同时单击超链接文字，即可在浏览器中打开指定的网页。当将鼠标指向超链接对象时，会显示提示信息，如图7-30所示。可以自定义信息内容，在【插入超链接】对话框中单击【屏幕提示】按钮，然后在【设置超链接屏幕提示】对话框中输入有用的内容。

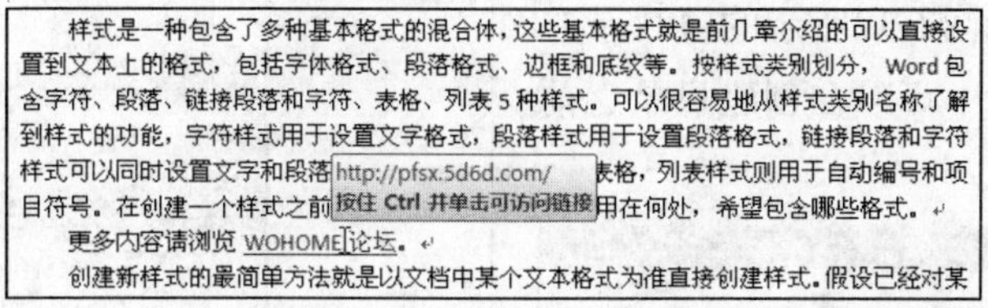

图7-30

技巧 用户也许觉得每次打开超链接要按住Ctrl键有点麻烦，那么可以进行以下设置，从而直接单击超链接即可打开它。单击【文件】按钮并选择【选项】命令，打开【Word选项】对话框，选择【高级】选项卡，然后在右侧取消勾选【用Ctrl+单击跟踪超链接】复选框。

可以随时对超链接内容进行编辑，以便改变超链接的目标位置，或者删除超链接。右击超链接对象，在弹出的快捷菜单中可以根据需要进行选择。

7.5 创建目录

为了便于掌握一篇文档的结构，通常需要制作一份目录。尤其在编写一份论文或一本书籍时，创建目录是必不可少的文档元素。

7.5.1 创建标题目录

如果要作为目录的文字的格式套用了Word预置的标题1~9样式，那么可以直接创建目录。但如果要作为目录的内容是普通的正文样式，或是套用了自定义的样式，那么在创建样式之前，需要检查这些文字的大纲级别，否则将无法正确创建出目录。

可以在一个段落的【段落】对话框中检查该段落的大纲级别。右击要作为目录的标题段落，在弹出的快捷菜单中选择【段落】命令，打开【段落】对话框。在【缩进和间距】选项卡的【大纲级别】中显示了当前段落的大纲级别，如图7-31所示。数字越小级别越高，即1级最高，9级最低。

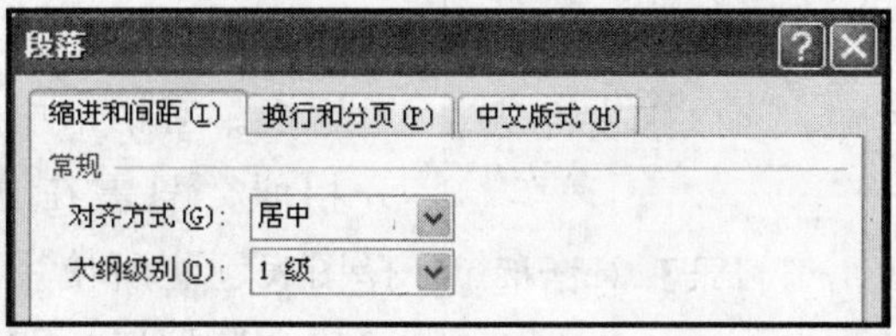

图7-31

确保所有要作为目录的文字段落都设置了正确的大纲级别，然后单击功能区中的【引用】→【目录】→【目录】按钮，在打开的列表中选择Word预置的目录样式。但如果希望更灵活地创建目录，则可以选择【插入目录】命令，将打开如图7-32所示的【目录】对话框，在该对话框中可以在创建目录之前进行一些有用的设置。

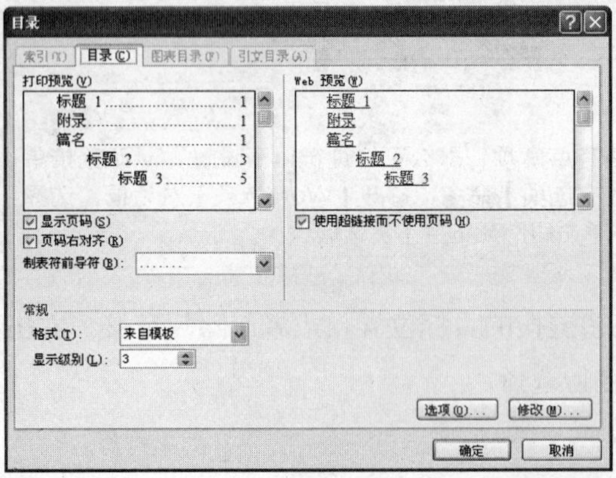

图7-32

例如，可以通过修改【显示级别】中的数字来决定要创建的目录具有的层次数量，默认情况下将创建一个三级目录。单击【选项】按钮，可以在如图7-33所示的对话框中指定要作为目录的标题所套用的样式，也就是指定套用哪些样式的内容可以出现在目录中。

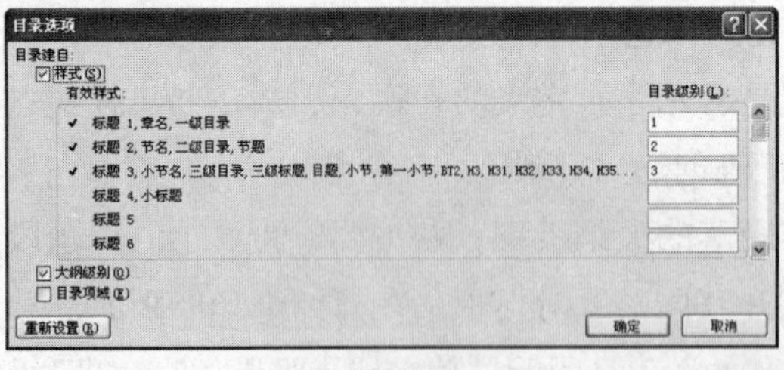

图7-33

还可以单击【修改】按钮，打开如图7-34所示的对话框，选择要设置的目录级别，然后单击【修改】按钮，可以修改将要创建的目录外观。

设置好一切之后，单击【目录】对话框中的【确定】按钮，即可在插入点位置自动生成目录，类似于如图7-35所示。

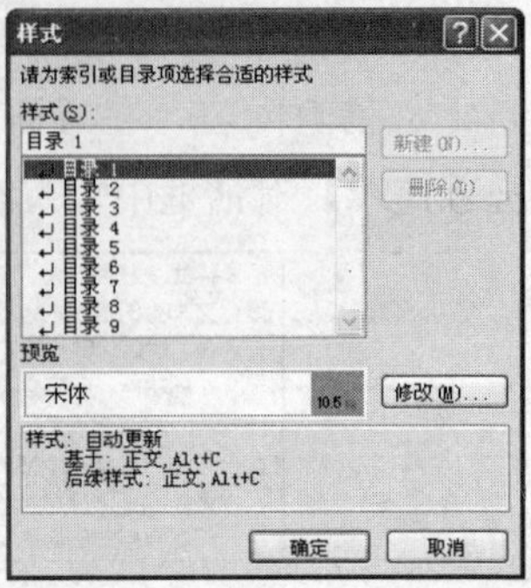

图7-34

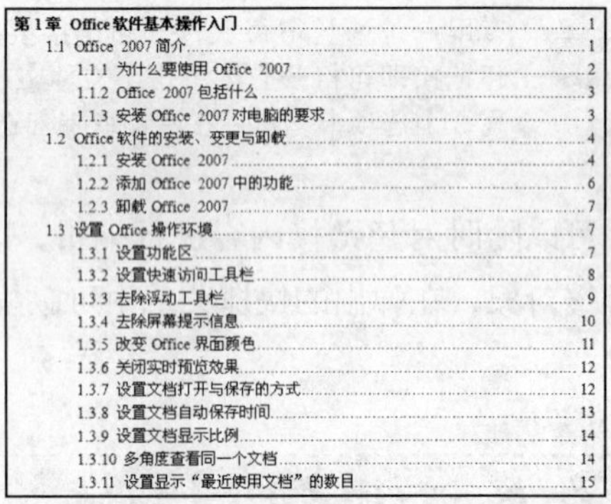
第1章 Office软件基本操作入门......1
1.1 Office 2007 简介......1
1.1.1 为什么要使用 Office 2007......2
1.1.2 Office 2007 包括什么......3
1.1.3 安装 Office 2007 对电脑的要求......3
1.2 Office 软件的安装、变更与卸载......4
1.2.1 安装 Office 2007......4
1.2.2 添加 Office 2007 中的功能......6
1.2.3 卸载 Office 2007......7
1.3 设置 Office 操作环境......7
1.3.1 设置功能区......7
1.3.2 设置快速访问工具栏......8
1.3.3 去除浮动工具栏......9
1.3.4 去除屏幕提示信息......10
1.3.5 改变 Office 界面颜色......11
1.3.6 关闭实时预览效果......12
1.3.7 设置文档打开与保存的方式......12
1.3.8 设置文档自动保存时间......13
1.3.9 设置文档显示比例......14
1.3.10 多角度查看同一个文档......14
1.3.11 设置显示“最近使用文档”的数目......15

图7-35

7.5.2 创建图表目录

除了正文内容的目录外，还可以创建图表目录，但是需要注意以下两点。

- 正确设置图片或表格的题注标签。
- 正确选择图表题注所使用的样式。

注 意

在创建图表目录时，图表题注所使用的样式并非必须是名为【题注】的样式，使用任何一种样式都可以创建图表目录。

单击功能区中的【引用】→【题注】→【插入表目录】按钮，打开【图表目录】对话框。对话框中的设置与创建目录时十分相似，只需在【题注标签】中正确选择图表题注所使用的题注标签，然后单击【确定】按钮，即可创建拥有不同题注标签内容的目录。

7.5.3 为一个文档创建两个目录

有时可能希望在一个文档中创建两个目录，其中一个用于显示文档的详细结构，而另一个则显示文档的第一级结构。按正常方法创建两个目录，但是在创建第二个目录时，由于文档中已经存在一个目录，因此会显示一个提示信息，单击【否】按钮，即可在文档中同时保留两个目录。

7.5.4 更新目录

如果修改了与目录标题对应的文档内的标题内容时，只需右击目录，从弹出的快捷菜单中选择【更新域】命令，然后在打开的对话框中单击【更新整个目录】单选按钮，即可将修改结果更新到目录中，如图7-36所示。

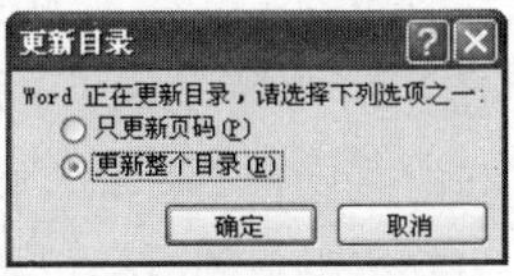

图7-36

7.6 创建索引

大多数专业书籍的最后部分都会包含一个索引。索引的作用通常是为了便于读者快速查找到书中某一个词语所出现的位置。使用Word可以轻松地为文档创建索引。

7.6.1 通过手工标记索引项创建索引

创建索引的主要任务就是在文档中将所有要出现在索引中的词语标记出来，以便告诉Word哪些内容是索引。下面是创建一份索引的具体操作步骤。

Step 01 在文档中选择要出现在索引中的词语，然后单击功能区中的【引用】→【索引】→【标记索引项】命令，打开如图7-37所示【标记索引项】对话框，所选择的词语将自动填入【主索引项】文本框中。

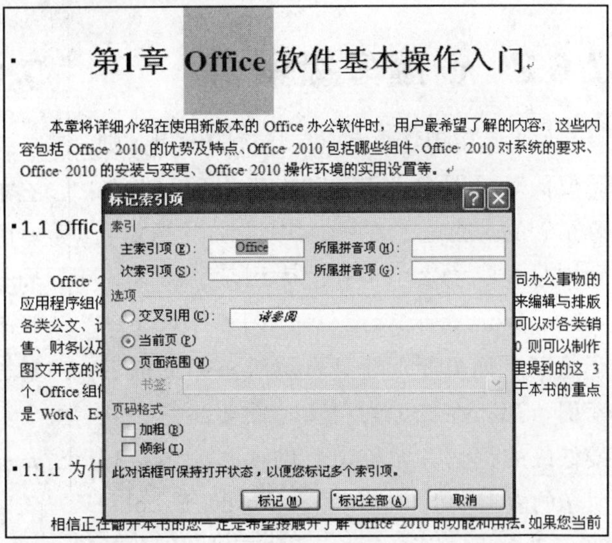

图7-37

Step 02 单击【标记全部】按钮将对文档中所有相同的词语进行全部标记。如果不希望对文档中的所有相同词语进行标记，则单击【标记】按钮。此时，将在文档中看到所选词语右侧多了一个以“XE”开头的标记，这表示其左侧的词语被标记为了索引项，如图7-38所示。

第1章 **Office**{ XE "Office" }软件基本操入门

图7-38

Step 03 重复前两步的操作，直到为文档中的所有词语都标记了索引项。最后单击【关闭】按钮关闭【标记索引项】对话框。

Step 04 单击要放置索引的位置，然后单击功能区中的【引用】→【索引】→【插入索引】按钮，打开【索引】对话框，可以在该对话框中设置索引的格式，例如，将【栏数】改为1，然后单击【确定】按钮，即可在插入点位置创建一栏的索引，如图7-39所示。

Excel, 1, 3, 8, 9, 11, 13, 15, 16
Office, 1, 2, 3, 4, 5, 6, 7, 9, 10, 11, 12, 13, 14, 15, 16
PowerPoint, 1, 3, 8, 10, 13
Word, 1, 3, 5, 7, 8, 9, 12, 13

图7-39

7.6.2 创建多级索引

如果希望创建具有一定层次的索引，则需要同时设置主索引项和次索引项。首先要了解的一点是：在Word中，使用英文半角冒号分隔主索引项和次索引项。例如，Office:Word表示Word一词属于Office下一个级别。如果要创建具有层级关系的嵌套索引，那么在标记索引项时需要注意，从最低级的词语开始标记。例如，如图7-39所示的嵌套索引包含两层，Word、Excel和PowerPoint同属于Office一词的下级。因此，在标记索引项时需要分别对Word、Excel、PowerPoint和Office进行标记，而不仅仅是标记Office一词。

要创建类似于图7-40所示格式的索引，需要进行如下操作。

Office, 1, 2, 3, 4, 5, 6, 7, 9, 10, 11, 12, 13, 14, 15, 16
　Excel, 1, 3, 8, 9, 11, 13, 16
　PowerPoint, 1, 3, 8, 10, 13
　Word, 1, 3, 5, 7, 8, 9, 12, 13, 14

图7-40

Step 01 选择文档中的Word一词，然后打开【标记索引项】的对话框，将【主索引项】文本框中的内容由“Word”修改为“Office:Word”，如图7-41所示。

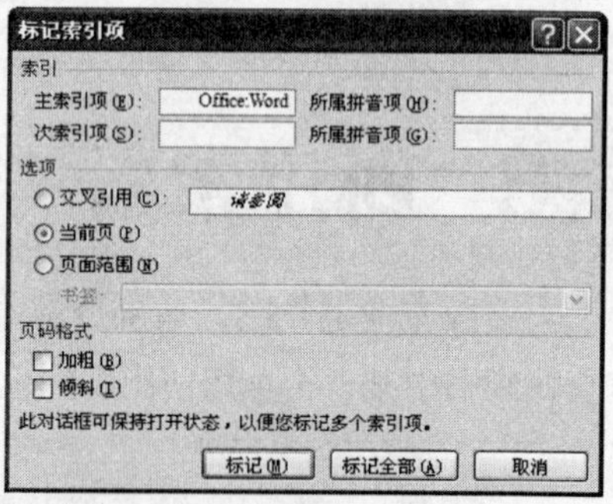

图7-41

Step 02 使用类似的方法标记Excel、PowerPoint等词，最后再标记Office一词，完成后生成索引即可。

7.6.3 自动创建索引

如果正在为一个长篇文档创建索引，那么手工标记索引项的工作量会非常大，这时可以考虑使用自动索引功能。自动创建索引的关键步骤是制作一个自动标记索引文件，其中记录了要标记的词语以及词语之间的层级关系，就像7.6.2节介绍的多级索引那样。

自动标记索引文件是一个两列的表格，左列包含要标记的词语，右列包含词语之间的层级关系，也就是指明主索引项和次索引项的关系，行数则取决于词语的数量。如图

7-42所示是一个自动标记索引文件的例子。

Word	Office:Word
Excel	Office:Excel
PowerPoint	Office:PowerPoint
Access	Office:Access
Outlook	Office:Outlook

图7-42

在制作好自动标记索引文件后，单击功能区中的【引用】→【索引】→【插入索引】按钮，打开【索引】对话框，单击【自动标记】按钮，然后在打开的对话框中选择之前制作好的自动标记索引文件，单击【打开】按钮后，将按照自动标记索引文件中记录的内容，自动在文档中将对应的词语标记为索引项。剩下的工作就是使用前面介绍的方法生成索引。

7.7 使用主控文档完成大型排版任务

主控文档并非是一个含有真实内容的文档，而只是一个起到链接作用的桥梁，它用于建立对其包含的子文档的链接作用，从其外观和功能上看，就像是一个包含了各子文档内容的大型独立的文档。在创建主控文档后，其中将包含指向各子文档的链接，每次展开文档时，Word都会自动搜索其中的链接并将与这些链接对应的子文档中的内容加载到主控文档中，从而实现在主控文档中查看、编辑所有子文档的功能。当在文件夹中查看主控文档的容量时，就会发现主控文档的容量很小，这是因为它只包含了子文档的路径链接，而不包含任何实质性的内容。

7.7.1 主控文档的优势和缺陷

主控文档主要包含以下几个优势。

- 便于从全局的角度出发，全方位浏览所有文档的内容，可以进行完整的查看和编辑，使文档内容紧密联系在一起。
- 使插入页码、创建目录、索引等工作变得非常容易，而且极大地提高了准确性和工作效率。

然而，主控文档也存在以下缺陷。

- 主控文档不具备普通文档那样，在文档偶遇突发事件意外关闭后可自动恢复的功能。
- 在极少的情况下，当打开主控文档时可能会导致Word崩溃。

7.7.2 将多个单文档合并为一个总文档

创建主控文档之前，请注意以下两点，以免带来不必要的麻烦。

- 确保主控文档的页面布局与子文档相同。
- 确保主控文档套用的模板与子文档相同。

在创建主控文档之前，先将所有子文档移动到同一个文件夹中，然后在该文件夹下新建一个文档，确保该文档的格式符合以上两个条件。下面的示例演示了创建主控文档的具体步骤。如图7-43所示为要创建的主控文档及其子文档，它们已经位于同一个文件夹中。

图7-43

创建主控文档的具体操作步骤如下。

Step 01 打开主控文档（图7-43中名为“Office教程”的文档），切换到大纲视图，单击功能区中的【大纲】→【主控文档】→【显示文档】按钮。

Step 02 单击【插入】按钮，打开如图7-44所示的【插入子文档】对话框，选择第一个子文档。

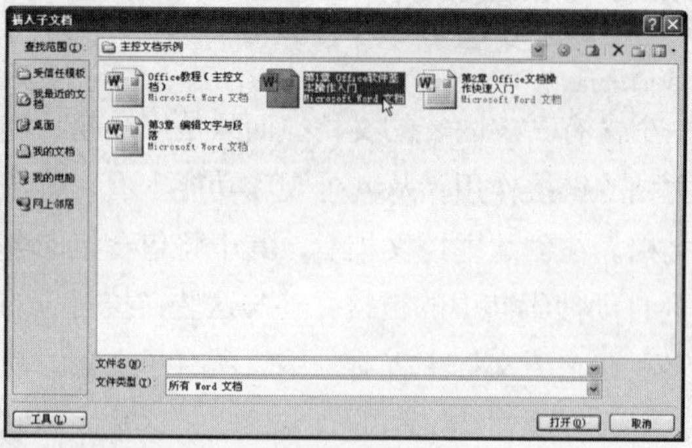

图7-44

Step 03 单击【打开】按钮，如果弹出如图7-45所示的对话框，则说明由于主控文档和添加的子文档都具有相同的样式，因此才会提示用户是否对子文档中的样式重命名。通常单击【全否】按钮以避免以后再出现此类提示。

图7-45

Step 04 所选文档内容将添加到大纲视图的插入点位置，此时插入点将自动定位到第一个插入的子文档内容的结尾。然后按照步骤2和步骤3的操作，插入其他子文档。

Step 05 将【大纲】选项卡中的【显示级别】设置为【1级】，这样可以只显示每个子文档的1级标题，便于在大纲视图中查看整体效果，如图7-46所示。

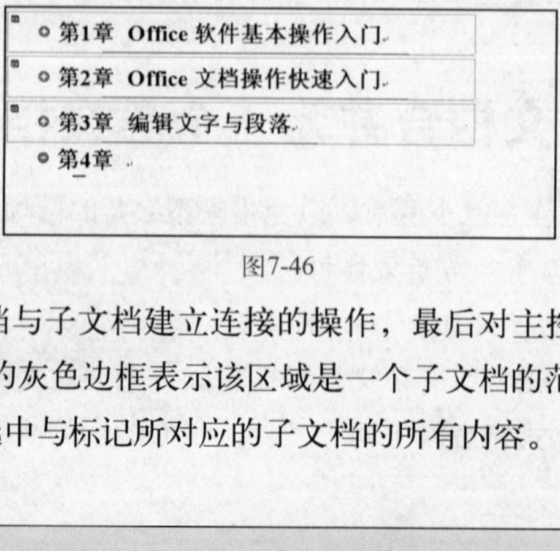

图7-46

至此，已完成主控文档与子文档建立连接的操作，最后对主控文档进行保存即可。在图7-46中，每个1级标题四周的灰色边框表示该区域是一个子文档的范围。边框左上角有一个 ▣ 标记，单击该标记可快速选中与标记所对应的子文档的所有内容。

7.7.3 将一个大型文档拆分为多个单文档

也许用户手头有一个大型文档，里面包含了大量的表格、图片，导致文档的打开与编辑速度特别慢。为了改善这种状况，可以将这个大文档拆分成多个单独的小文档。首先打开这个文档并切换到大纲视图，然后单击功能区中的【大纲】→【主控文档】→【显示文档】按钮，将功能区中的【大纲】→【大纲工具】→【显示级别】设置为【1级】，这样只显示文档中套用【标题1】样式的文字，如图7-47所示。

单击第一个标题左侧的加号标记，这样可以选中第一个标题及其所属的内容。按住Shift键依次单击其他标题左侧的加号标记，这样就选中了文档中的所有标题，如图7-48所示。

图7-47

图7-48

单击功能区中的【大纲】→【主控文档】→【创建】按钮，得到如图7-49所示的结果，可以看到每个标题都被一个灰色的边框括起，这说明Word已经将每个标题所属部分作为一个单独的部分处理。

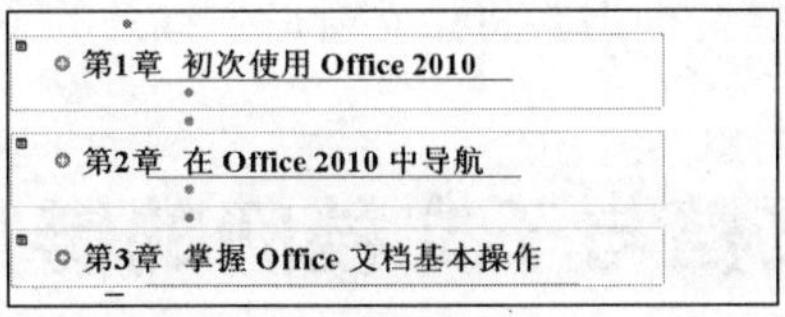

图7-49

此时在文件夹中还看不到任何独立文档被拆分出来，这是因为还没有对原文档进行保存。保存原文档后就可以在文件夹中看到拆分出与标题名称和数量完全对应的多个独立文档。拆分出的独立文档的名称是以源文档中的最高级别的标题名称为依据的。例如，如果文档中同时存在套用【标题1】样式和【标题2】样式的标题，那么拆分时将以套用【标题1】样式的标题为准。

7.7.4 在独立的窗口中编辑子文档

每当重新打开主控文档时，都会显示如图7-50所示的内容，它们通过分节符分隔开，每一个内容都是一个超链接，其对应于每一个子文档的绝对路径。

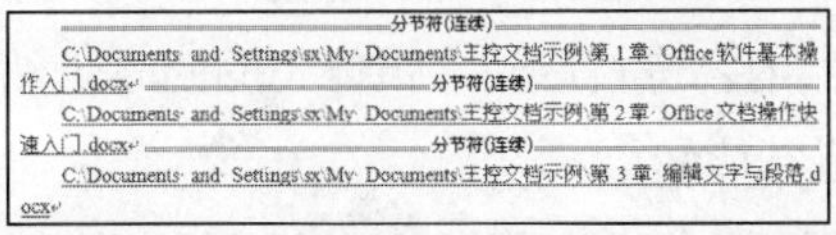

图7-50

注 意

图7-50中的分节符请不要随意删除，否则会发生无法预料的后果，最终可能导致主控文档功能失效，因此，请保留这些分节符。

01 Chapter
02 Chapter
03 Chapter
04 Chapter
05 Chapter
06 Chapter
07 Chapter
08 Chapter
09 Chapter
10 Chapter

如果希望显示子文档的内容，可单击功能区中的【大纲】→【主控文档】→【显示文档】按钮，再单击【展开子文档】按钮，即可在大纲视图中显示子文档中的所有内容。这时就可以像编辑普通文档一样，在主控文档中编辑任意子文档的内容。也可以切换到页面视图完成各种编辑操作，例如，查找和替换、设置格式和样式等操作。

在主控文档中编辑内容时，通常遇到的一个共同问题是，在对主控文档进行保存时，等待时间有时比较长，这是因为Word需要对主控文档包含的所有内容进行检查，便于查看各处是否有所修改。为了解决这个问题，可以在打开主控文档后，再单独打开要编辑的子文档，然后在一个独立窗口中编辑这个子文档。要在独立的窗口中打开子文档，可以使用以下几种方法。

- 单击【文件】按钮并选择【打开】命令。
- 在展开子文档所有内容之前，按住Ctrl键的同时单击子文档的超链接；也可以右击子文档的超链接，在弹出的快捷菜单中选择【打开超链接】命令。
- 在展开子文档所有内容之前，单击定位到子文档超链接中，然后按Enter键。
- 在展开子文档所有内容之前或之后，双击子文档标题左侧的 ▣ 标记。

当打开某一个子文档后，在主控文档中对应于这个子文档标题的左侧将显示一个 🔒 标记，表明当前此标题对应的子文档已被锁定，无法在主控文档中编辑这个子文档的内容。要想在主控文档中编辑这个子文档，则需要将独立窗口中打开的子文档关闭。

7.7.5 切断主控文档与子文档间的链接关系

如果希望主控文档包含实际的内容，而非指向子文档的超链接，那么就需要切断主控文档与子文档的链接。一旦切断了两者的链接关系，那么它们之间将毫无关联，彼此都变得相对独立。切换到大纲视图，单击将要断开的子文档范围内的任意位置，然后单击功能区中的【大纲】→【主控文档】→【取消链接】按钮，即可切断主控文档与子文档的链接。切断链接后，该子文档中的内容将全部存入主控文档中，即使将子文档删除也没关系。

7.8 对文档内容进行批注和修订

当一份文档需要多人共同完成时，Word中的批注和修订将是非常有用的工具。使用批注可以对他人提交的文档中的内容添加说明性文字，例如，关于内容的修改意见；而使用修订则可以直接对文档内容进行修正，但修正的同时仍然保留之前的内容，这样可以便于对修改前后的内容进行比较。

7.8.1 对内容进行批注

为文档中的内容添加批注很简单，选择要添加批注的内容，然后单击功能区中的【审阅】→【批注】→【新建批注】按钮，将在文档右侧显示一个红色方框，在其中输入批注内容，如图7-51所示，这样就完成了批注的添加。

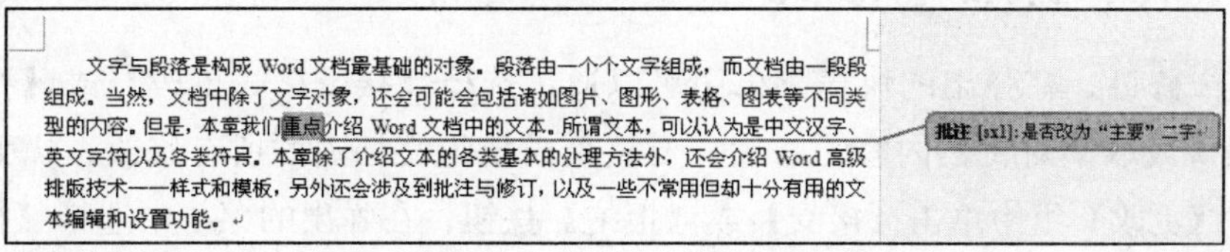

图7-51

> **提示** 文档中的每一个批注都包含两部分内容：批注编号和批注内容。批注编号就是如图7-51中的[sx1]，其中sx是当前Word的用户名，1表示批注的编号。将用户名和编号用方括号括起来。

7.8.2 浏览文档中的批注

在文档中添加了很多批注后，其他人可能需要查看这些批注，或者修改某些批注。单击功能区中的【审阅】→【批注】→【上一条】或【下一条】按钮，Word就会自动从当前插入点位置开始向上或向下查找批注并自动进入批注的编辑状态。

7.8.3 删除批注

右击某个批注，在弹出的快捷菜单中选择【删除批注】命令，将从文档中删除该批注。要删除文档中的所有批注，则可以单击功能区中的【审阅】→【批注】→【删除】按钮，在弹出的菜单中选择【删除文档中的所有批注】命令。

7.8.4 修订文档内容

对文档内容修订的关键是启用修订模式，在此之后对文档的所有修改都将被Word记录下来。单击功能区中的【审阅】→【修订】→【修订】按钮，即可进入修订模式。之后可以像编辑普通文档一样，对文档内容随意修改，每一次修改都将显示出特有的修订标记，如图7-52所示。

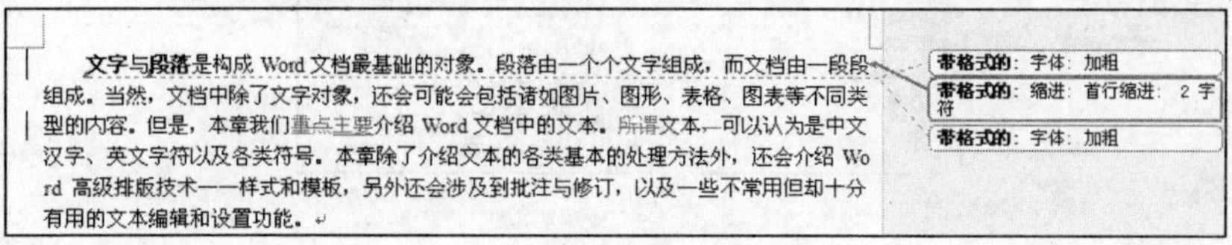

图7-52

在图7-52中，对文档进行了以下几项修改。

- 将“文字”和“段落”设置了字体加粗。
- 将“重点”改为“主要”。
- 将“所谓”和一个逗号删除。

7.8.5 接受或拒绝修订

右击某个修订，在弹出的快捷菜单中可以通过选择【接受格式更改】或【拒绝格式更改】命令确认或取消对文档内容的修改。要接受或拒绝文档内的所有修改，需要在功能区【审阅】→【更改】组中单击【接受】或【拒绝】按钮，在弹出的菜单中选择【接受对文档的所有修订】或【拒绝对文档的所有修订】命令。

7.8.6 设置批注和修订的外观

对批注和修订的外观可以进行自定义设置。例如，可以单击功能区中的【审阅】→【修订】→【修订】按钮并选择【更改用户名】命令，在打开的对话框的【缩写】中修改批注中显示的用户名缩写。

默认情况下，在修订状态下编辑内容后，将在修订原位置处显示修订后的新内容。可以对修订后的新内容的位置进行调整，单击功能区中的【审阅】→【修订】→【批注框】按钮，在弹出的菜单中可以选择其他位置。

批注和修订是带有不同颜色的，如果希望便于区分批注和修订，则可以选择不同的颜色。单击功能区中的【审阅】→【修订】→【修订】按钮并选择【修订选项】命令，打开如图7-53所示的【修订选项】对话框，在该对话框中可以调整批注和修订的外观。

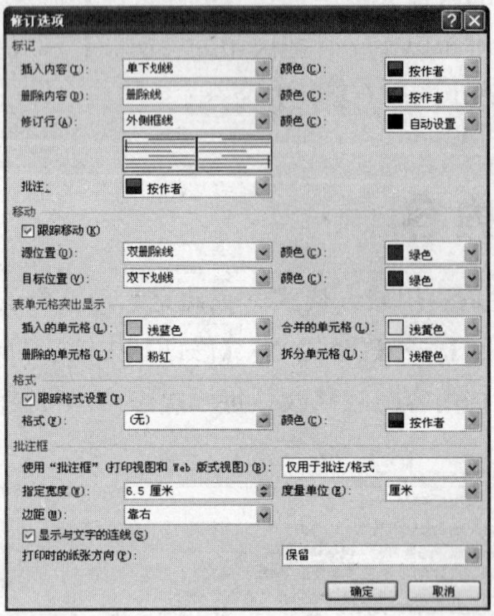

图7-53

01 Chapter 02 Chapter 03 Chapter 04 Chapter 05 Chapter 06 Chapter 07 Chapter 08 Chapter 09 Chapter 10 Chapter

中文版 Office 2010 应用大全

Chapter 08

域与邮件合并

虽然本书前面的部分并未正式介绍域的相关内容，但是一直都在不断地接触域。例如，在第7章介绍的自动化排版中，大部分功能的实现都是依靠域来完成的，包括题注、交叉引用、书签、超链接、目录和索引等。域的最大优势就是可以进行更新，当原始内容有所改变时，可以更新域结果，从而获取最新的内容。除了介绍域的基本内容外，本章还列举了使用域功能简化排版操作的几个典型示例，此外还介绍了如何使用邮件合并功能批量制作内容类似但结构相同的多个文档。

8.1 使用域

Word中大多数的自动化功能本质上都是域。Word文档中存在着大量可能发生变化的内容，例如，可随着文档页面增加而自动更新的页码，这些可自动更新的内容就是域，而且在单击这些内容时会自动呈现灰色的底纹。本节将介绍域的基础知识和基本操作。

8.1.1 域的结构

如图8-1所示为在Word中自动插入的日期对应的域代码，可以通过右击日期，从弹出的快捷菜单中选择【切换域代码】命令，以显示域代码。

- TIME：域名称。
- \@：TIME域的开关。
- 双引号中的内容：针对“\@”开关设置的选项。
- 最外层的大括号：区分域和普通文本的分隔符号，该符号使用Ctrl+F9组合键输入，手工输入该符号无效。

{ TIME \@ "yyyy 年 M 月 d 日星期 W" }

图8-1

8.1.2 插入域

在文档中输入域与输入普通文本大有不同，因为域不是一般的文本，所以需要使用特殊的方法输入域。

- 使用【域】对话框：单击要插入域的位置，然后单击功能区中的【插入】→【文本】→【文档部件】按钮并选择【域】命令，打开如图8-2所示的【域】对话框。在其中选择要使用的域并单击【确定】按钮，即可在插入点位置插入所选择的域。

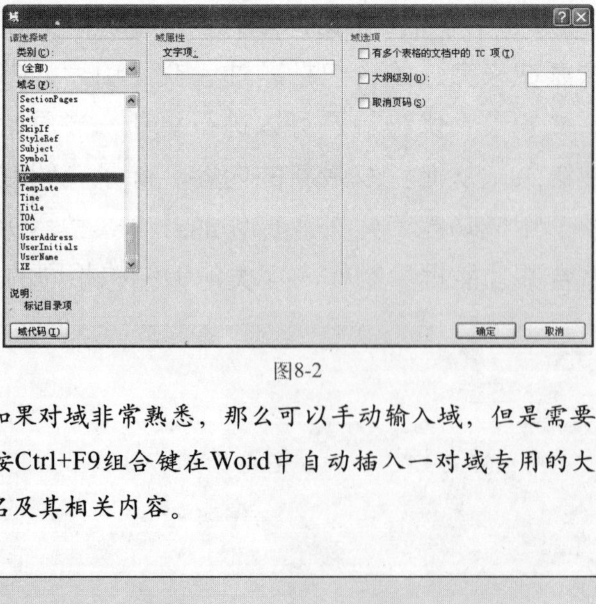

图8-2

- 手动输入：如果对域非常熟悉，那么可以手动输入域，但是需要从Ctrl+F9组合键开始输入，即先按Ctrl+F9组合键在Word中自动插入一对域专用的大括号，然后在其中输入所需的域名及其相关内容。

【域】对话框分为三部分：【请选择域】、【域属性】和【域选项】。【请选择域】部分是【域】对话框中必有的元素，而【域属性】和【域选项】两部分会根据在【域名】中选择的域而定。例如，图8-2中选择的NumPages域就包含了上述三部分，但是如果在【域名】列表框中选择名为“Page”的域，则只有【域属性】而没有【域选项】。

可以在【域】对话框的【类别】下拉列表中指定域的类型，然后在【域名】列表框中从筛选出的特定类型的域中选择所需的域，再设置【域属性】和【域选项】，最后单击【确定】按钮即可将域插入到文档中。而插入到文档中的域是以域的最终结果来显示的，而不是显示的域代码。

例如，在【域名】列表框中选择名为“FileName”的域，该域的作用是自动插入文档名称。【域属性】部分文档名的显示方式（对于英文名来指定大小写），然后可以在【域选项】部分勾选【添加路径到文件名】复选框，这样可以在插入文件名的同时自动添加文档所在的路径。单击【确定】按钮，将在文档插入点位置插入文档的路径和文件名，如图8-3所示。图8-3第一行是域的结果，即文档的路径和名称，第二行则是对应于第一行结果的域代码。

C:\Documents and Settings\sx\My Documents\Office 高效办公.docx
{ FILENAME \p * MERGEFORMAT }

图8-3

> 提示 右击文档中的域，从弹出的快捷菜单中选择【切换域代码】命令，可在域结果和域代码之间切换。另外，也可以按Shift+F9组合键切换插入点所在域的域代码，或按Alt+F9组合键切换文档中所有域的域代码。

在图8-3第二行的域代码中，可以看到其中包含很多空格（域代码中的点），这些空格是确保域正确运行的元素，请不要删除它们。

8.1.3 修改域

用户可以通过编辑域代码来修改域，正如图8-3第二行所示，但是需要对域非常熟悉，而且需要十分细心，尤其要处理好域代码中每个元素之间的空格，否则可能会发生无法预料的错误。也可以在【域】对话框中修改域。右击域，从弹出的快捷菜单中选择【编辑域】命令，打开【域】对话框。重新选择域名或在当前域名下重新设置【域属性】和【域选项】部分中的内容，最后单击【确定】按钮即可。

> 提示 也可以在【域】对话框中编辑域代码，方法是：打开【域】对话框，然后单击对话框左下角的【域代码】按钮，这样将在对话框中显示域代码。还可以单击【选项】按钮，在域代码中添加域的开关及其他所需的内容，如图8-4所示。

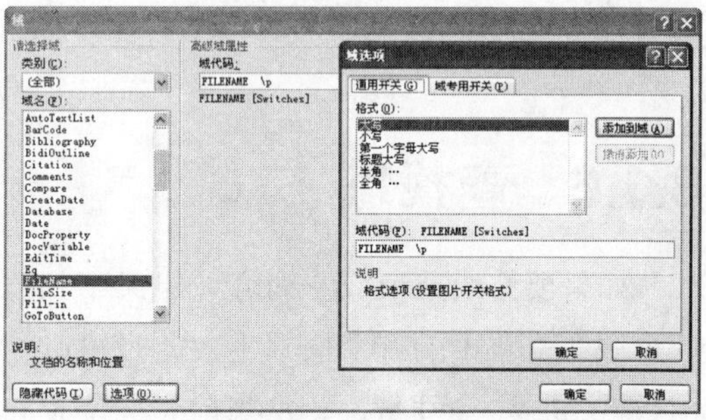

图8-4

8.1.4 更新域

域的最大优势就是可以进行更新，这是因为文档内很多统计类数据会随着文档内容的变更而有所变化，这时就需要对统计类数据进行重新计算从而保证结果的正确性。可以使用以下几种方法对文档中的域进行更新。

- 右击域内部，从弹出的快捷菜单中选择【更新域】命令。
- 单击域内部，然后按F9键。
- 如果要对文档内的所有域进行更新，则可以按Ctrl+A组合键，再按F9键。
- 进入打印预览视图，域可被自动更新，然后再切换回之前的视图。
- 打开【Word选项】对话框，选择【显示】选项卡，然后在右侧勾选【打印前更新域】复选框。

8.1.5 锁定域

有时可能并不希望更新某些域的内容，而希望始终保持原来的内容，此时可以单击域的内部，然后按Ctrl+F11组合键。如果域是锁定的，那么在域的右键菜单中的【更新域】命令将显示为灰色。如果要恢复已锁定的域，只需单击域内部并按Ctrl+Shift+F11组合键。

8.1.6 查找域

如果要修改某个域的内容，但又不知道这个域在文档中的哪个位置上，此时可以按F11键，每按一次F11键，从当前光标位置向下查找域并选中它。按Shift+F11组合键则从当前位置向上查找并选择域。此外还可以使用【查找和替换】对话框，打开该对话框并切换到【定位】选项卡，在【定位目标】列表框中选择【域】，然后在【请输入域名】下拉列表中选择想要查找的域名称，如图8-5所示，设置好后单击【前一处】或【后一处】按钮，将开始向文档开头或文档结尾方向查找指定的域名。

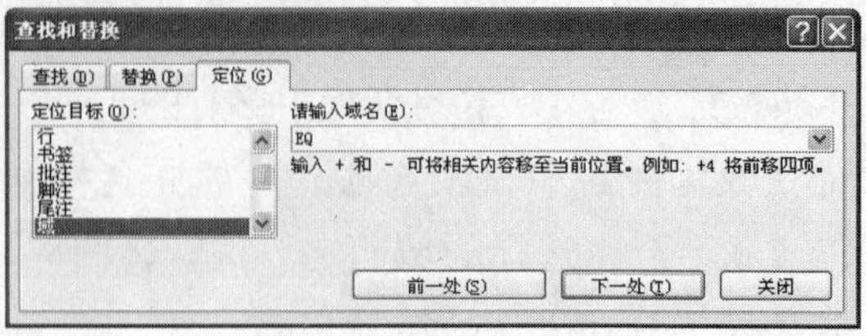

图8-5

8.1.7 删除域

如果文档中的某个域已经毫无用处，则应该将其删除。单击域的起始处，按一次Delete键，域将自动被选中，然后再按一次Delete键，即可将当前选中的域删除。如果要删除文档内的所有域，则可以按Alt+F9组合键显示出文档内所有域的域代码，然后按Ctrl+H组合键，在如图8-6所示的【替换】选项卡中将【查找内容】设置为“^d”，单击【全部替换】按钮，即可删除文档内的所有域。

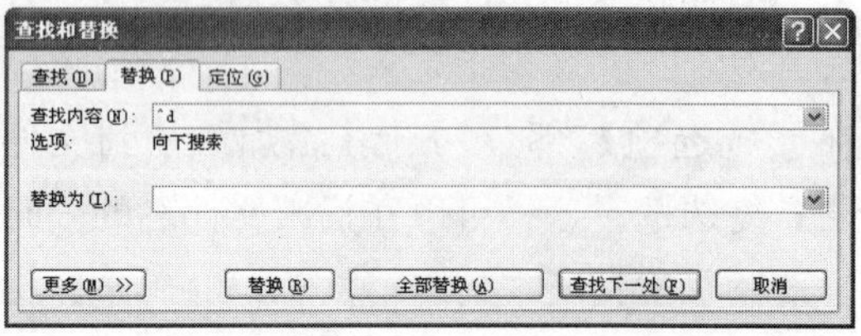

图8-6

> **提示** 可以在查找内容中的“^d”后面输入一个空格和域的名称，这样可以查找或替换指定的域。

8.1.8 突显文档中的域

为了轻易地区分域和普通文本，当用户单击域内部时，将会自动显示灰色底纹。但当用户单击其他位置时，域的灰色底纹将会自动消失。如果希望可以时刻保持文档内域底纹的可见状态，可以打开【Word选项】对话框，选择【高级】选项卡，在右侧的【域底纹】下拉列表中选择一种底纹显示方式。

8.2 域在排版中的应用

域在Word文档排版方面发挥着无可替代的作用，因为很多特殊要求的排版都离不开域。本节介绍了几个借助域进行排版的典型示例。

8.2.1 设置双栏页码

在很多双栏排版中，通常需要在同一个页面的不同栏设置不同的页码，让每一栏都显示各自的页码，类似于如图8-7所示的效果。

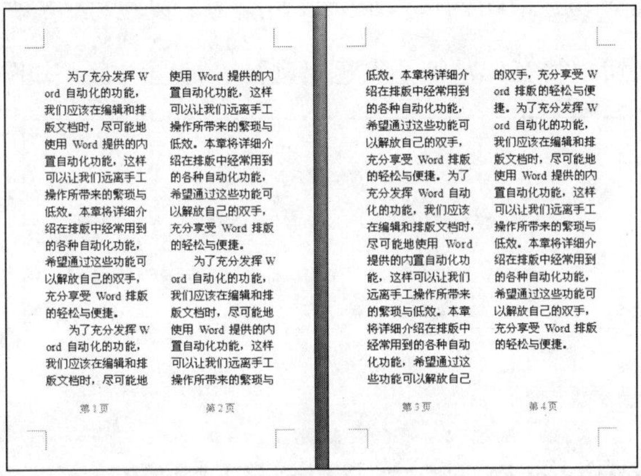

图8-7

使用Page域可以实现这种效果。进入文档页脚编辑状态，然后进行以下设置。

- 设置左栏页码：先输入两个【第】和【页】，然后单击【第】和【页】中间，按两次Ctrl+F9组合键，得到两个嵌套的域分隔符{ { } }。在最里层的域分隔符内输入“Page”，在外层的分隔符内输入剩下的内容：{ ={ Page }*2-1 }，对域代码进行更新即可显示结果。
- 设置右栏页码：将左栏域代码复制到右侧，然后将其修改为{ ={ Page }*2 }，更新域后将获得双栏页码效果。

8.2.2 将章节标题自动提取到页眉中

对于大型文档，例如，书籍的排版来说，通常希望在每一章内容包含的页面范围的每一页的页眉中显示页面所属章节的标题。例如，假设当前页属于第2章范围内，那么就在这一页的页眉中显示第2章的标题。而如果下一页属于第3章范围内，那么就显示第3章的标题。要实现这种效果，使用普通的页眉编辑方法是无法做到的，此时必须要使用名为StyleRef的域。具体操作方法如下。

Step 01 进入第1章任何一页的页眉，打开【域】对话框，选择【域名】列表框中的StyleRef域，在【样式名】列表中选择【标题1】，然后勾选【插入段落编号】复选框，如图8-8所示。

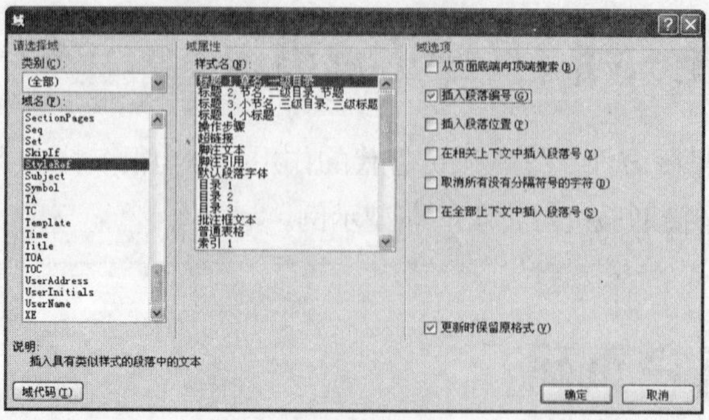

图8-8

Step 02 单击【确定】按钮，将在页眉中插入标题样式的编号。再次打开【域】对话框，仍然按照图8-8所示进行设置，但这次不勾选【插入段落编号】复选框。

Step 03 单击【确定】按钮，将在标题编号右侧自动插入标题内容，如图8-9所示。

图8-9

8.2.3 创建包含任意指定内容的目录

第7章已介绍过创建文档目录的方法，但是只能根据每个标题的大纲级别自动提取到目录中。如果想要将某些没有设置大纲级别的正文内容创建到目录中，那么可以使用TC域，具体操作方法如下。

Step 01 单击文档中的某个位置，即是要在目录对应位置上添加内容的位置。然后单击功能区中的【插入】→【文本】→【文档部件】按钮，在弹出的菜单中选择【域】命令。

Step 02 打开【域】对话框，在左侧列表框中选择【TC】域，然后在【文字项】文本框中输入要出现在目录中的文字，例如“内容简介”。勾选【大纲级别】复选框并输入一个大纲级别，此级别将决定添加的内容在目录中显示为哪个级别，如图8-10所示。

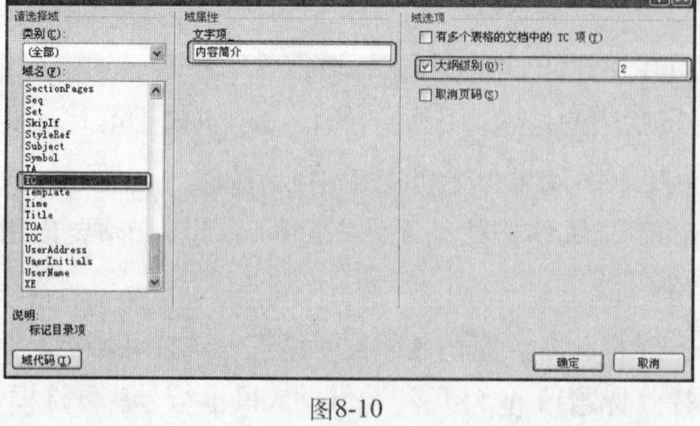

图8-10

Step 03 单击【确定】按钮，在文档中显示TC域，如图8-11所示。

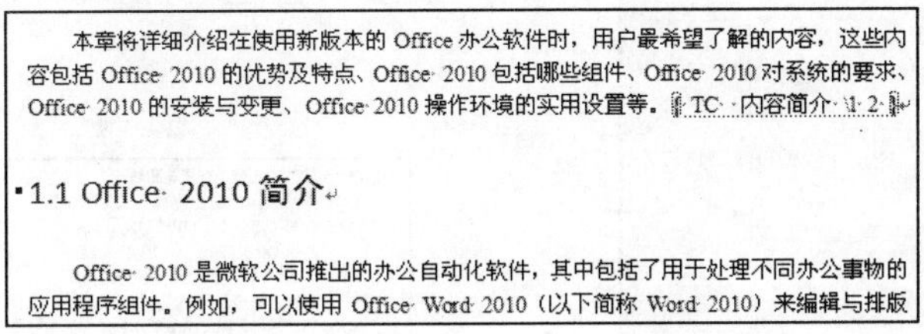
本章将详细介绍在使用新版本的 Office 办公软件时，用户最希望了解的内容，这些内容包括 Office 2010 的优势及特点、Office 2010 包括哪些组件、Office 2010 对系统的要求、Office 2010 的安装与变更、Office 2010 操作环境的实用设置等。{ TC "内容简介" \l 2 }

·1.1 Office 2010 简介

Office 2010 是微软公司推出的办公自动化软件，其中包括了用于处理不同办公事物的应用程序组件。例如，可以使用 Office Word 2010（以下简称 Word 2010）来编辑与排版

图8-11

Step 04 此时重新创建目录，单击功能区中的【引用】→【目录】→【目录】按钮，在弹出的菜单中选择【插入目录】命令，打开【目录】对话框，单击【选项】按钮，打开【目录选项】对话框，勾选【目录项域】复选框，如图8-12所示。

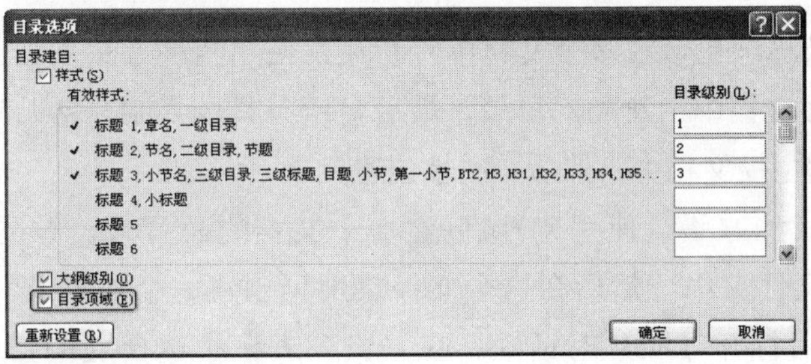

图8-12

Step 05 单击两次【确定】按钮，在生成的目录中将包含前面输入的文字（“内容简介”），如图8-13所示。

第 1 章 Office 2010 基本操作快速入门......1
内容简介......1
1.1 Office 2010 简介......1
1.1.1 为什么要使用 Office 2010......1
1.1.2 Office 2010 包括哪些应用程序......6
1.1.3 安装 Office 2010 对电脑的要求......6
1.2 Office 软件的安装、变更与卸载......7

图8-13

8.2.4 创建文档某个范围内的目录

第7章中介绍的创建目录方法，都是针对整个文档而言的，也就是说，创建的目录包含了文档中所有指定大纲级别的标题。但有时可能希望只提取文档中某个范围内的目录，使用TOC域配合书签功能可以实现这个要求，具体操作方法如下。

Step 01 选择要创建目录的文档范围，然后单击功能区中的【插入】→【链接】→【书签】按钮，为所选内容创建书签，这里假定书签名为“两节内容”，如图8-14所示。

Step 02 单击要创建目录的位置，按Ctrl+F9组合键自动插入一对域专用的大括号，然后在域分隔符中输入“TOC \b 两节内容”。右击域代码，在弹出的快捷菜单中选择【更新域】命令，即可创建只包含所选的两节内容的目录，如图8-15所示。

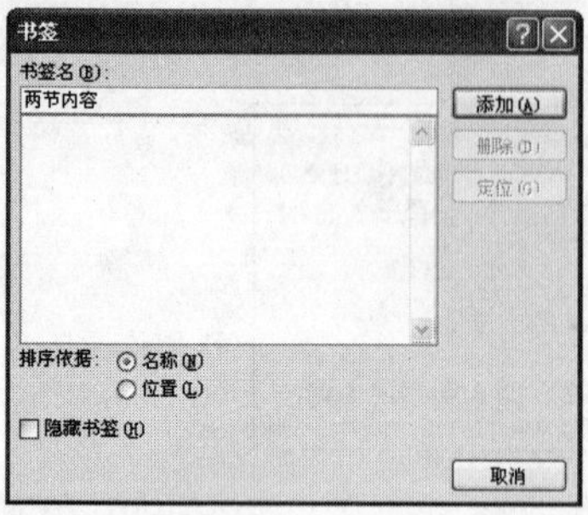

图8-14

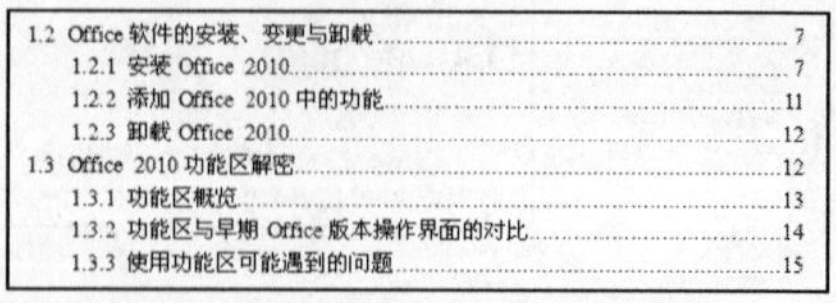
1.2 Office 软件的安装、变更与卸载……7
1.2.1 安装 Office 2010……7
1.2.2 添加 Office 2010 中的功能……11
1.2.3 卸载 Office 2010……12
1.3 Office 2010 功能区解密……12
1.3.1 功能区概览……13
1.3.2 功能区与早期 Office 版本操作界面的对比……14
1.3.3 使用功能区可能遇到的问题……15

图8-15

8.2.5 自动提取多个文档中的目录

当要创建的目录标题包含在多个文档中时，通常使用两种方法来创建一个整体目录：一种是分别在每个单独文档中创建局部目录，最后将所有目录复制并粘贴到一起；另一种方法是将多个文档合并到主控文档中，然后一次性创建目录。

这里再介绍第三种方法，使用RD域创建多个文档的总目录。首先将所有要创建目录的文档放到同一个文件夹中，然后在这个文件夹中再创建一个放置最终目录的文档。接着打开这个文档，然后打开【域】对话框，在左侧列表框中选择【RD】域，勾选【路径相对于当前文档】复选框，在【文件名或URL】文本框中输入创建目录的第一个文档名称，如图8-16所示。

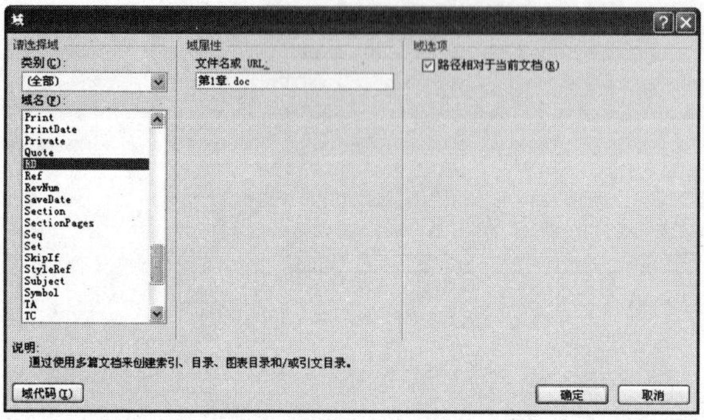

图8-16

注 意

在输入文件名时，必须输入包含扩展名在内的文件名的全称。此外，如果放置最终目录的文档与其他文档未在同一个文件夹中，那么需要输入文件名称的绝对路径，而且绝对路径中文件夹之间要以“\\”分隔。

单击【确定】按钮，在文档中插入RD域的内容。按照同样的方法，创建其他文档的RD域。一个快速的方法是复制第一个创建好的RD域内容，然后修改其中的文档名称，如图8-17所示为创建好的三个文档的RD域内容。创建好所有文档的RD域后，使用第7章介绍的方法生成目录即可。

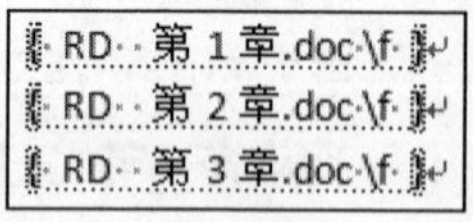
{ RD 第1章.doc \f }
{ RD 第2章.doc \f }
{ RD 第3章.doc \f }

图8-17

注 意

在插入RD域内容时，一样要安排好先后顺序，因为RD域所引用的文档顺序将直接影响最终目录中各章节标题的位置。

8.3 使用邮件合并批量制作文档

在很多场合，邮件合并功能发挥着无可替代的作用。例如，在制作聘用通知书或录取通知书这类文档时，都有一个共同的特点，就是文档内容几乎大同小异，主要区别在于每一个文档中的人名不同以及其他一些细微的差异，但文档主体内容都是相同的。本节将介绍使用邮件合并功能批量制作文档的方法。

8.3.1 制作数据源和主文档

在未使用邮件合并功能的情况下，要完成诸如制作聘用通知书或录取通知书这类任务时，通常都是制作数个内容基本相同的文档，然后依次修改每个文档中的人名、称呼、性别、成绩等多个内容。而使用邮件合并则完全改变了这种烦琐易错的工作方式，将操作归为两类——制作主文档和数据源以及设置邮件合并。主文档就是具有相同内容的部分，而数据源则是包含了用于主文档中不同内容的部分。下面将制作并生成多份聘用通知书。首先需要制作一个出现在每个聘用通知书中的内容，然后再制作一个被聘用的人员名单，它将以表格的形式存在，可以在Word表格中制作，也可以使用Excel来制作，本例中将在Word表格中制作。具体操作方法如下。

Step 01 新建一个Word文档，在其中输入聘用通知书的主要内容，将受聘人姓名留空，如图8-18所示。将该文档保存为“聘用通知书”。

聘用通知书

您好：

您在本次的面试中取得 分，恭喜您已被我公司录用，请您于下周三上午九点至本公司人力部办理相关手续。

图8-18

Step 02 再新建一个Word文档，在其中创建一个11行3列的表格，表格第一行为标题行，其他几行为数据行，结果如图8-19所示。将该文档保存为“应聘人员资料”名称。

姓名	性别	成绩
秦磊	男	87
韩梅	女	79
王辉	男	83
李封	男	92
朱海	女	96
杨丽	女	88
赵辉	男	86
吴京	男	72
秦辉	男	68
蒋力	男	81

图8-19

注 意

在数据源文档的表格上方，不可再有文字出现，否则无法正确进行邮件合并。

8.3.2 建立主文档与数据源的连接

完成主文档和数据源文档的制作后，接下来需要建立它们之间的关系，这样才能在主文档中使用数据源文档中的数据。建立主文档与数据源的连接的具体操作方法如下。

Step 01 关闭“应聘人员资料”文档，切换到“聘用通知书”文档。单击功能区中的【邮件】→【开始邮件合并】→【选择收件人】按钮，在弹出的菜单中选择【使用现有列表】命令。

Step 02 打开如图8-20所示的【选取数据源】对话框，选择前面制作好的名为“应聘人员资料”的文档。

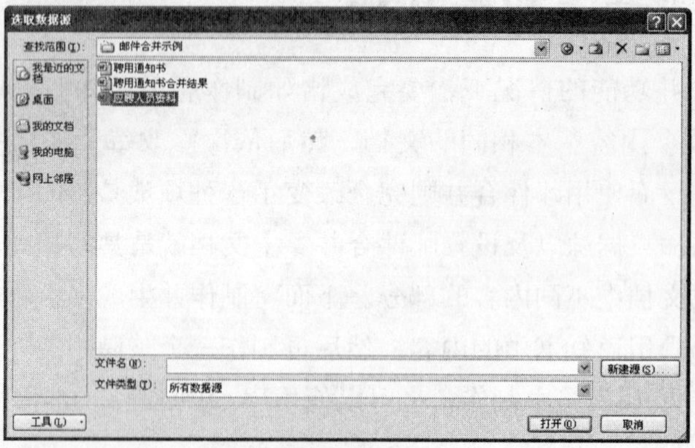

图8-20

Step 03 单击【打开】按钮，此时【邮件】选项卡中的大部分选项都变为可用状态。单击主文档“您好”左侧，单击功能区中的【邮件】→【编写和插入域】→【插入合并域】按钮，在打开的列表中选择【姓名】选项，将【姓名】域插入到主文档中，如图8-21所示。

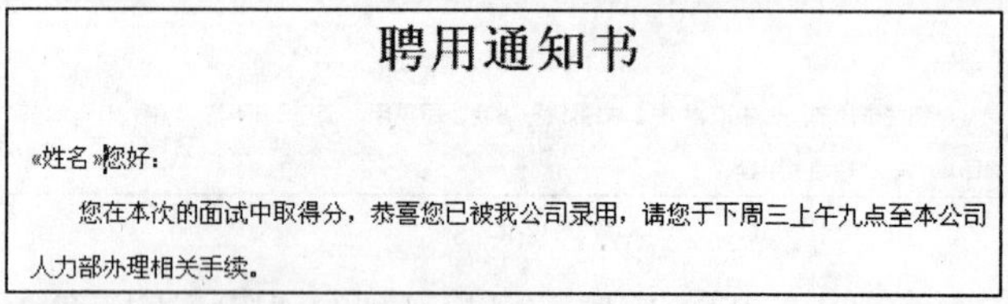

聘用通知书

«姓名»您好：

您在本次的面试中取得分，恭喜您已被我公司录用，请您于下周三上午九点至本公司人力部办理相关手续。

图8-21

Step 04 按照同样的方法，将【成绩】域插入到主文档中“分”的左侧，如图8-22所示。

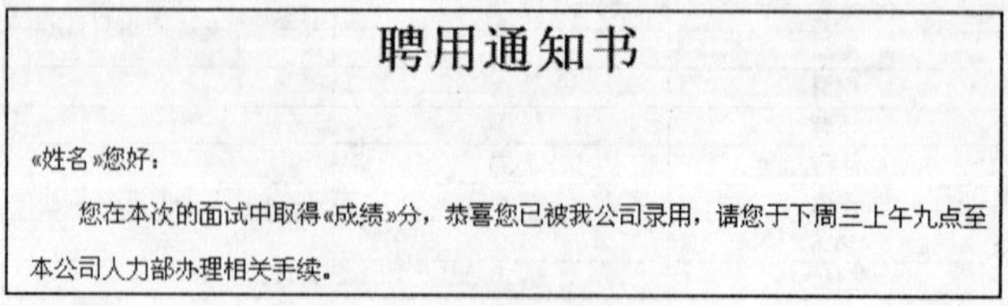

聘用通知书

«姓名»您好：

您在本次的面试中取得«成绩»分，恭喜您已被我公司录用，请您于下周三上午九点至本公司人力部办理相关手续。

图8-22

8.3.3 对数据进行筛选

在制作过程中，并非数据源中的数据都符合条件。例如，假设本例中的聘用条件为成绩大于等于85分的才能被聘用，那么就需要根据成绩对所有人员进行筛选。具体操作方法如下。

Step 01 单击功能区中的【邮件】→【开始邮件合并】→【编辑收件人列表】按钮，在打开的对话框中选择【筛选】选项。

Step 02 打开【查询选项】对话框，在【域】中选择【成绩】选项，在【比较条件】中选择【大于等于】选项，在【比较对象】中输入85，如图8-23所示。

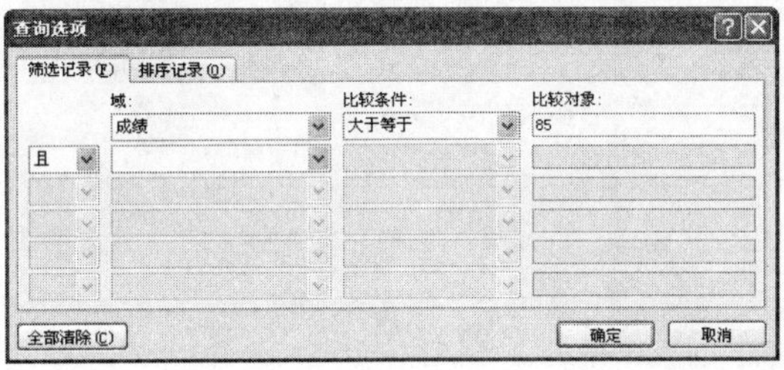

图8-23

Step 03 单击【确定】按钮将筛选出所有成绩大于等于85的人员名单，如图8-24所示。

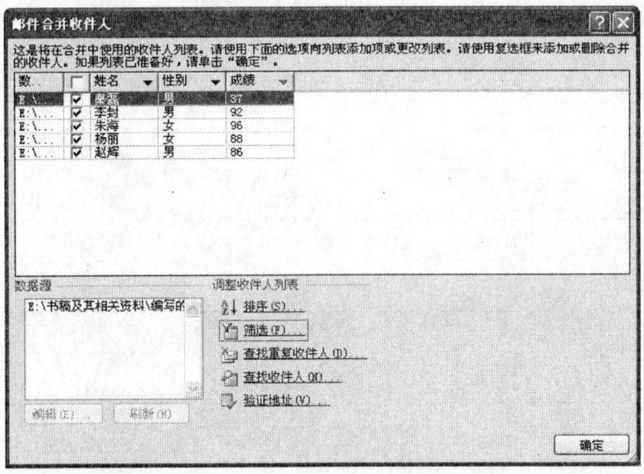

图8-24

Step 04 单击【确定】按钮，这样在邮件合并中只使用成绩大于等于85分的人员资料。

8.3.4 完成邮件合并

最后，就可以对数据进行合并输出了。单击功能区中的【邮件】→【预览结果】→【预览结果】按钮，此时在主文档中两个包含插入域的位置上分别由数据源文档中的真实数据替换，如图8-25所示，可以由此来检验合并后的效果，使用 按钮来浏览不同的合并记录。

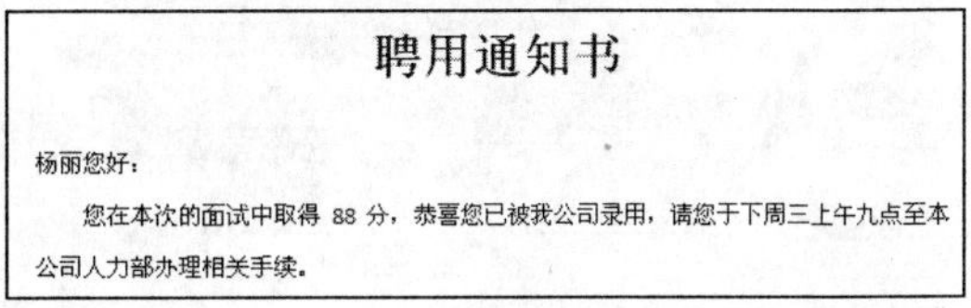
聘用通知书

杨丽您好：

您在本次的面试中取得 88 分，恭喜您已被我公司录用，请您于下周三上午九点至本公司人力部办理相关手续。

图8-25

确认无误后单击功能区中的【邮件】→【完成】→【完成并合并】按钮，在弹出的菜单中选择【编辑单个文档】命令，打开如图8-26所示的【合并到新文档】对话框，单击【全部】单选按钮。

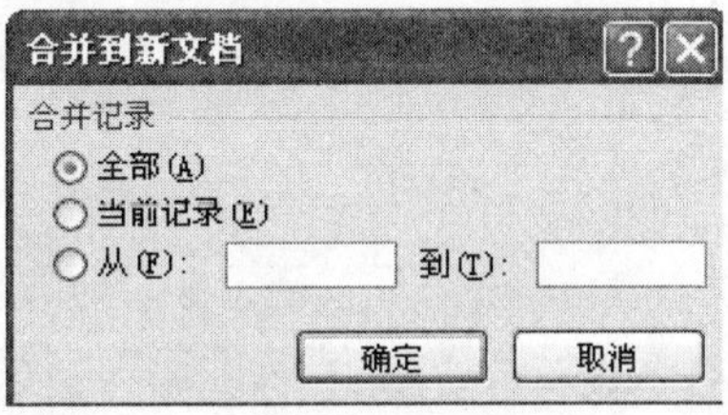

图8-26

单击【确定】按钮，Word将在一个新文档中完成最后的邮件合并工作，效果如图8-27所示。

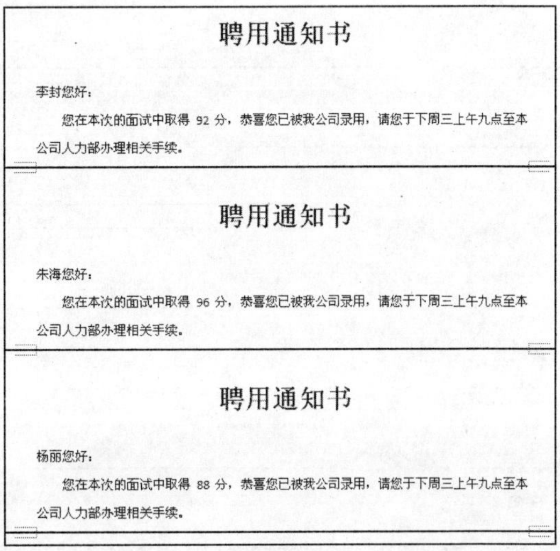
聘用通知书

李封您好：

您在本次的面试中取得 92 分，恭喜您已被我公司录用，请您于下周三上午九点至本公司人力部办理相关手续。

聘用通知书

朱海您好：

您在本次的面试中取得 96 分，恭喜您已被我公司录用，请您于下周三上午九点至本公司人力部办理相关手续。

聘用通知书

杨丽您好：

您在本次的面试中取得 88 分，恭喜您已被我公司录用，请您于下周三上午九点至本公司人力部办理相关手续。

图8-27

读·书·笔·记

中文版 Office 2010 应用大全

Chapter 09

页面设置与打印

页面设置在Word文档制作与排版中是非常关键的一个环节。因为页面设置包含了很多元素，这些元素控制着文档的纸张大小、方向、是否或者从哪里对文档进行分页、分节，或者如果有必要，可能需要对文档进行双栏排版等，种种这些设置，都关系到一个文档的最终形态是否美观且布局合理。除了页面设置，本章还将详细介绍如何设置满足不同需求的页眉和页脚及打印文档的方法。

9.1 设置页面版式

页面版式主要调整页面的整体布局，包括纸张大小和方向，文档是否包含背景色或边框，文档某个位置是否进行强制分页或者进行特殊的分节和分栏处理。以上这些都可能需要根据实际要求进行设置。

9.1.1 设置页面尺寸和方向

纸张的大小决定了文档每页包含了多少内容，而这也是合理利用文档空间进行排版的前提。因此，在进行其他页面设置之前，应该首先将纸张大小确定下来。否则在设置好其他部分后再调整纸张大小，会使已经排好的版面变得错乱。

我们平时使用最多的纸张的大小是A4幅面的，这类纸张的大小是297毫米×210毫米，即高是29.7厘米，宽是21厘米。除了A4纸外，还有很多其他不同型号的纸张，例如A3、A5、B4、B5等。纸张分为横向和纵向两种，至于使用哪种方向则根据实际需求而定。设置纸张的大小和方向可以在功能区中的【页面布局】→【页面设置】组中完成，通过单击【纸张大小】和【纸张方向】按钮，然后从打开的列表中选择预置的选项即可。

除此之外，用户也可以自定义设置纸张大小，即不使用Word提供的预置大小，而自己设置纸张的尺寸，但通常这样做没有太大意义。单击功能区中的【页面布局】→【页面设置】组中的对话框启动器，打开如图9-1所示的【页面设置】对话框。在【纸张】选项卡中可以修改【宽度】和【高度】中的数值，如果修改后的纸张尺寸不是Word内置的标准尺寸，那么将在上方显示【自定义大小】，表示当前的纸张大小是自定义类型。

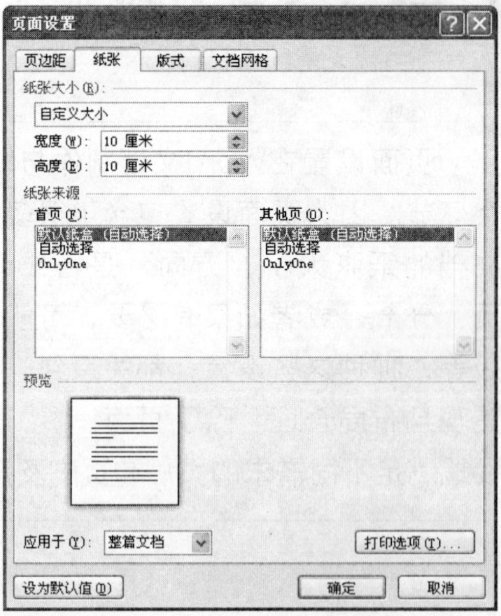

图9-1

9.1.2 设置页面背景和边框

对于公司内部文档，可能希望使用水印的效果，即在每一页包含类似“内部资料”的文字标记，以便提醒相关人员文档的重要性，此时可以使用Word提供的水印功能轻松制作类似这样的效果。也可以使用其他颜色代替文档默认的白色背景，或者使用自己喜欢的图片作为文档的背景。此外，还可以为文档每一页添加边框，注意，这里的边框是相对页面而言的，并不是段落边框。

可以使用功能区【页面布局】→【页面背景】组中的命令设置文档背景样式。例如，单击【水印】按钮，在打开的列表中可以选择Word预置的水印方案。如果没有合适的，那么可以选择【自定义水印】命令，打开【水印】对话框，首先确定是使用图片还是文字作为水印，例如，选择【文字水印】，然后在【文字】文本框中输入要作为水印的文字，如图9-2所示。还可以设置水印文字的字体、字号以及颜色。

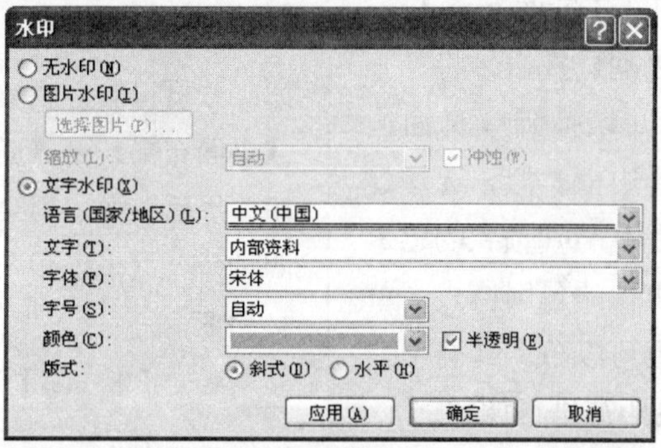

图9-2

设置完成后单击【确定】按钮，就可以在文档中看到添加的水印了，如图9-3所示。

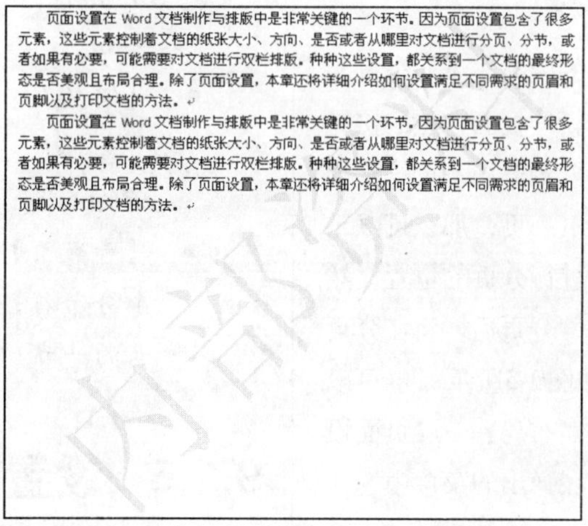

页面设置在 Word 文档制作与排版中是非常关键的一个环节。因为页面设置包含了很多元素，这些元素控制着文档的纸张大小、方向、是否或者从哪里对文档进行分页、分节，或者如果有必要，可能需要对文档进行双栏排版。种种这些设置，都关系到一个文档的最终形态是否美观且布局合理。除了页面设置，本章还将详细介绍如何设置满足不同需求的页眉和页脚以及打印文档的方法。

页面设置在 Word 文档制作与排版中是非常关键的一个环节。因为页面设置包含了很多元素，这些元素控制着文档的纸张大小、方向、是否或者从哪里对文档进行分页、分节，或者如果有必要，可能需要对文档进行双栏排版。种种这些设置，都关系到一个文档的最终形态是否美观且布局合理。除了页面设置，本章还将详细介绍如何设置满足不同需求的页眉和页脚以及打印文档的方法。

图9-3

如果要改变文档的背景颜色，可以单击功能区中的【页面布局】→【页面背景】→【页面颜色】按钮，打开颜色列表，从中选择所需的颜色。也可以选择列表中的【填充效果】选项，打开如图9-4所示的对话框，可以从【渐变】、【纹理】、【图案】和【图片】四种填充方式中选择合适的一种。

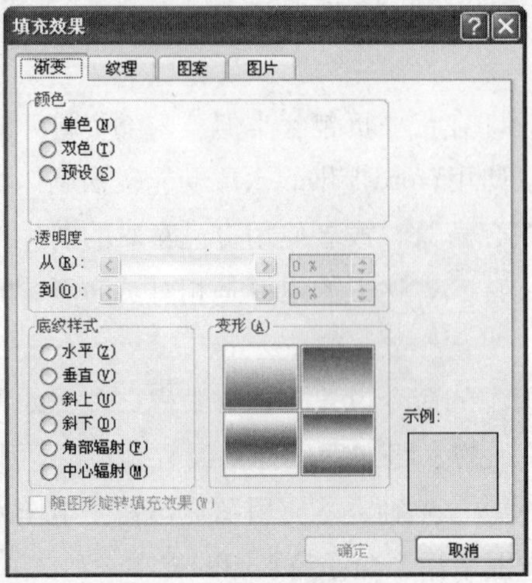

图9-4

如果单击功能区中的【页面布局】→【页面背景】→【页面边框】按钮，将打开【边框和底纹】对话框并切换到【页面边框】选项卡。与设置段落边框类似，选择好线形、颜色、宽度或者使用Word预置的艺术性边框样式，然后选择边框的包围模式，单击【确定】按钮即可。也可以单击【选项】按钮对边框与正文之间的距离进行调整。

9.1.3 设置分页

在Word中，每当输入的内容布满一个页面时，Word将自动添加一个新的页面，然后接着上一页继续输入内容。如果希望从一页的某个位置之后的内容强制转到下一页，那么可以手工强制分页。首先单击要进行分页的位置，然后按Ctrl+Enter组合键即可。分页后，将在分页位置插入一个分页符，如图9-5所示。也可以通过单击功能区中的【页面布局】→【页面设置】→【分隔符】按钮，在弹出的菜单中选择【分页符】命令来进行分页。

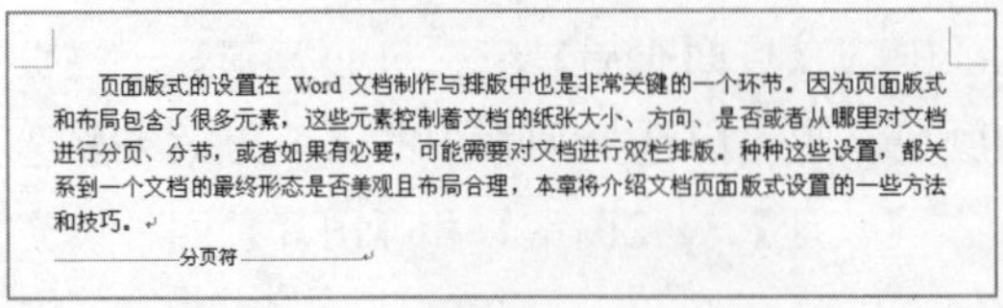

页面版式的设置在 Word 文档制作与排版中也是非常关键的一个环节。因为页面版式和布局包含了很多元素，这些元素控制着文档的纸张大小、方向、是否或者从哪里对文档进行分页、分节，或者如果有必要，可能需要对文档进行双栏排版。种种这些设置，都关系到一个文档的最终形态是否美观且布局合理，本章将介绍文档页面版式设置的一些方法和技巧。

分页符

图9-5

> **提示** 如果在文档中看不到分页符，那么可以单击功能区中的【开始】→【段落】→【显示/隐藏编辑标记】按钮。如果仍然看不到分页符，则需要打开【Word选项】对话框，然后选择【显示】选项卡，在右侧勾选【显示所有格式标记】复选框。

9.1.4 设置分节

分节在Word文档排版中具有非常强大的功能，很多特殊的版式都离不开分节符。分节符的主要功能是将分节符两侧的内容变成完全独立的两部分，每部分都可以拥有自己的页面格式，互不干扰。在文档中添加分节符的方法与添加分页符的方法类似，通过单击功能区中的【页面布局】→【页面设置】→【分隔符】按钮，然后在弹出的菜单中选择【分节符】组中四种命令之一来插入分节符。四种分节符的含义如下。

- 【下一页】：在插入点位置添加一个分节符，并在下一页开始新的一节。
- 【连续】：在插入点位置添加一个分节符，并在分节符之后开始新的一节。
- 【偶数页】：在插入点位置添加一个分节符，并在下一个偶数页开始新的一节。
- 【奇数页】：在插入点位置添加一个分节符，并在下一个奇数页开始新的一节。

9.1.5 设置分栏

默认状态下，文档中输入的内容呈单栏显示，利用Word的分栏功能则可以对文档内容按指定数量分栏。例如，如图9-6所示就是对文档内容进行了三分栏，即三列内容并排显示。

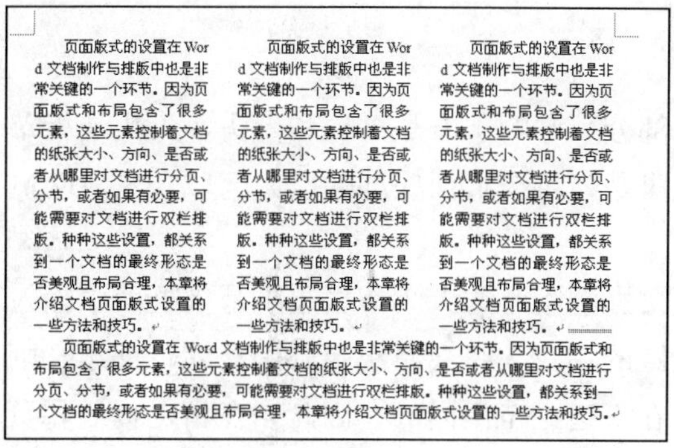
页面版式的设置在Word文档制作与排版中也是非常关键的一个环节。因为页面版式和布局包含了很多元素，这些元素控制着文档的纸张大小、方向、是否或者从哪里对文档进行分页、分节，或者如果有必要，可能需要对文档进行双栏排版。种种这些设置，都关系到一个文档的最终形态是否美观且布局合理，本章将介绍文档页面版式设置的一些方法和技巧。

页面版式的设置在Word文档制作与排版中也是非常关键的一个环节。因为页面版式和布局包含了很多元素，这些元素控制着文档的纸张大小、方向、是否或者从哪里对文档进行分页、分节，或者如果有必要，可能需要对文档进行双栏排版。种种这些设置，都关系到一个文档的最终形态是否美观且布局合理，本章将介绍文档页面版式设置的一些方法和技巧。

页面版式的设置在Word文档制作与排版中也是非常关键的一个环节。因为页面版式和布局包含了很多元素，这些元素控制着文档的纸张大小、方向、是否或者从哪里对文档进行分页、分节，或者如果有必要，可能需要对文档进行双栏排版。种种这些设置，都关系到一个文档的最终形态是否美观且布局合理，本章将介绍文档页面版式设置的一些方法和技巧。

页面版式的设置在Word文档制作与排版中也是非常关键的一个环节。因为页面版式和布局包含了很多元素，这些元素控制着文档的纸张大小、方向、是否或者从哪里对文档进行分页、分节，或者如果有必要，可能需要对文档进行双栏排版。种种这些设置，都关系到一个文档的最终形态是否美观且布局合理，本章将介绍文档页面版式设置的一些方法和技巧。

图9-6

分栏操作很简单，选择要分栏的内容，然后单击功能区中的【页面布局】→【页面设置】→【分栏】按钮，在弹出的菜单中选择【三栏】命令，即可得到类似于图9-6所示的效果。如果需要对分栏进行更详细的设置，则可以选择【更多分栏】命令，打开如图9-7所示的【分栏】对话框。

在【预设】中的选项对应于【分栏】菜单中的五个分栏选项；在【栏数】文本框中可以自定义分栏的数量；在【宽度和间距】选项组中可以设置栏的宽度以及栏与栏之间的距离。如果勾选【栏宽相等】复选框，那么无论分栏的数量如何，每一栏的宽度都是相同的；在【应用于】下拉列表中可以选择分栏的作用范围。还可以通过勾选【分隔线】复选框为栏与栏之间添加一条线进行分隔。如图9-8所示就是添加了分隔线的分栏效果。

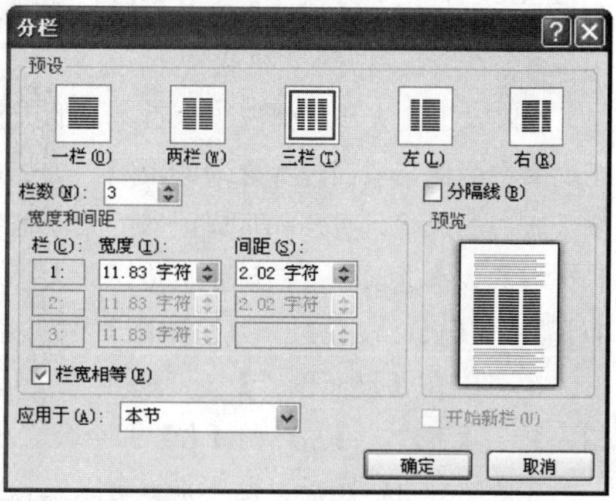

图9-7

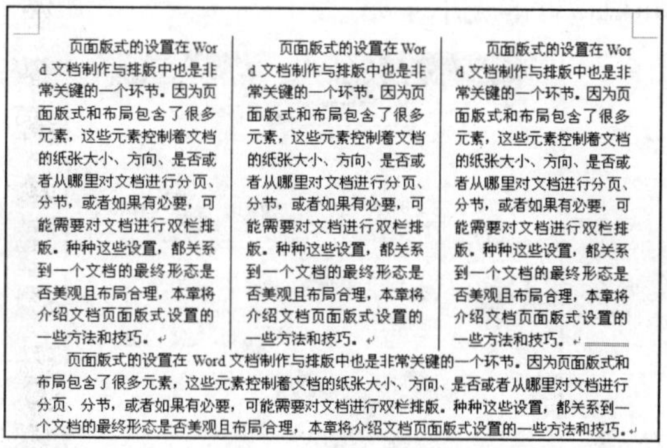
页面版式的设置在Word文档制作与排版中也是非常关键的一个环节。因为页面版式和布局包含了很多元素，这些元素控制着文档的纸张大小、方向、是否或者从哪里对文档进行分页、分节，或者如果有必要，可能需要对文档进行双栏排版。种种这些设置，都关系到一个文档的最终形态是否美观且布局合理，本章将介绍文档页面版式设置的一些方法和技巧。

页面版式的设置在Word文档制作与排版中也是非常关键的一个环节。因为页面版式和布局包含了很多元素，这些元素控制着文档的纸张大小、方向、是否或者从哪里对文档进行分页、分节，或者如果有必要，可能需要对文档进行双栏排版。种种这些设置，都关系到一个文档的最终形态是否美观且布局合理，本章将介绍文档页面版式设置的一些方法和技巧。

页面版式的设置在Word文档制作与排版中也是非常关键的一个环节。因为页面版式和布局包含了很多元素，这些元素控制着文档的纸张大小、方向、是否或者从哪里对文档进行分页、分节，或者如果有必要，可能需要对文档进行双栏排版。种种这些设置，都关系到一个文档的最终形态是否美观且布局合理，本章将介绍文档页面版式设置的一些方法和技巧。

页面版式的设置在Word文档制作与排版中也是非常关键的一个环节。因为页面版式和布局包含了很多元素，这些元素控制着文档的纸张大小、方向、是否或者从哪里对文档进行分页、分节，或者如果有必要，可能需要对文档进行双栏排版。种种这些设置，都关系到一个文档的最终形态是否美观且布局合理，本章将介绍文档页面版式设置的一些方法和技巧。

图9-8

9.2 设置页眉和页脚

页眉和页脚是文档页面设置中的一个非常重要的部分，因为在页眉和页脚中可以包含很多重要信息，例如文档名称、章节名称、页码、制作者、制作日期等内容。此外，在制作某些大型文档时，页眉和页脚中的内容通常都需要满足一定的要求。例如，在为一本图书进行排版时，可能要求首页的页眉和页脚中不能包含任何内容；也可能要求奇数页和偶数页有不同的内容；或者还可能要求图书的每一页的页眉和页脚包含不同的内容。本节介绍了满足不同需求的页眉和页脚的设置方法。

9.2.1 设置页眉和页脚的大小

版心是指位于页面中央、编排有正文文字的部分，它的上方是页眉和天头，天头是指每个页面顶部的空白区域，下方是页脚和地脚，地脚是指每个页面底部的空白区域。左右两侧还包含留白。版心大小由纸张大小决定。

在既定纸张大小的情况下，页边距的大小直接影响版心的大小。页边距是指页面中输入正文文字两侧与页面边界之间的距离。增加页边距的用量，将会减小版心的尺寸；反之，则增大版心的尺寸。页眉和页脚区域的大小是包含在页边距范围内的，因此，在指定页眉和页脚区域的大小之前，应该确定页边距的大小。设置页边距的大小可以通过功能区中的【页面布局】→【页面设置】→【页边距】按钮完成，从打开的列表中选择一种预置的页边距方案。也可以在【页面设置】对话框的【页边距】选项卡中自定义页边距的大小，只需指定【上】、【下】、【左】和【右】四个数值即可，如图9-9所示。

在确定好页边距后，接下来就可以设置页眉和页脚区域的大小了。打开【页面设置】对话框，切换到【版式】选项卡，修改【页眉】和【页脚】文本框中的数值，即可指定页眉和页脚区域的大小，如图9-10所示。

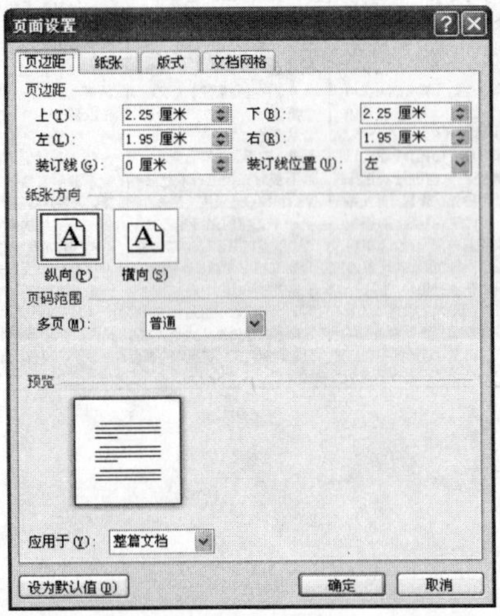

图9-9

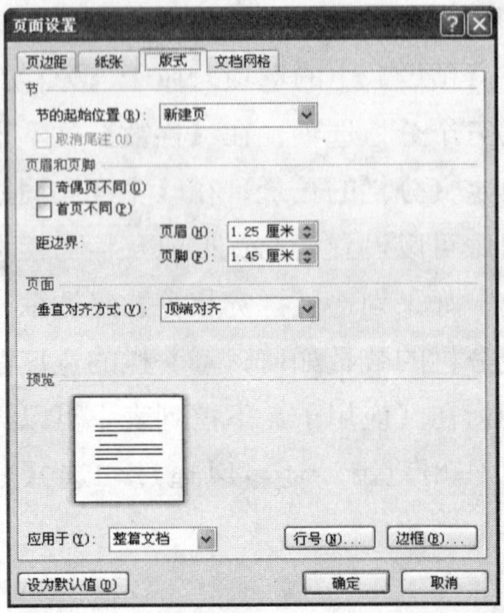

图9-10

9.2.2 向页眉和页脚中添加内容

页眉位于页面顶部，页脚位于页面底部，可以在页眉或页脚中放置对文档十分有用的信息。例如，可以在页眉中放入文档的标题，如果文档细分为篇章，则可以放置篇名或章名；可以在页脚中放置文档的页码和总页数，这样便于用户时刻了解自己在文档中的当前位置以及文档的总页数。

单击功能区【插入】→【页眉和页脚】组中的【页眉】或【页脚】按钮，在打开的列表中可以选择Word预置的页眉或页脚内容。如图9-11所示是选择了页眉列表中的【照射型】选项，然后输入页眉内容后的效果。

图9-11

当进入页眉或页脚编辑状态后，将激活功能区中的【设计】选项卡，可以使用该选项卡编辑页眉和页脚中的内容。可以通过【导航】组中的按钮在页面中的页眉和页脚间切换显示。按Esc键将退出页眉编辑状态，同时也对在页眉中输入的内容进行确认，如图9-12所示。当需要再次编辑页眉或页脚时，只需双击页眉顶部或底部的页眉或页脚区域即可。

图9-12

9.2.3 创建首页不同的页眉和页脚

如果希望文档第一页与其他页有不同的页眉和页脚，例如，可能希望文档第一页的页眉和页脚不包含任何内容，而其他页的页眉和页脚包含内容，那么可以进入页眉编辑状态，然后勾选功能区中的【设计】→【选项】→【首页不同】复选框，Word会自动将文档第一页的页眉和页脚中的内容删除，而保留其他页的页眉和页脚中的内容。

9.2.4 创建奇、偶页不同的页眉和页脚

与9.2.3节的操作类似，如果希望文档中奇数页和偶数页有不同的页眉和页脚，那么可以进入页眉编辑状态，然后勾选功能区中的【设计】→【选项】→【首页不同】复选框，Word将只保留文档中所有奇数页中的页眉和页脚的内容，而自动删除偶数页的页眉和页脚的内容，在任意一个偶数页中输入新的页眉和页脚内容即可。

9.2.5 创建前n页不要页眉页脚，而从n+1页开始保留页眉页脚

在长篇文档的排版中，经常遇到的一个问题就是如何创建前n页不要页眉和页脚，而后面其他页包含页眉和页脚的情况。为了便于说明，这里假设希望文档的前3页不要包含任何页眉和页脚内容，而后面其他页都要包含页眉和页脚内容。实现这样要求的具体操作方法如下。

Step 01 定位到文档的第3页，在该页的任意位置单击，然后单击功能区中的【页面布局】→【页面设置】→【分隔符】按钮，在弹出菜单中选择【分节符】中的【连续】选项，插入一个【连续】类型的分节符，如图9-13所示。

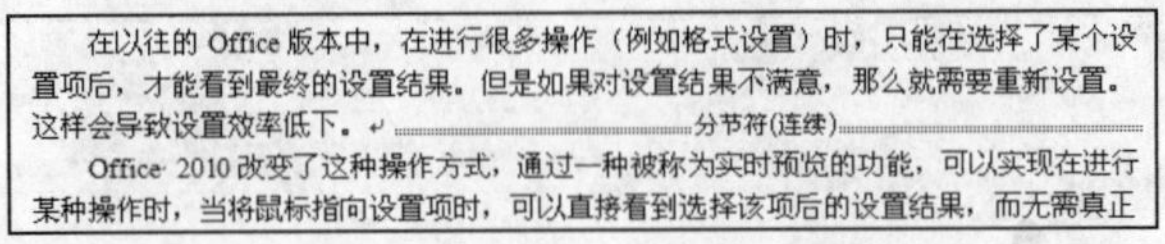

图9-13

Step 02 进入文档第4页的页眉编辑状态，此时可以看到功能区的【设计】→【导航】→【链接到前一条页眉】按钮被按下，单击该按钮将其弹起，这样就断开了第4页与前3页页眉的链接关系。按照同样的方法断开第4页与前3页页脚的链接关系。

Step 03 最后，在第4页及以后的页面中设置页眉和页脚内容，同时删除前3页的页眉和页脚内容。

9.2.6 创建每一页都不同的页眉和页脚

如果希望文档中每一页的页眉和页脚都有不同的内容，那么就需要在文档内的每一页中添加一个【连续】类型的分节符，然后进入每一页的页眉和页脚，并单击功能区中的【设计】→【导航】→【链接到前一条页眉】按钮断开所有链接，最后再输入每一页的页眉和页脚的内容即可。

9.2.7 为文档添加页码

在文档中插入页码，就其本质来说，仍然是在属于编辑页眉、页脚中的内容。一般情况下页码位于页面的底部，单击功能区中的【插入】→【页眉和页脚】→【页码】按钮，然后在弹出的菜单中选择要插入的页码位置，包括页眉、页脚、页边距三种。另外还有一种是在当前位置插入页码。选择任意一个位置，然后可以在打开的列表中选择页码的样式，选择后即可将相应的页码插入到所选择的位置上。单击功能区中的【插入】→【页眉和页脚】→【页码】按钮并选择【删除页码】命令，可以删除文档中的页码。

对于页码来说，还包含很多格式，例如，“1”、“-1-”、“I”等。无论在插入页码之前还是之后设置页码格式都有效。单击功能区中的【插入】→【页眉和页脚】→【页码】按钮并选择【设置页码格式】命令，打开【页码格式】对话框，在【编号格式】下拉列表中提供了多种预置的页码格式，可以根据需要进行选择，如图9-14所示。

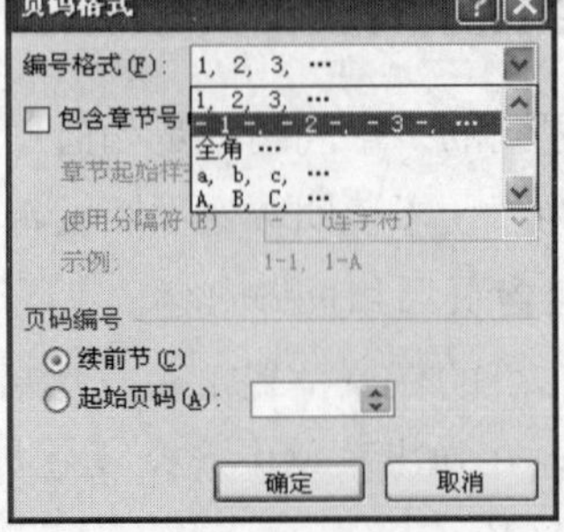

图9-14

可以在【页码编号】选项组中选择是否接着上一节继续编排页码，或者重新设置一个起始页码，这样之后的页码将重新调整。

9.3 打印文档

对文档页面进行的一系列设置，一个目的是为了在电子版文档中进行更好的排版和版式设计，而另一个目的则是将文档打印输出。当设置好页面中的各个元素后，就可以将文档打印输出了。为了避免浪费纸张，在打印前通常需要先预览待打印的文档，如果确认正确无误再进行打印。

Word 2010一改以往Word版本中的【打印预览】窗口与【打印】对话框分开的局面，而将这两部分合二为一。单击【文件】按钮并选择【打印】命令，展开【打印】面板，如图9-15所示，该面板被划分为两部分，左侧用于设置打印选项，右侧为待打印文档的页面预览视图，可以通过单击视图下方的按钮改变视图的显示比例，还可以单击预览视图左下角的按钮切换预览视图中当前显示的页面内容。

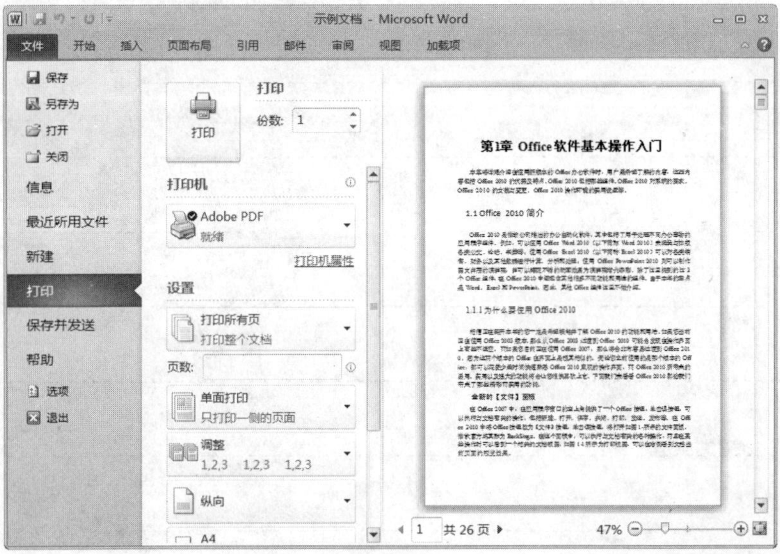

图9-15

在【打印】面板左侧列出了与打印相关的诸多选项，这与早期Word版本中在【打印】对话框中的选项类似，包括了打印份数、要打印的页面、打印方向、纸张大小、页边距、缩放打印等。

在设置页码范围时，需要注意一点，例如，要打印文档中的第3页，第6～8页以及第10页，那么需要在【页数】文本框中输入“3,6-8,10”，数字之间以逗号分隔。完成所有的设置后单击【打印】按钮即可开始打印。

读·书·笔·记

Chapter 10

在工作表中输入与编辑数据

对于Excel应用程序来说，在操作中接触最多的就是单元格和区域。因此，作为本书Excel部分的第1章，首先介绍如何使用单元格和区域，其中包括选择单元格和区域、输入不同类型数据的方法以及各种常用的数据输入技巧。Excel分为工作簿和工作表两部分，本章首先介绍使用工作表的方法。

10.1 编辑工作表

每一个Excel工作簿在默认状态下都包含三个工作表，所有数据都是输入到工作表中的，工作簿就像是一个组织多个工作表的容器。为了更好地使用Excel，本节将介绍Excel工作表的基本操作。

10.1.1 在工作簿中添加新的工作表

Excel 2010为新建工作表提供了一个专用按钮——【插入工作表】按钮，单击该按钮将在最后一个工作表之后创建一个新工作表。此外，还可以使用以下三种方法创建工作表。

- 右击任意一个工作表标签，在弹出的快捷菜单中选择【插入】命令，打开如图10-1所示的【插入】对话框，选择【常用】选项卡中的【工作表】并单击【确定】按钮，将在右击的工作表左侧添加一个新工作表。

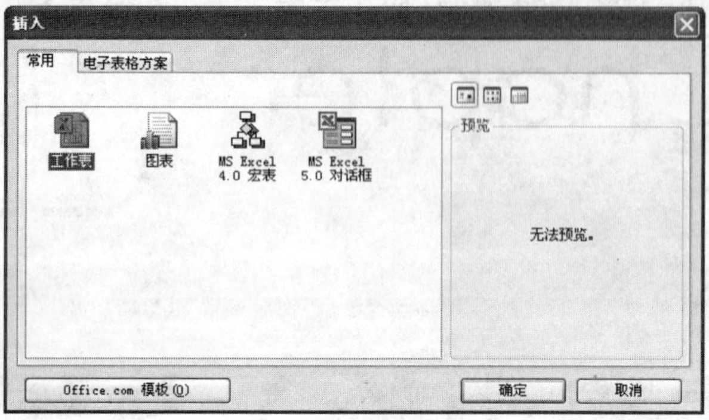

图10-1

- 单击功能区中的【开始】→【单元格】→【插入】按钮，在弹出的菜单中选择【插入工作表】命令。
- 按Shift+F11或Alt+Shift+F1组合键。

10.1.2 选择工作表

选择工作表是使用工作表操作时必备操作之一，因为在不同工作表中输入数据时，都需要从当前工作表切换到其他工作表，这时就需要执行选择操作。选择工作表的操作分为以下四种。

- 选择一个工作表：单击要选择的工作表标签，即可选择该工作表。
- 选择多个连续的工作表：单击要选择的多个连续工作表中的第一个，然后在按住Shift键的同时单击最后一个工作表，这样即可选择包含第一个工作表和最后一个工作表在内的连续多个工作表。此时可以看到，在Excel窗口标题栏中会显示【工作组】字样，如图10-2所示。

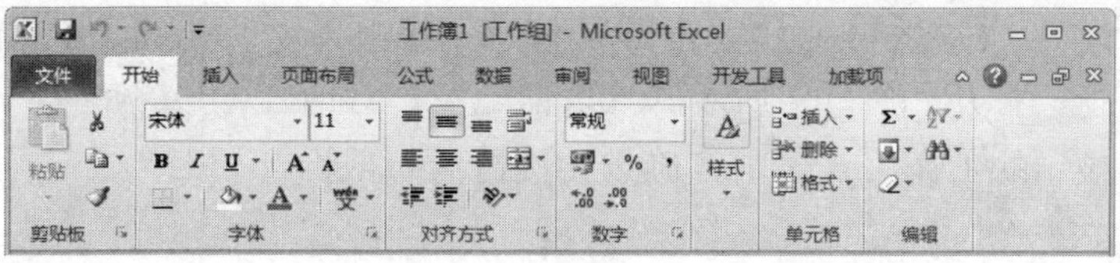

图10-2

提示

要想解除多个工作表的选择状态，只需单击除最先选择的工作表之外的其他任意一个工作表即可。

- 选择多个不连续的工作表：单击要选择的工作表中的第一个工作表，然后按住Ctrl键再依次单击要选择的其他工作表，此时也会在窗口标题栏中显示【工作组】字样。
- 选择工作簿中的所有工作表：右击任意一个工作表标签，在弹出的快捷菜单中选择【选定全部工作表】命令。

10.1.3 改变工作表的名称

Excel工作表的默认名称类似于Sheet1、Sheet2、Sheet3等，无法起到标识工作表内容的作用。为了能够快速了解每个工作表的用途，可以为工作表设置一个有意义的名称。可以使用以下两种方法重命名工作表。

- 双击工作表标签，进入如图10-3所示的编辑状态，输入新的名称，然后按Enter键。
- 右击工作表标签，在弹出的快捷菜单中选择【重命名】命令，修改名称后按Enter键。

图10-3

注意

工作表的名称最多可包含31个字符，可以包含空格，但不能包含冒号、问号、星号、斜线（/）和反斜线（\）。

10.1.4 隐藏工作表

也许某些数据不希望让其他人看到，那么可以将包含这类数据的工作表隐藏起来，到需要编辑时再显示出来。隐藏工作表的方法很简单，右击要隐藏的工作表标签，在弹出的快捷菜单中选择【隐藏】命令即可。

注意

Excel不会隐藏工作簿中的所有工作表，如果事先选择了所有工作表并执行了上述操作，那么将会收到错误信息。

右击任意一个工作表标签，在弹出的快捷菜单中选择【取消隐藏】命令，打开如图10-4所示的【取消隐藏】对话框。选择要重新显示的工作表，单击【确定】按钮后即可将隐藏的工作表重新显示出来。

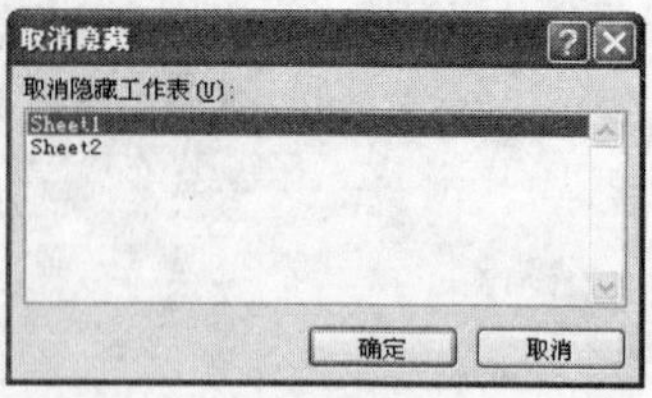

图10-4

10.1.5 移动和复制工作表

有时可能需要调整工作簿中各工作表之间的位置，此时需要对工作表进行移动，具体操作方法如下。

Step 01 单击要移动的工作表标签。

Step 02 按住鼠标左键的同时拖动工作表标签。拖动过程中会显示一个黑色三角，它的位置就是工作表当前移动到的位置，如图10-5所示。

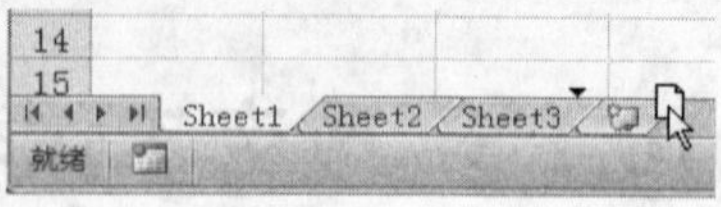

图10-5

Step 03 根据黑色三角的位置，决定工作表要移动到哪个位置，确定后释放鼠标左键即可。

使用与移动工作表类似的方法可以复制工作表，只需在开始拖动工作表标签之前先按住Ctrl键，然后再拖动工作表标签即可。

上面介绍的方法适用于工作表数量不是很多的情况。一旦工作簿中包含几十甚至上百个工作表，此时再通过拖动的方法进行移动或复制就不是一件容易的事了，不过可以使用另外一种方法来轻松解决，具体操作方法如下。

Step 01 右击要移动或复制的工作表标签，在弹出的快捷菜单中选择【移动或复制】命令。

Step 02 打开如图10-6所示的【移动或复制工作表】对话框，在此对话框中可以决定是移动工作表还是复制工作表，关键在于是否勾选【建立副本】复选框，如果勾选该复选框，那么将复制工作表，否则移动工作表。

提示　在复制一个工作表后，新复制出的工作表会以原工作表名称+序号来命名。例如，假设对名为"Sheet1"的工作表进行了复制，那么新复制出的工作表名称为"Sheet1(2)"，如图10-7所示。

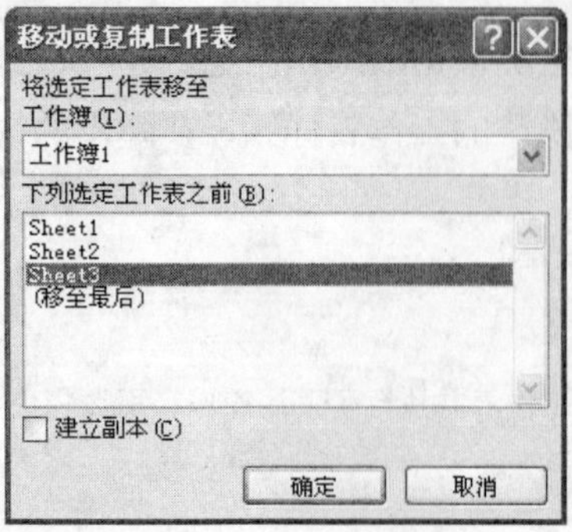

图10-6

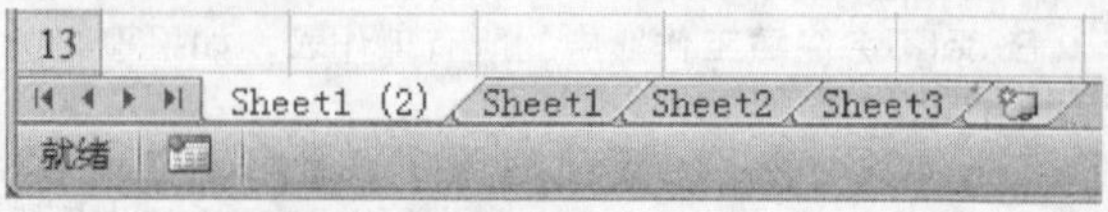

图10-7

10.1.6 删除不需要的工作表

对于多余的工作表，可以将其从工作簿中删除，以免给工作表之间的切换带来不便。可以使用以下两种方法删除工作表。

- 右击要删除的工作表标签，在弹出的快捷菜单中选择【删除】命令。
- 单击要删除的工作表标签，然后单击功能区中的【开始】→【单元格】→【删除】按钮，然后在弹出的菜单中选择【删除工作表】命令。

注意

Excel无法恢复已删除的工作表，如果将某个工作表删除了，将无法使用Ctrl+Z组合键撤销此操作。

10.1.7 设置工作表的标签颜色

有时将工作表标签的颜色更改为另一种颜色，也许能有一些新鲜感，而且有利于辨识不同的工作表，或者体现某些工作表的重要性。右击工作表标签，从弹出的快捷菜单中选择【工作表标签颜色】命令，然后在颜色列表中选择一种颜色，如图10-8所示。

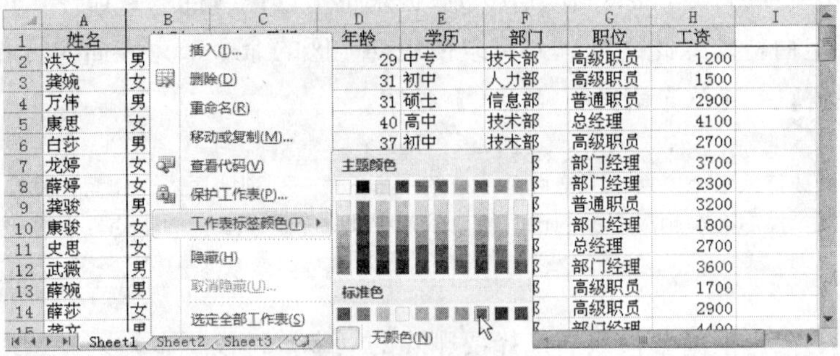

图10-8

10.1.8 设置新建工作簿时自动包含的工作表数量

在Excel 2010中，新建的工作簿中会包含三个工作表，这个数量可以根据使用需要进行调整。例如，希望创建一个包含12个月份的销售数据表，那么可以在新建工作簿时直接生成12个工作表，然后编辑其中的数据。修改新建工作簿时包含的工作表数量的具体操作步骤如下。

Step 01 单击【文件】按钮并选择【选项】命令，打开【Excel选项】对话框。

Step 02 选择【常规】选项卡，修改右侧的【包含的工作表数】文本框中的数字，这个数字就是新建工作簿时包含的工作表数量。

Step 03 单击【确定】按钮，完成设置。以后再新建工作簿时，其中会自动包含步骤2设置的数量的工作表。

10.1.9 调整工作表的结构

在实际制作很多表格时，通常都需要对表格的结构进行调整，包括在数据区域中插入新行和新列、移动行和列的位置、隐藏行和列以及设置行高和列宽。

1. 插入行和列

可能经常遇到需要在已有数据区域中的某个位置添加新的数据行或数据列的情况。例如，希望在工作表的D列右侧添加一个名为“学历”的新列，该列用于保存有关员工学历的信息。如果要完成这样的操作，可以右击E列的列字母，在弹出的菜单中选择【插入】命令，如图10-9所示。

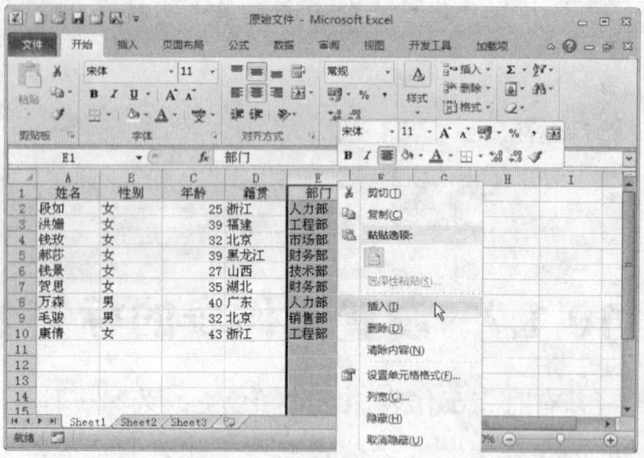

图10-9

此时将在原来E列的左侧插入一个空白列，原来的E列变为了F列。然后在新插入的空白列中输入数据即可。插入行的方式与插入列类似，右击某行的行号，然后在弹出的快捷菜单中选择【插入】命令，即可在右击的行的上方插入一个空白行。除此之外，还可以使用功能区的命令来完成插入行和列的操作，该命令位于：【开始】→【单元格】→【插入】按钮。

> **技巧** 有时需要插入多个空白行或空白列，无须一行行或一列列地插入，只需计算好要插入的空行或空列的数量，然后选择相应数量的已有行或列，再使用右键菜单中的【插入】命令，即可一次性插入多个行或列。

删除行或列的操作很简单，只需选择要删除的（多）行或（多）列，然后右击选区中的行号或列字母，在弹出的快捷菜单中选择【删除】命令，即可删除所选择的行或列。

2. 调整行和列的位置

有时可能需要调整行和列数据的次序，例如，希望将“籍贯”列移动到“学历”列的左侧，完成该操作可以使用以下两种方法。

- 右击“籍贯”列的列字母，在弹出的快捷菜单中选择【剪切】命令，此时该列被虚线包围。右击“学历”列的列字母，从弹出的快捷菜单中选择【插入剪切的单元格】命令即可。
- 单击“籍贯”列的列字母选中整个列，然后将鼠标指向字母该列下边框，当鼠标变为十字箭头时单击，然后按住Shift键并拖动鼠标至“学历”列左侧，出现如图10-10所示的纵向虚线时释放鼠标和按键即可。

01 Chapter
02 Chapter
03 Chapter
04 Chapter
05 Chapter
06 Chapter
07 Chapter
08 Chapter
09 Chapter
10 Chapter

图10-10

3. 隐藏或显示行和列

如果某些行或列中的数据暂时不需要或者不想让其他人看到，那么可以将这些行或列隐藏起来，待到需要时可以再将其显示出来。例如，希望将工作表中的“籍贯”和“学历”两列中的数据隐藏起来。首先同时选择这两列，然后右击其中一列的列字母，在弹出的快捷菜单中选择【隐藏】命令，即可将这两列隐藏起来，如图10-11所示。从列字母就可以看出来，直接从字母C跳到字母F，而隐藏了中间的字母D和E。

图10-11

如果希望重新显示隐藏的列，那么可以选择位于隐藏列两侧的列，例如，图10-11中的C列和F列，然后右击这两列中的任意一列的列字母，在弹出的快捷菜单中选择【取消隐藏】命令即可。隐藏行的方法与隐藏列类似。

4. 调整行高和列宽

如果输入的数据超过一个单元格的宽度，而其右侧单元格也包含数据时，那么这个单元格多出的数据将不会被显示出来，但是可以在编辑栏中看到完整的内容，如图10-12所示。

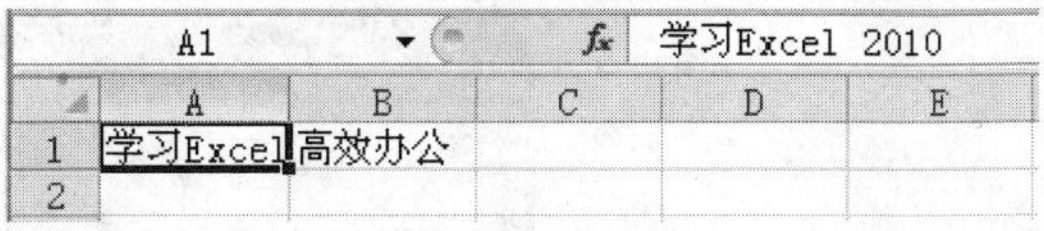

图10-12

如果希望在单元格中显示出完整的内容，那么就需要调整单元格所在列的宽度。将鼠标移动到列与列之间，当鼠标变为左右双向箭头时，按住鼠标左键向左或向右拖动，即可调整单元格的宽度（即列宽）。手工调整单元格高度（行高）的方法与调整列宽类似，只需上下拖动行与行之间的边界线，即可调整行高。

手工调整行高和列宽虽然比较方便，但是如果要调整的行、列数太多，那么操作起来就会变得非常麻烦。有时可能希望列宽可以自动调节，以符合该列内数据的长度。选择整个数据区域，然后单击功能区中的【开始】→【单元格】→【格式】按钮，在弹出的菜单中选择【自动调整列宽】命令，即可让Excel根据单元格中的文字长度自动调整列宽。如果希望自动调整行高，则可以单击功能区中的【开始】→【单元格】→【格式】按钮，在弹出的菜单中选择【自动调整行高】命令。

技巧 直接双击行与行、列与列之间的边界线，可以快速自动调整行高和列宽。

5. 精确设置行高和列宽

也许有时需要以一个精确的尺寸来设置行高或列宽，那么此时可以右击要设置行的行号或列的列字母，在弹出的快捷菜单中选择【行高】或【列宽】命令，打开如图10-13所示的【行高】或【列宽】对话框，输入【行高】或【列宽】的尺寸，这里是以磅为单位的。设置好后单击单击【确定】按钮即可。

图10-13

10.2 选择单元格和区域

在Excel中的大部分操作都是在单元格和区域中进行的，而在进行这些操作之前，必须先选择要操作的单元格或区域。因此，在进行后面更深入的学习之前，本节将详细地介绍单元格和区域的选择方法。

10.2.1 当前选中的单元格与活动单元格的区别

在Excel 2010中，最大行数为1048576，最大列数为16384（A到XFD），比Excel 2003可以容纳更多的数据。默认情况下，工作表中会有一个单元格被黑色粗方框包围，这个单元格既是当前活动单元格，也是当前选择的单元格。但如果选择了一个包含多个单元格的区域，那么白色背景的单元格是活动单元格，而整个区域则是当前选择的区域。活动单元格可以接收用户所输入的数据。一个工作表可以包含多个选区，但只能有一个活动单元格。

10.2.2 选择连续的单元格区域

选择一个单元格很简单，即使在我们选择之前，默认情况下也会有一个单元格被选中：被黑色方框包围的单元格就是当前选中的单元格。如果要选择其他单元格，只需单击这个单元格即可。也可以通过按键盘上的上、下、左、右四个方向键来选择其他单元格。

要选择一个单元格区域，只需单击待选择区域左上角的单元格，然后按住鼠标左键并向右下角拖动至任意一个单元格，即可选中起点与终点之间的多个单元格（B3:G9），如图10-14所示。当然，只要单击某个单元格，然后按住鼠标左键向任意方向拖动，也可以选择一个单元格区域。

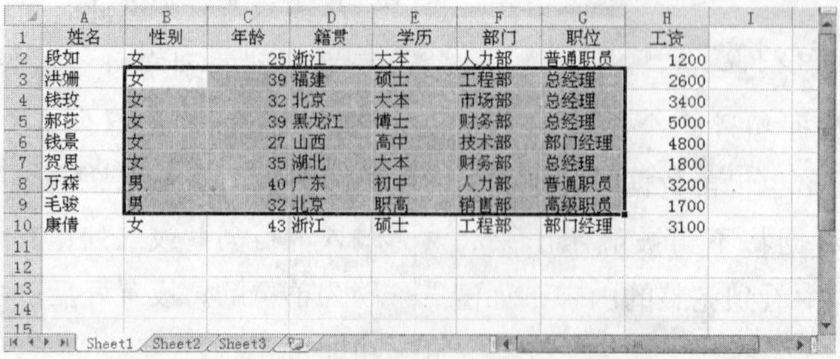

	A	B	C	D	E	F	G	H	I
1	姓名	性别	年龄	籍贯	学历	部门	职位	工资	
2	段如	女	25	浙江	大本	人力部	普通职员	1200	
3	洪姗	女	39	福建	硕士	工程部	总经理	2600	
4	钱玫	女	32	北京	大本	市场部	总经理	3400	
5	郝莎	女	39	黑龙江	博士	财务部	总经理	5000	
6	钱景	女	27	山西	高中	技术部	部门经理	4800	
7	贺思	女	35	湖北	大本	财务部	总经理	1800	
8	万森	男	40	广东	初中	人力部	普通职员	3200	
9	毛骏	男	32	北京	职高	销售部	高级职员	1700	
10	康倩	女	43	浙江	硕士	工程部	部门经理	3100	
11									
12									
13									
14									
15									

Sheet1 Sheet2 Sheet3

图10-14

10.2.3 选择不连续的单元格区域

如果需要选择不连续的单元格，可以先按住Ctrl键，然后依次单击待选择的单元格，如图10-15所示的区域B1:B10、D1:D10、F1:F10、H1:H10。

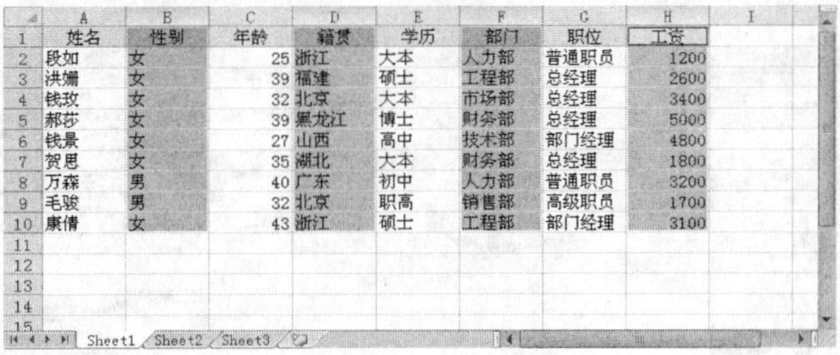

	A	B	C	D	E	F	G	H	I
1	姓名	性别	年龄	籍贯	学历	部门	职位	工资	
2	段如	女	25	浙江	大本	人力部	普通职员	1200	
3	洪姗	女	39	福建	硕士	工程部	总经理	2600	
4	钱玫	女	32	北京	大本	市场部	总经理	3400	
5	郝莎	女	39	黑龙江	博士	财务部	总经理	5000	
6	钱景	女	27	山西	高中	技术部	部门经理	4800	
7	贺思	女	35	湖北	大本	财务部	总经理	1800	
8	万森	男	40	广东	初中	人力部	普通职员	3200	
9	毛骏	男	32	北京	职高	销售部	高级职员	1700	
10	康倩	女	43	浙江	硕士	工程部	部门经理	3100	
11									
12									
13									
14									
15									

Sheet1 Sheet2 Sheet3

图10-15

10.2.4 选择整行和整列

有时可能需要在一行或一列甚至多行和多列中进行操作。选择整行或整列的关键在于单击一行左侧的行号或一列顶部的字母。将鼠标移动到行号或列字母上，如果在鼠标变为➡形状后单击，则可以选择与当前行号对应的行；将鼠标移动到列字母上，如果在鼠标变为⬇形状后单击，则可以选择与当前列字母对应的列。

如果在选择一行或一列后按住鼠标左键并向任意方向拖动，则可以选择连续的多个行或多个列。与选择不连续单元格的方法类似，如果希望选择不连续的多行或多列，那么需要在按住Ctrl键的情况下依次单击想要选择的这些行的行号或列字母，这样即可同时选中它们。

10.2.5 选择包含数据的独立区域

如果需要对一个数据区域中的所有单元格进行格式设置（例如，设置字体格式），那么需要先选择这个区域。选择一个数据区域中所有单元格的方法很简单，首先单击数据区域中的任意一个单元格，然后使用以下两种方法之一选择数据区域中的所有单元格。

- 按Ctrl+A组合键。
- 按Ctrl+*组合键，即Ctrl+Shift+8。

10.2.6 选择包含特定数据类型的区域

在很多情况下，工作表中都会包含不同类型的数据，例如，可能既包含普通文字，又包含数字和公式等。如果希望对某一类数据进行一些特殊的操作，那么需要先选择这类内容，然后再进行相应的操作。但是如果数据分布在工作表的不同位置，那么要想选择同类数据，将是一项极具挑战的任务。为此，可以使用Excel提供的定位条件来快速选择指定类型的数据。例如，希望设置工作表中所有数字的格式，具体操作方法如下。

Step 01 按F5键打开【定位】对话框，单击【定位条件】按钮。单击【常量】单选按钮，然后在【公式】下方勾选【数字】复选框，如图10-16所示。

Step 02 单击【确定】按钮，此时会自动选中所有包含数字的单元格，如图10-17所示。然后根据需要对这些选区进行后续操作。

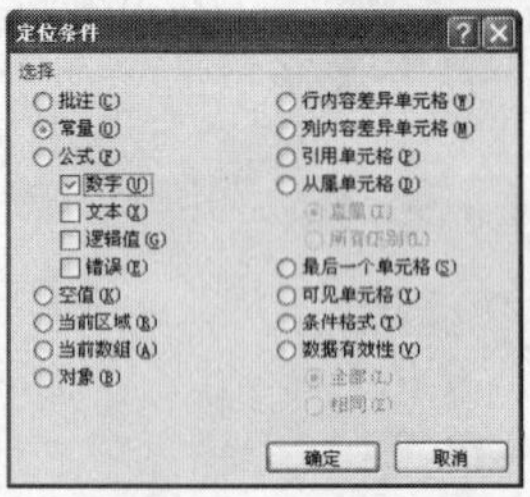

图10-16

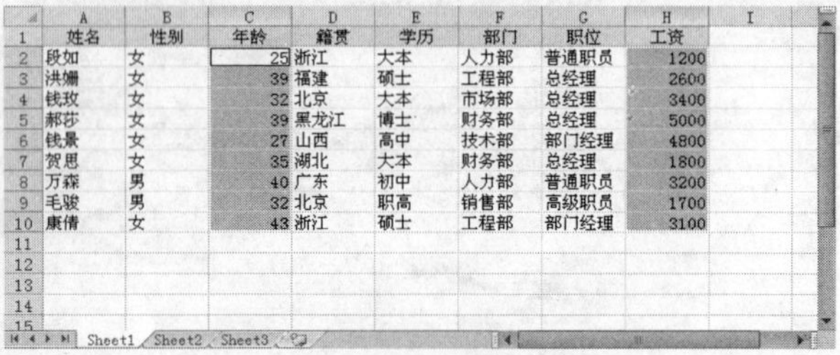

	A	B	C	D	E	F	G	H
1	姓名	性别	年龄	籍贯	学历	部门	职位	工资
2	段如	女	25	浙江	大本	人力部	普通职员	1200
3	洪姗	女	39	福建	硕士	工程部	总经理	2600
4	钱玫	女	32	北京	大本	市场部	总经理	3400
5	郝莎	女	39	黑龙江	博士	财务部	总经理	5000
6	钱景	女	27	山西	高中	技术部	部门经理	4800
7	贺思	女	35	湖北	大本	财务部	总经理	1800
8	万森	男	40	广东	初中	人力部	普通职员	3200
9	毛骏	男	32	北京	职高	销售部	高级职员	1700
10	康倩	女	43	浙江	硕士	工程部	部门经理	3100

图10-17

10.2.7 选择多个工作表中的区域

如果要操作的区域位于多个工作表中，而且每个工作表中的区域都相同，那么有一个方法可以直接选择多个工作表中的区域，而不用一个一个工作表去选择。例如，要选择工作表Sheet1~Sheet3中的区域B3:F10，需要先单击工作表Sheet1的标签，然后按住Shift键再单击工作表Sheet3的标签，同时选择工作表Sheet1、Sheet2和Sheet3，然后再选择区域B3:F10即可，如图10-18所示。

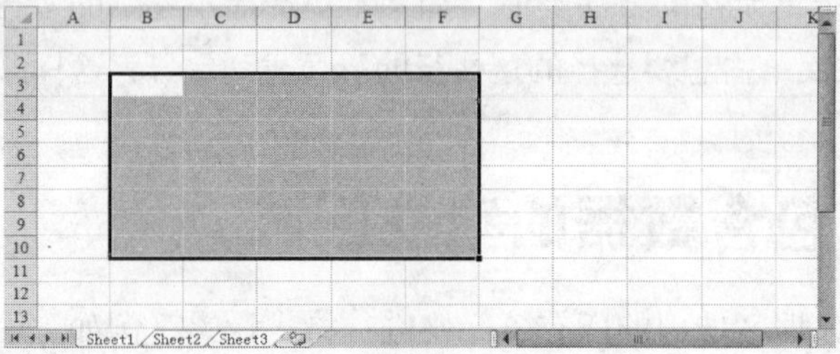

图10-18

10.3 输入文本和数值

文本和数值是Excel工作表中最常使用的数据类型。文本包括中文汉字、英文字符、各种符号，也可以理解为一切无法进行数学运算的内容。数值与文本不同，因为数值可以参与计算。本节将介绍在工作表中输入文本与数值的方法。

10.3.1 一个单元格中可容纳的字符数量

在Excel中，一个单元格最多可容纳32 000个字符。

可以输入到单元格中的数据包含多种类型，具体分为以下几种。

- 中文汉字。
- 英文字母。
- 数字。
- 符号。
- 日期。
- 逻辑值（True或False）。
- 错误值。
- 普通公式。
- 数组公式。

10.3.2 输入文本和数值

无论在单元格中输入文本还是数值，或是10.3.3介绍的日期和时间，通常都会遵循以下三步。

Step 01 选择要输入数据的单元格。

Step 02 输入所需的数据。

Step 03 按Enter键确认。

当在单元格中开始输入内容并按Enter键确认输入之前，状态栏左侧会由最初的“就绪”改为“输入”，这说明此时处于数据输入模式，如图10-19所示。在“输入”模式下，用户只能由左至右依次输入要显示在单元格中的内容，此时如果希望修改当前插入点之前的内容而按下了方向键，那么其结果将和按Enter键相同，即确认输入并返回“就绪”模式。

如果需要在输入的过程中可以使用方向键往来于已输入的内容之间，则需要使用鼠标单击希望达到的位置；或者按一次F2键，这样即可进入单元格的“编辑”模式，并且会在状态栏左侧显示“编辑”字样，如图10-20所示，此时可以使用方向键随意穿梭于已输入的内容之间。换句话说，在“编辑”模式下便于修改单元格中的内容。

图10-19

图10-20

默认情况下，在单元格中输入文本后，文本会自动在单元格左侧对齐，而数值会在单元格右侧对齐。通过不同的对齐方式，可以区分单元格中的内容是文本还是数值。

10.3.3 数值型文本

有时用户可能会发现，某些看起来像数字的内容在单元格中左对齐。由10.3.2节可以了解到，默认情况下只有文本在单元格中才会左对齐。这些在单元格中左对齐的看上去像数字的内容可以通过以下方法输入。

- 将单元格格式设置为【文本】，然后在其中输入数字。
- 在单元格中先输入一个单引号，然后在其中输入数字。

使用以上方法在单元格中输入数字，在单元格左上角会显示一个绿色的三角标记

（如图10-21所示的单元格A1），说明单元格中的内容是一个文本型数字，或称为数值型文本。这种数字虽然具有普通文本左对齐的效果，但看上去确实像一个数字，而且也可以参与数学计算。

对于图10-21而言，单元格A1中包含文本格式的数字168，如果在单元格A2中输入公式“=A1+2”，按下Enter键后会得到170计算结果，如图10-22所示。这说明文本格式的数字可以进行数学计算。

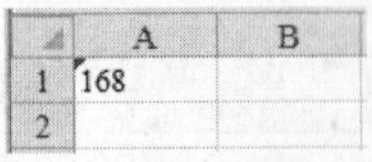

图10-21

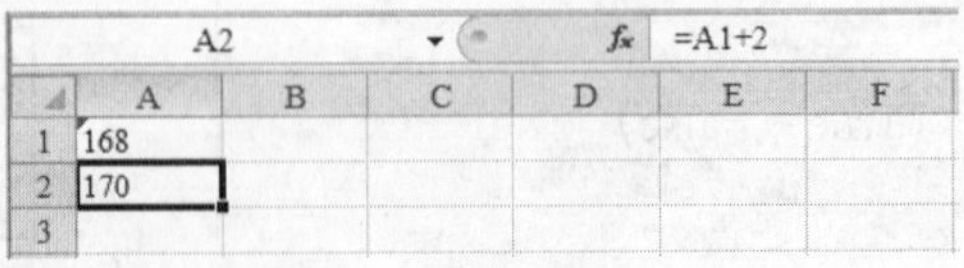

图10-22

10.4 输入日期和时间

在Excel中以正确格式输入的日期和时间，本质上也属于数值类型，因此它们也可以参与数学运算。本节将介绍Excel中的两种日期系统、日期和时间的工作原理，以及如何输入日期和时间。

10.4.1 两种日期系统

Excel提供了两种日期系统——1900日期系统和1904日期系统，它们之间的最大区别是拥有不同的起始日期。1900日期系统的起始日期是1900年1月1日，1904日期系统的起始日期是1904年1月1日。默认情况下，Windows操作系统中的Excel使用1900日期系统，而Macintosh操作系统中的Excel使用1904日期系统。为了保持兼容性，Windows中的Excel同时提供了两种日期系统，通过以下步骤可以转换到1904日期系统。

Step 01 单击【文件】按钮并选择【选项】命令，打开【Excel选项】对话框。

Step 02 选择【高级】选项卡，在右侧勾选【使用1904日期系统】复选框，如图10-23所示。

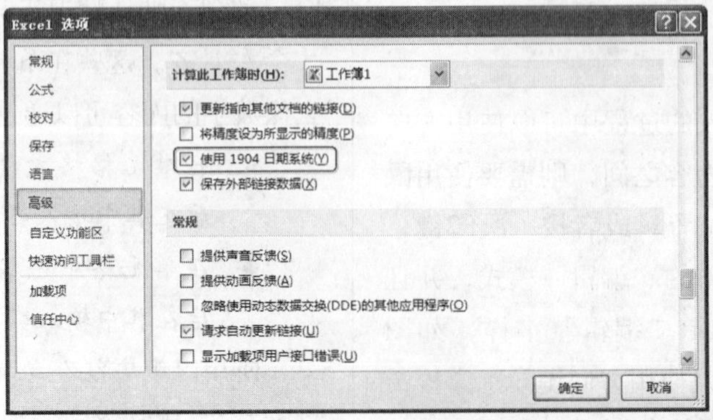

图10-23

01 Chapter
02 Chapter
03 Chapter
04 Chapter
05 Chapter
06 Chapter
07 Chapter
08 Chapter
09 Chapter
10 Chapter

10.4.2 日期和时间序列号

前面曾经介绍过，在工作表中输入的日期和时间其本质也是一个数字，这个数字称为“序列号”。只要是以正确格式输入的日期和时间，那么就可以参与数学运算。在1900日期系统中，将1900年1月1日的日期序列号是1，1900年1月2日的日期序列号是2，以此类推。1904日期系统中的第一个日期序列号指定为1904年1月1日。

与日期序列号类似，时间也有时间序列号。不过日期序列号都是整数，而时间序列号是小数，可以将时间序列号看作日期序列号的小数部分。例如，日期序列号1.5表示1900年1月1日的中午。可以使用下面的公式计算出一小时的序列号、一分钟的序列号和一秒钟的序列号。

计算一小时的序列号：=1/24

计算一分钟的序列号：=1/(24*60)

计算一秒钟的序列号：=1/(24*60*60)

根据以上公式，不难得出中午12点的时间序列号是12/24=0.5，而晚上6点即18点的序号列是18/24=0.75。如果要18:30这个时间的序列号，需要将该时间的小时数乘以公式“=1/24”，而将该时间的分钟数乘以公式“=1/(24*60)”，然后将两个计算结果相加，最后得到的序列号约等于0.77。

技巧　在Excel中要想查看某个日期或时间的序列号，可以在输入日期和时间后将单元格格式设置为【常规】。

10.4.3 输入日期和时间

如果使用正确的方法在单元格中输入日期和时间，在按下Enter键时Excel会自动将输入的内容以有效的日期和时间格式显示出来。在Excel中输入日期时，需要使用“-”、“/”等分隔符号将表示年、月、日的数字分隔开，或者输入“2011年1月1日”这种形式的日期也可以。对于时间而言，使用冒号分隔组成时间的各部分即可。如果要输入包含日期和时间的完整内容，需要在日期和时间之间添加一个空格。

10.5 编辑数据

在单元格中输入数据后，可能以后会修改其中的数据。本节介绍了几种编辑数据的方法，包括修改数据的基本方法、使用查找和替换功能来批量修改数据的方法，以及转换数据的方向。

10.5.1 修改单元格中的数据

如果需要在以后修改单元格中的内容，可以使用以下几种方法。

- 单击单元格并输入新内容，使用新内容覆盖旧内容。
- 双击单元格并修改其中的内容。
- 单击单元格，然后按F2键修改其中的内容。
- 单击单元格，然后单击编辑栏并修改其中的内容。

10.5.2 使用查找和替换功能批量修改数据

Excel中对数据的查找和替换没有Word中的查找和替换功能强大，但是对于普通数据来说，通过查找和替换对数据进行批量修改还是比较方便的。要使用查找和替换功能，需要单击功能区中的【开始】→【编辑】→【查找和选择】按钮，在弹出的菜单中选择【查找】命令，打开【查找和替换】对话框。在【查找】选项卡的【查找内容】文本框中输入要查找的内容，然后单击【查找下一个】按钮。如果找到匹配的内容，则会自动选中该单元格。例如，在【查找内容】中输入“总经理”，查找到如图10-24所示的结果。继续单击【查找下一个】按钮，将选中单元格G4。当继续单击【查找下一个】按钮时，会继续向下查找并选中匹配的单元格。

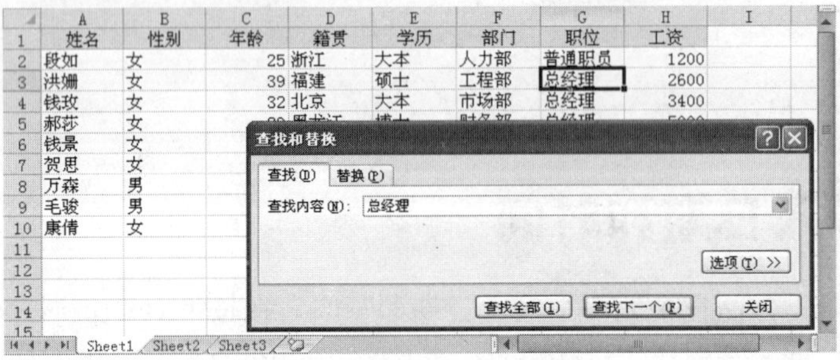

图10-24

注 意

Excel中的查找是先按行后按列进行的。例如，在图10-24所示的数据区域中，如果在执行查找前选择的单元格位于第四行，那么在查找“总经理”后将选中单元格G4，因为单元格G4中包含查找的文字“总经理”，而且与起始单元格位于同一行中。

如果改变查找方式，那么可以单击【选项】按钮，展开【查找和替换】对话框，如图10-25所示。在该对话框后中可以看到包含了很多设置项，这些选项就是用来设置查找方式的。例如，可以将【范围】改为【工作簿】，这样就可以在整个工作簿的所有工作表中进行查找。也可以将【按行】改为【按列】，这样就先按列再按行来查找。还可以勾选【区分大小写】复选框，这样将区分英文单词的大小写进行查找。对于前面那个示例来说，如果区分大小写进行查找，则只能查找到B列中的结果，而A列将无法查找到。在【查找范围】中还可以指定待查找目标的类型，包括三种：公式、值、批注。

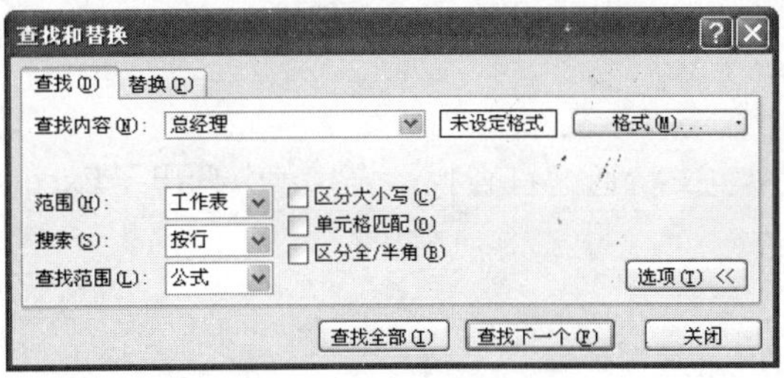

图10-25

如果切换到【替换】选项卡，如图10-26所示，那么可以设置要将查找到的内容替换成什么，这样可以实现对数据的批量修改。例如，在【替换为】文本框中输入“副总经理”，然后单击【全部替换】按钮，将用“副总经理”替换掉工作表中的所有“总经理”。如果替换成功，那么会弹出一个对话框，显示成功替换的数量。单击【确定】按钮关闭该对话框。

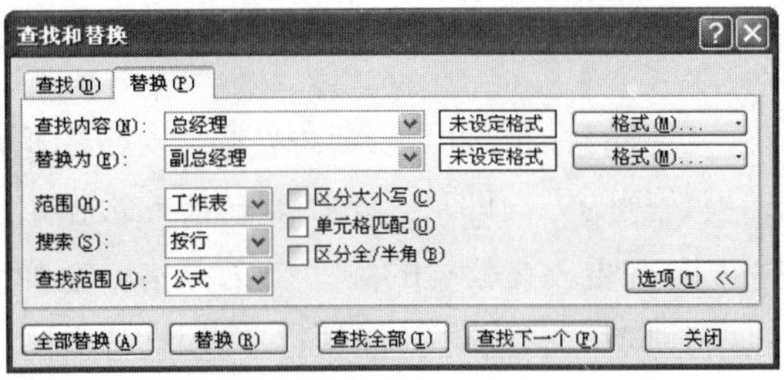

图10-26

最有用的功能之一是查找单元格的格式。单击【格式】按钮，然后为查找的内容指定一种格式。但是请注意，只能查找手工设置的格式，无法查找条件格式。下面的示例将查找工作表中所有合并的单元格，然后将这些合并单元格全部拆分为单个单元格，具体操作方法如下。

Step 01 选择要查找合并单元格的工作表，然后打开【查找和替换】对话框，确保【查找内容】文本框中留空。

Step 02 单击【格式】按钮，打开【查找格式】对话框，切换到【对齐】选项卡，勾选【合并单元格】复选框，如图10-27所示。

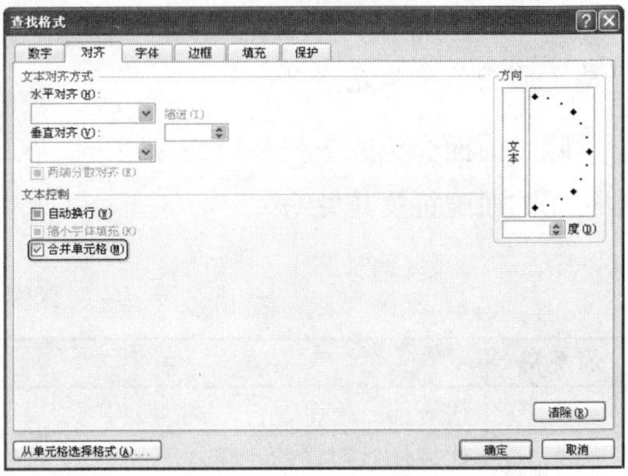

图10-27

Step 03 单击【确定】按钮，返回【查找和替换】对话框，单击【查找全部】按钮，在对话框下方展开一个列表，其中显示了所有查找到的合并单元格的地址以及所在的工作表，如图10-28所示。

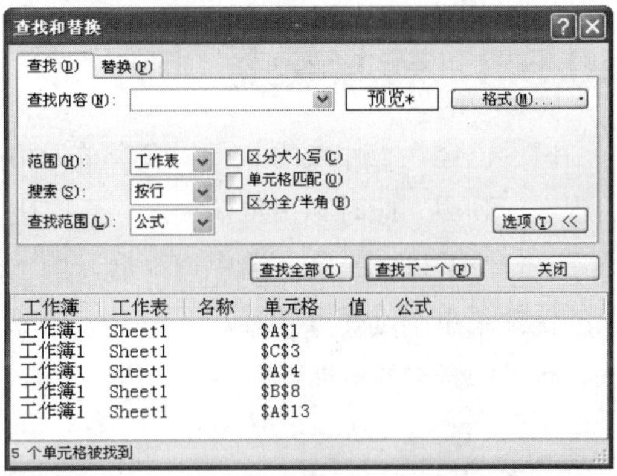

图10-28

Step 04 按Ctrl+A组合键选中列表中所有项的同时也选中了工作表中对应的所有合并单元格，如图10-29所示。

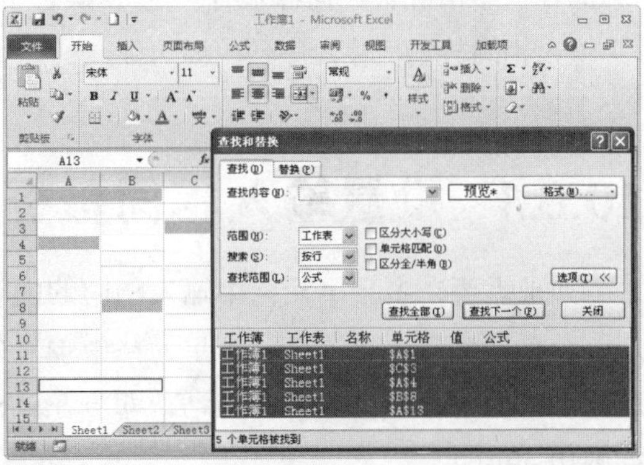

图10-29

Step 05 单击功能区中的【开始】→【对齐方式】→【合并后居中】按钮，即可将所有合并单元格还原为单个单元格。

除了前面介绍的查找和替换应用外，在Excel中也支持通配符查找，表10-1中列出了Excel中可用的通配符及其说明。

表10-1 查找和替换中的通配符

通配符	说 明
?	代表任意单个字符。例如，“工?表”可查找到“工作表”、“工资表”和“工程表”
*	代表任意数量的字符。例如，“*系”可查找到“数学系”、“英语系”和“计算机系”
~	在?、*、~前输入一个~，可查找?、*和~。例如，“工作表~?”可查找到“工作表?”

注 意

如果要查找“?”、“*”、“~”这三个字符本身，那么就需要在这些字符前使用“~”。例如，要查找字符*，那么需要输入“~*”。

10.5.3 转换数据的方向

假设已经在工作表的一行的多个单元格中输入了表格的标题，但是经理需要让表格标题出现在一列中，此时不用重新输入，直接让Excel转换数据的方向即可。选择要转换的数据，然后按Ctrl+C组合键复制选中的数据，接下来右击转换后要放置数据的第一个单元格，在弹出的快捷菜单中选择【转置】图标，这样就可以将数据从一行转换到一列。使用类似的方法，也可以将一列数据转换到一行中。

10.6 批量数据输入技巧

前面介绍了数据输入的基本方法，但是在实际应用中，通常需要输入大量的数据，而且很多情况下数据都是有一定规律性的。本节将介绍如何批量快速地输入数据，分为输入相同数据、输入序列数据两种。

10.6.1 批量输入相同数据

如果需要在多个单元格中输入相同的内容，那么可以使用填充的方法来批量完成，而不用一个个地输入。首先在一个单元格中输入好数据，然后将鼠标指向该单元格右下角的黑色填充柄，向水平或垂直方向拖动，即可在鼠标拖动所经过的每个单元格中输入相同的内容，如图10-30所示。

01 Chapter
02 Chapter
03 Chapter
04 Chapter
05 Chapter
06 Chapter
07 Chapter
08 Chapter
09 Chapter
10 Chapter

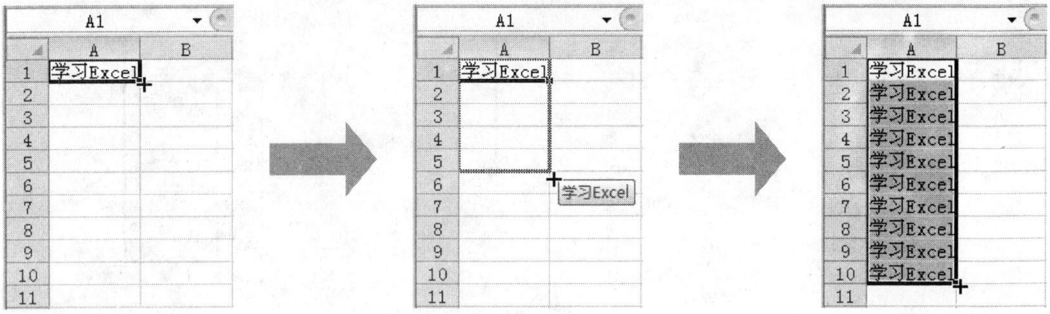

图10-30

注 意

如果输入的内容是文本和数字的混合，那么在拖动填充柄时，数字会自动递增或递减，此时需要按住Ctrl键后再进行填充，才能确保填充的是完全相同的内容。

还可以使用Excel提供的填充功能。选择包含要填充的数据在内的一个单元格区域，然后单击功能区中的【开始】→【编辑】→【填充】按钮，在弹出的菜单中选择相应的命令，即可完成填充操作。例如，对于如图10-31所示来说，在选择了区域A1:A10后，需要在填充菜单中选择【向下】命令将单元格A1中的数据填充到其下方的单元格中。

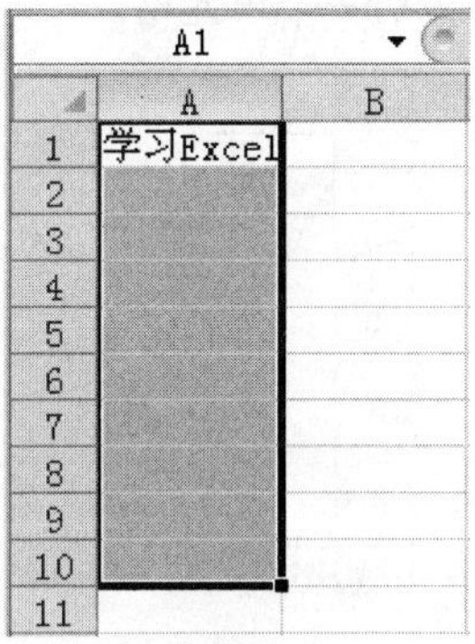

图10-31

上面这种方法适用于在同一列中输入相同数据。如果初始数据位于单元格A1，而希望在区域D1:D10中输入单元格A1中的内容。对于这种情况，可以使用复制、粘贴的方法来完成。具体操作方法如下。

Step 01 在单元格A1中输入基础数据。

Step 02 单击单元格A1，然后按Ctrl+C组合键复制数据。

Step 03 选择目标区域D1:D10，然后按Ctrl+V组合键粘贴步骤2复制的数据。

10.6.2 批量输入序列数据

对于文本来说，使用10.6.1节提供的方法可以批量输入相同的内容。而对于数值类型的数据来说，通常不需要重复的数字，而是希望以某种规律递增或递减的数据序列。例如，有10件商品，现在希望为它们从1开始编号。或者可能希望在一个考勤表的A列中输入一个月的日期。对于类似这种序列数据的输入，都可以利用Excel的填充功能来快速完成。

下面的示例将在区域A1:A10中输入最简单的自然数序列1~10。具体操作方法如下。

Step 01 单击单元格A1，然后输入数字1。

Step 02 按住Ctrl键的同时向下拖动单元格A1右下角的填充柄，直到单元格A10为止，这样将在区域A1:A10中输入1~10，如图10-32所示。

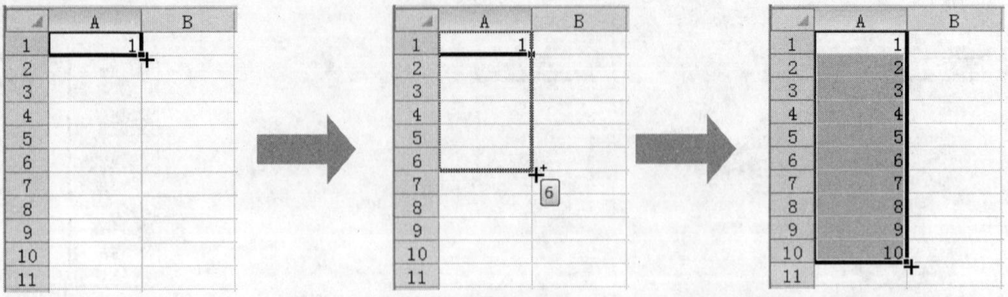

图10-32

除了上面的方法外，还可以使用下面的方法完成数据序列的输入，具体操作如下。

Step 01 在填充区域的前两个单元格中输入数据序列的前两个数字，例如，在单元格A1和A2中输入1和2，如图10-33所示。

Step 02 同时选择单元格A1和A2，然后拖动单元格A2右下角的填充柄，向下拖动到指定区域的最后一个单元格。

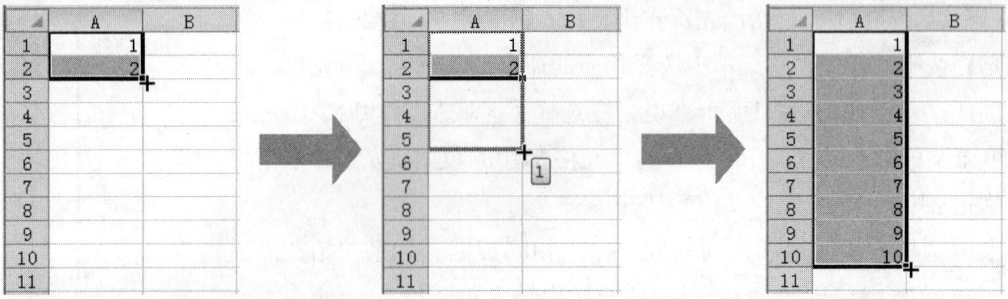

图10-33

提示

对于日期序列的填充，只需输入一个起始日期，然后进行拖动填充即可。

10.6.3 批量输入任意序列数据

之所以Excel可以自动识别某些常用的数据序列，是因为这些数据序列内置于Excel中。然而，有时候希望数据以我们特定的顺序来排列，此时我们可以创建自定义序列，具体操作方法如下。

Step 01 单击【文件】按钮并选择【选项】命令，打开【Excel选项】对话框。

Step 02 选择【高级】选项卡，然后单击右侧的【编辑自定义列表】按钮。

Step 03 打开【自定义序列】对话框，在【自定义序列】列表框中选择【新序列】，然后在右侧的列表框中输入任意指定顺序的多项数据，每输入一个数据按一次Enter键，使所有数据纵向排列，如图10-34所示。

01 Chapter 02 Chapter 03 Chapter 04 Chapter 05 Chapter 06 Chapter 07 Chapter 08 Chapter 09 Chapter 10 Chapter

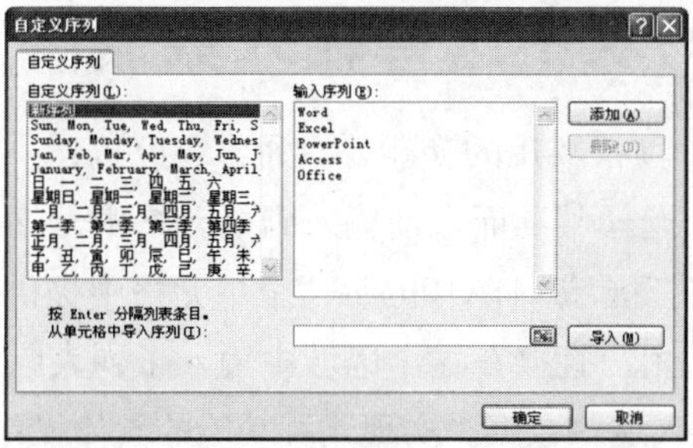

图10-34

Step 04 单击【添加】按钮，将新输入的数据序列添加到左侧的列表框中，如图10-35所示。

Step 05 单击两次【确定】按钮，关闭打开的对话框。此后在单元格中输入前面创建的数据序列的第一项后，就可以通过拖动单元格的填充柄来自动输入数据序列的数据项了，如图10-36所示。

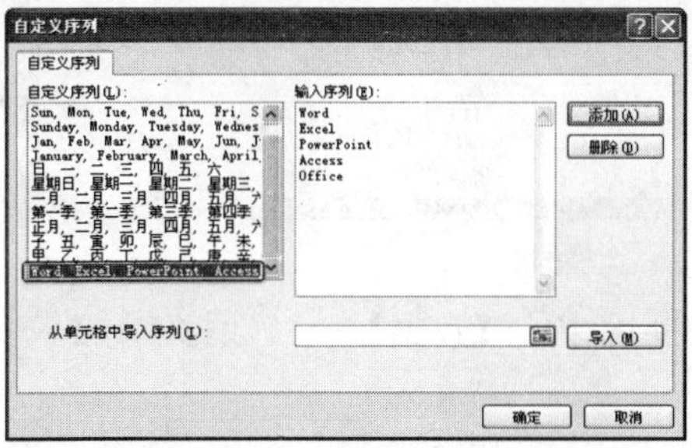

图10-35

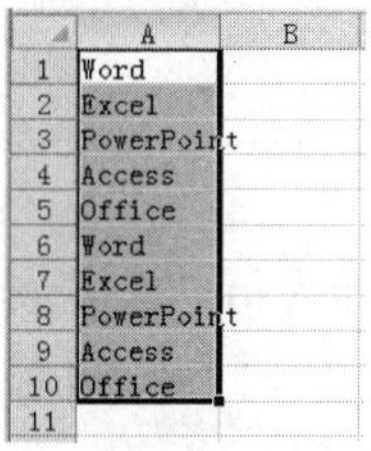

图10-36

一种创建自定义序列数据的更好方法是，先在单元格区域中按顺序输入一个数据列表，然后打开【自定义序列】对话框，单击【导入】按钮左侧的 按钮，选择工作表中已输入好数据的区域，如图10-37所示。然后单击 按钮返回【自定义序列】对话框，最后单击【导入】按钮，即可创建自定义序列。

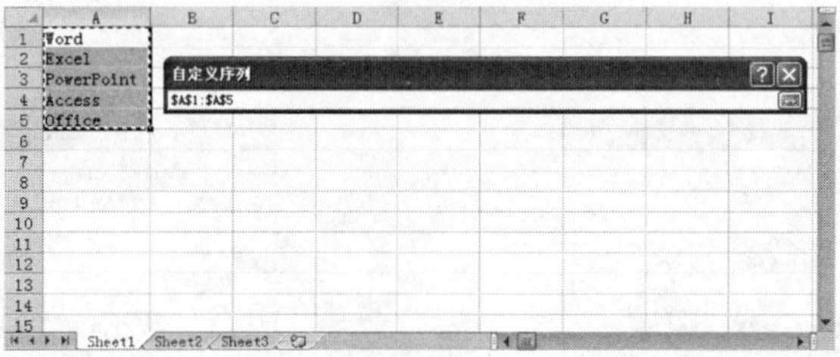

图10-37

10.7 按指定规则输入数据

在很多情况下，并不希望用户在工作表中随意输入数据，而是希望限制输入某些数据。例如，在输入员工资料中的性别时，只希望用户输入“男”或“女”；在输入产品信息时，要求用户输入公司指定的某几类产品。诸如此类的应用，都需要严格限制输入到单元格中的数据。Excel的数据有效性功能可以很好地实现以上要求。

10.7.1 从下拉列表中选择输入数据

数据有效性是Excel中一项很实用的功能，它通常可以构建一个下拉列表，其中包含允许用户输入的选项，通过用户选择某项而自动输入到单元格中，这样就可以有效地控制输入的内容。在下面的示例中，将在区域A1:A10的每一个单元格中提供一个可用的列表，其中显示了可用于输入的数据。如果用户直接在这个区域中输入了列表以外的内容，那么将会弹出警告信息，并禁止在区域中输入这些数据。实现这种功能的具体操作如下。

Step 01 在区域F1:F5中输入10.6.3节用于创建自定义序列的内容，如图10-38所示。

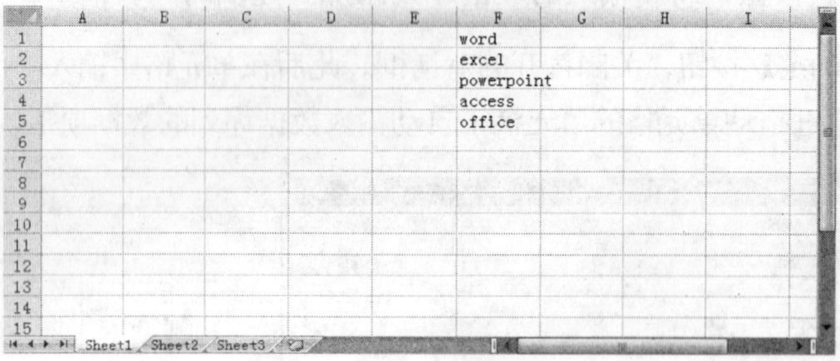

图10-38

Step 02 选择区域A1:A10，然后单击功能区中的【数据】→【数据工具】→【数据有效性】按钮，打开【数据有效性】对话框。

Step 03 切换到【设置】选项卡，在【允许】下拉列表中选择【序列】选项。然后单击 按钮，并在工作表中选择步骤1中输入的数据所在的单元格区域（F1:F5），再单击 按钮，结果如图10-39所示。

Step 04 切换到【出错警告】选项卡，勾选【输入无效数据时显示出错警告】复选框。在【样式】下拉列表中选择【停止】选项。然后输入一个有意义的、提示性的【标题】和【错误信息】，如图10-40所示。

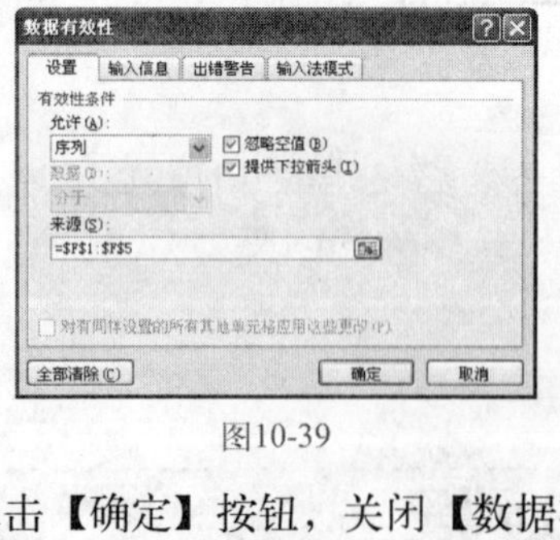

图10-39

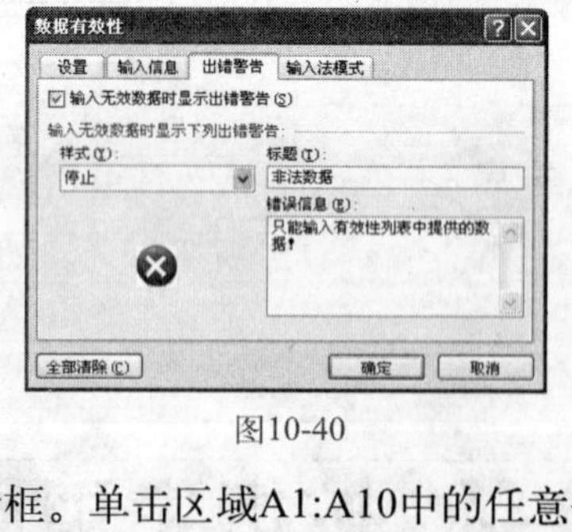

图10-40

Step 05 单击【确定】按钮，关闭【数据有效性】对话框。单击区域A1:A10中的任意一个单元格，单元格右侧将显示一个下拉按钮，单击该按钮将弹出一个列表，其中显示了可以输入的内容，选择任一项即可将所选内容输入到当前单元格中，如图10-41所示。

Step 06 如果直接在单元格中输入列表中不存在的数据，那么在按Enter键后会弹出如图10-42所示的提示框，提示禁止用户将此数据输入到单元格中，此时要么单击【重试】按钮修改数据，要么单击【取消】按钮取消本次数据并恢复到之前的数据。

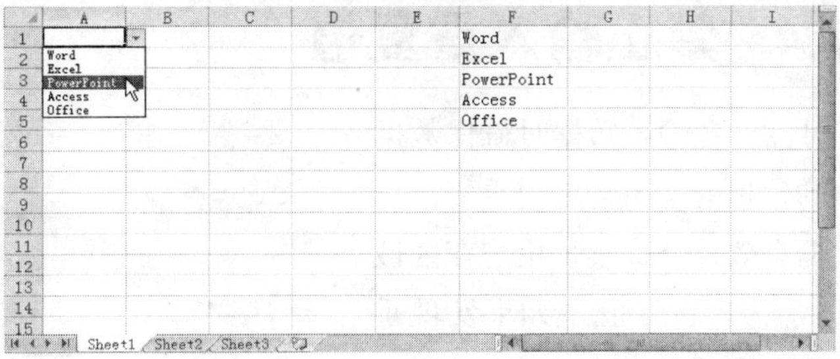

图10-41

图10-42

注 意

如果对数据有效性单元格进行粘贴操作，那么原来的数据有效性就会被删除。

10.7.2 了解使用公式创建有效性规则的方式

10.7.1节介绍的使用数据有效性功能为用户提供一个输入列表，从中选择指定的数据并输入到单元格中，这种方式确实非常方便，既便于用户输入数据，又可以限制输入到单元格中的内容。但是数据有效性的功能远不止于此，要想发挥数据有效性的强大功能，需要使用公式才行。

在数据有效性中使用的公式必须是一个可以返回True或False的逻辑值，这样，Excel才能根据逻辑值结果判断是否启用有效性检验。如果公式结果为True，那么就应用数据有效性规则，否则就不应用。

要在数据有效性中使用公式，需要在【数据有效性】对话框的【设置】选项卡的【允许】下拉列表中选择【自定义】选项，然后在【公式】文本框中输入公式。如果公式中包含单元格引用，那么Excel将认为该引用是基于选区左上角单元格的相对引用。下面几节中的示例说明了这一点。

10.7.3 禁止输入文本以外的内容

下面的数据有效性公式只允许用户在区域A1:A10中输入文本。选择区域A1:A10并确保单元格A1是当前活动单元格。然后在【数据有效性】对话框中输入下面的公式。

```
=ISTEXT(A1)
```

同理，可以使用ISNUMBER函数来限制只能在当前活动单元格中输入数字。

```
=ISNUMBER(A1)
```

10.7.4 禁止输入重复值

有时需要在输入数据时确保数据是唯一的，也就是不会出现重复。下面的数据有效性公式禁止用户在区域A1:A10中输入重复值，如果发现重复值，那么就会弹出如图10-43所示的对话框提醒用户。

```
=COUNTIF($A$1:$A$10,A1)=1
```

图10-43

10.7.5 创建二级下拉列表

二级下拉列表是指具有上下级关系的数据。最常见的二级数据类似于省—市这种结构，当在第一个下拉列表中选择省份名称后，在第二个下拉列表中会根据所选择的省份而提供对应的城市名称。在Excel中可以使用数据有效性配合公式提供实现这种功能。在如图10-44所示的工作表中，左侧显示了五个省份及其对应的城市名称，右侧利用数据有效性功能，分别自动提供了省份下拉列表和城市下拉列表，当在G列选择一个省份后，H列同一行单元格将自动提供与该省份对应的所有城市名。

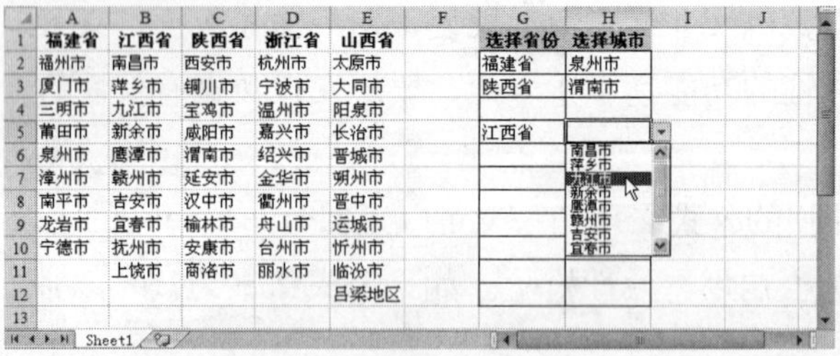

图10-44

要实现图10-44的功能，需要分别在G列和H列设置数据有效性公式。选择区域G2:G12，然后输入下面的数据有效性公式，以便提供省份名称列表。

```
=$A$1:$E$1
```

选择区域H2:H12，然后输入下面的数据有效性公式，以便提供城市名称列表。

```
=OFFSET($A$2,,MATCH($G2,$1:$1,)-1,COUNTA(OFFSET($A$2,,MATCH($G2
,$1:$1,)-1,99)))
```

在上面的公式中使用了OFFSET函数，该函数的第一参数以单元格A2为起点，然后查找G列当前单元格中的省份名称在第一行中的位置，将找到的位置编号减去1作为以单元格A2为起点向右的偏移量，这样就可以定位到与G列省份名对应的城市名列中。接下来利用COUNTA函数计算出G列省份名对应的城市名包含的行数作为OFFSET函数的扩展区域，从而得到一个包含G列当前省份名所属的城市名称列表，以此来作为数据有效性的来源。公式中的99可以换成其他数字，只要这个数字可以包含最大的省市数量即可。

Chapter 11

设置数据格式

为了使工作表中的数据更直观、更醒目，通常需要对输入的原始数据进行一些格式上的设置。Excel中的格式通常分为两大类，一类格式类似于文本的字体、字号、字体颜色等；另一类格式则主要针对数值进行，例如，将数字设置为百分比格式或是货币格式。本章除了介绍设置数据基本格式以及自定义数字格式的内容外，还介绍了如何使用条件格式来快速标识符合条件的数据。

11.1 设置数据的基本格式

对于输入到工作表中的数据，通常都需要进行一些基本的格式设置，使用字体格式可以改变数据的字形变化；使用对齐方式可以让数据在单元格中靠左、靠右或居中对齐；使用数字格式可以设置数值的显示外观，例如将数字设置为货币形式；使用边框和底纹可以为单元格或区域添加指定类型的线条或填充色；使用单元格样式则可以创建一种综合了多种格式的方案，然后直接将其应用到单元格中，从而快速地为单元格一次性设置多种不同类型的格式。

11.1.1 设置字体格式

字体格式是指单元格中数据的字形、文字大小以及其他一些字体特殊效果。使用功能区【开始】→【字体】组中的命令设置单元格中数据的字体格式。例如，将鼠标指向字体或字号列表中的某一项，单元格中的数据会显示设置当前选项后的外观，但此时并未真正设置，而仅仅是预览。当对某个预览效果满意时，单击列表中的选项即可进行设置。以上过程就是Office 2010中的实时预览功能。如图11-1所示为数据区域的标题行设置了“隶书”字体，并为该行内容设置了加粗的效果。

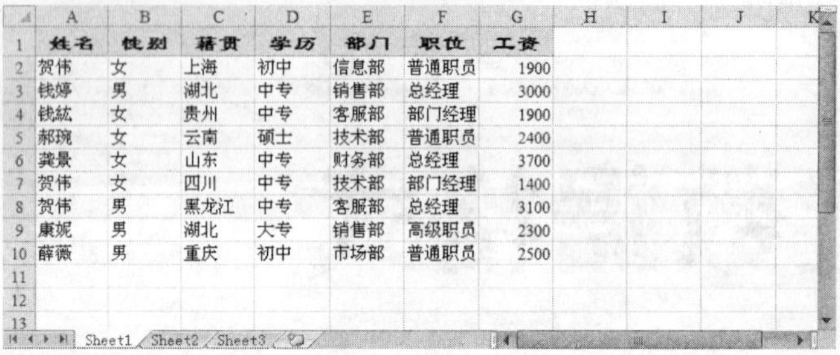

姓名	性别	籍贯	学历	部门	职位	工资
贺伟	女	上海	初中	信息部	普通职员	1900
钱婷	男	湖北	中专	销售部	总经理	3000
钱紘	女	贵州	中专	客服部	部门经理	1900
郝琬	女	云南	硕士	技术部	普通职员	2400
龚景	女	山东	中专	财务部	总经理	3700
贺伟	女	四川	中专	技术部	部门经理	1400
贺伟	男	黑龙江	中专	客服部	总经理	3100
康妮	男	湖北	大专	销售部	高级职员	2300
薛薇	男	重庆	初中	市场部	普通职员	2500

图11-1

如果希望快速设置某个单元格的格式，而该格式与工作表其他单元格的格式相同，那么可以使用格式刷快速复制格式。首先选择具有基准格式的单元格，然后双击功能区中的【开始】→【剪贴板】→【格式刷】按钮 格式刷，光标变为 形状，此时让鼠标拖动过所有要设置格式的单元格，这些单元格就会被自动设置为与基准格式一致的格式，按Esc键可以退出格式刷模式。

11.1.2 设置单元格对齐方式

Excel对输入到单元格中的数据有着默认的对齐规则，如果输入的是文本，那么数据将在单元格中左对齐；如果输入的是数值就右对齐。可以使用功能区【开始】→【对齐方式】组中的对齐按钮来设置对齐方式，除了分为左、中、右三种对齐方式外，还可以在【对齐方式】组中设置数据在单元格垂直方向上的位置，即垂直对齐方式。

【对齐方式】组中还包含与数据在单元格中位置相关的另外两个选项——【自动换行】和【合并后居中】。使用【自动换行】功能可以实现当输入的数据超过单元格的宽度时，自动将多余的数据转换到该单元格内部的下一行中。如图11-2所示就是使用自动换行功能前、后的效果，也可以按Alt+Enter组合键在单元格内的指定位置手动强制换行。

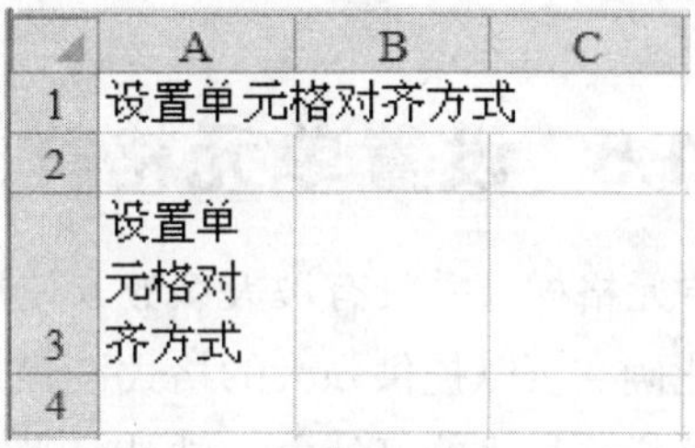

图11-2

在制作表格时，可能需要根据结构将某些单元格合并到一起。选择要合并的单元格，然后单击功能区中的【开始】→【对齐方式】→【合并后居中】按钮，即可将所选单元格合并为一个单元格。

11.1.3 设置数字格式

当在单元格中输入一个数字时，默认情况下显示的是这个数字本身。如果输入一个包含百分号的数字，那么就会以百分数的形式显示。这些数据的不同显示方式就是Excel中的数字格式，为数据设置数字格式的主要目的是为了增强数据的可读性，带有货币符号的数字可以让人立刻知道这些数据表示的是金额。

在功能区的【开始】→【数字】→【数字格式】列表中提供了一些常用的数字格式，选择要应用数字格式的单元格或区域，然后从列表中选择所需的格式选项即可。右击选区，从弹出的快捷菜单中选择【设置单元格格式】命令，可以打开【设置单元格格式】对话框。在【数字】选项卡的【分类】列表框中列出了数字格式类别，选择一个类别后可以在右侧进行详细设置，如图11-3所示。

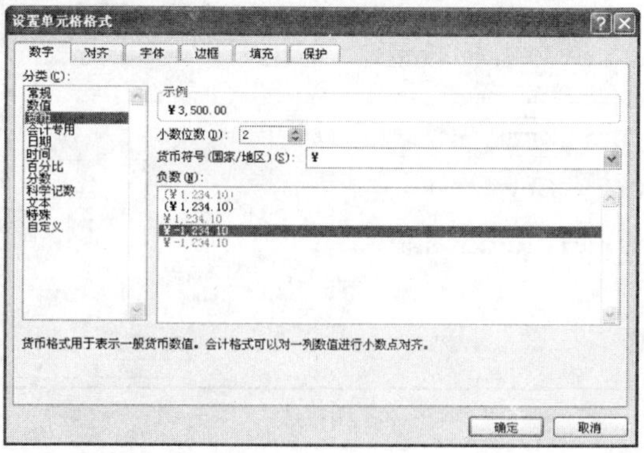

图11-3

交叉参考

功能更强大的自定义数字格式的内容请参考本章11.2节中的相关内容。

11.1.4 设置边框和底纹

对于需要打印输出的表格，为了使数据看上去整齐，通常需要在打印前为数据区域添加边框。可以使用以下通用步骤为选区甚至整个工作表添加边框。

Step 01 选择要添加边框的数据区域。

Step 02 打开【设置单元格格式】对话框，切换到【边框】选项卡，如图11-4所示。在这个选项卡中，主要完成下列操作。

- 选择边框线形：在【线条】列表框中选择边框的线形。
- 选择边框颜色：在【颜色】下拉列表中选择边框的颜色。
- 整体添加边框：通过单击【外边框】和【内部】按钮为选区的最外层和内层添加边框。

- 局部添加边框：通过【边框】组中的八个按钮，可以在选区指定位置上添加边框。

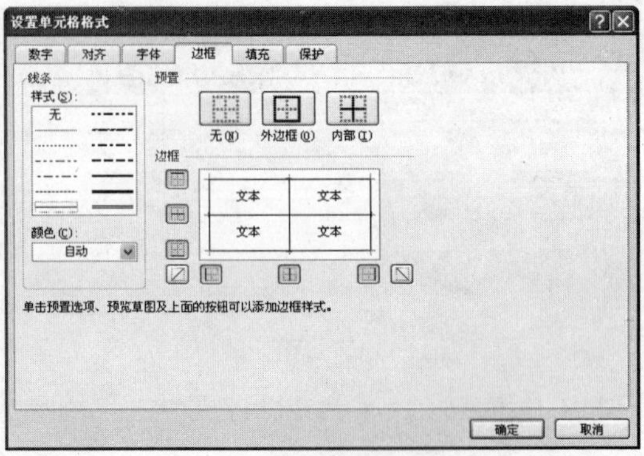

图11-4

Step 03 单击【确定】按钮，完成边框的设置，如图11-5所示。

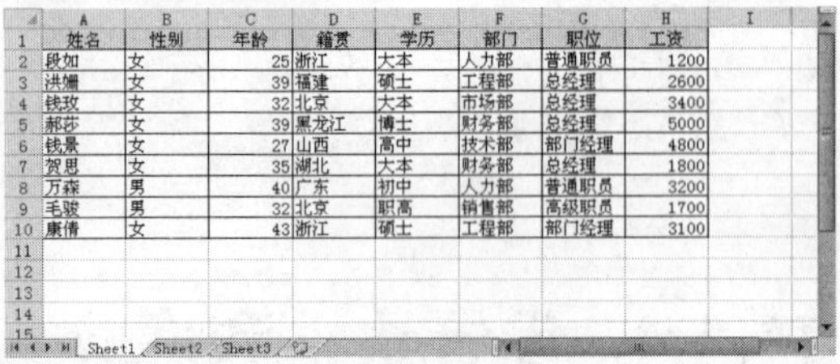

	A	B	C	D	E	F	G	H
1	姓名	性别	年龄	籍贯	学历	部门	职位	工资
2	段如	女	25	浙江	大本	人力部	普通职员	1200
3	洪姗	女	39	福建	硕士	工程部	总经理	2600
4	钱玫	女	32	北京	大本	市场部	总经理	3400
5	郝莎	女	39	黑龙江	博士	财务部	总经理	5000
6	钱景	女	27	山西	高中	技术部	部门经理	4800
7	贺思	女	35	湖北	大本	财务部	总经理	1800
8	万森	男	40	广东	初中	人力部	普通职员	3200
9	毛骏	男	32	北京	职高	销售部	高级职员	1700
10	康倩	女	43	浙江	硕士	工程部	部门经理	3100

图11-5

为表格中的某些数据设置填充颜色，通常可以使这些数据格外突出。一般情况下可以为表格的标题行设置填充颜色，即底纹效果。选择要设置底纹的数据区域，然后单击功能区中的【开始】→【字体】→【填充颜色】按钮右侧的下拉按钮，在打开的下拉列表中选择一种底纹颜色。

还可以使用【设置单元格格式】对话框为表格设置底纹。打开【设置单元格格式】对话框并切换到【填充】选项卡，如图11-6所示。可以选择颜色列表中的颜色，也可以单击【填充效果】和【其他颜色】按钮来设置其他类型的颜色，还可以在右侧为单元格选择图案填充。设置完成后单击【确定】按钮即可。

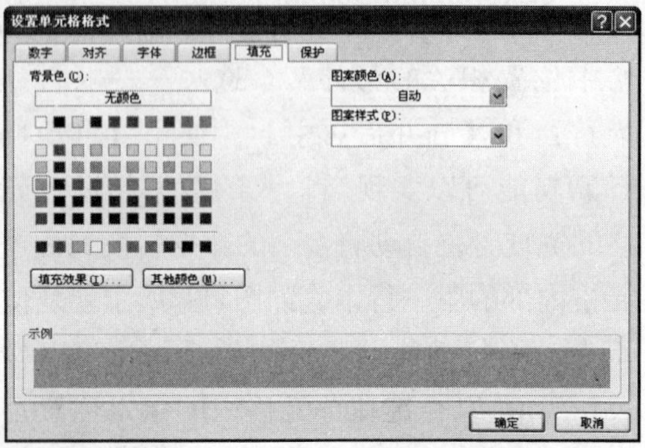

图11-6

11.1.5 设置单元格样式

单元格样式并没有被大多数人使用，但该功能确实可以提供强大的格式设置方式。使用单元格样式的好处之一就是，当为某个区域设置了一种单元格样式后，如果在以后需要调整该区域中的字体格式，那么只需直接修改所套用的单元格样式中的字体即可。实际上，单元格样式中包含了多种格式，相当于对格式的整合。一个单元格样式由以下几种格式组成。

- 字体格式。
- 数字格式。
- 对齐方式。
- 边框。
- 填充。
- 单元格保护。

从以上各项中可以看出，实际上单元格样式就是对【设置单元格格式】对话框中六个选项卡设置结果的组合。Excel已经预置了大量单元格样式，用户可以直接将它们应用到工作表中。单击功能区中的【开始】→【样式】→【单元格样式】按钮，打开如图11-7所示的列表，其中显示了可用的、预置的单元格样式。

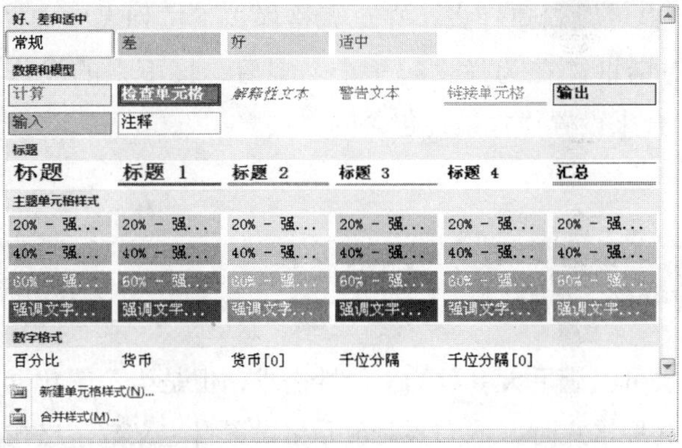

图11-7

在如图11-8所示的工作表中，标题行使用了名为“检查单元格”的样式，而数据区域的其他行则使用了名为“注释”的样式。

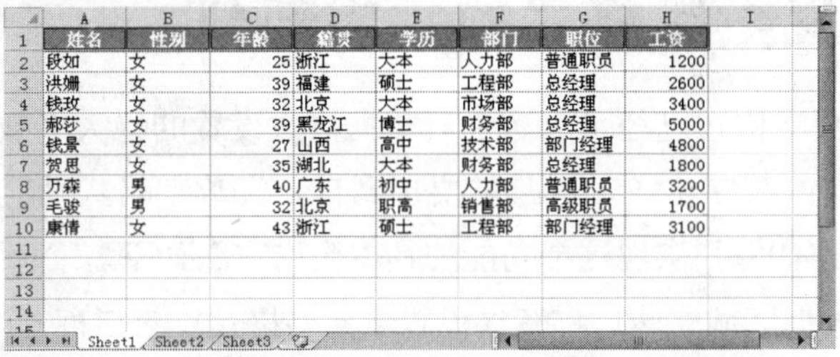

姓名	性别	年龄	籍贯	学历	部门	职位	工资
段如	女	25	浙江	大本	人力部	普通职员	1200
洪娴	女	39	福建	硕士	工程部	总经理	2600
钱玫	女	32	北京	大本	市场部	总经理	3400
郝莎	女	39	黑龙江	博士	财务部	总经理	5000
钱景	女	27	山西	高中	技术部	部门经理	4800
贺思	女	35	湖北	大本	财务部	总经理	1800
万森	男	40	广东	初中	人力部	普通职员	3200
毛骏	男	32	北京	职高	销售部	高级职员	1700
康情	女	43	浙江	硕士	工程部	部门经理	3100

图11-8

如果对预置的单元格样式不满意，可以采用以下两种改善方法。

- 修改预置的某个样式。
- 创建自己的样式。

无论使用上面哪种方法，其操作方式都是类似的。例如，如果要修改某个预置样式，那么可以打开单元格样式下拉列表，然后右击要修改的样式，在弹出的快捷菜单中选择【修改】命令，此时会打开如图11-9所示的对话框。可以看到对话框中显示了六种格式的选用情况。勾选的复选框表示这类格式被启用。单击【格式】按钮，将打开【设置单元格格式】对话框，该对话框与之前介绍的【设置单元格格式】对话框没什么不同。根据需要进行设置，然后单击【确定】按钮，返回【样式】对话框，可以立即显示出所作的修改，如图11-10所示。由于在【字体】选项卡中设置了字体格式，因此在返回【样式】对话框后会自动勾选【字体】复选框，并显示出当前的字体格式。单击【确定】按钮，即可将新的格式应用到套用此样式的所有单元格中。

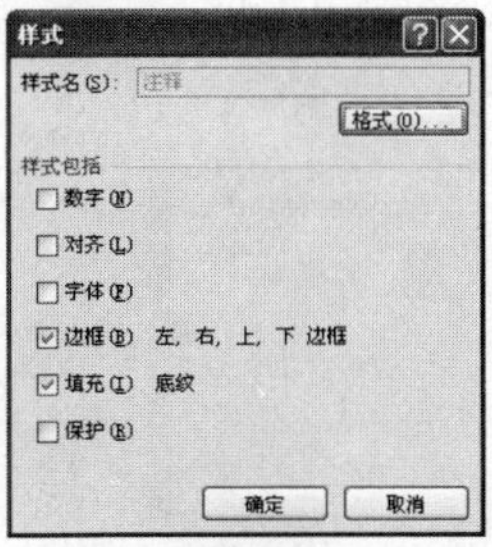

图11-9

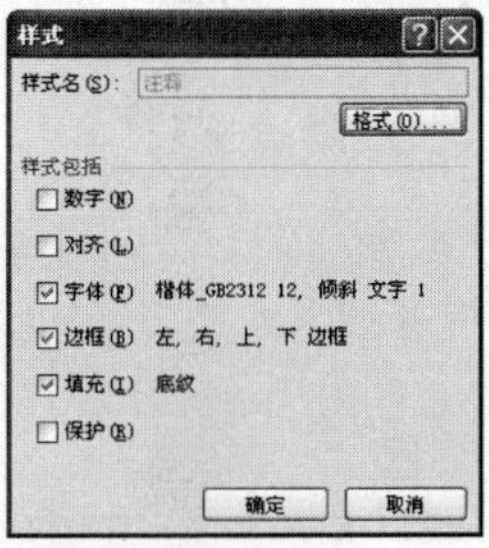

图11-10

除了修改样式外，也可以新建样式。在单元格样式下拉列表中选择【新建单元格样式】命令，打开【样式】对话框。在为样式起一个名字后，接下来的操作和修改样式的方法类似，使用不同的格式组合来设置样式最终包含的格式。

11.2 自定义数字格式

Excel内置的格式可以满足大多数的一般性需求，但是当希望数据以特殊形式显示而无法在Excel中找到这种格式时，就需要对单元格设置自定义数字格式。自定义数字格式由一些固定的字符组成，这些字符构成数字格式代码，Excel可以识别这些代码。

11.2.1 自定义数字格式的组成部分

使用Excel内置的数字格式已经可以满足对数据格式设置的绝大多数需求，但是在某些情况下可能需要使用特殊的数字格式，这时就要用到自定义数字格式功能。下面的示例将隐藏工作表数据区域中的所有0值。实现这个功能的具体操作方法如下。

Step 01 选择要设置的数据区域，然后打开【设置单元格格式】对话框。

Step 02 在【数字】选项卡中选择【分类】列表框中的【自定义】选项，然后在右侧的文本框中输入下面的代码（如图11-11所示）。

```
G/通用格式;G/通用格式;
```

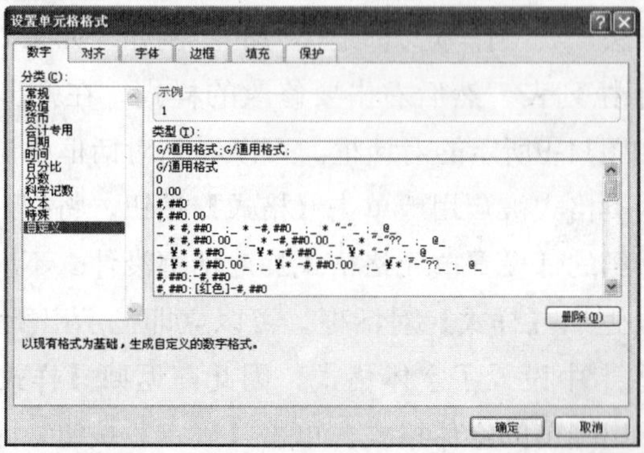

图11-11

Step 03 单击【确定】按钮，将自动隐藏选区中的0值，如图11-12所示。

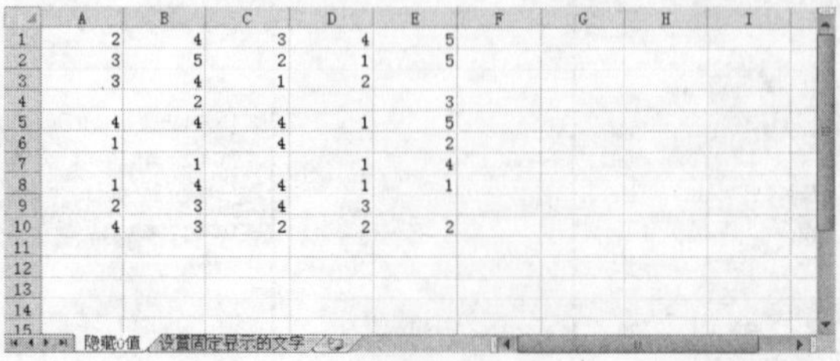

图11-12

通过上面这个简单的示例，我们可以看到自定义数字格式的强大功能。下面是自定义数字格式的组成结构。

```
第一部分；第二部分；第三部分；第四部分
```

自定义数字格式的代码由四部分组成，各部分之间以分号“；”分隔，每一部分代码可以设置不同的数据类型。

- 第一部分代码用于设置正数的格式。
- 第二部分代码用于设置负数的格式。
- 第三部分代码用于设置0值的格式。
- 第四部分代码用于设置文本的格式。

在前面的示例中，由于数字格式包含三部分，但第三部分只用一个分号隔开，而未设置任何内容，因此对于0值则显示为空，这样就起到了隐藏0值的效果。如果自定义数字格式代码包含了四个部分，那么各部分将设置对应的数字格式。但如果未包含完整的四个部分，那么请参考以下设置规则。

- 如果只使用代码的一个部分，则代码所设置的格式应用于所有数字。
- 如果使用代码的前两个部分，则第一部分设置正数和0值的格式，第二部分设置负数的格式。
- 如果使用代码的前三个部分，则第一部分设置正数的格式，第二部分设置负数的格式，第三部分设置0值的格式。

根据上面列出的规则，可以再对上一个示例进行修改，将自定义数字格式修改为下面的形式。

```
G/通用格式;G/通用格式;;
```

当单元格区域应用上述自定义数字格式时，将自动隐藏区域中的0值和文本。

例如，如果希望在单元格中输入正数时显示为蓝色，输入负数时显示为红色，输入0则隐藏，输入文本则显示为黑色。那么可以使用下面的自定义数字格式代码。

```
[蓝色]G/通用格式;[红色]G/通用格式;;[黑色]G/通用格式
```

自定义数字格式是极富创造性的工作，因为可以根据实际需要发挥最大的想象力和创造性，设计出各种各样意想不到的单元格数据显示效果。例如，可以通过设置自定义数字格式来添加一些固定显示出来的内容，但实际上这些内容并不存在于单元格中。下面的自定义数字格式代码将在每个员工的性别前面自动添加“性别”二字，如图11-13所示。注意，单元格A2中的内容与其对应的公式栏中的内容显示的并不相同。自定义格式代码如下。

```
"性别："@
```

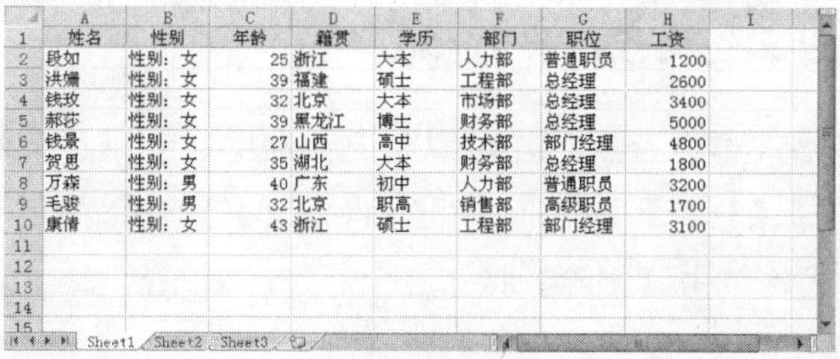

	A	B	C	D	E	F	G	H	I
1	姓名	性别	年龄	籍贯	学历	部门	职位	工资	
2	段如	性别：女	25	浙江	大本	人力部	普通职员	1200	
3	洪孀	性别：女	39	福建	硕士	工程部	总经理	2600	
4	钱玫	性别：女	32	北京	大本	市场部	总经理	3400	
5	郝莎	性别：女	39	黑龙江	博士	财务部	总经理	5000	
6	钱景	性别：女	27	山西	高中	技术部	部门经理	4800	
7	贺思	性别：女	35	湖北	大本	财务部	总经理	1800	
8	万森	性别：男	40	广东	初中	人力部	普通职员	3200	
9	毛骏	性别：男	32	北京	职高	销售部	高级职员	1700	
10	康倩	性别：女	43	浙江	硕士	工程部	部门经理	3100	
11									
12									
13									
14									
15									

Sheet1 Sheet2 Sheet3

图11-13

11.2.2 自定义数字格式代码

表11-1列出了可用于创建自定义数字格式的代码类型，这些内容在创建自定义数字格式时非常有用。

表11-1 用于创建自定义数字格式的代码

代　码	说　明
G/通用格式	Excel默认的“常规”数字格式
0	数字占位符，对于无效数字位以0显示
#	数字占位符，只显示有效数字而不显示0
?	数字占位符，为小数点两侧无意义的0添加空格，还可以将此符号用于具有不同位数的分数
@	文本占位符
.	小数点
,	千位分隔符
%	百分号
*	重复指定字符以填充列宽
\或!	显示字符“\”或“!”的下一个字符
_	保留一个与下一个字符等宽的空格
E-、E+、e-和e+	科学计数符号
"文本内容"	显示双引号之间的内容
-、+、/、(、)、$、空格	在单元格中直接显示这些字符
[颜色]	通过输入表示颜色的文字来设置数字的颜色，中括号内的“颜色”可用以下文字代替：红色、品红色、黄色、蓝色、黑色、绿色、青绿色、白色
[颜色n]	通过数字代码设置颜色值，n为0~56之间的数字
条件值	使用条件语句指定在符合条件的情况下使用指定的格式

11.2.3 与其他工作簿共享自定义数字格式

自定义单元格数字格式是随工作簿保存的，也就是说在哪个工作簿中定义了自定义格式代码，那么该代码只对这个工作簿有效。如果希望将当前工作簿中的自定义格式用于其他工作簿，那么可以将一个使用自定义格式的单元格复制到这个工作簿中。

11.2.4 删除自定义数字格式

当某些自定义数字格式不再有用时，可以将它们删除。在【设置单元格格式】对话框的【数字】选项卡中，选择【分类】列表框中的【自定义】选项，然后在右侧的列表框中选择要删除的自定义数字格式，单击【删除】按钮。

11.3 设置条件格式

条件格式也是一项非常有用的功能，它主要用于对符合特定条件的数据进行标示，以便可以使某些数据变得非常醒目，让人可以快速在数据区域中发现它们。本节将介绍使用内置条件格式，以及借助公式实现更强大的条件格式的方法。

11.3.1 使用内置的条件格式

Excel 2010的条件格式内置了很多实用选项，单击功能区中的【开始】→【样式】→【条件格式】按钮，在弹出的菜单中通过选择不同的格式选项来设置条件格式的规则。例如，在如图11-14所示的工作表中，通过不同长度的数据条显示了每个员工的工资差异情况。

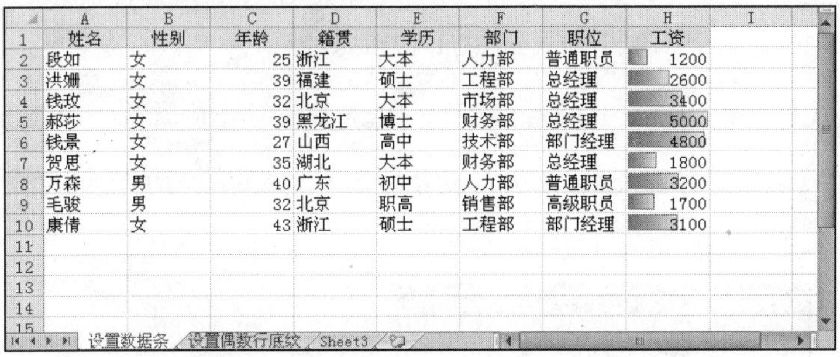

	A	B	C	D	E	F	G	H	I
1	姓名	性别	年龄	籍贯	学历	部门	职位	工资	
2	段如	女	25	浙江	大本	人力部	普通职员	1200	
3	洪姗	女	39	福建	硕士	工程部	总经理	2600	
4	钱玫	女	32	北京	大本	市场部	总经理	3400	
5	郝莎	女	39	黑龙江	博士	财务部	总经理	5000	
6	钱景	女	27	山西	高中	技术部	部门经理	4800	
7	贺思	女	35	湖北	大本	财务部	总经理	1800	
8	万森	男	40	广东	初中	人力部	普通职员	3200	
9	毛骏	男	32	北京	职高	销售部	高级职员	1700	
10	康倩	女	43	浙江	硕士	工程部	部门经理	3100	
11									
12									
13									
14									
15									

图11-14

实现图11-14所示效果的操作很简单，选择H列，单击功能区中的【开始】→【样式】→【条件格式】按钮，在弹出的菜单中选择【数据条】→【蓝色数据条】选项即可，如图11-15所示。

Excel 2010加强了条件格式的自定义功能，允许用户使用更多的数据条。例如，可以单击图11-15中的【其他规则】按钮，打开如图11-16所示的对话框，可以对数据条进行自定义设置，包括设置数据条的最小值和最大值，以及数据条的填充和边框颜色，还可以设置数据条的方向。

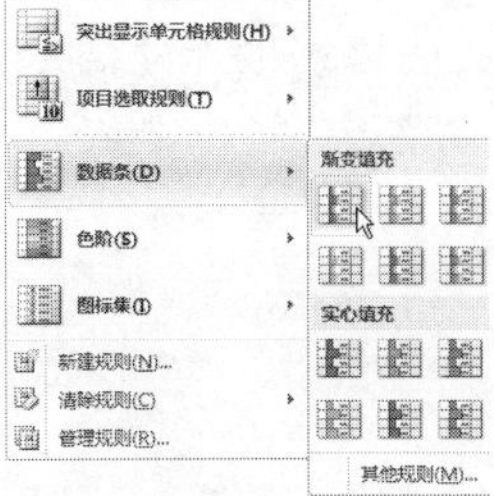

图11-15

图11-16

11.3.2 标记重复值

内置的条件格式通常无法解决复杂问题，可以在条件格式中使用公式，就像在数据有效性中使用公式一样，在条件格式中使用的公式也必须可以返回一个逻辑值True或False。如果要在条件格式中使用公式，需要单击【条件格式】按钮，在弹出的菜单中选择【新建规则】命令，在打开的【新建格式规则】对话框中创建新的条件格式规则。

使用公式条件格式最常遇到的一个问题就是用颜色对区域中的重复值进行标记。例如，在单元格区域A1:A10中包含10个数字，其中有重复的现象，现在希望快速将重复的数字用颜色标记。具体操作如下。

Step 01 选择区域A1:A10，确保当前活动单元格为A1。单击功能区中的【开始】→【样式】→【条件格式】按钮，在弹出的菜单中选择【新建规则】命令。

Step 02 打开【新建格式规则】对话框，在列表框中选择【使用公式确定要设置格式的单元格】选项，然后在下方的文本框中输入如图11-17所示的公式。

Step 03 单击【格式】按钮，在打开的对话框的【填充】选项卡中选择一种填充颜色。

Step 04 单击两次【确定】按钮，Excel会自动用步骤3选择的颜色填充包含重复值的单元格，如图11-18所示。

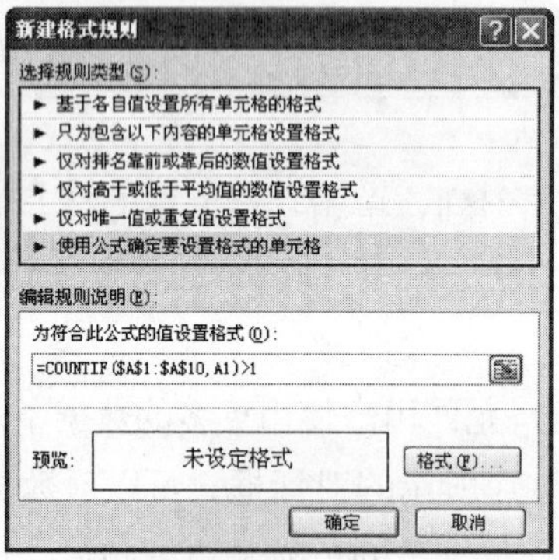

图11-17

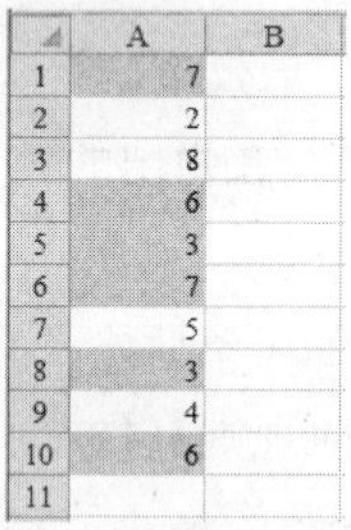

图11-18

11.3.3 突显最大值

有时一列中包含很多数据，但是用户希望可以快速将这列数据中的最大值标记出来，只要新建一个条件格式规则，然后输入下面的公式即可（假设数据在区域A1:A10中）。

```
=A1=MAX($A$1:$A$10)
```

11.3.4 隐藏错误值

数据区域中有时可能会包含错误值（如#N/A），如果不想显示错误值，一种方法是将区域中的错误值逐一删除。更好的方法是利用自定义格式隐藏错误值。在条件格式中使用下面的公式，可以隐藏区域A1:A10中的错误值。注意，输入完成公式后需要单击【格式】按钮，并将字体颜色设置为白色。这样当公式结果为True时，单元格中的文字颜色变为白色，由于单元格背景是白色，因此其中的错误值就会变得不可见。

```
=ISERROR(A1)
```

11.3.5 设置隔行底纹效果

如果工作表中包含很多数据行，看久了会觉得眼花缭乱，此时可以利用条件格式自动设置隔行底纹效果。在条件格式规则中输入下面的公式，可以为数据区域中的每个偶数行设置灰色底纹，如图11-19所示。

```
=MOD(ROW(),2)=0
```

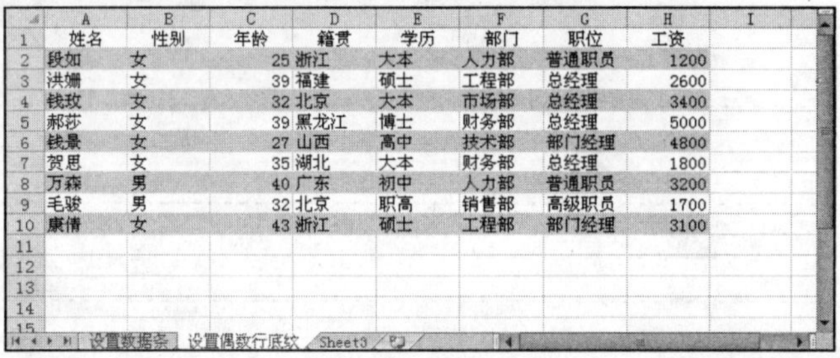

姓名	性别	年龄	籍贯	学历	部门	职位	工资
段如	女	25	浙江	大本	人力部	普通职员	1200
洪姗	女	39	福建	硕士	工程部	总经理	2600
钱玫	女	32	北京	大本	市场部	总经理	3400
郝莎	女	39	黑龙江	博士	财务部	总经理	5000
钱景	女	27	山西	高中	技术部	部门经理	4800
贺思	女	35	湖北	大本	财务部	总经理	1800
万森	男	40	广东	初中	人力部	普通职员	3200
毛骏	男	32	北京	职高	销售部	高级职员	1700
康倩	女	43	浙江	硕士	工程部	部门经理	3100

图11-19

读·书·笔·记

中文版 Office 2010 应用大全

Chapter 12

公式与函数基础

公式与函数可以说是Excel的灵魂，只有通过公式为工作表中的数据建立了关联，工作表才能“动”起来，才能使Excel发挥出无限的潜力。否则，Excel只是一个静态的数据输入工具，与Word表格没有太大区别。本章将详细介绍公式与函数的基础知识。

12.1 公式与函数的基本操作

本节将介绍公式与函数的基本内容，包括公式与函数的输入、编辑以及嵌套函数的使用等内容。通过本部分内容的学习，可以使读者很快了解公式与函数的使用方法，为本章后续内容打下基础。

12.1.1 了解公式与函数

在Excel中，以等号（=）开头的内容就是公式。公式中可以包含数字、字母、符号、单元格或区域引用、函数、数学运算符等不同类型的内容。例如，“=A1+B1”就是一个公式，用于将单元格A1和B1的值相加。当需要相加的单元格较多时，可以发现在输入公式时具有以下几点不利因素。

- 输入麻烦，不利于修改。
- 如果计算复杂，则公式将会很长，既不便于输入又容易出错。
- 对于某些复杂计算，通过直接输入计算量是无法完成的。

因此，在公式中引入了函数这一概念。可以认为函数将一个复杂计算过程封装起来了，用户只需直接将要计算的数据传递给函数的参数，然后就可以得到计算结果，而不再需要用户自己构建复杂的计算公式。

大部分函数都包含参数，但也有极少一部分函数不需要参数。无论函数是否包含参数，在公式中输入函数都需要在函数名称后面输入一对圆括号，将函数的参数输入到这对圆括号内，并以英文逗号分隔。如果在公式中输入函数名时使用的小写英文字母，当完成公式输入并按Enter键后，Excel会自动将小写字母转换为大写字母。

函数中的参数可以包含多种数据类型，例如，数值、文本、单元格引用或另一个函数。当将一个函数的计算结果作为另一个函数的参数时，这种用法称为嵌套函数。函数的参数可以分为以下几种情况。

- 不带参数的函数，指直接输入函数名和一对圆括号，不需要任何参数。
- 带有一个参数的函数，指只有一个参数的函数，输入函数时必须指定参数值。
- 带有多个参数的函数，指包含一个以上的参数的函数，输入函数时必须指定所有参数值。
- 带有可选参数的函数，指输入函数时根据实际情况选择是否指定参数值。

Excel提供了大量的内置函数，用户可以在Excel帮助系统中找到函数的完整列表。Excel 2010对某些函数的名称进行了重命名，其目的在于提高函数的准确性并使函数名称可以更准确地描述其功能。但是为了保持与早期Excel版本良好的兼容性，Excel 2010保留了重命名前的函数，它们位于功能区【公式】→【函数库】→【其他函数】→【兼容性】列表中。新增函数的外观通常是在原有函数中间某个位置添加了一个点符号“.”。例如，原来用于返回标准正态累积分布的反函数NORMSINV，在Excel 2010中将其重命名为NORM.SINV。

除了对一些函数进行重命名外，Excel 2010还对某些函数进行了改进，其目的主要是加强函数的计算精确度。例如，MOD函数使用新的算法来同时提高准确性和计算速度，而RAND函数使用新的随机数算法。此外，Excel 2010还新增了一些函数，例如AGGREGATE，该函数用于返回列表或数据库中的聚合，它属于“数学和三角函数”类别。

12.1.2 公式中的运算符及其优先级

在实际应用中，通常至少要包含两种以上的数学运算。因此，有必要了解一个公式包含不同运算时的运算顺序，因为它们是决定公式最终结果正确与否的关键。表12-1列出了公式中常用的运算符及其优先级，这些运算符按照其优先级顺序由高到低排列。优先级越高，说明其在公式中越先参与计算。

表12-1 公式中的常用运算符及其优先级

运算符	功 能	优先级
–	负值	1
%	百分比	2
^	幂	3
*和/	乘和除	4
+和–	加和减	5
&	连接	6
=、<、<=、>、>=和<>	比较	7

在Excel中有两个比较特殊的运算符：逗号和空格。使用逗号分隔两个单元格区域时，表示在一个公式中需要使用多个区域。例如，COUNT(A1:A3,A6:A8)表示统计A1:A3和A6:A8两个区域中包含的数字单元格总数。而如果使用一个空格来连接两个区域，则表示将要得到的是这两个区域的交叉部分。例如，(A1:B6 B2:C9)的交叉部分包含的单元格有B2、B3、B4、B5、B6这五个单元格。

12.1.3 输入与编辑公式

要输入一个公式，需要在单元格中先输入一个等号，以便告知Excel这是一个公式的开始，然后输入要参与运算的上述提到的不同类型的内容，最后按Enter键结束公式的输入，从而得到公式的计算结果。

在输入公式时，也存在多种不同的模式，除了介绍过的“输入”和“编辑”模式外，在输入公式时还有一种“点”模式。如果在输入模式下按方向键或其他导航键（如PageUp键），那么将自动进入“点”模式，此时鼠标所在的单元格将显示一个虚线边框，并在公式中显示该单元格的引用，如图12-1所示。在此模式下，可以将鼠标所在的单元格添加到公式中，以便自动输入对单元格或区域的引用。

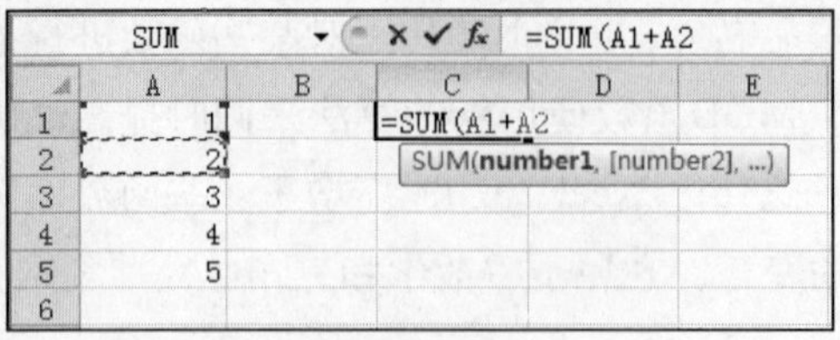

图12-1

提示 如果在输入公式后按Enter键，将弹出如图12-2所示的对话框，可能的原因是没有输入配对的圆括号。对话框中显示了更正公式后的结果。如果对更正后的结果没有意见，可以单击【是】按钮接受更正。

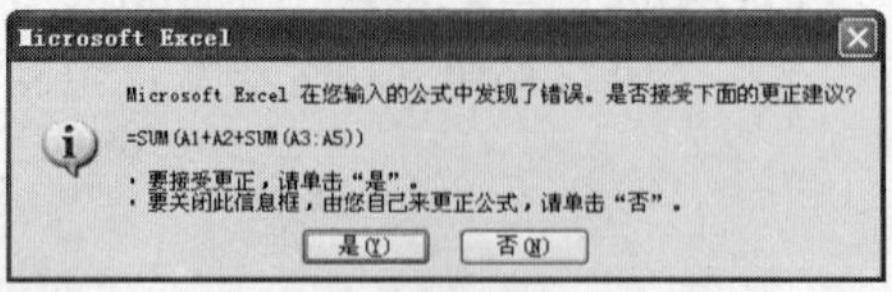

图12-2

通常，用户有可能需要在以后编辑之前输入好的单元格中的公式。例如，对于一个简单的求和公式，在1个月前可能对工作表A列中的前50个产品的销量进行求和，并输入了求和公式。但是在1个月后，新增了10个产品，那么现在需要计算60个产品的销量总和，这时就需要重新编辑之前的求和公式。

下面的示例说明了编辑公式的方法，虽然该示例中的公式比较简单，但是对于复杂公式来说仍然适用。在如图12-3所示的工作表中，单元格C1中的公式用于计算A2:A6中数据之和（为了便于演示，在一个小范围区域中进行）。

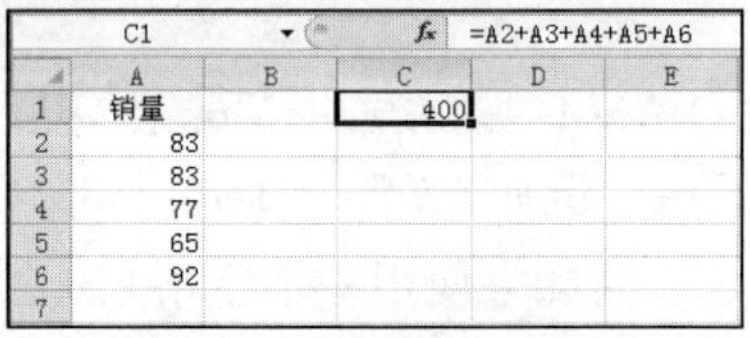

图12-3

后来在单元格A7和A8中又输入了两种产品的销量，现在需要计算区域A2:A8中的总销量，此时需要修改之前的公式，具体操作方法如下。

Step 01 单击单元格C1，然后按F2键进入编辑模式，如图12-4所示。

Step 02 单击公式中A6的右侧，输入一个加号，然后单击单元格A7，这样A7将自动输入到公式中，如图12-5所示。

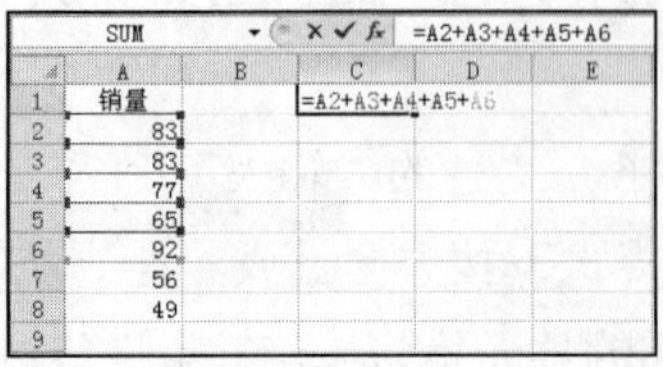

图12-4

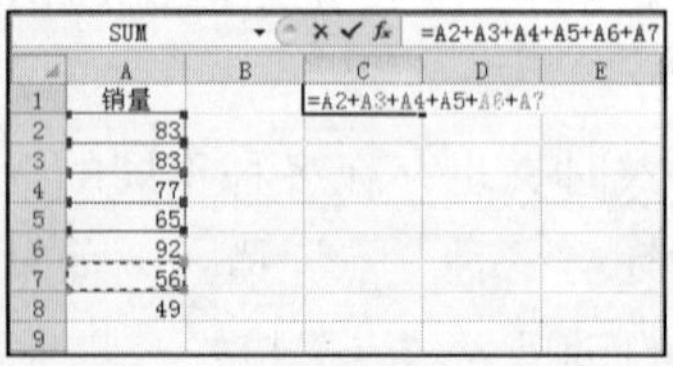

图12-5

Step 03 在A7右侧再输入一个加号，然后单击单元格A8，将A8单元格地址添加到公式中。最后按Enter键，将得到新公式的计算结果，如图12-6所示。

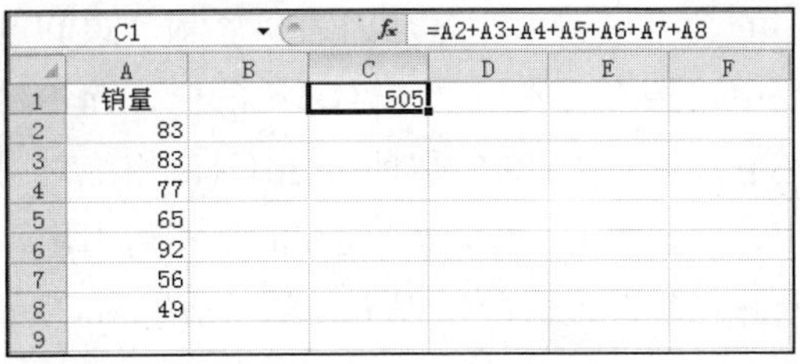

图12-6

> **提示** 编辑公式与编辑单元格中的普通数据没有太大区别，可以参考第10章介绍的编辑单元格的方法来编辑公式。

12.1.4 移动与复制公式

在第10章介绍在单元格区域中输入数据时，已经涉及到了数据的复制。例如，在拖动单元格右下角的填充柄时，就已经是在进行数据的复制操作了。对于公式来说，也可以使用上述填充功能。但如果公式中包含了单元格引用，那么在填充公式时需要注意一个问题：单元格的引用类型。

单元格引用是由某行和某列交叉而得到的，那么单元格地址也就是由列字母和行号组成的，例如，单元格A1，表示第A列与第一行交叉位置上的单元格。在Excel中，单元格的引用类型分为三种：相对引用、绝对引用和混合引用。从外观上看，可以很容易地分辨出不同类型的引用。下面以单元格A1为例，列举了单元格A1的不同引用类型。

- 相对引用：不带$的列字母和行号，例如，A1。
- 绝对引用：都带$的列字母和行号，例如，$A$1。
- 混合引用：列字母或行号中，一个带$，一个不带$，例如，$A1或A$1。

如果需要改变公式中单元格地址的引用类型，那么可以使用F4键。下面列出了通过按不同次数的F4键，将单元格A1转换为其他形式的方法。

- A1→$A$1：按一次F4键。
- A1→A$1：按两次F4键。
- A1→$A1：按三次F4键。
- A1→A1：按四次F4键。

移动公式通常是将一个公式从工作表的一个位置转移到另一个位置，在移动公式时，公式内的单元格引用类型不会发生任何改变。通常使用以下两种方法移动公式。

- 右击公式所在的单元格，在弹出的快捷菜单中选择【剪切】命令（Ctrl+X组合键），然后右击目标单元格，在弹出的快捷菜单中选择【粘贴】命令（Ctrl+V组合键）。
- 将公式拖动到目标单元格。

通常使用以下几种方法复制公式。

- 右击公式所在的单元格，在弹出的快捷菜单中选择【复制】命令（Ctrl+C组合键），然后右击目标单元格，在弹出的快捷菜单中选择【粘贴】命令（Ctrl+V组合键）。
- 按住Ctrl键的同时直接拖动公式所在单元格的边框，至目标单元格释放鼠标左键，也可以复制公式。

复制公式后将对不同单元格引用进行相应的转换。

- 对于原来的相对引用：将移动前的单元格地址看作起点，根据公式目标单元格和原始单元格之间的相对位置改变单元格引用。例如，如果公式所在单元格为B2，而公式中包含一个单元格引用A1，那么在将公式复制到单元格B5时，公式中的单元格A1将变为单元格A4。这是因为公式由B2复制到B5，相当于从B2向下移动了三行而达到B5，因此，公式中的单元格A1也要向下移动三行，而转换为A4。

- 对于原来的绝对引用：无论公式复制到何处，公式中的绝对引用都不会发生任何改变。
- 对于原来的混合引用：复制公式后，公式中的相对引用将根据相对距离发生变化，而绝对引用则不发生任何改变。

下面的示例说明了不同引用方式的实际使用情况。如图12-7中显示了一个产品销售明细，其中包含产品单价和销量，单元格G1显示了产品的折扣。现在需要根据单价、销量和折扣来计算每件产品最终的金额。

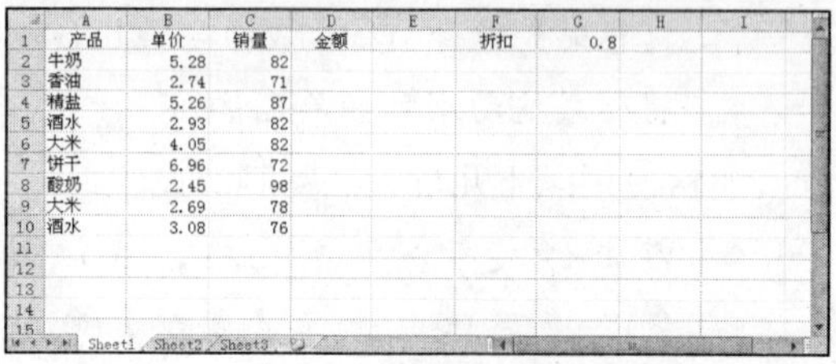

图12-7

单击单元格D2，然后输入下面的公式。

```
=ROUND(B2*C2*$G$1,2)
```

向下拖动单元格D2右下角的填充柄，直到单元格D10为止，即可得到其他产品的金额，如图12-8所示。

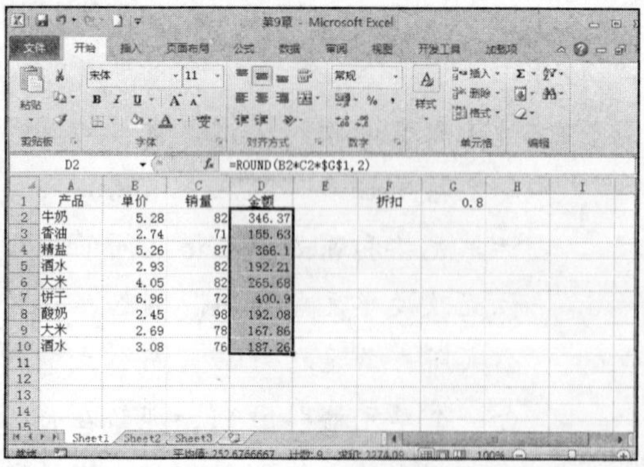

图12-8

下面来看一下这个示例的工作原理。首先在单元格D2中输入一个公式，其中单元格B2和C2使用的是相对引用，而单元格G1使用的是绝对引用。这是因为在复制公式的过程中，始终要使用单元格G1中的值，而不希望它改变，因此必须对单元格G1使用绝对引用。由于单元格B2和C2使用的是相对引用，因此在复制公式的过程中，单元格B2和C2可以同步改变，所以在D列中的公式都能够得到正确的计算结果。最后使用了ROUND函数确保最终结果只保留两位小数。

12.1.5 在公式中使用函数

在Excel 2010中输入函数比以往Excel版本（例如，Excel 2003）要方便得多，因为Excel 2010支持函数自动弹出列表的输入方式。例如，要在公式中使用SUM函数（求和函数），首先在单元格中输入一个等号，然后输入SUM函数的第一个字母，即字母S，此时会弹出以字母S开头的所有函数和定义的名称，如图12-9所示。

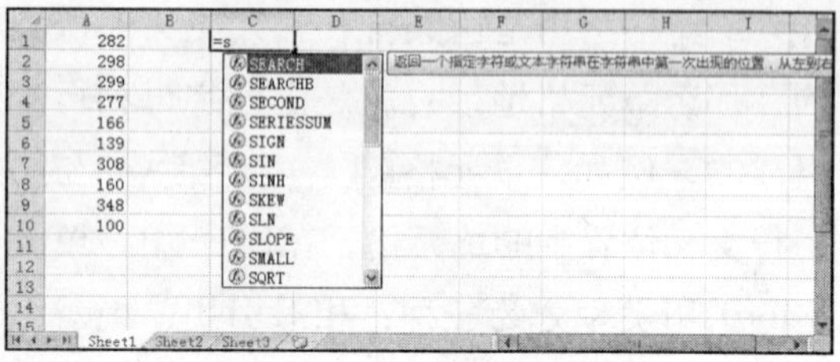

图12-9

然后输入SUM函数的第二个字母U，这样列表将被自动筛选一次，从而只显示以SUM开头的函数。最后输入字母M，此时已经输入到公式中的SUM与函数SUM完全匹配，按Tab键将函数列表中的SUM输入到公式栏中，同时会自动输入一个左括号。在单元格下方会显示该函数所需的参数提示信息，中括号括起的参数表示是可选参数。如图12-10所示表示SUM函数只有第一个参数是必选的，其他参数是可选参数，可以不输入。

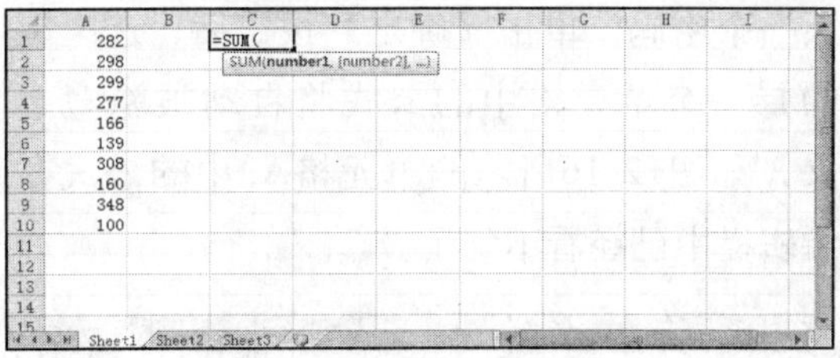

图12-10

指定函数的参数，例如，在此输入区域A1:A10的单元格地址，然后输入一个右括号并按Enter键，这样将得到区域A1:A10中数据的总和，如图12-11所示。

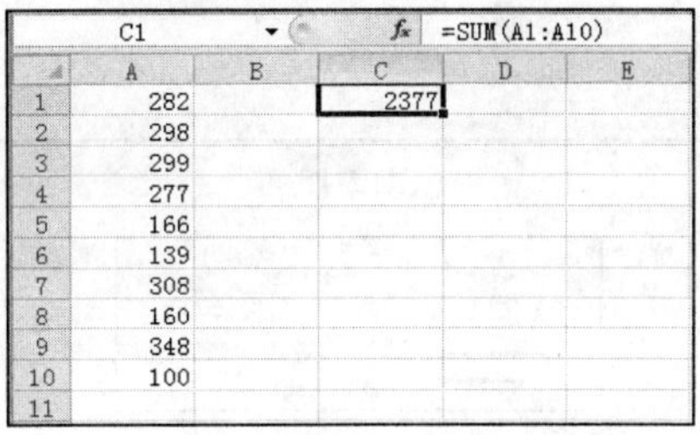

图12-11

上述输入函数的方法通常是在对函数的功能较熟悉的情况下进行的。如果并不清楚要在公式中使用哪个函数，那么可以使用函数向导来完成。具体操作方法如下。

Step 01 单击公式栏左侧的 f_x 按钮（或者按Shift+F3组合键），打开如图12-12所示的【插入函数】对话框。在【搜索函数】文本框中输入对函数的描述，然后单击【转到】按钮，Excel将会显示与所输入的信息符合的所有函数。

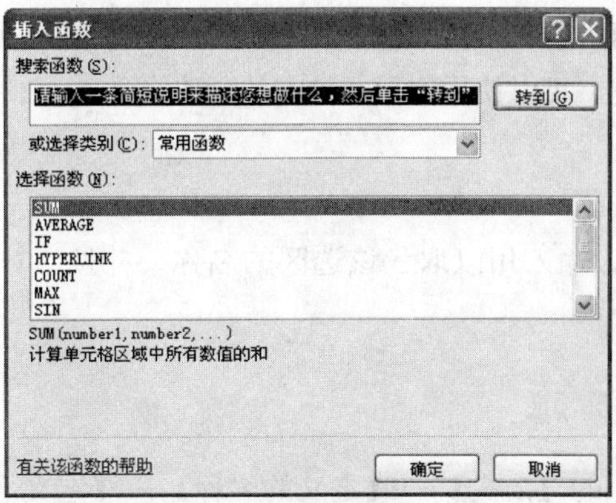

图12-12

Step 02 在推荐的函数列表中选择某个函数后单击【确定】按钮，打开如图12-13所示的【函数参数】对话框，然后输入函数的参数值。该对话框中会显示根据所输入的参数而得到的计算结果，而且还显示了每个参数的说明信息，对于那些对函数的使用还不是很熟悉的用户来说很有帮助。

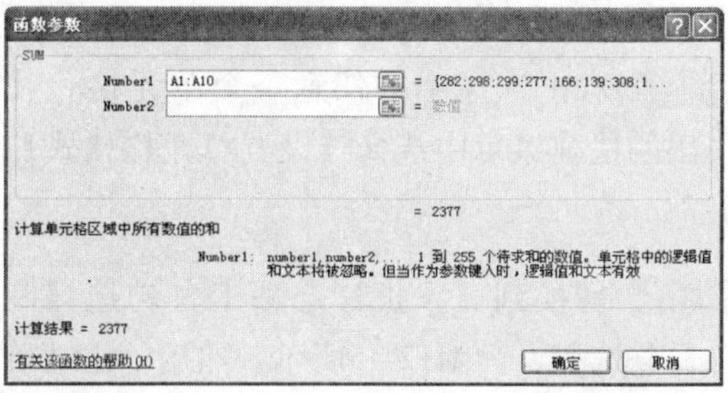

图12-13

Step 03 单击【确定】按钮，即可得到计算结果。

> **提示** 当在单元格中输入一个等号后，可以单击名称栏右侧的黑色三角按钮，然后在打开的列表中选择最近使用过的一些函数。

12.1.6 将公式转换为固定值

有时可能希望将单元格中的公式转换为最终的计算结果，其主要原因是不希望对其他单元格内容的更改而引发公式结果的变化。选择包含公式的单元格，然后按Ctrl+C组合键复制这些公式，接着在选区中右击，从弹出的快捷菜单中选择【值】图标，这样即可将公式转换为最终的计算结果。

12.1.7 隐藏单元格中的公式

默认情况下，任何用户都可以通过单击包含公式的单元格在编辑栏中查看该单元格中的公式，例如，如图12-14所示的单元格A3。

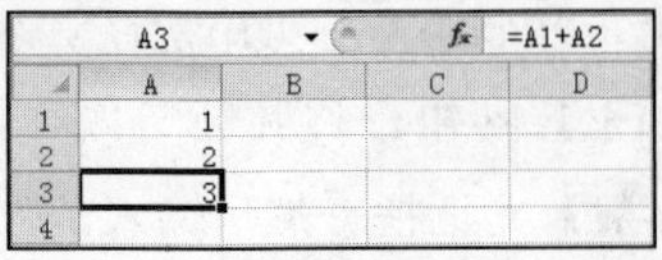

图12-14

但有时可能并不希望别人看到单元格中的公式，那么可以按照以下步骤设置。

Step 01 选择包含公式且要隐藏这些公式的一个或多个单元格。

Step 02 右击选区中的任意一个单元格，在弹出的快捷菜单中选择【设置单元格格式】命令。

Step 03 切换到【保护】选项卡，勾选【隐藏】复选框，如图12-15所示，然后单击【确定】按钮。

Step 04 单击功能区中的【审阅】→【更改】→【保护工作表】按钮，在打开的对话框中输入一个密码，单击【确定】按钮后，选区中的每一个单元格中的公式将自动被隐藏起来，如图12-16所示的单元格A3中的公式在编辑栏中已经看不到了。

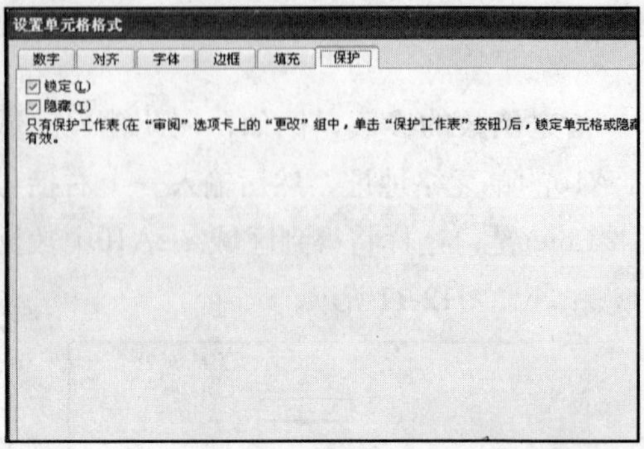

图12-15

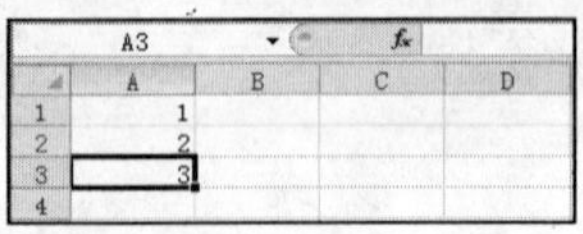

图12-16

12.2 在公式中使用名称

用户可以将工作表中的某个区域定义为一个名称，这样可以在公式中方便地使用名称来代替单元格区域引用，而且还可以使用名称快速地选择单元格区域。在一些情况下使用名称还可以防止区域引用出现错误。

12.2.1 创建名称

很明显，如果将单元格区域B2:B7命名为“销售额”，那么使用“销售额”来表示区域A1:D6要比直接使用B2:B7含义更明确、更易于理解。可以使用下面几种方法创建名称。

1. 使用名称栏

选择要命名的单元格区域，然后单击名称栏，输入用以取代该选区的名称，并按Enter键，即可为当前选区指定一个名称。

2. 使用【新建名称】对话框

选择要命名的单元格区域，然后单击功能区中的【公式】→【定义的名称】→【定义名称】按钮，打开如图12-17所示的【新建名称】对话框。在【名称】文本框中输入名称，在

【范围】下拉列表中选择可以使用名称的范围，如有必要还可以设置备注信息。最后单击【确定】按钮，以创建名称。

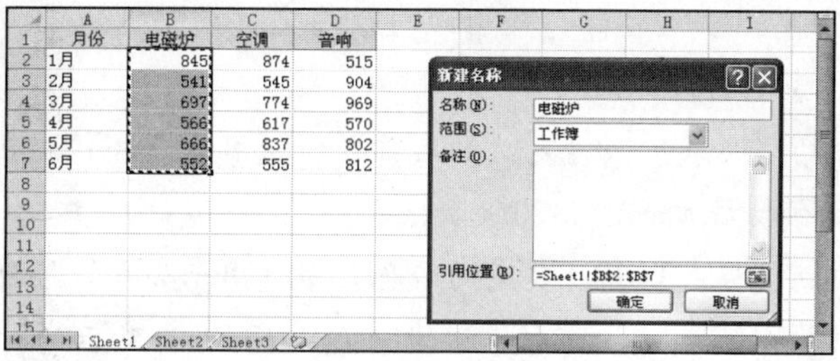

图12-17

3. 根据所选内容自动命名

如果要创建名称的区域包含标题行或标题列，那么可以通过选择包含标题在内的区域自动为区域命名。例如，选择如图12-18所示的区域A1:D7，然后单击功能区中的【公式】→【定义的名称】→【根据所选内容创建】按钮，在【以选定区域创建名称】对话框中只勾选【首行】复选框。单击【确定】按钮后即可以每列第一行标题为名称对各列自动命名。本例中创建了“月份”、“电磁炉”、“空调”和“音响”四个名称。

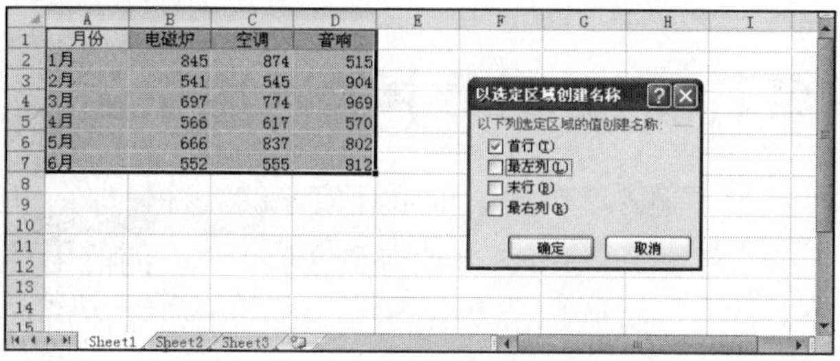

图12-18

当创建了多个名称以后，可以在【名称管理器】对话框中统一查看和管理这些名称。单击功能区中的【公式】→【定义的名称】→【名称管理器】按钮，打开如图12-19所示的【名称管理器】对话框。在该对话框中可以按不同范围查看名称、重新定义名称对应的区域、删除名称等。

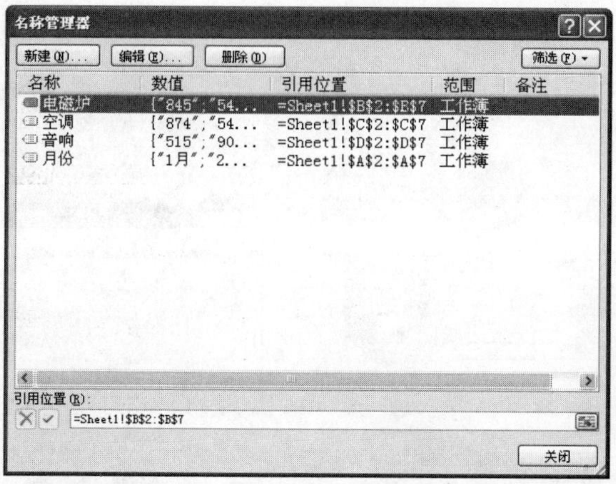

图12-19

12.2.2 将名称粘贴到公式中

如果不想在公式中手工输入名称，还可以直接将名称粘贴到公式中。在公式中需要输入名称的位置执行以下任意一种操作。

- 单击功能区中的【公式】→【定义的名称】→【用于公式】按钮，然后在打开的列表中选择要使用的名称，如图12-20所示。
- 单击功能区中的【公式】→【定义的名称】→【用于公式】按钮，在弹出的菜单中选择【粘贴名称】命令，或按F3键，在打开的如图12-21所示的对话框中选择要使用的名称，然后单击【确定】按钮。

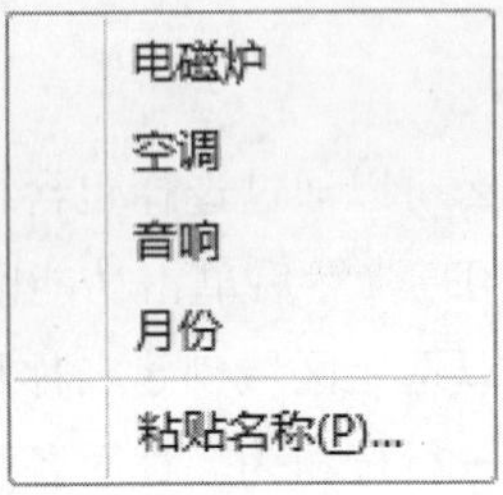

图12-20

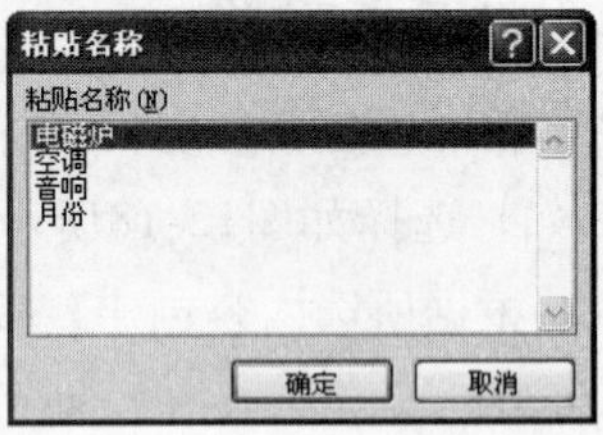

图12-21

12.2.3 使用名称替换公式中的区域引用

如果之前已经在工作表中输入了公式，而后才定义的名称，那么可能希望将公式中的区域引用全部替换为对应的名称。Excel不会自动完整这项工作，而使用手动的方式一个个将公式的单元格引用改为名称似乎比较麻烦，幸运的是，Excel提供了使用名称替换区域引用的功能，具体操作方法如下。

Step 01 单击包含公式中要替换的区域引用所在的单元格，然后单击功能区中的【公式】→【定义的名称】→【定义名称】按钮，在弹出的菜单中选择【应用名称】命令。

Step 02 打开【应用名称】对话框。在列表框中选择要应用的名称，如图12-22所示。单击【确定】按钮，使用选择的名称替换公式中对应的区域引用。

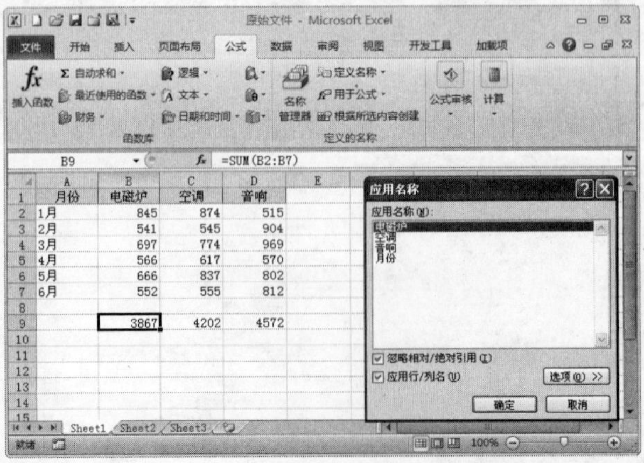

图12-22

12.2.4 使用常量名称

除了为单元格或区域定义名称外，还可以为固定不变的数字定义名称。一个典型的应用就是将圆周率定义为一个名称，然后在公式中就可以使用这个名称代替圆周率，这样将减轻输入负担。

与定义区域名称类似，在【新建名称】对话框中的【名称】文本框中输入一个名称，然后在【引用位置】文本框中输入一个等号，再输入圆周率的值，如图12-23所示。单击【确定】按钮后将为圆周率定义一个名称。

以后就可以在公式中使用圆周率名称代替圆周率本身的数值，如图12-24所示的公式。

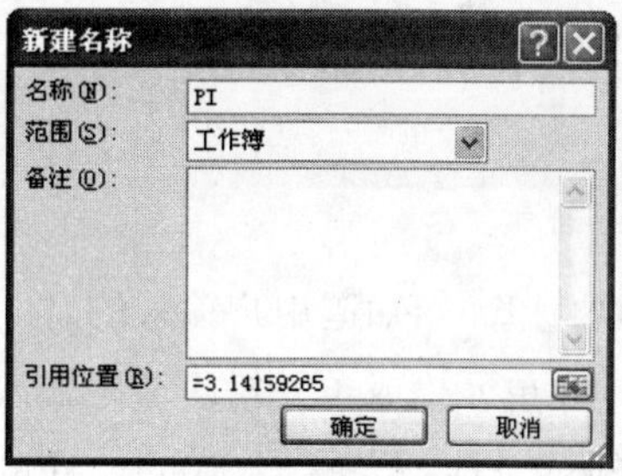

图12-23

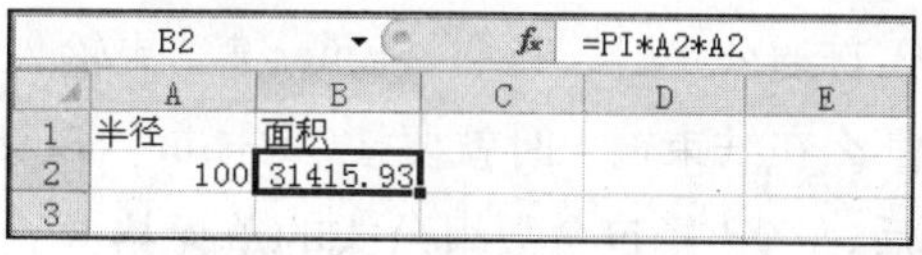

图12-24

12.3 使用数组公式

数组公式是Excel公式中一种功能非常强大的功能，因为数组公式可以执行多步计算，这是普通公式无法完成的工作，而且可以使用数组公式简化普通公式的复杂程度，从而使公式更简洁。本节将介绍数组公式的基础知识和基本操作。

12.3.1 了解数组

可以从不同方面来划分数组公式，具体可从以下三个方面划分。

- 从数组公式的方向划分：水平数组公式与垂直数组公式。
- 从数组维数划分：一维数组公式与二维数组公式。
- 从数组公式占用的单元格数量划分：单个单元格数组公式与多单元格数组公式。

如果数组公式分布于一个单元格区域中，则称其为二维数组；如果仅分布于一行或一列中，则称其为一维数组。在一维数组中又分为水平数组和垂直数组。如果数组公式位于一行中，则为一维水平数组；如果数组公式位于一列中，则为一维垂直数组。一维水平数组由以逗号分隔的多个元素组成，一维垂直数组由分号分隔的多个元素组成。多单元格数组公式是指同时在一个单元格区域中输入同一个数组公式，而单个单元格数组公式则是指像普通公式那样，在一个单元格中输入数组公式。

如图12-25所示的区域B1:E1中的公式为一维水平数组，而区域A2:A5中的公式为一维垂直数组。区域B1:E1中的公式为：={1,2,3,4}，区域A2:A5中的公式为：={1;2;3;4}。无论是水平数组公式还是垂直数组公式，在输入数组公式时都需要按Ctrl+Shift+Enter组合键结束输入，否则输入的公式将被Excel视为普通公式。

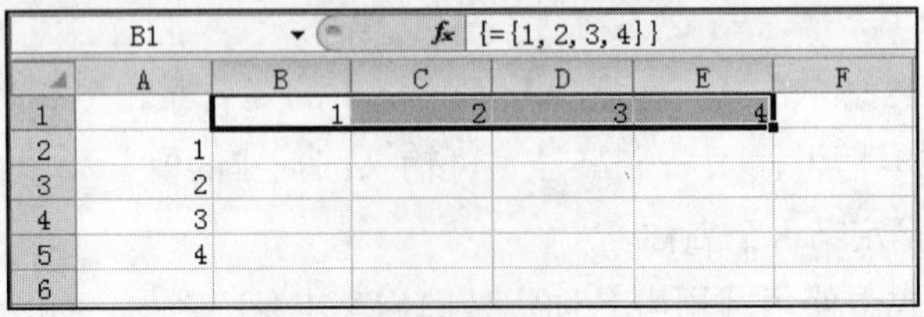
B1 {={1, 2, 3, 4}}

	A	B	C	D	E	F
1		1	2	3	4	
2	1					
3	2					
4	3					
5	4					
6						

图12-25

12.3.2 输入数组公式

输入普通公式时，只需按Enter键结束输入即可。但要让Excel知道用户输入的是一个数组公式，那么在结束输入时就要按Ctrl+Shift+Enter组合键。在单元格或单元格区域中输入一个数组公式后，当选择包含数组公式的单元格并查看公式栏时，可以发现在公式的最外侧将包含一对大括号。这对大括号不需要用户在输入公式时手工输入，而是在按下Ctrl+Shift+Enter组合键时Excel自动为数组公式添加的。

下面的示例说明了多单元格数组公式和单个单元格数组公式在实际中的应用。图12-26所示为工作表中列出的部分产品的单价和数量。现在需要计算出每一个产品的总金额和所有产品的总金额。

	A	B	C	D
1	产品	单价	销量	金额
2	牛奶	5.28	82	
3	香油	2.74	71	
4	精盐	5.26	87	
5	酒水	2.93	82	
6	大米	4.05	82	
7	饼干	6.96	72	
8	酸奶	2.45	98	

图12-26

常规做法是，在单元格D2中输入公式“=B2*C2”并按Enter键，然后将此公式向下复制填充到单元格D8。最后再使用SUM函数对D列数据求和。如果使用多单元格数组公式，则可以这么做：先选择区域D2:D8，然后输入下面的数组公式并按Ctrl+Shift+Enter组合键结束输入。可以看到区域D2:D8中的每一个单元格都包含了相同的公式，如图12-27所示。

```
{=B2:B8*C2:C8}
```

请注意，上面公式两侧的大括号不是手工输入的，而是在按下Ctrl+Shift+Enter组合键后由Excel自动输入进去的。换句话说，输入数组公式时必须按Ctrl+Shift+Enter组合键结束输入。

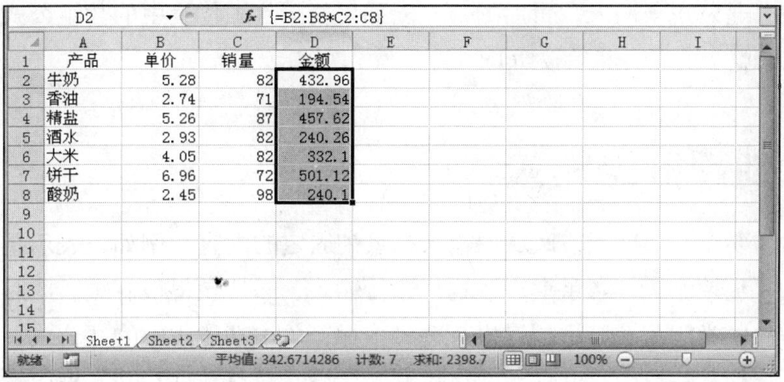

图12-27

然后用户可以用SUM函数求出区域D2:D8数据的总和。如果本例中只计算所有产品的金额总和，而不要求分别显示每个产品的金额之和，那么可以使用下面的单个单元格数组公式，它在一个单元格中完成了多步计算，如图12-28所示，输入公式时也要按Ctrl+Shift+Enter组合键结束。

```
{=SUM(B2:B8*C2:C8)}
```

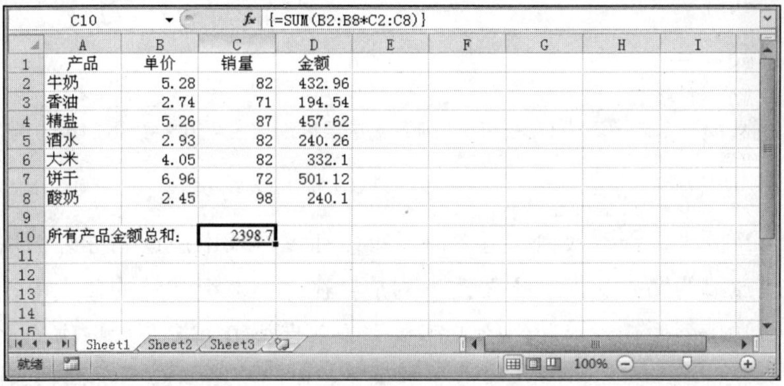

图12-28

12.3.3 编辑数组公式

对于多单元格数组公式来说，由于同时在区域中的每个单元格中输入了同一个数组公式，因此，当想要修改区域内某个单元格中的公式时，Excel将会弹出如图12-29所示的对话框，禁止用户对单元格的编辑操作。

图12-29

如果希望编辑数组公式，需要先选择数组公式所在的整个区域，然后按F2键或单击公式栏，再进行公式的编辑修改工作。完成操作后，需要按Ctrl+Shift+Enter组合键以数组公式输入，否则将按普通公式来输入编辑后的公式。如果要删除工作表中的数组公式，则需要选择数组公式所在的整个区域，然后按Delete键。

12.3.4 创建数组常量

如果经常需要在一个单元格区域中输入一系列固定的内容，例如，表示星期几的文字。如果每次都按“星期一”、“星期二”这样进行输入，必然显得很麻烦。此时可以通过创建数组常量来解决此类问题。就像创建常量名称一样，单击功能区中的【公式】→【定义的名称】→【定义名称】按钮，打开【新建名称】对话框，在【名称】文本框中输入一个名称，然后在【引用位置】文本框中输入以等号开头的数组公式，如图12-30所示。

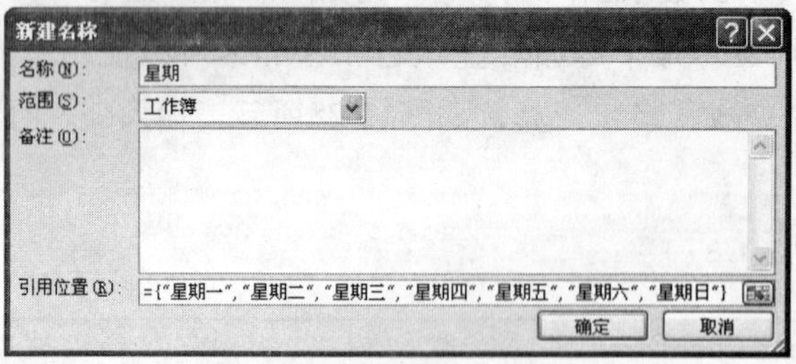

图12-30

> **提示** Excel内置的自定义列表中有星期几的列表，这里以创建星期几的数组常量为例，目的在于介绍数组常量的用法。

单击【确定】按钮，创建数组常量。以后可以在工作表中通过名称来引用数组常量，这样可以明显加快数组的输入速度。需要注意的是，在定义数组常量的公式中，应该预先计划好要定义的数组常量是作为水平数组输入还是作为垂直数组输入。如果作为水平数组输入，那么数组中的每个元素之间应该以英文逗号分隔，否则以分号分隔。如图12-31所示就是在区域A1:G1中通过定义的名称输入数组常量后的结果。

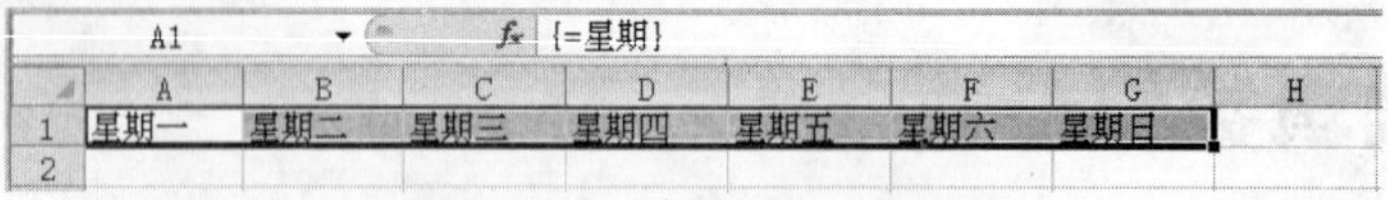

图12-31

12.4 外部引用公式与合并计算

通常在Excel中使用的数据并非都来自同一个工作表中，要使用的数据有时存在于同一个工作簿的其他工作表中，但是也会遇到使用外部工作簿中的数据的情况。本节将详细地介绍如何创建使用其他工作表或工作簿数据的公式。此外，还将讲解如何汇总多个工作表中数据的方法。

12.4.1 创建引用其他工作表中数据的公式

有时会遇到参与计算的数据并非在同一个工作表中，有的数据可能位于同一工作簿的其他工作表中，处理这种情况比较简单。例如，在工作表Sheet2的单元格A1中包含数值100，现在希望在工作表Sheet1的单元格A1中计算Sheet2中单元格A1的值与6的乘积。这个示例要创建的公式中包含的数据项位于两个工作表中，因此需要在公式中建立到其他工作表数据的外部引用，具体操作方法如下。

Step 01 选择Sheet1中的单元格A1，然后输入一个等号。

Step 02 单击Sheet2工作表标签，然后单击该工作表中的单元格A2，就是包含数值100的那个单元格，如图12-32所示。注意图中公式栏中的公式以及底部当前激活的工作表名称。

Step 03 接下来不要单击Sheet1工作表标签，而是直接输入公式剩下的内容。最后按Enter键结束输入并得到最后结果，在公式栏中可以看到Sheet1工作表的单元格A1中包含的公式，如图12-33所示。

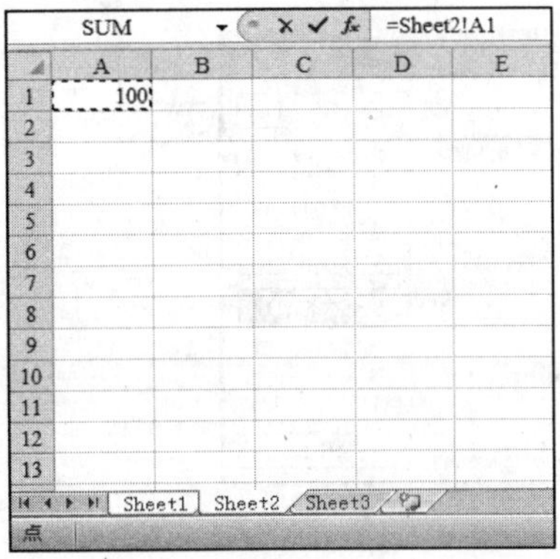

图12-32

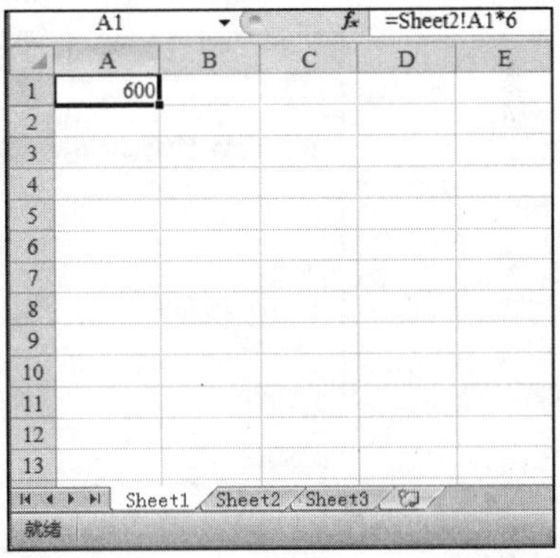

图12-33

通过上述过程可以了解到使用跨表公式的一般格式。

```
=工作表名称!单元格地址
```

注 意

当工作表名称中包含空格时，使用跨表公式需要格外小心，因为在这种情况下必须在工作表名称的两侧添加一对单引号，如='Sheet 2'!A1*6。

12.4.2 创建引用其他工作簿中数据的公式

有些公式中使用的数据并非都在同一个工作簿中，可能某些数据位于其他工作簿中，这种情况比使用同一个工作簿中不同工作表的数据更为复杂。此时需要在公式中给出数据所在的工作簿名称（同时包含扩展名），而且工作簿名称要用方括号包围起来。如果工作簿或工作表名称中包含空格，需要使用单引号将整个名称全部包围起来，格式如下。

```
=[工作簿名称]工作表名称!单元格地址
```

或

```
='[工作簿名称]工作表名称'!单元格地址
```

以上格式在工作簿打开时有效。假设包含数据的工作簿没有打开，那么还需要在公式中添加工作簿的路径，格式如下。

```
='工作簿路径[工作簿名称]工作表名称'!单元格地址
```

下面的公式就是引用外部工作簿中数据的例子：

```
=[工作簿2]Sheet2!$A$1*6
```

如果感觉在公式中手动输入工作簿路径很麻烦，那么可以先打开这个工作簿并输入不包含路径的公式，然后关闭这个工作簿，Excel会自动在公式中添加这个工作簿的路径。

如果包含外部数据引用公式的工作簿一直处于打开状态，那么可以通过手动更新强制将外部工作簿中的数据更新到公式中。单击功能区中的【数据】→【连接】→【编辑链接】按钮，打开如图12-34所示的对话框，单击【更新值】按钮即可。

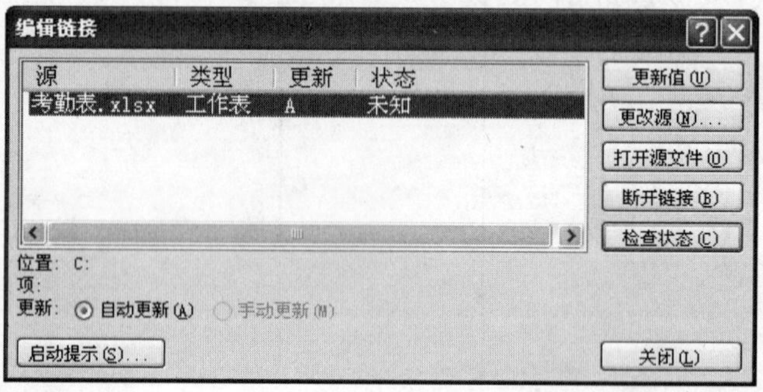

图12-34

如果改变了外部工作簿的位置，那么在打开包含外部公式的工作簿时会收到一个提示信息，询问用户是否要更新数据。单击【更新】按钮，在打开的对话框中单击【编辑链接】按钮，然后在打开的【编辑链接】对话框中通过单击【更改源】按钮重新选择外部工作簿。

如果不再需要从外部公式中获得最新数据，那么可以单击【编辑链接】对话框中的【断开链接】按钮，这样将彻底断开公式与外部工作簿中数据之间的链接。应该清楚地了解自己正在做什么，因为断开链接操作是无法撤销的。

12.4.3 合并计算多个工作表中的数据

在实际工作中，经常会遇到将多个工作表中的数据合并到某一个工作表中的情况，最常见的例子就是汇总多个工作表中的数据，例如，汇总每个月每名员工的工资情况或是产品销售情况。公司每个分公司都会统计出每个部门全年的销售额，将这些数据存入各公司的工作簿中，然后将这些工作簿递交到总公司的财务部手中。财务部需要汇总各部门的销售额数据，并统计出公司所有部门的整体销售情况。

这类任务的工作量通常都不小。为了加快数据的处理速度，同时确保结果的准确性，可以使用Excel提供的合并计算功能，该功能可以将不同工作表中的数据汇总到一个工作表中，分为按位置合并和按类别合并两种。

- 按位置合并：所有工作表中的数据结构相同。
- 按类别合并：所有工作表中的数据结构不同。

1. 按位置合并

如果所有工作表中的数据结构相同，那么可以按位置来合并这些工作表中的数据。如图12-35所示就是准备合并的三个工作表，它们拥有完全相同的结果，具有相同名称和排列顺序的顶部标题行和左侧标题列。这类布局结构最适合使用按位置合并。

图12-35

现在需要将三个工作表中的数据合并到一起，也就是对这三个工作表中的数据进行汇总。使用按位置合并计算的具体操作方法如下。

Step 01 单击要存放合并数据的工作表区域的左上角单元格（本例是【汇总表】的单元格B2）。

Step 02 单击功能区中的【数据】→【数据工具】→【合并计算】按钮，打开【合并计算】对话框。在【函数】下拉列表中选择合并数据时执行的运算，这里选择【求和】选项。在【引用位置】文本框中输入要合并计算的数据区域，可以手动输入或单击折叠按钮，从其他工作表或工作簿中选择指定的区域，然后单击【添加】按钮，将区域添加到下方的【所有引用位置】列表框中，如图12-36所示。

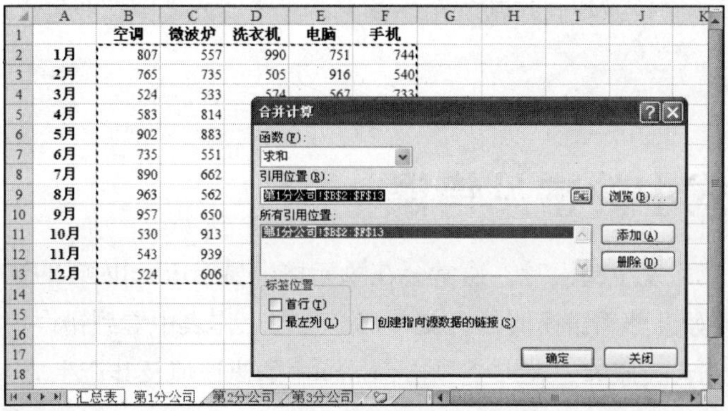

图12-36

Step 03 重复步骤2的操作，直到在【所有引用位置】列表框中添加了要合并的每一个数据区域，如图12-37所示。

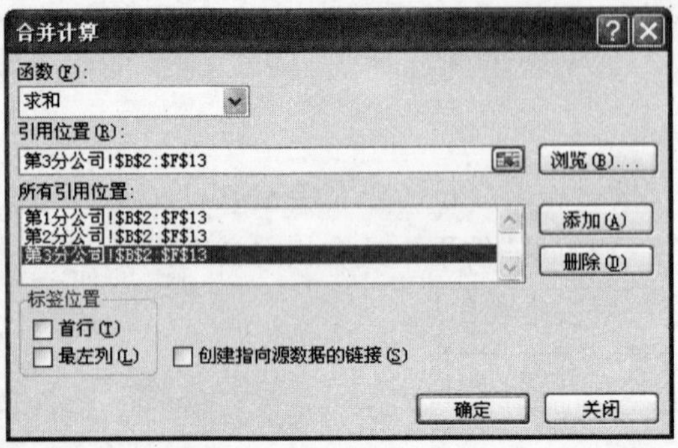

图12-37

提示 如果希望以后源数据区域发生变化时可以自动更新到合并后的结果中，那么需要勾选【创建指向源数据的链接】复选框。

Step 04 单击【确定】按钮完成数据的合并，并得到一个汇总多个工作表数据后的结果。如果之前勾选了【创建指向源数据的链接】复选框，那么除了查看汇总结果外，还可以查看分级数据信息。如图12-38所示显示了合并后的结果，同时也显示了3月份汇总结果的来源数据。

图12-38

2. 按类别合并

如果源工作表中的数据结构并不相同，例如，在Sheet1中名为“月份”的列位于C列，而Sheet2中该列位于A列，每个工作表中的数据位置都不一样，此时可以按类别对数据进行合并。要完成这样的合并操作，只需打开【合并计算】对话框，勾选【首行】和【最左列】复选框，并确保在添加数据区域时包含区域中的标题行和标题列，这样Excel就会自动查找具有相同标题的数据，并将它们按类别合并到一起。如果希望标题行和标题列按指定顺序出现，那么需要在合并前手动输入这些标题，否则Excel会自动输入标题。

12.5 处理公式中的错误

即使在输入公式时非常小心，在按下Enter键或Ctrl+Shift+Enter组合键后，都有可能出现一些错误。为了快速找到问题所在，首先需要了解公式中都会包含哪些常见错误，以便对症下药。

12.5.1 公式中的常见错误

当公式经过运算后发生错误时，通常会在单元格中显示Excel内置的错误值，错误值是以#符号开头的内容。如果熟悉错误值的含义，那么当在工作表中看到错误值时，就可以快速了解公式中包含错误的大致原因。表12-2列出了Excel中的错误值及其产生原因。

表12-2 Excel中的错误值及其产生原因

错误值	产生原因
#DIV/0!	数字除以0
#NUM!	公式或函数中使用了无效数值
#VALUE!	在公式或函数中使用的参数或操作数类型错误
#REF!	单元格引用无效
#NULL!	指定两个并不相交的区域的交点
#NAME?	无法识别公式中的文本
#N/A	数值对函数或公式不可用

下面详细地介绍一下公式发生错误的原因。

1. #DIV/0!错误

如果在公式中执行了除以0的运算则会产生该错误，原因可能有以下几种。

- 公式中的除数为数字0。
- 公式中的除数是包含0的单元格引用或空单元格。

2. #NUM!错误

如果公式或函数使用了无效数值则会产生该错误，原因可能有以下几种。

- 当公式或函数的参数需要数字，而实际上使用了非数字内容。
- 公式或函数使用了无效参数，例如，公式=SQRT(-4)中函数的参数不能小于0。
- 一个使用迭代算法的函数并且该函数无法得到计算结果，例如，RATE函数。
- 公式的返回值过大或过小，超出了Excel软件本身的限制。

3. #VALUE!错误

当使用的参数的类型有误时将会产生该错误，原因可能有以下几种。

- 当公式或函数的参数类型不正确，例如，公式=SUM(abc,def)就会返回#VALUE!错误值。这是因为SUM函数的参数必须是数字类型，可以是文本格式的数字，但是不能是无法进行计算的纯文本。
- 需要使用单个值时却使用了区域引用。
- 输入或编辑数组公式后没有按Ctrl+Shift+Enter组合键结束输入。

4. #NAME?错误

当Excel无法识别公式中的文本时将会产生该错误，原因可能有以下几种。

- 公式中使用了未经定义的名称。
- 函数或定义的名称拼写错误。
- 公式中的文本没有使用双引号括起，当然定义的名称除外；或者输入的单元格区域地址中遗漏了冒号分隔符，还有可能在引用其他工作表中的数据时工作表名称包含空格而未使用单引号括起。

- 公式中使用了需要安装加载项后才有效的函数，但却在使用前忘记安装加载项。

5. #REF!错误

当公式使用了无效的单元格引用时将会产生该错误，原因可能有以下几种。

- 删除了已经被公式引用的单元格。注意，这里是指删除单元格本身，而不是清除单元格中的数据。
- 当复制公式到其他单元格中时，由于公式中使用了相对引用而导致公式复制后其中的单元格变为无效引用。例如，单元格B2中包含公式=A1，那么如果将该公式复制到单元格B1时就会产生#REF!错误，这是因为工作表中并不包含单元格A0。
- 将一个剪切后的单元格粘贴到公式中引用的单元格中，那么公式就会返回#REF!错误值。

6. #N/A错误

当公式无法返回满足条件的值时将会产生该错误，原因可能有以下几种。

- 省略了函数中的必选参数。
- 使用LOOKUP、VLOOKUP等函数时，当要查找的值小于查找区域中的第一个值时，就会返回#N/A错误值。

7. #NULL!错误

当对两个不相交的区域执行交集运算时将会产生该错误。例如，公式=SUM(A1:C6 D6:F10)就会返回#NULL!错误值，因为A1:C6和D6:F10这两个区域并不存在公共部分。

12.5.2 排除公式错误

如果Excel检测到单元格中包含错误，那么在单击这个单元格时，会在单元格附近显示错误检查器图标 ◈。单击该图标将弹出一个菜单，如图12-39所示，其中包含用于错误检查与处理的相关命令。

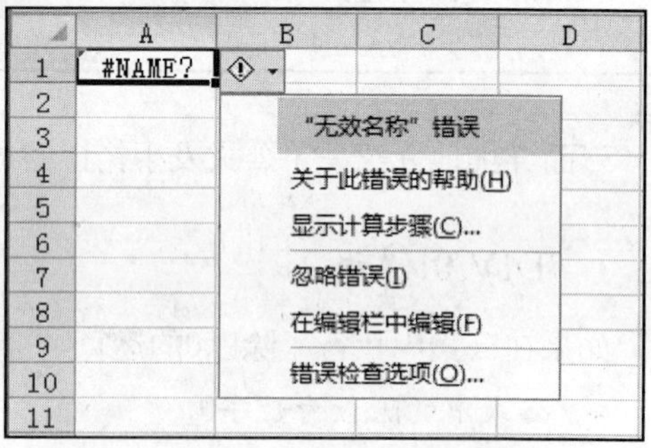

图12-39

在弹出菜单的顶部显示的是错误的类型（“无效名称”错误）。菜单中其他命令的含义如下。

- 【关于此错误的帮助】：选择该选项将打开【帮助】窗口并显示相应的错误帮助主题。
- 【显示计算步骤】：选择该选项可以通过分步计算检查发生错误的位置。
- 【忽略错误】：选择该选项将不理会发生的错误，保留公式的当前值。
- 【在编辑栏中编辑】：选择该选项将允许用户直接在公式栏中修改公式错误，在状态栏中显示“编辑”字样。
- 【错误检查选项】：选择该选项可以设置Excel对错误的检查规则。

当选择【错误检查选项】命令后，将打开如图12-40所示的界面，可以在此处对错误检查选项进行设置。

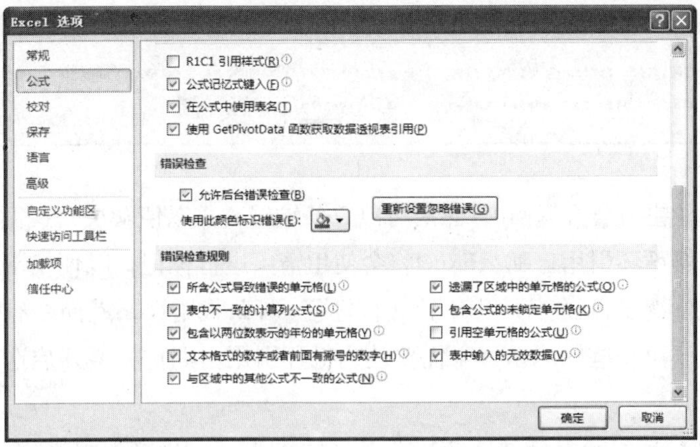

图12-40

Excel提供了以下几个错误检查规则。

- 【所含公式导致错误的单元格】：启用该规则，Excel将对任何错误值进行标记。
- 【表中不一致的计算列公式】：启用该规则，Excel将对包含公式或值与表中列公式不一致的单元格进行标记。
- 【包含以两位数表示的年份的单元格】：启用该规则，Excel将对包含采用文本格式但没有使用四位数年份的日期的单元格进行标记。
- 【文本格式的数字或者前面有撇号的数字】：启用该规则，Excel将对包含以文本格式存储的数字的单元格进行标记。
- 【与区域中的其他公式不一致的公式】：启用该规则，Excel将对包含不一致公式的单元格进行标记。例如，单元格B1中包含公式“=A1”，单元格B3中包含公式“=A3”，如果单元格B2中包含的公式不是“=A2”，那么Excel将标记为错误。
- 【遗漏了区域中的单元格的公式】：启用该规则，如果在包含公式的单元格中省略了与公式中引用的区域相邻的单元格，那么Excel将对其进行标记。例如，如果单元格区域A1:A10中分别包含10个值，那么公式“=SUM(A2:A10)”将被Excel标记为错误，因为没有将单元格A1包含到公式中。
- 【包含公式的未锁定单元格】：启用该规则，Excel将对锁定工作表后仍可编辑的包含公式的单元格进行标记。
- 【引用空单元格的公式】：启用该规则，Excel将对包含引用了空单元格的公式所在的单元格进行标记。
- 【表中输入的无效数据】：启用该规则，Excel将对包含无效的数据有效性单元格进行标记。

12.5.3 处理公式中的循环引用

如果在单元格的公式中引用了公式所在的单元格，当按下Enter键输入公式时，将会弹出如图12-41所示的对话框，表示当前公式正在循环引用其自身。

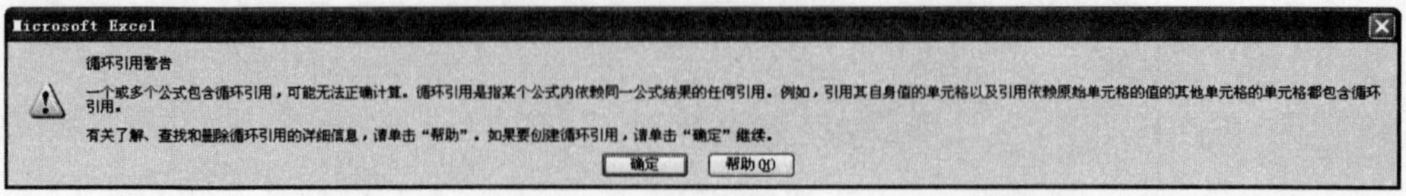

图12-41

单击【确定】按钮，公式返回0，然后可以重新编辑公式以便解决公式循环引用的问题。如果公式中包含了间接循环引用，那么Excel将会使用箭头进行标记，以便指出产生循环引用的根源在哪儿。大多数情况下，循环引用对用户来说是一种公式错误，然而，有时用户也可以利用循环引用来巧妙地解决一些问题。如果需要使用循环引用，则首先要开启迭代计算功能，步骤如下。

Step 01 单击【文件】按钮并选择【选项】命令，打开【Excel选项】对话框。

Step 02 选择【公式】选项卡，然后在右侧勾选【启用迭代计算】复选框，如图12-42所示。然后根据需要修改【最多迭代次数】中的数字，该数字表示要进行循环计算的次数。可以通过指定【最大误差】参数来控制迭代计算的精确度，数字越小则说明要求的精确度越高。

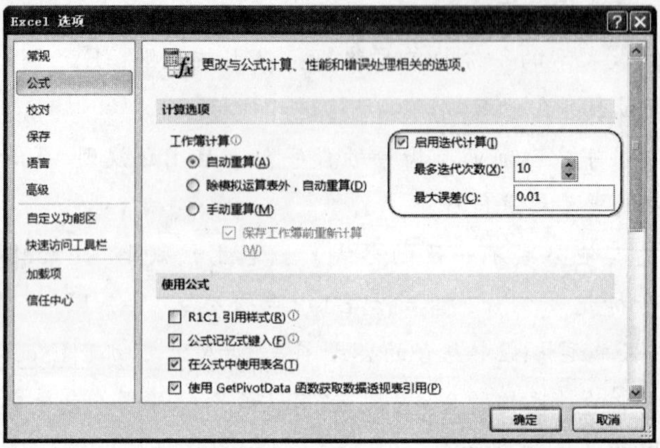

图12-42

中文版 Office 2010 应用大全

Chapter 13

使用函数解决实际问题

本章提供了大量示例，用于说明不同类型的函数如何在实际中应用，包括求和与计数函数、日期和时间函数、文本函数、查找和引用函数以及财务函数。本章中的示例基本都是实际应用中普遍遇到的问题，理解并掌握这些示例后，可以将它们直接应用到实际工作中。

13.1 求和与计数

Excel函数最擅长的一个领域就是对数据求和或计数，有很多函数可以用于这一领域。本节没有列举每一个求和与计数函数，而是提供了五个比较实用且典型的示例，希望读者可以举一反三。

13.1.1 计算符合条件的数据之和

使用SUMIF函数可以对区域中符合指定条件的数据进行求和。例如，可能想要计算名为Data的区域中大于68的数据之和，那么可以使用下面的公式。

```
=SUMIF(Data,">68")
```

还可以使用SUM函数的数组公式来完成同样的工作，输入下面的公式后按Ctrl+Shift+Enter组合键确认，大括号不需要手工输入，Excel会自动添加，本章后面的同类公式都是如此。

```
{=SUM(Data*(Data>68))}
```

13.1.2 计算累积和

累积和是对当前数据及其之前的数据进行的总计，在实际应用中经常遇到需要计算累积和的情况，只需使用SUM函数即可完成这类任务。例如，在如图13-1所示的工作表中，B列是每个月的销量，C列是累积销量。在单元格C2中输入下面的公式，然后将该公式向下填充复制，即可统计出截止到每个月的当前累积销量。

```
=SUM(B$2:B2)
```

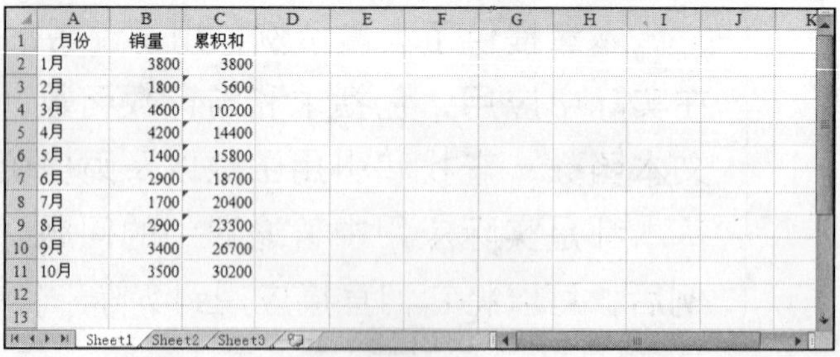

月份	销量	累积和
1月	3800	3800
2月	1800	5600
3月	4600	10200
4月	4200	14400
5月	1400	15800
6月	2900	18700
7月	1700	20400
8月	2900	23300
9月	3400	26700
10月	3500	30200

图13-1

13.1.3 计算前n个值之和

如果希望计算数据区域中前n个值之和，那么可以使用下面的公式，假设为区域定义了一个名称Data，同时假定计算前三个最大值之和。

```
=SUM(LARGE(Data,{1,2,3}))
```

公式中使用数组常量{1,2,3}作为LARGE函数的第二个参数，用于生成区域Data中前三个最大值组成的数组，然后使用SUM函数对这个数组求和。如果要计算最小的三个值之和，需要使用SMALL函数代替LARGE函数。

技巧 假如要统计的区域包含大量的数据，而且要统计的最大或最小值有20个，此时可以使用ROW($1:$20)代替常量数组，以大幅提高输入速度。

13.1.4 计算不同类型的单元格数量

有时可能需要统计不同类型单元格的数量，例如，下面的公式统计区域Data中包含文本单元格的数量。

```
{=SUM(IF(ISTEXT(Data),1))}
```

首先使用ISTEXT函数判断区域Data中的每个单元格是否包含文本，得到一个包含True和False的数组，然后使用IF函数对True和False进行判断，如果是True则返回1，否则返回False。最后使用SUM函数对包含1和False的数组进行求和，因为对False求和时False被看作0，因此相当于使用SUM函数对1求和，这样就得到了包含文本的单元格的数量。

同理，下面的三个公式分别统计包含非文本单元格、包含逻辑值单元格以及包含错误值单元格的数量。

```
{=SUM(IF(ISNONTEXT(Data),1))}
{=SUM(IF(ISLOGICAL(Data),1))}
{=SUM(IF(ISERROR(Data),1))}
```

13.1.5 计算不重复数据的数量

有时可能需要统计数据区域中不重复数据的个数。例如，在如图13-2所示的工作表中，需要统计不重复姓名的数量，单元格C1中的数组公式如下。

```
{=SUM(1/COUNTIF(A1:A10,A1:A10))}
```

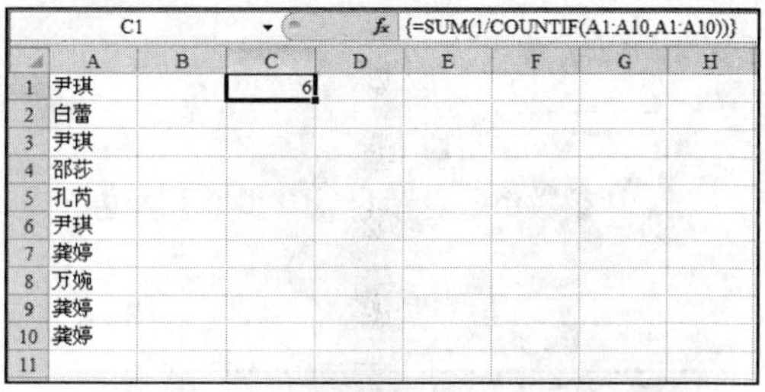

图13-2

首先使用COUNTIF函数计算区域A1:A10中每个值的出现次数，然后将返回的数组被1除后再对商求和。假设某个值出现了n次，那么在被1除后每次都得到1/n，n个1/n求和即为1。最后使用SUM函数对所有1求和，即可得到不重复数据的个数。

注意

如果区域内包含空白单元格，那么上面的公式将返回#DIV/0!错误值。

13.2 处理日期和时间

Excel也提供了大量用于处理日期和时间的函数，掌握这类函数的使用方法，可以对日期和时间进行各种计算和判断。例如，可以计算年龄；也可以判断某一年是否是闰年；还可以确定某个月的最后一天或者计算两个时间的间隔。

13.2.1 计算年龄

计算年龄最简单的方法是使用YEAR函数，从当前日期和出生日期中分别提取出年份，然后相减即可得到一个表示年龄的数字。但是这种方法有一个问题，就是如果当前日期的月和日还没有超过出生日期中的月和日，那么Excel会忽略不计。例如，如果出生日期是1986年6月8日，而当前日期是2011年5月28日，那么使用上述方法计算年龄时，会得到25。因为当前日期是5月28日，还没有到达出生日期的6月8日，因此正确结果应该是2011-1986-1=24。所以如果希望得到准确的年龄，可以使用下面的公式，其中的date1和date2分别为出生日期和当前日期。

```
=YEAR(date2)-YEAR(date1)-IF(date2<DATE(YEAR(date2),MONTH(date1)
,DAY(date1)),1,0)
```

上面的公式略显复杂，其实在Excel中还可以使用YEARFRAC和DATEDIF函数来计算年龄，而且非常简单。YEARFRAC函数的语法如下。

```
YEARFRAC(start_date,end_date,basis)
```

YEARFRAC函数用于返回start_date和end_date之间的天数占全年天数的百分比。下面的公式可以正确计算出年龄，函数的第三参数为1，表示全年的天数按照该年的实际天数计算。

```
=INT(YEARFRAC(date2,date1,1))
```

DATEDIF函数并没有出现在【插入函数】对话框中，Excel帮助系统也没有提到。使用DATEDIF函数可以计算两个日期间隔的年、月和天数。DATEDIF函数的语法如下。

```
DATEDIF(start_date,end_date,unit)
```

其中参数unit表示计算的时间单位，见表13-1。

表13-1 参数unit的取值及其作用

unit时间单位代码	说 明
y	开始日期和结束日期之间的年数
m	开始日期和结束日期之间的月数
d	开始日期和结束日期之间的天数
ym	开始日期和结束日期之间的月数（日期中的年和日都被忽略）
yd	开始日期和结束日期之间的天数（日期中的年被忽略）
md	开始日期和结束日期之间的天数（日期中的年和月被忽略）

要计算年龄，可以使用下面的公式计算两个日期之间的年数。

```
=DATEDIF(date1,date2,"y")
```

13.2.2 判断闰年

对闰年的判断是一个非常普遍的问题，在Excel中可以使用两种方法来完成这个任务。

1. DATE函数法

可以使用DATE函数配合YEAR和MONTH函数来判断给定日期所在的年份是否是闰年。思路如下：因为闰年2月有29天，而非闰年2月只有28天。又因为DATE函数可以自动更正日期错误，所以可以利用DATE函数来判断2月29日是位于2月还是位于3月。如果位于2月则是闰年，否则不是闰年。公式如下（假设要判断的日期位于单元格B1中）。

```
=IF(MONTH(DATE(YEAR(B1),2,29))=2,"闰年","不是闰年")
```

2. MOD函数法

也可以使用MOD函数来判断闰年，公式如下。

```
=IF(OR(AND(MOD(B1,4)=0,MOD(B1,100)<>0),MOD(B1,400)=0),"闰年","不是闰年")
```

上面的公式严格执行了判断闰年的条件：年份能被4整除而不能被100整除，或者能被400整除。

13.2.3 确定某月的最后一天

如果希望Excel可以自动判断任意给定日期在当月的最后一天是哪天，那么可以使用下面的公式（假设日期位于单元格B1中，如图13-3所示）。

```
=DAY(DATE(YEAR(B1),MONTH(B1)+1,0))
```

一年12个月中每个月的最后一天不完全相同，1、3、5、7、8、10、12月的最后一天是31，4、6、9、11月的最后一天是30号，而2月的最后一天不是28就是29。将要判断的月份加1，将天数设置为0，然后使用DATE函数将当前年、加1后的月和天数0组合为一个新的日期，得到当前日期在下月第0天的日期。由于每个月没有第0天，所以DATE函数将返回当前日期所在月的最后一天，最后用DAY函数提取天数即可。

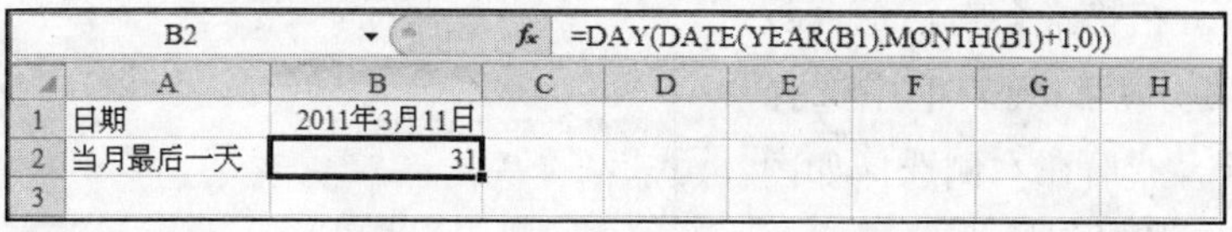

图13-3

13.2.4 确定某个日期是一年中的第几天

众所周知，除了闰年以外，每一年都有365天，在实际应用中可能会遇到需要确定某个日期在一年中是第几天的情况。使用下面的公式可以完成这个任务，公式中首先使用YEAR函数提取日期中的年份（假设日期在单元格B1中），然后使用DATE函数将提取出的年份、1月和第0天组合为新的日期，最后使用给定日期减去组合后的新日期，即可计算出给定日期位于一年中的第几天。

```
=B1-DATE(YEAR(B1),1,0)
```

13.2.5 计算两个时间的间隔

如果要计算两个时间之间的间隔，可以使用后一个时间减去前一个时间。但是当后一个时间小于前一个时间时，将会得到一个负值，同时在单元格中显示“######”。发生这种情况通常是因为后一个时间超过了24小时而进入到下一天。

例如，在如图13-4所示的单元格B1是第一个时间，单元格B2是第二个时间。如果直接使用B2中的时间减去B1中的时间，结果将为负数。解决这个问题的方法是使用IF函数对两个时间的大小进行判断，如果后一个时间小于前一个时间，则需要将后一个时间加1再减去前一个时间，公式如下。

```
=IF(B2>B1,B2,B2+1)-B1
```

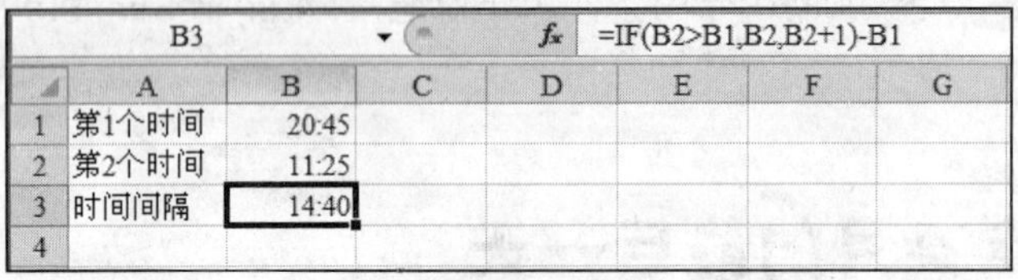

图13-4

13.2.6 对超过24小时的时间进行求和

有时可能需要计算多个时间的总和，常见的情况是统计一周加班的总时长。如果直接对时间求和，那么当超过24小时时会发现计算结果并不正确。解决这个问题的方法是自定义单元格格式，在【设置单元格格式】对话框【数字】选项卡的【分类】列表框中选择【自定义】选项，然后在右侧选择如图13-5所示的带有[h]的时间格式。

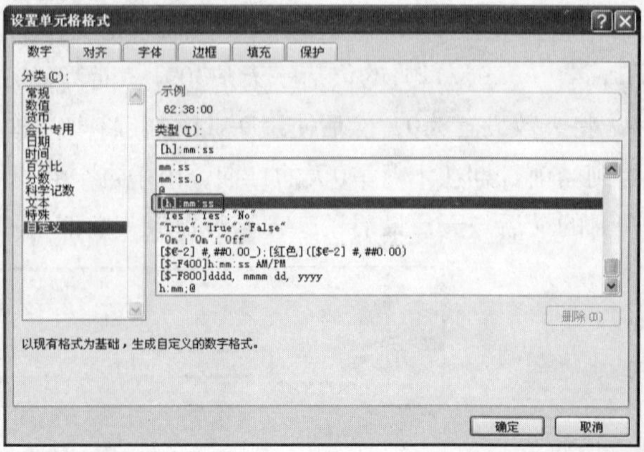

图13-5

13.3 处理文本

文本是Excel工作表中最常见的数据类型之一，在实际应用中经常需要对单元格中的文本进行各种处理。例如，可能希望提取身份证号码中的出生日期，也可能需要统计某个特定字符在文本中出现的次数，或者希望删除文本中的指定字符。

13.3.1 提取文本中的第一个单词

在英语中，句子中的每一个单词之间都留有一个空格。有时可能需要提取出一句话中的第一个单词，为了完成这个任务，需要结合使用LEFT和FIND函数。下面的公式可以提取出单元格A1中文本的第一个空格左侧的内容，该公式首先使用FIND函数判断第一个空格的位置，将该位置减1得到第一个单词最后一个字母的位置。然后使用LEFT函数提取第一个单词。

```
=LEFT(A1,FIND(" ",A1)-1)
```

如果单元格A1中只包含一个单词，那么上面的公式会出现问题，因为根本找不到空格。使用下面的公式可以解决这个问题。

```
=IFERROR(LEFT(A1,FIND(" ",A1)-1),A1)
```

13.3.2 提取身份证号码中的出生日期

身份证号码现在已经升级到了18位，号码中代表出生日期的数字所在的位置是有规律的。从身份证号码左侧开始的第7~10位是出生年份，11和12位是出生月份，13和14位是出生日。下面的公式可以从任意一个身份证号码中提取个人的出生日期，假定这些身份证号码都是18位的。

```
=MID(A2,7,4)&"年"&MID(A2,11,2)&"月"&MID(A2,13,2)&"日"
```

如果希望公式通用于15位和18位身份证号码，那么可以使用下面这个公式。首先判断身份证号的位数是否是15位，如果是则使用数字19连接提取出的连续6位生日编码；如果不是15位那么肯定就是18位，这样将直接提取连续的8位生日编码，最后使用TEXT将提取出的结果设置为“年-月-日”格式，如图13-6所示。

```
=TEXT(IF(LEN(A2)=15,"19"&MID(A2,7,6),MID(A2,7,8)),"0000年00月00日")
```

	A	B
1	身份证号	出生日期
2	******197805063368	1978年05月06日
3	******198207203457	1982年07月20日
4	******881112537	1988年11月12日
5		

图13-6

13.3.3 转换身份证号码的位数

如果希望身份证号码从18位还原为15位，可以使用下面的公式。首先将身份证号码中的出生年份减至两位，然后将身份证号码的最后一位删除。为了避免A列中的号码有15位的可能性，还使用了一个IF函数进行检测。

```
=IF(LEN(A2)=15,A2,LEFT(REPLACE(A2,7,2,),15))
```

13.3.4 计算指定字符在文本中的数量

如果希望统计某个字符在文本中的数量，该如何实现呢？使用SUBSTITUTE函数再配合其他函数就可以很容易实现。下面的公式将统计单元格A1中包含单词Office的数量。

```
=(LEN(A1)-LEN(SUBSTITUTE(A1,"Office","")))/LEN("Office")
```

首先将单元格中的所有“Office”替换为“空”，然后使用单元格内文本的原始长度减去删除“Office”后的文本长度，这样就得到了包含所有“Office”字符的总长度。最后使用这个值除以单词“Office”的长度，就得到了单词“Office”的个数。

13.4 查找与提取数据

查找数据是Excel中很重要的一项应用，尤其对于数据量庞大的工作表，要想快速查找并提取特定的数据，确实需要花费一番工夫。在Excel中提供了众多功能强大且易于使用的查找函数工具，可以很方便地在工作表中查找所需数据。

13.4.1 精确查找

最常见的查找数据的方法是在区域的某一列中查找一个值，然后返回与该值对应的其他列中的数据。如图13-7所示的区域A1:C10中包含员工的基本信息，现在希望查找与单元格E1中给出的人名对应的工资情况。单元格F1中的公式如下。

```
=VLOOKUP(E1,A1:C10,3,FALSE)
```

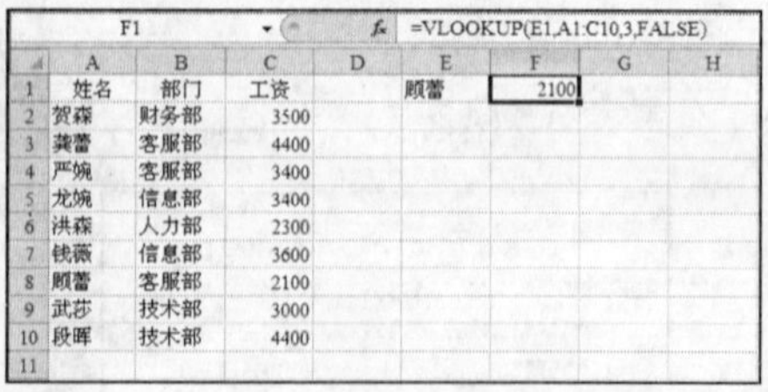
F1 =VLOOKUP(E1,A1:C10,3,FALSE)

	A	B	C	D	E	F	G	H
1	姓名	部门	工资		顾蕾	2100		
2	贺森	财务部	3500					
3	龚蕾	客服部	4400					
4	严婉	客服部	3400					
5	龙婉	信息部	3400					
6	洪森	人力部	2300					
7	钱薇	信息部	3600					
8	顾蕾	客服部	2100					
9	武莎	技术部	3000					
10	段晖	技术部	4400					
11								

图13-7

VLOOKUP函数包含四个参数，第一个参数表示要查找的值，第二个参数表示要查找的值所在的区域，第三参数表示当查找到值后要返回数据区域中同一行哪一列上的值，第四个参数表示查找方式，分为模糊查找和精确查找两种，如果为FALSE则为精确查找，如果为TRUE或省略则为模糊查找。如果是精确查找则不需要实现对数据区域的第一列进行升序排序。

13.4.2 从右向左查找

VLOOKUP函数只能从数据区域中的第一列查找，然后返回其他列的数据。如果希望从数据区域的右侧查找而返回左侧列的数据，那么可以使用MATCH配合INDEX函数来完成。例如，在如图13-8所示的工作表中，希望通过员工的姓名来查找与其对应的编号，可以使用下面的公式。

```
=INDEX(A1:A10,MATCH(F1,B1:B10,0))
```

G1 fx =INDEX(A1:A10,MATCH(F1,B1:B10,0))

	A	B	C	D	E	F	G	H
1	编号	姓名	部门	工资		顾蕾	8	
2	2	贺森	财务部	3500				
3	3	龚蕾	客服部	4400				
4	5	严婉	客服部	3400				
5	1	龙婉	信息部	3400				
6	9	洪森	人力部	2300				
7	6	钱薇	信息部	3600				
8	8	顾蕾	客服部	2100				
9	4	武莎	技术部	3000				
10	7	段晖	技术部	4400				
11								

图13-8

13.4.3 匹配大小写查找

LOOKUP、VLOOKUP等函数在查找数据时并不区分字母的大小写形式。例如，要查找OFFICE，如果使用VLOOKUP函数进行查找，它会把Office、OFFICE或OffiCe等不同形式的Office都当做匹配值。例如，在如图13-9所示的工作表中，单元格D1中是要查找内容“OFFICE”，在单元格E1中输入下面的数组公式，可以在A列中查找到与单元格D1完全相同的内容。

```
{=INDEX(B1:B3,MATCH(TRUE,EXACT(D1,A1:A3),0))}
```

E1 fx {=INDEX(B1:B3,MATCH(TRUE,EXACT(D1,A1:A3),0))}

	A	B	C	D	E	F	G	H	I	J
1	Office	1		OFFICE	2					
2	OFFICE	2								
3	OffiCe	3								
4										

图13-9

在上面的公式中，首先通过EXACT函数让单元格D1中的值与区域A1:A3中的值逐一进行比较，产生一个包含逻辑值的数组常量，然后使用MATCH函数在这个数组中对TRUE进行精确查找，最后使用INDEX函数从区域B1:B3中取值。

13.4.4 确定区域中最大值的位置

在如图13-10所示的工作表中，A列显示了产品的销售额情况。单元格D1告知用户A列中最大销售额位于哪个单元格中。单元格D1中的数组公式如下。

```
{=ADDRESS(MAX(IF(A2:A10=MAX(A2:A10),ROW(A2:A10))),1)}
```

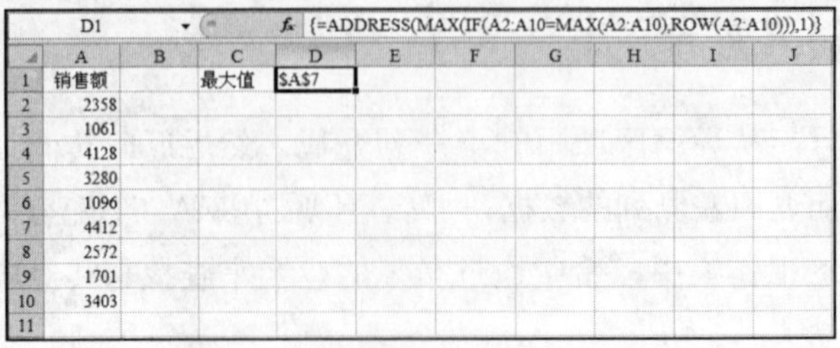

图13-10

13.4.5 返回指定列中的最后一个值

如果希望获取某一列中的最后一个值，但是需要注意的是该列中不一定每一个单元格中都包含值，有的单元格可能不包含任何内容。为了正确返回指定列中最后一个非空单元格的值，可以使用下面的数组公式（以A列为例，如图13-11所示）。

```
{=INDEX(A:A,MAX(ROW(A:A)*(A:A<>"")))}
```

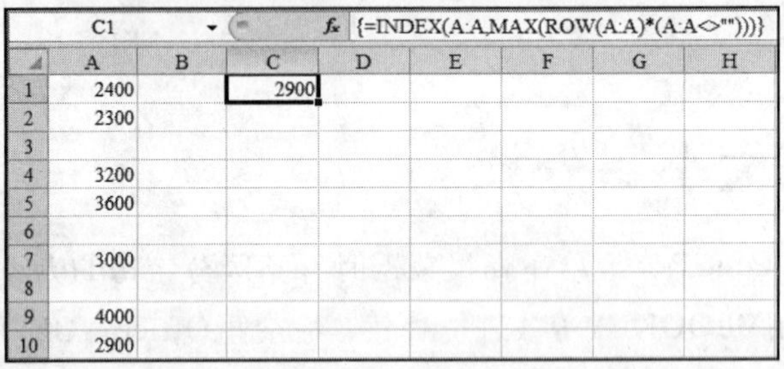

图13-11

13.4.6 提取区域中的不重复值

在实际应用中，经常会遇到需要从一列包含重复值的数据中将不重复的值提取出来，也就是数据唯一值的筛选。例如，在如图13-12所示的工作表中，A列包含了重复的姓名，B列提取出了不重复的姓名。在单元格B2中输入下面的数组公式，然后将此公式向下填充复制，即可提取出不重复的姓名。

```
{=IFERROR(LOOKUP(1,0/NOT(COUNTIF($B$1:B1,$A$2:$A$11)),$A$2:$A$11),"")
```

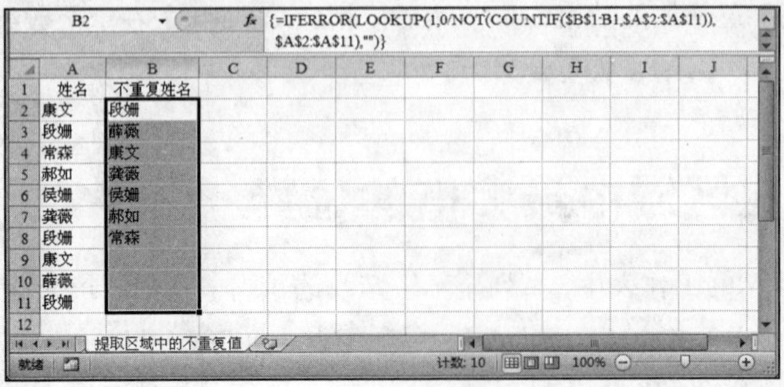

图13-12

11 Chapter
12 Chapter
13 Chapter
14 Chapter
15 Chapter
16 Chapter
17 Chapter
18 Chapter
19 Chapter
20 Chapter

首先使用COUNTIF函数在区域A2:A11中查找该区域中的每个单元格是否在单元格B1中出现过，返回一个全为0的数组，经过NOT取反后得到一个将0全部转换为1的数组。用0除以该数组又返回一个全为0的数组，然后使用LOOKUP函数在该数组中查找1，由于找不到1，所以返回最后一个0对应于区域A2:A11中的姓名。当将单元格B2中的公式向下填充时，区域$B$1:B1变为$B$1:B2，因此可以排除单元格B1中已提取出的姓名。将公式继续向下填充，可以排除B列中已提取出的姓名，最终返回不重复的姓名。使用IFERROR函数是为了防止由于没有符合条件的数据时单元格返回错误值#N/A。

13.5 处理财务数据

财务人员需要经常和财务数据打交道，Excel提供了完善的财务函数，可以计算本金和利息、投资预算、报酬率、折旧值以及证券。使用这些函数可以快速完成财务模型的创建与分析工作。

13.5.1 了解货币的时间价值

货币的时间价值是指一定数量的金额在不同时间其金额并不相同。例如，2010年拥有10 000元用于投资，在2011年由于投资成功而盈利，导致拥有的金额大于10 000元。如果由于投资失败而导致破产，那么在2011年拥有的金额可能就会不到10 000元甚至为负（欠债），这就是货币的时间价值。无论是获利（利息）还是破产（风险），都是大多数财务公式要研究的核心问题。下面介绍几个财务方面的基本概念。

- 现值：也称为本金，是指目前拥有的金额，现值可以为正也可以为负。例如，如果拿出10 000元进行投资，这10 000元就是现值。
- 未来值：这是现值加上利息的值，也就是使用现值一段时间后所拥有的金额，可为正也可为负。例如，如果拿出10 000元进行3年期的投资，每年盈利5%，那么在3年到期时将拥有11 576.25元，这就是未来值。
- 付款：这是本金或本金加利息。如果每年向银行存入50 000元，那么这50 000元就是付款。如果每年需要向银行交纳12 000元的抵押贷款，那么这12 000元就是本金加利息的金额。
- 利率：利率是在本金基础上增加的一个百分比，通常以“年”为单位。
- 周期：获得或支付利息的时间段。例如，银行每年发放利息或每月偿还银行贷款。
- 定期：生成利息的时间总量。例如，向银行存入36个月，那么有一个3年的定期。

13.5.2 贷款计算

1. 计算贷款的每期付款额

使用PMT函数基于固定利率及等额分期付款方式，计算贷款的每期付款额。语法如下。

```
PMT(rate,nper,pv,fv,type)
```

PMT函数的参数如下。

- rate：贷款期间的固定利率。
- nper：付款期的总数。
- pv：贷款的本金。
- fv：贷款的未来值。如果省略该参数，Excel将其值设置为0。
- type：还贷类型。如果在每周期的期初还贷，则以数字1表示；如果在每周期的期末还贷，则以数字0表示（默认）。

例如，贷款200 000元，分15年偿还，年利率为10%。现在需要计算按年偿还和按月偿还的金额。那么可以在如图13-13所示的单元格B4和B5中分别输入下面的公式。

```
=PMT(B3,B2,B1)
=PMT(B3/12,B2*12,B1)
```

	A	B
1	贷款	200000
2	偿还时间	15
3	利率	10%
4	年偿还额	￥-26,294.7
5	月偿还额	￥-2,149.2

图13-13

2. 计算付款利息

使用IPMT函数基于固定利率及等额分期付款方式，计算给定期数内对投资的利息偿还额。语法如下。

```
IPMT(rate,per,nper,pv,fv,type)
```

IPMT函数的参数如下。

- rate：贷款期间的固定利率。
- per：还贷期编号，首次还贷编号为1，最后一次还贷编号为nper。
- nper：付款期的总数。
- pv：贷款的本金。
- fv：贷款的未来值。如果省略该参数，Excel将其值设置为0。
- type：还贷类型。如果在每周期的期初还贷，则以数字1表示；如果在每周期的期末还贷，则以数字0表示。

例如，某人获得一项15年的住房贷款计划，金额为500 000元，按月还款，年息为8%。现在要计算付款利息，那么可以在如图13-14所示的单元格B4和B5中分别输入下面的公式。

```
=IPMT(B3/12,1,B2*12,B1)
=IPMT(B3/12,180,B2*12,B1)
```

	A	B
1	贷款	500000
2	偿还时间	15
3	年利率	8%
4	第一个月应付的利息	￥-3,333.33
5	最后一个月应付的利息	￥-31.64
6		

图13-14

3. 计算付款本金

使用PPMT函数基于固定利率及等额分期付款方式，计算投资在某一给定期间内的本金偿还额。语法如下。

```
PPMT(rate,per,nper,pv,fv,type)
```

PPMT函数的参数与IPMT函数的参数相同。在上一节例子的基础上，可以使用PPMT函数来计算付款中的本金。在如图13-15所示的单元格B6和B7中分别输入下面的公式。

```
=PPMT(B3/12,1,B2*12,B1)
=PPMT(B3/12,180,B2*12,B1)
```

	A	B
1	贷款	500000
2	偿还时间	15
3	年利率	8%
4	第一个月应付的利息	￥-3,333.33
5	最后一个月应付的利息	￥-31.64
6	第一个月应付的本金	￥-1,444.93
7	最后一个月应付的本金	￥-4,746.62
8		

图13-15

13.5.3 投资计算

1. 计算一笔投资的未来值

使用FV函数基于固定利率及等额分期付款方式，计算某项投资的未来值。语法如下。

```
FV(rate,nper,pmt,pv,type)
```

FV函数的参数如下。

- rate：贷款期间的固定利率。
- nper：付款期的总数。
- pmt：各期付款额，其数值在整个年金期间保持不变。如果省略该参数，那么必须包括参数pv。
- pv：贷款的本金。
- type：还贷类型。如果在每周期的期初还贷，则以数字1表示，如果在每周期的期末还贷，则以数字0表示。

例如，向银行存入50 000元，年利率为3%，并在以后的两年中每个月都向该账户存入2000元，现在需要计算两年后的存款额。在如图13-16所示的单元格B5中输入下面的公式。

```
=FV(B2/12,B4*12,-B3,-B1,0)
```

	A	B
1	前期存款	50000
2	年利率	3%
3	每月存款	2000
4	存款时间	2
5	两年后的金额	￥102,493.49
6		

图13-16

提示 由于每个周期的存款额和初始存款都属于支出，因此在公式中输入参数pmt和pv的值时要使用负数。

2. 计算投资可变利率下的未来值

使用FVSCHEDULE函数基于一系列复利计算本金的未来值。语法如下。

```
FVSCHEDULE(principal,schedule)
```

FVSCHEDULE函数的参数如下。

- principal：初始投资额。
- schedule：包含利率的区域或数组。

例如，如果在存款期间，银行的利率进行了数次调整，那么可以使用FVSCHEDULE函数来计算经过利率调整后最终的存款额。在如图13-17所示的单元格F2中输入下面的公式。

```
=FVSCHEDULE(F1,C2:C13)
```

	A	B	C	D	E	F
1	月份	年利率	月利率		前期存款额	50000
2	1	3.25%	0.271%		一年后的存款额	51514.37
3	2	3.25%	0.271%			
4	3	3.25%	0.271%			
5	4	2.90%	0.242%			
6	5	2.90%	0.242%			
7	6	2.90%	0.242%			
8	7	2.75%	0.229%			
9	8	2.75%	0.229%			
10	9	2.75%	0.229%			
11	10	3.05%	0.254%			
12	11	3.05%	0.254%			
13	12	3.05%	0.254%			
14						

图13-17

3. 计算投资的现值

PV函数用于计算投资的现值。语法如下。

```
PV(rate,nper,pmt,fv,type)
```

PV函数的参数如下。

- rate：贷款期间的固定利率。
- nper：付款期的总数。
- pmt：各期付款额，其数值在整个年金期间保持不变。如果省略该参数，那么必须包括参数pv。
- fv：贷款的未来值。如果省略该参数，Excel将其值设置为0。
- type：还贷类型。如果在每周期的期初还贷，则以数字1表示，如果在每周期的期末还贷，则以数字0表示。

例如，假设希望5年后可以筹集到一笔300 000元的金额用于创建公司。如果年利率为6%，每个月可以向银行存入3 000元，那么在5年后是否可以拥有300 000元的存款额呢？换句话说，是否需要具备一定的初始存款才能在这个条件下达到300 000元。这可以使用PV函数进行计算。在如图13-18所示的单元格B5中输入下面的公式。

	A	B
1	未来值	300000
2	年利率	6%
3	月存款额	3000
4	存款时间	5
5	初始金额	￥67,234.98
6		

图13-18

```
=PV(B2/12,B4*12,B3,-B1,0)
```

提示 如果不在未来值前加上负号，那么计算结果将为负。当然，也可以通过自定义数字格式使其变为正数。

13.5.4 折旧计算

1. 通过固定余额递减法计算折旧值

所谓固定余额递减法，就是指依据固定资产的估计使用年数，按公式计算出其折旧率，每年以固定资产的现有价值乘以折旧率来计算当年的折旧额。公式如下。

```
（资产原值-前期折旧总值）*折旧率
```

而折旧率的计算公式如下。

```
1-（（残值/资产原值）^（1/折旧期限））
```

使用DB函数将应用固定余额递减法，计算一笔资产在给定期间内的折旧值。语法如下。

```
DB(cost,salvage,life,period,month)
```

DB函数的参数如下。

- cost：资产原值。
- salvage：资产在折旧期后的残值。
- life：资产折旧期限。
- period：需要计算折旧值的时间。
- month：第一年的月份数。如果省略该参数，Excel将其值设置为12。

例如，公司在第一年3月新购进一台价值为150 000元的机器，使用年限为5年，估计残值为10 000元。现在需要计算这台机器在5年内的折旧值，在如图13-19所示的单元格B5~B9中分别输入下面的公式。

```
=DB($B$1,$B$2,$B$3,1,$B$4)
=DB($B$1,$B$2,$B$3,2,$B$4)
=DB($B$1,$B$2,$B$3,3,$B$4)
=DB($B$1,$B$2,$B$3,4,$B$4)
=DB($B$1,$B$2,$B$3,5,$B$4)
```

	A	B
1	机器价值	150000
2	资产残值	10000
3	使用年限	5
4	第一年使用月数	10
5	第一年折旧值	￥52,250.00
6	第二年折旧值	￥40,859.50
7	第三年折旧值	￥23,780.23
8	第四年折旧值	￥13,840.09
9	第五年折旧值	￥8,054.93
10		

图13-19

如果购买机器的时间是一年的1月份，那么在DB公式中可以省略参数month，而让Excel使用其默认值12。

11 Chapter
12 Chapter
13 Chapter
14 Chapter
15 Chapter
16 Chapter
17 Chapter
18 Chapter
19 Chapter
20 Chapter

注意

在上面的五个公式中只有第四个参数根据年数来输入数值，其他四个参数都是固定不变的。为了避免出错，最好在公式中对这四个参数所在单元格使用绝对引用。

2. 通过双倍余额递减法计算折旧值

使用DDB函数将应用双倍余额递减法或其他指定方法计算一笔资产在给定期间内的折旧值。语法如下。

```
DDB(cost,salvage,life,period,factor)
```

DDB函数的参数如下。

- cost：资产原值。
- salvage：资产在折旧期后的残值。
- life：资产折旧期限。
- period：需要计算折旧值的时间。
- factor：余额递减速率。如果省略该参数，Excel将其设置为2，那么将使用双倍余额递减法。

与DB函数不同的是，DDB函数中没有第一年的可使用月份数。这里仍然以上一节为例，公司新购进一台价值为150 000元的机器，使用年限为5年，估计残值为10 000元。现在需要计算这台机器在5年内的折旧值。如图13-20所示的工作表已进行了相应的修改，在单元格B4~B8中分别输入下面的公式。公式中省略了参数factor，因此Excel采用双倍余额递减法计算折旧值。

```
=DDB($B$1,$B$2,$B$3,1)
=DDB($B$1,$B$2,$B$3,2)
=DDB($B$1,$B$2,$B$3,3)
=DDB($B$1,$B$2,$B$3,4)
=DDB($B$1,$B$2,$B$3,5)
```

	A	B
1	机器价值	150000
2	资产残值	10000
3	使用年限	5
4	第一年折旧值	￥60,000.00
5	第二年折旧值	￥36,000.00
6	第三年折旧值	￥21,600.00
7	第四年折旧值	￥12,960.00
8	第五年折旧值	￥7,776.00
9		

图13-20

中文版 Office 2010 应用大全

Chapter 14

使用数据分析工具

分析数据是Excel的一项主要功能。对于输入到工作表中的数据，可以使用Excel提供的大量分析工具对它们进行简单或复杂的分析。本章不但介绍了排序、筛选和分类汇总等基础的分析工具，还介绍了数据透视表这一数据分析利器。此外，还涉及专业的商业建模工具。

14.1 对数据进行排序

排序是指数据按某种规则进行快速排列而得到的一种有序结果。Excel提供了多种用于排序的工具，包含单列排序、多列排序和自定义排序。另外，还可以仅对选择的行或列进行排序。

14.1.1 了解排序规则

对于不同类型的数据，Excel有着不同的排序方式。为了能够获得预期的排序结果，在排序前有必要先大致了解一下Excel中的排序规则。表14-1中列出了升序排序时不同类型数据的排序方式。如果是降序排序，各数据排列的顺序与此表相反。无论是升序还是降序排列，空单元格总位于最后。

表14-1 Excel中的排序规则

<table>
<tr><th>不同类型的数据（升序排列）</th><th>同类型的数据（升序排序）</th></tr>
<tr><td>数字</td><td>数字按从最小的负数到最大的正数进行排序</td></tr>
<tr><td>日期</td><td>日期按从最早的日期到最晚的日期进行排序</td></tr>
<tr><td>文本</td><td>当数字、字母和各种符号输入到文本格式的单元格中时，将按以下顺序排列：空格 0~9 ! " # $ % & ( ) * , .   : ; ? @ [\ ] ^ _ ` { | } ~ + < = > A~Z</td></tr>
<tr><td>逻辑值</td><td>逻辑值FALSE在前，逻辑值TRUE在后</td></tr>
<tr><td>错误值</td><td>所有错误值的优先级相同</td></tr>
<tr><td>空单元格</td><td>无论是升序还是降序排列，空单元格总在最后</td></tr>
</table>

14.1.2 对某一列数据排序

如果只按照数据区域中的某一列为排序标准而进行的排序，这种排序就是单列排序。在下面的示例中，A~H列为工资表的数据区域，其中H列为员工的工资。现在需要按员工工资降序排列，即以从高到底的顺序排列工资。具体操作如下。

Step 01 单击H列数据区域中的任意一个单元格，然后执行以下两种操作之一，对H列数据进行降序排列。

- 单击功能区中的【数据】→【排序和筛选】→【降序】按钮。
- 单击功能区中的【开始】→【编辑】→【排序和筛选】按钮并选择【降序】命令。

Step 02 执行上述操作后，H列数据将按由大到小的顺序排列，其他列的数据也将随着H列数据整体变换位置，如图14-1所示。

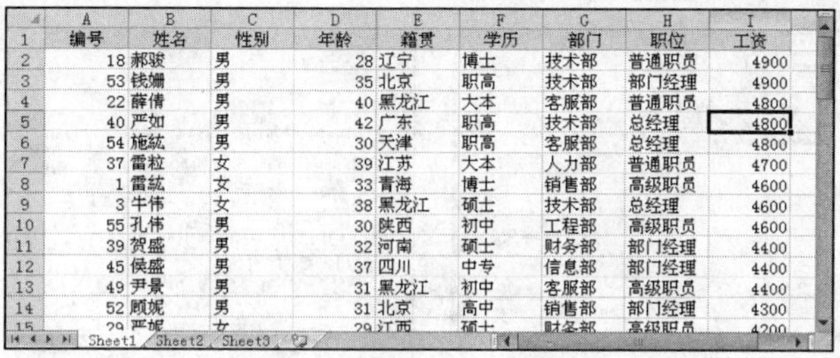

编号	姓名	性别	年龄	籍贯	学历	部门	职位	工资
18	郝骏	男	28	辽宁	博士	技术部	普通职员	4900
53	钱姗	男	35	北京	职高	技术部	部门经理	4900
22	薛倩	男	40	黑龙江	大本	客服部	普通职员	4800
40	严如	男	42	广东	职高	技术部	总经理	4800
54	施紘	男	30	天津	职高	客服部	总经理	4800
37	雷粒	女	39	江苏	大本	人力部	普通职员	4700
1	雷紘	女	33	青海	博士	销售部	高级职员	4600
3	牛伟	女	38	黑龙江	硕士	技术部	总经理	4600
55	孔伟	男	30	陕西	初中	工程部	高级职员	4600
39	贺盛	男	32	河南	硕士	财务部	部门经理	4400
45	侯盛	男	37	四川	中专	信息部	部门经理	4400
49	尹景	男	31	黑龙江	初中	客服部	高级职员	4400
52	顾妮	男	31	北京	高中	销售部	部门经理	4300
29	严妮	女	29	江西	硕士	财务部	高级职员	4200

图14-1

> **技巧**
>
> 还可以只对某一列内部进行排序，即排序后其他列仍为排序前的状态。实现这种排序方式的关键在于，对某列进行排序前，先选择该列数据，然后再进行排序即可。当选择某列数据并单击【升序】或【降序】按钮后，会弹出如图14-2所示的对话框，确保选择【以当前选定区域排序】单选按钮，然后单击【排序】按钮，即可只在选区内部排序，而不会影响到选区外部。

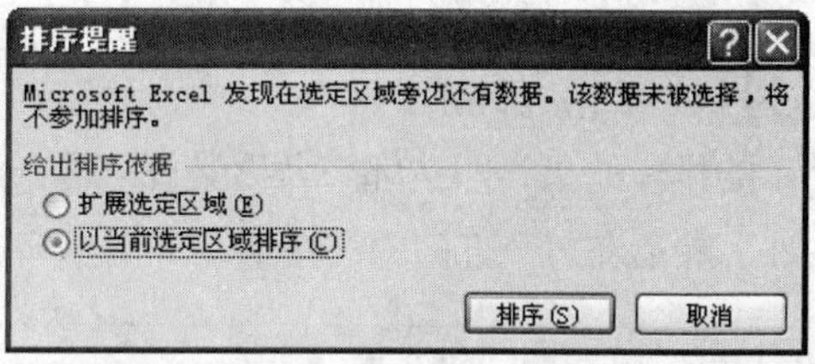

图14-2

14.1.3 同时对多列数据排序

如果同时指定两列或两列以上作为排序标准，那么这种排序就是多列排序。下面的示例仍使用上一个示例中的数据，首先按部门名称的首字母升序排序，然后在每个部门内部按工资降序排序。完成这样的排序工作的具体操作如下。

Step 01 单击数据区域中的任意一个单元格，然后单击功能区中的【数据】→【排序和筛选】→【排序】按钮，打开【排序】对话框。

Step 02 在【主要关键字】下拉列表中选择【部门】选项，然后在【排序依据】下拉列表中选择【数值】选项。单击【选项】按钮，在弹出的如图14-3所示的对话框中确认是否按字母排序，即是否选择了【字母排序】单选按钮。

Step 03 单击【确定】按钮返回【排序】对话框，在【次序】下拉列表中选择【升序】选项。这样就设置好了第一个排序条件。

Step 04 单击【排序】对话框中的【添加条件】按钮，添加第二个排序条件。按照上一个排序条件的设置方法，将【次要关键字】设置为【工资】，【排序依据】设置为【数值】，【次序】设置为【降序】，如图14-4所示。

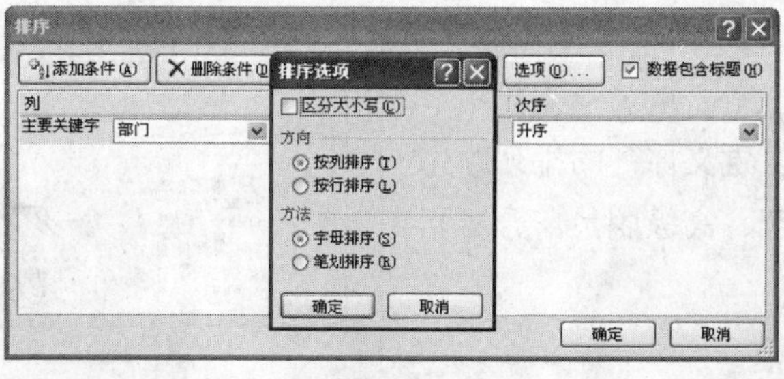

图14-3

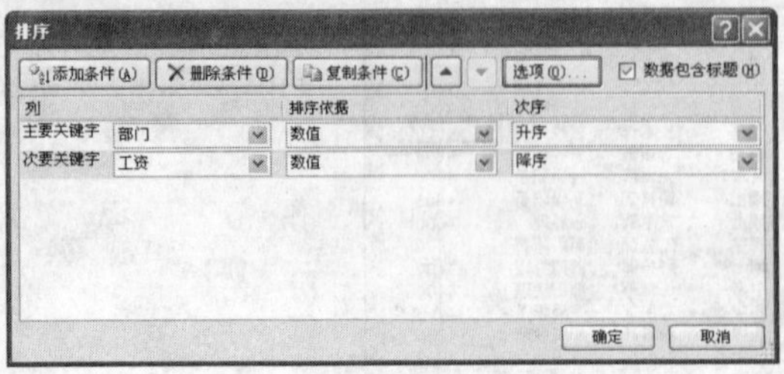

图14-4

提示　在Excel 2010中最多可以指定64个排序条件。

Step 05 单击【确定】按钮，得到如图14-5所示的排序结果，即按部门名称的首字母升序排序，然后在每个部门内部按工资降序排序。

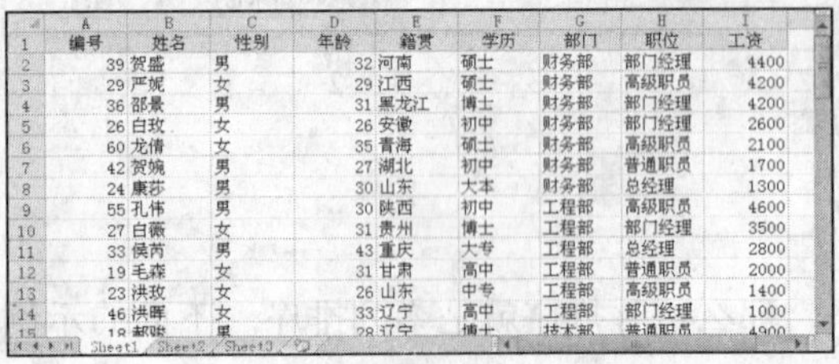

	A	B	C	D	E	F	G	H	I
1	编号	姓名	性别	年龄	籍贯	学历	部门	职位	工资
2	39	贺盛	男	32	河南	硕士	财务部	部门经理	4400
3	29	严妮	女	29	江西	硕士	财务部	高级职员	4200
4	36	部景	男	31	黑龙江	博士	财务部	部门经理	4200
5	26	白玫	女	26	安徽	初中	财务部	部门经理	2600
6	60	龙倩	女	35	青海	硕士	财务部	高级职员	2100
7	42	贺婉	男	27	湖北	初中	财务部	普通职员	1700
8	24	康莎	男	30	山东	大本	财务部	总经理	1300
9	55	孔伟	男	30	陕西	初中	工程部	高级职员	4600
10	27	白薇	女	31	贵州	博士	工程部	部门经理	3500
11	33	侯芮	男	43	重庆	大专	工程部	总经理	2800
12	19	毛森	女	31	甘肃	高中	工程部	普通职员	2000
13	23	洪玫	女	26	山东	中专	工程部	高级职员	1400
14	46	洪晖	女	33	辽宁	高中	工程部	部门经理	1000
[illegible]	18	[illegible]	男	28	辽宁	博士	技术部	普通职员	4900

图14-5

14.1.4 自定义排序

前面介绍的两种排序方式，都是根据Excel的内定排序规则来完成的。如果希望按照数据特殊的顺序进行排序，那么只有使用自定义排序功能。使用自定义排序功能的关键是创建一个自定义序列，然后在排序时就可以按照自定义序列完成排序操作。下面的示例首先按照职位由高到低进行排序，然后对相同职位的员工工资由高到低再进行一次排序。要完成这样的排序操作，具体操作如下。

Step 01 首先使用第10章介绍的方法创建一个自定义序列，本例中自定义序列的排列顺序为：总经理、部门经理、高级职员、普通职员，如图14-6所示。

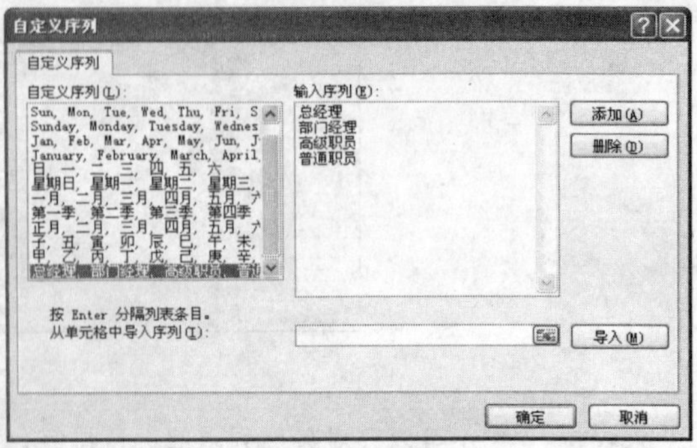

图14-6

Step 02 单击数据区域中的任意一个单元格，然后单击功能区中的【数据】→【排序和筛选】→【排序】按钮，打开【排序】对话框。将【主要关键字】设置为【职位】，将【排序依据】设置为【数值】，在【次序】下拉列表中选择【自定义序列】选项。

Step 03 打开【自定义序列】对话框，在左侧列表框中选择已经创建好的自定义序列，单击【确定】按钮，返回【排序】对话框，可以在【次序】下拉列表中看到自定义序列包含的详细内容，如图14-7所示。

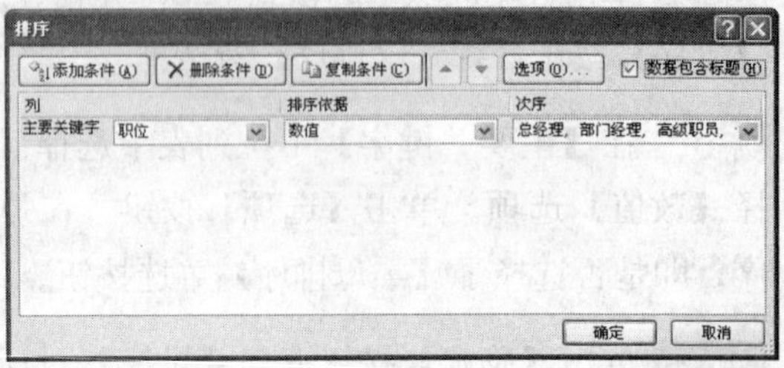

图14-7

Step 04 添加第二个排序条件，用于指定工资按降序排序，方法与14.1.3相同。设置好后单击【确定】按钮，将按照职位和工资进行多列排序，如图14-8所示。

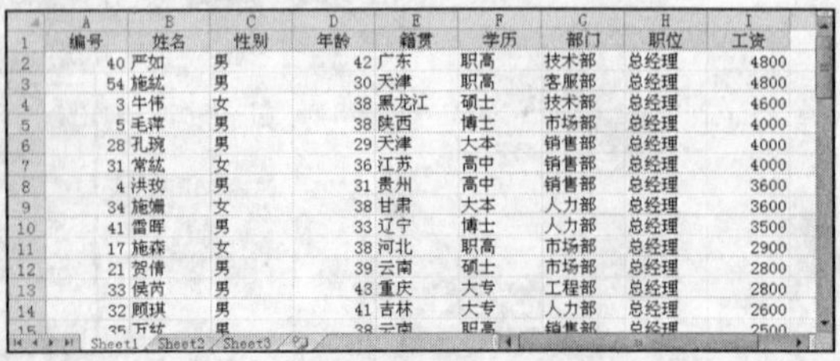

	A	B	C	D	E	F	G	H	I
1	编号	姓名	性别	年龄	籍贯	学历	部门	职位	工资
2	40	严如	男	42	广东	职高	技术部	总经理	4800
3	54	施絋	男	30	天津	职高	客服部	总经理	4800
4	3	牛伟	女	38	黑龙江	硕士	技术部	总经理	4600
5	5	毛萍	男	38	陕西	博士	市场部	总经理	4000
6	28	孔琬	男	29	天津	大本	销售部	总经理	4000
7	31	常絋	女	36	江苏	高中	销售部	总经理	4000
8	4	洪玫	男	31	贵州	高中	销售部	总经理	3600
9	34	施嫦	女	38	甘肃	大本	人力部	总经理	3600
10	41	雷晖	男	33	辽宁	博士	人力部	总经理	3500
11	17	施森	女	38	河北	职高	市场部	总经理	2900
12	21	贺倩	男	39	云南	硕士	市场部	总经理	2800
13	33	侯芮	男	43	重庆	大专	工程部	总经理	2800
14	32	顾琪	男	41	吉林	大专	人力部	总经理	2600
[illegible]	35	万[illegible]	男	38	云南	职高	销售部	总经理	2500

图14-8

14.2 对数据进行筛选

如果需要从大量数据中提取出符合某些条件的部分数据，那么使用Excel的筛选功能将是最合适的选择。因为Excel的筛选功能操作简单、筛选效率高，只需给出准确的筛选条件即可。Excel 2010加强了筛选功能，可以在搜索框中输入与筛选有关的内容，从而缩小筛选范围，以便快速找到满足条件的内容。与排序类似，Excel也提供了多种筛选方式，包括单列筛选、多列筛选、高级筛选等。

14.2.1 只在一列中筛选数据

与排序类似，如果只需要从一列同类数据中筛选出符合条件的内容，这种筛选就是单列筛选。下面的示例将筛选出学历为“博士”的所有数据。具体操作如下。

Step 01 单击数据区域中的任意一个单元格，然后单击功能区中的【数据】→【排序和筛选】→【筛选】按钮，此时将进入筛选状态，在数据区域首行每个标题的右侧显示一个筛选按钮，如图14-9所示。

	A	B	C	D	E	F	G	H	I
1	编号	姓名	性别	年龄	籍贯	学历	部门	职位	工资
2	1	雷紘	女	33	青海	博士	销售部	高级职员	4600
3	2	顾莎	男	40	贵州	高中	销售部	总经理	1600
4	3	牛伟	女	38	黑龙江	硕士	技术部	总经理	4600
5	4	洪玫	男	31	贵州	高中	销售部	总经理	3600
6	5	毛萍	男	38	陕西	博士	市场部	总经理	4000
7	6	牛粒	男	35	吉林	博士	技术部	部门经理	3700
8	7	贺文	男	40	四川	初中	客服部	普通职员	4100
9	8	洪玫	男	32	江苏	硕士	信息部	普通职员	1100
10	9	白伟	男	31	山西	职高	客服部	总经理	1600
11	10	康骏	男	28	福建	大本	销售部	普通职员	1800
12	11	常婉	男	25	陕西	大专	市场部	普通职员	1600
13	12	牛蕾	女	43	上海	硕士	市场部	部门经理	1000
14	13	顾森	男	40	湖南	职高	销售部	高级职员	1100
15	14	龙伟	女	32	陕西	大专	信息部	高级职员	3700

Sheet1 Sheet2 Sheet3

图14-9

Step 02 单击标题【学历】右侧的筛选按钮打开筛选列表。取消勾选【全选】复选框，然后勾选择【博士】复选框，如图14-10所示。

Step 03 单击【确定】按钮，得到如图14-11所示的结果，当前只显示所有学历为“博士”的数据。

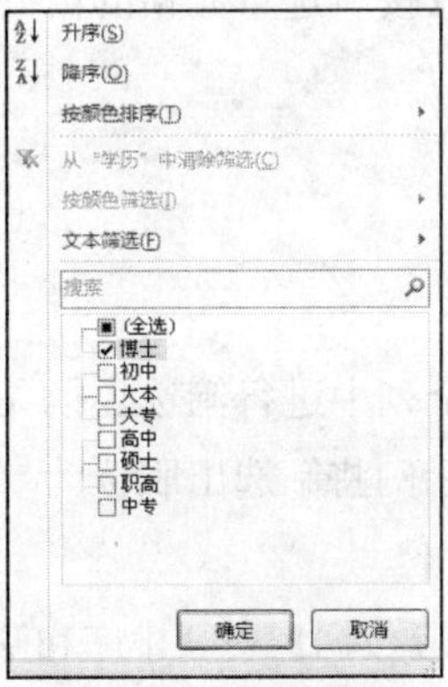

图14-10

	A	B	C	D	E	F	G	H	I
1	编号	姓名	性别	年龄	籍贯	学历	部门	职位	工资
2	1	雷紘	女	33	青海	博士	销售部	高级职员	4600
6	5	毛萍	男	38	陕西	博士	市场部	总经理	4000
7	6	牛粒	男	35	吉林	博士	技术部	部门经理	3700
19	18	郝骏	男	28	辽宁	博士	技术部	普通职员	4900
28	27	白薇	女	31	贵州	博士	工程部	部门经理	3500
37	36	邵景	男	31	黑龙江	博士	财务部	部门经理	4200
42	41	雷晖	男	33	辽宁	博士	人力部	总经理	3500
62									
63									
64									
65									
66									
67									
68									

Sheet1 Sheet2 Sheet3

图14-11

> **技巧** Excel 2010允许用户输入筛选内容，从而快速缩小筛选范围。当单击某个列标题右侧的筛选按钮并打开筛选列表后，可以看到有一个用于输入的搜索框，在该搜索框中可以输入要查找的内容，快速筛选出匹配的内容，如图14-12所示。

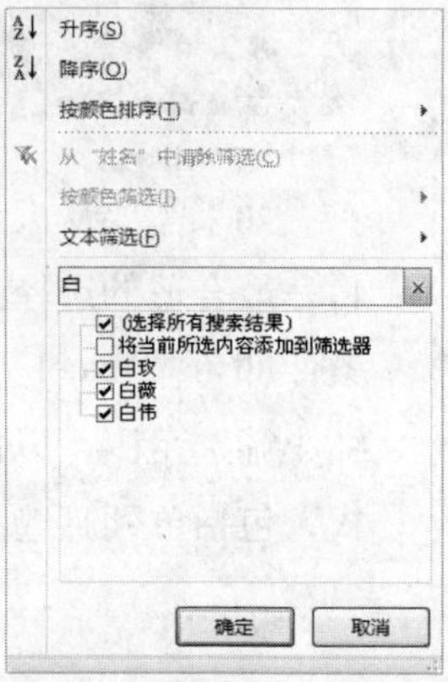

图14-12

当需要清除当前筛选并返回筛选前的状态时，可以使用下面三种方法。

- 单击要清除筛选的筛选按钮，在弹出的菜单中选择【从xx中清除筛选】命令（xx表示当前处于筛选状态的列标题名称）。
- 单击功能区中的【数据】→【排序和筛选】→【清除】按钮。
- 单击功能区中的【数据】→【排序和筛选】→【筛选】按钮。

以上三种方法虽然都可用于清除筛选，但是操作后的效果并不相同。使用第一种方法只能清除当前设置的一个筛选；使用第二种方法将清除当前数据区域中的所有筛选，但仍显示筛选按钮；而使用第三种方法，不但可以清除所有筛选，而且还将删除筛选按钮并退出筛选状态。

上面的示例介绍的是对文本的筛选方法，在Excel中，还可以对数值或日期进行筛选，它们与文本筛选的区别是可用的筛选条件不同。无论是文本、日期还是数值筛选，在筛选列表底部都包含有一个【自定义筛选】选项。根据所处的筛选列的不同，选择该选项打开的对话框也略有差别，但是对话框的操作方法是类似的。例如，在如图14-13所示的对话框中，设置了两个条件：年龄大于等于30，或小于等于40。在这种对话框中可以同时指定两个筛选条件，这显然要比筛选列表中的其他筛选条件灵活一些。

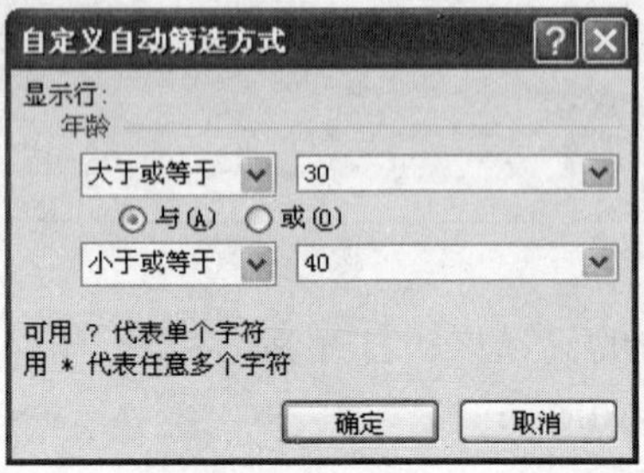

图14-13

另外一种筛选方法是右击作为筛选条件的单元格，在弹出的快捷菜单中选择【筛选】命令，然后在其子菜单中可以选择具体的筛选方式。例如，选择【按所选单元格的值筛选】命令，这样与在筛选列表中选择某个复选框的效果是相同的。

14.2.2 同时从多列中筛选数据

如果希望获得比单列筛选更加精确的数据，那么可以在多个列中进行筛选。换句话说，多列筛选可以提取出满足多个不同条件的数据。例如，下面的示例将筛选出职位为“部门经理”中学历为“硕士”和“博士”的所有人员清单。具体操作如下。

Step 01 单击数据区域中的任意一个单元格，然后单击功能区中的【数据】→【排序和筛选】→【筛选】按钮，进入筛选状态。

Step 02 单击标题【职位】右侧的筛选按钮，打开筛选列表。取消勾选【全选】复选框，然后勾选【部门经理】复选框。

Step 03 单击标题【学历】右侧的筛选按钮，打开筛选列表。取消勾选【全选】复选框，然后勾选【硕士】和【博士】复选框。

Step 04 单击【确定】按钮，将得到如图14-14所示的结果，筛选出了所有拥有硕士和博士学历的部门经理的所有人员清单。

	A	B	C	D	E	F	G	H	I
1	编号	姓名	性别	年龄	籍贯	学历	部门	职位	工资
7	6	牛粒	男	35	吉林	博士	技术部	部门经理	3700
13	12	牛蕾	女	43	上海	硕士	市场部	部门经理	1000
28	27	白薇	女	31	贵州	博士	工程部	部门经理	3500
37	36	邵景	男	31	黑龙江	博士	财务部	部门经理	4200
40	39	贺盛	男	32	河南	硕士	财务部	部门经理	4400

图14-14

14.2.3 根据自定义条件筛选数据

高级筛选与前面介绍的两种筛选方式有所不同，前两种筛选都是直接筛选列表中给定的条件或进行简单的自定义筛选条件来进行的，而高级筛选则需要在一个与当前数据区域分隔开的单独区域中手工输入要作为筛选条件的数据，然后使用该数据对原始数据进行筛选。可以看出，高级筛选的优势就是极其灵活，可以输入任意的筛选条件。要正确使用高级筛选，请遵循以下几条原则。

- 用作条件的数据区域必须与待筛选区域之间以空行或空列分隔，即两个区域不可相邻。
- 在条件区域中，如果多个数据在同一行不同列中输入，则表示【与】类型的条件，即在筛选时要同时满足这些条件；如果多个数据在不同行不同列中输入，则表示【或】类型的条件，即在筛选时只要满足这些条件之一即可。

例如，下面的示例筛选出了销售部中高级职员的人员清单，本例中使用高级筛选，在区域K1:L2中指定筛选条件。请注意，筛选条件位于同一行的不同列中，并且与原数据区域之间有一个空列分隔开，如图14-15所示。

	E	F	G	H	I	J	K	L	M
1	籍贯	学历	部门	职位	工资		部门	职位	
2	青海	博士	销售部	高级职员	4600		销售部	高级职员	
3	贵州	高中	销售部	总经理	1600				
4	黑龙江	硕士	技术部	总经理	4600				
5	贵州	高中	销售部	总经理	3600				
6	陕西	博士	市场部	总经理	4000				
7	吉林	博士	技术部	部门经理	3700				
8	四川	初中	客服部	普通职员	4100				
9	江苏	硕士	信息部	普通职员	1100				
10	山西	职高	客服部	总经理	1600				
11	福建	大本	销售部	普通职员	1800				
12	陕西	大专	市场部	普通职员	1600				
13	上海	硕士	市场部	部门经理	1000				
14	湖南	职高	销售部	高级职员	1100				
15	陕西	大专	信息部	高级职员	3700				

图14-15

设置好筛选条件后，请按照以下步骤完成高级筛选的操作。

Step 01 单击原数据区域中的任意一个单元格，然后单击功能区中的【数据】→【排序和筛选】→【高级】按钮，打开【高级筛选】对话框，在【列表区域】中已经自动填入了原数据区域，如图14-16所示。

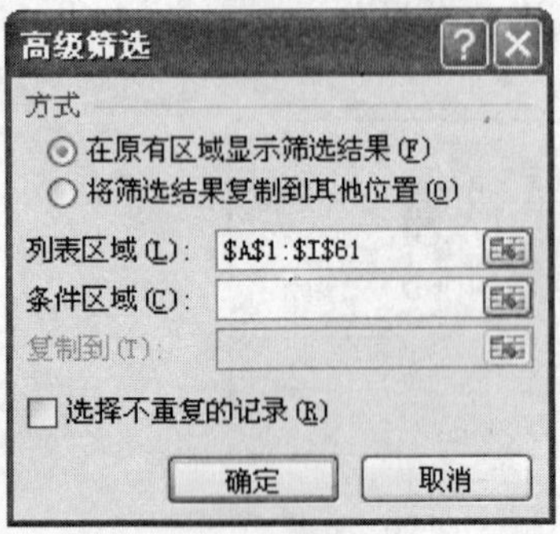

图14-16

Step 02 单击【条件区域】右侧的 按钮，然后在工作表中选择之前设置的条件区域K1:L2，如图14-17所示。

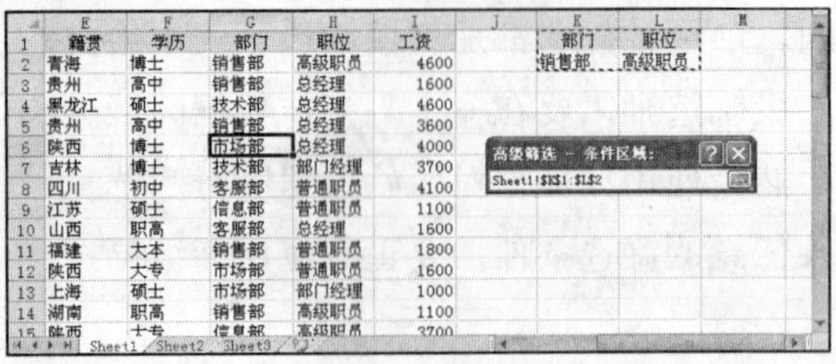

图14-17

Step 03 单击 按钮返回【高级筛选】对话框，步骤2选择的区域将自动填入到【条件区域】中，如图14-18所示。

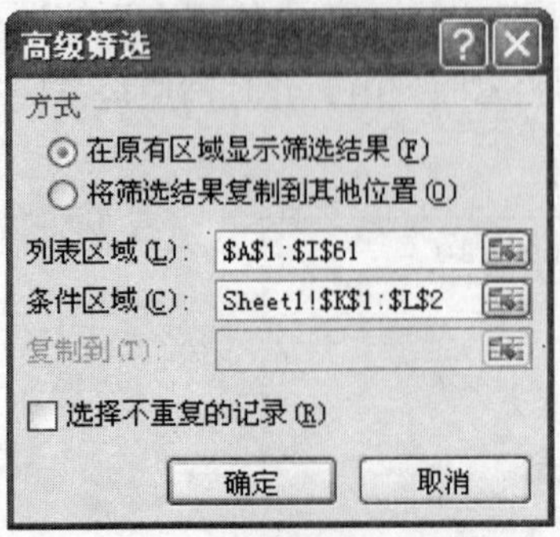

图14-18

Step 04 单击【确定】按钮，即可筛选出销售部中高级职员的名单，如图14-19所示。

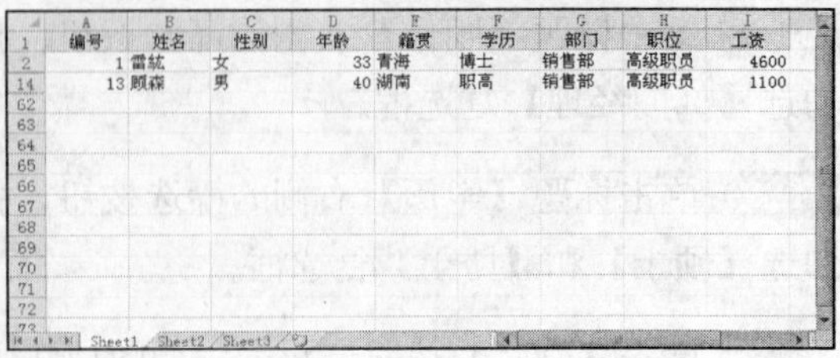

图14-19

14.2.4 快速删除重复数据

在日常工作中，经常会发现某个工作表中的数据存在着重复现象，然而要删除这些重复数据是比较麻烦的。Excel 2007/2010提供了直接删除重复数据的功能，这样大大简化了这些数据删除的操作过程。

首先单击要去除重复数据的区域中的任意一个单元格，然后单击功能区中的【数据】→【数据工具】→【删除重复项】按钮，打开如图14-20所示的【删除重复项】对话框。在列表框中列出了当前数据区域中所有列的标题，可以选择以哪类数据作为查找重复数据的依据（可多选）。例如，这里只勾选【姓名】复选框，表示只查找姓名重复的项。单击【确定】按钮，将删除数据区域中姓名发生重复的数据行，同时会在弹出的对话框中显示出删除的重复数据数量。

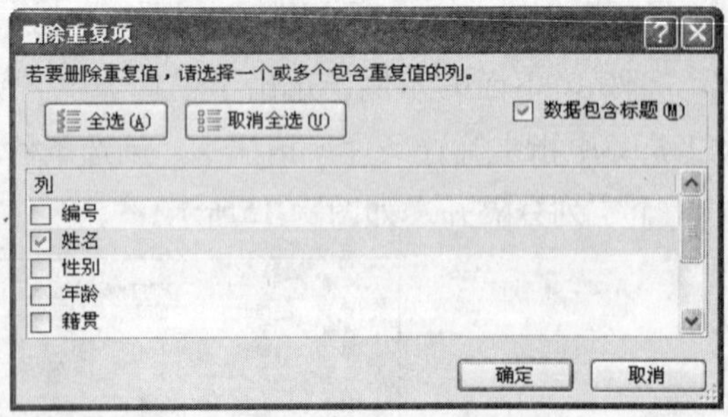

图14-20

提示 如果列表中没有显示标题名称，而只是显示列字母，那么可以勾选对话框左上角的【数据包含标题】复选框。

14.3 对数据进行分类汇总

分类汇总是指对数据按类别分开，然后以某种指定的方式对每一类数据进行统计。这样就可以得到不同类别的数据统计信息，快速生成有意义的数据报表。要得到正确的分类汇总数据，原数据区域需要满足以下几个条件。

- 每列都有列标题。
- 每列都包含类型相同的数据。
- 数据区域是一个连续的区域，其中不包含空行或空列。
- 分类汇总前必须先对要分类的字段进行排序，否则无法得到正确结果。

14.3.1 汇总单类数据

可以只对某一类数据进行汇总。例如，下面的示例汇总了公司各部门的工资情况。首先对部门名称进行排序，然后以部门名称作为分类依据创建分类汇总，具体操作如下。

Step 01 单击标题【部门】列数据区域中的任意一个单元格，然后单击功能区中的【数据】→【排序和筛选】→【升序】按钮，对【部门】列进行升序排序，如图14-21所示。

Step 02 单击功能区中的【数据】→【分级显示】→【分类汇总】按钮，打开如图14-22所示的【分类汇总】对话框，然后进行以下几项设置。

- 在【分类字段】下拉列表中选择【部门】选项，即选择分类的依据。
- 在【汇总方式】下拉列表中选择【求和】选项，即选择汇总的计算方式。
- 在【选定汇总项】列表框中勾选【工资】复选框，即选择要汇总的数据。

	A	B	C	D	E	F	G	H	I
1	编号	姓名	性别	年龄	籍贯	学历	部门	职位	工资
2	24	康莎	男	30	山东	大本	财务部	总经理	1300
3	26	白玫	女	26	安徽	初中	财务部	部门经理	2600
4	29	严妮	女	29	江西	硕士	财务部	高级职员	4200
5	36	邵景	男	31	黑龙江	博士	财务部	部门经理	4200
6	39	贺盛	男	32	河南	硕士	财务部	部门经理	4400
7	42	贺婉	男	27	湖北	初中	财务部	普通职员	1700
8	60	龙倩	女	35	青海	硕士	财务部	高级职员	2100
9	19	毛森	女	31	甘肃	高中	工程部	普通职员	2000
10	23	洪玫	女	26	山东	中专	工程部	高级职员	1400
11	27	白薇	女	31	贵州	博士	工程部	部门经理	3500
12	33	侯芮	男	43	重庆	大专	工程部	总经理	2800
13	46	洪晖	女	33	辽宁	高中	工程部	部门经理	1000
14	55	孔伟	男	30	陕西	初中	工程部	高级职员	4600
15	3	牛伟	女	38	黑龙江	硕士	技术部	总经理	4600

图14-21

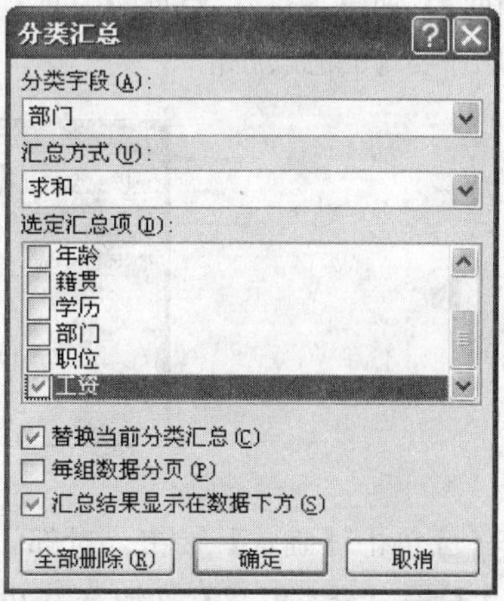

图14-22

Step 03 单击【确定】按钮，得到如图14-23所示的结果。其中按照部门进行了分类，并计算出了每个部门的工资总和。在数据区域的底部，还计算出了所有部门的工资总和。

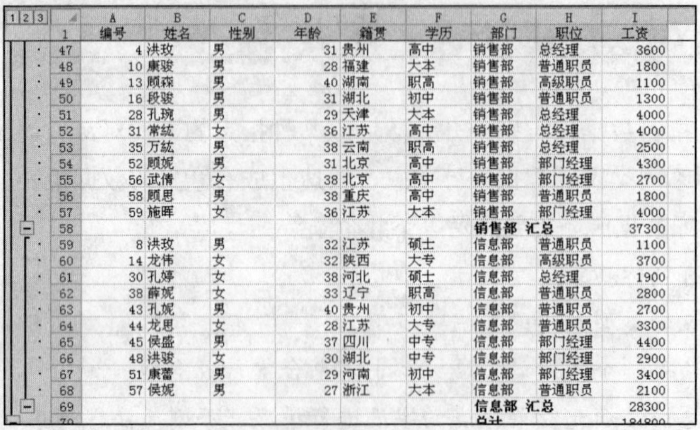

	A	B	C	D	E	F	G	H	I
1	编号	姓名	性别	年龄	籍贯	学历	部门	职位	工资
47	4	洪玫	男	31	贵州	高中	销售部	总经理	3600
48	10	康骏	男	28	福建	大本	销售部	普通职员	1800
49	13	顾森	男	40	湖南	职高	销售部	高级职员	1100
50	16	段骏	男	31	湖北	初中	销售部	普通职员	1300
51	28	孔琬	男	29	天津	大本	销售部	总经理	4000
52	31	常紘	女	36	江苏	高中	销售部	总经理	4000
53	35	万紘	男	38	云南	职高	销售部	总经理	2500
54	52	顾妮	男	31	北京	高中	销售部	部门经理	4300
55	56	武倩	女	38	北京	高中	销售部	部门经理	2700
56	58	顾思	男	38	重庆	高中	销售部	普通职员	1800
57	59	施晖	女	36	江苏	大本	销售部	部门经理	4000
58							销售部 汇总		37300
59	8	洪玫	男	32	江苏	硕士	信息部	普通职员	1100
60	14	龙伟	女	32	陕西	大专	信息部	高级职员	3700
61	30	孔婷	女	38	河北	硕士	信息部	总经理	1900
62	38	薛妮	女	33	辽宁	职高	信息部	普通职员	2800
63	43	孔妮	男	40	贵州	初中	信息部	普通职员	2700
64	44	龙思	女	28	江苏	大专	信息部	普通职员	3300
65	45	侯盛	男	37	四川	中专	信息部	部门经理	4400
66	48	洪骏	女	30	湖北	中专	信息部	部门经理	2900
67	51	康蕾	男	29	河南	初中	信息部	部门经理	3400
68	57	侯妮	男	27	浙江	大本	信息部	普通职员	2100
69							信息部 汇总		28300
70							总计		184800

图14-23

如果要使数据恢复到汇总前的状态，则需要再次打开【分类汇总】对话框，然后单击【全部删除】按钮。删除后将恢复到分类汇总前但已排序某列后的状态。这里需要注意一点，删除分类汇总的操作是无法撤销的，因此在删除前需谨慎。

14.3.2 汇总多类数据

如果需要得到更详细的汇总数据，可以分别对两类以上数据进行汇总。例如，对于上一示例来说，可以先对部门进行汇总，然后再汇总每个部门内不同职位的人数。要创建这样的汇总，需要对多类数据进行分别汇总。由于本例中是要对两列数据进行分类（部门和职位），因此，需要先对这两列数据进行排序，即多列排序，然后再进行分类汇总，具体操作如下。

Step 01 单击数据区域中的任意一个单元格，然后单击功能区中的【数据】→【排序和筛选】→【排序】命令，打开【排序】对话框，按照如图14-24所示进行设置。需要注意的是，排序的设置顺序要与汇总顺序相同。

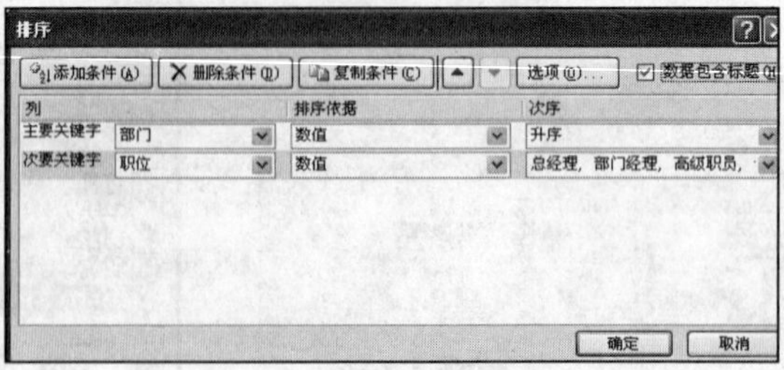

图14-24

Step 02 单击【确定】按钮，对部门和职位进行排序，然后单击功能区中的【数据】→【分级显示】→【分类汇总】按钮，打开如图14-25所示的【分类汇总】对话框，然后进行以下几项设置。

- 在【分类字段】下拉列表中选择【部门】选项。
- 在【汇总方式】下拉列表中选择【计数】选项。
- 在【选定汇总项】列表框中勾选【编号】复选框。

Step 03 单击【确定】按钮，完成第一次分类汇总。再次打开【分类汇总】对话框，设置第二次分类汇总，如图14-26所示，具体设置如下。

- 在【分类字段】下拉列表中选择【职位】选项。
- 在【汇总方式】下拉列表中选择【计数】选项。
- 在【选定汇总项】列表框中勾选【编号】复选框。

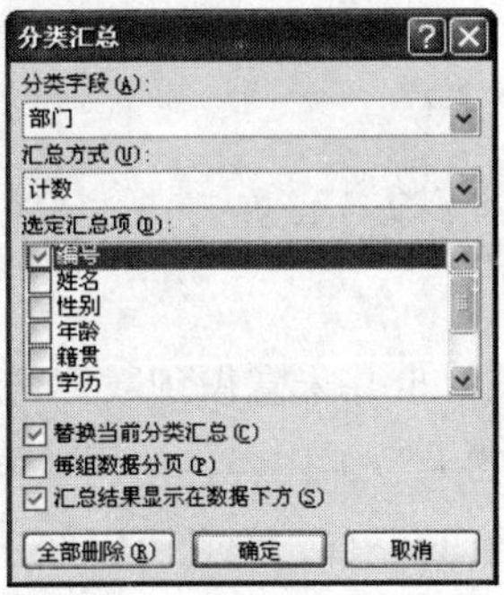

图14-25

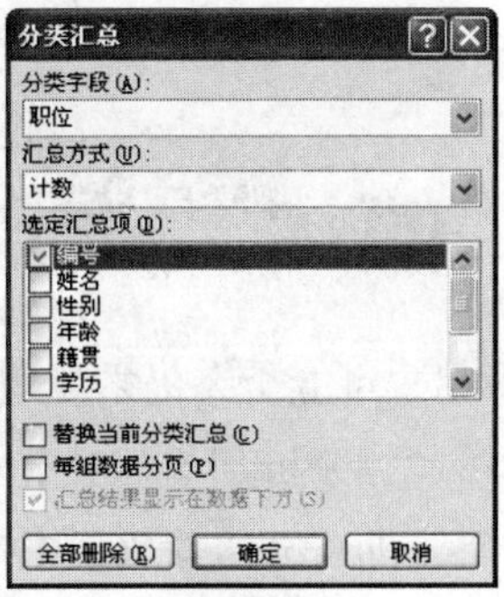

图14-26

注 意

单击【确定】按钮前必须取消勾选【替换当前分类汇总】复选框，否则第二次分类汇总将覆盖掉上一次的汇总结果。

Step 04 单击【确定】按钮，将统计出每个部门以及部门内不同职位的员工人数，如图14-27所示。

	A	B	C	D	E	F	G	H	I
1	编号	姓名	性别	年龄	籍贯	学历	部门	职位	工资
2	24	康莎	男	30	山东	大本	财务部	总经理	1300
3	1							**总经理 计**	1
4	26	白玫	女	26	安徽	初中	财务部	部门经理	2600
5	36	邵景	男	31	黑龙江	博士	财务部	部门经理	4200
6	39	贺盛	男	32	河南	硕士	财务部	部门经理	4400
7	3							**部门经理**	3
8	29	严妮	女	29	江西	硕士	财务部	高级职员	4200
9	60	龙倩	女	35	青海	硕士	财务部	高级职员	2100
10	2							**高级职员**	2
11	42	贺婉	男	27	湖北	初中	财务部	普通职员	1700
12	1							**普通职员**	1
13	7						**财务部 计数**		7
14	33	侯芮	男	43	重庆	大专	工程部	总经理	2800
15	1							**总经理 计**	1
16	27	白薇	女	31	贵州	博士	工程部	部门经理	3500
17	46	洪晖	女	33	辽宁	高中	工程部	部门经理	1000
18	2							**部门经理**	2
19	23	洪玫	女	26	山东	中专	工程部	高级职员	1400
20	55	孔伟	男	30	陕西	初中	工程部	高级职员	4600
21	2							**高级职员**	2
22	19	毛森	女	31	甘肃	高中	工程部	普通职员	2000
23	1							**普通职员**	1
24	6						**工程部 计数**		6
25	3	牛伟	女	38	黑龙江	硕士	技术部	总经理	4600
26	40	严如	男	42	广东	职高	技术部	总经理	4800
27	50	顾粒	男	29	甘肃	职高	技术部	总经理	2200
28	3							**总经理 计**	3
29	6	牛粒	男	35	吉林	博士	技术部	部门经理	3700
30	53	钱姗	男	35	北京	职高	技术部	部门经理	4900
31	2							**部门经理**	2
32	18	郝骏	男	28	辽宁	博士	技术部	普通职员	4900
33	1							**普通职员**	1
34	6						**技术部 计数**		6
35	9	白伟	男	31	山西	职高	客服部	总经理	1600
36	54	施絋	男	30	天津	职高	客服部	总经理	4800

图14-27

汇总后将会在分类汇总数据的左侧看到类似 1 2 3 4 的分级图标，单击这些图标可按不同的汇总级别查看数据，数字越大表示可查看到的内容越多。例如，单击分级图标中的 2，则只显示第一级和第二级的数据，如图14-28所示。

图14-28

14.4 使用数据透视表

很多Excel用户可能至今仍未使用过数据透视表，也并未意识到数据透视表是Excel中一个强有力的数据分析利器。对于一个错综复杂的大型工作表，使用数据透视表，只需短短的几分钟，即可从这些数据中提取出最有价值的信息，而且可以快速创建各类报表，这些操作仅仅需要单击几下鼠标即可完成。即使没有任何函数基础，也可以利用数据透视表快速完成大量数据的汇总，并可确保数据结果的正确性。

14.4.1 了解数据透视表的结构和术语

在正式开始介绍数据透视表之前，有必要先来了解一下数据透视表的结构和一些基本术语，这样也便于理解本章后面将要介绍的内容。一个数据透视表通常分为四部分，如图14-29所示。

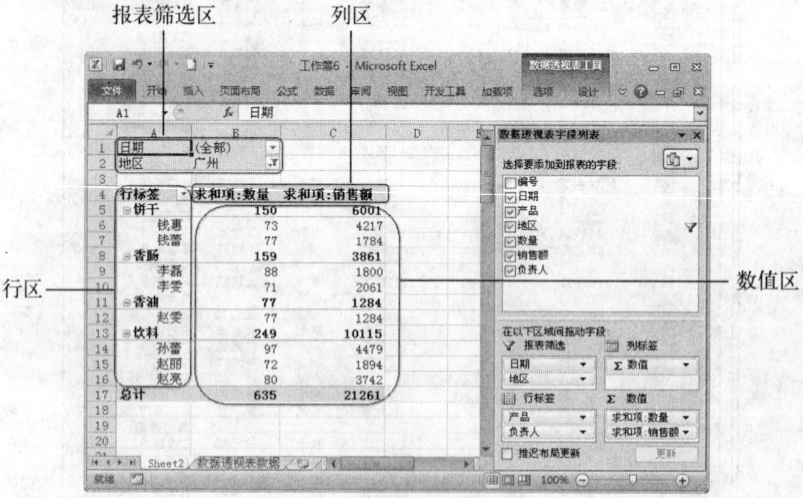

图14-29

- 报表筛选区：该区域位于数据透视表的顶部，主要用于对数据透视表进行整体性数据的筛选。在报表筛选区中主要放置了一些要重点统计的数据类别。
- 行区：该区域位于数据透视表的左侧，包括具有水平方向的字段。行区中的标题可以有多个层次，它们的关系类似于父文件夹和子文件夹。在行区中主要放置一些可用于

11 Chapter
12 Chapter
13 Chapter
14 Chapter
15 Chapter
16 Chapter
17 Chapter
18 Chapter
19 Chapter
20 Chapter

进行分组或分类的内容。

- 列区：该区域位于数据透视表中各列的顶端，包括具有列方向的字段。与行区类似，列区中的标题也可以有多个层次。在列区中主要放置一些可以随时间变化的内容。
- 数值区：除了前面介绍的三个区域外，在数据透视表中剩下的区域就是数值区。数值区主要用于显示明细数据，进行各种不同类型的统计工作，并可以将统计结果显示在数据透视表中，这些都可以由用户来控制。

下面是数据透视表中的几个常用术语，在本章后面的内容中将会使用这些术语。

- 数据源：创建数据透视表所使用的原始数据区域，数据源可以有多种类型，包括普通的单元格区域、定义的区域名称以及其他外部可用数据（例如，文本文件或Access数据库）。
- 字段：数据透视表中的字段相当于数据源各列的列标题，每个字段代表一列数据的分类。根据字段所在区域的不同，可以将字段分为报表筛选字段、行字段、列字段和值字段。
- 项：项是每个字段中包含的数据。例如，对于前面图中的数据透视表而言，有一个名为“销售地区”的行字段，其中的每一个具体的城市名称就是“销售地区”字段中的项。

14.4.2 数据源设计原则

任何数据区域都可以作为创建数据透视表的数据源，但不是使用所有数据源都能创建出有效的数据透视表。下面列出的几条原则需要在创建数据透视表之前对数据源进行检查，否则创建的数据透视表可能会包含很多问题。

- 数据区域应该包含标题行。在用于创建数据透视表的数据源中，应该确保每列数据都包含列标题。这样在创建数据透视表后，才能正确显示出分类字段。
- 数据区域中的每列应该是不同类型的数据。在要创建数据透视表的数据区域中，每列数据应该是不同的类型。这里说的数据类型不是指数值格式、日期格式等类型，而是指可以互相包容或可以归纳到一起的数据内容。例如，不同列的列标题为“1月”、“2月”、“3月”等，这种形式就属于同一类数据，因为它们都可以划分到“月份”标题下。
- 数据区域中不能存在空行、空列和空单元格。当数据区域中存在空行和空列时，创建数据透视表时将无法自动包含所有数据。换句话说，对包含空行和空列的数据区域创建数据透视表时，使用的数据是不完整的。如果数据区域中包含空单元格，也可以正常创建数据透视表，但可能会影响数据的分析结果。

14.4.3 创建数据透视表

准备好用于创建数据透视表的原始数据后，就可以开始创建数据透视表了。在Excel 2010中将创建数据透视表的工作整合到一个对话框中，而不再像Excel 2003那样使用向导进行多步设置才能创建数据透视表。创建数据透视表的具体操作如下。

Step 01 单击数据区域中的任意一个单元格。然后单击功能区中的【插入】→【表格】→【数据透视表】按钮，打开如图14-30所示的【创建数据透视表】对话框。

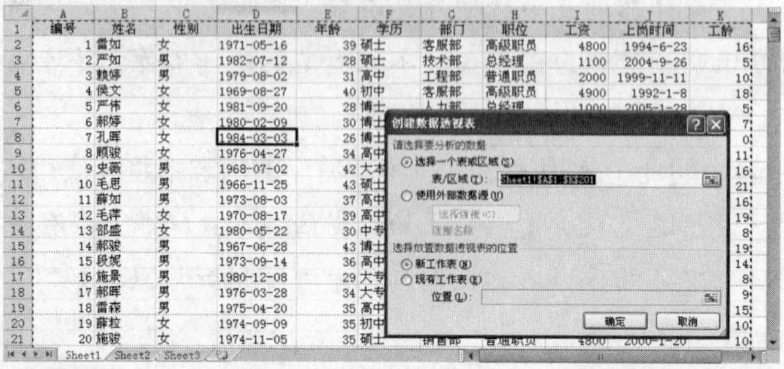

图14-30

提示　默认情况下，数据透视表将被创建在一个新的工作表中。如果希望数据透视表创建到当前工作表中，那么可以单击图14-30中的【现有工作表】单选按钮，然后通过指定【位置】中的值来确定数据透视表左上角的位置。

Step 02 Excel将自动填入与鼠标所在单元格连续的一个单元格区域。如果自动填入的这个区域正确无误，那么单击【确定】按钮，创建如图14-31所示的空白数据透视表，并在窗口右侧自动打开【数据透视表字段列表】窗格。

图14-31

14.4.4 对数据透视表字段进行布局

在创建好一个空白的数据透视表后，接下来的工作就是要构建出一个报表。要想构建出有意义的报表，需要对【数据透视表字段列表】窗格中的字段进行布局。所谓布局，是指将【选择要添加到报表的字段】列表框中的字段拖动到【数据透视表字段列表】窗格下方的四个列表框中，从而得到不同结构的报表。例如，在14.4.3节创建的空白数据透视表中，对【数据透视表字段列表】窗格中的字段进行以下布局。如图14-32所示的报表筛选了技术部所有部门经理的个人情况。

- 将【姓名】字段拖动到【行标签】列表框中。
- 将【年龄】、【工龄】和【工资】字段拖动到【数值】列表框中。
- 将【部门】和【职位】字段拖动到【报表筛选】列表框中。

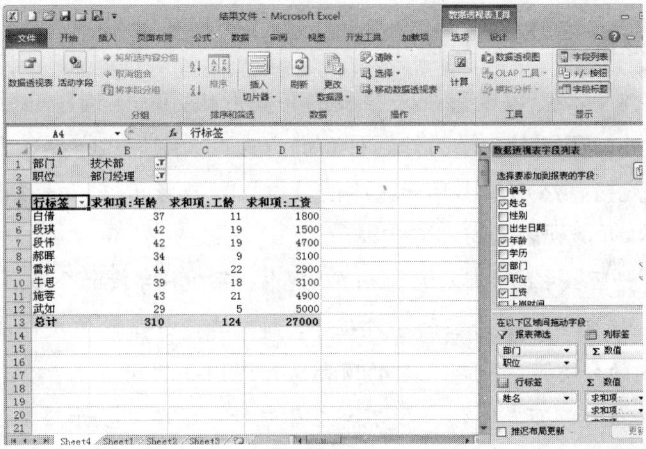

图14-32

注意

如果在一个列表框中包含了多个字段，那么需要注意各字段之间的上下顺序，因为这将直接影响到数据透视表报表的最终结果。

可以根据需要随时在各个列表框中拖动不同字段，以便构建具有不同意义的报表。如果要从报表中删除某些字段，只需将【数据透视表字段列表】窗格下方四个列表框中的字段拖出【数据透视表字段列表】窗格即可。

14.4.5 刷新数据透视表

当用于创建数据透视表的原始数据有所修改后，数据变化的结果不会立刻反映到数据透视表中。如果希望数据透视表可以体现出最新修改过的数据，那么需要单击数据透视表内部，然后单击功能区中的【选项】→【数据】→【刷新】按钮，即可将修改后的数据更新到数据透视表中。

有时可能会改变用于创建数据透视表的原始数据区域的范围，也可能干脆使用其他数据区域来创建数据透视表，这就需要重新选择用于创建数据透视表的数据区域。单击数据透视表内部，然后单击功能区中的【选项】→【数据】→【更改数据源】按钮，打开【更改数据透视表数据源】对话框，重新选择用于创建数据透视表的区域，如图14-33所示。单击【确定】按钮将使用新区域中的数据更新数据透视表。

图14-33

14.4.6 设置数据透视表的外观

在构建了数据透视表之后，为了使数据透视表更直观地表达数据的含义，用户可以根据个人需要对数据透视表的外观进行一些设置与调整。

1. 改变数据透视表的报表布局

首先可以从整体上改变数据透视表报表的布局形式。默认创建的数据透视表其布局为“压缩布局”。此外，还可以选择另外两种布局方式：大纲形式布局和表格形式布局。单击数据透视表内的单元格，然后单击功能区中的【设计】→【布局】→【报表布局】按钮，在弹出的菜单中切换数据透视表的布局方式。

- 压缩布局：行区域中的字段分层排列在A列中，每组行字段的分类汇总出现在组的顶部。
- 大纲布局：行区域中最外层的字段位于A列，其他行字段依次向B、C、D等列展开，每组行字段的分类汇总出现在组的顶部，如图14-34所示。
- 表格布局：与大纲布局类似，但不会在每组行字段顶部显示分类汇总，而是显示在每组行字段的底部。正如其名，字段与数据的分布就像表格中的数据一样，如图14-35所示。

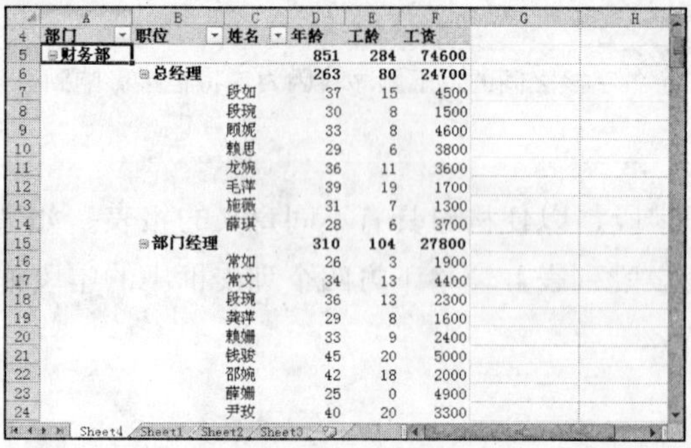

图14-34

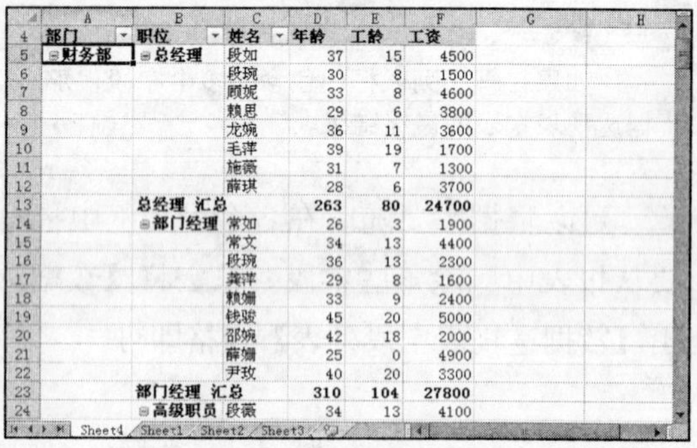

图14-35

2. 改变分类汇总和总计方式

默认情况下，创建的数据透视表中都将自动包含分类汇总行和总计行，可以根据需要禁用或重新启用分类汇总和总计行。单击功能区中的【设计】→【布局】→【分类汇总】和【总计】按钮，在弹出的菜单中选择分类汇总和总计的方式。

3. 改变数据的数字格式

为了更好地从外观上区分不同的数据，可以为数据透视表中的数据设置数据格式，这与设置工作表中的单元格格式有些类似。例如，下面的示例为数据透视表【工资】列中的数据设置货币格式。右击数据透视表【工资】列中包含数据的任意一个单元格，在弹出的快捷菜单中选择【数字格式】命令，打开【设置单元格格式】对话框，选择列表中的【货币】选项。单击【确定】按钮，将【工资】列中的数据设置为货币格式，如图14-36所示。

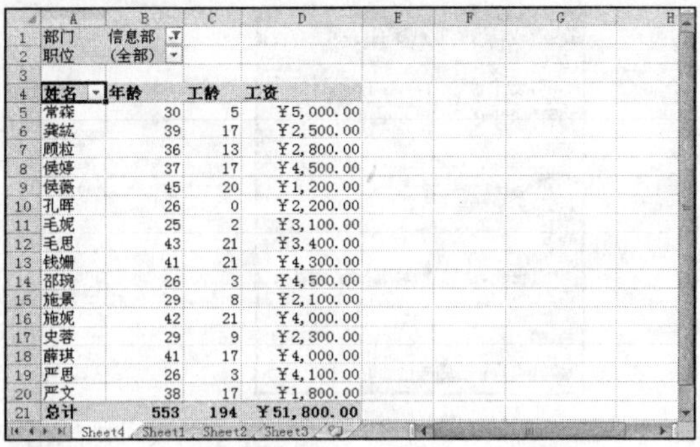

部门	信息部		
职位	(全部)		
姓名	年龄	工龄	工资
常森	30	5	￥5,000.00
龚紘	39	17	￥2,500.00
顾粒	36	13	￥2,800.00
侯婷	37	17	￥4,500.00
侯薇	45	20	￥1,200.00
孔晖	26	0	￥2,200.00
毛妮	25	2	￥3,100.00
毛思	43	21	￥3,400.00
钱姗	41	21	￥4,300.00
邵琬	26	3	￥4,500.00
施景	29	8	￥2,100.00
施妮	42	21	￥4,000.00
史蓉	29	9	￥2,300.00
薛琪	41	17	￥4,000.00
严思	26	3	￥4,100.00
严文	38	17	￥1,800.00
总计	553	194	￥51,800.00

图14-36

4. 使用表样式格式化数据透视表

Excel为创建的数据透视表自动应用了默认的表样式，但是后期用户也可以根据需要选择其他表样式或者创建自己的样式。单击数据透视表内的任意单元格，然后在功能区中的【设计】→【数据透视表样式】组的样式列表中为数据透视表选择一种Excel预置样式。除了使用预置的样式外，用户还可以创建自己的表样式。在数据透视表样式下拉列表中选择【新建数据透视表样式】命令，打开如图14-37所示的对话框，在该对话框中通过选择【表元素】列表框中的透视表元素，然后单击【格式】按钮为选定元素设置格式。

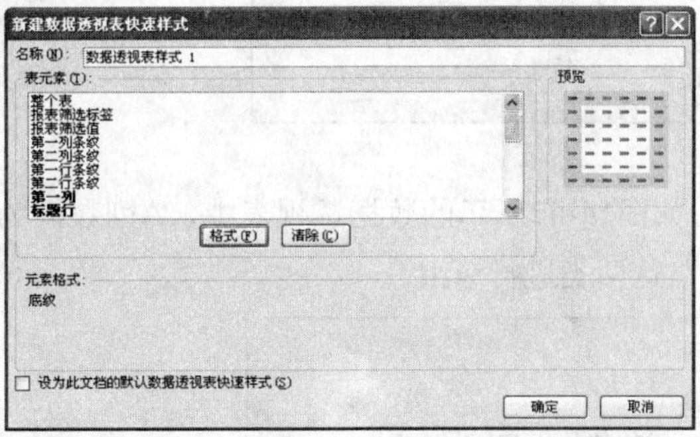

图14-37

> **提示** 如果希望以后创建的数据透视表默认都使用自定义表样式，那么可以勾选对话框底部的【设为此文档的默认数据透视表快速样式】复选框。

完成设置后单击【确定】按钮，再次打开数据透视表样式列表，可以在列表顶部看到新建的样式。右击该样式，在弹出的快捷菜单中可以选择将该样式应用到数据透视表中，或者对其进行修改和删除等操作。

14.4.7 对数据进行分组查看

可以对数据透视表中的行、列字段进行分组，这样可以很方便地按阶段来观察和分析数据。例如，在如图14-38所示的数据透视表中显示了公司所有员工的出生日期以及在各职位中的分布情况。

计数项:姓名	列标签				
行标签	总经理	部门经理	高级职员	普通职员	总计
1965-3-19				1	1
1965-6-15		1			1
1965-8-5			1		1
1965-9-26			1		1
1965-10-16				1	1
1965-11-21	1				1
1965-11-24		1			1
1966-1-12			1		1
1966-3-2	1				1
1966-4-23			1		1
1966-6-23				1	1
1966-7-5		1			1
1966-7-14		1			1
1966-8-6			1		1
1966-9-6				1	1
1966-10-12				1	1
1966-10-28				1	1

图14-38

如果希望了解各职位中同年出生的人数分布情况，可以使用数据透视表的分组功能，对A列中的日期按年分组，具体操作如下。

Step 01 右击数据透视表A列中的任意一个单元格，在弹出的快捷菜单中选择【创建组】命令，打开【分组】对话框。在【起始于】和【终止于】文本框中自动填入了A列最早的日期和最晚的日期，【步长】列表框中的【月】选项被自动选择，如图14-39所示。

Step 02 现在需要将【步长】列表框中的“月”改为“年”。首先单击【月】取消选择，然后单击【年】以便将其选中，如图14-40所示。

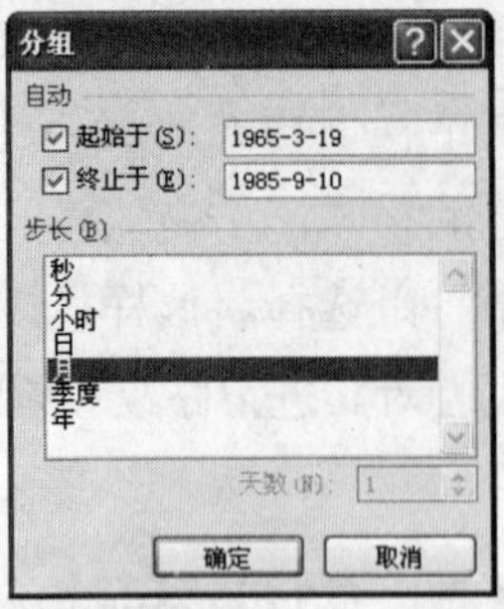

图14-39

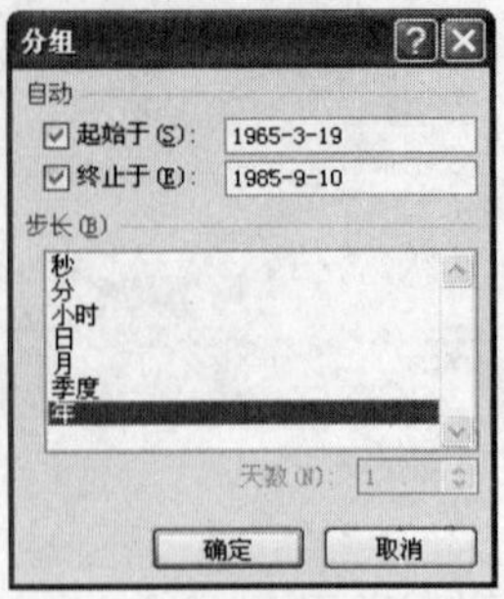

图14-40

> **提示** 也可以单击功能区中的【选项】→【分组】→【将字段分组】按钮，打开【分组】对话框。

Step 03 单击【确定】按钮，将所有员工的出生日期按年分组，如图14-41所示。不难发现，在1966年和1973年出生的员工人数最多，而1972年出生的员工人数最少。

计数项:姓名	列标签				
行标签	总经理	部门经理	高级职员	普通职员	总计
1965年	1	2	2	2	7
1966年	2	2	6	4	14
1967年	2	7	1	3	13
1968年	6	1	3	1	11
1969年	4	1	5	1	11
1970年	2	3	1	1	7
1971年	1	1	4	4	10
1972年	2	2			4
1973年	3	7	1	3	14
1974年	3	3	2	3	11
1975年		2	2	1	5
1976年		6	1	3	10
1977年	2	2	2	3	9
1978年	3	3	3	1	10
1979年	3	2		2	7
1980年		3	3	2	8
1981年	5			3	8
1982年	5	2	1	2	10
1983年	1	3	3		7
1984年	2	4	3	3	12
1985年	5	2	2	3	12
总计	**52**	**58**	**45**	**45**	**200**

图14-41

另一种情况是对非数字内容分组。例如，在如图14-42所示的数据透视表中，A列数据为不同职位，现在希望对职位按“经理”和“职员”这两类进行分组。

计数项:姓名	列标签								
行标签	博士	初中	大本	大专	高中	硕士	职高	中专	总计
总经理	10	10	7	7	6	4	2	6	52
部门经理	6	7	4	12	10	5	8	6	58
高级职员	5	6	4	6	7	5	6	6	45
普通职员	5	5	3	7	9	2	3	11	45
总计	**26**	**28**	**18**	**32**	**32**	**16**	**19**	**29**	**200**

图14-42

按住Ctrl键后依次单击单元格A5和A6，然后右击选区，在弹出的快捷菜单中选择【创建组】命令，将A5和A6单元格中的内容划分为一组，如图14-43所示。

采用同样的方法，选择区域A8:A11，然后将它们组合为一个组，最后分别将单元格A5和A8中的名称修改为“经理”和“职员”，结果如图14-44所示。

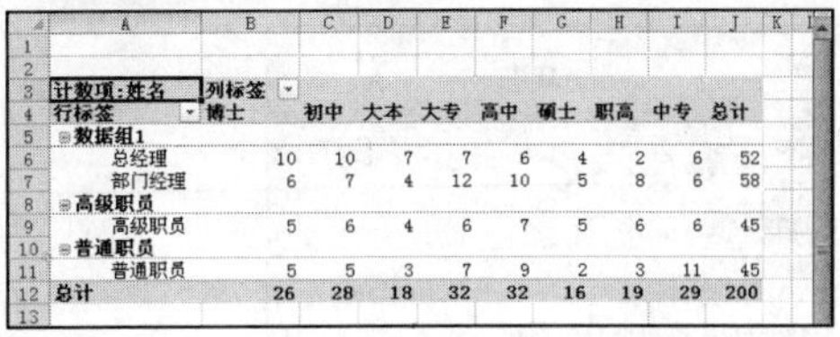

计数项:姓名	列标签								
行标签	博士	初中	大本	大专	高中	硕士	职高	中专	总计
数据组1									
总经理	10	10	7	7	6	4	2	6	52
部门经理	6	7	4	12	10	5	8	6	58
高级职员									
高级职员	5	6	4	6	7	5	6	6	45
普通职员									
普通职员	5	5	3	7	9	2	3	11	45
总计	26	28	18	32	32	16	19	29	200

图14-43

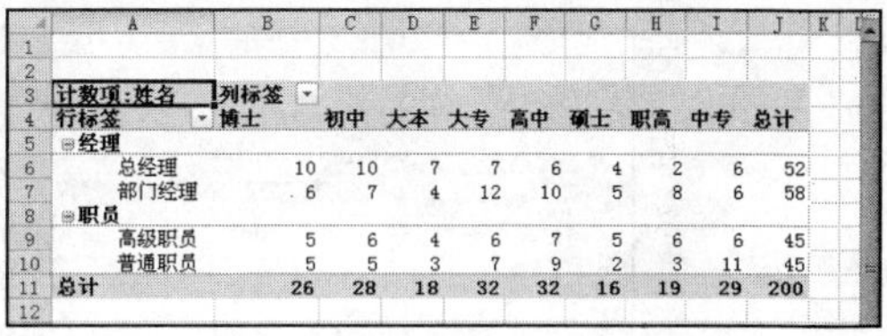

计数项:姓名	列标签								
行标签	博士	初中	大本	大专	高中	硕士	职高	中专	总计
经理									
总经理	10	10	7	7	6	4	2	6	52
部门经理	6	7	4	12	10	5	8	6	58
职员									
高级职员	5	6	4	6	7	5	6	6	45
普通职员	5	5	3	7	9	2	3	11	45
总计	26	28	18	32	32	16	19	29	200

图14-44

14.4.8 使用切片器筛选数据

切片器是Excel 2010中新增的一项非常实用的功能，切片器实际上就是将数据透视表中的每个字段单独创建为一个选取器，然后在不同的选取器中对字段进行筛选，完成与数据透视表字段中的筛选按钮相同的功能，但是切片器使用起来更加方便灵活。另外，创建的切片器可以应用到多个数据透视表中，或在当前数据透视表中使用其他数据透视表中创建的切片器。要为如图14-45所示的数据透视表创建切片器，具体操作如下。

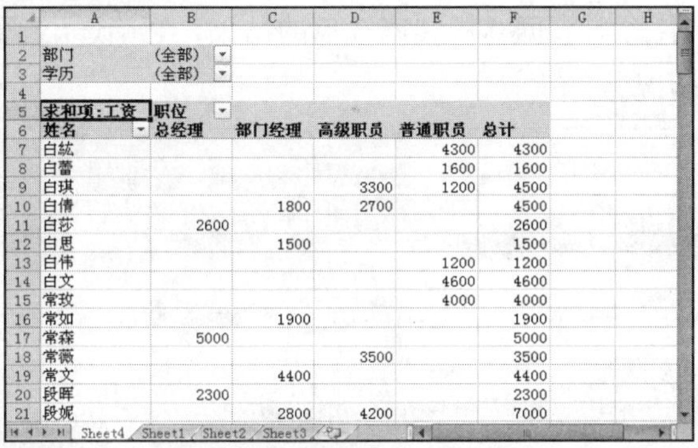

部门	(全部)				
学历	(全部)				
求和项:工资	职位				
姓名	总经理	部门经理	高级职员	普通职员	总计
白紘				4300	4300
白蕾				1600	1600
白琪			3300	1200	4500
白倩		1800	2700		4500
白莎	2600				2600
白思		1500			1500
白伟				1200	1200
白文				4600	4600
常玫				4000	4000
常如		1900			1900
常森	5000				5000
常薇			3500		3500
常文		4400			4400
段晖	2300				2300
段妮		2800	4200		7000

图14-45

Step 01 单击数据透视表数据区域内的任意一个单元格，激活功能区中的【选项】和【设计】选项卡。

Step 02 单击功能区中的【选项】→【排序和筛选】→【插入切片器】按钮，打开【插入切换器】对话框。根据要筛选数据的类别，选择要创建切片器的字段名称，如图14-46所示。

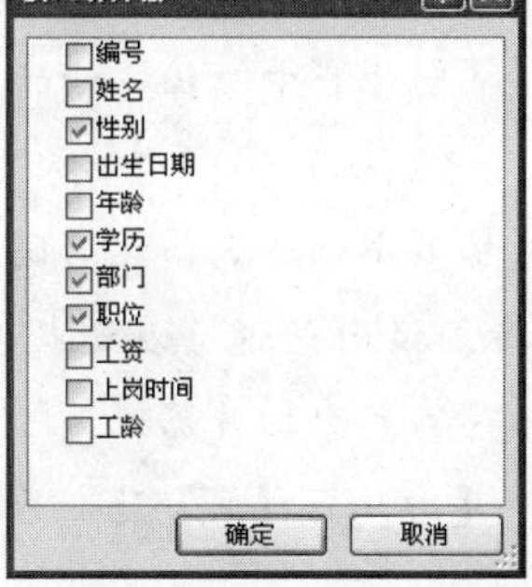

图14-46

Step 03 单击【确定】按钮，将在当前工作表中创建与所选字段对应数量的切片器，如图14-47所示。

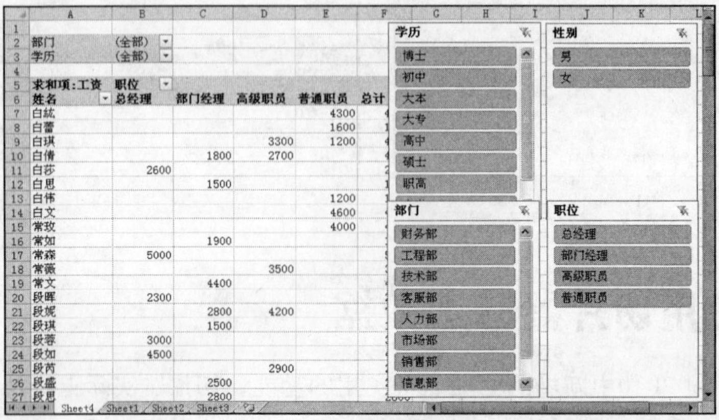

图14-47

此时可以单击不同切片器中的选项来筛选当前数据透视表，其效果与直接单击数据透视表中的字段筛选按钮是相同的，只是在切换器中进行该操作更直观也更方便。如果需要清除切片器中的筛选，则可以单击切片器右上角的 按钮。拖动切片器可以调整切片器的位置。如图14-48所示为使用切片器对数据透视表筛选后的结果，它筛选出了所有部门中拥有本科学历的所有男员工的工资情况。

图14-48

在使用切片器的时候，请牢记以下内容。

- 按住Ctrl键的同时进行多次单击，可以在一个切片器中选择不连续的多个选项。
- 按住Shift键单击，可以在一个切片器中选择连续的多个选项。
- 单击功能区中的【开始】→【编辑】→【查找和选择】按钮并选择【选择对象】命令，通过拖动鼠标来同时选择多个切片器，然后同时移动它们。
- 可以将切片器作为图形看待。换句话说，在选择多个切片器后，可以在激活的【选项】→【排列】组中排列与对齐多个切片器。
- 可以使用功能区【选项】→【切片器样式】下拉列表中的样式来单独或统一设置切片器的外观。

- 选择切片器并单击功能区中的【选项】→【切片器】→【切片器设置】按钮，可以在打开的【切片器设置】对话框中对切片器本身进行设置，包括切片器名称、切片器标题栏中显示的名称、切片器中选项的排列方式等。

如果创建了不止一个数据透视表，而且这些数据透视表使用了相同的数据源，那么可以将某个数据透视表中的切片器用于其他数据透视表，使切片器成为共享切片器。单击要共享的切片器，然后单击功能区中的【选项】→【切片器】→【数据透视表连接】按钮，打开【数据透视表连接】对话框，选择要使用当前所选切片器的其他数据透视表，如图14-49所示。单击【确定】按钮，即可将所选切片器同时作用于选择的所有数据透视表中。此时对该切片器中的选项进行筛选时，效果将同时应用到多个数据透视表中。

对于不再需要的切片器，可以将其删除。直接单击要删除的切片器，然后按Delete键即可。另外，如果不想删除切片器，但是暂时又不希望使用切片器中的选项对数据透视表进行筛选，则可以断开切片器与数据透视表的链接，方法是：单击数据透视表内任意一个单元格，然后单击功能区中的【选项】→【排序和筛选】→【插入切片器】按钮并选择【切片器连接】命令，在打开的对话框中取消勾选要断开连接的切片器名称前的复选框，如图14-50所示。

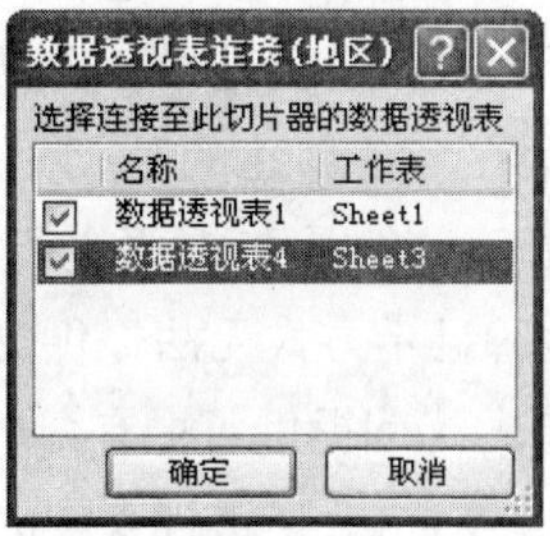

图14-49

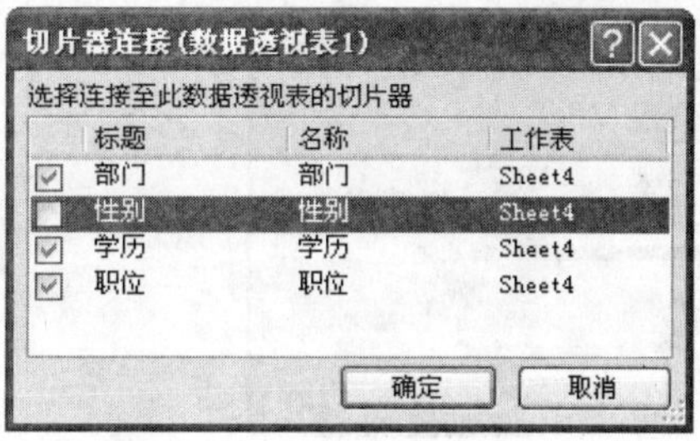

图14-50

14.4.9 在数据透视表中进行计算

在数据透视表内部可以进行计算，例如，将字段拖动到数值区域后，Excel将对这些字段进行求和或计数等的汇总计算。Excel也可以对数值区域内的数据进行多种计算，例如，以行、列为标准对相关数据进行百分比汇总计算。另外，还可以利用计算字段和计算项来弥补数据透视表中缺失的内容。

1. 设置值汇总方式

当将字段拖动到数值区域时，如果字段中包含的数据为数值类型，那么Excel将自动对该字段中的数据进行求和汇总，否则将自动对字段中的数据进行计数汇总。即使字段中的数据是数值类型，但是其中包含有空白单元格，那么Excel也将采用计数的运算方式。这也就是为什么要在创建数据透视表之前确保数据区域中没有空白单元格的原因。

无论Excel对字段中的数据所采取的计算方式正确与否，用户都可以在创建数据透视表后更改数值区域中数据的汇总计算方式。右击要改变汇总方式的字段列中的任意一个单元格，在弹出的快捷菜单中选择【值汇总依据】命令，在子菜单中选择所需的汇总计算方式，如图14-51所示。

如果在出现的快捷菜单中没有想要的汇总方式，那么可以选择【其他选项】命令，打开【值字段设置】对话框，在【值汇总方式】选项卡的列表框中可以选择更多的汇总方式，如图14-52所示。

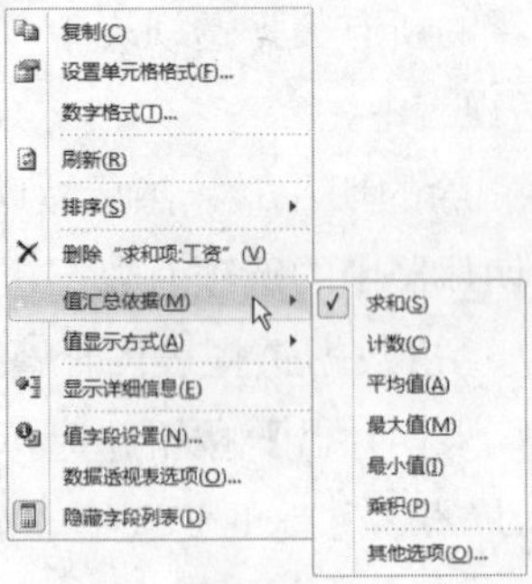

图14-51

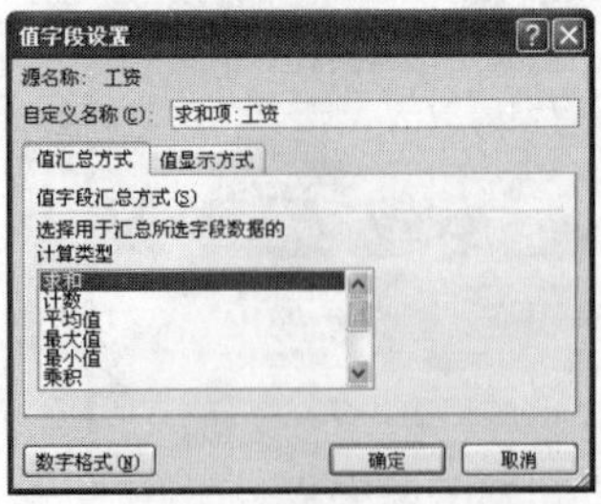

图14-52

可以为同一个字段添加多种汇总方式。如图14-53所示为各部门工资进行了四类汇总：求和、平均值、最大值、最小值。

图14-53

要实现这种汇总方式，需要右击A列中的任意一个单元格，在弹出的快捷菜单中选择【字段设置】命令，打开【字段设置】对话框。在【分类汇总和筛选】选项卡中单击【自定义】单选按钮，然后在下方的列表框中单击所需的一个或多个函数名称，如图14-54所示。单击【确定】按钮后即可实现多个汇总计算。

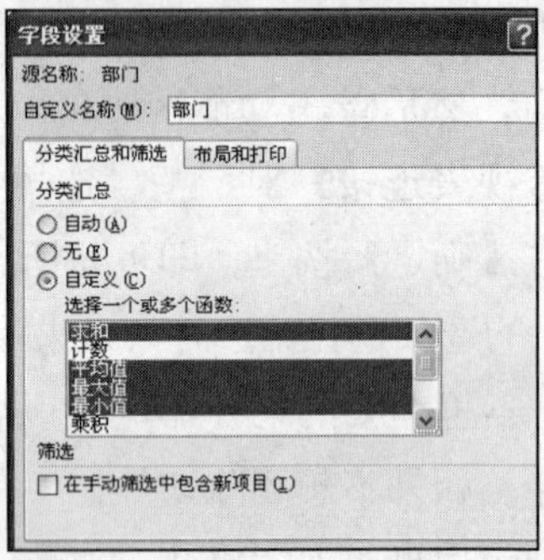

图14-54

2. 设置值显示方式

默认情况下，在数据透视表中的数据是普通显示方式，也就是说，数据源中的数据是什么样的，在创建的数据透视表中也是按原样显示。但是在需要进行某些数据分析时，这种显示方式无法提供更多的有用信息。因此，Excel提供了更有分析价值的数据显示方式。右击数据透视表中的数值区域，在弹出的快捷菜单中选择【值显示方式】命令，在子菜单中列出了可用的所有值显示方式。例如，图14-55显示了其他部门与财务部之间的工资差异情况。首先在右键快捷菜单中选择【差异】命令，然后在打开的【值显示方式】对话框的【基本字段】下拉列表中选择【部门】选项，在【基本项】下拉列表中选择【财务部】选项即可。

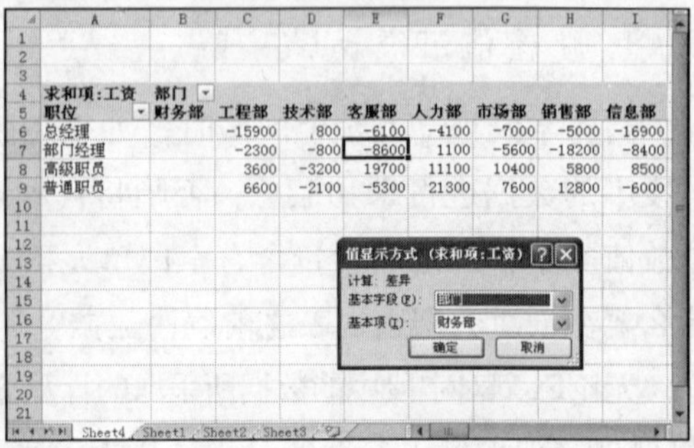

图14-55

3. 添加计算字段

在数据透视表中，可以将现有字段中的数据通过计算来创建新的字段，但是这个字段仅存在于数据透视表中，而不会更新到原数据区域中，是数据透视表中的一个虚拟字段，这类字段通常被称为计算字段。计算字段主要是为了弥补原数据区域中缺少某些数据的问题。数据透视表中创建的计算字段只能位于数值区，而不能位于其他位置。

下面的示例说明了计算字段的用途和创建方法。如图14-56所示的数据透视表显示了每个产品的销量和销售额，但在原数据区域中并未提供产品的单价。不需要对原数据进行任何修改就可以在数据透视表中创建出用于显示单价的计算字段，具体操作如下。

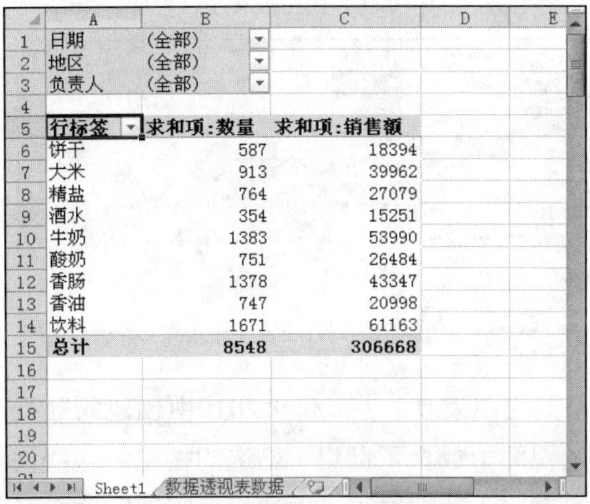

	A	B	C
1	日期	(全部)	
2	地区	(全部)	
3	负责人	(全部)	
4			
5	行标签	求和项:数量	求和项:销售额
6	饼干	587	18394
7	大米	913	39962
8	精盐	764	27079
9	酒水	354	15251
10	牛奶	1383	53990
11	酸奶	751	26484
12	香肠	1378	43347
13	香油	747	20998
14	饮料	1671	61163
15	总计	8548	306668

图14-56

Step 01 单击数据透视表内部，然后单击功能区中的【选项】→【计算】→【域、项目和集】按钮并选择【计算字段】命令。

Step 02 打开【插入计算字段】对话框，在【名称】文本框中输入计算字段的名称。然后单击【公式】文本框内等号右侧的位置，再通过双击【字段】列表框中的字段名称从而构建公式。在【公式】文本框中可以输入有效的运算符，如图14-57所示。

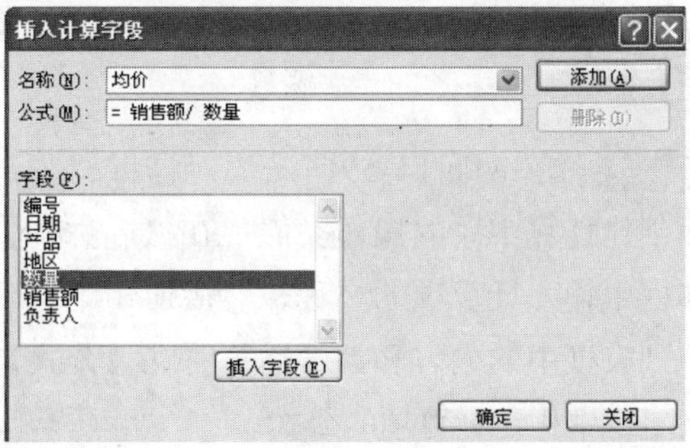

图14-57

注意

在构建计算字段的公式时，可以使用有效的运算符，例如+、-、*、/等，还可以使用Excel工作表函数。但却不能在公式中使用单元格引用和名称。

Step 03 输入名称后单击【添加】按钮，新建的计算字段将添加到【字段】列表框中，单击【确定】按钮返回数据透视表窗口，将在数据透视表中看到新建的计算字段，并同时出现在【数据透视表字段列表】窗格中，如图14-58所示。

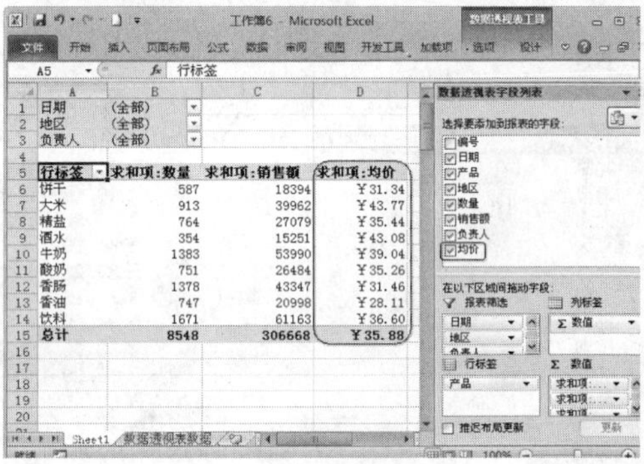

图14-58

4. 添加计算项

计算项与计算字段类似，但是计算字段显示于列方向上，而计算项则显示于行方向上。在下面的示例中，通过创建一个计算项，可以计算出北京与上海两地的销售额差异，具体操作如下。

Step 01 单击数据透视表A列中的任意一个单元格，然后单击功能区中的【选项】→【计算】→【域、项目和集】按钮并选择【计算项】命令。

Step 02 打开如图14-59所示的对话框，与前面创建计算字段的操作类似，在【名称】文本框中输入计算项的名称，然后使用下方两个列表框中的内容和数学运算符在【公式】文本框中构建计算项的公式。

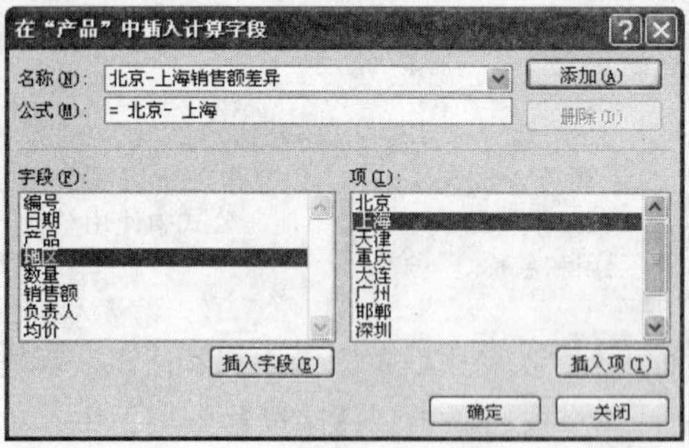

图14-59

Step 03 单击【添加】按钮和【确定】按钮，返回数据透视表窗口，可以看到如图14-60所示的结果。

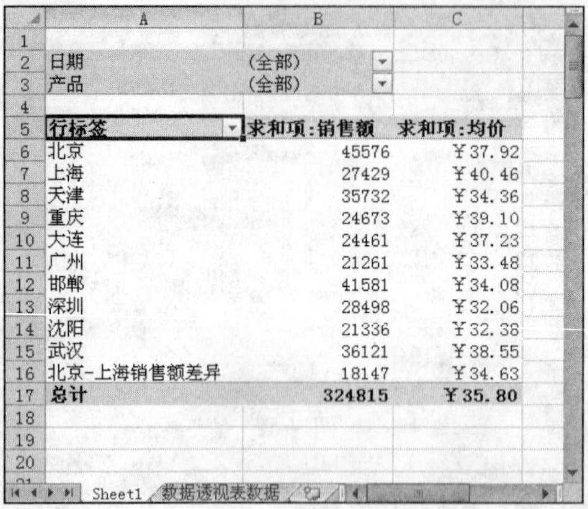

	A	B	C
1			
2	日期	(全部)	
3	产品	(全部)	
4			
5	行标签	求和项:销售额	求和项:均价
6	北京	45576	￥37.92
7	上海	27429	￥40.46
8	天津	35732	￥34.36
9	重庆	24673	￥39.10
10	大连	24461	￥37.23
11	广州	21261	￥33.48
12	邯郸	41581	￥34.08
13	深圳	28498	￥32.06
14	沈阳	21336	￥32.38
15	武汉	36121	￥38.55
16	北京-上海销售额差异	18147	￥34.63
17	总计	324815	￥35.80
18			
19			
20			

Sheet1 数据透视表数据

图14-60

14.4.10 创建数据透视图

数据透视表提供了相当灵活的数据分析功能，可以随意调整字段位置，以便获得不同结构的报表。但是对于繁杂的数据报表来说，用户要想快速从其中找到数据的某些特殊信息，可能还是有些困难。此时可以使用数据透视图使数据透视表中的数据变得更加可视化。

可以先创建数据透视表，然后以数据透视表为基础创建数据透视图；也可以直接由原始数据区域创建数据透视图。只需单击功能区中的【插入】→【表】→【数据透视表】按钮并选择【数据透视图】命令，然后选择数据区域和数据透视图的位置，单击【确定】按钮即可创建数据透视图。

如果已经创建了数据透视表，则可以单击数据透视表内部，然后单击功能区中的【选项】→【工具】→【数据透视图】按钮，在打开的【插入图表】对话框中选择一种图表类型，然后单击【确定】按钮，即可创建出如图14-61所示的数据透视图。

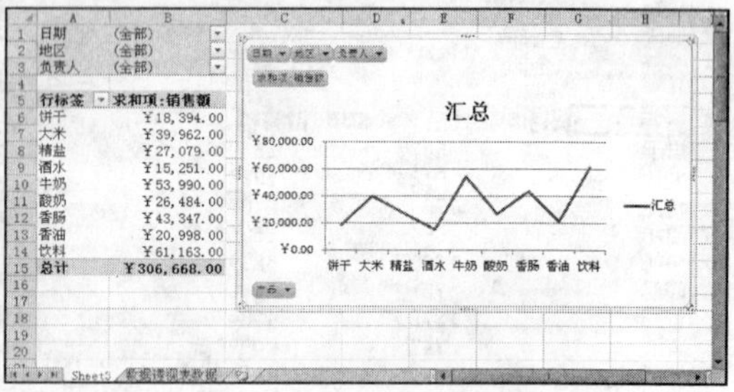

图14-61

可以发现，在Excel 2010中创建的数据透视图中包含了可用于筛选的按钮，这些按钮对应于数据透视表中的报表筛选区和行区中的内容。通过单击这些筛选按钮，可以筛选数据透视图中的显示效果，即查看不同数据的组合情况。如图14-62所示为对地区和负责人进行筛选后的数据透视图。

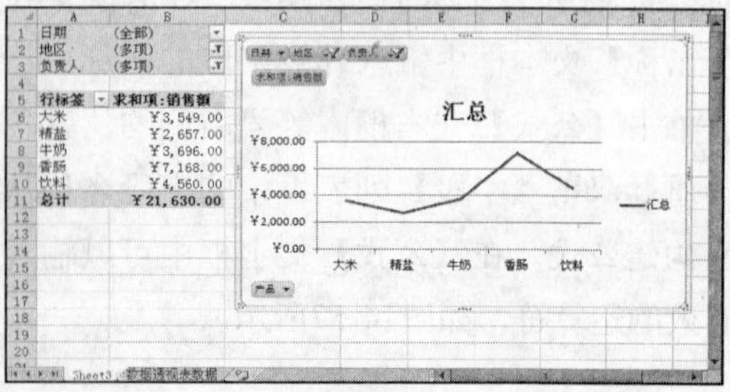

图14-62

14.5 使用专业的分析工具

Excel提供了对商业数据进行分析的专业工具，包括：假设分析、方案管理器、单变量求解、规划求解及分析工具库。本节将分别介绍这些工具的基本使用方法。

14.5.1 使用假设分析

假设分析在日常生活中无处不在。例如，假设存款利率由2%改为3%，那么5年后的金额是多少？或者存款金额从20 000增加到50 000，那么5年后的总金额是多少？类似这种问题都属于假设分析。假设分析的方法就是改变公式中的某个变量，从而观察公式的变化结果。Excel内部就提供了用于假设分析的工具——数据表，可以为公式中的一个或两个变量提供一系列值，然后观察公式的所有可能结果。

如图14-63所示为计算贷款月偿还额的工作表，现在想要了解贷款期限在15~20年之间的月偿还额情况，那么可以创建数据表，具体操作如下。

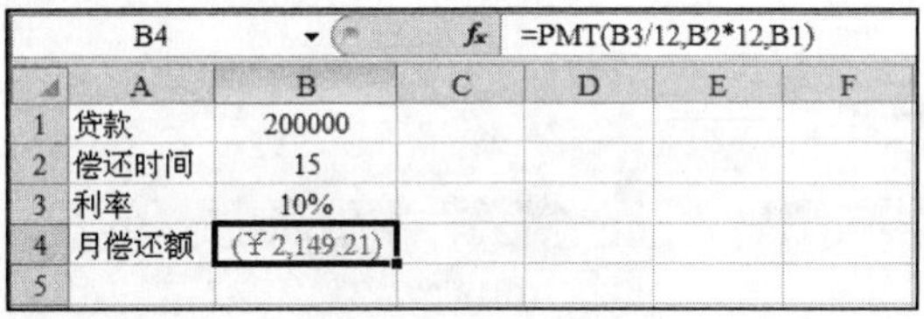

图14-63

Step 01 在区域D1:E8中输入如图14-64所示的初始数据，D列输入表示偿还时间的数字（15~20），E2输入链接公式=B4。

图14-64

Step 02 选择包含初始数据的区域D2:E8，然后单击功能区中的【数据】→【数据工具】→【模拟分析】按钮，在弹出的菜单中选择【模拟运算表】命令。

Step 03 打开【模拟运算表】对话框，由于偿还时间输入到D列中，因此需要在【输入引用列的单元格】文本框中输入偿还时间的原始单元格B2，如图14-65所示。

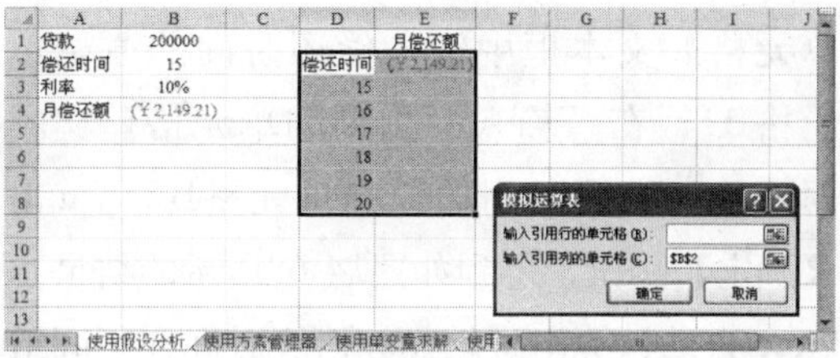

图14-65

Step 04 单击【确定】按钮，Excel将把每个输入值放入输入单元格，然后显示数据表的结果，此时可以了解不同偿还时间对应的月偿还额，如图14-66所示。

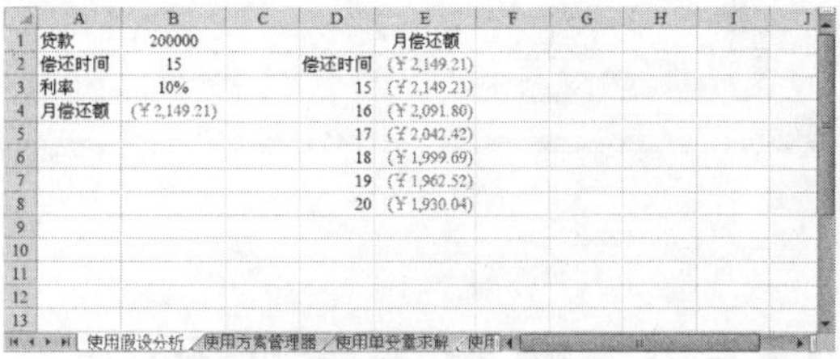

图14-66

此外，还可以在一个数据表中使用两个变量，这样可以观察组合变量对计算结果的影响。假设希望了解贷款额和偿还时间对月偿还额的影响，那么可以构建一个包含两个变量的数据表。如图14-67所示就是这样一个数据表，区域B11:H17中的行和列分布了两个变量的不同值，区域左上角是要计算的月偿还额的公式。

图14-67

选择包含公式和输入变量的整个区域B11:H17，然后单击功能区中的【数据】→【数据工具】→【模拟分析】按钮，在弹出的菜单中选择【模拟运算表】命令，打开【模拟运算表】对话框，在【输入引用行的单元格】文本框中输入偿还时间的原始单元格B1，在【输入引用列的单元格】文本框中输入偿还时间的原始单元格B2。单击【确定】按钮，得到如图14-68所示的结果，Excel自动计算出贷款额和偿还时间在不同组合下的月偿还额情况。

图14-68

14.5.2 使用方案管理器

数据表虽然很有用，但是却存在以下几个不足。

- 每次最多只能改变两个单元格的值。
- 从外观上看数据表不够直观。
- 一个双输入数据表只能显示一个公式的结果，不够灵活。
- 很多时候，用户感兴趣的是一些指定值的组合，而不是显示所有值组合的整张表。

方案管理器可以为任意数量的变量（可变单元格）存储输入值的不同组合，同时为每个组合命名，然后就可以使用名称来选择一组值，Excel会根据不同的值组合显示计算结果。还可以创建汇总报表，既可以是大纲形式，也可以是数据透视表。

创建方案前，需要确定工作表中的哪些单元格作为输入单元格，也就是可变单元格，通过修改它们而改变最终的值。在一个方案中，最多可以有32个可变单元格。如图14-69所示是一个抵押贷款的工作表，用于计算首付、贷款期限及月偿还额。

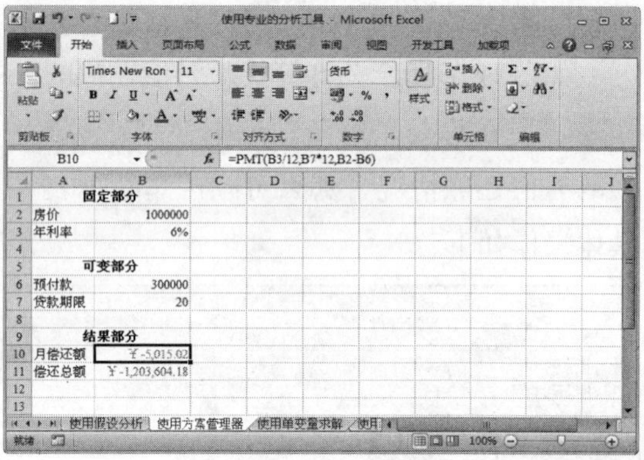

图14-69

为了比较不同首付和贷款期限对月偿还额和偿还总额的影响，本例需要建立三个方案，具体情况如下。

- 最佳方案：预付款400 000，贷款期限10年。
- 折中方案：预付款300 000，贷款期限20年。
- 最差方案：预付款200 000，贷款期限30年。

创建方案的具体操作如下。

Step 01 单击功能区中的【数据】→【数据工具】→【模拟分析】按钮，在弹出的菜单中选择【方案管理器】命令，打开【方案管理器】对话框，如图14-70所示。

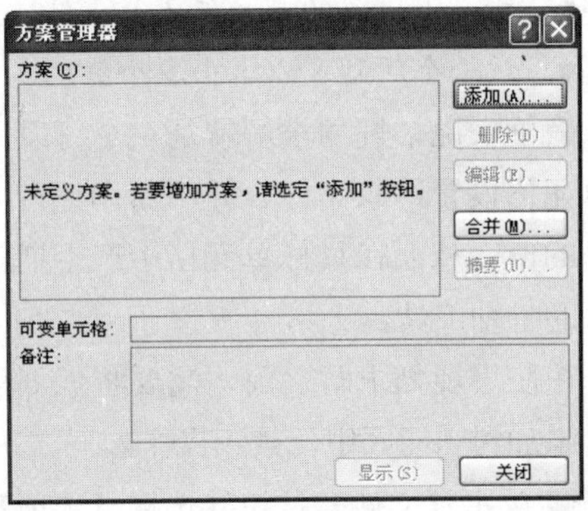

图14-70

Step 02 单击【添加】按钮，打开如图14-71所示的【编辑方案】对话框，在【方案名】文本框中输入方案的名称，然后在【可变单元格】文本框中输入可变单元格的单元格地址，本例中是单元格B6和B7，即预付款和贷款期限。

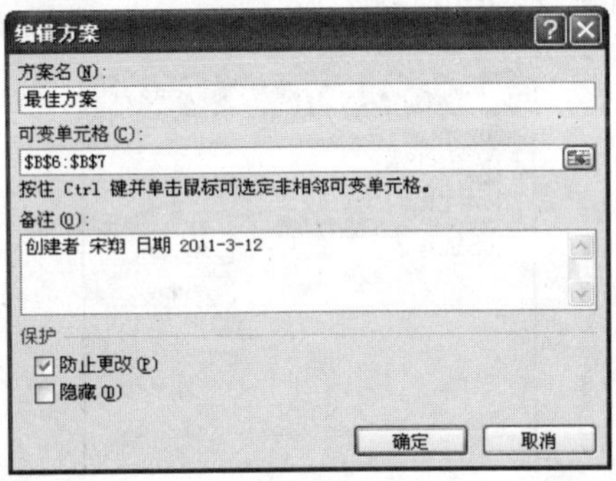

图14-71

Step 03 单击【确定】按钮，打开【方案变量值】对话框，输入两个可变单元格在该方案下的取值，如图14-72所示。

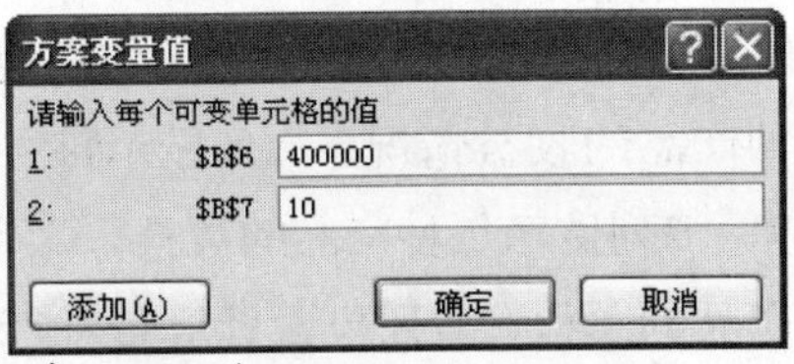

图14-72

Step 04 单击【添加】按钮，重复步骤2和步骤3的操作，继续添加其他方案。在添加最后一个方案后单击【确定】按钮，返回【方案管理器】对话框，可以看到所有添加的方案，如图14-73所示。

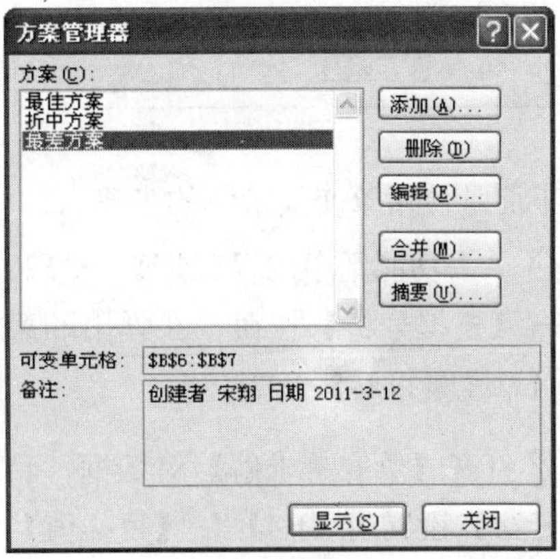

图14-73

Step 05 在【方案】列表框中选择不同的方案，然后单击【显示】按钮，即可用所选方案中的值替换工作表中可变单元格的值，从而查看不同值组合的结果。

如果以后需要修改方案中的值，可以打开【方案管理器】对话框，在【方案】列表框中选择要修改的方案，然后单击【编辑】按钮进行修改即可。单击【删除】按钮可删除不需要的方案。

此外，还可以创建方案摘要，这样可以在工作表中显示不同方案的可变单元格和结果单元格，便于彼此之间进行比较。

14.5.3 使用单变量求解

可以将单变量求解看作是反向的假设分析。例如，假设希望月偿还额为2000元，那么在固定的20年期限和10%的利率下，贷款额为多少才能符合这个要求呢？这个问题就是典型的单变量求解。图14-74所示正是为这个示例创建的工作表，偿还时间和利率是固定值，现在要计算的是贷款多少才能满足月偿还额为2 000元。由于暂时无法确定贷款额，因此将其初始值设置为0，单元格B4包含计算月偿还额的公式。

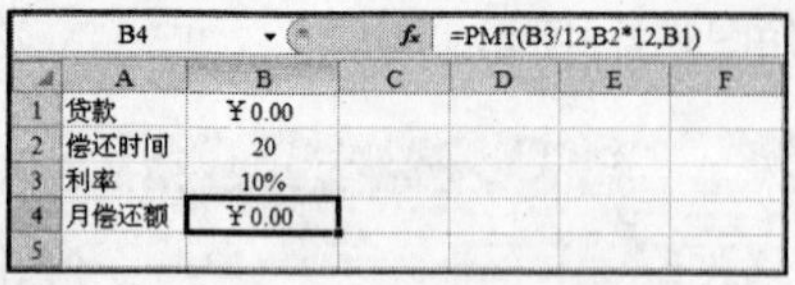

图14-74

下面是使用单变量求解的步骤。

Step 01 单击功能区中的【数据】→【数据工具】→【模拟分析】按钮，在弹出的菜单中选择【单变量求解】命令。

Step 02 打开【单变量求解】对话框，将【目标单元格】设置为【B4】，【目标值】设置为【2000】，可变单元格设置为【B1】，如图14-75所示。

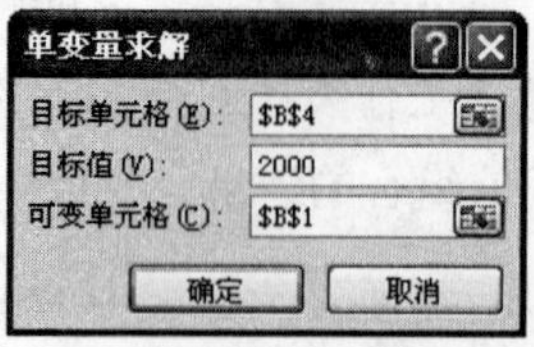

图14-75

Step 03 单击【确定】按钮，Excel将根据目标值自动得到可变单元格的值，本例即是贷款额，如图14-76所示。如果对当前结果满意，那么可以单击【确定】按钮接受它。

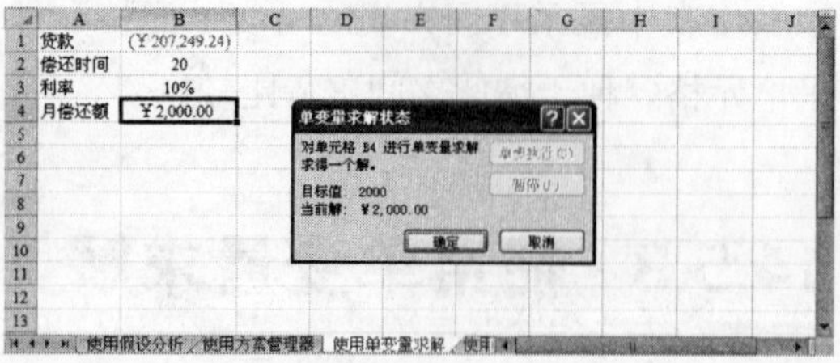

图14-76

14.5.4 使用规划求解

使用单变量求解有很大的局限性，因为它只能对一个可变单元格进行求解并只返回一个解。而比单变量求解更强大的规划求解可以实现以下功能。

- 可以指定多个可变单元格。
- 可以设置可变单元格的数值约束。
- 可以求出解的最大值或最小值。
- 对一个问题可以求出多个解。

简单来说，规划求解就是一个可以为可变单元格设置约束条件，并不断调整可变单元格的值，从而在目标单元格中产生期望的结果的一种工具。

在使用规划求解之前，需要将规划求解工具添加到功能区中，具体操作如下。

Step 01 单击【文件】按钮并选择【选项】命令，打开【Excel选项】对话框。

Step 02 选择【加载项】选项卡，在【管理】下拉列表中选择【Excel加载项】选项，然后单击【转到】按钮。

Step 03 打开如图14-77所示的【加载宏】对话框，勾选【规划求解加载项】复选框，然后单击【确定】按钮。

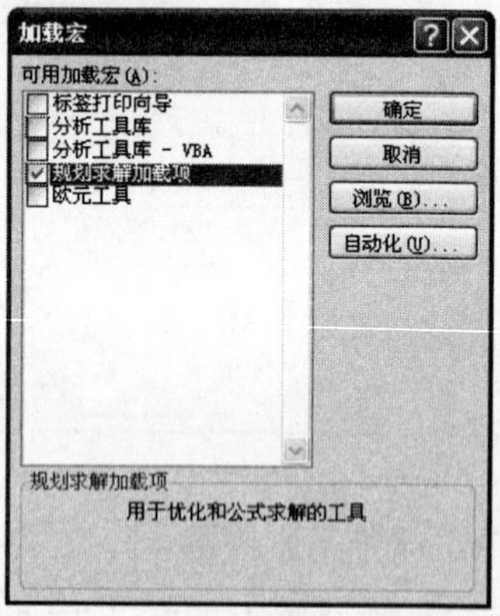

图14-77

下面的示例介绍了规划求解的作用以及一般使用方法。图14-78所示的工作表用于计算三种产品的收益情况，A列显示每种产品的名称，B列显示每种产品的数量，C列显示每种产品的单价，D列包含计算每种产品总金额的公式，即产品数量乘以产品单价。

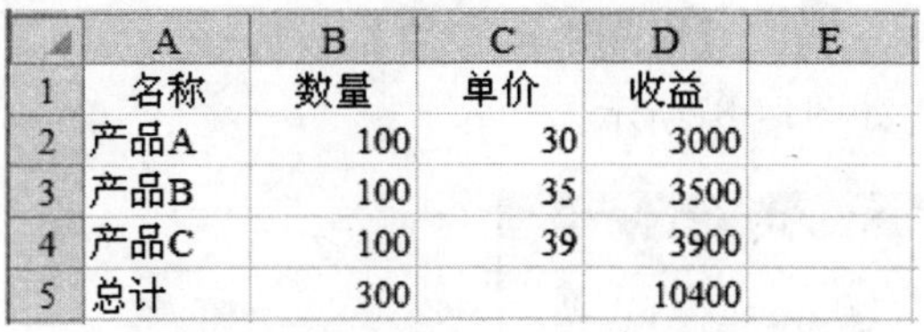

	A	B	C	D	E
1	名称	数量	单价	收益	
2	产品A	100	30	3000	
3	产品B	100	35	3500	
4	产品C	100	39	3900	
5	总计	300		10400	

图14-78

很明显可以看出，产品B的收益是最多的。因此，如果希望收益最大化，那么应该只生产产品B。但是绝大多数情况下，公司都有着某些严格的规定，不可能实现理想化。例如，公司可能对产品的生产有着以下约束条件。

- 三种产品的组合生产能力为每天300单位。
- 产品A在每天的产量要达到50单位，因为必须满足每天的订单。
- 产品B在每天的产量要达到40单位，因为必须要满足预计的订单。
- 由于市场对产品C的需求量十分有限，因此产品C的产量每天不会超过40单位。

使用规划求解来解决这个问题的具体操作如下。

Step 01 在将规划求解加载项添加到功能区后，单击功能区中的【数据】→【分析】→【规划求解】按钮，打开【规划求解参数】对话框。

Step 02 本例中单元格D5是目标单元格，即本例要让所有产品的总收益最大化，因此在【规划求解参数】对话框的【设置目标】文本框中输入【D5】。由于是为了让收益最大化，因此单击【最大值】单选按钮。

Step 03 接着指定可变单元格，本例中可变单元格是产品的产量，即单元格区域B2:B4。现在【规划求解参数】对话框的外观如图14-79所示。

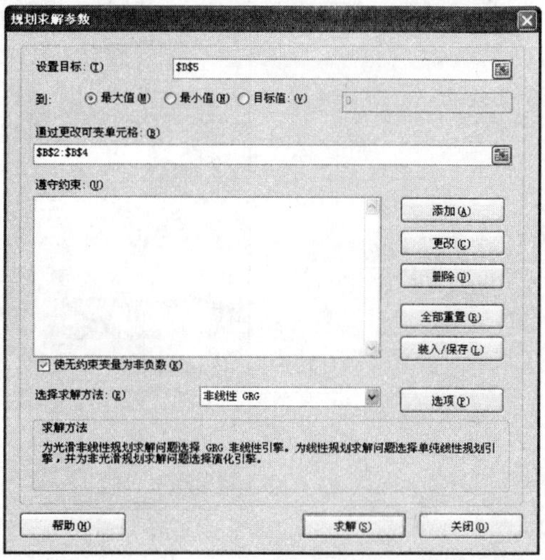

图14-79

Step 04 接下来需要添加多个约束条件，添加后的条件会显示在【遵守约束】列表框中。首先单击【添加】按钮，打开【添加约束】对话框。第一个条件是三种产品的总产量是300，因此将【单元格引用】设置为包含总产量的单元格【B5】，从中间列表中选择等号【=】，然后将【约束】设置为300，如图14-80所示。

图14-80

Step 05 设置完成后单击【添加】按钮，继续添加其他三个约束条件，具体见表14-2所示。

表14-2 约束条件

约束条件	表达式
至少50单位的产品A	B2>=50
至少40单位的产品B	B3>=40
不超过40单位的产品C	B4<=40

Step 06 在输入最后一个条件后单击【确定】按钮，返回【规划求解参数】对话框，可以在【遵守约束】列表框中看到之前添加的所有条件，如图14-81所示。

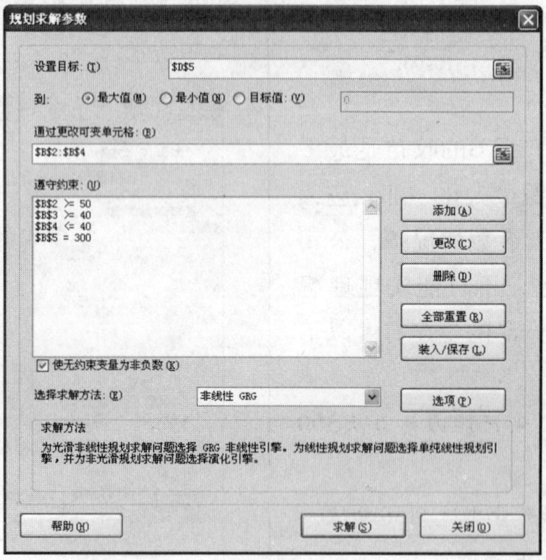

图14-81

Step 07 确认无误后，单击【求解】按钮，Excel将根据目标和约束条件开始对数据求解。很快Excel就会找到一个解并显示在如图14-82所示的对话框中。如果单击【保留规划求解的解】单选按钮，那么将使用新的解替换，否则单击【还原初值】单选按钮保留原始值。还可以从【报告】列表框中选择创建最多三个报告，以便更好地了解规划求解执行的任务。也可以单击【保存方案】按钮将解作为一个方案保存。

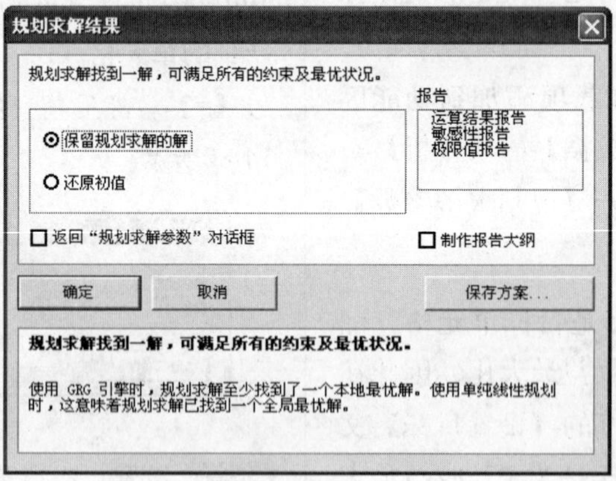

图14-82

14.5.5 使用分析工具库

如果希望在非商业领域使用Excel，那么可以将分析工具库加载到Excel中。分析工具库是一种提供分析能力的Excel插件，默认情况下在Excel中不可用。分析工具库提供了对科学、工程和教育等应用的大力支持，具体包括以下工具。

- 方差分析
- 相关系数
- 协方差
- 描述统计
- 指数平滑
- F-检验
- 傅立叶分析
- 直方图
- 移动平均
- 随机数发生器
- 排位与百分比排位
- 回归
- 抽样
- t-检验
- z-检验

在Excel中加载分析工具库的具体操作如下。

Step 01 单击【文件】按钮并选择【选项】命令，打开【Excel选项】对话框。

Step 02 选择【加载项】选项卡，在【管理】下拉列表中选择【Excel加载项】选项，然后单击【转到】按钮。

Step 03 打开【加载项】对话框，勾选【分析工具库】复选框，然后单击【确定】按钮。

加载好分析工具库以后，就可以使用其中的工具了。单击功能区中的【数据】→【分析】→【数据分析】按钮，打开如图14-83所示的对话框，从列表框中选择一种分析工具，然后单击【确定】按钮。

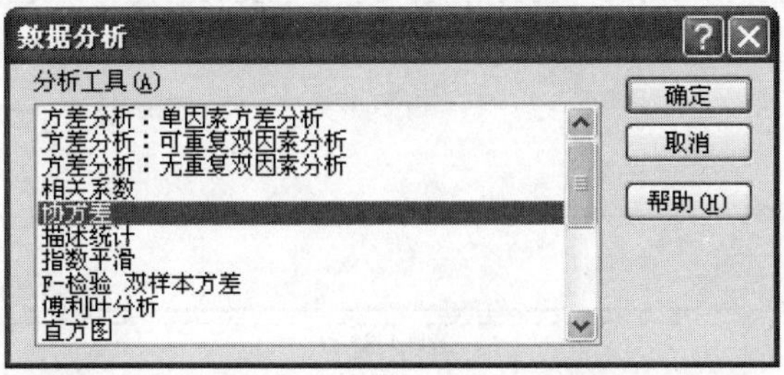

图14-83

Excel会打开一个针对所选工具的新对话框，通常需要指定一个或多个输入区域以及一个输出区域，输出区域通常只有一个单元格。在设置好输入选项并指定输入区域后，通常可以得到预期的分析结果。

读·书·笔·记

Chapter 15

使用图表让数据更直观

图表是一种可视化数据的手段，面对工作表中密密麻麻的数据，用户很难发现某些重要内容或数据分布规律。如果将这些烦琐的数据转换为清晰易懂的图表，那么就可以很容易看出数据的内在含义或趋势。Excel提供了强大的图表功能，可以将数据创建为不同类型的图表，适合在各种情况下可视化分析数据。本章将详细地介绍如何将数据以图表的形式表达出来。

15.1 图表简介

为了帮助用户在错综复杂的数据中发现隐藏的数据含义，使用图表将是一种不错的选择。通过图表提供的可视化功能，可以使枯燥的数据变得生动形象。本节将介绍图表的基础知识。

15.1.1 了解图表类型

Excel一共包含了11种图表大类，每个大类中还包含了数量不等的图表子类型。例如，柱形图中包含了19种子类型。每种类型的图表有各自不同的特点，而且也适合于不同的数据结构。表15-1中列出了Excel的11种图表大类的名称、特点、用途及子类型数量。

表15-1 图表名称、特点、用途以及子类型数量

图表名称	特 点	用 途	子类型数量
柱形图	将数据的类别分布在水平轴上，将数值分布在垂直轴上	用于显示一段时间内的数据变化，或显示各项之间的数据比较情况	19个
条形图	轴标签过长或显示的数值是持续型的	用于显示各个项目之间的比较情况	15个
折线图	类别数据沿水平轴分布，值数据沿垂直轴分布	用于显示随时间而变化的连续数据	7个
XY散点图	散点图有两个数值轴，将这些数值合并到单一数据点，并以不均匀间隔或簇显示它们	用于显示若干数据系列中各数值之间的关系，或将两组数绘制为*xy*坐标的一个系列	5个
饼图	饼图中的数据点显示为整个饼图的百分比	用于显示一个数据系列中各项的大小与各项总和的比例	6个
圆环图	与饼图类似，但是可以包含多个数据系列	与饼图类似	2个
面积图	显示所绘制值的总和，或部分与整体的关系	用于强调数量随时间而变化的程度	6个
曲面图	与地形图类似，颜色和图案表示同数值范围区域	用于找到两组数据之间的最佳组合	4个
气泡图	使用*x*和*y*轴的数据绘制气泡的位置，然后使用第三列数据来表示气泡的大小	气泡图没有分类坐标轴，包含的都是数值坐标轴。用于描绘三类数据之间的关系	2个
股价图	特殊的图表，需要根据股价图的子类型来选择合适的数据区域	用于显示股价的波动，也可用于科学数据	4个
雷达图	每一个分类都有自己的坐标轴	用于显示数据系列相对于中心点以及各数据分类间的变化	3个

15.1.2 图表的组成结构

一个图表可以由很多部分组成，但是在默认情况下创建的图表只包含了几个部分。图15-1所示是一个包含了大部分元素的图表。

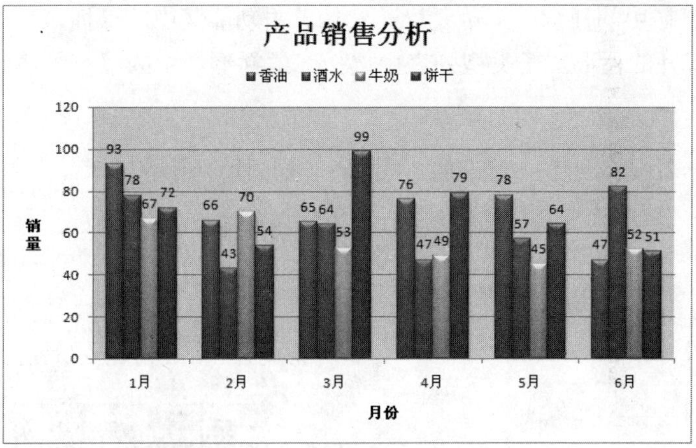

图15-1

在图15-1所示的图表中，包含了以下几项图表元素。

- 图表区：图表中最大的白色区域，图表区作为其他图表元素的容器。
- 绘图区：图表中灰色底纹部分，其中包含了数据系列和数据标签。
- 图表标题：图表顶部的文字，通常用于描述图表的功能或作用。
- 图例：图表标题下方带有颜色块的文字，用于标识不同数据系列代表的内容。
- 数据标签：数据系列顶部的数字，以显式的方式表示数据系列代表的具体值。
- 数据系列：绘图区中不同颜色的矩形，表示用于创建图表的数据区域中的行或列。
- 横坐标轴：绘图区下方的诸如“1月”、“2月”的内容是横坐标轴，用于显示数据的分类信息。
- 纵坐标轴：绘图区右侧的诸如“20”、“40”的内容，用于显示数据的数值。
- 横坐标轴标题：横坐标轴下方的文字，用于说明横坐标轴的含义。
- 纵坐标轴标题：纵坐标轴右侧的文字，用于说明纵坐标轴的含义。
- 网格线：贯穿绘图区的线条，用于作为估算数据系列所处值的标准。

除了上面的图表元素外，在图表中还可以包含数据表。数据表通常显示在绘图区的下方。但由于数据表的占用区域比较大，为了节省空间，通常情况下不需要在图表中显示数据表。

15.2 创建与编辑图表

了解了图表的基础知识后，创建图表的过程其实是比较简单的。创建图表后通常需要对图表进行一些调整，例如，对图表的大小、图表元素的布局、图表外观样式等的设置。

15.2.1 创建图表

创建图表的操作其实并不复杂，下面的示例使用工作表中的一个数据区域创建了一个柱形图，具体操作如下。

Step 01 单击数据区域中的任意一个单元格，然后单击功能区中的【插入】→【图表】→【柱形图】按钮，在打开的柱形图子类型列表中选择二维柱形图中的【三维簇状柱形图】，如图15-2所示。

Step 02 在当前工作表中将创建一个三维柱形图表，如图15-3所示。

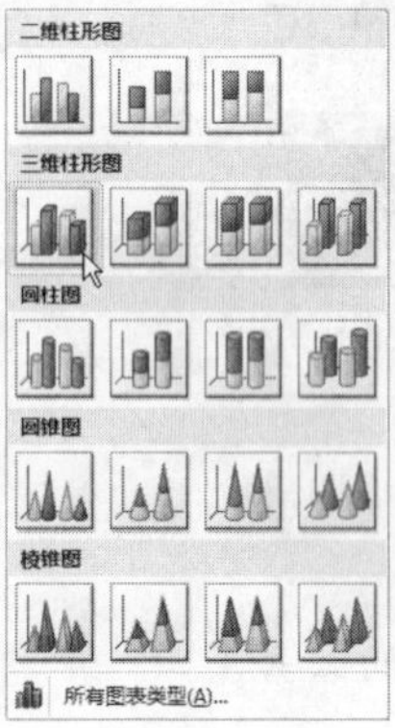

图15-2

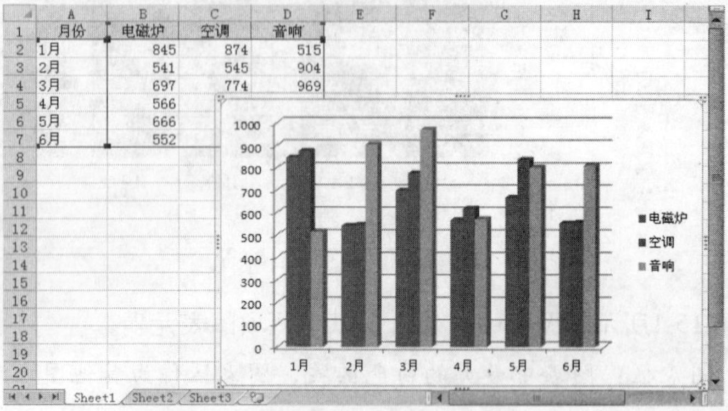

图15-3

假如创建图表之前，心中并未确定要使用哪种图表，那么可以单击功能区【插入】→【图表】组中的对话框启动器，在打开的【插入图表】对话框中浏览所有图表并选择一种合适的图表进行创建。

15.2.2 在嵌入式图表与图表工作表之间切换

嵌入式图表位于工作表中，相当于嵌入到一个工作表内部，因此称其为嵌入式图表。像我们平时创建的大多数图表都属于嵌入式图表。如果希望同时看到图表及其原始数据，并希望可以方便地对原始数据进行修改，那么使用嵌入式图表是最佳选择。嵌入式图表与工作表中的图形对象十分类似，可以在工作表中随意移动嵌入式图表、改变嵌入式图表的大小，就像操作图形一样。如果图表不在工作表内部，而是像工作表一样，拥有一个独立的标签时，此类图表就是图表工作表。当希望在独立的视图中查看图表时，使用图表工作表将是最佳选择。如图15-4所示就是一个图表工作表的示例，请注意工作表标签位置，可以发现图表拥有自己的标签。

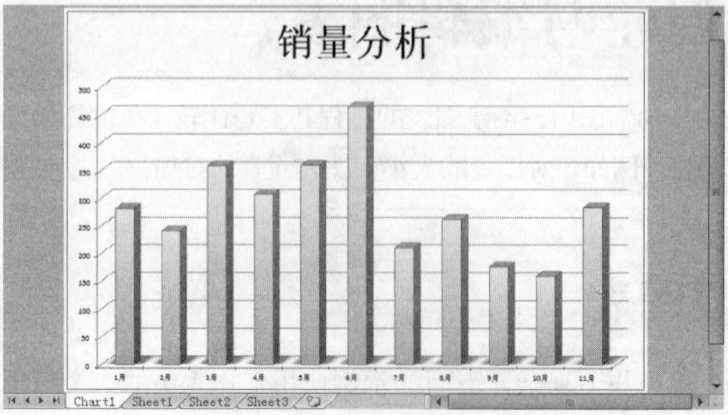

图15-4

可以直接拖动图表边框或图表内部的空白区域，在工作表范围内移动图表的位置，也可以将嵌入式图表移动到其所在工作表之外，使图表变为图表工作表。右击工作表中的嵌入式图表，在弹出的快捷菜单中选择【移动图表】命令，打开如图15-5所示的对话框，单击【新工作表】单选按钮，然后单击【确定】按钮，即可将所选图表转换为图表工作表。

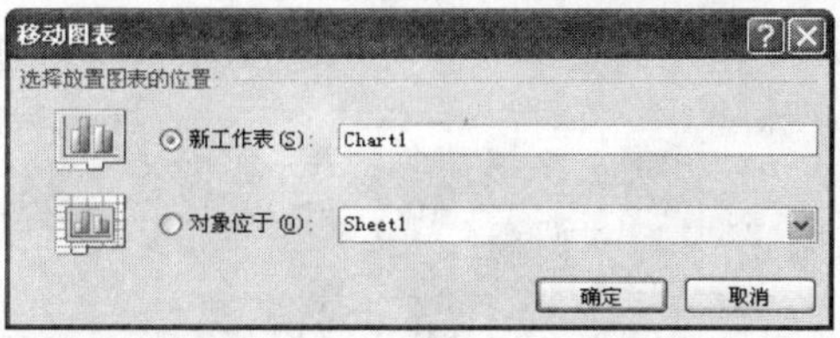

图15-5

15.2.3 更改图表类型

可以根据需要随时改变图表的类型，右击图表，从弹出的快捷菜单中选择【更改图表类型】命令，在打开的【更改图表类型】对话框中选择所需的一种图表子类型，然后单击【确定】按钮。

15.2.4 设置图表的布局和颜色

Excel内置了多种不同的图表布局和颜色方案。所谓布局就是指预先定制好的多套不同图表外观模型，其中预定了在图表中显示哪些元素以及这些元素的位置。当选中一个图表后，将激活功能区中的【设计】选项卡，在该选项卡的【图表布局】和【图表样式】组中就是Excel内置的图表布局和颜色方案，如图15-6所示。

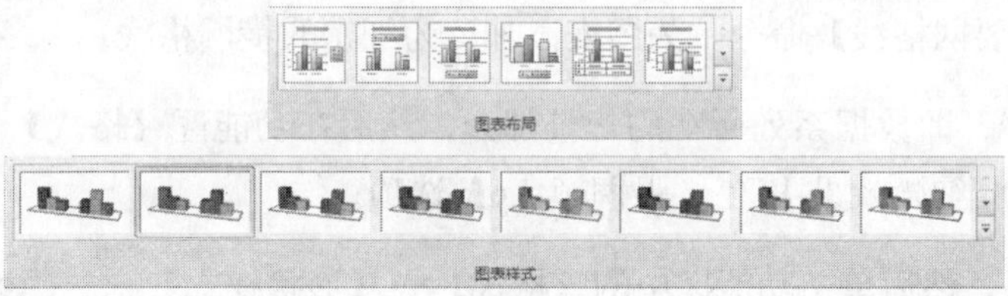

图15-6

可以从【图表布局】和【图表样式】组中的两个下拉列表中选择Excel预置的图表布局和样式。如图15-7所示为选择【布局9】图表布局和【样式34】图表样式后的图表。

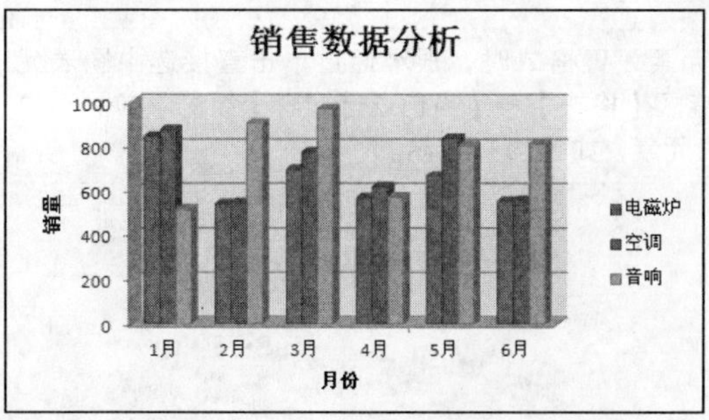

图15-7

除了使用Excel内置的图表布局和样式，还可以由用户自己指定在图表中都显示哪些图表元素以及这些元素的外观。例如，如图15-8所示就是一个未使用Excel预置布局和样式而完全由用户自定义的图表。

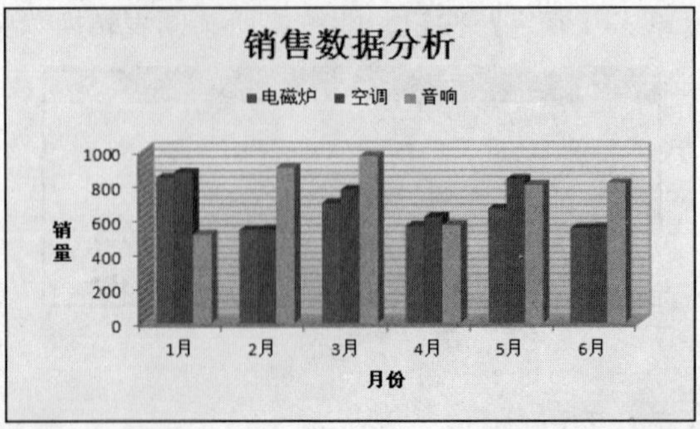

图15-8

要创建图15-8的图表外观，具体操作如下。

Step 01 选中图表，然后单击功能区中的【布局】→【标签】→【图表标题】按钮，在弹出的菜单中选择【图表上方】命令，然后将图表标题修改为“销售数据分析”。

Step 02 单击功能区中的【布局】→【标签】→【图例】按钮，在弹出的菜单中选择【在顶部显示图例】命令，将图例置于图表标题的下方。

Step 03 单击功能区中的【布局】→【标签】→【坐标轴标题】按钮，然后分别选择【主要横坐标轴标题】→【坐标轴下方标题】和【主要纵坐标轴标题】→【竖排标题】命令，再分别修改横坐标轴和纵坐标轴标题为“月份”和“销量”。

Step 04 单击功能区中的【布局】→【标签】→【网格线】按钮，在弹出的菜单中选择【主要横网格线】→【次要网格线】命令，为图表添加更为细密的横网格线。

Step 05 单击背景墙，即数据系列所在的背景部分，然后在功能区【格式】→【形状样式】组的下拉列表中选择【细微效果-橙色，强调颜色6】选项。

Step 06 单击图表区，然后单击功能区中的【格式】→【形状样式】→【形状填充】按钮，在打开的颜色列表中选择【白色，背景1，深色5%】选项，这样即可得到如图15-8所示的图表。

> **技巧** 如果在为图表元素设置格式时，很难通过单击直接选中图表元素，那么可以在功能区【格式】→【当前所选内容】组的下拉列表中通过名称来选择图表元素，如图15-9所示。

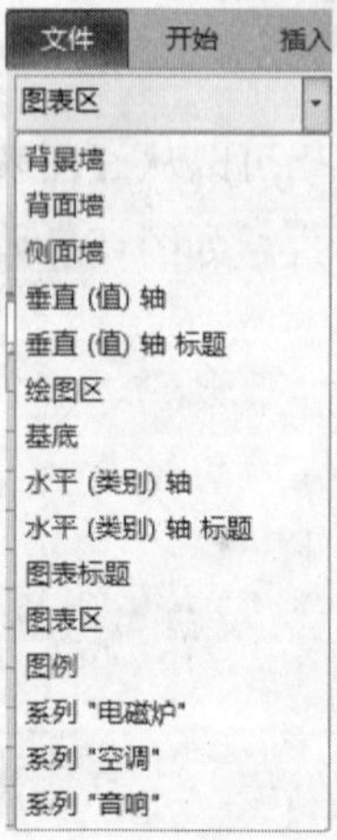

图15-9

15.2.5 编辑图表中的数据系列

数据系列是图表中最重要的元素，很多图表操作都要在数据系列上进行。因此，需要熟练掌握数据系列的常用操作。如图15-10所示的图表使用了原数据区域A1:D7作为图表数据源，而图表中的数据系列所使用的数据位于区域B2:D7中。

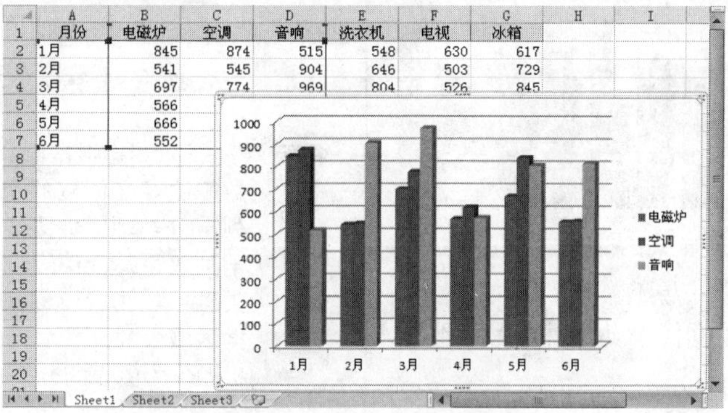

图15-10

如果现在希望将工作表中剩余的数据也添加到图表中，那么可以按照以下步骤操作进行。

Step 01 右击图表，从弹出的快捷菜单中选择【选择数据】命令，打开【选择数据源】对话框。单击对话框右侧的按钮，折叠对话框后，在工作表中选择包含数据的整个区域，如图15-11所示。

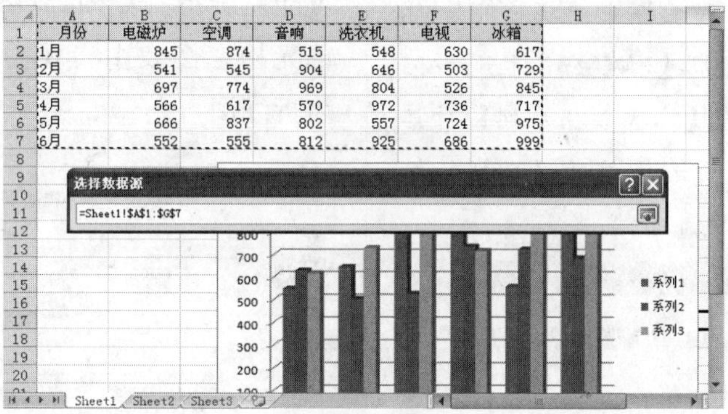

图15-11

Step 02 单击按钮展开【选择数据源】对话框，在【图表数据区域】文本框中将自动填入新选择的区域地址，如图15-12所示。

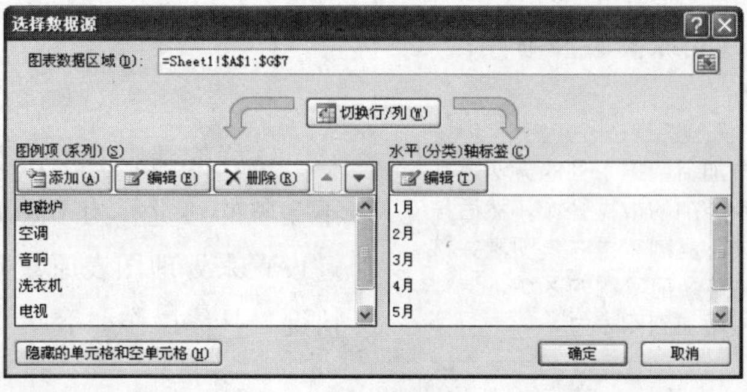

图15-12

Step 03 单击【确定】按钮，将使用新的数据区域更新图表的显示，如图15-13所示。可以看到现在图表已经包含了区域中的所有数据。

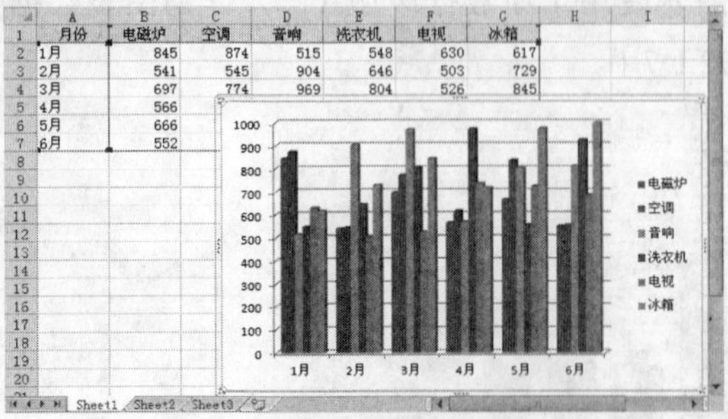

图15-13

当打开【选择数据源】对话框后，还可以进行以下几种操作。

- 调整数据系列的位置。在【图例项（系列）】列表框中使用【上移】按钮 或【下移】按钮 调整数据系列的位置。
- 编辑单独的数据系列。在【图例项（系列）】列表框中选择一项，然后单击【编辑】按钮，打开如图15-14所示的【编辑数据系列】对话框，可以重新选择该数据系列的标题和数据区域。

图15-14

- 添加或删除数据系列。通过单击【添加】按钮可以添加新的数据系列，而单击【删除】按钮将删除选中的数据系列。

技巧　一种快速添加新数据系列的方法是在工作表中选择要添加的数据区域，然后按Ctrl+C组合键进行复制。再右击图表并按Ctrl+V组合键粘贴之前复制的区域，这样即可将指定区域添加到图表中。

- 编辑水平坐标轴。在【水平（分类）轴标签】列表框中任选一个标题，然后单击【编辑】按钮，可以修改水平坐标轴。
- 切换数据系列与水平坐标轴的位置。单击【切换行/列】按钮将交换数据系列和分类轴的位置。

提示　Excel将根据原数据区域中的行数与列数来决定在创建的图表中如何安排数据系列与分类轴：如果原数据区域中的行数大于列数，Excel将第一列标题作为图表的分类轴中的内容（即横坐标轴）；如果原数据区域中的列数大于行数，Excel将第一行标题作为图表的分类轴中的内容。

15.2.6 处理丢失的数据

也许用于图表的原数据中会包含空白单元格，当使用这样的数据创建图表时，可能就会得到如图15-15所示的图表，空白单元格在图表中表现为断开的状态（此处为折线图）。

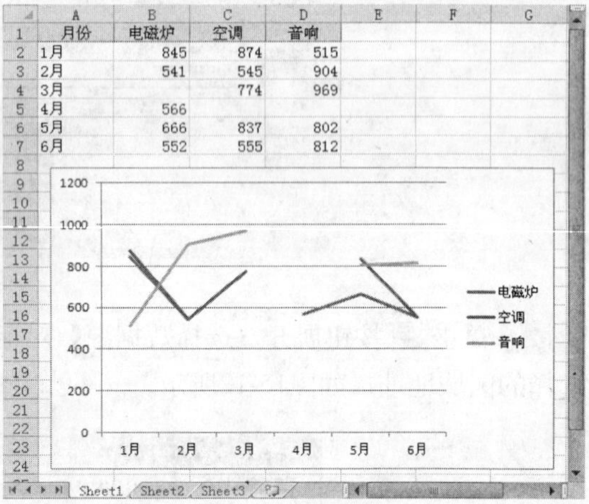

图15-15

这样的图表看上去很糟糕，因为给人以不完整的感觉。为了解决这个问题，可以通过设置来处理图表原数据包含空白单元格的情况，具体操作如下。

Step 01 右击图表，从弹出的快捷菜单中选择【选择数据】命令，打开【选择数据源】对话框。

Step 02 单击【隐藏的单元格和空单元格】按钮，打开【隐藏和空单元格设置】对话框，如图15-16所示。

可以使用以下三种方法处理空白单元格。

- 【空距】：在图表中不显示空白单元格的值，这也是图表对空白单元格的默认行为。
- 【零值】：在图表中将空白单元格按0值来绘制。
- 【用直线连接数据点】：空白单元格是以内差值使用其两侧的值进行计算替换的。该选项只用于折线图、XY散点图和面积图。

为了让图表看上去比较完整，可以单击【用直线连接数据点】单选按钮，如图15-17所示的图表就是选择这个选项后的修复结果。

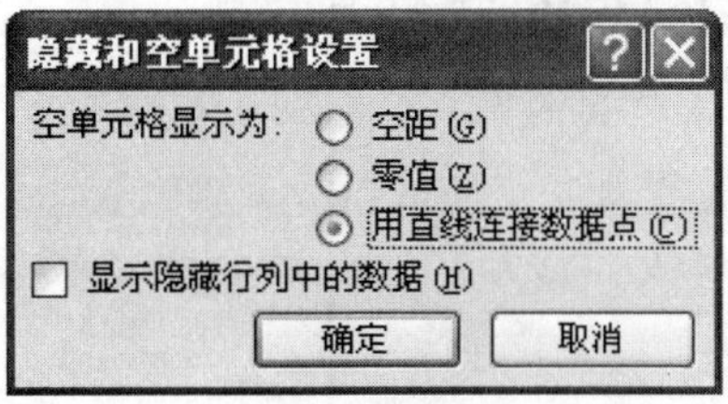

图15-16

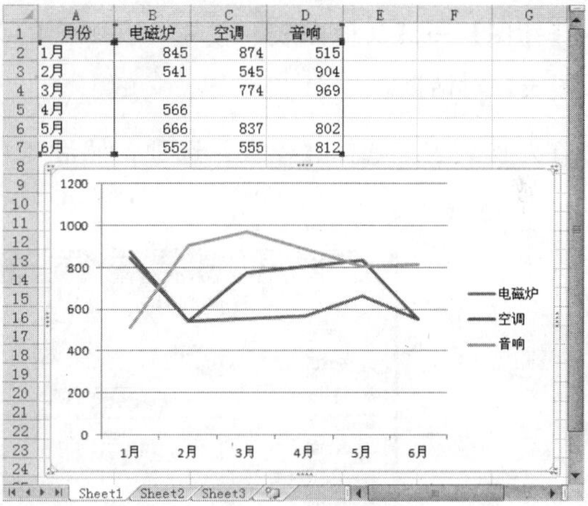

图15-17

> **提示** 当对图表原数据筛选后，根据筛选条件会自动隐藏某些行。如果使用筛选后的数据来创建图表，那么图表中只会显示部分数据。如果希望使用完整的原始数据来创建图表，那么可以在【隐藏和空单元格设置】对话框中勾选【显示隐藏行列中的数据】复选框。

15.3 导出图表

本节将介绍导出图表的两种方法，这样做的目的是为了便于以后可以快速制作出外观统一或类似的图表，从而节省重复设置图表的时间。

15.3.1 将图表保存为图表模板

当需要制作大量外观相同的图表时，为了避免对每一个图表重复进行设置，可以先制作出一个图表，并设置好其外观格式，然后以此图表为基础创建一个图表模板。以后就可以以这个图表模板为基础来创建多个外观一致的图表。创建图表模板的具体操作如下。

Step 01 使用尽可能标准的数据创建一个默认图表，然后选中该图表，并使用功能区中的【布局】和【格式】选项卡对图表的外观格式进行自定义设置。

Step 02 单击图表将其选中，然后单击功能区中的【设计】→【类型】→【另存为模板】按钮，打开【保存图表模板】对话框。输入图表模板名称，然后单击【保存】按钮即可创建一个图表模板。

提示 图表模板的保存路径（Windows XP）：C:\Documents and Settings\<用户名>\Application Data\Microsoft\Templates\Charts。可以根据需要直接向该路径中复制其他图表模板，或删除该路径下的图表模板，然后即可在Excel中使用这些图表模板。

当创建好图表模板后，就可以在新建图表时使用图表模板了，方法如下。

Step 01 单击用于创建图表的原数据区域内的任意一个单元格，然后单击功能区中的【插入】→【插图】→【其他图表】按钮，在弹出的菜单中选择【所有图表类型】命令，打开【插入图表】对话框。

Step 02 在左侧列表中选择【模板】选项，然后在右侧选择想要使用的图表模板，如图15-18所示。

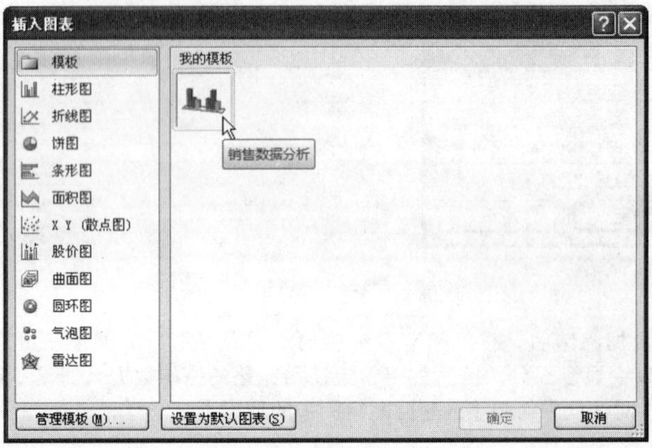

图15-18

Step 03 单击【确定】按钮，即可用当前数据创建一个图表，图表的格式就是图表模板中所具有的格式。

15.3.2 将图表保存为图片

如果希望将制作好的图表用于任何地方，而且图表中的数据不会再变化，那么最好的方法是将图表转换为图片的格式，然后在其他应用程序中以图片的形式使用图表。将图表转换为图片的具体操作如下。

Step 01 右击已制作好的图表的图表区空白处，在弹出的快捷菜单中选择【复制】命令。

Step 02 右击工作表内的任意位置，在弹出的快捷菜单中选择如图15-19所示的图标，表示以图片的形式进行粘贴，这样将在工作表中复制一张与原图表完全相同的图表图片。

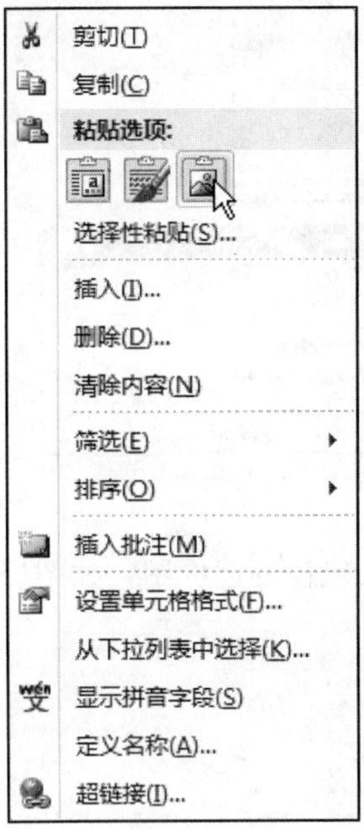

图15-19

提示 在Excel 2010中提供了对目标粘贴格式的直接命令，这样就省去了在打开的对话框中再进行选择的麻烦。

15.4 使用另类图表——单元格中的迷你图

图15-20所示显示了不同产品在几个月内的销售数据，如果希望快速了解产品的销售趋势，则可以创建每个产品的迷你图，具体操作如下。

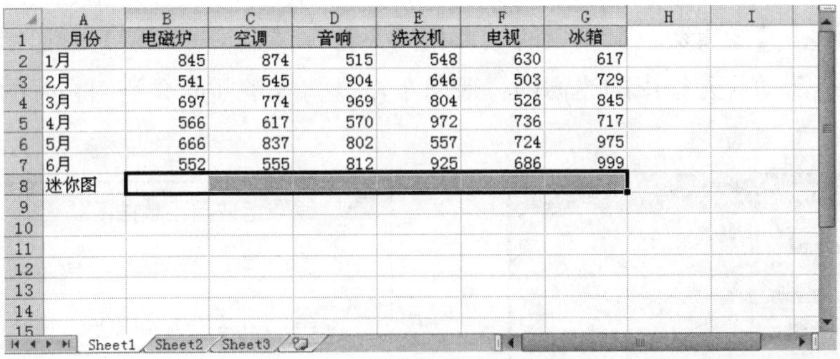

	A	B	C	D	E	F	G	H	I
1	月份	电磁炉	空调	音响	洗衣机	电视	冰箱		
2	1月	845	874	515	548	630	617		
3	2月	541	545	904	646	503	729		
4	3月	697	774	969	804	526	845		
5	4月	566	617	570	972	736	717		
6	5月	666	837	802	557	724	975		
7	6月	552	555	812	925	686	999		
8	迷你图								

图15-20

Step 01 选择要放置迷你图的单元格区域，本例中为B8:G8。

Step 02 单击功能区中的【插入】→【迷你图】→【柱形图】按钮，打开【创建迷你图】对话框。在【数据范围】文本框中输入迷你图使用的数据区域的地址，或者单击【数据范围】文本框右侧的按钮，然后从工作表中选择数据区域（本例中为区域B2:G7），如图15-21所示。

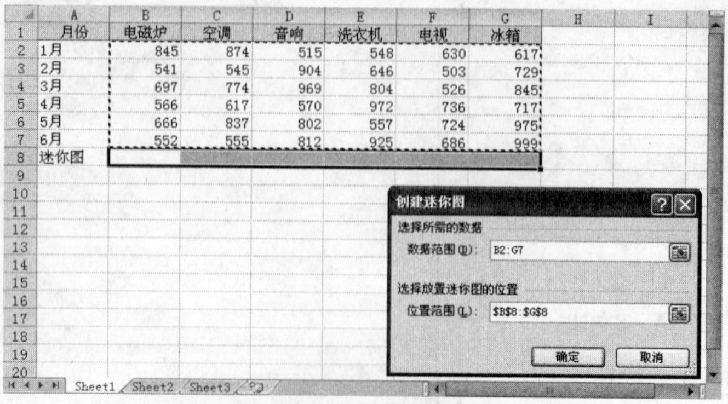
	A	B	C	D	E	F	G
1	月份	电磁炉	空调	音响	洗衣机	电视	冰箱
2	1月	845	874	515	548	630	617
3	2月	541	545	904	646	503	729
4	3月	697	774	969	804	526	845
5	4月	566	617	570	972	736	717
6	5月	666	837	802	557	724	975
7	6月	552	555	812	925	686	999
8	迷你图						

图15-21

Step 03 单击【确定】按钮，将在所选单元格区域中创建柱形迷你图，如图15-22所示。

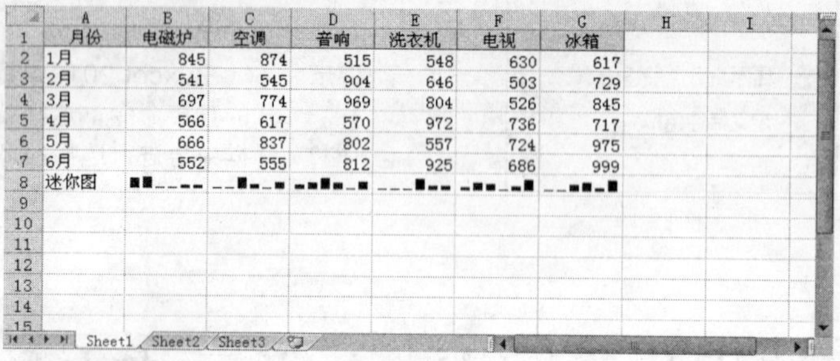
	A	B	C	D	E	F	G
1	月份	电磁炉	空调	音响	洗衣机	电视	冰箱
2	1月	845	874	515	548	630	617
3	2月	541	545	904	646	503	729
4	3月	697	774	969	804	526	845
5	4月	566	617	570	972	736	717
6	5月	666	837	802	557	724	975
7	6月	552	555	812	925	686	999
8	迷你图						

图15-22

如果在创建迷你图后需要修改原始数据，那么可以单击包含迷你图的任意一个单元格，然后单击功能区中的【设计】→【迷你图】→【编辑数据】按钮，打开如图15-23所示的【编辑迷你图】对话框，然后重新选择数据区域即可。

在单击【编辑数据】下拉按钮后会弹出如图15-24所示的菜单，其中包含几个命令，第一个命令与直接单击【编辑数据】按钮的效果相同，打开【编辑迷你图】对话框；而第二个命令则只编辑当前活动单元格中的迷你图；后两个命令与本章前面介绍图表时的同名命令的功能是相同的。

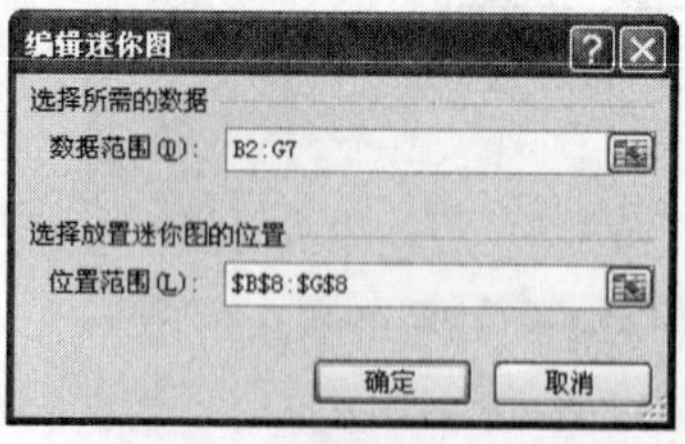

图15-23

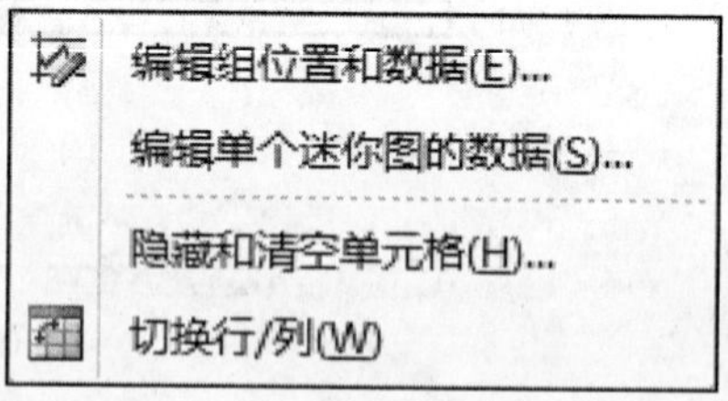

图15-24

15.4.1 更改迷你图类型

在创建迷你图后，可以根据需要随时改变迷你图的类型。单击包含迷你图的任意一个单元格，然后在功能区的【设计】→【类型】组中选择一种迷你图类型，如图15-25所示。

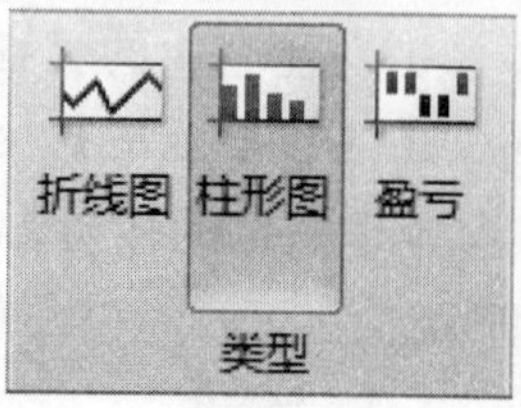

图15-25

11 Chapter
12 Chapter
13 Chapter
14 Chapter
15 Chapter
16 Chapter
17 Chapter
18 Chapter
19 Chapter
20 Chapter

如图15-26所示为将柱形迷你图改为折线迷你图后的效果。

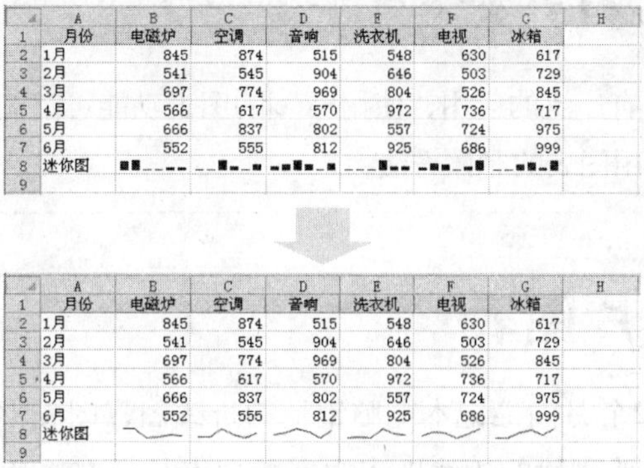

月份	电磁炉	空调	音响	洗衣机	电视	冰箱
1月	845	874	515	548	630	617
2月	541	545	904	646	503	729
3月	697	774	969	804	526	845
4月	566	617	570	972	736	717
5月	666	837	802	557	724	975
6月	552	555	812	925	686	999
迷你图						

月份	电磁炉	空调	音响	洗衣机	电视	冰箱
1月	845	874	515	548	630	617
2月	541	545	904	646	503	729
3月	697	774	969	804	526	845
4月	566	617	570	972	736	717
5月	666	837	802	557	724	975
6月	552	555	812	925	686	999
迷你图						

图15-26

15.4.2 设置迷你图样式

在默认创建迷你图后，这些迷你图作为一个整体，即一个组，对任意一个迷你图的设置都将自动应用到该组的每个迷你图中。如果只想单独对某个迷你图进行设置，那么可以取消现有分组，单击功能区中的【设计】→【分组】→【取消组合】按钮即可。

当单击包含迷你图的任意一个单元格时，会在其所在迷你图组的区域中显示一个蓝色的边框线，边框线内的迷你图同属于一个组，如图15-27所示。

当创建迷你图后，可以根据需要设置迷你图的样式。单击包含迷你图的任意一个单元格，可以在功能区中【设计】→【样式】组的样式列表中为迷你图选择一种预置的样式，其中主要是对迷你图颜色的改变。如果不满意预置的颜色，可以单击该组中的【迷你图颜色】按钮，然后在颜色列表中选择一种颜色。

可以发现在【显示】组中有几个复选框，勾选这些复选框可以看到迷你图中会高亮显示与复选框名称对应的图形。例如，对于折线迷你图来说，当勾选【显示】组中的【高点】复选框时，将在迷你图中以不同于其他数据点的颜色来显示数据中具有最大值的数据点，如图15-28所示。

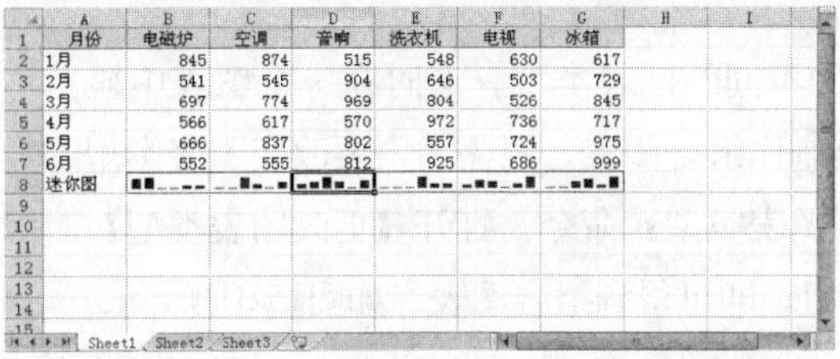

月份	电磁炉	空调	音响	洗衣机	电视	冰箱
1月	845	874	515	548	630	617
2月	541	545	904	646	503	729
3月	697	774	969	804	526	845
4月	566	617	570	972	736	717
5月	666	837	802	557	724	975
6月	552	555	812	925	686	999
迷你图						

图15-27

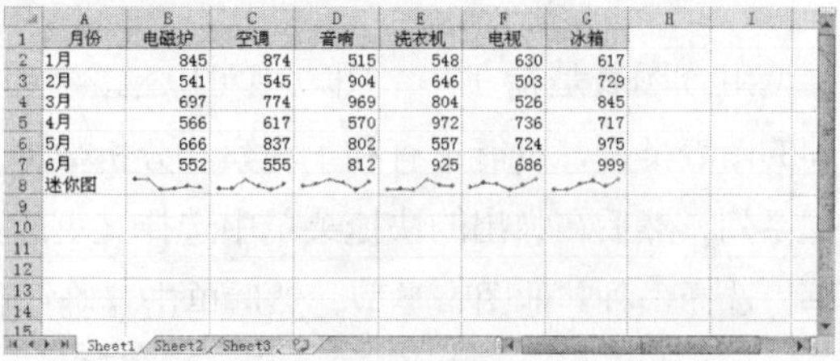

月份	电磁炉	空调	音响	洗衣机	电视	冰箱
1月	845	874	515	548	630	617
2月	541	545	904	646	503	729
3月	697	774	969	804	526	845
4月	566	617	570	972	736	717
5月	666	837	802	557	724	975
6月	552	555	812	925	686	999
迷你图						

图15-28

15.4.3 删除迷你图

要删除迷你图，只需单击任意一个迷你图，然后单击功能区中的【设计】→【分组】→【清除】按钮，这样将删除当前选中的迷你图。而单击【清除】按钮右侧的下拉按钮，在弹出的菜单中选择【清除所选的迷你图组】命令，则删除整组的迷你图。

15.5 高级图表制作技巧

图表在实际工作中有广泛的应用，使用Excel的图表功能可以制作出既美观又实用的图表。本节介绍了几种实用图表的制作方法。

15.5.1 制作图片图表

图15-29所示为一个12个月内笔记本电脑销量的折线图，图表中的每个数据点表示笔记本电脑的月销售数量。在默认创建的折线图表中，数据点是带有颜色的色块。如果将每一个以代表实际物品的图标来代替，图表看上去会更直观。

如果要将数据点以表示笔记本电脑的图片代替，具体操作如下。

Step 01 在工作表中插入一个合适的笔记本电脑图片，将这张图片缩小到适当大小。

Step 02 选择笔记本电脑图片并按Ctrl+C组合键复制这张图片。

Step 03 单击图表中要用图片替换的数据点，然后按Ctrl+V组合键将图片粘贴到数据点上，结果如图15-30所示。

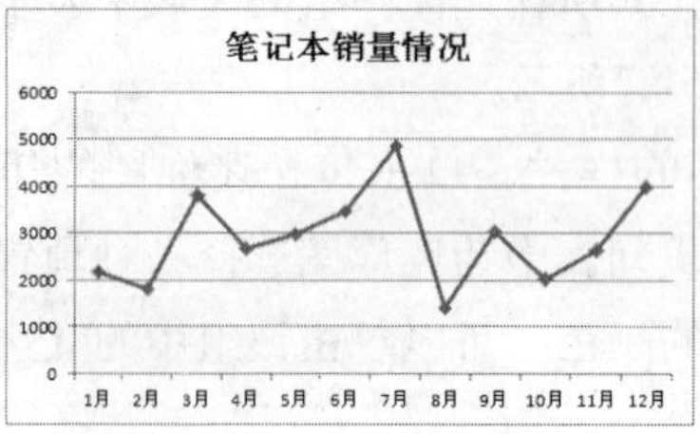

图15-29

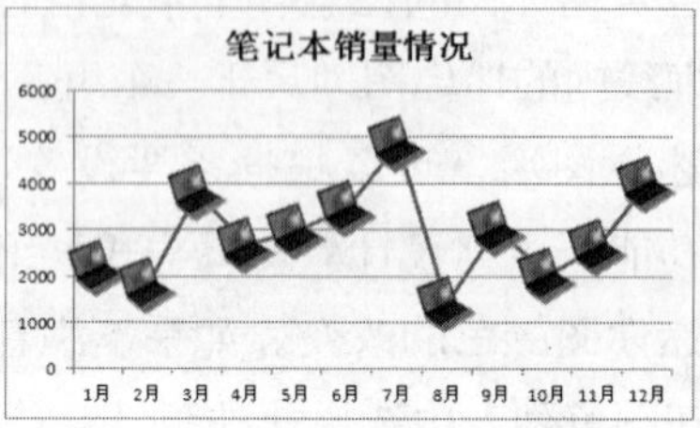

图15-30

15.5.2 制作包含多种类型的组合图表

组合图表是指在一个图表中可以包含至少两种不同的图表类型，有时在一个图表中显示不同的图表类型，可能更有利于观察和分析数据。要制作组合图表，只需右击要改变图表类型的数据系列，然后在弹出的快捷菜单中选择【更改系列图表类型】命令，打开【更改图表类型】对话框，选择一种其他图表类型，然后单击【确定】按钮，即可得到组合图表，如图15-31所示。

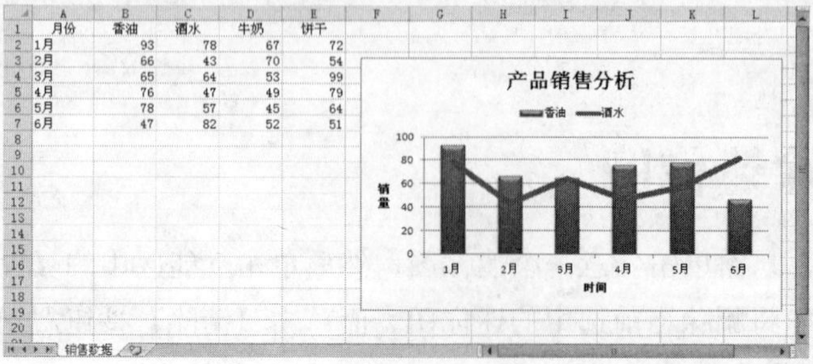

图15-31

15.5.3 制作对比条形图表

在图15-32所示的图表中，可以很容易地看出公司各部门男女员工人数的对比情况。制作这种形式图表的关键在于要让图表源数据中的一列数值变为负数，然后创建条形图并进行一系列设置，就可以制作出这样的图表。

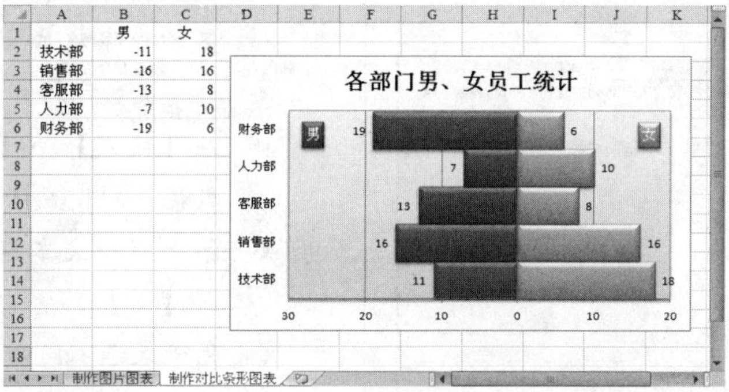

图15-32

制作对比条形图表的具体操作如下。

Step 01 在单元格区域A1:C6中输入原始数据，B列或C列任意一列数值必须为负数（本例为B列），而且要确保单元格A1留空。

Step 02 单击区域A1:C6中任意一个单元格，然后单击功能区中的【插入】→【图表】→【条形图】按钮，在弹出的菜单中选择【簇状条形图】命令，创建如图15-33所示的簇状条形图。

Step 03 删除图表中的图例。右击纵坐标轴，从弹出的快捷菜单中选择【设置坐标轴格式】命令，在所打开对话框的【坐标轴选项】选项卡中，将【主要刻度线类型】设置为【无】，将【坐标轴标签】设置为【低】，如图15-34所示。

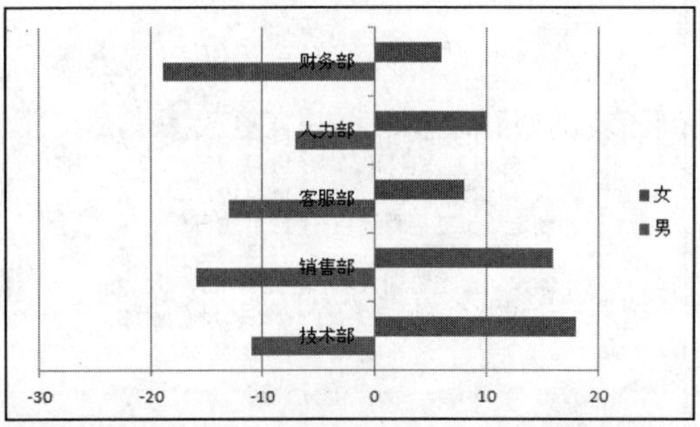

图15-33

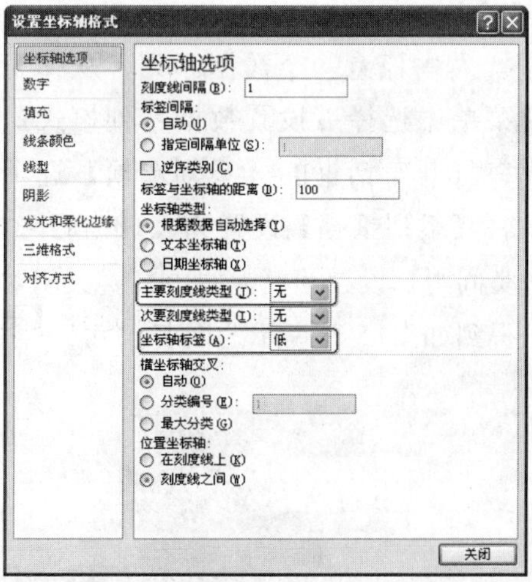

图15-34

Step 04 单击【关闭】按钮关闭该对话框，然后右击横坐标轴，从弹出的快捷菜单中选择【设置坐标轴格式】命令，打开对话框中的【数字】选项卡，在【格式代码】文本框中输入自定义数字格式【0;0;0】，然后单击【添加】按钮，如图15-35所示。

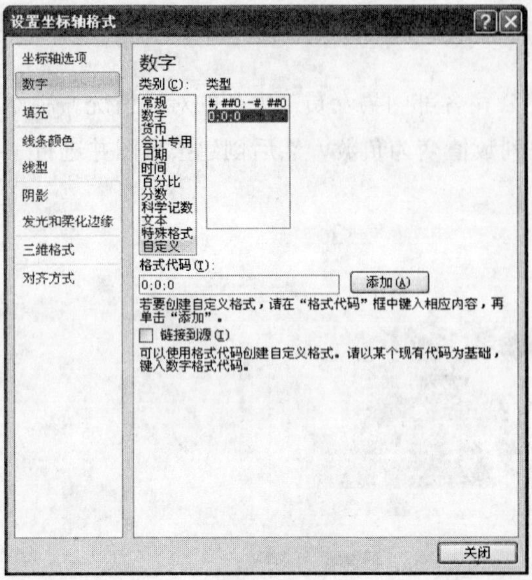

图15-35

Step 05 单击【关闭】按钮关闭该对话框，得到如图15-36所示的图表。

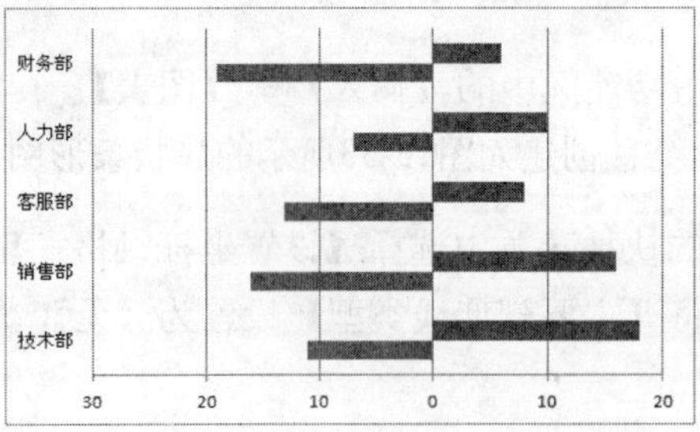

图15-36

Step 06 右击任意一个数据系列，从弹出的快捷菜单中选择【设置数据系列格式】命令，在打开对话框的【系列选项】选项卡中，将【系列重叠】设置为【100%】，将【分类间距】设置为【无间距】。关闭对话框，得到如图15-37所示的图表。

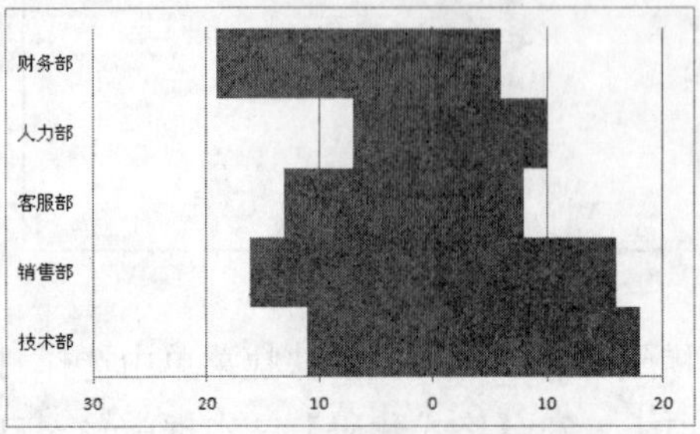

图15-37

Step 07 对此时的图表进行以下几个格式设置，即可得到本例要制作的对比条形图表。

- 右击数据系列，从弹出的快捷菜单中选择【添加数据标签】命令，添加数据标签。对于负数标签，将标签的数字格式设置为前面使用过的自定义数字格式【0;0;0】。
- 在【格式】→【形状样式】组中为数据系列设置格式。
- 添加两个文本框，分别输入【男】和【女】，将它们置于合适位置，用于表示不同的条形数据系列。
- 添加图表标题，并输入适当的名称。

15.5.4 制作甘特图

在Office Project应用程序中，甘特图是一种用于管理项目进度的视图方式，它是一种水平条形图，每一个条形表示一项任务，而条形的长度则表示要完成某项任务所需的时间长短。在Excel中也可以创建类似甘特图的图表。下面的示例将为如图15-38所示的数据创建一个甘特图，数据区域中的A列为任务名称，B列为任务的开始时间，C列为任务所需的时长。请将单元格A1留空，否则可能会导致错误。

	A	B	C	D
1		开始时间	时长	
2	股东大会	11月6日	4	
3	公司来年计划	11月10日	2	
4	部门工作目标	11月12日	5	
5	科室职责安排	11月17日	6	
6	制定新员工招聘计划	11月23日	6	
7	招聘与录用新员工	11月29日	5	
8	制定新员工培训方案	12月4日	2	
9	制定岗位奖励方案	12月6日	3	
10				

图15-38

制作甘特图的具体操作如下。

Step 01 单击数据区域中的任意一个单元格，然后单击功能区中的【插入】→【图表】→【条形图】按钮，在打开的列表中选择【堆积条形图】命令，创建一个堆积条形图，如图15-39所示。

Step 02 右击纵坐标轴，从弹出的快捷菜单中选择【设置坐标轴格式】命令，在打开对话框的【坐标轴选项】选项卡中勾选【逆序类别】复选框，使纵坐标轴倒序排列。单击【横坐标轴交叉】选项组中的【最大分类】单选按钮，将横坐标轴显示于图表下方，如图15-40所示。

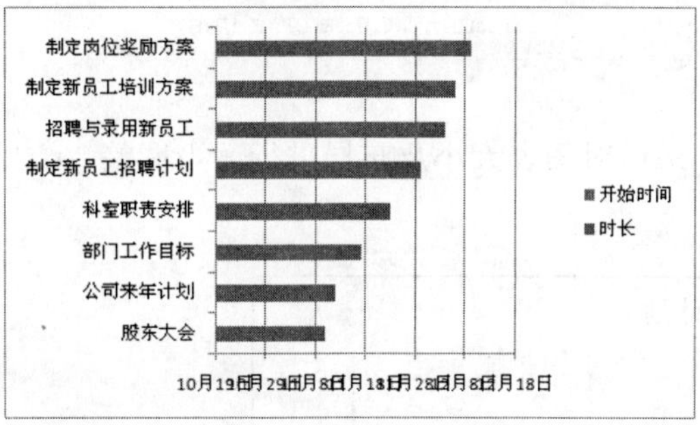

图15-39

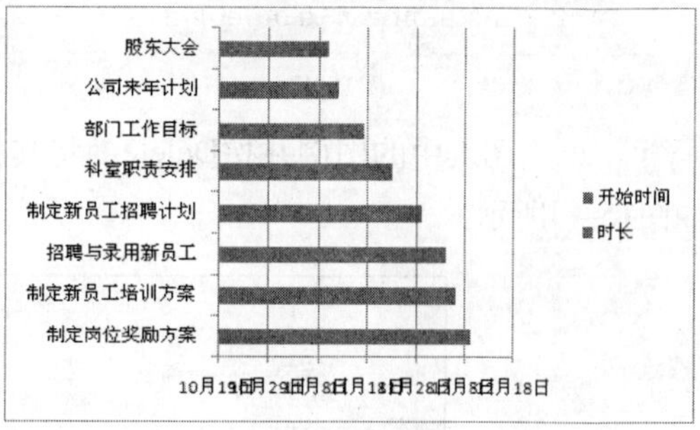

图15-40

Step 03 右击横坐标轴，从弹出的快捷菜单中选择【设置坐标轴格式】命令，在打开的对话框中选择【坐标轴选项】选项卡，然后手工设置【最小值】、【最大值】和【主要刻度单位】，如图15-41所示。其中【最小值】和【最大值】必须输入一个日期序列号，本例中最小值为【40488】，最大值为【40518】。

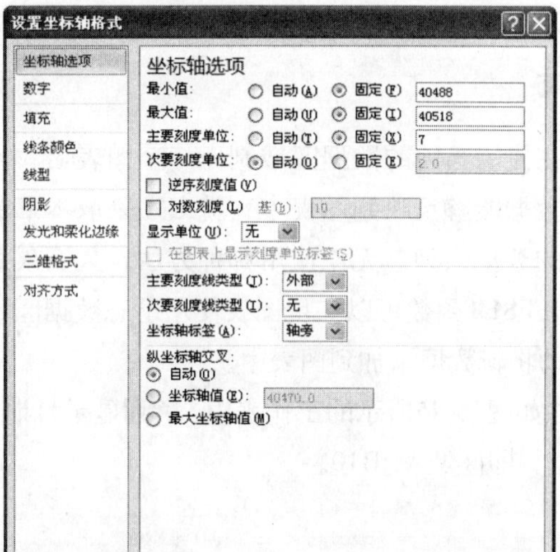

图15-41

提示 本例中第一个日期是11月6日（序列号是40488），而最后一个日期是12月6日（序列号是40518），但是这个日期还需要经过3天的时长，因此需要将最后一个日期的序列号再加上3。主要刻度单位设置为7表示日期刻度以每周7天为单位进行标记。

Step 04 单击【关闭】按钮关闭【设置坐标轴格式】对话框，得到的图表如图15-42所示。

Step 05 右击图表中表示开始时间的数据系列（默认情况下为蓝色的矩形），然后在弹出的快捷菜单中选择【设置数据系列格式】命令，打开【设置数据系列格式】对话框。在【系列选项】选项卡中将【系列重叠】设置为【100%】，将【填充】和【边框颜色】分别设置为【无填充】和【无线条】，设置后的结果如图15-43所示。

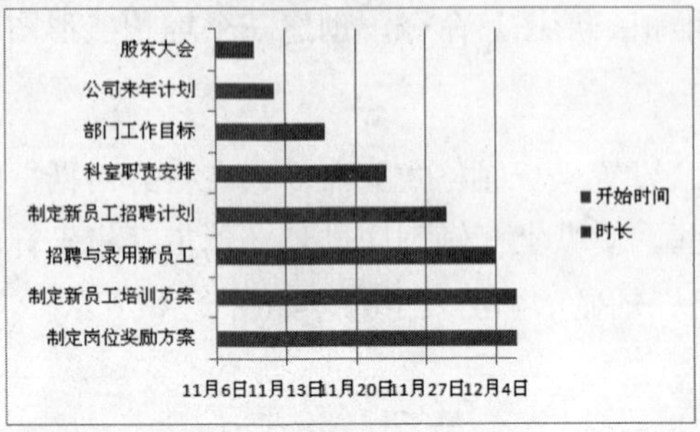

图15-42

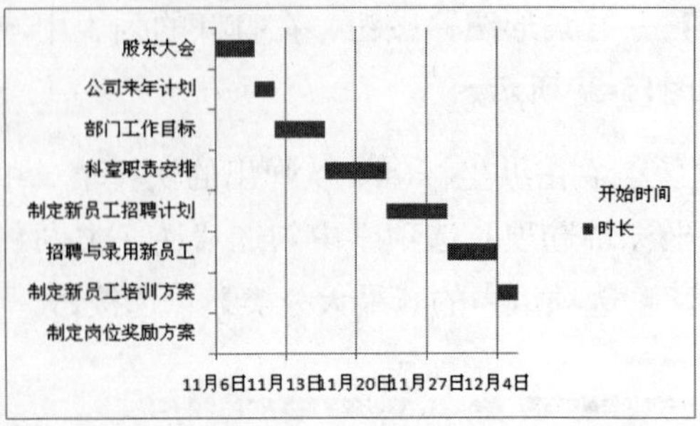

图15-43

Step 06 单击图表中的图例并按Delete键将其删除。最后对图表大小及布局进行适当调整，结果如图15-44所示。

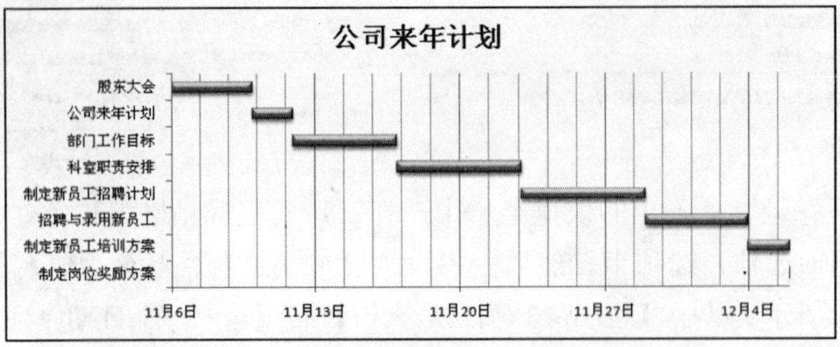

图15-44

15.5.5 制作动态缩放的图表

在制作图表时，一个普遍存在的问题是，在使用当前的数据区域制作一个图表后，当以后向数据区域中添加新数据时，为了使这些新数据能够反映到图表中，就必须采取本章前面介绍的方法为图表重新选择数据区域或添加新的数据系列。无论使用哪种方法，久而久之都感觉操作很乏味，而且可能还容易出错。利用OFFSET函数可以实现图表使用动态数据区域的功能，即当向区域中添加新数据时，Excel会自动将新数据添加到图表中。

下面的示例演示了这一功能的制作方法。在如图15-45所示的工作表中，A列显示日期，B列显示销量。图表使用了下图中当前的所有数据，即区域A1:B10。

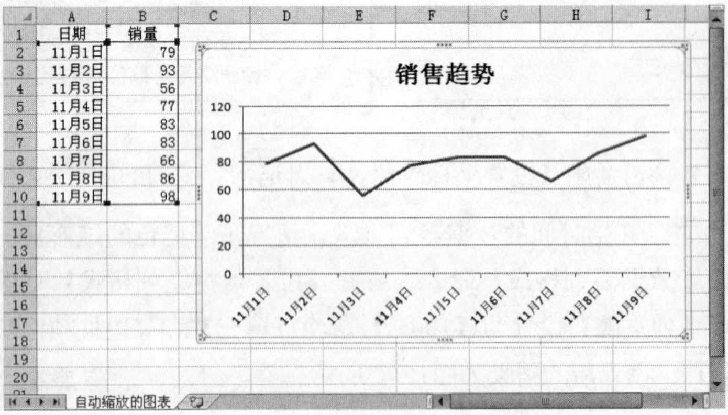

图15-45

为了实现图表随数据区域自动更新显示的功能，需要通过编辑数据系列中的SERIES公式，再配合OFFSET函数才能实现，具体操作如下。

Step 01 单击功能区中的【公式】→【定义的名称】→【定义名称】按钮，打开【新建名称】对话框。在【名称】文本框中输入任意一个名称，例如“日期”。将名称范围设置为在当前工作表中，然后在【引用位置】文本框中输入下面的公式，如图15-46所示。

```
=OFFSET(自动缩放的图表!$A$2,0,0,COUNTA(自动缩放的图表!$A:$A)-1,1)
```

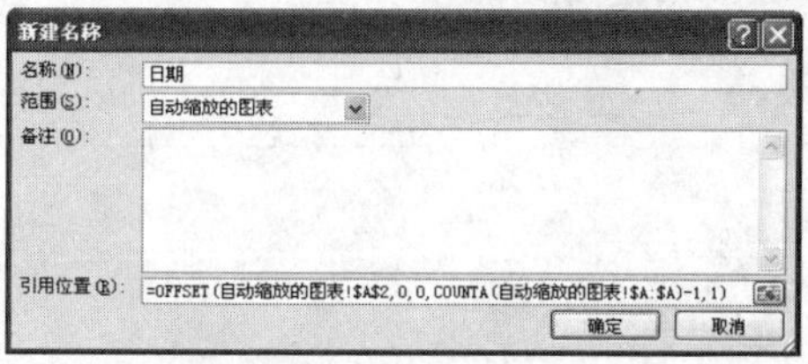

图15-46

Step 02 单击【确定】按钮完成日期列名称的定义。按类似的方法为销量列定义一个名称，名称对应的公式如下。

```
=OFFSET(自动缩放的图表!$B$2,0,0,COUNTA(自动缩放的图表!$B:$B)-1,1)
```

Step 03 完成名称的定义后，接下来需要修改图表中数据系列的公式。右击图表区，从弹出的快捷菜单中选择【选择数据】命令，打开【选择数据源】对话框。单击【图例项（系列）】中的【编辑】按钮，打开【编辑数据系列】对话框，将【系列值】文本框中感叹号后面的内容修改为前面定义的名称“销量”，如图15-47所示。

Step 04 单击【确定】按钮，使用类似的方法将【水平（分类）轴标签】中的公式修改为如图15-48所示的形式。

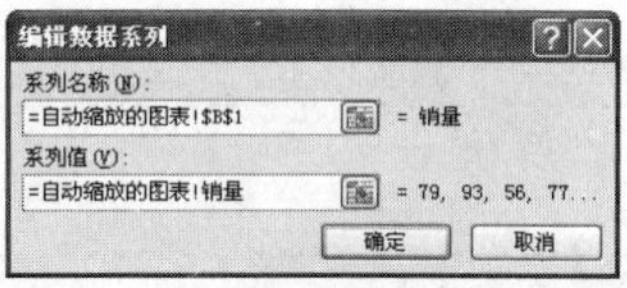

图15-47

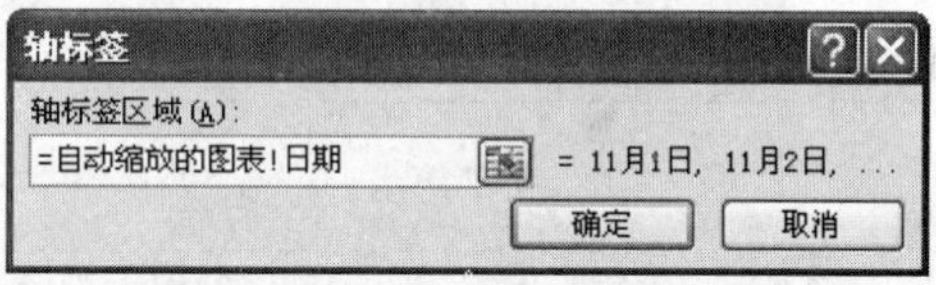

图15-48

Step 05 依次单击【确定】按钮关闭所有打开的对话框。接下来向数据区域添加一些新数据，可以发现这些数据将自动在图表中显示出来（阴影部分是新添加的数据），如图15-49所示。

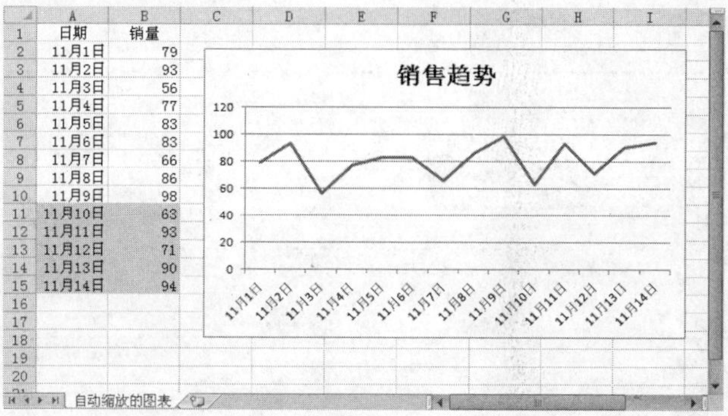

图15-49

读·书·笔·记

中文版 Office 2010 应用大全

Chapter 16

打印工作表

制作好的工作表一方面以电子版的形式在不同用户的不同电脑之间收发传阅；另一方面可能需要将其打印输出到纸张上，以便外出携带或整理收藏。本章将详细介绍工作表的页面设置，以及适合不同需要的打印方法。

16.1 设置工作表的页面格式

如果对将要打印输出的工作表的页面有一些特殊要求，那么就需要在打印前对工作表页面格式进行调整，包括页面尺寸、页边距、页眉和页脚、工作表背景等内容，以便符合预期的打印效果。

16.1.1 设置页面尺寸

Excel工作表的默认纸张大小为A4，可以根据实际情况进行调整。单击功能区中的【页面布局】→【页面设置】→【纸张大小】按钮，在弹出的菜单中可以选择所需的纸张。如果之前在工作表中并未显示出分页符的虚线标记，那么在改变纸张大小后，分页符标记将会显示出来（位于G列和H列之间），如图16-1所示。

	A	B	C	D	E	F	G	H	I
1	编号	姓名	性别	年龄	籍贯	学历	部门	职位	工资
2	1	雷紘	女	33	青海	博士	销售部	高级职员	4600
3	2	顾莎	男	40	贵州	高中	销售部	总经理	1600
4	3	牛伟	女	38	黑龙江	硕士	技术部	总经理	4600
5	4	洪玫	男	31	贵州	高中	销售部	总经理	3600
6	5	毛萍	男	38	陕西	博士	市场部	总经理	4000
7	6	牛粒	男	35	吉林	博士	技术部	部门经理	3700
8	7	贺文	男	40	四川	初中	客服部	普通职员	4100
9	8	洪玫	男	32	江苏	硕士	信息部	普通职员	1100
10	9	白伟	男	31	山西	职高	客服部	总经理	1600
11	10	康骏	男	28	福建	大本	销售部	普通职员	1800
12	11	常婉	男	28	陕西	大专	市场部	普通职员	1600
13	12	牛蕾	女	43	上海	硕士	市场部	部门经理	1000
14	13	顾森	男	40	湖南	职高	销售部	高级职员	1100
15	14	龙伟	女	32	陕西	大专	信息部	高级职员	3700

图16-1

页边距是指工作表数据区域与页面边界的距离，可以通过设置页边距来控制将数据打印到纸张上的位置。单击功能区中的【页面布局】→【页面设置】→【页边距】按钮，在弹出的菜单中选择预设的页边距。选择菜单中的【自定义边距】命令，将打开【页面设置】对话框中的【页边距】选项卡，可以通过设置【上】、【下】、【左】、【右】中的值来精确设置页边距的范围，如图16-2所示。可以单击【打印预览】按钮预览设置的效果，以便实时掌握自己所做的设置是否合适。

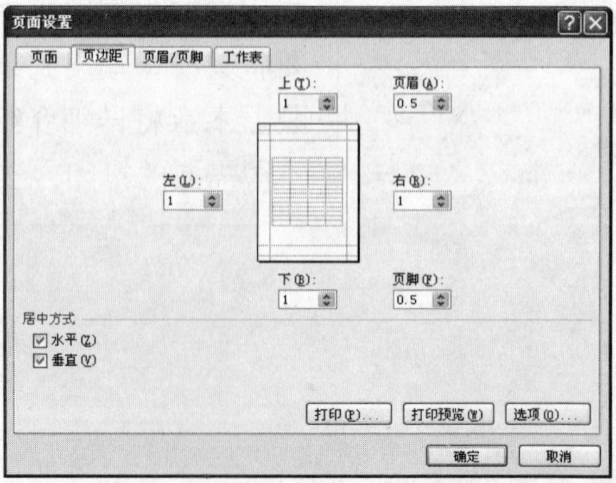

图16-2

> **提示** 同时勾选【水平】和【垂直】复选框将使内容位于工作表中间。

16.1.2 设置页眉和页脚

页眉位于工作表的顶部，而页脚位于工作表的底部。通常可以在页眉和页脚中放入一些有利于标识工作表名称、用途以及其他一些辅助信息的内容，例如，页码、页数、工作表的创建与制作日期等。要编辑页眉和页脚，可以从以下四个位置进入。

- 单击状态栏中的【页面布局】按钮▣。
- 单击功能区中的【视图】→【工作簿视图】→【页面布局】按钮。
- 单击功能区中的【插入】→【文本】→【页眉和页脚】按钮。
- 单击功能区中的【页面布局】→【页面设置】组中的对话框启动器，在打开的【页面设置】对话框的【页眉/页脚】选项卡中进行设置。

进入页面布局视图后，可以单击【单击可添加页眉】或【单击可添加页脚】导航文字来激活页眉和页脚区域并添加内容，如图16-3所示。

图16-3

当激活页眉或页脚后，将在功能区中激活【设计】选项卡，其中的选项用于页眉和页脚的设置，【页眉和页脚元素】组中提供了可以向页眉和页脚添加的丰富内容，如图16-4所示。只需单击要插入内容的页眉或页脚位置，然后单击【页眉和页脚元素】组中的代表内容类型的按钮，然后再选择所需内容，即可将其插入到页眉或页脚中。

图16-4

图16-5所示为添加了页眉后的工作表，在顶部的页眉中包含两部分内容：工作表名称、工作表中数据所占用的总页数。在默认情况下，添加的内容不会包含如图16-5所示的“页数：2”这样的文字，这些文字需要手工输入到页眉中。

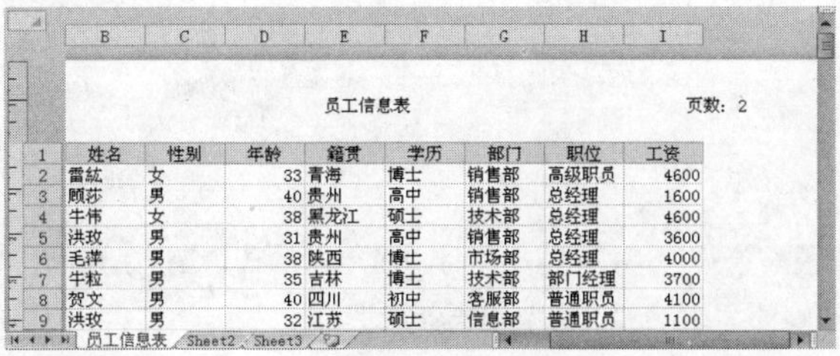

图16-5

> **提示** 当使用【页眉和页脚元素】中的选项向页眉或页脚中添加内容时，内容左侧会自动添加一个“&”符号，这个符号是Excel内定的特殊符号。如果要在页眉中输入并显示这个符号，那么就需要输入两个“&”。例如，希望页眉中显示文字“入库&出库”，那么就需要输入“入库&&出库”。

如果需要，可以像平时设置单元格字体格式一样，对页眉中的文字格式进行设置。只需选择好要设置的文字，然后在功能区【开始】→【字体】组中进行设置即可。当工作表中的数据较多而超过一页时，【设计】→【选项】组中的选项可能就比较有用了，具体如下。

- 【首页不同】：将工作表第一页的页眉和页脚设置为与其他页不同。
- 【奇偶页不同】：将奇数页和偶数页的页眉和页脚设置为不同形式。
- 【随文档一起缩放】：当设置打印比例时，页眉和页脚中的内容会自动同时缩放。
- 【与页边距对齐】：页眉和页脚一共分为左、中、右三部分，使用该选项可以让左、右两部分内容分别与左、右边距对齐。

如果使用前面的方法打开了【页面设置】对话框，那么可以在【页眉/页脚】选项卡中选择Excel预设的页眉和页脚内容。如果单击【自定义页眉】或【自定义页脚】按钮，则将打开如图16-6所示的对话框，在其中可以输入文字并使用工具栏中的按钮对文字设置格式。

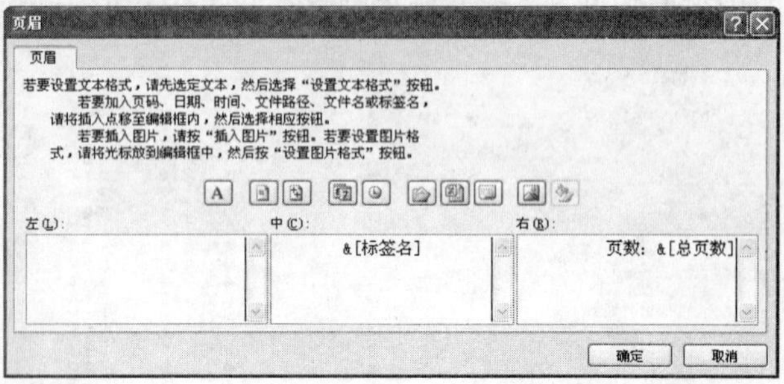

图16-6

16.1.3 为工作表添加背景

如果感觉白色背景的工作表略显枯燥，或者希望为工作表添加一幅与数据主题相关的图片，那么可以为工作表设置背景。打开要添加背景的工作表，然后单击功能区中的【页面布局】→【页面设置】→【背景】按钮，打开【工作表背景】对话框。选择一幅图片后单击【插入】按钮，即可将所选图片作为背景嵌入到工作表中，如图16-7所示。

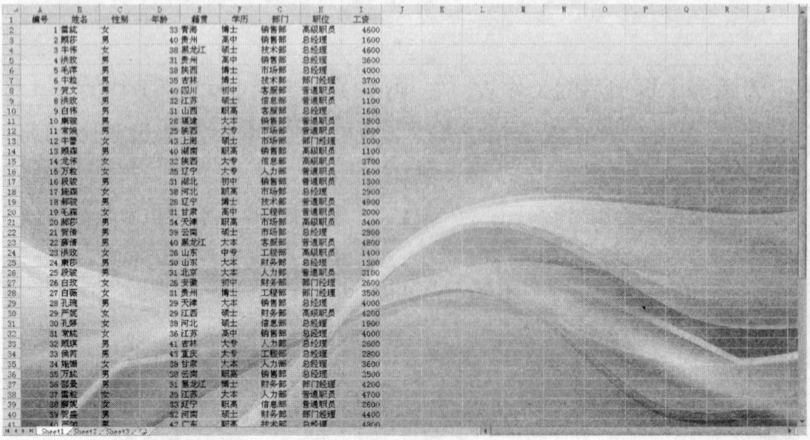

图16-7

当希望删除工作表背景时，只需单击功能区中的【页面布局】→【页面设置】→【删除背景】按钮。

16.2 满足不同需求的打印

本节介绍满足不同实际需求的工作表打印方法，包括缩放打印、分页打印、打印指定数据、打印行列标题、打印图表、打印网格线及避免打印特殊的单元格。

16.2.1 快速打印

如果对打印没有特殊要求，只是想将电子版的变成纸质版的表格，那么可以使用快速打印。单击快速访问工具栏右侧的下拉按钮，在打开的列表中选择【快速打印】选项，将该命令添加到快速访问工具栏中。然后单击【快速打印】按钮，Excel将按默认打印设置对当前工作表进行打印。在打印时，Excel将只打印有数据的活动区域，而不会将一个工作表中的所有单元格都打印出来。

16.2.2 缩放打印

如果工作表的页数很多，希望在有限的纸张数量情况下打印工作表的所有内容，那么可能就需要通过缩小打印比例使一张纸上可以容纳更多的内容。可以在功能区中的【页面布局】→【调整为合适大小】组中设置打印缩放比例（90%），如图16-8所示。

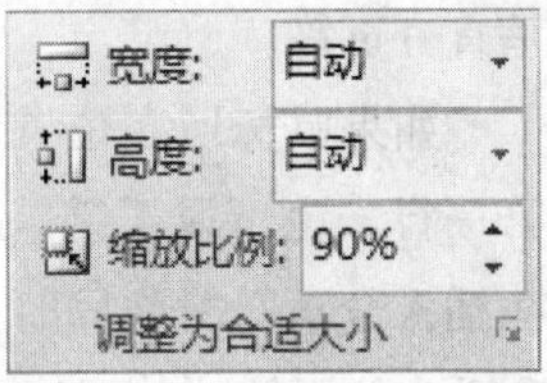

图16-8

也可以在【页面设置】对话框的【页面】选项卡中设置打印时的缩放比例，只需单击【缩放比例】单选按钮，然后在右侧的文本框中输入一个百分比数值即可。

16.2.3 分页打印

如果工作表包含的内容很多且超过一页时，Excel会自动将多出的内容放到下一页进行打印，并使用虚线来表示分页标记，这种虚线标记被称为分页符。默认情况下看不到分页符，可以使用以下几种方法显示分页符。

- 改变纸张的大小和方向。
- 单击状态栏中的【页面布局】按钮，然后再单击【普通】按钮。
- 按Ctrl+F2或Ctrl+P组合键展开打印面板，然后再关闭该面板。

有时可能需要强制分隔页面来打印某些数据，这时就需要手工设置分页符。根据分页后的结果，分页符可以分为三种：水平分页符、垂直分页符和交叉分页符。如果需要创建水平分页，也就是以行为基准将工作表分为上下两页，那么需要将鼠标定位到A列中的某一行，这一行就是要作为下一页的第一行，然后单击功能区中的【页面布局】→【页面设置】→【分隔符】按钮，在弹出的菜单中选择【插入分页符】命令，即可按行分页。如图16-9所示为从第11行开始分页，鼠标位于单元格A11中。

图16-9

插入垂直分页符的方法与水平分页符类似，关键一点是要将鼠标定位到第一行中，根据希望分页的位置再定位到第一行中的某一列即可，然后和插入水平分页符相同，单击功能区中的【页面布局】→【页面设置】→【分隔符】按钮并选择【插入分页符】命令，即可在鼠标左侧插入垂直分页符。

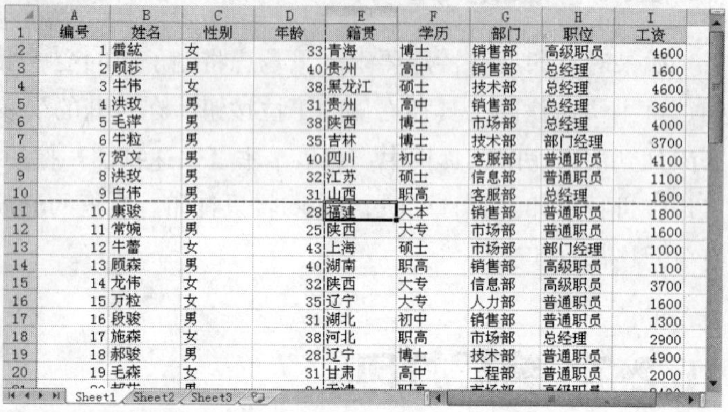

图16-10

如果鼠标所在位置既不属于第一行，也不属于第一列，那么在插入分页符时将同时插入水平和垂直分页符，如图16-10所示的单元格E11。

还可以在分页预览视图中设置分页符。单击状态栏中的【分页预览】按钮，切换到分页预览视图。可以右击单元格，从弹出的快捷菜单中选择【插入分页符】命令，对工作表进行分页设置，如图16-11所示。

图16-11

根据分页符类型的不同，在删除分页符时需要注意将鼠标置于正确位置，否则无法删除分页符，各位置如下。

11 Chapter
12 Chapter
13 Chapter
14 Chapter
15 Chapter
16 Chapter
17 Chapter
18 Chapter
19 Chapter
20 Chapter

- 删除水平分页符：将鼠标置于水平分页符下面的行中。
- 删除垂直分页符：将鼠标置于水平分页符右侧的列中。
- 删除交叉分页符：将鼠标置于交叉分页符交点的右下角单元格中。

根据分页符类型，将鼠标置于正确位置后，单击功能区中的【页面布局】→【页面设置】→【分隔符】按钮并选择【删除分页符】命令，即可删除指定的分页符。

如果工作表中插入了多种不同类型的分页符，那么使用上面的方法按类别依次删除比较麻烦。这时，可以单击功能区中的【页面布局】→【页面设置】→【分隔符】按钮，然后选择【重设所有分页符】命令，即可将当前工作表中的所有分页符删除。

16.2.4 打印指定区域中的数据

有时可能只希望打印工作表中某一个区域的数据，也就是只打印工作表中的部分数据。此时只需将要打印的区域设置为打印区域即可，具体操作如下。

Step 01 选择要设置为打印区域的数据区域。

Step 02 单击功能区中的【页面布局】→【页面设置】→【打印区域】按钮，在弹出的菜单中选择【设置打印区域】命令，将在选区四周添加边框虚线（区域A1:I10），如图16-12所示。在以后打印时将只打印该边框线包围部分的内容。

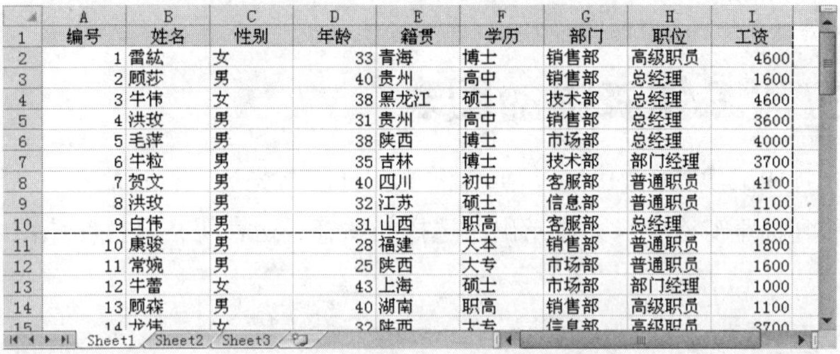

	A	B	C	D	E	F	G	H	I
1	编号	姓名	性别	年龄	籍贯	学历	部门	职位	工资
2	1	雷紘	女	33	青海	博士	销售部	高级职员	4600
3	2	顾莎	男	40	贵州	高中	销售部	总经理	1600
4	3	牛伟	女	38	黑龙江	硕士	技术部	总经理	4600
5	4	洪玫	男	31	贵州	高中	销售部	总经理	3600
6	5	毛萍	男	38	陕西	博士	市场部	总经理	4000
7	6	牛粒	男	35	吉林	博士	技术部	部门经理	3700
8	7	贺文	男	40	四川	初中	客服部	普通职员	4100
9	8	洪玫	男	32	江苏	硕士	信息部	普通职员	1100
10	9	白伟	男	31	山西	职高	客服部	总经理	1600
11	10	康骏	男	28	福建	大本	销售部	普通职员	1800
12	11	常婉	男	25	陕西	大专	市场部	普通职员	1600
13	12	牛蕾	女	43	上海	硕士	市场部	部门经理	1000
14	13	顾森	男	40	湖南	职高	销售部	高级职员	1100
15	14	龙伟	女	32	陕西	大专	信息部	高级职员	3700

图16-12

如果还有其他需要打印的内容，则可以再继续选择这些区域，然后单击功能区中的【页面布局】→【页面设置】→【打印区域】按钮，在弹出的菜单中选择【添加到打印区域】命令，这样可以同时将多个不连续的区域作为要打印的内容。

如果要删除已设置好的打印区域，则可以单击功能区中的【页面布局】→【页面设置】→【打印区域】按钮并选择【取消打印区域】命令。

16.2.5 打印工作表中的行、列标题

如果要打印的工作表的第一行包含列标题，而且工作表不止一页，那么在默认情况下打印时，会出现一个问题。除了第一页以外，其他页的顶部都不会重复打印上工作表的标题行，这样在查看其他页内容时可能就很难明白每列数据的含义。

对于这个问题，可以单击功能区中的【页面布局】→【页面设置】→【打印标题】按钮，在打开的【页面设置】对话框的【工作表】选项卡中设置。通过单击【顶端标题行】右侧的按钮，然后选择工作表中包含标题的行来解决，如图16-13所示。当然，如果标题位于列方向上，也可以在【左端标题列】文本框中设置列标题的位置。

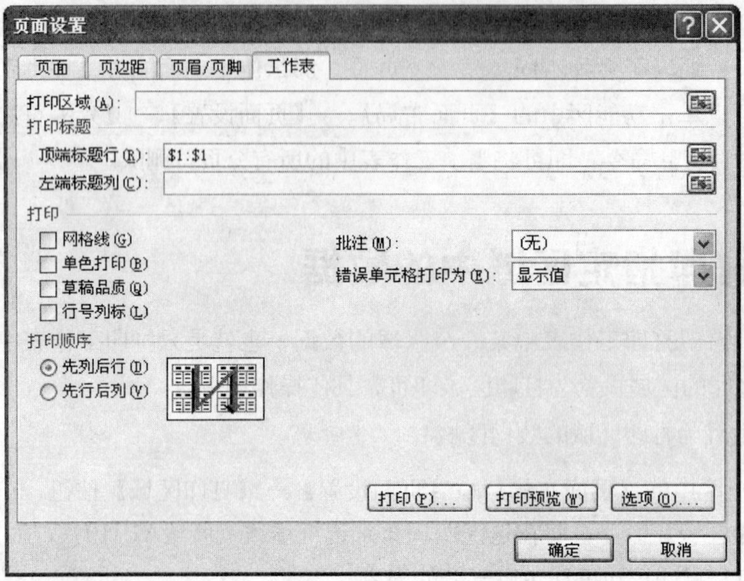

图16-13

16.2.6 打印工作表中的图表

如果希望只打印工作表中的图表，那么需要在打印前先选中工作表中的图表，然后可以在打印面板中看到预览窗格中只会显示出所选择的图表，这表明将只打印该图表，如图16-14所示。

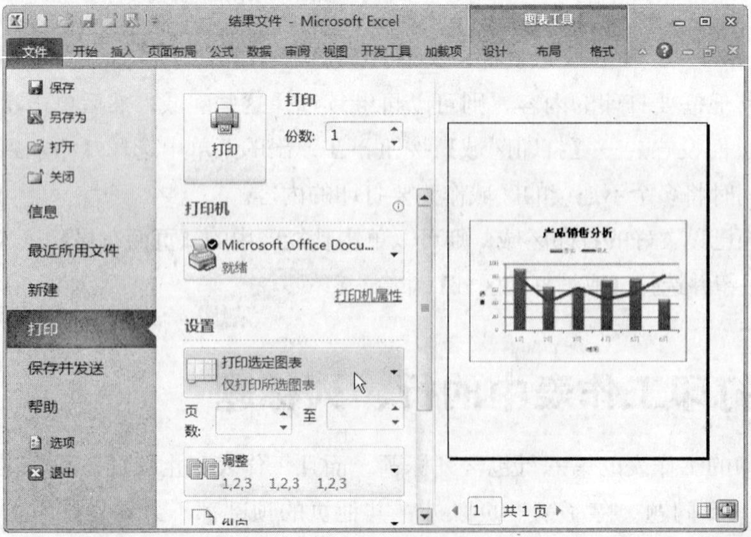

图16-14

16.2.7 打印工作表中的网格线

默认情况下工作表中的网格线是不被打印的。要打印网格线，可以使用下面两种方法。

- 勾选【页面布局】→【工作表选项】→【网格线】→【打印】复选框，如图16-15所示。
- 单击【页面布局】→【页面设置】组中的对话框启动器，打开【页面设置】对话框，在【工作表】选项卡中勾选【网格线】复选框。

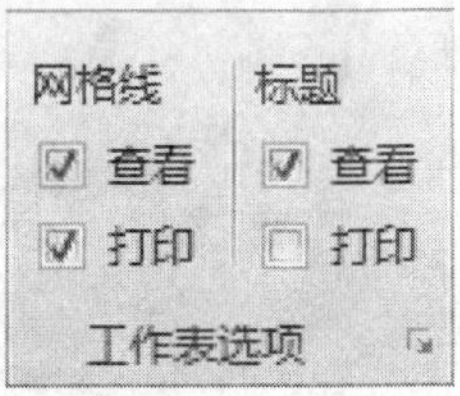

图16-15

16.2.8 避免打印某些单元格

在打印工作表时，可以根据需要不打印其中某些特殊的单元格，比如包含0的单元格或单元格中的颜色。

1. 不打印包含0值的单元格

如果要打印的数据区域中包含0值，但是实际上将它们打印到纸张上时又不想将这些0打印出来，那么可以在打印前进行设置。单击【文件】按钮并选择【选项】命令，打开【Excel选项】对话框，选择【高级】选项卡，然后在右侧取消勾选【在具有零值的单元格中显示零】复选框，最后单击【确定】按钮。

2. 不打印单元格中的颜色和底纹

如果在Excel中为单元格设置了填充色，那么通常并不一定希望在数据打印输出时将背景色一起打印出来，因为这样有可能会看不清单元格中的数据。为此可以单击【页面布局】→【工作表选项】组中的对话框启动器，打开【页面设置】对话框，在【工作表】选项卡中勾选【单色打印】复选框。

读·书·笔·记

中文版 Office 2010 应用大全

Chapter 17

组建幻灯片内容

就像在Word文档中输入文字、插入图片、插入表格和图表、制作SmartArt图示一样，在PowerPoint演示文稿中也可以输入这些类型的内容，只不过所有内容在PowerPoint中都是输入到每张幻灯片中。本章将介绍组建幻灯片内容的方法。

17.1 管理幻灯片

可以将演示文稿看作是一个外壳，在每一个演示文稿内部包含了数量不等的一张或多张幻灯片，所有这些幻灯片组成了整个演示文稿的内容。因此，对于幻灯片的基本操作，有必要熟练掌握。

17.1.1 新建幻灯片

启动PowerPoint 2010应用程序后会自动创建一个演示文稿，默认会包含一张幻灯片。但是通常在一个演示文稿中不会仅仅只有一张幻灯片，因此，可能就需要创建新的幻灯片。创建幻灯片的重点在于确定新幻灯片的创建位置和版式。例如，在演示文稿中包含两张幻灯片，如果希望在第一张与第二两张幻灯片之间插入一张新幻灯片，可以进行以下操作。

Step 01 在PowerPoint窗口中单击左侧的幻灯片列表中的第一张幻灯片，或者单击第一张与第二张幻灯片之间的空白处，可以看到一条闪烁的黑色线条，如图17-1所示，这条线表示将要插入幻灯片的位置。

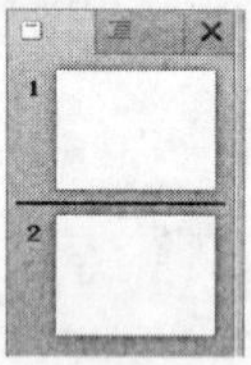

图17-1

Step 02 单击功能区中的【开始】→【幻灯片】→【新建幻灯片】按钮，在弹出的菜单中选择要新建的幻灯片版式，即可创建一张新幻灯片。

另外一种确定幻灯片插入位置的方法是：插入新幻灯片之前先单击要插入幻灯片的上一张幻灯片。例如，要在第二张幻灯片下方插入一张幻灯片，那么就要先选择第二张幻灯片，然后再执行插入幻灯片的操作，即可在所选幻灯片的下方插入一张新幻灯片。

17.1.2 选择幻灯片

在开始编辑演示文稿的内容之前，需要先确定要进行操作的幻灯片。根据选择幻灯片方式的不同，具体分为以下四种。

- 选择一张幻灯片：单击窗口左侧幻灯片列表中的幻灯片，即可选中该幻灯片。
- 选择多张连续幻灯片：单击要选择的多张幻灯片中的第一张幻灯片，然后按住Shift键的同时再单击最后一张幻灯片。
- 选择多张不连续幻灯片：单击要选择的多张幻灯片中的第一张幻灯片，然后按住Ctrl键的同时依次单击要选择的其他幻灯片。
- 选择全部幻灯片：单击窗口左侧幻灯片列表中的任意一张幻灯片，然后按Ctrl+A组合键。

提示　PowerPoint窗口左侧的幻灯片列表通常被称为【幻灯片/大纲】窗格，其中包含【幻灯片】和【大纲】两个选项卡。【幻灯片】选项卡用于对幻灯片本身进行编辑操作，包括选择、移动、复制、删除等；【大纲】选项卡则用于编辑幻灯片中的内容。如果不想显示【幻灯片/大纲】窗格，则可以直接单击窗格右上角的关闭按钮（一个叉子标记）。如果需要重新显示出隐藏的【幻灯片/大纲】窗格，则可以拖动窗口左侧的边界，如图17-2所示。

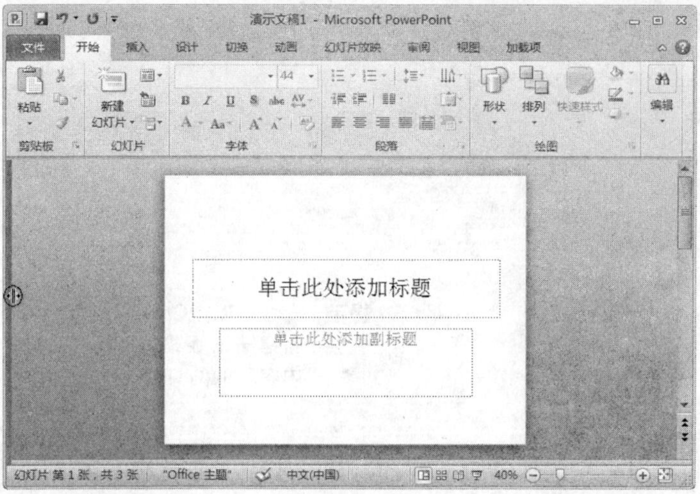

图17-2

17.1.3 移动和复制幻灯片

由于演示文稿在默认情况下是一张接着一张放映的，因此，用户需要在最终完成整个演示文稿的制作前调整好多张幻灯片之间的顺序，为此可以使用以下两种方法。

- 拖动法：单击幻灯片并按住鼠标左键，将其拖动到其他幻灯片的上方或下方，可以移动该幻灯片。
- 剪切法：右击要移动的幻灯片（将其命名为A），在弹出的快捷菜单中选择【剪切】命令。然后右击另一张幻灯片（将其命名为B），并在弹出的快捷菜单中选择【粘贴选项】中的【使用目标主题】命令，则可将幻灯片A移动到幻灯片B的下方。

如果准备创建的幻灯片与演示文稿中现有的某张幻灯片的内容类似，那么可以直接复制该张幻灯片，然后再修改复制后的幻灯片中的内容，这样可以显著提高制作效率。右击要复制的幻灯片，在弹出的快捷菜单中选择【复制幻灯片】命令，将在该幻灯片下方复制出一个幻灯片副本。或者也可以使用【复制】命令，然后手工选择要复制到的位置，并从右键快捷菜单中选择【粘贴选项】→【使用目标主题】命令。还可以通过拖动的方法来复制幻灯片，操作方式类似于移动幻灯片，只是在拖动时按住Ctrl键即可。

17.1.4 更改幻灯片的版式

在PowerPoint中，有一种称为版式的元素，不同版式决定了幻灯片中可以插入的对象及其位置安排。例如，在新建演示文稿时，将自动创建一张版式为“标题幻灯片”的幻灯片，其中包含两个标题占位符，可以在标题占位符中输入文字。

在创建幻灯片时，是为其选择版式的第一次机会。如图17-3所示为新建幻灯片时选择版式的列表，它位于功能区的【开始】→【幻灯片】→【新建幻灯片】中（【新建幻灯片】是一个组合按钮）。

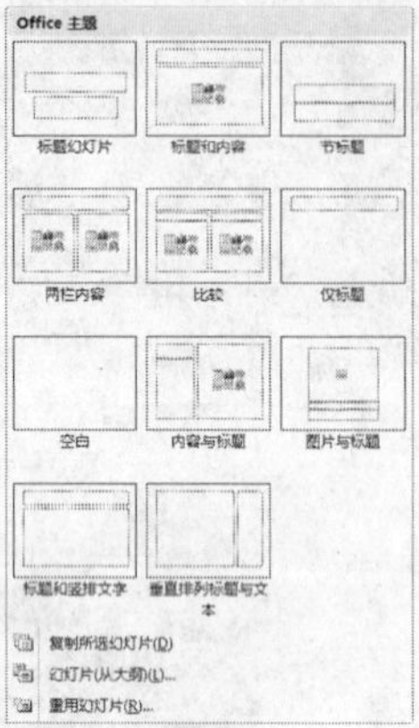

图17-3

> **提示** 可以按Ctrl+M组合键新建一张版式为“标题和内容”的幻灯片。

然而，用户也可以根据需要随时改变幻灯片的版式，使其具有不同的结构。要修改某张幻灯片的版式，只需右击PowerPoint窗口左侧的幻灯片列表中的某张幻灯片，然后在弹出的快捷菜单中选择【版式】命令，此时会打开一个列表，从中可以选择所需的一个版式。打开的列表与图17-3类似，只是不包含下方的三个命令。

17.1.5 为幻灯片分节

在PowerPoint 2010新功能介绍部分，曾经谈到了“节”功能的优势。这里将详细介绍“节”功能的使用方法。

1. 创建节

右击要作为一个节开始的第一张幻灯片，在弹出的快捷菜单中选择【新建节】命令，将在幻灯片上方添加一个名为“无标题节”的新节分隔标记。如果当前右击的幻灯片并非是演示文稿中的第一张幻灯片，那么会同时创建两个节，其中一个节将位于演示文稿的第一张幻灯片上方，如图17-4所示。

为了让节可以表达出确切的含义，需要修改节的名称。右击节分隔标记，在弹出的快捷菜单中选择【重命名节】命令，打开如图17-5所示的【重命名节】对话框，输入节的名称，单击【重命名】按钮，完成节名称的修改。

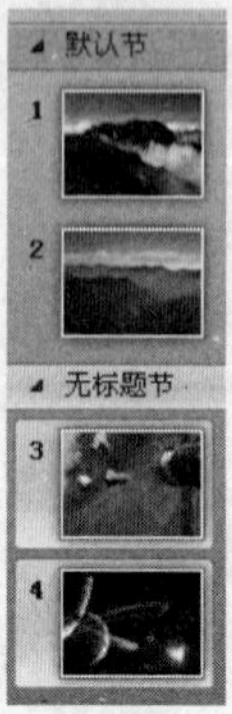

图17-4

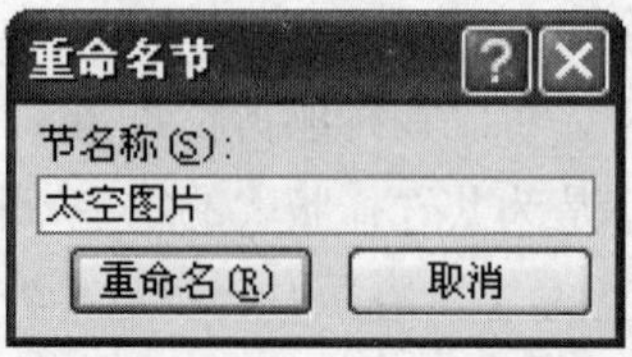

图17-5

2. 操作节

创建好节后，可以调整节的位置，或者将节外部的幻灯片添加到节内部，这些操作只需通过拖动鼠标即可快速完成。例如，如果需要将节外部的幻灯片添加到节内，则可以直接按住鼠标左键将该幻灯片拖动到节范围内，也可以使用相同的方法拖动节分隔标记来移动整节的内容。

浏览不同节内的幻灯片，使用幻灯片浏览视图将会取得更好的效果。单击PowerPoint窗口底部状态栏中的【幻灯片浏览】按钮，进入如图17-6所示的幻灯片浏览视图窗口。

图17-6

可以通过单击节分隔标记左侧的黑色按钮来折叠或展开节中的幻灯片。如图17-7所示为在图17-6的基础上将【山脉图片】节折叠起来而查看【太空图片】节中的幻灯片。

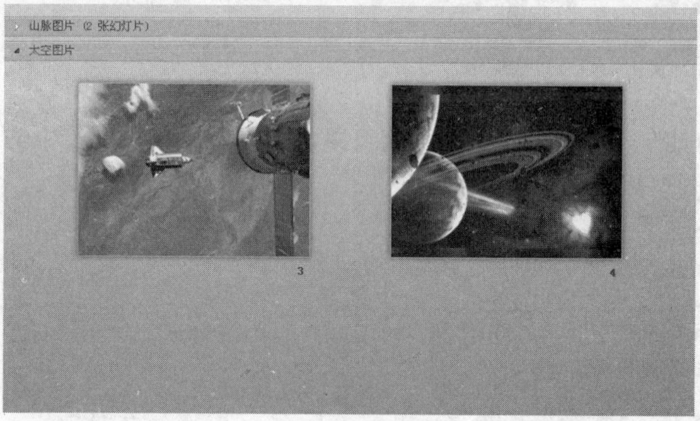

图17-7

3. 删除节

对于不再需要的节，可以将其删除。如果节下包含的幻灯片也不再有用，那么可以同时删除节及其所属的幻灯片。右击节分隔标记，弹出如图17-8所示的快捷菜单，可以根据需要进行选择。

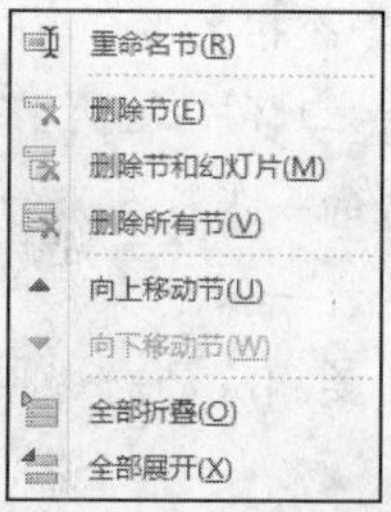

图17-8

17.1.6 重用幻灯片

很多时候在制作演示文稿时，发现将要制作的幻灯片与以前曾经制作过的幻灯片很相似，那么这时可以使用PowerPoint的重用幻灯片功能，具体操作如下。

Step 01 在当前演示文稿中单击功能区中的【开始】→【幻灯片】→【新建幻灯片】按钮，在打开的列表中选择底部的【重用幻灯片】选项。

Step 02 在PowerPoint窗口右侧打开如图17-9所示的【重用幻灯片】窗格。单击【浏览】按钮并选择【浏览文件】，或直接单击窗格中的【打开PowerPoint文件】链接。

Step 03 在打开的对话框中双击包含要重用的幻灯片所属的演示文稿，返回【重用幻灯片】窗格，此时在列表中将会看到所选择的演示文稿中包含的所有幻灯片，如图17-10所示。

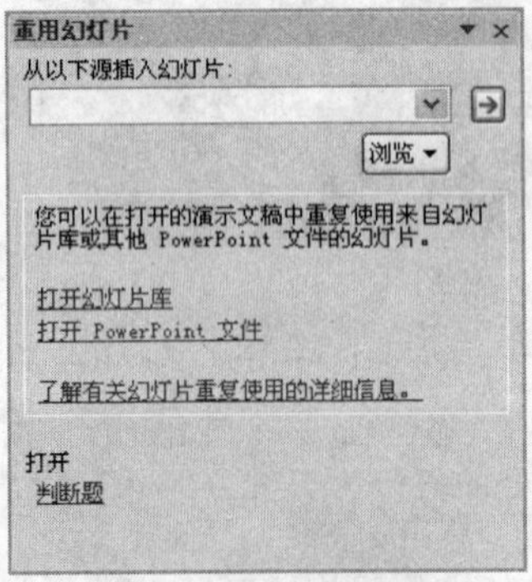

图17-9

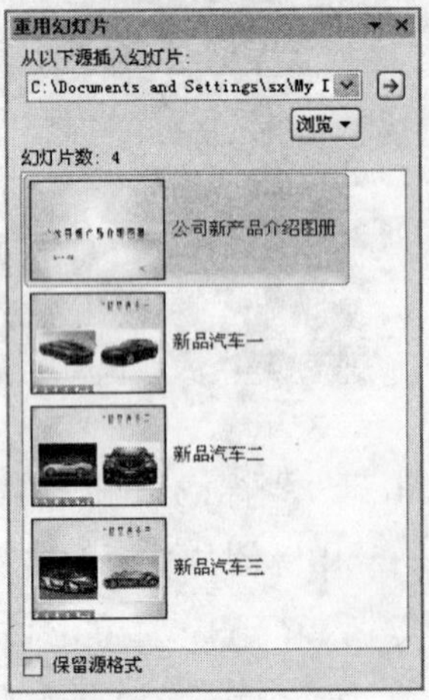

图17-10

Step 04 将鼠标指向某个幻灯片缩略图时，将可以放大查看。单击列表中的幻灯片，将在当前演示文稿中添加该幻灯片。

注 意

如果要以完全相同的格式重用幻灯片，则需要在单击列表中的幻灯片之前，勾选【重用幻灯片】窗格底部的【保留源格式】复选框。

17.1.7 删除幻灯片

对于演示文稿中不再需要的幻灯片，应该将其及时删除，以免给编辑与放映幻灯片带来不必要的麻烦。删除幻灯片的方法有以下几种。

- 选择要删除的一张或多张幻灯片，然后按Delete键。
- 右击要删除的一张或多张幻灯片，在弹出的快捷菜单中选择【删除幻灯片】命令。
- 还可以右击要删除的幻灯片，从弹出的快捷菜单中选择【剪切】命令，也可以达到删除的效果。

17.2 在幻灯片中输入文本

要想灵活地在幻灯片中对文本进行编辑操作，就需要掌握一些编辑操作的方法。通过这些编辑操作，可以完成日常所需的基本编辑内容，包括选择文本、移动文本、复制文本、删除文本、查找与替换文本、撤销与恢复文本，以及修改文本的标题级别。

17.2.1 了解占位符

启动PowerPoint 2010应用程序，默认新建一个演示文稿，其中包含一张幻灯片，如图17-11所示。在这张幻灯片中可以看到包含两个边框为虚线的矩形，它们就是占位符。

如果将该幻灯片的版式更改为“标题和内容”，那么将看到如图17-12所示的幻灯片，其中也包含两个占位符。上面的占位符用于输入文字，而下面的占位符不但可用于输入文字，而且还包含了六个按钮，可以通过单击这些按钮在占位符中插入表格、图表、图片、SmartArt图形、音/视频等不同类型的内容。

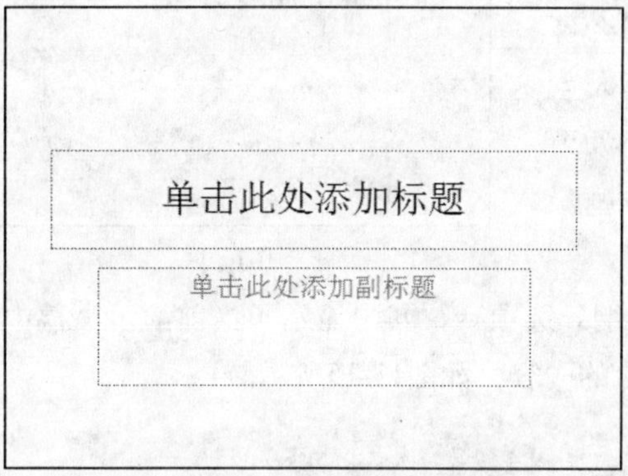

图17-11

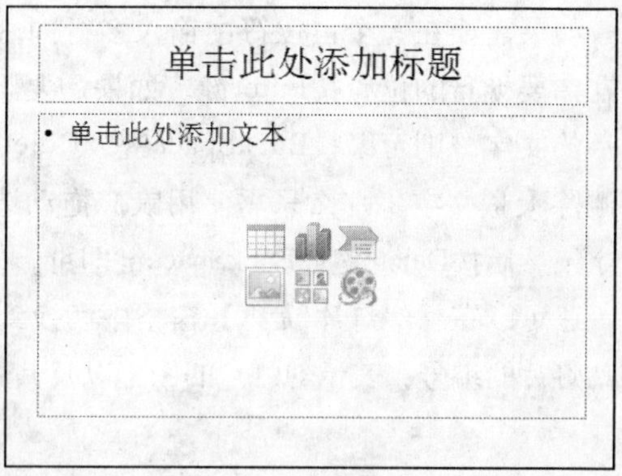

图17-12

当单击占位符内部时，初始显示的文字会消失，同时在占位符内部会显示一个类似于Word文档中用于输入文字的插入点（一条黑色竖线），如图17-13所示，此时可以在占位符中输入文字。

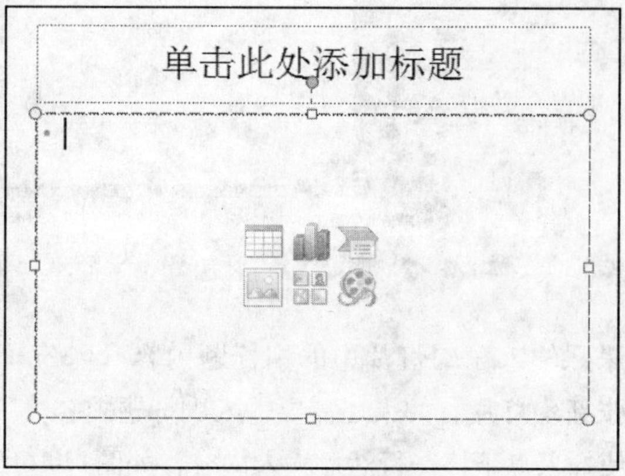

图17-13

17.2.2 占位符与文本框的区别

想要了解占位符与文本框的区别，最好的方法就是新建一张版式为“标题幻灯片”的幻灯片，然后在该幻灯片中插入一个文本框。在标题占位符和文本框中分别输入一些文字，很容易发现它们之间存在的一些差异，具体包括以下几点。

- 占位符在初始状态下会显示提示文字，而文本框在初始状态下不会显示任何内容。
- 占位符中的内容具有预设的字体格式，而文本框中的内容则只是默认的普通格式。
- 占位符中可以包含任何可能的内容，例如，文字、表格、图片、图表、SmartArt图形，而文本框中只能包含文字。

17.2.3 在占位符中输入文本

前面曾经提到过，当单击占位符内部时，将会在占位符内显示一个插入点（一个闪烁的黑线），此时可以将文字输入到占位符中，如图17-14所示。

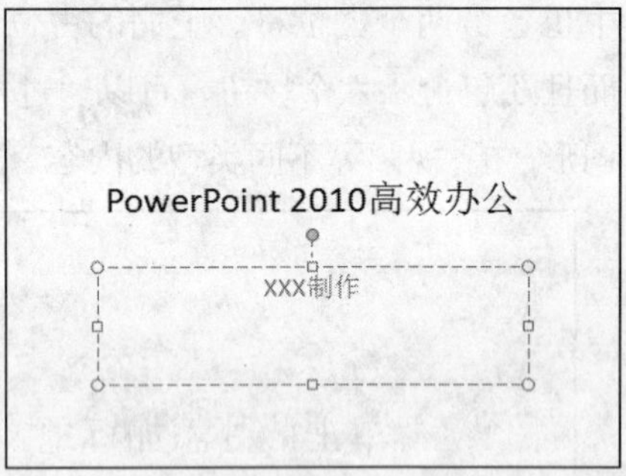

图17-14

如果需要在一个占位符中输入多行内容，那么可以在需要换行的位置按Enter键。如果需要删除插入点前后的文字，则可以按BackSpace键或Delete键。如果要删除大量文字，那么只需使用鼠标拖动选中待删除文字，然后按Delete键或BackSpace键即可。

还可以在【幻灯片/大纲】窗格中切换到【大纲】选项卡，其中显示了当前演示文稿中所有幻灯片的编号、表示幻灯片的图标以及其中包含的内容，如图17-15所示。

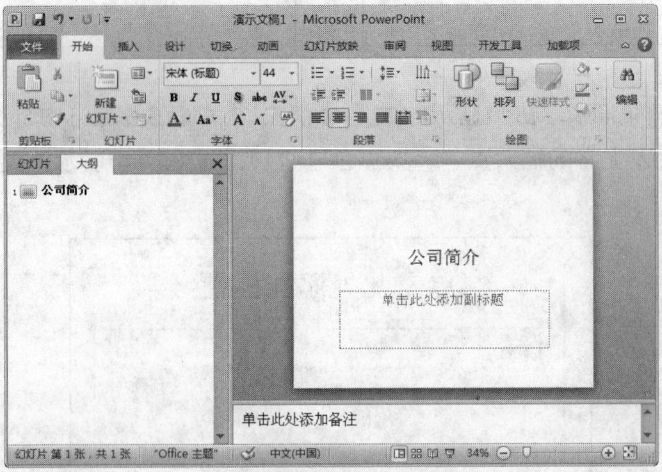

图17-15

对于该图而言，如果只输入了幻灯片中的主标题内容（“公司简介”），那么在按下Enter键后会自动添加一张新幻灯片。如果还需要输入副标题内容，则需要在主标题文字的结尾按Ctrl+Enter组合键，使插入点下移一行然后输入内容，如图17-16所示。

此时在副标题结尾按Ctrl+Enter组合键，将新建一张幻灯片，然后可以继续输入所需的内容。只要不是位于标题内容结尾（加粗显示的黑色字体），就可以通过按Enter键来输入同等级的多段内容，如图17-17所示。

图17-16

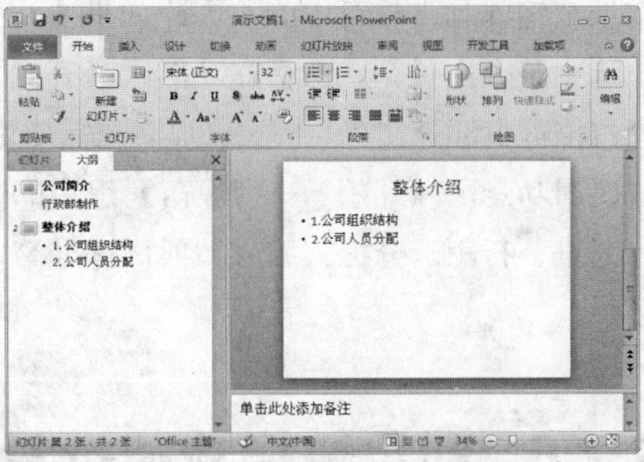

图17-17

17.2.4 修改文本的级别

幻灯片中输入的内容通常都有级别之分。例如，在版式为“标题和内容”的幻灯片的标题占位符中输入的内容通常为该幻灯片中的顶级内容，而在内容占位符输入内容的级别则低于标题占位符中的内容，如图17-18所示。为了使内容层次分明，在输入或编辑幻灯片时可能需要为不同的内容划分级别。可以使用以下三种方法设置内容的级别。

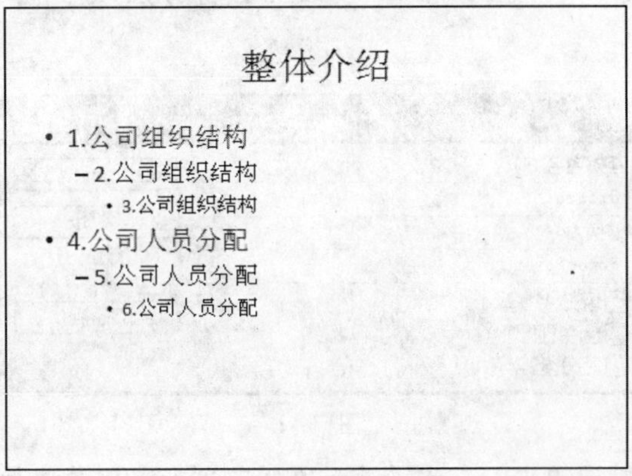

图17-18

- 功能区：单击要设置的段落内部，然后单击功能区中的【开始】→【段落】→【降低列表级别】按钮 或【提高列表级别】按钮 。
- 【大纲】选项卡：切换到【幻灯片/大纲】窗格的【大纲】选项卡，右击要设置级别的文字，在弹出的快捷菜单中选择【升级】或【降级】命令。
- 快捷键：选择要设置的内容或单击内容的起始位置，然后按Tab键，将使内容降级；如果按Shift+Tab组合键则使内容升级。

例如，在图17-18中，带有编号1和4的段落是正常输入的，编号2和5的段落则是按下了一次Tab键后得到的，而编号3和6的段落则是按下了两次Tab键得到的。

17.2.5 设置文本格式

在幻灯片中设置占位符中文字格式的方法与在Word中的设置方法类似，不过由于文字通常都是输入到占位符中的，因此如果要设置占位符中所有文字的格式，只需单击占位符边框，选中整个占位符，然后在功能区【开始】→【字体】组中设置字体格式即可。如果需要选择占位符中部分文字的格式，那么只需使用鼠标拖动选择这些文字后设置格式即可。

使用功能区【开始】→【段落】组中的命令可以设置段落格式，包括水平对齐、垂直对齐、缩进、行距、分栏、编号和项目符号等。设置方法与Word大同小异，因此这里就不作详述了。

17.2.6 利用替换功能批量修改内容

当需要批量修改相同的内容时，可以使用PowerPoint的替换功能。如果希望快速找到演示文稿中的某个特定内容，则可以使用查找功能。例如，一个演示文稿中包含三张幻灯片，每张幻灯片都包含有数量不等的Office一词，现在希望将这个词替换为PowerPoint，具体操作如下。

Step 01 选择任意一张幻灯片，然后单击功能区中的【开始】→【编辑】→【替换】按钮，打开【替换】对话框。

Step 02 在【查找内容】文本框中输入"Office"，在【替换为】文本框中输入"PowerPoint"，如图17-19所示。

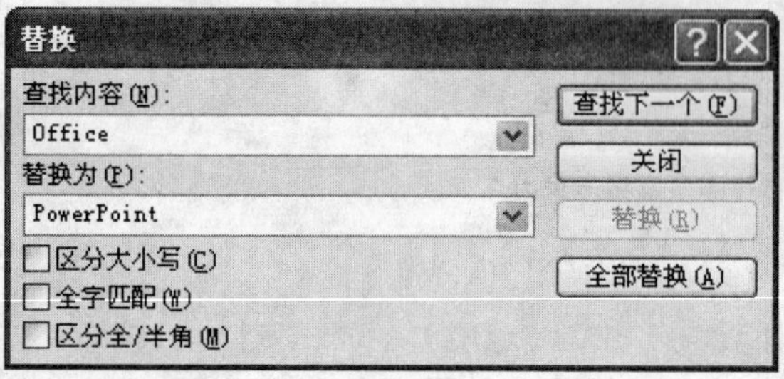

图17-19

Step 03 单击【全部替换】按钮，将在当前演示文稿的所有幻灯片中执行替换操作，将每张幻灯片中的"Office"替换为"PowerPoint"。

> 提示　在【替换】对话框中勾选【区分大小写】复选框，将以区分大小写的方式查找匹配的内容；勾选【全字匹配】复选框，则查找与【查找内容】文本框中完全匹配的内容；如果勾选【区分全/半角】复选框，则可根据文字或字母的全半角状态进行查找。

如果仅需要查找某个特定的内容，那么可以单击功能区中的【开始】→【编辑】→【查找】按钮，打开【查找】对话框，其操作方法与替换类似，只是无须设置替换的内容，而只设置要查找的内容即可。

17.3 在幻灯片中添加表格和图表

使用表格可以让数据排列得整齐有序，以便提供最佳的数据呈现效果。对于包含众多数据的幻灯片，使用表格作为数据的载体则是最佳做法。对于具有分析意义的数据，可以将其以图表的形式表现出来，从而以更加直观的方式将数据内隐藏的重要信息传达给观众。本节将介绍如何在幻灯片中使用表格和图表。

17.3.1 插入表格

在PowerPoint中创建表格主要通过两个位置完成：功能区中的命令，或占位符中的【插入表格】按钮。如果在所选的幻灯片版式的占位符中包含【插入表格】按钮 ▦，那么单击该按钮将打开如图17-20所示的【插入表格】对话框。

设置好行、列数后单击【确定】按钮，创建一个表格，如图17-21所示。可以看到默认创建的表格被自动设置了底纹颜色，而且表格第一行的底纹颜色与其他行都不相同。

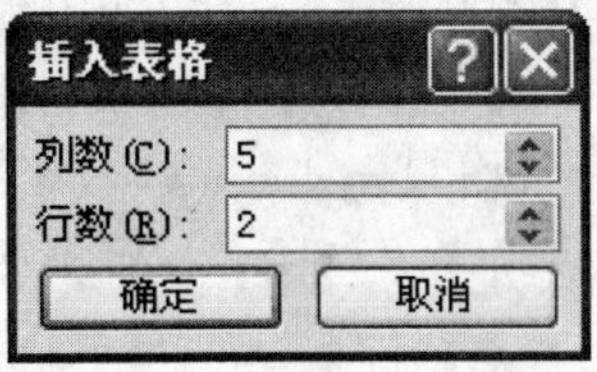

图17-20

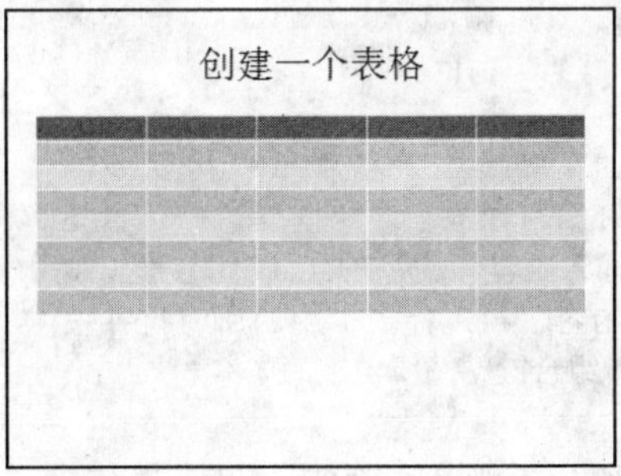

图17-21

如果当前幻灯片的占位符中不包含【插入表格】按钮 ▦，那么就需要使用功能区中的命令来创建表格。单击功能区中的【插入】→【表格】→【表格】按钮，在弹出的菜单中包含四个用于创建表格的命令。

- 【拖动方格创建表格】：在弹出的菜单顶部显示一个加粗的“插入表格”文字。当使用鼠标拖动经过这些方格时，菜单顶部的“插入表格”文字将显示为当前鼠标拖动经过的方格的行数和列数，以此来判断将要创建的表格大小。当显示到满意的数字时，单击鼠标左键，即可创建指定大小的表格。
- 【插入表格】：选择【插入表格】命令，将打开【插入表格】对话框，此方法与使用占位符中的【插入表格】按钮 ▦ 创建表格是相同的。
- 【绘制表格】：选择【绘制表格】命令，光标将变为笔的形状 ✎，在幻灯片中拖动鼠标即可绘制出表格的边框线。
- 【Excel电子表格】：选择【Excel电子表格】命令，在当前幻灯片中插入Excel工作表并进入Excel操作界面环境，完成表格数据的输入后单击幻灯片内的空白处，即可退出Excel编辑环境。

17.3.2 在表格中输入文字

在创建好的表格中可以输入所需的内容。在输入过程中重点的操作就是如何定位要输入内容的单元格。例如，在如图17-22所示的表格的第一行第一个单元格输入文字后，可以按左方向键将光标定位到其右侧的单元格；或者按一下Tab键也可以完成同样的操作；更简单的是直接单击右侧的单元格。只有光标位于正确的单元格中，才能在想要的位置上输入内容。

姓名				
龙如	女	27	山东	职高
万琪	男	42	河北	大专
顾萍	男	33	江西	大本
郝蕾	男	34	甘肃	博士
严如	女	36	浙江	博士
钱骏	男	45	浙江	博士
施蓉	女	41	江苏	初中
赖婷	男	38	河北	博士
尹姗	男	39	山西	中专

图17-22

技巧 如果需要在表格中输入相同的内容，那么可以先在表格内任意一个单元格中输入内容，然后按Ctrl+C组合键复制这个内容，再选择表格中的所有行并按Ctrl+V组合键粘贴所复制的内容。

如果要删除表格中的内容，只需选择该内容并按Delete键即可。

17.3.3 设置表格外观

默认情况下，在表格中输入的文字都是靠单元格左侧对齐的，但是通常情况下都希望文字位于单元格的中间。选择要调整文字对齐方式的一个或多个单元格，然后在功能区的【布局】→【对齐方式】组中，可以使用提供的两组对齐按钮来设置单元格文字在水平和垂直方向上的位置，如图17-23所示。上面三个按钮分别设置水平方向上的左对齐、居中对齐和右对齐；下面三个按钮用于设置垂直方向上的顶端对齐、居中对齐和底端对齐。

如图17-24所示为将整个表格设置为水平居中对齐方式后的效果，可以看到每个单元格中的文字都位于单元格的中间。

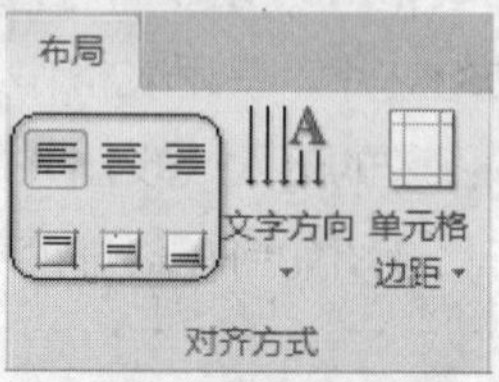

图17-23

姓名	性别	年龄	籍贯	学历
龙如	女	27	山东	职高
万琪	男	42	河北	大专
顾萍	男	33	江西	大本
郝蕾	男	34	甘肃	博士
严如	女	36	浙江	博士
钱骏	男	45	浙江	博士
施蓉	女	41	江苏	初中
赖婷	男	38	河北	博士
尹姗	男	39	山西	中专

图17-24

在默认情况下创建的表格本身具有一定的格式，包括表格标题行的深蓝色底纹和表格其他行隔行交错的不同深度的灰色底纹。这套表格样式在PowerPoint中被称为“中度样式2-强调1”。可以单击表格内部，然后在功能区的【设计】→【表格样式】组中打开表格样式列表，【中】类别下的【中度样式2-强调1】会被选中（位于【中】类别下的第二排第二个），这就是在幻灯片中创建表格时默认套用的样式，如图17-25所示。

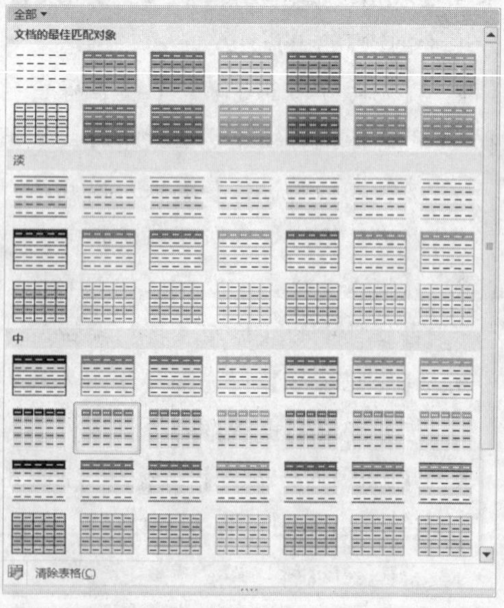

图17-25

11 Chapter
12 Chapter
13 Chapter
14 Chapter
15 Chapter
16 Chapter
17 Chapter
18 Chapter
19 Chapter
20 Chapter

可以通过选择其他的表格样式来改变表格的整体外观。如图17-26所示就是选择【中度样式3-强调1】样式后的表格外观。

姓名	性别	年龄	籍贯	学历
龙如	女	27	山东	职高
万琪	男	42	河北	大专
顾萍	男	33	江西	大本
郝蕾	男	34	甘肃	博士
严如	女	36	浙江	博士
钱骏	男	45	浙江	博士
施蓉	女	41	江苏	初中
赖婷	男	38	河北	博士
尹姗	男	39	山西	中专

图17-26

右击表格样式列表中的任何一个样式，在弹出的快捷菜单中有两个应用表格样式的命令：【应用（并清除格式）】和【应用并维护格式】。这两个命令的唯一区别在于，是否在套用新表格样式时保留表格原先的格式。另一个有用的命令是【设为默认值】，使用该命令可以将当前所选样式指定为每次创建表格时默认为表格设置的样式，就像前面所说的【中度样式2-强调1】样式一样，这个样式就是默认情况下PowerPoint为表格自动设置的样式。

提示 如果需要彻底删除当前表格上的样式，则可以打开表格样式列表，然后选择列表底部的【清除表格】命令。

17.3.4 创建图表

在PowerPoint中创建图表的过程与Excel有所不同，因为PowerPoint需要借助Excel的功能来创建图表，所以首先需要在幻灯片中插入一个默认的图表，然后再更新图表所用的源数据，从而在图表中反映出真实数据的情况。如图17-27所示为原始数据表格，其中包含了不同商品在6个月内的销售情况。

月份	香油	酒水	牛奶	饼干
1月	93	78	67	72
2月	66	43	70	54
3月	65	64	53	99
4月	76	47	49	79
5月	78	57	45	64
6月	47	82	52	51

图17-27

创建图表的具体操作如下。

Step 01 新建一张版式为“标题和内容”的幻灯片，单击新建幻灯片占位符中的【插入图表】按钮。

Step 02 打开如图17-28所示的【插入图表】对话框，左侧列表中显示了图表所属的大的分类，而右侧显示了在左侧选择的图表大分类下的图表子类别，例如，这里选择柱形图中的【簇状柱形图】。

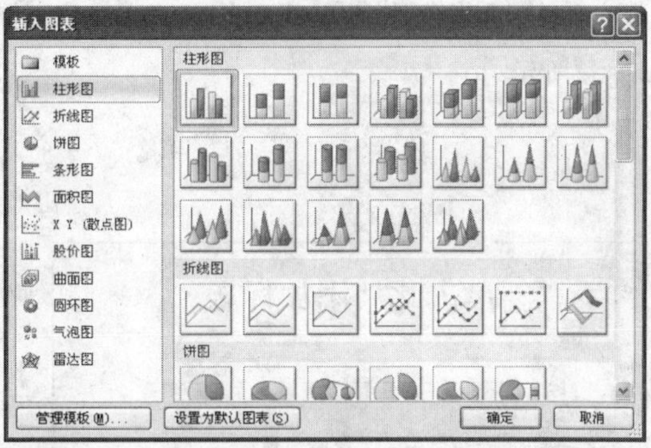

图17-28

Step 03 单击【确定】按钮，将在幻灯片中插入一个默认图表，同时自动启动Excel应用程序，并在Excel工作表中显示出默认图表使用的源数据，如图17-29所示。

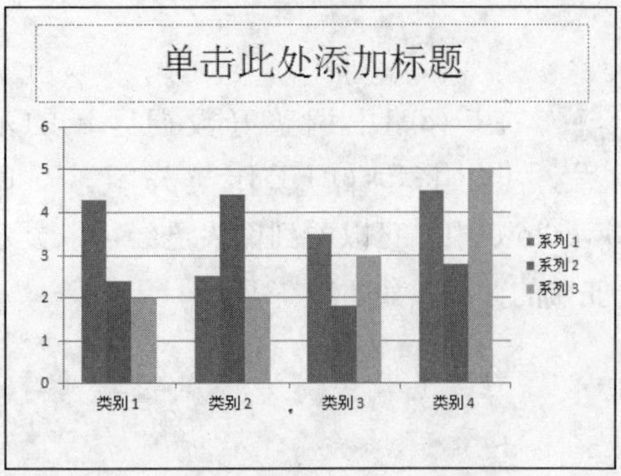

图17-29

Step 04 复制已经在幻灯片中制作好的表格数据，然后切换到Excel工作表中。右击单元格A1，从弹出的快捷菜单中选择【粘贴选项】中的【匹配目标格式】命令，得到如图17-30所示的工作表。

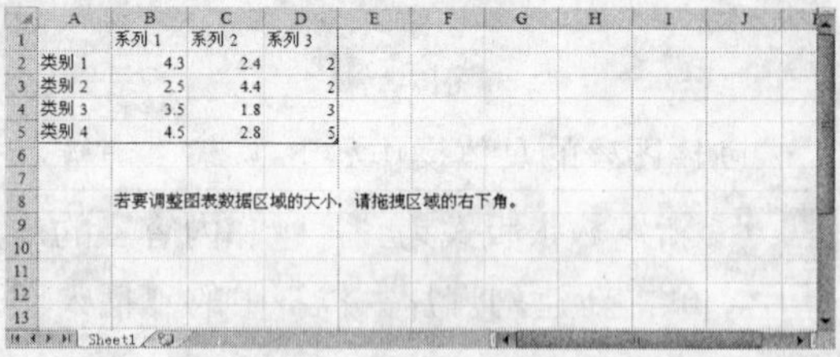

图17-29

图17-30

Step 05 此时可以切换到PowerPoint中，发现已经可以在图表中显示出大部分数据，但并未包含所有原始数据，即缺少了“饼干”的数据信息，如图17-31所示。

Step 06 导致数据未被完全包括在图表中的原因是：在Excel工作表中，使用数据区域周围的蓝色线条来决定哪些数据用于创建图表。只有包含在蓝色线条范围内的数据，才会被绘制到图表上。所以，返回Excel工作表，发现“饼干”所在的E列数据位于蓝色线条以外。因此，需要向右拖动蓝色线条右下角的三角标记，使蓝色线条包围住整个数据区域，即A1:E7，如图17-32所示。

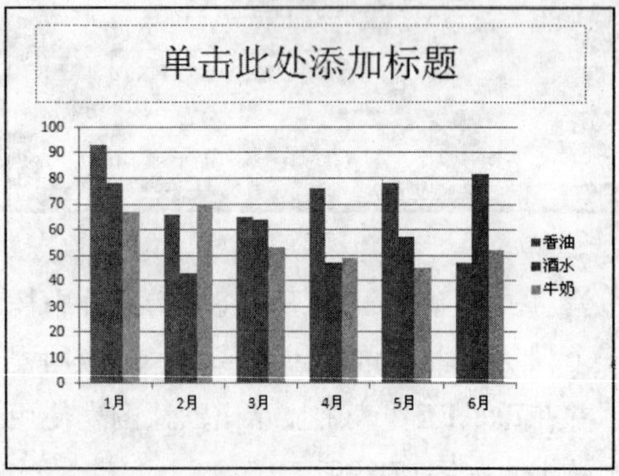

图17-31

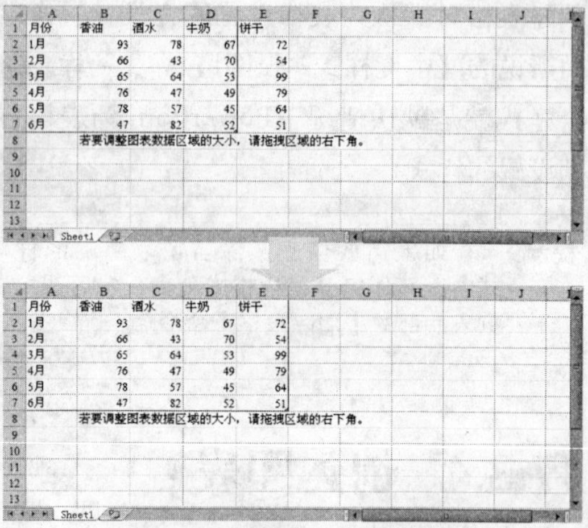

图17-32

Step 07 在Excel中调整好数据区域的范围后，可以将Excel工作簿关闭。返回PowerPoint中，可以看到图表已经可以显示出正确的数据，如图17-33所示。

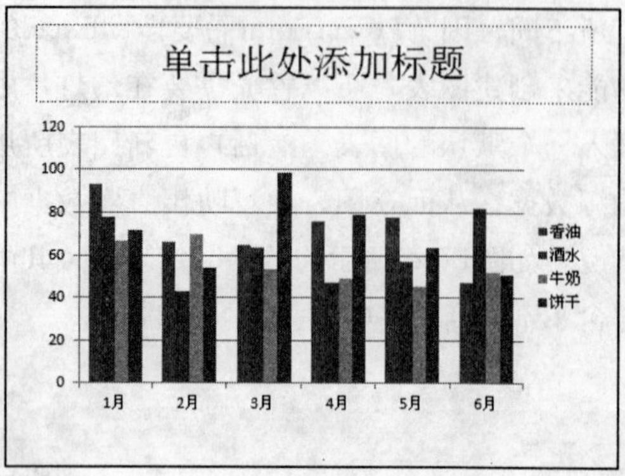

图17-33

17.4 在幻灯片中添加图形对象

在设计与制作演示文稿时，图形对象起着举足轻重的作用。图形对象既可以作为演示文稿内容的辅助部分，也可以作为演示文稿内容的主要部分。本节将要介绍的图形对象包括很多种，例如，图片、形状、SmartArt图示等多种不同类型。在演示文稿中充分利用图形对象，通常可以使整个演示文稿更精彩。

17.4.1 插入图片

在演示文稿中可以插入两类图片：剪贴画和图片文件。在剪贴画容量下，与Office软件集成在一起，便于添加，但是其内容单调，多数情况下不能很好地与幻灯片中的内容配合。而图片文件是指用户在电脑中存放的图片，这些通常都是从网上搜集或日常拍照得来的，具有很高的使用价值，且可以根据幻灯片中的内容灵活更换所需的图片，使用方便且能与幻灯片搭配得当。本小节将介绍如何在幻灯片中插入图片。

1. 插入剪贴画

Office 2010中自带了大量图片，这些图片被称为剪贴画。用户可以直接将这些剪贴画插入到幻灯片中，并且可以通过功能区命令或幻灯片中的占位符按钮来插入剪贴画。如果是新建的一张幻灯片，那么可以单击占位符中的【剪贴画】按钮来插入剪贴画，但如果幻灯片中已经存在内容，并且在占位符中已看不到【剪贴画】按钮，那么此时就需要使用功能区中的命令来插入剪贴画。插入剪贴画的具体操作如下。

Step 01 选择要插入剪贴画的幻灯片，然后单击功能区中的【插入】→【图像】→【剪贴画】按钮，在PowerPoint窗口右侧打开【剪贴画】窗格。

Step 02 单击【结果类型】右侧的下拉按钮，在打开的下拉列表中勾选【插图】复选框，如图17-34所示。

Step 03 单击【搜索】按钮，将在【剪贴画】窗格下方的列表框中筛选出剪辑库中所有的剪贴画，如图17-35所示。

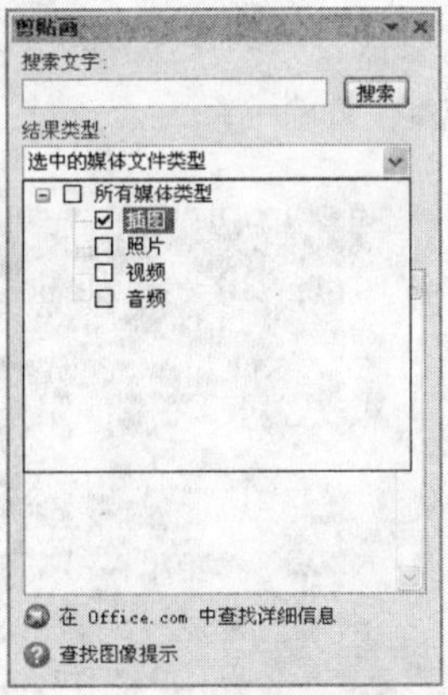

图17-34

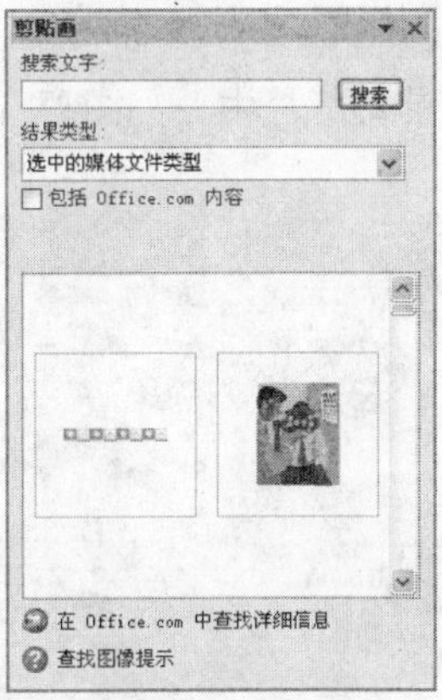

图17-35

Step 04 单击列表框中的某个剪贴画，即可将其插入到当前幻灯片中，如图17-36所示。单击幻灯片中的剪贴画并按Delete键，可将选中的剪贴画删除。

将鼠标移动到【剪贴画】窗格中的某张剪贴画上时，在剪贴画右侧会显示一个下拉按钮，单击该按钮会弹出如图17-37所示的菜单，其中包括一些与剪贴画相关的操作命令。

图17-36

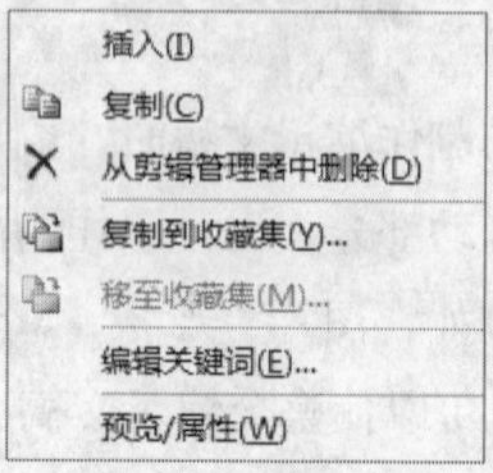

图17-37

如果选择【预览/属性】命令，则可以在一个新打开的对话框中看到剪贴画的放大图，而且还显示了一些与剪贴画相关的信息，例如，剪贴画的文件名、分辨率、大小、创建时间、文件路径等。

2. 插入来自文件的图片

如果希望制作出精美的幻灯片，那么剪贴画通常是不够用的。一般情况下，都会使用自己长期收集的图片来作为演示文稿中使用的图片素材。与插入剪贴画类似，插入图片文件也可以使用两种方法：使用占位符中的【插入图片】按钮，或使用功能区中的命令。使用占位符中的【插入图片】按钮只适用于刚刚新建的幻灯片，占位符中还没有添加任何内容。一旦占位符中添加了内容，就只能使用功能区中的命令来插入图片了。插入图片文件的具体操作如下。

Step 01 选择要插入图片的幻灯片，然后单击功能区中的【插入】→【图像】→【图片】按钮，打开【插入图片】对话框。使用【查找范围】或窗口左侧的导航按钮定位到图片所在的文件夹，此时会看到所有可用的图。

Step 02 双击要插入的图片，或选择要插入的图片并单击【插入】按钮，将所选图片插入到当前幻灯片中，如图17-38所示。

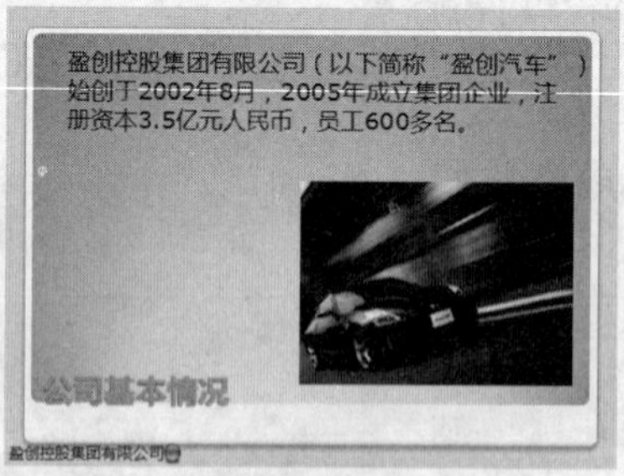

图17-38

3. 更改已插入的图片

如果已经对幻灯片中图片的外观样式进行了精心设置，但是某一天需要使用其他图片换掉幻灯片中的这个图片，那么是否正在担心新图片需要重新进行之前做过的各项外观设置呢？如果直接将幻灯片中的图片通过按Delete键删除，然后再重新插入图片，那么这种情况下就需要重新对图片进行设置。

为了使新图片仍具有之前旧图片所拥有的外观设置，需要右击幻灯片中的原有图片，在弹出的快捷菜单中选择【更改图片】命令，打开【插入图片】对话框，双击新图片，这样不但用新图片替换掉了原来的图片，而且新图片中还保留了原来图片上的所有外观设置，包括图片大小、图片样式等格式。

17.4.2 设置图片外观

PowerPoint 2010加强了图片外观的处理能力，以往需要在Photoshop这样的图像处理软件中才能制作出的图片特效，现在只需在PowerPoint中轻点几下鼠标即可完成。选择幻灯片中的图片，激活功能区中的【格式】选项卡。打开【图片样式】组中的图片样式列表，可以看到如图17-39所示的内置图片样式。

图17-40所示为对图片设置了【旋转，白色】后的效果，可以看到，在PowerPoint 2010中对图片设置特殊的艺术效果非常方便。

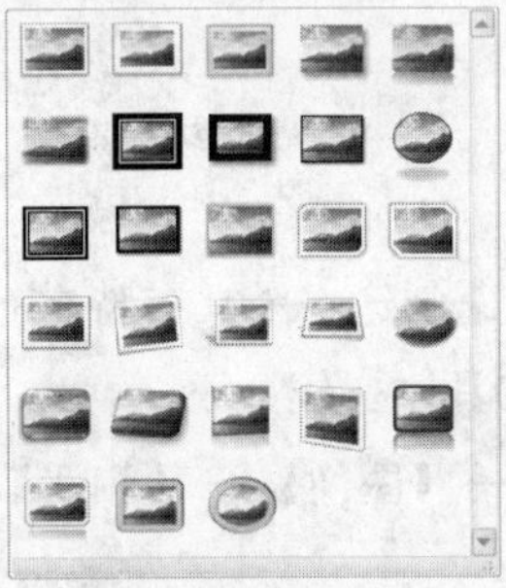

图17-39

图17-40

在【图片样式】组右侧包括【图片边框】和【图片效果】两个按钮，单击这两个按钮将分别打开两个列表，从中可以对图片的边框和特殊效果进行自定义设置，如图17-41所示。单击【图片边框】按钮，在打开的列表中可用于设置图片的外边框颜色、边框线条粗细以及线条样式；单击【图片效果】按钮，在打开的列表中可用于设置图片的一些特殊效果，其中显示了效果的类别名称，选择某个名称还可以打开其子菜单，然后可以从中选择具体的效果。

此外，【格式】选项卡中的【调整】组中还提供了对图片进行显示效果调节的多个选项，如图17-42所示，其中包括锐化和柔化、亮度和对比度、颜色饱和度、色调等，以实现对图片外观的多方面调整。

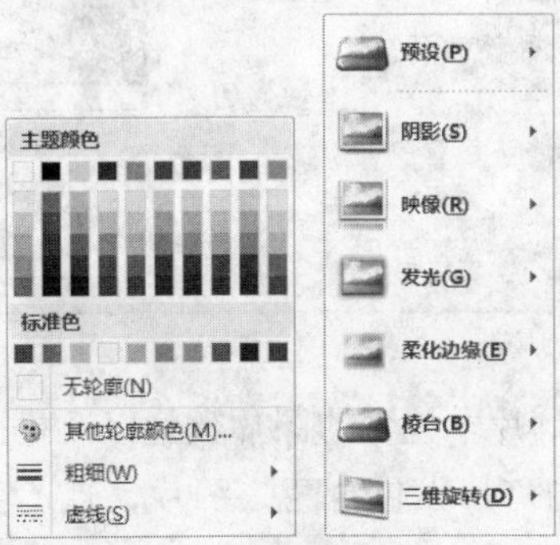

图17-41

图17-42

如图17-43所示为对一张图片进行艺术效果设置前后的对比效果。

图17-43

如果希望集中设置图片的各种格式，那么可以右击图片，从弹出的快捷菜单中选择【设置图片格式】命令，然后在打开的对话框中通过选择左侧列表中的选项定位到不同的设置界面，从而实现在一个对话框中对图片进行全面设置。

17.4.3 创建图片相册

PowerPoint提供了一个相册功能，使用该功能可以快速创建一个具有特定布局且包含大量图片的演示文稿，这就是演示文稿相册。使用相册功能的具体操作如下。

Step 01 启动PowerPoint 2010，单击功能区中的【插入】→【图像】→【相册】按钮，打开如图17-44所示的【相册】对话框，单击【文件/磁盘】按钮。

Step 02 打开【插入新图片】对话框，定位到要作为相册的图片所在的文件夹，然后选择要插入的图片，拖动鼠标或者按住Ctrl键或Shift键同时选中多张图片。

Step 03 单击【插入】按钮返回【相册】对话框，将所选图片添加到该对话框中，如图17-45所示。可以通过相册列表和预览图下方的一排按钮来调整图片的排列顺序、角度、对比度、明暗度等。如果单击【删除】按钮，则可以将当前选中的图片删除。

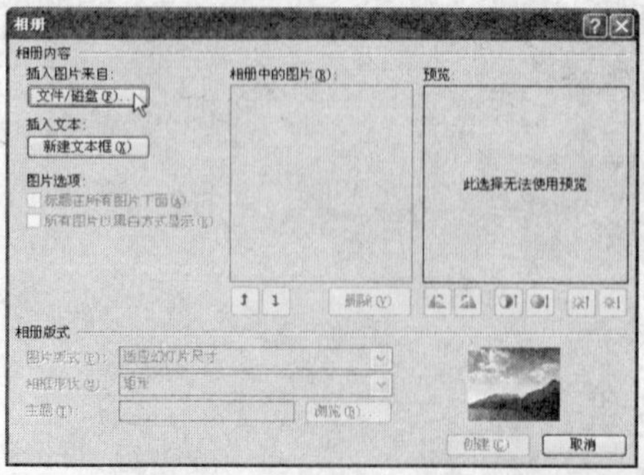

图17-44

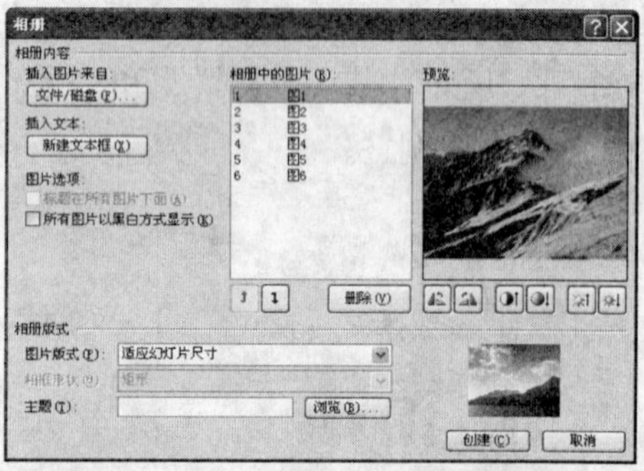

图17-45

Step 04 在【图片版式】下拉列表中可以选择每张幻灯片中包含的图片数量以及排列方式，例如，选择【2张图片（带标题）】选项，表示一张幻灯片中包含两张图片，且还会包含一个标题占位符，用于输入标题文字。然后在【相框形状】下拉列表中选择一种相框样式，例如

【居中矩形阴影】，对话框右侧会显示预览效果，如图17-46所示。

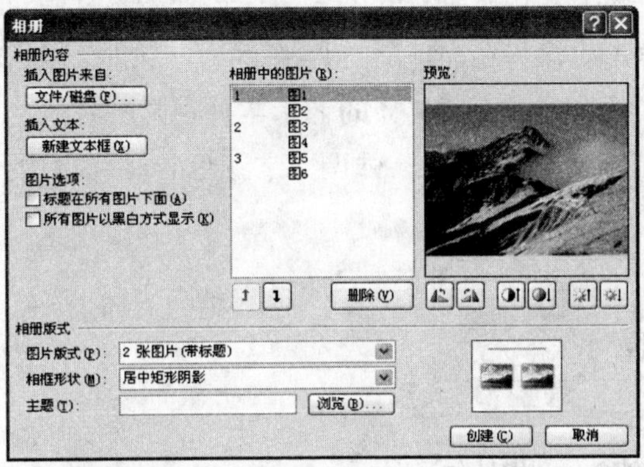

图17-46

Step 05 单击【主题】右侧的【浏览】按钮，可以选择一种PowerPoint的主题效果，这样可以让PowerPoint自动对演示文稿的配色方案以及字体样式等进行一整套的设置。

Step 06 单击【创建】按钮，将在一个新的演示文稿中创建相册，其中包含了之前导入的所有图片，并且每张幻灯片中的图片数量为步骤4在【图片版式】中设置的数量，如图17-47所示。

图17-47

17.4.4 添加形状

PowerPoint内置了大量的形状，可供用户随意在幻灯片中绘制。要绘制一个形状，可以单击功能区中的【插入】→【插图】→【形状】按钮，在打开的列表中选择所需的图形，其中按类别对形状进行了分组，这样更利于用户快速找到所需的形状。在列表中选择一个形状，鼠标将变为十字形，此时在幻灯片中拖动鼠标即可绘制出所选的形状。如图17-48所示为在幻灯片中绘制了一个箭头。

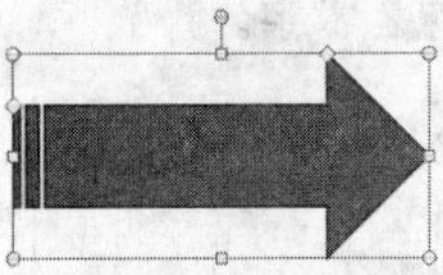
图17-48

技巧

如果需要重复绘制同一个形状多次，那么可以在打开形状列表后右击要绘制的形状，在弹出的快捷菜单中选择【锁定绘图模式】命令，这样将锁定所选择的形状，然后可以在幻灯片中反复绘制该形状。当不再需要绘制该形状时，只需按Esc键即可。

对于绘制好的形状，可以在其中添加一些文字，这样可以让形状表达出一些更清晰的含义，实现图文并茂的效果。右击要添加文字的形状，在弹出的快捷菜单中选择【编辑文字】命令，此时将在形状中显示一个插入点，插入点的位置决定了文字输入的位置。输入好所需内容后，效果如图17-49所示。

用户可以单击包含文字的形状边框，从而选中整个形状，然后利用功能区【开始】→【字体】中的命令来设置形状中的文字格式。如图17-50所示为将形状中文字的字体设置为【华文楷体】后的效果。

图17-49

图17-50

当需要修改形状中的文字时，只需单击形状内部的文字区域，即可进入文字编辑状态，然后使用常规的文本编辑方式对文字进行修改即可。

17.4.5 添加艺术字

单击功能区中的【插入】→【文本】→【艺术字】按钮，打开艺术字样式列表，从中可以选择要创建的艺术字类型。选择一种艺术字样式后，将在当前幻灯片中插入一个包含默认文字的文本框，其中默认文字的外观与在艺术字样式列表中所选择的艺术字外观是一样的。如图17-51所示为在艺术字样式列表中选择名为【渐变填充-紫色，强调文字颜色4，映像】的样式后创建的艺术字。

图17-51

删除文本框中的默认文字，然后输入所需的内容，如图17-52所示。

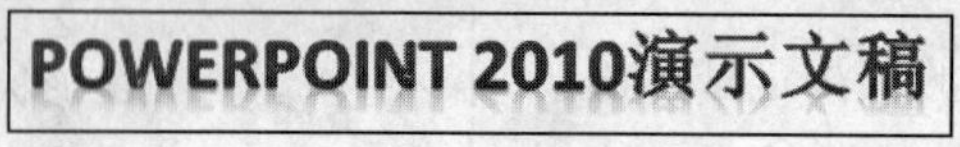

图17-52

> **技巧** 可以直接将幻灯片中已经输入好的普通文本转换为艺术字，方法是：先选择要转换为艺术字的内容，然后单击功能区中的【插入】→【文本】→【艺术字】按钮，在弹出的菜单中选择一种艺术字样式即可。

17.4.6 添加文本框

要创建文本框，可单击功能区中的【插入】→【文本】→【文本框】按钮，然后在弹出的菜单中选择【横排文本框】或【垂直文本框】命令，以便创建拥有两种不同文字方向的文本框。在幻灯片中拖动鼠标，绘制一个文本框，然后在其中输入所需内容。如图17-53所示为横排文本框和垂直文本框的效果。

对于文本框中的文字，可以根据需要设置字体格式。单击文本框边框，然后利用功能区【开始】→【字体】组中的命令设置文本框中文字的字体格式。如图17-54所示为将文本框中的文字的字体设置为【方正姚体】并进行加粗和倾斜处理后的效果。

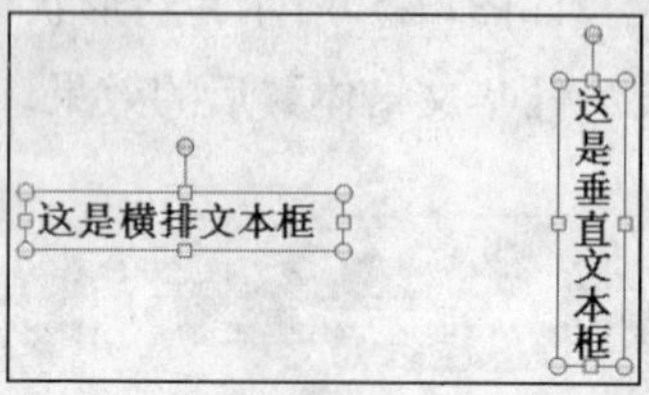

图17-53

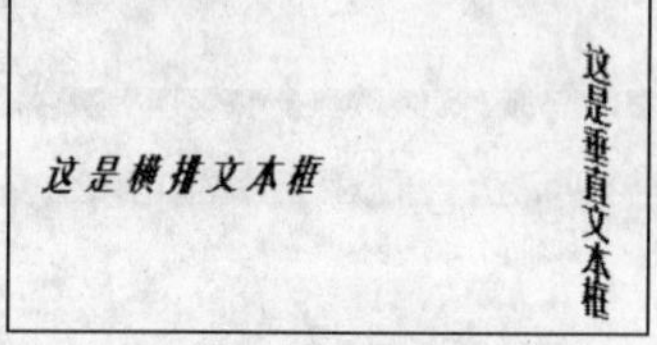

图17-54

17.4.7 添加SmartArt图示

根据用途和结构的不同，SmartArt图示被分为很多类别，例如，流程图、层次结构图、关系图等。每一种类别还细化为多个具体的图示类型，这样就为用户提供了广阔的图示制作空间。在创建SmartArt图示时可以根据需要选择任意的一种类别。创建一个SmartArt图示的具体操作如下。

Step 01 选择要创建SmartArt图示的幻灯片，如果占位符中包含【插入SmartArt图形】按钮，可以直接单击该按钮。否则单击功能区中的【插入】→【插图】→【SmartArt】按钮。

Step 02 打开如图17-55所示的【选择SmartArt图形】对话框，在左侧列表中选择SmartArt图示的大分类，在中间列表中选择某个大分类下的子类型，右侧显示了当前所选图示的简单说明。

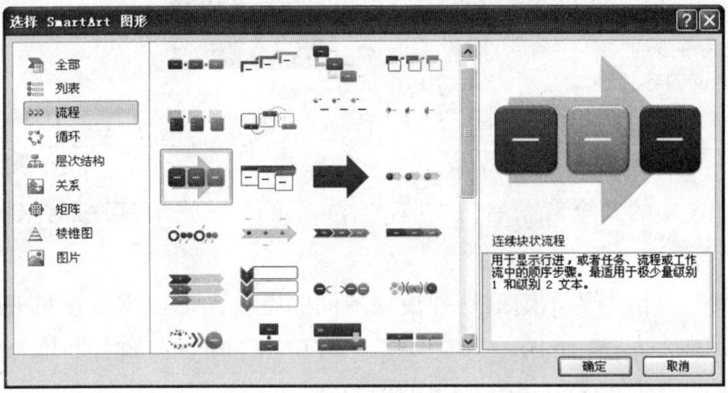

图17-55

Step 03 选择好所需图示后，单击【确定】按钮，将在当前幻灯片中创建一个SmartArt图示，如图17-56所示。

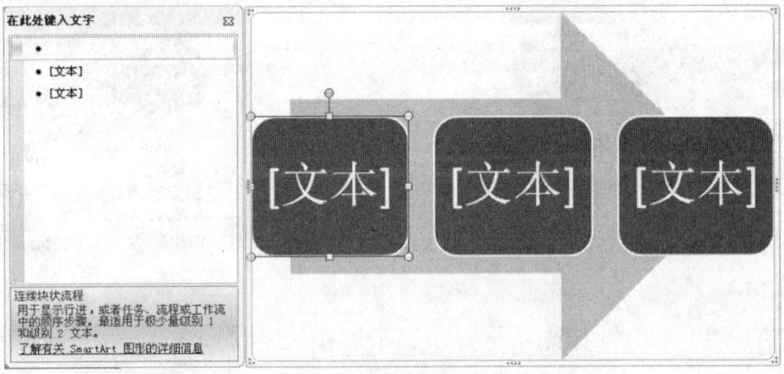

图17-56

17.5 设置幻灯片背景

为了美化演示文稿的外观，可以为演示文稿中的所有幻灯片设置背景，也可以为单独的一张幻灯片设置背景，还可以将背景设置到母版中。背景包含多种类型，例如，可以使用颜色作为幻灯片背景，也可以使用图片作为幻灯片背景，还可以使用图案来作为幻灯片背景。一幅好的幻灯片背景不仅可以使幻灯片看起来更加充实，而且也可以使一个演示文稿中的幻灯片看起来更加系统和专业。

17.5.1 使用预置背景

单击功能区中的【设计】→【背景】→【背景样式】按钮，在打开的列表中选择一种背景，如图17-57所示。

> 提示　在不同的电脑上打开的背景样式列表中显示的项目与本例讲解的可能并不相同，这是因为当前演示文稿中使用了其他主题。关于主题的内容请参考本章17.6节中的内容。

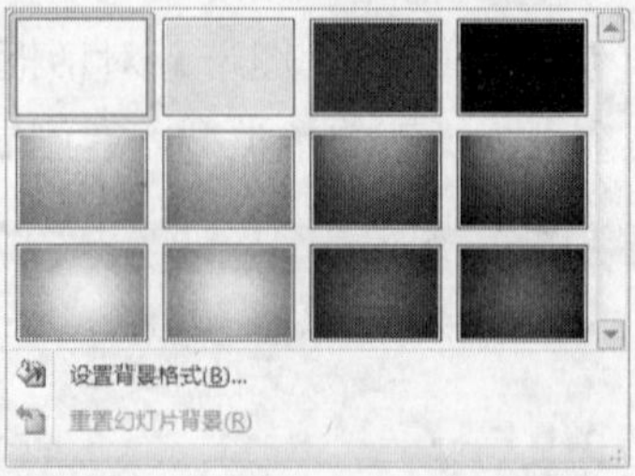

图17-57

当直接单击列表中的某个背景后，当前演示文稿的每一张幻灯片都会自动设置所选的背景，如图17-58所示。

如果希望为演示文稿中的不同幻灯片设置不同的背景，那么需要在打开的背景样式列表中右击要使用的背景，在弹出的快捷菜单中选择【应用于所选幻灯片】命令，这样就可以只为当前所选幻灯片设置所选择的背景，如图17-59所示。

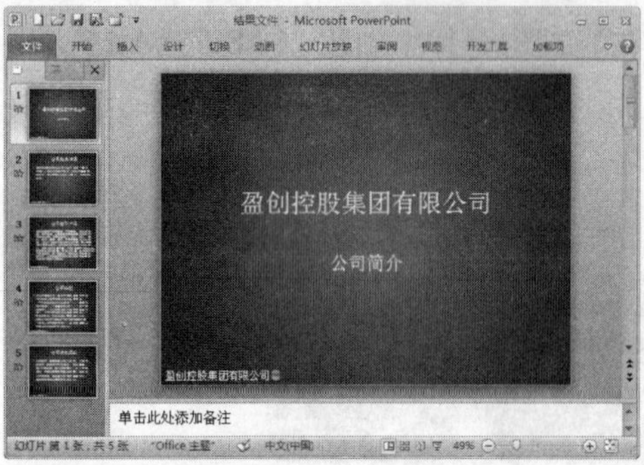

图17-58

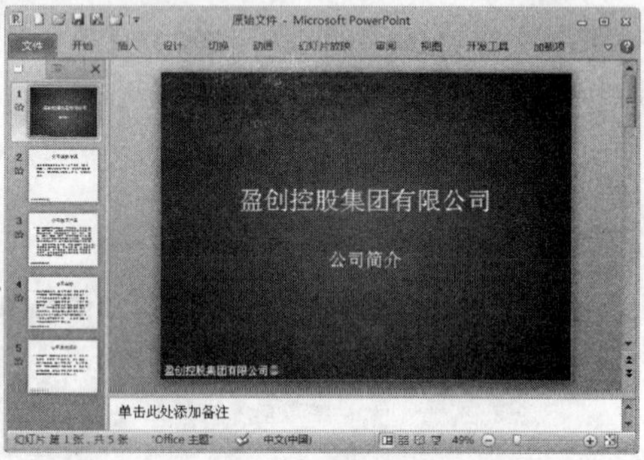

图17-59

> 提示　如果是对所选的部分幻灯片设置了背景，即通过【应用于所选幻灯片】命令进行设置，那么可以通过【重置幻灯片背景】命令使背景恢复到初始状态。

17.5.2 设置渐变背景

如果感觉背景样式列表中提供的背景过于简单和单一，那么还可以自定义设置背景。自定义背景的方式非常灵活，可以灵活设置背景的颜色、设置具有渐变效果的背景、使用图片作为背景等。可以使用以下三种方法自定义背景的设置环境。

- 右击幻灯片空白处，在弹出的快捷菜单中选择【设置背景格式】命令。
- 单击功能区中的【设计】→【背景】组右下角的对话框启动器。
- 单击功能区中的【设计】→【背景】→【背景样式】按钮，在弹出的菜单中选择【设置背景格式】命令。

使用上面任意一种方法，都将打开【设置背景格式】对话框，如图17-60所示。默认在左侧自动选择【填充】选项，在右侧列出了可以使用的多种类型的填充方式，包括以下几种。

- 【纯色填充】：使用单一的一种颜色作为幻灯片背景。
- 【渐变填充】：使用过渡的多种颜色作为幻灯片背景。
- 【图片或纹理填充】：使用一张图片或预置的纹理效果作为幻灯片背景。
- 【图案填充】：使用一种预置的图案作为幻灯片背景。

无论选择以上哪种填充方式，在设置好之后单击【关闭】按钮，即可将设置应用于当前幻灯片。如果希望将设置的幻灯片背景应用于当前演示文稿的所有幻灯片，那么需要单击【全部应用】按钮。如果发现设置有误，则可以单击【重置背景】按钮恢复设置前的状态。用户可以在对【设置背景格式】对话框进行设置的过程中观察幻灯片背景的变化，一旦发现设置有误，可及时单击【重置背景】按钮。

当单击【渐变填充】单选按钮时，【设置背景格式】对话框将变为如图17-61所示的界面。设置渐变的诀窍在于，根据渐变效果的需要，设置数量不等的光圈。光圈设置的方法是指定光圈颜色、结束位置和透明度。默认情况下会自动包含三个光圈，可以通过单击【添加渐变光圈】按钮和【删除渐变光圈】按钮添加或删除光圈。

图17-60

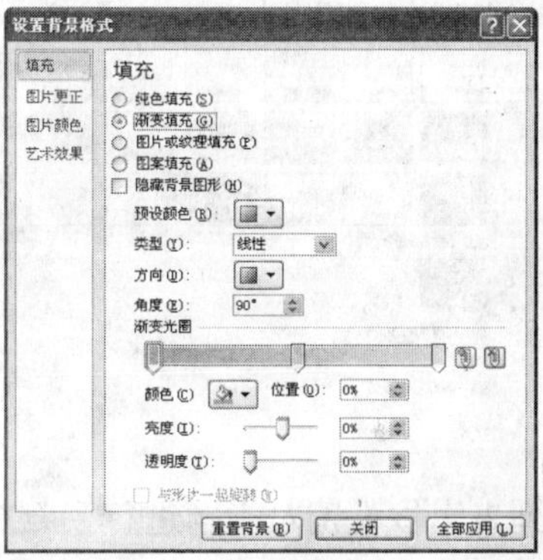

图17-61

17.5.3 使用图片作为背景

用户可以指定图片或纹理作为幻灯片的背景。此时单击【图片或纹理填充】单选按钮，【设置背景格式】对话框将变为如图17-62所示的界面。可以单击【纹理】按钮选择PowerPoint内置的纹理图案。如果单击【文件】按钮，则可以从电脑中选择一幅图片作为幻灯片背景。当然，也可以单击【剪贴画】按钮使用Office剪贴画作为幻灯片背景。

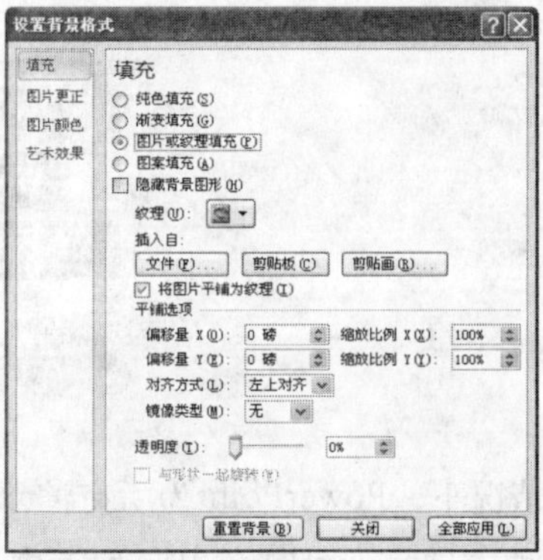

图17-62

17.6 设置演示文稿主题

主题是指将一组设置好的字体、颜色、外观效果组合到一起，形成多种不同的界面设计方案。可以在多个不同的主题之间切换，从而灵活地改变演示文稿的整体外观。PowerPoint 2010内置了多种主题，用户也可以根据实际需要创建自定义主题，然后可以使用自己设计的主题来装饰演示文稿外观。Word 2010、Excel 2010和PowerPoint 2010将共享相同的主题，即同一个主题可以分别在Word、Excel和PowerPoint中使用。

17.6.1 切换内置主题

PowerPoint 2010已经预置了大量可供直接使用的主题，如果不满意PowerPoint默认的主题效果，则可以尝试选择其他的预置主题。打开演示文稿后，切换到功能区中的【设计】→【主题】组中，在主题列表中可以看到PowerPoint所有的内置主题，如图17-63所示。

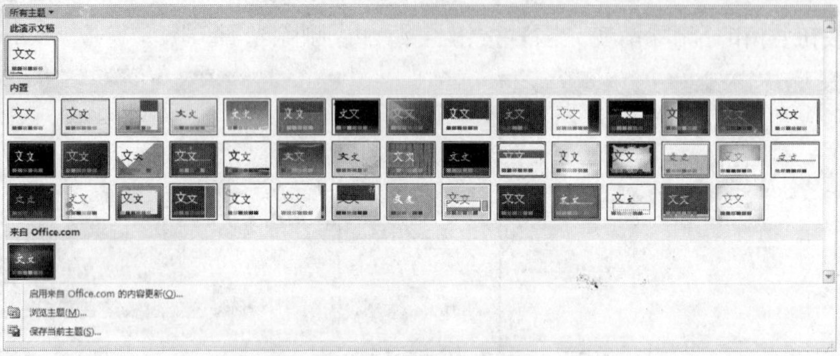

图17-63

主题列表中按类别对主题进行了划分，包括【此演示文稿】、【内置】、【来自Office.com】几类。可以通过单击主题列表顶部的【所有主题】文字，在打开的列表中选择要显示的类别，如图17-64所示，默认显示所有类别中的主题。

图17-64

默认情况下，PowerPoint为所有演示文稿设置了名为“Office主题”的主题。如果需要使用其他一种主题，则可以在主题列表中进行选择。如图17-65所示为对演示文稿设置了名为“角度”的主题后的效果。

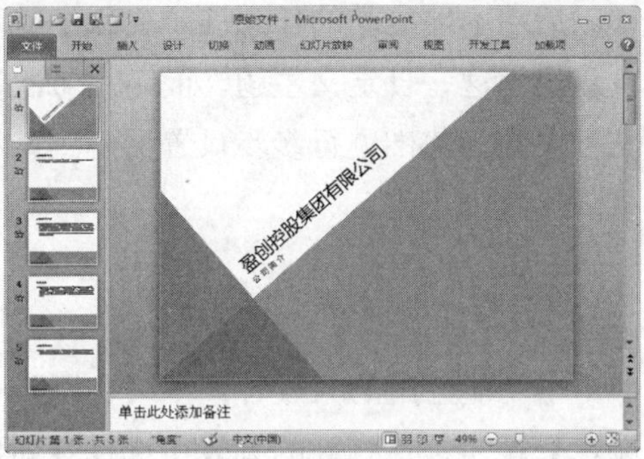

图17-65

与设置幻灯片背景类似，也可以为一个演示文稿中不同的幻灯片设置不同的主题。只需选择要设置主题的幻灯片，然后右击主题列表中要使用的主题，在弹出的快捷菜单中选择【应用于选定幻灯片】命令，即可将所选主题只应用于所选幻灯片，而不会同时作用于整个演示文稿中的所有幻灯片上。如图17-66所示为对一个演示文稿中的五张幻灯片设置了不同主题后的效果。

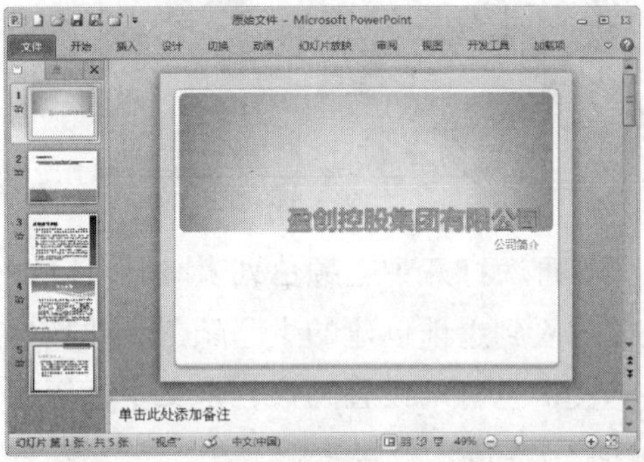

图17-66

17.6.2 修改内置主题

当选择一种预置主题后，可能会觉得主题中的字体或颜色有不满意之处。为此，可以单独调整主题中的字体、颜色或效果，这些可由用户灵活设置，从而搭配出不同风格的主题效果。

1. 修改主题字体

主题字体包含标题字体和正文字体。标题字体就是出现在标题占位符中文字的字体；正文字体就是出现在内容占位符中文字的字体。如果希望改变当前主题下的幻灯片中文字的字体，那么可以单击功能区中的【设计】→【主题】→【字体】按钮，在打开的列表中显示了可用的主题字体方案，如图17-67所示。每一个可用方案均由两部分组成：主题字体的缩略效果图、标题字体和正文字体的名称。可以根据需要选择所需的字体效果。

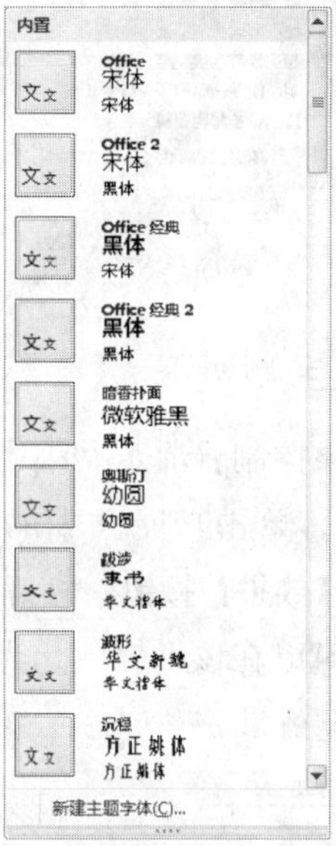

图17-67

2. 修改主题颜色

主题颜色包括四种文本和背景颜色、六种强调文字颜色和两种超链接颜色。功能区【设计】→【主题】组中【颜色】按钮上的颜色代表当前主题的四种文本和背景颜色，如图17-68所示。

图17-68

单击【颜色】按钮后将打开如图17-69所示的主题颜色列表，其中显示了内置和自定义的主题颜色方案。每个主题颜色方案名称旁边的一组颜色方块代表该主题的强调文字颜色和超链接颜色，根据需要从列表中选择一种主题颜色即可。

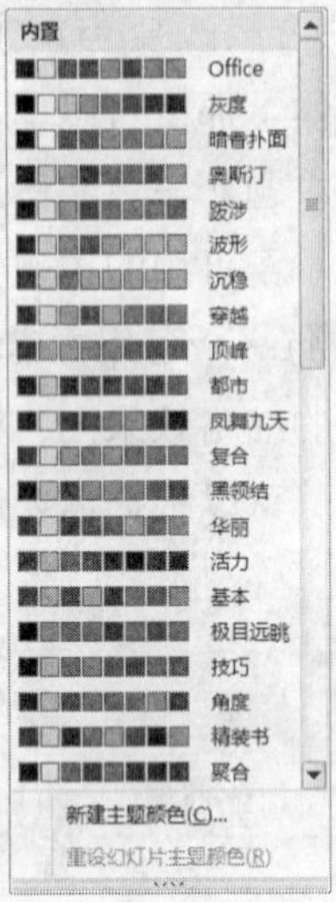

图17-69

3. 修改主题效果

主题效果控制着演示文稿中线条和内容的填充效果。单击功能区中的【设计】→【主题】→【效果】按钮，打开如图17-70所示的列表，可以在该列表中为当前演示文稿选择一种主题效果。

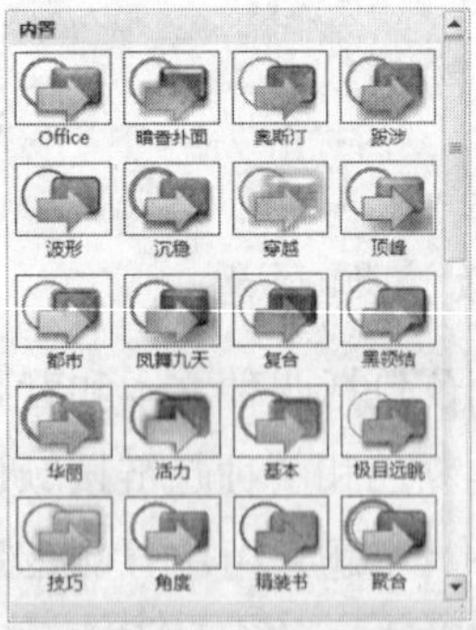

图17-70

17.6.3 创建自定义主题

如果感觉主题字体和主题颜色中的方案都不能满足使用需要，那么可以创建自己的主题字体和主题颜色。另外，除了直接使用预置主题外，用户还可以创建自己的主题。这样以后在本地电脑的任意演示文稿中就可以重复使用这些自定义主题，而不用每次都从某种主题为基础进行多步设置后达到某种效果。

1. 创建自定义主题颜色

单击功能区中的【设计】→【主题】→【颜色】按钮，在打开的列表中选择【新建主题颜色】命令，打开如图17-71所示的对话框。可以分别定义12种颜色，然后需要为自定义的主题颜色输入一个易于识别的名称，最后单击【保存】按钮即可创建一个新的主题颜色。

图17-71

当再次打开主题颜色列表时，可以在列表顶部看到之前创建的主题颜色，并且当前演示文稿也自动设置为该自定义主题颜色，如图17-72所示。

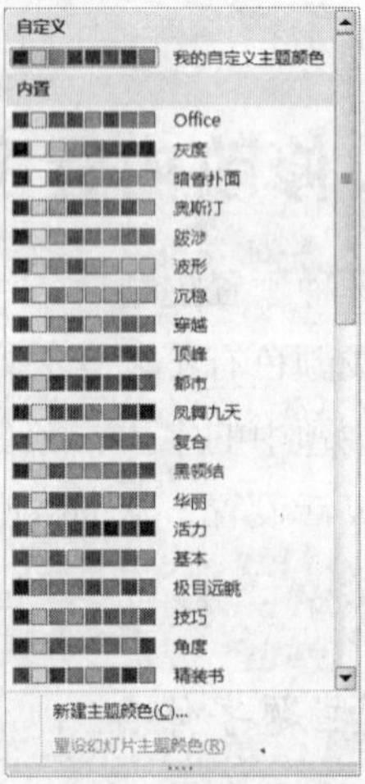

图17-72

可以在【主题颜色】列表中右击【自定义】组内的自定义主题颜色，在弹出的快捷菜单中选择【编辑】命令，然后在【编辑主题颜色】对话框中修改自定义的主题颜色。

2. 创建自定义主题字体

单击功能区中的【设计】→【主题】→【字体】按钮，在打开的列表中选择【新建主题字体】命令，打开如图17-73所示的对话框。可以分别设置英文和中文环境下的标题和正文字体，然后再为主题字体输入一个易于识别的名称，最后单击【保存】按钮即可创建一个新的主题字体。

当再次打开主题字体列表时，可以在列表顶部看到之前创建的主题字体，并且当前演示文稿正在使用该主题字体，如图17-74所示。

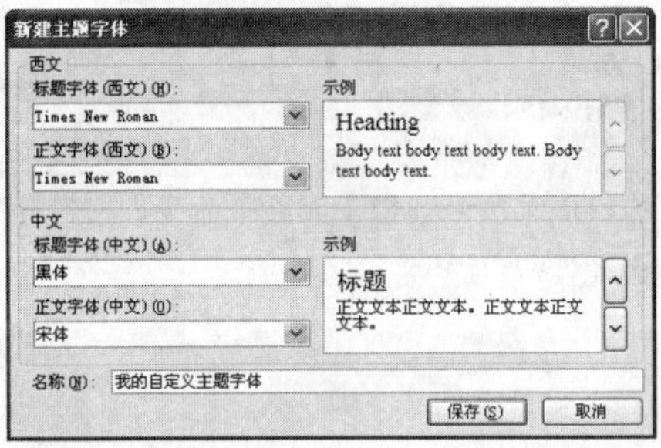

图17-73

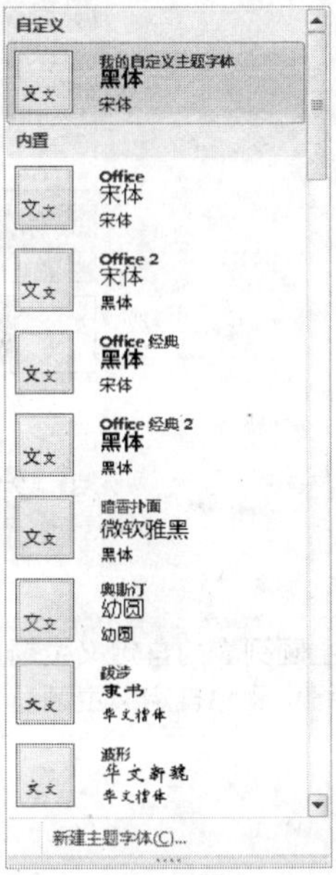

图17-74

如果需要修改已经创建好的自定义主题字体，可以在主题字体列表中右击【自定义】组内的自定义主题字体，在弹出的快捷菜单中选择【编辑】命令，然后在【编辑主题字体】对话框中修改自定义的主题字体。

3. 创建自定义主题

只要对当前主题进行了任何一点改动，那么经过保存后就成为了自定义主题，这样就可以将这些自定义主题应用到其他演示文稿甚至是Word文档和Excel工作簿中。当然，也可以先创建自定义的主题颜色和主题字体，然后再选择一种主题效果，最后对当前演示文稿应用这些自定义内容，并将应用这些效果后的演示文稿保存为自定义主题。创建自定义主题的具体操作如下。

Step 01 对当前主题进行任意修改，包括颜色、字体和效果。

Step 02 打开功能区中的【设计】→【主题】列表，选择【保存当前主题】命令。

Step 03 打开【保存当前主题】对话框，此时自动定位到【Document Themes】文件夹中，该文件夹就是存放Office主题的位置，其中包括了三个子文件夹，用于存放自定义主题字体、自定义主题颜色、自定义主题效果的文件。

Step 04 在【文件名】文本框中输入自定义主题的名称，然后单击【保存】按钮，即可创建并保存自定义主题。此时再次打开主题列表，可以在顶部看到新建的自定义主题（位于【自定义】组中），如图17-75所示。

图17-75

提示　右击主题列表的自定义主题，在弹出的快捷菜单中选择【删除】命令，在打开的对话框中单击【是】按钮将删除自定义主题。

11 Chapter
12 Chapter
13 Chapter
14 Chapter
15 Chapter
16 Chapter
17 Chapter
18 Chapter
19 Chapter
20 Chapter

Chapter 18

添加动画与多媒体

与Word和Excel相比，PowerPoint的最大特色就是可以非常自由地在幻灯片中添加动画效果和多媒体内容，这样可以增加演示文稿的观赏性，使其内容更加丰富多彩。PowerPoint 2010大大加强了幻灯片切换和动画效果。本章最后还将介绍在演示文稿中插入多媒体文件的方法，您会觉得在PowerPoint 2010中添加影音内容变得更加简单，功能也更加强大。

18.1 了解幻灯片中的动画类型

为了让幻灯片演示效果更加丰富多彩，可以为幻灯片中的对象设置从简单到复杂的动画效果。这里说的简单是为幻灯片中的对象设置一种动画，而复杂指的是将多种动画效果组合到一起，让它们形成一个更加系统化的组合，看上去非常连贯，具有专业的动画效果。

PowerPoint中的动画可以分为两大类，一类是专门针对于幻灯片切换的，也就是过场动画，从一张幻灯片切换到下一张幻灯片之间的动画效果；另一类则是针对幻灯片中的内容，例如，可以为幻灯片中的文字设置动画，也可以为图形、图片或SmartArt设置动画效果，从而让演示更生动。

18.2 设置幻灯片切换动画

幻灯片的切换动画是指从一张幻灯片跳转到下一张幻灯片之间的过渡效果，即切换时希望显示什么特效，这些效果包括视觉和听觉上的，使整个放映过程不会显得那么枯燥。在PowerPoint 2007中，将幻灯片切换动画和对象动画放到了一个选项卡中，而PowerPoint 2010将这两类动画分开，各自都拥有自己的选项卡，这说明在PowerPoint 2010中增强了动画设置能力。用户可以为一张、多张或所有幻灯片设置切换动画，具体根据实际情况和需要而定。

18.2.1 使用预置的幻灯片切换动画

PowerPoint 2010一共提供了34种内置的幻灯片切换动画，在功能区的【切换】→【切换到此幻灯片】组中可以打开如图18-1所示的幻灯片切换动画列表，其中列出了可供选择的所有幻灯片的切换效果。

图18-1

从图18-1中可以看出，所有切换动画被分成三种类型：【细微型】、【华丽型】、【动态内容】。选择要设置切换动画的幻灯片，然后单击列表中的切换动画，即可为当前幻灯片设置切换动画效果，这样在放映状态下从这张幻灯片切换到下一张幻灯片时，就会播放指定的切换动画。如图18-2所示为选择【华丽型】选项组中的【百叶窗】选项切换动画后幻灯片编辑窗口的预览效果。

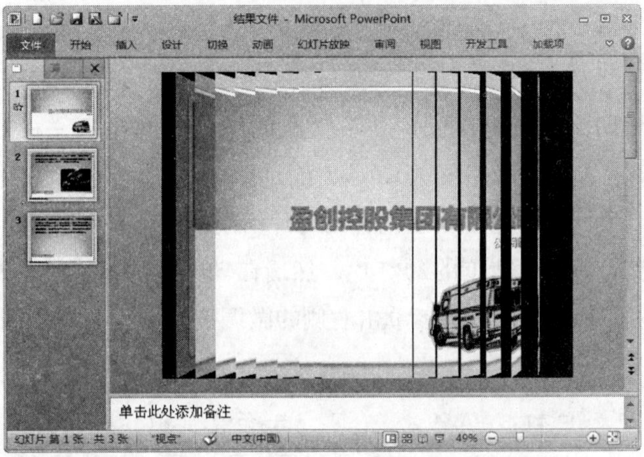

图18-2

提示 当选择某些切换动画后，还可以在【切换到此幻灯片】组中通过单击【效果选项】按钮访问相关动画的详细设置选项。例如，图18-3所示是在选择【百叶窗】选项切换动画后可用的选项设置，这里允许用户为百叶窗动画设置方向。

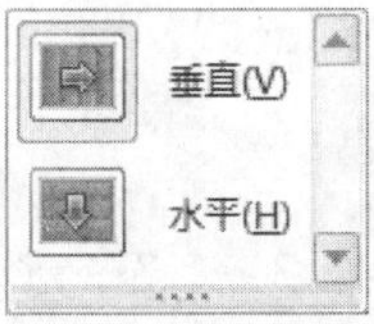

图18-3

如果在以后可能还需要查看已经设置到幻灯片中的切换效果，那么可以单击功能区中的【切换】→【预览】→【预览】按钮。当为幻灯片设置切换动画或为幻灯片中的对象设置动画效果后，在PowerPoint窗口左侧的幻灯片列表中的幻灯片左侧会显示一个 ☆ 标记，单击该标记也可预览动画效果。

18.2.2 自定义幻灯片切换动画

仅使用默认提供的幻灯片切换动画，也可以满足幻灯片放映时切换效果的需要，但缺乏灵活性，而且形式单一。要解决这个问题，可以在为幻灯片选择好切换动画后，再对切换效果进行一些调整和设置，这样可以设计出灵活多变、适合不同场合需要的幻灯片切换效果。可以对幻灯片切换动画进行三个方面的调整：声音效果、切换速度、切换方式。

1. 设置幻灯片切换的声音效果

当切换幻灯片时如果能够配合一些声音效果，那么切换效果会达到最佳水平。默认选择的切换动画是不带音效的，但用户可以手动为幻灯片切换动画添加声音效果。PowerPoint预置了很多可用于切换幻灯片时播放的声音，单击功能区中的【切换】→【切换到此幻灯片】→【声音】下拉按钮，在打开的列表中列出了很多声音效果，从中可以进行选择。

如果对列表中的声音效果都不满意，那么可以选择【其他声音】命令，打开【添加音频】对话框，可以导航到保存了声音文件的文件夹，然后选择声音文件并将其作为幻灯片切换的声音效果。

> 提示　如果一直播放某个音效，那么可以选择【播放下一段声音之前一直循环】命令，这样可以确保在播放其他声音之前一直播放当前选择的音效。

2. 设置幻灯片切换的速度

根据选择幻灯片切换效果的不同，每种效果的持续时间是不一样的。例如，选择名为【百叶窗】的切换动画，其播放时间为1.6秒，而选择名为【切出】的切换动画，其播放时间只有0.1秒。用户可以根据实际需要灵活调整幻灯片切换动画的播放时间。

选择要设置切换动画播放速度的幻灯片，然后在功能区的【切换】→【计时】→【持续时间】文本框中输入一个时间值，或者单击右侧的微调按钮进行调整，如图18-4所示。

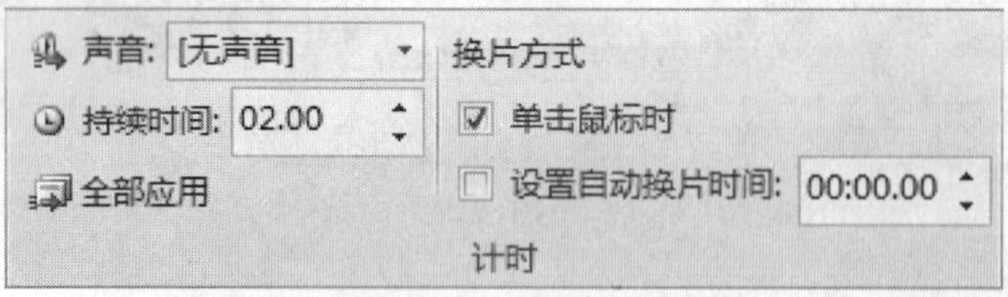

图18-4

3. 设置幻灯片切换的方式

默认情况下，在播放演示文稿时，两张幻灯片之间的切换需要由用户通过单击鼠标左键或按Enter键来完成。如果希望以指定的时间间隔让幻灯片自动进行切换，那么将会方便很多。选择要设置为自动切换的幻灯片，然后在功能区的【切换】→【计时】组中可以改变幻灯片的切换方式。

- 【单击鼠标时】：该复选框表示需要通过单击鼠标左键来切换幻灯片。
- 【设置自动换片时间】：勾选该复选框，然后在右侧输入一个表示时间的值，这样可以按设置的时间间隔自动切换幻灯片，时间以秒为单位。

18.2.3 为所有幻灯片设置相同的切换动画

通常情况下都不会只为一张幻灯片设置切换动画，而总是为演示文稿中的所有幻灯片设置切换动画。如果希望每张幻灯片的切换动画都不相同，那么只能一张一张来设置。但很多时候都会为演示文稿中的所有幻灯片设置统一的切换动画效果。

如果希望让所有的幻灯片都具有相同的切换动画，那么可以先设置任意一张幻灯片的切换动画，然后单击功能区中的【切换】→【计时】→【全部应用】按钮，如图18-5所示。这样将以当前幻灯片的切换动画为准，自动对其他幻灯片设置相同的切换动画。

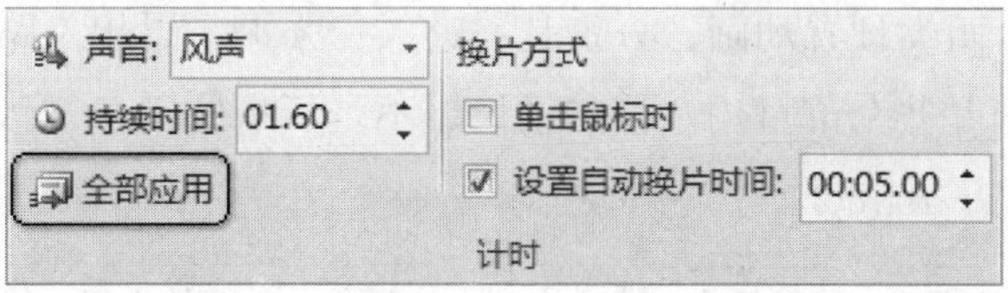

图18-5

如果希望删除演示文稿中所有幻灯片的切换动画，那么可以先选择任意一张幻灯片，然后在功能区的【切换】→【切换到此幻灯片】组中打开切换动画列表，选择【无】选项。如果还为切换动画设置了声音，则需要在【切换】→【计时】组的【声音】列表中选择【无声音】选项，去除切换时的声音效果。去除一张幻灯片中的切换效果后，单击功能区中的【切换】→【计时】→【全部应用】按钮，对其他幻灯片也做完全相同的设置。

18.3 设置幻灯片中对象的动画

18.2节介绍了幻灯片切换时的动画效果，也可以为幻灯片中包含的不同类型的内容设置动画效果。可以设置动画的内容包括很多种，例如，文字、图片、图形、SmartArt图形、图表等，这样就可以制作出丰富多彩的演示文稿，可以充分挖掘人们的想象力，制作出一些意想不到的动画效果。

18.3.1 为单个对象设置动画

可以为同一个对象设置一个动画，也可以为同一个对象设置多个动画，主要是根据实际的需求而定。要为对象设置动画效果，需要先选择该对象，然后在功能区的【动画】→【动画】下拉列表中选择一种动画效果，如图18-6所示。

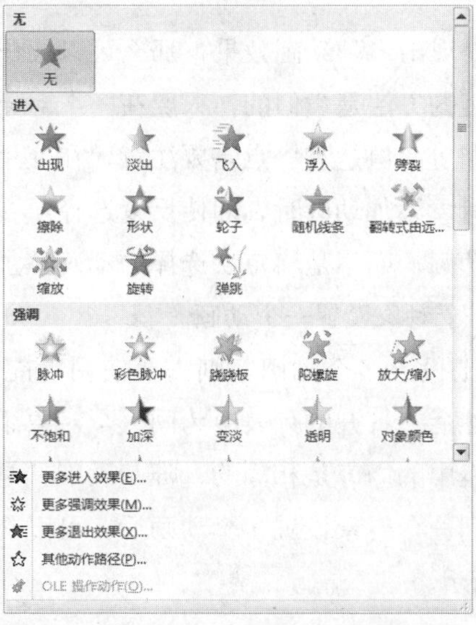

图18-6

在动画列表中包含四类预置动画，分别是：进入、强调、退出、路径。根据当前所选对象不同，所有预置动画并非全部可用。换句话说，不是所有的动画都可用于任何一个对象，不同的对象可用的动画并不相同。

提示　对于文字动画的设置，可以单击包含文字的占位符或文本框的内部，然后设置动画效果；也可以单击包含文字的占位符或文本框的边框，然后设置动画效果。这两种方法设置的效果是相同的。

除了动画列表中提供的预置动画外，用户也可以自定义动画。在动画列表的下方包含几个命令，使用这些命令可以更进一步地使用更多的动画效果。例如，当选择【更多进入动画】命令时，会打开如图18-7所示的对话框，从中可以选择多种类型的动画效果。在选择的同时可以在幻灯片窗口中预览到设置效果，这是因为默认勾选了对话框中的【预览效果】复选框。

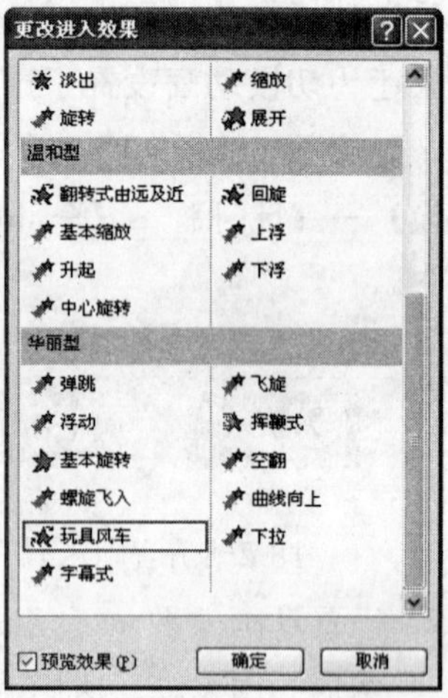

图18-7

当为幻灯片中的某一个对象设置一个自定义动画后，会在幻灯片中的该对象左侧显示一个数字，这个数字表示该动画在幻灯片中的动画序号。如图18-8所示表示当前动画为幻灯片中的第一个动画，因为它的动画编号为1。当继续为其他对象设置动画后，后设置的动画编号将继续递增，这样就可以很容易地分辨出幻灯片中每个动画的播放次序。

图18-8

18.3.2　为单个对象同时设置多个动画

如果希望某个对象可以表现出多种动画效果，那么可以为该对象设置多个动画。设置多个动画的方法与设置一个动画的方法是类似的，只要在一个对象上设置好一个动画后，继续为该对象添加其他动画效果即可。但是有一点需要注意，在使用功能区【动画】→【动画】下拉列表中的选项为同一个对象添加动画时，即使反复选择了多次动画效果，最终为对象设置的动画为最后一次选择的动画，而不是将每次选择的动画叠加到该对象上。换句话说，使用该列表中的选项只能为同一个对象设置一个动画。

如果需要在同一个对象上设置多个动画，则需要使用功能区中的【动画】→【高级动画】→【添加动画】按钮，然后在打开的列表中为同一个对象添加多个动画。该列表其实与【动画】→【动画】下拉列表中的内容是相同的，唯一区别就是使用该列表可以为同一个对象设置多个动画效果。当为同一个对象设置多个动画后，可以看到该对象左侧会有多个顺序编号的动画标记，如图18-9所示。

当为同一个对象设置了多个动画，或在一张幻灯片中为多个不同的对象设置动画后，可能需要指定这些动画的出现顺序，从而得到预期的效果。这时可以在PowerPoint提供的动画窗格中调整动画之间的播放顺序。单击功能区中的【动画】→【高级动画】→【动画窗格】按钮，打开动画窗格，如图18-10所示。在列表中显示了当前幻灯片中所有对象的动画效果，包括幻灯片切换动画效果，单击【播放】按钮将依次播放动画列表中的每一个动画。

图18-9

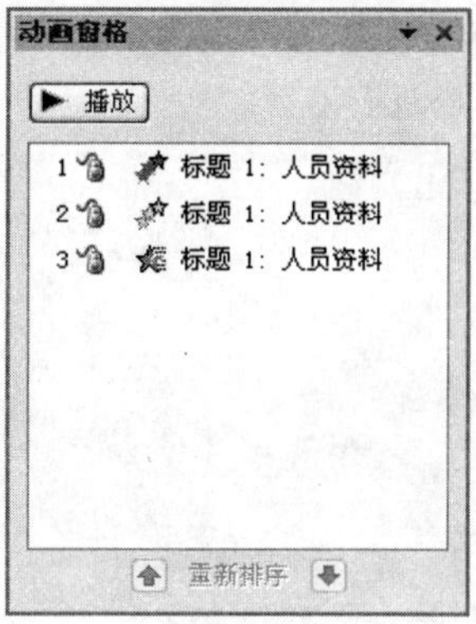

图18-10

> **提示** 如果打开动画窗格后它浮动于PowerPoint窗口中，可以通过双击动画窗格顶部标题栏的位置，将其固定在PowerPoint窗口的左侧或右侧。

在动画列表中，每一个动画都有一个编号，这个编号对应于幻灯片中对象左侧的动画编号，指明了动画在幻灯片所有动画中的播放顺序。可以通过单击对象左侧的动画编号来选择动画列表中相应的动画，以便查看所需的动画详情。这种方法非常适合于幻灯片中拥有数量众多的动画而难以区分的情况。另外，也可以直接单击动画列表中的动画进行选择。根据实际需要，可随时调整动画的顺序，可以使用以下两种方法来完成。

- 打开动画窗格，在动画列表中要调整顺序的动画上单击并单击鼠标左键，然后将其拖动到列表中的适当位置，释放鼠标左键后，即可改变动画的位置。拖动过程中会出现一个黑色的线条，线条的位置就是要将动画移动到的目标位置。
- 打开动画窗格，在动画列表中单击要调整顺序的动画，再单击⬆或⬇按钮将其向上或向下移动。

> **技巧** 在动画列表中可以通过按住Ctrl或Shift键来选择多个相邻或不相邻的动画效果。

18.3.3 设置动画细节

这里所说的动画细节，是指在为对象设置动画后，根据实际情况可能需要进行调整的一些动画设置选项，主要包括动画的开始方式、运行方式、播放速度、声音效果以及是否重复播放等。对动画的这些细节设置，可以使用下面两种方法来实现。

- 在功能区中设置。当在动画列表中选择一个动画后，会激活功能区【动画】→【计时】组中的动画设置选项，可以设置动画的开始方式、持续时间、延迟时间以及动画的顺序，如图18-11所示。
- 使用专门的动画设置对话框。右击动画列表中要设置的动画，在弹出的快捷菜单中选择【效果选项】或【计时】命令，然后在打开的对话框中可以对动画进行详细设置。对话框的名称通常以动画类型命名，如图18-12所示为【飞入】对话框，因为正在对“飞入”动画进行设置。

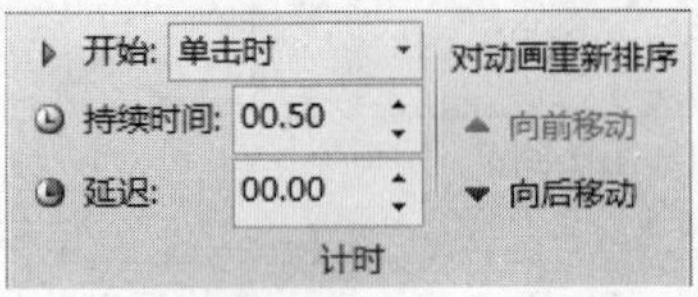

图18-11

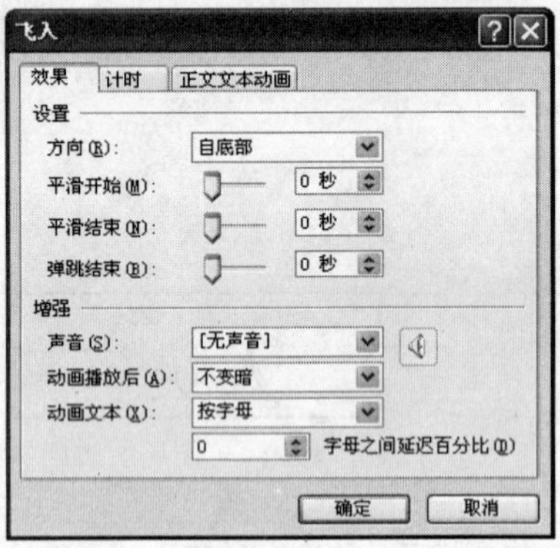

图18-12

下面介绍一下动画选项设置时几个比较常用的选项及其作用。

- 【开始】：该选项用于指定动画开始播放的方式，包括三项：【单击时】、【与上一动画同时】和【上一动画之后】。如果希望手工控制动画的播放，那么可将该选项设置为【单击时】；否则可以根据情况设置为其他两项。这两项的区别在于：【与上一动画同时】表示当前动画与上一个动画同步播放；而【上一动画之后】则表示当前动画在上一个动画播放后才开始播放。
- 【持续时间】：该选项是指动画播放的时间长度，也可以理解为动画播放的速度，以秒为单位进行设置。
- 【延迟】：该选项是指在播放动画之前停留的时间长短，以秒为单位，即指经过几秒后才开始播放指定动画。
- 【声音】：该选项用于指定动画播放时是否伴有音效。如果希望获得最佳的动画效果，通常设置一个适当的音效会更好。该选项需要在【动画】对话框中设置。
- 【重复】：该选项用于确定动画是否重复播放，并指定重复播放的次数。如果希望在结束演示文稿放映之前始终播放某个动画，则需要将该选项设置为【直到幻灯片末尾】。该选项需要在【动画】对话框中设置。
- 【正文文本动画】：在设置占位符或文本框的动画时会出现该选项。该选项用于设置占位符或文本框中文字的动画效果。该选项需要在【动画】对话框中设置。
- 【SmartArt动画】：在设置SmartArt图形的动画时才会出现该选项。该选项用于设置SmartArt图形的动画效果，主要是决定SmartArt图形的动画是作为一个整体还是作为各自独立的部分播放动画。该选项需要在【动画】对话框中设置。

18.3.4 使用动画刷快速复制动画效果

PowerPoint 2010新增了动画刷的功能，该功能类似于Word中的格式刷，可以使用PowerPoint中的动画刷快速将一个对象上已设置好的动画复制到另一个对象上，使该对象也立刻拥有相同的动画。要使用动画刷，需要先单击包含要复制动画的对象，然后单击功能区中的【动画】→【高级动画】→【动画刷】按钮，此时鼠标将变为一个箭头加一个小刷子的形状，如图18-13所示。然后单击另一个对象，即可为此对象快速设置好之前复制的动画。

提示 如果在单击【动画刷】按钮后反悔了，不想复制动画了，那么可以按Esc键退出动画复制状态。

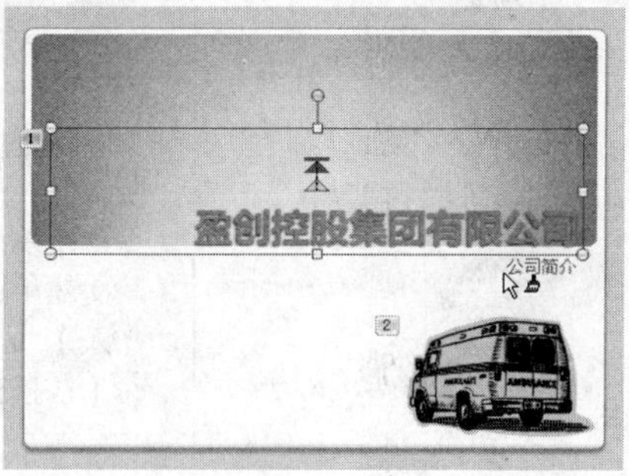

图18-13

18.3.5 删除对象上的动画

对于误操作或不再需要的动画，应该及时将其删除，以免造成不必要的混乱。右击动画窗格列表中要删除的动画，然后在弹出的快捷菜单中选择【删除】命令，即可将所选动画删除。如果需要删除多个动画，则可以在动画窗格中通过按住Ctrl键或Shift键同时选择多个动画，然后再执行删除操作。

18.4 在幻灯片中添加音频和视频

如果在播放演示文稿时，能够配合一段美妙恰当的背景音乐，通常效果是不错的。而某些已录制好的视频内容可能需要在演讲时放映给观众浏览。PowerPoint 2010增强了对影音内容的编辑功能，现在可以对幻灯片中插入的声音和视频进行剪裁，可以添加播放的书签并设置声音的淡入与淡出效果。

18.4.1 插入声音

在PowerPoint中可以使用以下几种方式在幻灯片中添加声音。

- 剪辑库中的声音。
- 文件中的声音。
- 录制的声音。

1. 插入剪辑库中的声音

Microsoft Office的剪辑库中内置了一些声音效果，可以直接将它们添加到幻灯片中。剪辑库中除了声音外，还有图片（剪贴画）和一些简短的视频。单击功能区中的【插入】→【媒体】→【音频】按钮，在弹出的菜单中选择【剪辑画音频】命令，打开【剪贴画】窗格，并自动列出了剪辑库中的音频，如图18-14所示。单击要添加到幻灯片中的声音图标，即可将其插入到幻灯片中。

图18-14

2. 插入文件中的声音

如果希望获得丰富多彩的声音，尤其是希望在演示文稿中播放背景音乐，那么可以将平时电脑中收集的音乐添加到演示文稿中。PowerPoint 2010可以支持很多音乐格式，包括MP3、WAV、WMA等。可以通过以下两种方法来添加声音文件。

- 单击功能区中的【插入】→【媒体】→【音频】按钮，在弹出的菜单中选择【文件中的音频】命令，然后在打开的对话框中选择声音文件并单击【确定】按钮，即可将声音插入到当前幻灯片中。
- 单击占位符中的【插入媒体剪辑】按钮（如果占位符中包含按钮的话），在打开的对话框中将【文件类型】设置为【所有文件】，然后选择所需的声音文件，最后单击【插入】按钮。

注 意

与早期PowerPoint版本有所不同，在PowerPoint 2010中，默认情况下插入的声音都将嵌入到当前演示文稿中。如果希望减小演示文稿本身的体积，那么可以将声音文件链接到演示文稿中，只需在【插入声音】对话框中单击【插入】按钮右侧的下拉按钮，在下拉菜单中选择【链接到文件】命令。

3. 插入录制的声音

如果需要的话，还可以将自己录制的外部声音插入到幻灯片中。单击功能区中的【插入】→【媒体】→【音频】按钮，在弹出的菜单中选择【录制音频】命令，打开如图18-15所示的【录音】对话框。输入一个易于辨识的名称，然后单击【录制】按钮开始录音；单击【停止】按钮完成录音；单击【播放】按钮可以收听录制的声音；单击【确定】按钮，即可在当前幻灯片中插入录制的声音。

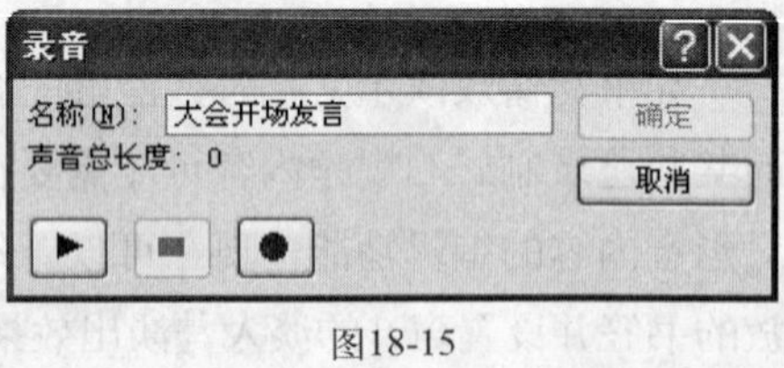

图18-15

提示

如果需要删除幻灯片中插入的声音，只需选择其中的声音图标，然后按Delete键即可。

18.4.2 插入视频

在PowerPoint中可以向幻灯片中添加以

下位置中的视频。

- 剪辑库中的视频。
- 文件中的视频。
- 来自网站中的视频。

插入剪辑库中视频的方法与插入剪辑库中音频的方法基本相同，只需单击功能区中的【插入】→【媒体】→【视频】按钮，在弹出的菜单中选择【剪辑画视频】命令，打开【剪贴画】窗格并列出了剪辑库中的视频，单击某个视频即可将其插入到当前幻灯片中。

更为灵活的方法是向幻灯片中添加视频文件，这种方式与添加音频文件类似，可以使用以下两种方法完成。

- 单击功能区中的【插入】→【媒体】→【视频】按钮，在弹出的菜单中选择【文件中的视频】命令，然后在打开的对话框中选择视频文件并单击【确定】按钮，即可将视频插入到当前幻灯片中。
- 单击占位符中的【插入媒体剪辑】按钮（如果占位符中包含按钮的话），在打开的【插入视频文件】对话框中选择所需的视频文件，然后单击【确定】按钮。

PowerPoint 2010新增了支持插入网站中视频的功能，单击功能区中的【插入】→【媒体】→【视频】按钮并选择【来自网站的视频】命令，在打开的对话框中将网站的视频嵌入代码复制进来。

18.4.3 插入动画

除了声音和视频外，还可以在幻灯片中插入动画。例如，可以插入Gif和Flash动画。Gif动画的插入方法很简单，就像插入普通图片一样；但要插入Flash动画可能需要略费一点周折。这里主要介绍插入Flash动画的方法，具体操作如下。

Step 01 首先需要将【开发工具】选项卡添加到功能区中。右击功能区，从弹出的快捷菜单中选择【自定义功能区】命令，在打开的对话框的右侧列表框中勾选【开发工具】复选框。

Step 02 单击【确定】按钮，将【开发工具】选项卡添加到功能区中。

Step 03 单击功能区中的【开发工具】→【控件】→【其他控件】按钮，打开【其他控件】对话框，选择【Shockwave Flash Object】选项，如图18-16所示。

图18-16

Step 04 单击【确定】按钮，光标变为+形状，拖动鼠标在当前幻灯片中绘制出一个Flash控件，如图18-17所示。

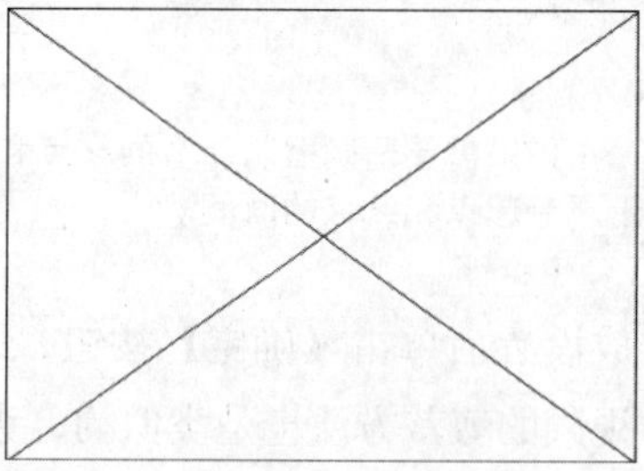

图18-17

Step 05 右击控件，从弹出的快捷菜单中选择【属性】命令，打开【属性】对话框。单击【Movie】属性，然后在右侧输入要播放的Flash动画文件的路径，如图18-18所示。

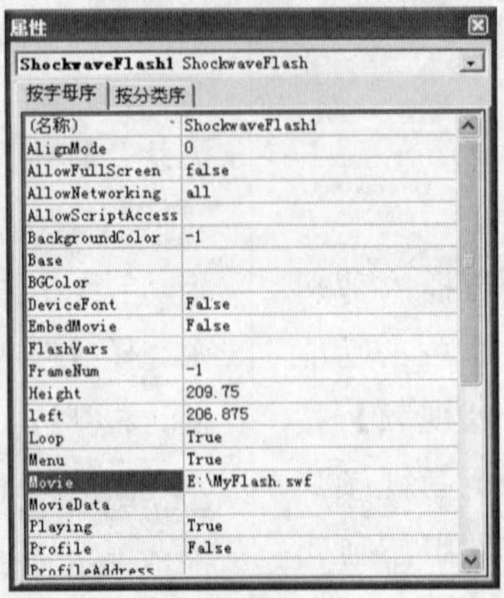

图18-18

Step 06 单击【属性】对话框右上角的关闭按钮将其关闭，此时Flash动画将自动开始播放。

18.4.4 剪裁音频或视频

在PowerPoint 2010中，可以对插入到幻灯片中的音频或视频进行剪裁，以便获得所需的部分，这样可以减小演示文稿的体积，而且可以将音频或视频的多余部分从演示文稿中删除。例如，右击幻灯片中的音频图标，在弹出的快捷菜单中选择【剪裁音频】命令，打开如图18-19所示的对话框。

对话框中间的进度条为当前所需声音的播放长度，进度条两端各有一个滑块，左侧滑块用于控制剪裁后的声音起点，右侧滑块用于控制剪裁后的声音终点。根据需要将两个滑块拖动到适当位置，如图18-20所示。

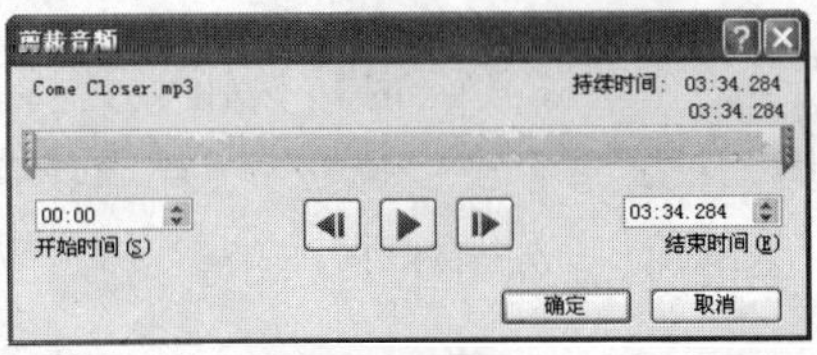

图18-19

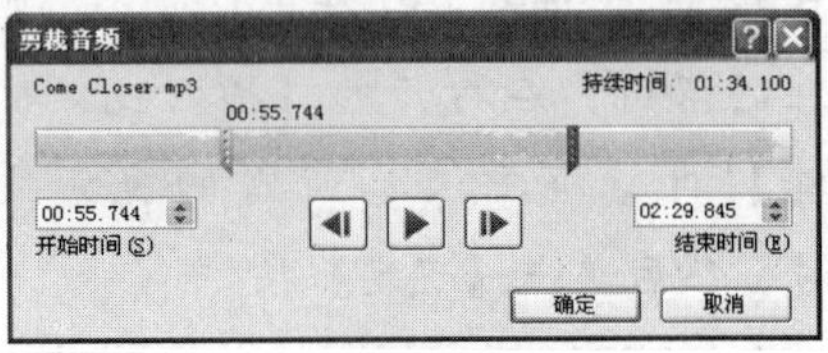

图18-20

提示 如果需要精确控制声音的起点和终点，则可以在【开始时间】和【结束时间】文本框中输入表示声音起点和终点的时间。

完成设置后单击【确定】按钮，即可根据当前设置的起点和终点对声音进行剪裁。对幻灯片中视频的剪裁方法也是类似的，读者可以自己动手试验。

18.4.5 为音频或视频添加书签

PowerPoint 2010支持为幻灯片中插入的音频或视频设置书签，从而可以快速定位到音频或视频中某个特定位置。需要注意的一点是，可以向视频中添加多个书签，但只能在音频中添加一个书签。例如，要在视频中添加书签，具体操作如下。

Step 01 在幻灯片中插入所需的视频，然后单击【播放】按钮 ▶ 开始播放视频。

Step 02 当播放到关键点时，单击功能区中的【播放】→【书签】→【添加书签】按钮，将当前视频位置设置为一个书签，如图18-21所示的播放进度中的圆圈位置就是添加书签的位置。

Step 03 利用同样的方法可以为一个视频设置多个书签。设置完成后，在以后可以通过书签来定位视频中的播放位置。先单击幻灯片中的视频，然后单击播放进度中的圆圈（如图18-22所示），即可快速定位到指定位置，然后再单击播放按钮 ▶ 即可从书签位置开始播放视频。

图18-21

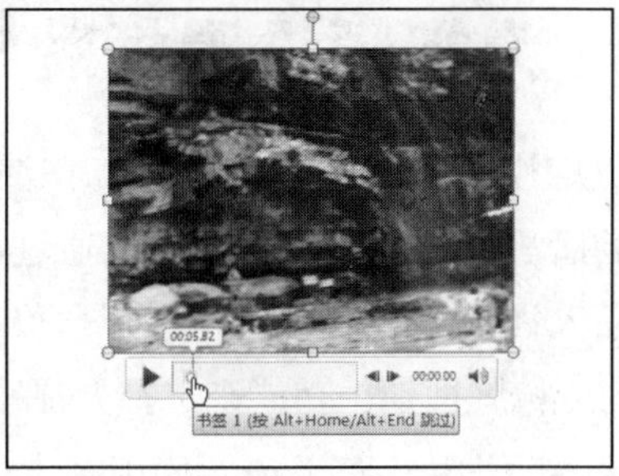

图18-22

技巧 可以使用Alt+Home组合键向视频的开头方向跳过书签，使用Alt+End组合键向视频的结尾方向跳过书签。

单击视频进度条中的书签，然后按Delete键，即可将当前选中的书签删除。也可以使用功能区中的【播放】→【书签】→【删除书签】按钮来删除当前选择的书签。

18.4.6 在播放声音时不显示声音图标

如果在幻灯片中添加了声音，那么在默认情况下，当播放包含声音的幻灯片时，将会在幻灯片中看到声音图标，这通常显得很不美观。尤其对于希望声音自动播放的情况，通常不需要显示出声音图标。单击幻灯片中的声音图标，激活功能区中的【播放】选项卡，勾选【音频选项】组中的【放映时隐藏】复选框，如图18-23所示，这样在播放声音时就不会显示声音图标了。

图18-23

18.4.7 让声音在放映演示文稿时始终播放

默认情况下，当正在播放幻灯片中的声音时，如果此时切换到下一张幻灯片，那么声音将立刻停止。但有时可能需要实现这样的效果：在开始放映演示文稿时，自动开始播放背景音乐，然后在演示文稿播放期间始终播放这个背景音乐，无论切换到哪张幻灯片，背景音乐都不会中断。为了达到这种效果，需要对声音进行设置，具体操作如下。

Step 01 单击幻灯片中的声音图标，激活功能区中的【播放】选项卡。

Step 02 在如图18-24所示的【音频选项】组中进行以下两项设置。

- 将【开始】设置为【跨幻灯片播放】。
- 勾选【循环播放，直到停止】复选框。

图18-24

18.4.8 为视频设置标牌框架

当向幻灯片中插入一个视频后，在演示文稿编辑状态下，该视频将显示为一张缩略图片。在开始播放视频之前，观众可以通过该图片大致了解视频包含的内容。有时遇到的问题可能是，插入视频后的缩略图并不能很好地表现出视频中的内容，此时可以使用PowerPoint 2010提供的“标牌框架”功能来选择要显示的预览画面，具体操作如下。

Step 01 首先在幻灯片中插入所需的视频，可以看到默认的预览画面，如图18-25所示。

Step 02 单击插入的视频，显示出视频播放工具栏，单击其中的播放按钮 ▶，开始播放视频。

Step 03 在播放到要作为预览画面的位置，单击功能区中的【格式】→【调整】→【标牌框架】按钮，在弹出的菜单中选择【当前框架】命令，即可将当前播放画面创建为预览画面，如图18-26所示。

图18-25

图18-26

如果希望使预览画面恢复到最初插入视频时的状态，则可以单击功能区中的【格式】→【调整】→【标牌框架】按钮，在弹出的菜单中选择【重置】命令。

18.4.9 让视频全屏播放

如果希望在播放幻灯片中的视频时铺满整个屏幕，那么可以在演示文稿设计阶段单击幻灯片中的视频，激活功能区中的【播放】选项卡，勾选【视频选项】组中的【全屏播放】复选框即可，如图18-27所示。

图18-27

18.5 在幻灯片中插入外部动画

除了可以使用PowerPoint内置的功能为幻灯片切换或将其中的内容设置为动画效果外，如果有现成的动画，也可以将它们直接插入到幻灯片中，例如，Gif动画和Flash动画。

18.5.1 插入Gif动画

如果有现成的Gif动画文件，可以将其以图片的形式插入到幻灯片中，因为Gif文件中包括多个连续的图像，所以在浏览该类型图片时可以呈现出类似动画的效果。选择要插入Gif动画的幻灯片，然后单击功能区中的【插入】→【图像】→【图片】按钮，在打开的【插入图片】对话框中双击所需的Gif动画文件，即可将其插入到当前幻灯片中。

18.5.2 插入Flash动画

在幻灯片中插入Gif动画非常简单，但是要想插入Flash动画可能需要麻烦一点。插入Flash动画的具体操作如下。

Step 01 首先需要将【开发工具】选项卡添加到功能区中。右击功能区，从弹出的快捷菜单中选择【自定义功能区】命令，在打开的对话框的右侧列表框中勾选【开发工具】复选框，单击【确定】按钮，将【开发工具】选项卡添加到功能区中。

Step 02 单击功能区中的【开发工具】→【控件】→【其他控件】按钮，打开【其他控件】对话框，选择【Shockwave Flash Object】选项，如图18-28所示。

Step 03 单击【确定】按钮，光标变为+形状，拖动鼠标在当前幻灯片中绘制出一个Flash控件，如图18-29所示。

Step 04 右击控件，从弹出的快捷菜单中选择【属性】命令，打开【属性】对话框，单击【Movie】属性，然后在右侧输入要播放的Flash动画文件的路径，如图18-30所示。

图18-28

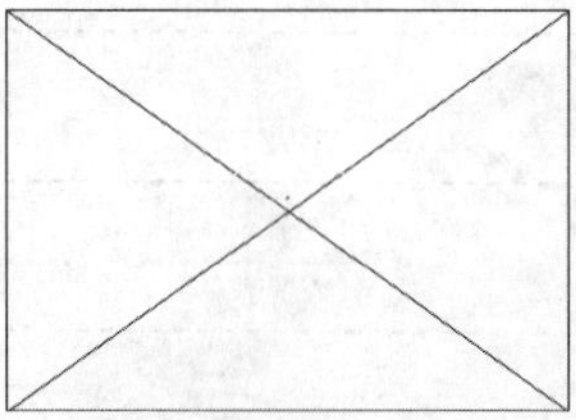

图18-29

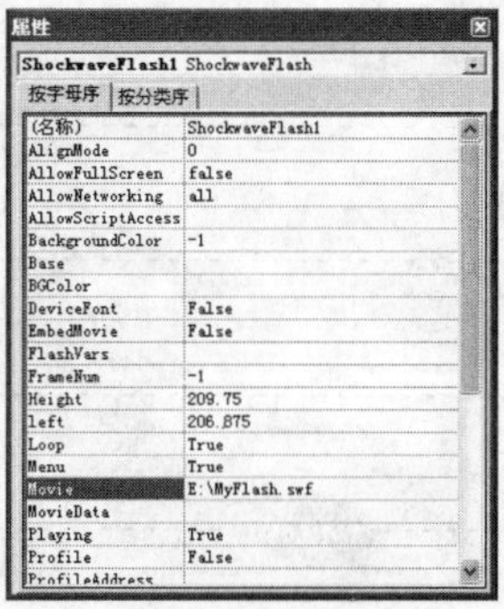

图18-30

Step 05 单击【属性】对话框右上角的关闭按钮将其关闭，此时Flash动画将自动开始播放。

读·书·笔·记

中文版 Office 2010 应用大全

Chapter 19

利用交互功能增强用户体验

为了使用户能够与演示文稿内容更好地进行交互，PowerPoint允许用户在设计演示文稿时为不同内容设置动作和超链接的功能，这样就实现了在单击不同内容时自动执行一系列的交互操作。

19.1 了解PowerPoint中的交互功能

PowerPoint中包含两类交互类型：超链接和动作。超链接就像网页中的链接效果一样，通过为文字或其他对象设置超链接，可以实现页面的跳转或打开网页甚至电子邮件程序。动作与超链接类似，除了可以实现幻灯片的跳转外，还可以执行某些特殊的操作，例如，运行某个应用程序，这个程序可以是Windows操作系统中的应用程序，也可以是编写的VBA代码。此外，还可以为动作的执行过程添加视觉或听觉效果，例如，可以设置单击图形执行动作时的“单击”音效。

PowerPoint中的绝大多数对象都可以添加交互功能，最常用的就是文字和图形。例如，可以为一些文字设置超链接功能，这样单击这些文字时可以跳转到演示文稿中的其他幻灯片上或是打开某个网页。也可以为图形设置动作，如果将图形外观设置为按钮样式，这样可以让用户感觉像在单击按钮一样，从而执行某些操作。

19.2 为对象设置超链接

PowerPoint中的超链接与Internet中的超链接效果是类似的，都是可以通过单击某个对象后跳转到另一个位置或打开一个新的对象。在PowerPoint中可以为很多对象设置超链接，例如，文字、图形、图片、图表等。

19.2.1 添加到演示文稿内部的超链接

超链接最常用的功能就是在某张幻灯片中输入一些文字，然后用户可以通过单击不同的文字自动跳转到指定的幻灯片中，这样做通常是为了便于在演示文稿放映中导航到不同的幻灯片。下面的示例演示了在演示文稿内部设置超链接的过程。第一张幻灯片包含三个城市的名称，而后三张幻灯片分别包含了三个城市的演示内容。通过单击第一张幻灯片中的城市名称，可以直接切换到指定城市的幻灯片中，具体操作如下。

Step 01 新建一个演示文稿，右击默认的幻灯片，在弹出的快捷菜单中选择【版式】→【标题和内容】命令，修改幻灯片的版式。

Step 02 分别在标题占位符和内容占位符中输入内容，如图19-1所示。再插入三张幻灯片，分别在三张幻灯片的标题占位符中输入“北京”、“天津”和“上海”。

Step 03 选择第一张幻灯片中的文字“北京”，然后右击选区，从弹出的快捷菜单中选择【超链接】命令，打开【插入超链接】对话框，在【链接到】列表框中选择【本文档中的位置】选项，然后在【请选择文档中的位置】列表框中选择【北京】，如图19-2所示。

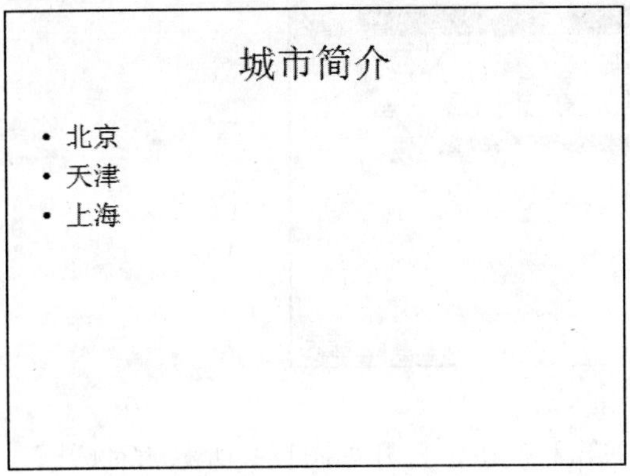

图19-1

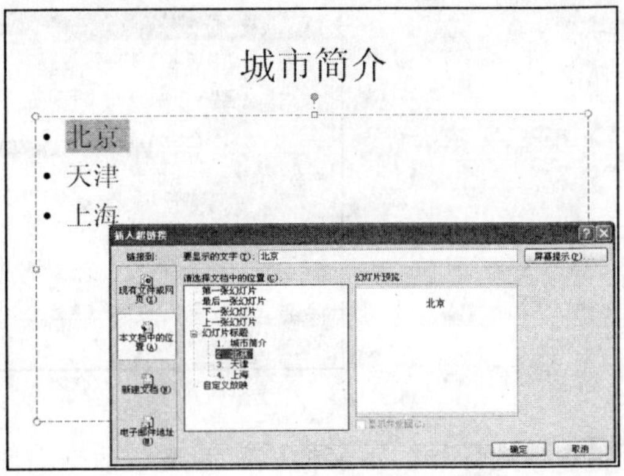

图19-2

Step 04 单击【确定】按钮，所选文字的下方会自动添加一条蓝色线条，同时文字颜色也会变为蓝色，如图19-3所示。

Step 05 按照同样的方法，将第一张幻灯片中的文字“天津”和“上海”，设置超连接到演示文稿的第三张和第四张幻灯片上，结果如图19-4所示。

Step 06 设置好后，按F5键进入演示文稿放映状态，将鼠标指向第一张幻灯片中的超链接文字“天津”，此时光标变为一个手的形状，如图19-5所示。单击该超链接即可直接切换到标题为“天津”的第三张幻灯片。

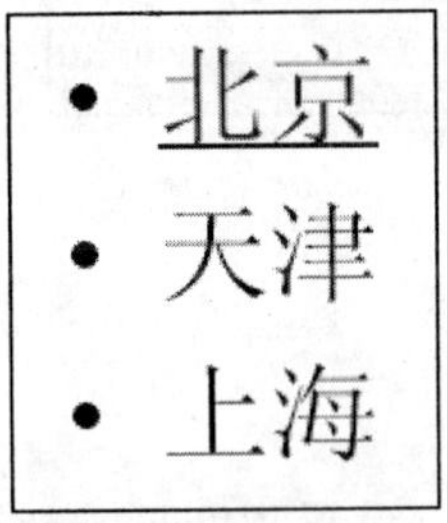

图19-3

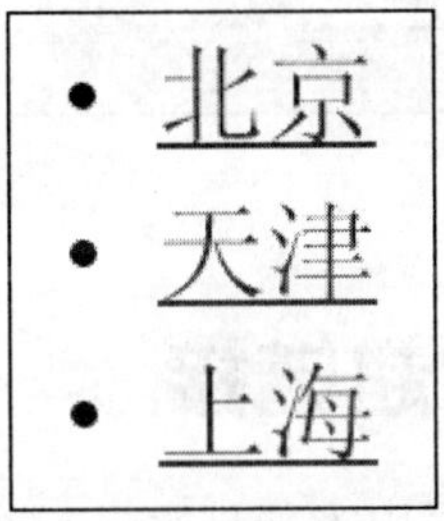

图19-4

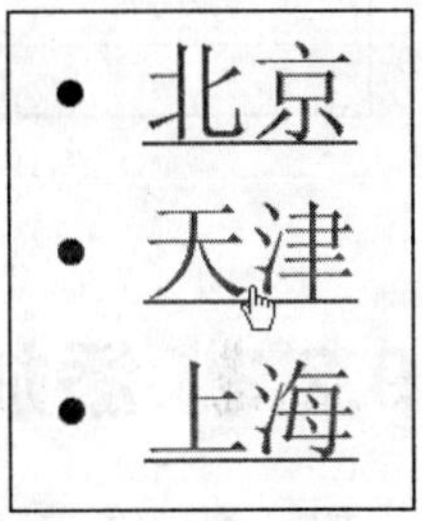

图19-5

19.2.2 添加到演示文稿外部的超链接

有时要链接到的目标幻灯片可能不在当前演示文稿，而位于其他演示文稿中，这样就需要将超链接设置到其他演示文稿的某张幻灯片中。设置方法与19.2.1节类似，只不过在【插入超链接】对话框中的设置有所区别。添加到演示文稿外部的超链接的具体操作如下。

Step 01 选择要进行超链接的文字并打开【插入超链接】对话框，在【链接到】列表框中选择【现有文件或网页】选项，然后在中间的列表框中选择包含目标幻灯片所在的演示文稿，可以在【查找范围】下拉列表中导航到不同的文件夹，如图19-6所示。

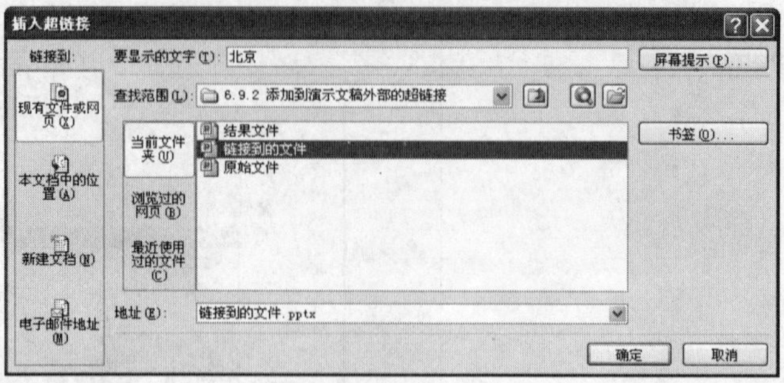

图19-6

Step 02 选择好演示文稿后，单击对话框右侧的【书签】按钮，打开如图19-7所示的对话框，从中选择要链接到的目标幻灯片。

Step 03 单击【确定】按钮，返回【插入超链接】对话框，在底部的【地址】文本框中看到类似“链接到的文件.pptx#2. 北京”的内容，如图19-8所示，其中，#符号左侧的文字表示链接到的幻灯片所在的演示文稿名称，而#右侧的文字则表示链接到的幻灯片。

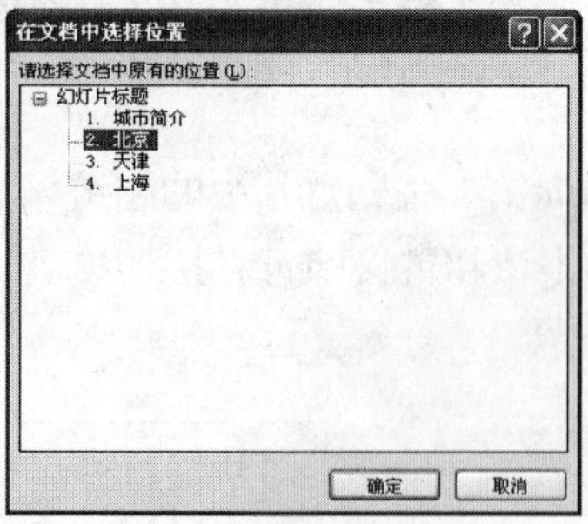

图19-7

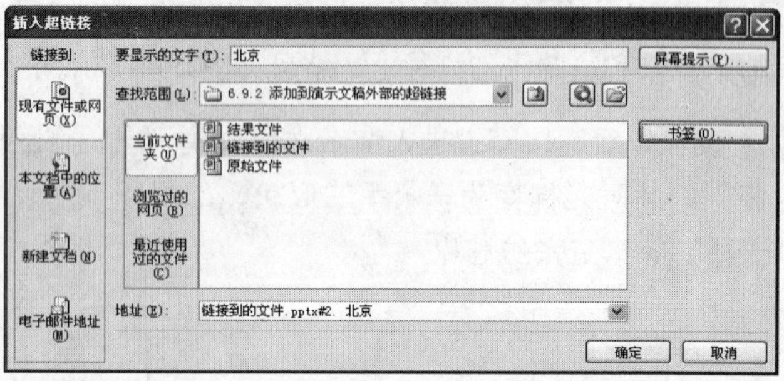

图19-8

19.2.3 添加到网页的超链接

如果希望在放映演示文稿的过程中方便地打开一个网页，那么可以设置到网页的超链接，这样当单击包含超链接的对象时，会自动在系统默认的浏览器中打开链接中包含的网址。选择好一个对象并打开【插入超链接】对话框，在【链接到】列表框中选择【现有文件或网页】选项，然后在对话框底部的【地址】文本框中输入网页的网址（例如，http://pfsx.5d6d.com），如图19-9所示。最后单击【确定】按钮完成设置。

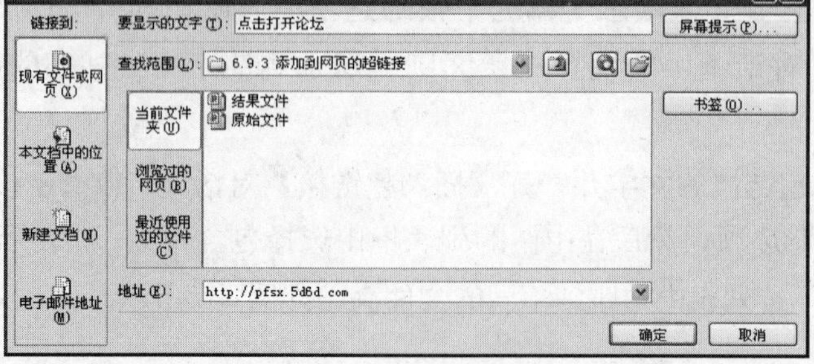

图19-9

19.2.4 添加到电子邮箱的超链接

如果希望在放映演示文稿时可以直接发送电子邮件，那么还可以将超链接设置为电子邮箱，这样只要单击包含超链接的对象，就会自动启动系统默认的电子邮件收发程序。如果要将对象超链接到电子邮箱，那么可以在【插入超链接】对话框的【链接到】列表框中选择【电子邮件地址】选项，然后在【电子邮件地址】文本框中输入电子邮件地址，系统会自动在输入的内容开头添加“mailto:”，如图19-10所示。这样才能确保单击链接对象时，可以正确启动电子邮件收发程序，最后单击【确定】按钮完成设置。

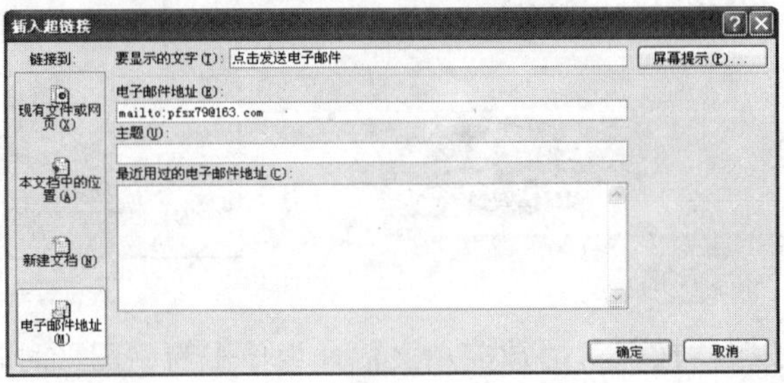

图19-10

19.2.5 修改与删除已添加的超链接

在为对象设置了超链接后，可以根据需要随时改变链接到的目标内容，右击设置了超链接的对象，在弹出的快捷菜单中选择【编辑超链接】命令，在打开的【编辑超链接】对话框中可以修改链接到的目标位置。如果想要去除对象上的超链接功能，只需右击对象，从弹出的快捷菜单中选择【取消超链接】命令即可。如果要同时去除一个占位符中多段文字的超链接，则可以使用鼠标拖动选择这些内容，然后右击选区，从弹出的快捷菜单中选择【取消超链接】命令。

19.3 为对象设置动作

除了超链接之外，还可以通过为对象设置动作使用户可以与演示文稿中的内容进行交互以完成很多操作，使演示文稿具有交互功能，让制作出的演示文稿更具专业性。利用动作功能，可以在单击鼠标、鼠标移过时执行指定的操作，还可以通过动作执行PowerPoint以外的某个应用程序，或者执行编写好的VBA代码。

19.3.1 设置单击鼠标时的动作

可以设置当使用鼠标单击某个对象时要执行的操作。例如，当用户单击幻灯片中的箭头图形时，将自动切换到下一张幻灯片，具体操作如下。

Step 01 在幻灯片左下角绘制一个箭头图形，如图19-11所示。

Step 02 单击该图形，然后单击功能区中的【插入】→【链接】→【动作】按钮，打开如图19-12所示的对话框。在【单击鼠标】选项卡中单击【超链接到】单选按钮，然后在下方的列表中选择【下一张幻灯片】选项。

图19-11

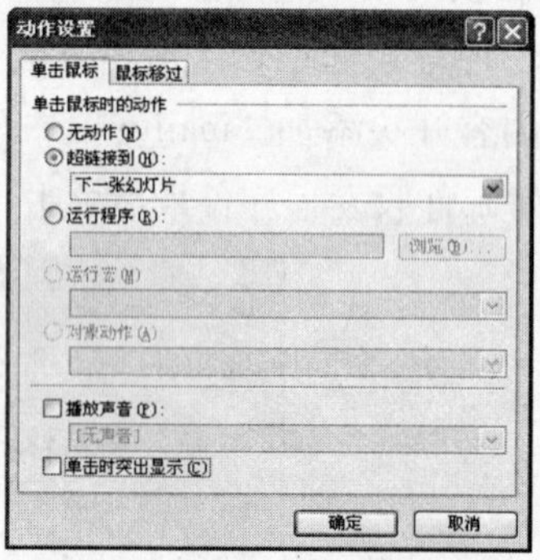

图19-12

Step 03 单击【确定】按钮，按F5键播放演示文稿，当单击箭头图形时，将会自动跳转到下一张幻灯片。

另外还有一种情况，就是在【动作设置】对话框中选择超链接到的幻灯片时，如果不是链接到演示文稿中的首尾幻灯片或上一张和下一张幻灯片，那么就需要选择【超链接到幻灯片】选项，此时会打开如图19-13所示的对话框，然后从中选择要链接到的幻灯片即可。

提示 还可以在【超链接到】下拉列表中选择单击鼠标时执行的其他操作，包括打开一个网址、打开其他演示文稿或打开其他文件等，如图19-14所示。

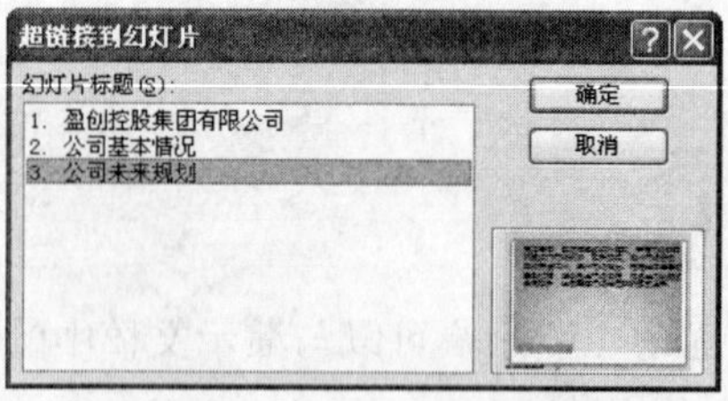

图19-13

图19-14

19.3.2 设置移动鼠标时的动作

本节介绍的鼠标移过动作的设置方法，与19.3.1节介绍的鼠标单击动作的设置方法基本相同。唯一区别就是在演示文稿播放时执行动作的方式不同：一个是单击对象才执行动作，而另一个则是只要将鼠标从对象上经过就执行相应的动作。设置时，只需在【动作设置】对话框中切换到【鼠标移过】选项卡，然后根据需要设置【超链接到】选项即可。

19.3.3 将动作设置为运行某个应用程序

如果希望在放映演示文稿时，通过单击某些对象来运行电脑中的应用程序，那么可以为这些对象添加动作。例如，希望在单击文本框时自动启动记事本程序，具体操作如下。

Step 01 在幻灯片中绘制一个矩形，右击矩形，从弹出的快捷菜单中选择【编辑文字】命令，然后在其中输入适当的文字，例如，“单击启动记事本”。

Step 02 单击矩形，然后单击功能区中的【插入】→【链接】→【动作】按钮，打开【动作设置】对话框。

Step 03 单击【运行程序】单选按钮，然后单击右侧的【浏览】按钮，打开【选择一个要运行的程序】对话框，选择系统分区中WINDOWS文件夹中的notepad文件，如图19-15所示。

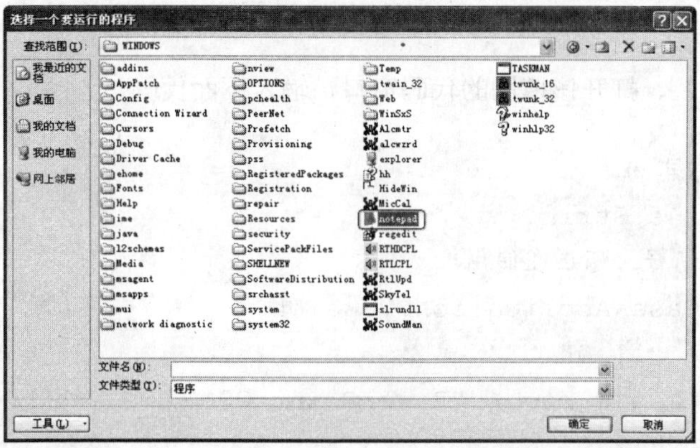

图19-15

Step 04 单击【确定】按钮，返回【动作设置】对话框，可以看到自动在【运行程序】下方的文本框中填入了应用程序的路径和名称，如图19-16所示。

图19-16

Step 05 单击【确定】按钮，按F5键播放演示文稿，当单击文本框时，会自动启动记事本程序。

注 意

通常情况下，在执行上述操作时，会弹出一个对话框，提醒用户PowerPoint已禁止运行外部程序。如果确实需要运行外部程序，则可以单击【启用】按钮。

19.3.4 将动作设置为运行某个VBA程序

如果演示文稿中包含VBA代码，而又希望在放映演示文稿的过程中可以方便地通过幻灯片中的某些对象来运行这些VBA代码，那么也可以通过为对象设置动作来实现。例如，在下面这个示例中，通过单击【查看PPT版本】按钮，显示一个对话框，其中包含了当前使用的PowerPoint程序的版本信息，具体操作如下。

Step 01 新建一个演示文稿，将默认创建的幻灯片中的占位符全部删除。

Step 02 按Alt+F11组合键，打开VBA窗口，即Visual Basic编辑器。

Step 03 选择菜单栏中的【插入】→【模块】命令，添加一个模块。在VBA窗口左侧的资源管理器列表中可以看到新添加的模块，如图19-17所示。

图19-17

Step 04 双击【模块1】，打开该模块的代码窗口，输入下面代码。

```
Sub 显示PPT版本()
    Dim msg As String
    msg = "您好，您正在使用"
    Select Case Application.Version
        Case "11.0"
            msg = msg & "PowerPoint 2003"
        Case "12.0"
            msg = msg & "PowerPoint 2007"
        Case "14.0"
            msg = msg & "PowerPoint 2010"
    End Select
    MsgBox msg
End Sub
```

Step 05 从功能区的【插入】→【插图】→【形状】中选择【动作按钮：自定义】选项，然后在幻灯片中绘制一个自定义按钮。

Step 06 绘制好按钮后会自动弹出【动作设置】对话框，单击【运行宏】单选按钮，然后在下方的列表中选择前面创建的VBA过程名称，本例为“显示PPT版本”，如图19-18所示。

Step 07 单击【确定】按钮，然后按F5键播放演示文稿。当单击幻灯片中的按钮时，将会弹出如图19-19所示的对话框，以提醒用户当前正在使用的PowerPoint应用程序的版本。

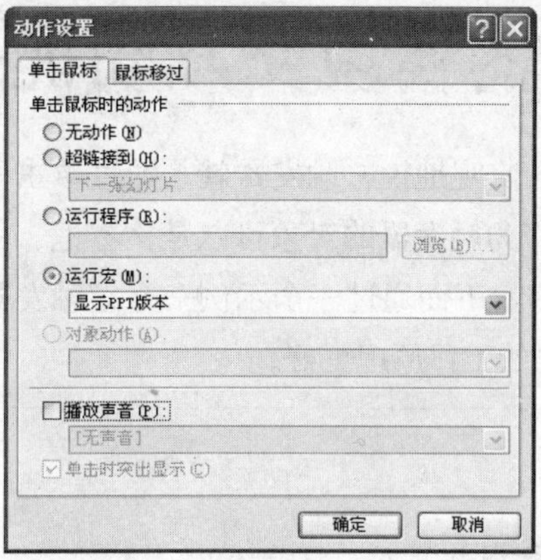

图19-18

图19-19

注 意

如果希望保存带有VBA代码的演示文稿，并使其在以后打开时仍能正常运行其中包含的代码，那么在保存时需要将文件类型选择为【启用宏的PowerPoint演示文稿】或【PowerPoint 97-2003演示文稿】格式。

19.3.5 设置动作的声音和视觉效果

在设置对象动作时，为了使单击或移过动作更加生动并具有提示性作用，可以为鼠标单击或移过动作设置音效或视觉效果。例如，可能希望在单击幻灯片中的某个对象时，可以听到鼠标单击的声音并看到对象被鼠标按下的效果。那么可以在打开的【动作设置】对话框中勾选【播放声音】和【单击时突出显示】复选框，如图19-20所示，然后在【播放声音】下拉列表中选择一种声音效果。单击【确定】按钮后，当在放映状态下单击该对象时，将会看到对象被按下的动画，且伴随着鼠标单击的声音。

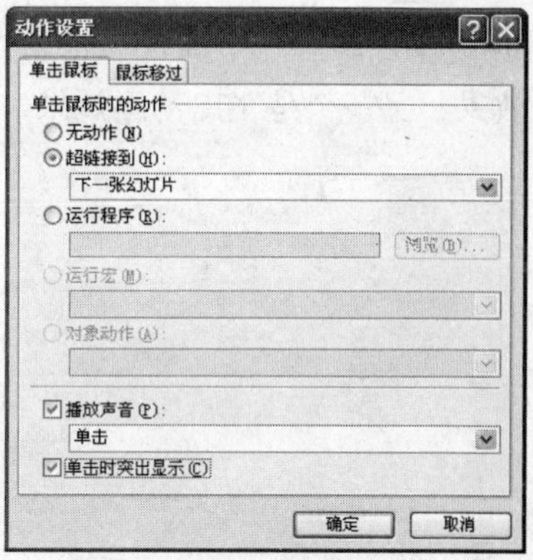

图19-20

19.3.6 使用动作按钮

单击功能区中的【插入】→【插图】→【形状】按钮，在打开的形状列表的底部有一个叫做“动作按钮”的分类，选择该类别下的任意一种形状并在幻灯片中进行绘制，绘制完成后会自动弹出【动作设置】对话框。其中的某些按钮已经做了一些基本设置，例如，如果选择【动作按钮】类别中名为【动作按钮：第一张】的图标 并在幻灯片中绘制该按钮，那么会自动弹出【动作设置】对话框，并在【超链接到】中自动设置了【第一张幻灯片】。如果希望完全由自己定制动作按钮的功能，那么可以在形状列表中选择名为【动作按钮：自定义】的动作按钮 □ 。绘制这个按钮可以得到一个类似于空白图形的对象，然后可以根据需要在其上添加文字并设置各种格式，再设置交互功能。

19.4 使用动画触发器实现交互功能

动画触发器是用于触发一种动作的对象。直观地说，触发器就是通过单击一个指定的对象，来播放指定的动画、声音或电影。作为触发器的对象可以是文本框、占位符、图片、图形、SmartArt图形等不同类型的内容。下面通过一个示例来介绍触发器的功能与用法，这样可能比用大量文字来解释触发器的工作原理更好。

11 Chapter
12 Chapter
13 Chapter
14 Chapter
15 Chapter
16 Chapter
17 Chapter
18 Chapter
19 Chapter
20 Chapter

下面这个示例可以实现以下功能。

- 当单击幻灯片中的【开始】按钮时，一张图片飞入幻灯片。
- 当再次单击【开始】按钮时，图片将从幻灯片中飞出。

制作本示例的具体操作如下。

Step 01 新建一个演示文稿，删除默认创建的幻灯片中的占位符。

Step 02 在幻灯片中插入一个矩形，右击该矩形，从弹出的快捷菜单中选择【编辑文字】命令，然后在矩形中输入文字“开始”。

Step 03 单击矩形边框选中该矩形，然后将字体设置为【华文楷体】，字号设置为适当大小。再为矩形设置一个带有立体效果的形状样式，如图19-21所示。

Step 04 在幻灯片中插入一张图片，然后单击该图片并为图片添加两个动画，一个是飞入动画效果，另一个是飞出动画效果，如图19-22所示。

图19-21

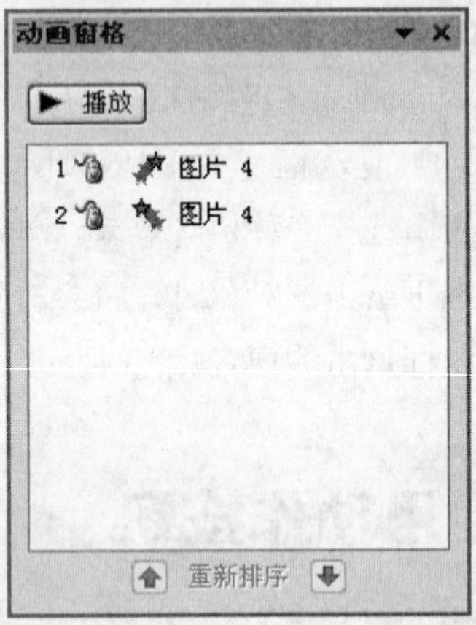

图19-22

Step 05 同时选中步骤4中添加的两个动画，然后右击其中一个，从弹出的快捷菜单中选择【计时】命令，打开【效果选项】对话框的【计时】选项卡，单击【触发器】按钮并单击【单击下列对象时启动效果】单选按钮，然后在右侧的下拉列表中选择前面绘制的矩形（这里为“矩形3：开始”），如图19-23所示。

Step 06 单击【确定】按钮，关闭【效果选项】对话框，可以看到在动画窗格的动画列表中新增了一个触发器，如图19-24所示。触发器下方包含的动画就是要触发的内容。

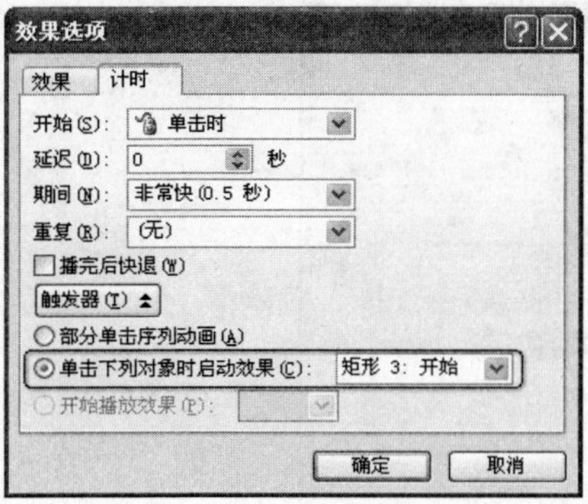

图19-23

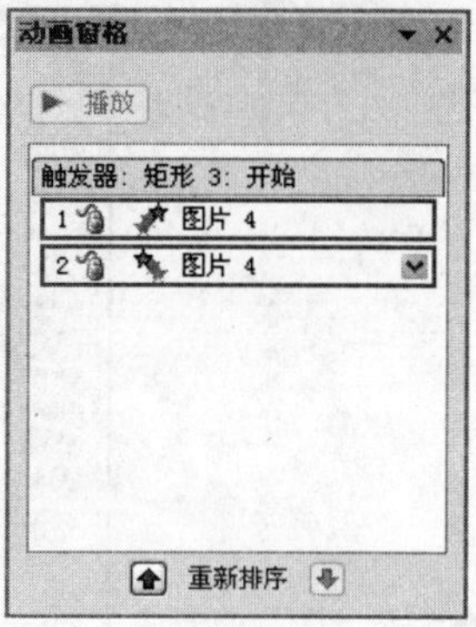

图19-24

Step 07 设置好触发器后，按F5键播放演示文稿。单击幻灯片中的【开始】按钮，将有一张图片飞入幻灯片，再次单击【开始】按钮，图片将飞出幻灯片。

19.5 制作弹出式菜单

利用PowerPoint的内置功能，可以制作出类似弹出式菜单的效果。弹出式菜单效果是指用户在幻灯片中通过单击某个自行制作的按钮后弹出菜单的效果，选择菜单中的命令可以执行下一个操作。制作弹出式菜单可以分为以下四个步骤：设计菜单栏、设计菜单页、设计弹出式效果、让菜单命令有效。

19.5.1 设计菜单栏

制作弹出式菜单的第一步就是先设计菜单栏，就像早期PowerPoint版本中的菜单栏一样，上面列出了每个菜单的名称，通过单击不同的名称可以弹出包含不同命令的菜单。在此要制作的菜单栏是实现弹出式菜单的基础。为了便于演示，本例中的菜单栏只包含两个名称：【第一组】和【第二组】。由于演示文稿的菜单栏通常要出现在每一张幻灯片中，因此需要在母版中制作菜单栏，具体操作如下。

Step 01 进入幻灯片母版视图，选择左侧列表中的第一张幻灯片，即母版幻灯片，然后删除幻灯片底部的三个占位符。

Step 02 单击功能区中的【插入】→【文本】→【文本框】按钮，在幻灯片中绘制一个文本框，并在其中输入文字“第一组”。

Step 03 右击文本框，从弹出的快捷菜单中选择【设置形状格式】命令，打开如图19-25所示的【设置形状格式】对话框，选择【文本框】选项卡，然后单击【根据文字调整形状大小】单选按钮，并取消勾选【形状中的文字自动换行】复选框，再将【内部边距】中的四个选项都设置为【0厘米】。

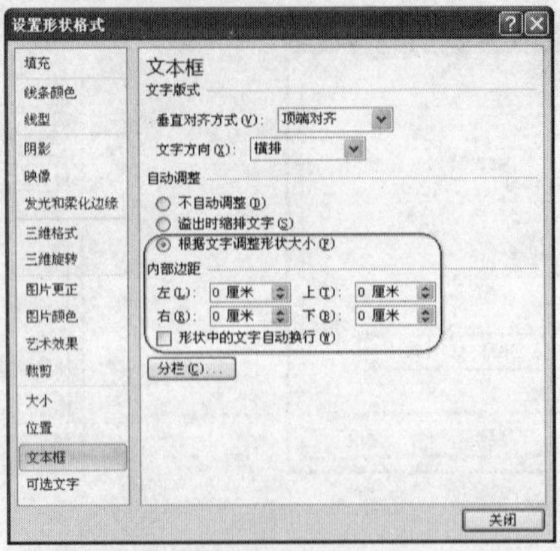

图19-25

Step 04 单击【关闭】按钮，此时将看到文本框的大小随文字自动进行了缩放，接下来对文本框的外观进行设置，使它看上去像一个按钮，如图19-26所示。

Step 05 完成第一个按钮制作后，在水平位置上复制出一个外观大小完全相同的按钮，然后将复制出的按钮上的文字改为“第二组”，如图19-27所示。

图19-26

图19-27

Step 06 将两个按钮移动到幻灯片的左下角，然后单击功能区中的【幻灯片母版】→【关闭】→【关闭母版视图】按钮，退出幻灯片母版视图。

19.5.2 设计菜单页

菜单页就是指单击菜单栏中的按钮所弹出的菜单，其中包含了所需的命令，接下来需要制作与菜单栏按钮数量对应的几张幻灯片，在这几张幻灯片中包含的内容就是单击菜单栏按钮所要弹出的菜单中的命令，具体操作如下。

Step 01 新建一张幻灯片，将其中的占位符全部删除，然后单击功能区中的【视图】→【母版视图】→【幻灯片母版】按钮，进入幻灯片母版视图。

Step 02 切换到母版视图中的第一张幻灯片，单击幻灯片底部第一个按钮的边框，然后按Ctrl+C组合键复制该按钮。

Step 03 退出母版视图，切换到第二张幻灯片，然后按Ctrl+V组合键将复制的按钮粘贴到幻灯片中，并且其位置与母版中第一个按钮的位置重叠。按住Shift键向上拖动新复制的按钮，使其下边缘与导航栏第一个按钮的上边缘对齐，然后设置该图形的外观，将文本框中的文字改为“第一张”，如图19-28所示。

Step 04 单击第二张幻灯片中的文本框，然后按住Shift+Ctrl组合键向上拖动鼠标，再复制出一个文本框，将其中的文字修改为“第二张”。调整这两个文本框的上下位置，使它们紧紧相邻，如图19-29所示。

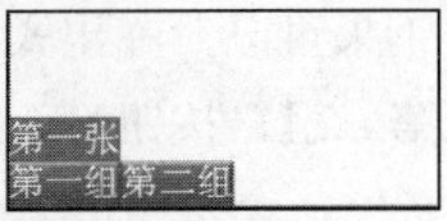

图19-28

图19-29

Step 05 按住Shift键后分别单击第二张幻灯片中的两个文本框，将它们同时选中。然后按住Shift+Ctrl组合键向右拖动文本框，在同一水平位置复制出两个完全相同的文本框。将复制后文本框的位置调整到与导航栏中的第二个按钮垂直居中对齐，如图19-30所示。

Step 06 复制第二张幻灯片，这样将得到与第二张幻灯片中内容完全相同的第三张幻灯片。将第二张幻灯片中右侧的两个文本框删除，然后再将第三张幻灯片中左侧的两个文本框删除。如图19-31所示为完成后的第三张幻灯片。

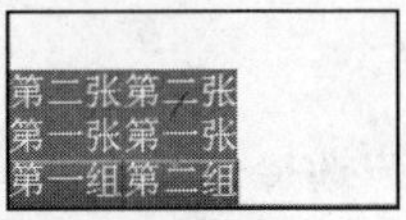

图19-30

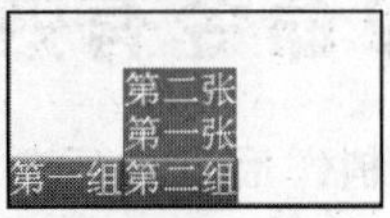

图19-31

19.5.3 设计弹出式效果

在完成导航栏和菜单页的制作后，接下来就可以实现在单击导航栏中的按钮时自动弹出菜单的效果了，具体操作如下。

Step 01 进入幻灯片母版视图，选择左侧列表中的第一张幻灯片。单击幻灯片底部的第一个按钮，然后单击功能区中的【插入】→【链接】→【动作】按钮，打开【动作设置】对话框，在【单击鼠标】选项卡中进行以下几项设置。

- 单击【超链接到】单选按钮，然后在其下拉列表中选择【幻灯片】选项，在打开的对话框中选择【2.幻灯片2】，如图19-32所示。
- 勾选【播放声音】复选框，然后在其下拉列表中选择【单击】选项。
- 勾选【单击时突出显示】复选框，如图19-33所示。

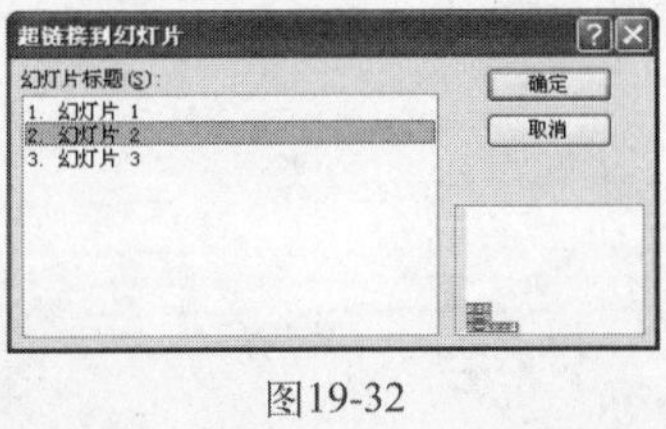

图19-32

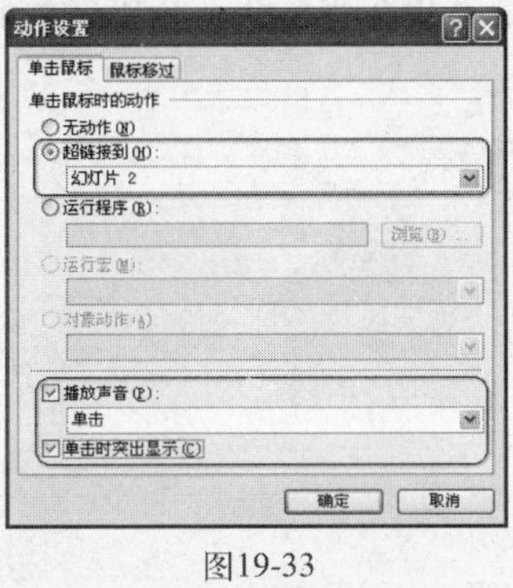

图19-33

Step 02 切换到【鼠标移过】选项卡，勾选【鼠标移过时突出显示】复选框。对母版中第一张幻灯片的第二个按钮进行同样的设置，唯一的不同是在【单击鼠标】选项卡中设置【超链接到】时，从下拉列表中选择【幻灯片】选项，然后在打开的对话框中选择【3.幻灯片3】。

Step 03 完成所有设置后，退出幻灯片母版视图。接下来可以对弹出式菜单效果进行测试。按F5键进入幻灯片放映环境，当单击【第一组】或【第二组】按钮时，都将弹出不同的菜单，如图19-34所示。

图19-34

19.5.4 让菜单命令有效

完成弹出式菜单的制作后，最后需要实现当用户选择弹出式菜单中的命令时自动跳转到对应的幻灯片中。首先需要创建与菜单命令总数对应的幻灯片，然后将菜单命令分别链接到这些幻灯片中。由于本例中一共包含两个弹出式菜单，每个菜单包含两个菜单命令，因此，需要新建四张版式为“空白”的幻灯片用于与这些菜单命令建立链接关系。选择演示文稿中的第二张幻灯片，单击包含“第一张”文字的文本框的边框，然后单击功能区中的【插入】→【链接】→【动作】按钮，打开【动作设置】对话框，进行以下几项设置。

- 在【单击鼠标】选项卡中单击【超链接到】单选按钮，然后在其下拉列表中选择【幻灯片】选项，在打开的对话框中选择【4.幻灯片4】。
- 在【单击鼠标】选项卡中勾选【播放声音】复选框，然后在其下拉列表中选择【单击】选项。
- 在【单击鼠标】选项卡中勾选【单击时突出显示】复选框。
- 在【鼠标移过】选项卡中勾选【鼠标移过时突出显示】复选框。

完成后单击【确定】按钮，然后将其他三个菜单命令的动作按照此方法进行相似的设置，唯一区别就是将各菜单命令分别链接到其他三张幻灯片中。

中文版 Office 2010 应用大全

Chapter 20

设计母版与版式

母版与版式在PowerPoint演示文稿的设计与制作中具有举足轻重的地位和作用。为了批量制作布局、结构完全一致的幻灯片，母版和版式的设计和应用是不可缺少的。母版和版式的重要性就相当于Word排版中的样式和模板（PowerPoint中也有模板）。在PowerPoint中使用母版与版式可以批量制作出格式统一的演示文稿。因而在此专门安排一章来详细介绍母版与版式的相关内容。

20.1 了解母版和版式

对于 PowerPoint 演示文稿的制作来说，母版的作用非常大。“母版”这个词听起来感觉很深奥，但其实在开始使用 PowerPoint 时就已经接触到母版了，然而版式是用户一直都在使用的对象，即新建一个演示文稿时默认包含的一张幻灯片；用户自己手工添加的一张幻灯片。不同类型的幻灯片都是不同版式的延续，换句话说，版式决定了幻灯片中默认可添加的内容、格式及位置等元素。

20.1.1 了解版式

当启动PowerPoint应用程序后，会自动创建一个演示文稿，其中会自动包含一张幻灯片。在这张默认的幻灯片中，包含了两个标题占位符，上方的占位符为主标题占位符，下方的占位符为副标题占位符，可以在这两个标题占位符中输入文字，输入的文字会被自动设置为默认的格式，用户也可以在后期修改或重新设置文字格式，如图20-1所示。

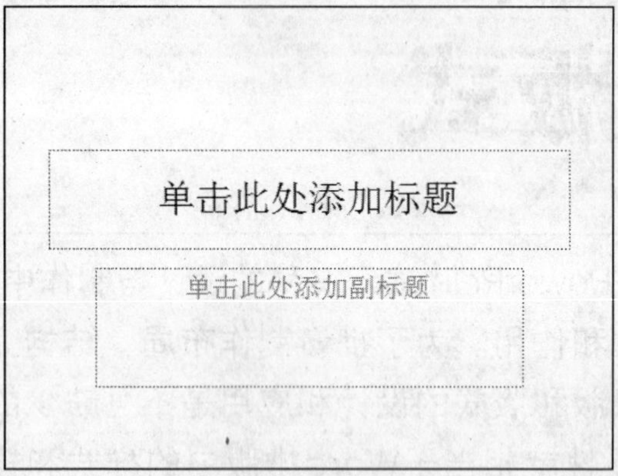

图20-1

在演示文稿窗口左侧的幻灯片列表中右击默认创建的幻灯片，在弹出的快捷菜单中选择【版式】命令，打开如图20-2所示的列表，其中所选部分为当前幻灯片的版式。该图中的选中部分是名为“标题幻灯片”的版式，由前面可知，使用“标题幻灯片”版式创建的幻灯片只包含两个标题占位符。

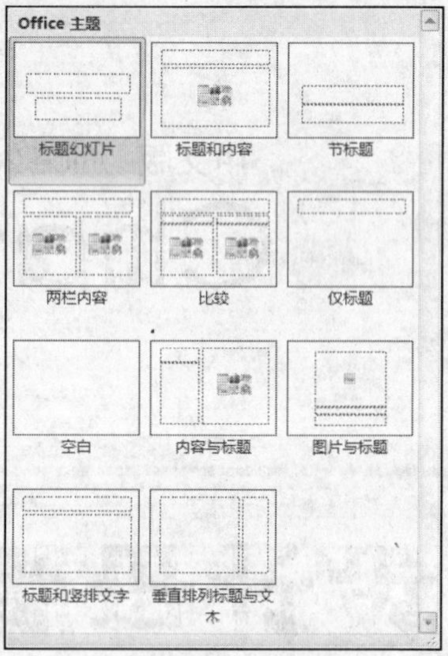

图20-2

可以从图20-2的列表中选择不同的幻灯片版式来创建幻灯片，如果选择列表中的不同版式，可以发现创建出的幻灯片中具有的元素各不相同。例如，对于“标题幻灯片”版式来说，由两个标题占位符组成；如果选择名称为“标题和内容”的版式，则由一个标题占位符和一个内容占位符组成，内容占位符是一种可向其中添加多种类型内容的占位符。一般在内容占位符中都会提供六个按钮，可用于插入图片、表格、图表、SmartArt图示以及多媒体等不同类型的内容。总之，版式就是一张幻灯片中的元素种类、位置和格式的组合。

20.1.2 了解母版

将多个版式组织到一起的一个整体就是母版，一个演示文稿中可以有多个母版，而每个母版中又可以包含多个不同的版式。简单来说，母版就是对不同用途的版式进行了分组归类，便于根据不同用途快速找到某个版式并创建该版式的幻灯片。如图20-3所示为演示文稿中包含了两个母版的情况，图中用黑框圈出的文字分别为两个母版的名称。可以看到，两个不同母版中包含了各自的版式，但在操作方法上与单独的一个母版没什么区别，用户可以选择任意一个母版中的版式。

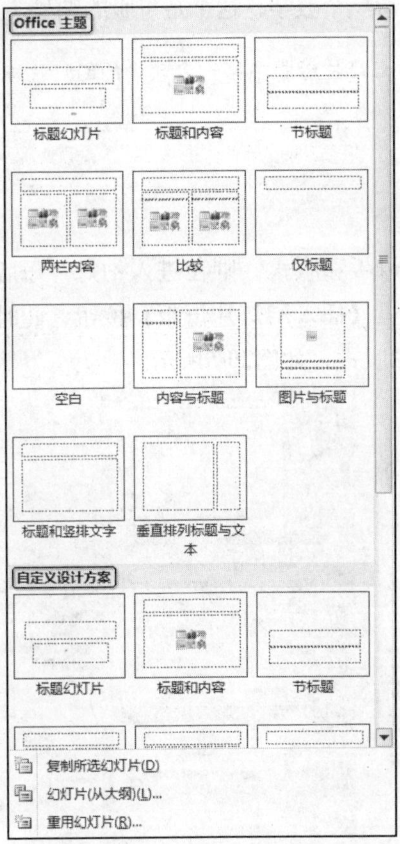

图20-3

注 意

当在一个演示文稿中同时存在两个或两个以上的母版时，在选择其中一个母版中的版式创建幻灯片时，另一个母版可能会被自动删除。关于此问题的解决方法可参考本章20.2.4节中的内容。

20.1.3 母版和版式的关系

通过前面对版式和母版的介绍，相信用户已经了解了母版与版式之间的关系，就像演示文稿与幻灯片一样，每个演示文稿中可以包含数量不等的多张幻灯片，而每个母版中也可以包含多个不同的版式。在一个演示文稿中可以包含多个母版，而且可以在任何时候对母版和版式进行修改、添加或删除，还可以决定是否保留母版，这些内容都将在本章后面的内容中进行详细介绍。

20.1.4 进入母版视图

要设计母版中版式的布局和结构，那么就必须先进入母版视图。平时在制作演示文稿时，大多数都是在普通视图下操作的。在PowerPoint窗口状态栏右侧的视图切换按钮中，包含了四个用于切换视图的按钮，从左到右依次是【普通视图】、【幻灯片浏览】、【阅读视图】和【幻灯片放映】，其中并没有用于切换到母版视图的按钮。如果要切换到母版视图，则需要单击功能区中的【视图】→【母版视图】→【幻灯片母版】按钮。

技巧

在按住Shift键的同时单击PowerPoint窗口底部状态栏中的【普通视图】按钮，也可进入幻灯片母版视图。

20.2 母版与版式的基本操作

在设计与制作母版和版式的过程中，有一些基本操作是需要掌握的，它们通常是在设计母版和版式时的必备操作，掌握这些操作可以在设计与制作母版和版式的过程中更加得心应手。

20.2.1 添加母版和版式

在默认情况下，PowerPoint 2010内置了一个母版，其中包含了11种版式。当新建演示文稿或新建幻灯片时，都是使用的这个默认母版中的版式。如果希望在不改变默认母版和版式的情况下使用更多的母版和版式，那么就需要创建新的母版和版式。

单击功能区中的【视图】→【母版视图】→【幻灯片母版】按钮，切换到母版视图，窗口右侧列出了很多幻灯片，如图20-4所示。最上面一张幻灯片比其他的要大一些，这张幻灯片就是母版，而其他幻灯片则是版式。在母版幻灯片左上角有一个数字，这个是母版的编号。

提示 在本章中，将一整套版式称为幻灯片母版，而将幻灯片母版中第一个较大的幻灯片称为母版幻灯片。

1. 新建母版

如果希望保留当前母版和版式，而希望使用其他母版和版式，则在进入幻灯片母版视图后，单击功能区中的【幻灯片母版】→【编辑母版】→【插入幻灯片母版】按钮，此时自动在当前母版中最后一个版式的下方添加一套新的母版和版式，如图20-5所示。

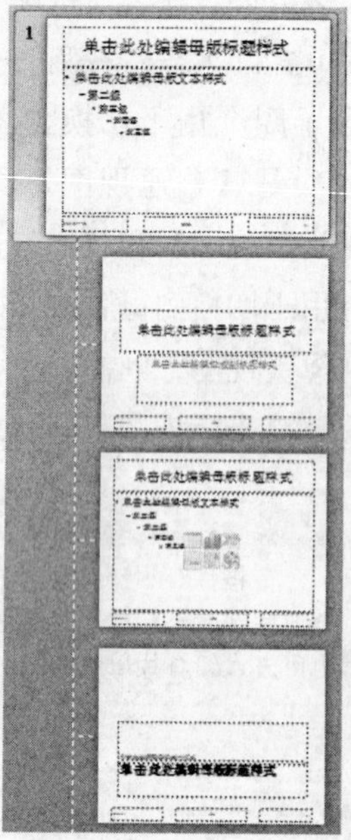

图20-4

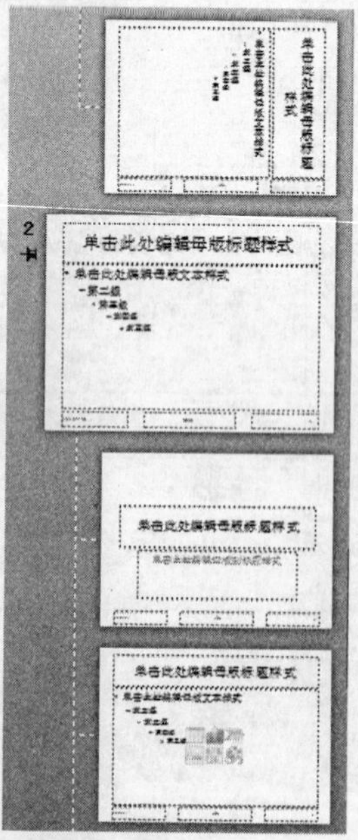

图20-5

如果在新建母版之前演示文稿中仅有一套母版和版式，那么新增的母版幻灯片左上角的数字为2，即新增的母版的编号为2。当继续添加母版时，该编号会自动递增。

2. 新建版式

在默认母版或新建母版中，都包含了一定数量的版式，这些是由PowerPoint自动设置的。当然，用户也可以任意在某个母版中添加新的版式。切换到幻灯片母版视图，单击功能区中的【幻灯片母版】→【编辑母版】→【插入版式】按钮，将在当前所选版式的下方插入一个新的版式，如图20-6所示。

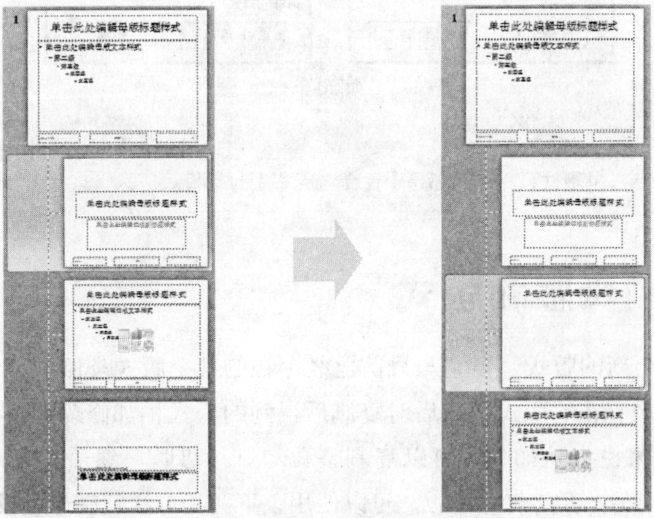

图20-6

提示　如果在单击【插入版式】按钮之前选择的是母版幻灯片，即那个较大的幻灯片，那么插入的新版式将位于当前这套母版中最后一个版式的下方。

除了使用功能区命令新建母版和版式外，还可以通过单击鼠标右键，然后在弹出的菜单中选择【插入幻灯片母版】或【插入版式】命令新建母版和版式。

20.2.2 重命名母版和版式

当通过单击功能区中的【开始】→【幻灯片】→【新建幻灯片】按钮新建一张幻灯片时，可以从打开的幻灯片列表中根据缩略图或名称选择要创建的幻灯片。列表中的幻灯片其实就是版式，每一个缩略图显示了版式中包含的元素及其在幻灯片中的位置，缩略图下方的文字为该版式的名称，如图20-7所示。

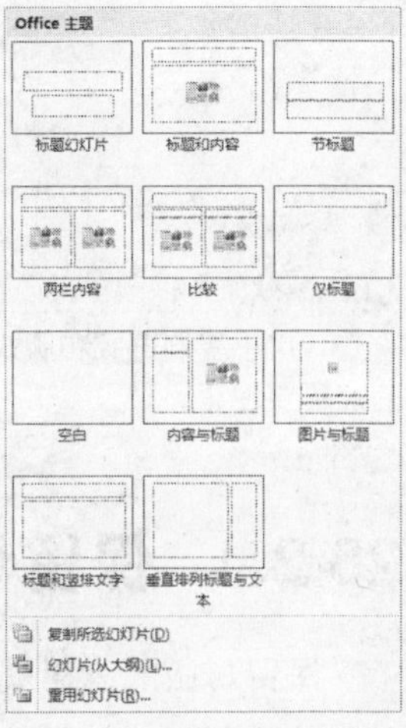

图20-7

当向幻灯片母版中添加新的版式时，默认以“自定义版式”命名，而添加一整套母版时，默认以“自定义设计方案 幻灯片母版”命名。这种命名通常不具有很强的描述性，为了便于日后使用自己创建的母版和模板，应该对它们进行重命名。

可以使用以下两种方法复制母版或版式。

- 右击要重命名的母版或版式，然后在弹出的快捷菜单中选择【重命名母版】或【重命名版式】命令，打开如图20-8所示的【重命名版式】对话框，输入新名称后单击【重命名】按钮即可。
- 选择要重命名的母版或版式，然后在功能区中单击【幻灯片母版】→【编辑母版】→【重命名】按钮，然后在打开的对话框中输入新名称，再单击【重命名】按钮。

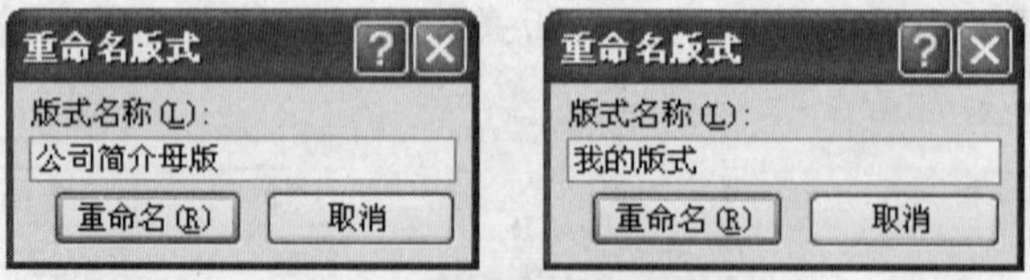

图20-8

注意

无论是重命名母版还是版式，打开的都是【重命名版式】对话框。

20.2.3 复制母版和版式

如果要创建一个新的版式，但它与目前已经存在的某个版式类似，只有很少的区别，那么可以复制之前已经存在的版式，然后对复制后得到的版式稍加修改即可，这样可以加快制作速度。对于母版来说也是如此，可以复制整套幻灯片母版，然后对复制后的母版进行修改，以便快速制作出另一套幻灯片母版。可以使用以下两种方法复制母版或版式。

- 右击要复制的母版或版式，然后在弹出的快捷菜单中选择【复制幻灯片母版】或【复制版式】命令。
- 选择要复制的母版或版式，然后在功能区中单击【开始】→【剪贴板】→【复制】按钮右侧的下拉按钮，在弹出的菜单中选择如图20-9所示的【复制】命令。

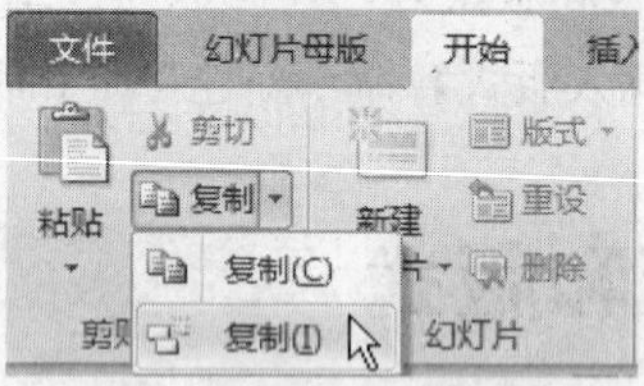

图20-9

注意

用于复制母版和版式的功能区命令并没有在【幻灯片母版】选项卡中，而是在【开始】选项卡中，这点需要注意。

20.2.4 保留母版

保留母版的意思就是将母版保留在演示文稿中而不会丢失。当在演示文稿中创建了多套幻灯片母版后，如果希望所有的幻灯片母版都被保留在演示文稿中，那么就需要使用保留母版功能。判断幻灯片母版是否被保留的明显标志是进入幻灯片母版视图后，查看母版幻灯片左侧是否包含一个 标记，这个标记表示当前幻灯片母版是被保留的。在每次创建新的幻灯片母版时都会包含该标记，如图20-10所示。然而，PowerPoint演示文稿中默认的幻灯片母版是不被保留的，因为在默认的幻灯片母版的第一张幻灯片中没有标志。

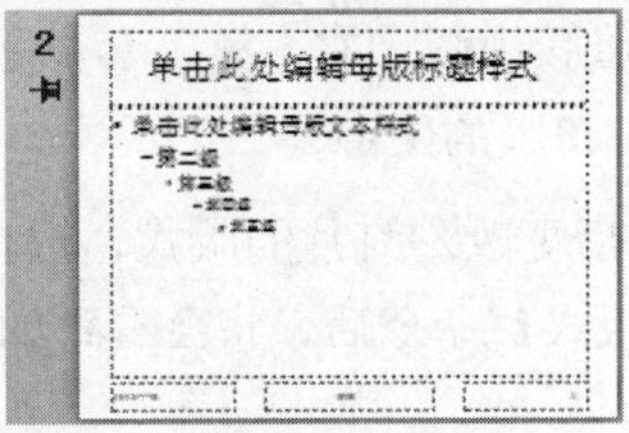

图20-10

下面通过实际演示来说明保留与不保留母版的区别，具体操作如下。

Step 01 新建一个演示文稿，然后进入幻灯片母版视图。

Step 02 在幻灯片窗格中只保留前三张幻灯片，将其余幻灯片删除，结果如图20-11所示。

Step 03 右击第一张幻灯片，在弹出的快捷菜单中选择【保留母版】命令，将该套母版保留。

Step 04 再新建一套母版，只保留新建的第二套母版中的前两张幻灯片，将第二套母版的其他幻灯片删除，结果如图20-12所示。

图20-11

图20-12

Step 05 右击第二套母版中的第一张幻灯片，在弹出的快捷菜单中选择【重命名母版】命令，将该套母版重命名为“我的自定义母版”。

Step 06 单击功能区中的【关闭母版视图】按钮，右击幻灯片窗格中的默认幻灯片，在弹出的快捷菜单中选择【版式】命令，在打开的列表中将可以看到【Office主题】和【我的自定义母版】两套母版，如图20-13所示。

Step 07 选择【我的自定义母版】母版中的【标题幻灯片】版式，然后再次右击幻灯片，从弹出的快捷菜单中选择【版式】命令，打开的列表如图20-14所示，可以发现当前幻灯片使用的是【我的自定义母版】母版中的版式。

Step 08 在保留母版的状态下，无论使用哪个母版中的版式，其他未使用的母版都会出现在版式列表中。下面再次进入幻灯片母版视图，右击第二套母版中的第一张幻灯片，在弹出的快捷菜单中选择【保留】命令，取消母版的保留。

Step 09 退出幻灯片母版视图，然后更改幻灯片的版式，选择【Office主题】母版中的一个版式。当再次右击幻灯片并选择【版式】命令后，将会看到如图20-15所示的结果，【我的自定义母版】母版消失了。

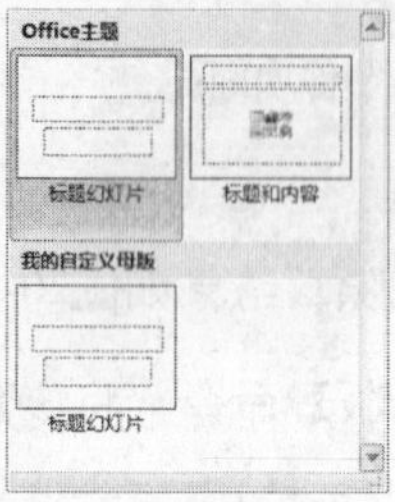

图20-13

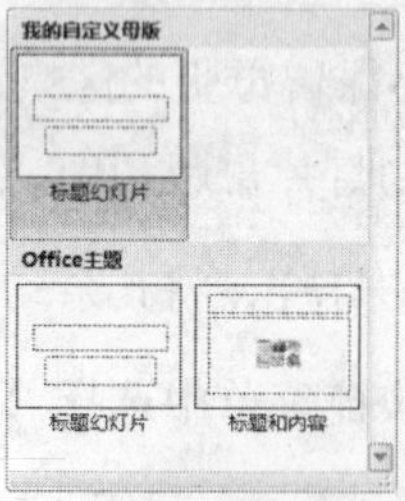

图20-14

图20-15

这是因为自定义名为“我的自定义母版”的母版没有设置为保留状态，而且该母版中的版式当前未被任何幻灯片使用。因此，该母版不会出现在版式列表中，而且该母版会自动从幻灯片母版视图中删除。

20.2.5 删除母版和版式

如果演示文稿中包含了多套幻灯片母版，或者幻灯片母版中包含了多种版式，但是其中有些幻灯片母版或版式是多余的，可能从未使用过，或者是在创建时操作有误。为了便于使用和管理，应该将多余的幻灯片母版或版式删除，以免造成不必要的麻烦。

删除幻灯片母版或版式的操作很简单，可以使用下面的方法。

- 右击要删除的母版或版式，然后在弹出的快捷菜单中选择【删除母版】或【删除版式】命令。
- 选择要删除的母版或版式，然后在功能区中单击【幻灯片母版】→【编辑母版】→【删除】按钮。

20.3 设计母版和版式

设计母版和版式并没有想象中的那么复杂，主要工作是设计想要固定出现在每张幻灯片中的内容或是某个版式中内容的布局情况。如果默认的幻灯片母版及其版式并不能满足目前的制作需要，那么就要考虑设计自定义的母版和版式了。通常可以在设计母版和版式时自定义以下几个方面的内容。

- 定制文字、图片等不同对象的位置和内容。
- 定制字体、段落等格式。
- 定制各类对象的动画效果。
- 定制幻灯片的背景。
- 定制颜色搭配方案。

20.3.1 设计母版幻灯片

母版幻灯片就是幻灯片母版中第一张较大的幻灯片，在这张幻灯片中添加的内容，会出现在演示文稿的所有幻灯片中。换句话说，如果希望让某些固定的内容自动显示在演示文稿的每一张幻灯片中，那么就需要设计母版幻灯片。这些固定的内容可以是文字、图形、图片等不同类型的对象。例如，如果希望在演示文稿的每一张幻灯片（无论是现有的幻灯片还是新建的幻灯片）的右下角都能显示公司的名称和徽标，具体操作如下。

Step 01 单击功能区中的【视图】→【母版视图】→【幻灯片母版】按钮，切换到幻灯片母版视图。

Step 02 选择母版中的第一张幻灯片（较大的那张），然后单击功能区中的【插入】→【文本】→【文本框】按钮。在幻灯片中绘制一个文本框，然后在其中输入文字“希望科技”，如图20-16所示。

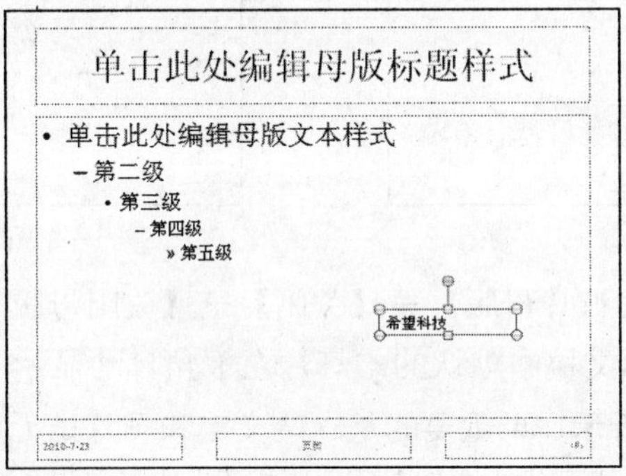

图20-16

注 意

由于后面要对文本框设置填充色，因此，需要让文本框的大小随其中的文字自动调整，这样在填充文本框的底色后才不会出现如图20-17所示的效果。

图20-17

Step 03 右击文本框，在弹出的快捷菜单中选择【设置形状格式】命令，打开【设置形状格式】对话框，选择【文本框】选项卡，然后在右侧取消勾选【形状中的文字自动换行】复选框，如图20-18所示。

Step 04 单击【关闭】按钮，文本框将根据其内部文字的多少而自动进行缩放，如图20-19所示。

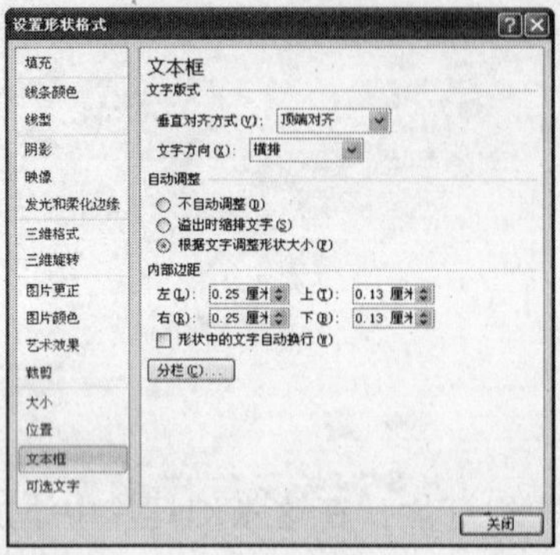

图20-18

图20-19

Step 05 根据需要在功能区【格式】→【形状样式】组的形状样式列表中为文本框设置填充色，然后将文本框拖动到幻灯片的左下角，如图20-20所示。

Step 06 确保仍然选中母版视图中的第一张幻灯片，然后单击功能区中的【插入】→【图像】→【图片】按钮，在打开的对话框中选择一幅图片。单击【插入】按钮将所选图片插入到幻灯片中，调整图片大小并将图片拖动到幻灯片左下角文字的右侧，如图20-21所示。

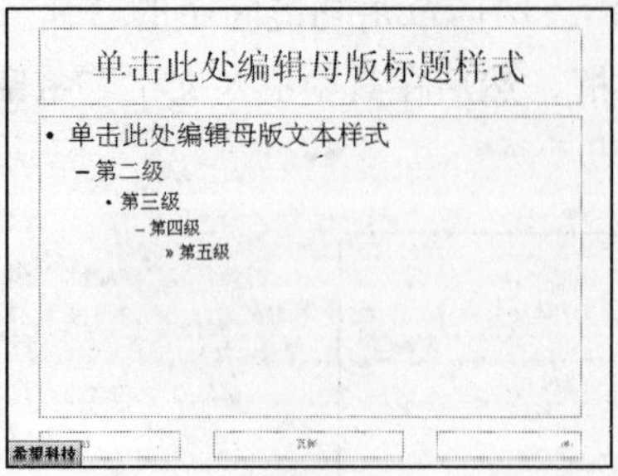

图20-20

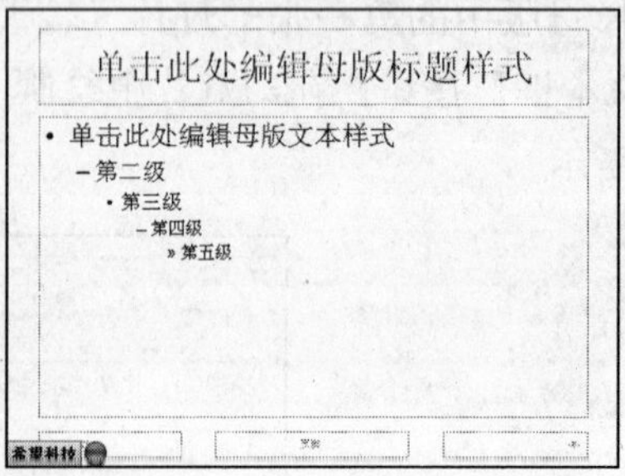

图20-21

Step 07 单击功能区中的【幻灯片母版】→【关闭】→【关闭母版视图】按钮，退出幻灯片母版视图，此时可以看到演示文稿中默认的幻灯片左下角自动显示了之前在母版幻灯片中添加的文字和图片，如图20-22所示。更重要的是这些文字和图片是无法选中和修改的，它们被保护得很好，不会被轻易修改。

Step 08 即使再新建任意张幻灯片，每张幻灯片的左下角都会包含这些相同的文字和图片，如图20-23所示。

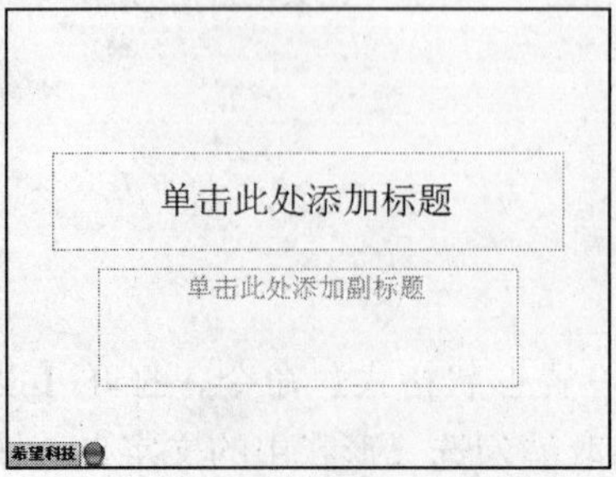

图20-22

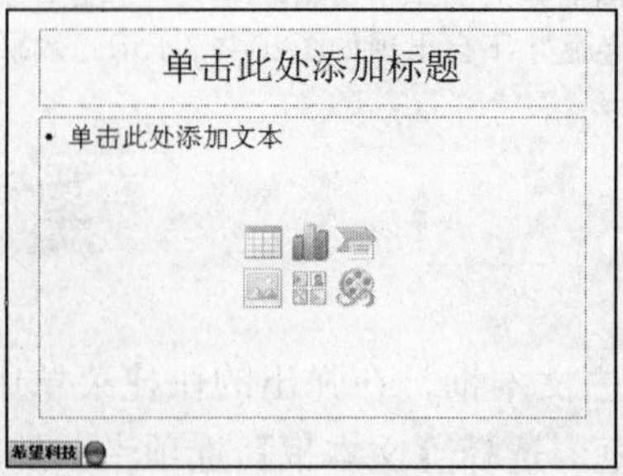

图20-23

通过这个示例，说明了如果想在一个演示文稿的每一张幻灯片中的某个固定位置显示完全相同的内容，那么就需要在幻灯片母版的第一张幻灯片中进行设计。

20.3.2 设计版式幻灯片

除了需要在演示文稿的每一张幻灯片中显示一些完全相同的内容外，可能还需要设计一些符合实际需要的具有特殊布局结构的版式幻灯片，这样在以这些版式来新建幻灯片时，即可得到具有个性化或专业性的幻灯片布局结构，从而制作出独具一格的演示文稿。

与设计母版幻灯片不同，在设计某个版式幻灯片时，其修改结果仅限于该版式所创建的幻灯片，而不会影响其他版式所创建的幻灯片。在设计版式幻灯片时，可以将版式幻灯片中本身默认的各种占位符删除，然后根据实际需要任意添加所需的不同类型的占位符，并调整这些占位符在幻灯片中的位置，然后设置占位符的格式，从而指定可以在由该版式创建的幻灯片中可添加的内容类型、位置以及自动具有的格式。

为了便于理解版式的设计与作用，这里仍然以一个示例进行说明。例如，可以设计一个版式，在其中可以插入三张图片，并且以特定的位置排列这三张图片。在未插入图片之前，默认会在占位符中显示提示文字“请插入图片”。要设计这样一个版式，具体操作如下。

Step 01 新建一个演示文稿，单击功能区中的【视图】→【母版视图】→【幻灯片母版】按钮，切换到幻灯片母版视图。

Step 02 选择第一张幻灯片，然后单击功能区中的【幻灯片母版】→【编辑母版】→【插入版式】按钮，在幻灯片母版的末尾新增一个版式。

Step 03 选择新增的版式，然后在右侧的幻灯片窗口中将默认的占位符全部删除。

Step 04 单击功能区中的【幻灯片母版】→【母版版式】→【插入占位符】按钮，在弹出的菜单中选择【图片】选项，如图20-24所示。

Step 05 在幻灯片中绘制一个图片占位符，拖动占位符边框上的控制点调整其大小，然后在占位符中输入文字“请插入图片”，如图20-25所示。

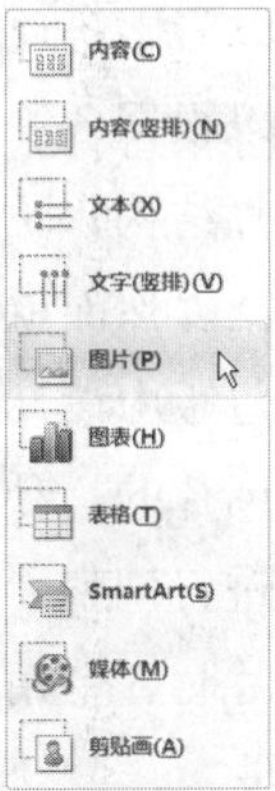

图20-24

图20-25

Step 06 按住Ctrl键并拖动幻灯片中的图片占位符，复制一个同样大小的图片占位符。采用同样的方法再复制出一个图片占位符，这样在幻灯片中一共包含了三个图片占位符，将它们的位置调整为如图20-26所示的效果。

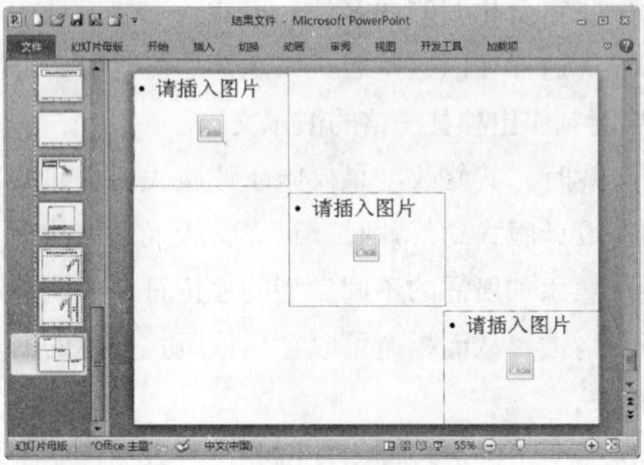

图20-26

Step 07 右击幻灯片窗口左侧幻灯片列表中的当前版式，在弹出的快捷菜单中选择【重命名版式】命令，打开如图20-27所示的对话框，将名称改为“图片版式”。

Step 08 单击【重命名】按钮关闭【重命名版式】对话框，然后单击功能区中的【幻灯片母版】→【关闭】→【关闭母版视图】按钮，关闭幻灯片母版视图。

Step 09 单击功能区中的【开始】→【幻灯片】→【新建幻灯片】按钮，在打开的列表中可以看到前面几步创建的名称为【图片版式】的新版式，如图20-28所示。

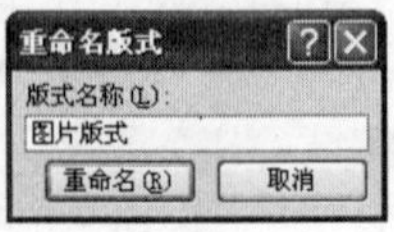

图20-27

图20-28

Step 10 单击【图片版式】新建一张以该版式为基础的新幻灯片，如图20-29所示。

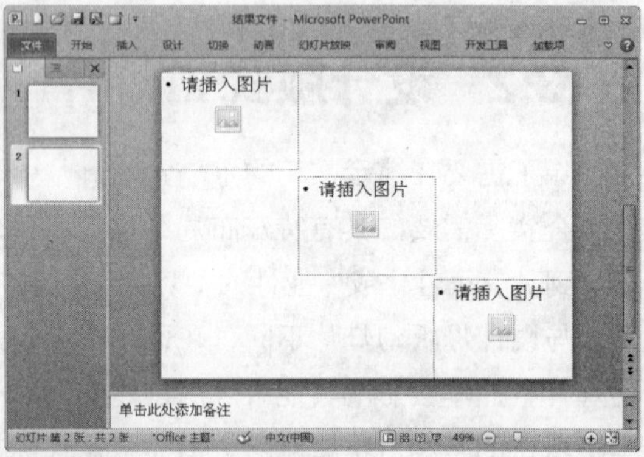

图20-29

Step 11 通过单击每个占位符中的【插入来自文件的图片】按钮，可以在打开的【插入图片】对话框中选择要插入的图片，然后单击【插入】按钮将所选图片插入到对应的占位符中，如图20-30所示。

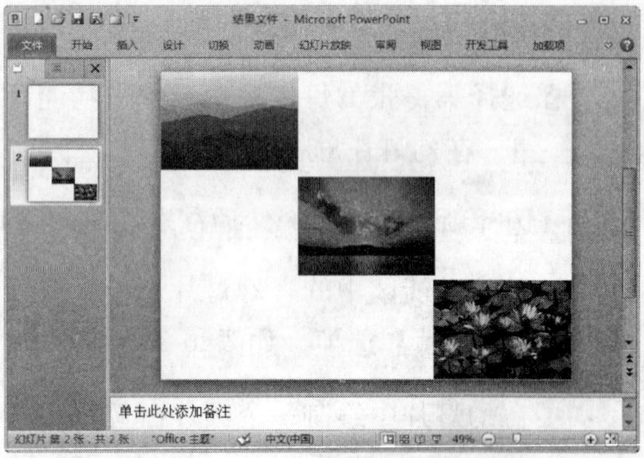

图20-30

由这个示例可以看出，通过在母版中设计特定的版式，可以根据各种不同需求制作出风格各异的幻灯片结构，既具有实用性，而且应用又十分广泛。然而就本例来说，如果不预先在幻灯片母版中设计特殊的版式，那么要想实现三张图片的这种位置关系，就需要手工拖动图片进行调整，尤其在批量制作类似布局的幻灯片时，使用幻灯片母版将起到事半功倍的效果。

20.4 创建演示文稿模板

对于不太熟悉PowerPoint的用户来说，通常容易混淆PowerPoint中的母版和模板。母版是包含多个版式幻灯片的组合，而模板则是一个演示文稿的样板，它包括了用户对演示文稿外观上的各种设置，首先通过以模板为基础来批量创建外观格式相同的多个演示文稿，然后再根据实际需要修改每个演示文稿的格式，这样可以提高演示文稿的制作速度。

在设计好演示文稿的格式和外观后，单击【文件】按钮并选择【另存为】命令，打开【另存为】对话框，将【保存类型】设置为【PowerPoint模板】，然后在【文件名】文本框中输入模板的名称，最后单击【保存】按钮，即可创建一个演示文稿模板。当创建好模板后，在以后新建演示文稿时，可以模板为基础来创建与模板外观相同的演示文稿，具体操作如下。

Step 01 启动PowerPoint 2010应用程序，单击【文件】按钮并选择【新建】命令，在【可用的模板和主题】组中单击【我的模板】选项，如图20-31所示。

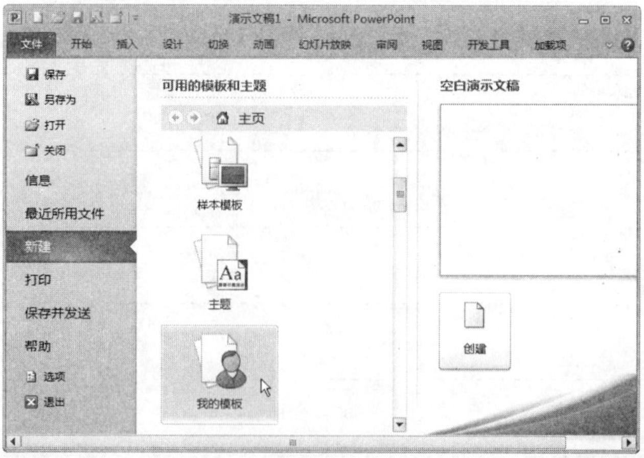

图20-31

Step 02 打开如图20-32所示的【新建演示文稿】对话框，选择创建好的模板，然后单击【确定】按钮，将以选择的模板为基础新建演示文稿。

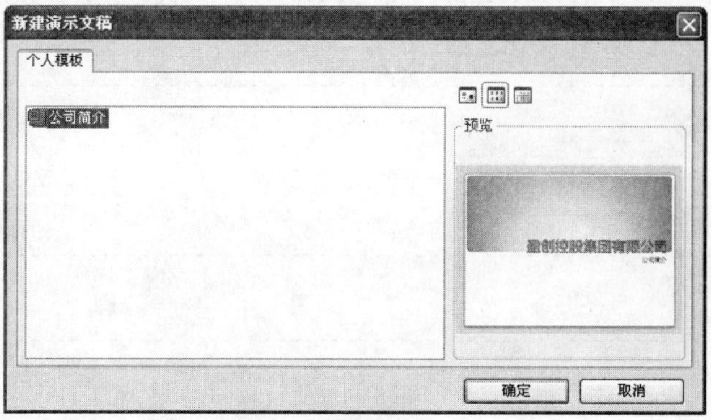

图20-32

读·书·笔·记

中文版 Office 2010 应用大全

Chapter 21

放映、打包与发布演示文稿

演示文稿制作的最终目的，是要将制作好的演示文稿用于演讲或演示，需要进行放映。因此，掌握演示文稿的放映方法很有必要。有时在正式放映前，可能还要根据实际情况对演示文稿进行一些设置。如果希望将制作好的演示文稿在不同电脑上正常播放，那么可以将演示文稿打包。另外，为了可以让用户观看到高保真且不受PowerPoint版本限制的演示文稿，可以将已制作好的演示文稿创建为通用的视频格式，这样就可以在任何地方发送或播放视频演示文稿。

21.1 准备放映

为了能够使演示文稿正常播放，最好的办法就是在开始放映前对演示文稿进行一些必要的检查和设置。

21.1.1 为每张幻灯片设置自动播放时间

如果希望幻灯片可以根据指定的时间间隔进行自动播放，但根据幻灯片中的内容，每张幻灯片希望的展示时间并不相同，那么此时可以使用PowerPoint提供的排练计时功能。设置排练计时的具体操作如下。

Step 01 打开要放映的演示文稿，然后单击功能区中的【幻灯片放映】→【设置】→【排练计时】按钮。

Step 02 自动进入幻灯片放映状态，在屏幕左上角会显示如图21-1所示的工具栏，其中显示了两个时间。左侧的时间表示当前幻灯片持续放映的时间，右侧的时间表示目前一共所需的放映时间。

Step 03 通过单击鼠标可以切换到下一张幻灯片并继续进行计时。当到达最后一张幻灯片后，再次单击时将弹出如图21-2所示的对话框，询问用户是否保存对所有幻灯片的计时。

图21-1

图21-2

Step 04 单击【是】按钮，完成排练计时并自动进入如图21-3所示的幻灯片浏览视图，可以看到每张幻灯片的放映时间。

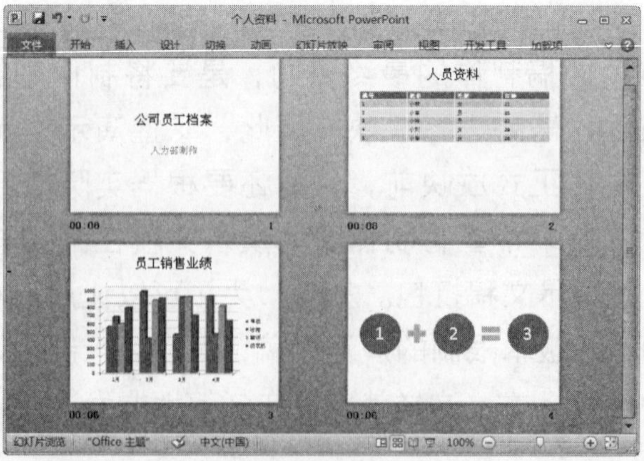

图21-3

提示　切换到【切换】选项卡，可以在【计时】组的【设置自动换片时间】文本框中看到不同幻灯片播放的具体时长。

21.1.2 录制幻灯片的旁白

如果希望在放映演示文稿时加入语音解说，那么可以使用PowerPoint提供的录制旁白功能。录制旁白的必要工具就是麦克风，将麦克风正确接入电脑后，就可以开始录制旁白了，具体操作如下。

Step 01 打开要添加旁白的演示文稿，然后单击功能区中的【幻灯片放映】→【设置】→【录制幻灯片演示】按钮，打开如图21-4所示的对话框。如果之前已经设置过幻灯片排练计时，那么此处可以只勾选【旁白和激光笔】复选框。

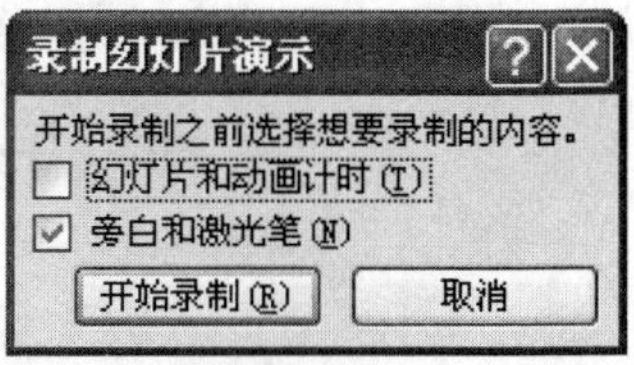

图21-4

Step 02 单击【开始录制】按钮，将开始录制旁白。录制旁白的过程与设置排练计时类似，自动进入演示文稿放映状态。当录制好一张幻灯片中的旁白后单击一次鼠标左键，继续录制下一张幻灯片的旁白。录制完成后可在如图21-5所示的幻灯片浏览视图中看到每张幻灯片右下角都有一个声音图标，表示该幻灯片包含旁白。

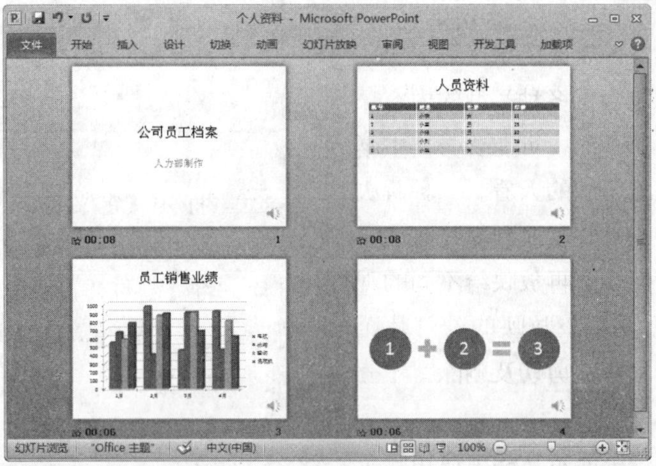

图21-5

如果需要删除演示文稿中所有幻灯片的计时和旁白，则可以单击功能区中的【幻灯片放映】→【设置】→【录制幻灯片演示】按钮，在弹出的菜单中选择【清除】→【清除所有幻灯片中的计时】或【清除所有幻灯片中的旁白】命令。

21.1.3 隐藏不想放映的幻灯片

对于某些具有机密内容的幻灯片，可能并不希望在正式放映时让观众看到，那么可以在放映前将这些幻灯片设置为隐藏状态，这样在放映演示文稿时就会自动跳过这些幻灯片。右击想要隐藏的幻灯片，在弹出的快捷菜单中选择【隐藏幻灯片】命令，这样在放映演示文稿时该幻灯片将不会被播放出来，而且在PowerPoint窗口左侧的幻灯片窗格中可以看到被隐藏的幻灯片编号周围会显示一个隐藏标记（编号为2的幻灯片），如图21-6所示。

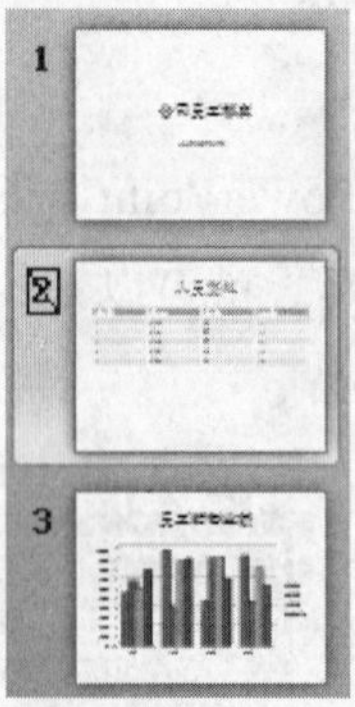

图21-6

右击已隐藏的幻灯片，然后在弹出的快捷菜单中选择【隐藏幻灯片】命令，即可在放映演示文稿时重新显示该幻灯片。

21.1.4 设置自定义放映

在实际应用中，可能会遇到这种情况：在一个演示文稿中包含了多种类型的内容，而这些内容根据性质不同，可能要将其中不同类型的内容放映给不同的人看。一种解决方式就是将不同的幻灯片复制到新建的演示文稿中，然后各自保存，再放映给不同的观众。但如果日后需要调整放映的幻灯片范围，那么还要重新复制、剪切及删除，十分不方便。

为此，可以在一个演示文稿中使用自定义放映功能，该功能允许制作者对待放映的幻灯片进行分组，然后在实际放映时选择不同的组别来控制显示的幻灯片内容。下面的示例演示了如何对演示文稿中的幻灯片进行自定义放映的设置，示例中的演示文稿包含了九张幻灯片，这里将对这些幻灯片分为三组，并将这三组幻灯片分别放映给三组不同的人群。按如下方式进行分组。

- 第一组名为“第一组”，包含演示文稿中的第一、第二张幻灯片。
- 第二组名为“第二组”，包含演示文稿中的第三、第四、第五张幻灯片。
- 第三组名为“第三组”，包含演示文稿中的第六、第七、第八、第九张幻灯片。

设置的具体操作如下。

Step 01 单击功能区中的【幻灯片放映】→【开始放映幻灯片】→【自定义幻灯片放映】按钮，在弹出的菜单中选择【自定义放映】命令，打开如图21-7所示的【自定义放映】对话框，单击【新建】按钮。

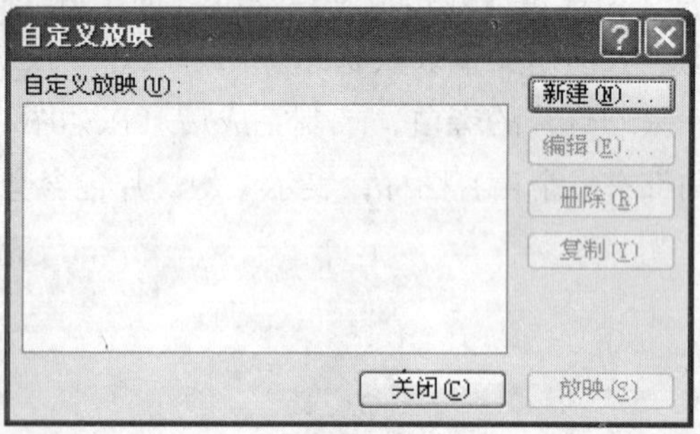

图21-7

Step 02 打开【定义自定义放映】对话框，左侧列表中列出了当前演示文稿中所有的幻灯片，将【幻灯片放映名称】修改为“第一组”，按住Ctrl键单击左侧列表框中的“第1张”和“第2张”，这样可以同时选择这两张幻灯片，然后单击【添加】按钮将它们添加到右侧的列表框中，如图21-8所示。

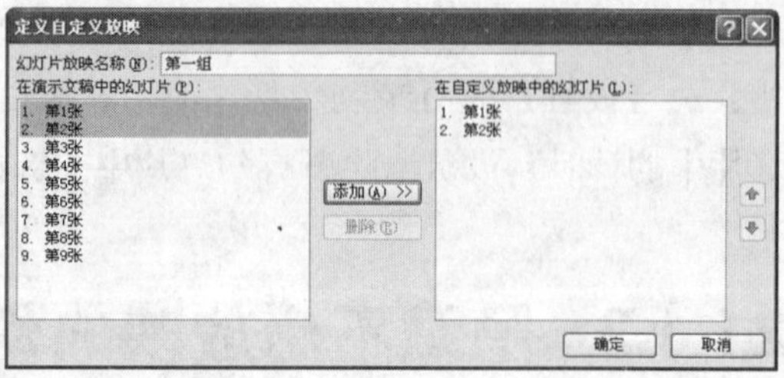

图21-8

注 意

如果幻灯片被设置为隐藏状态，那么将会在左侧列表中显示为带括号的数字。

Step 03 单击【确定】按钮，返回【自定义放映】对话框，完成第一组幻灯片放映的设置，如图21-9所示。

Step 04 按照同样的方法，继续创建第二、第三组幻灯片放映，最终的【自定义放映】对话框如图21-10所示。

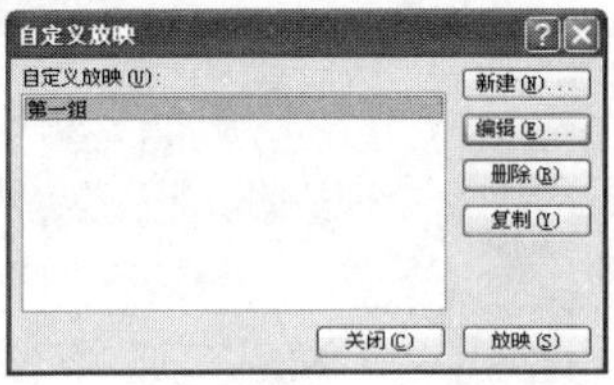

图21-9

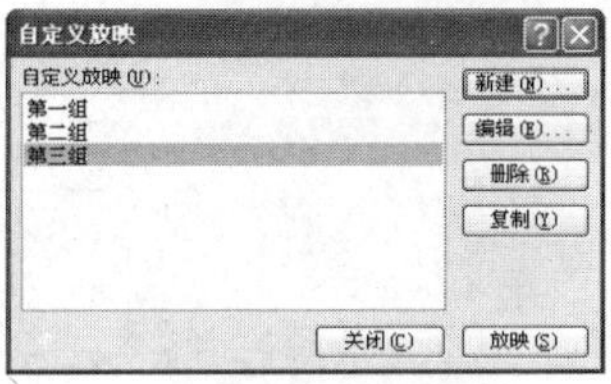

图21-10

Step 05 单击【关闭】按钮，关闭【自定义放映】对话框，完成自定义放映的设置。

21.2 开始放映

做好充分的准备后，就可以正式放映演示文稿了。在放映的过程中，有一些基本的放映技术和技巧是有必要掌握的，本节将介绍这些内容。

21.2.1 按正常顺序播放

进入放映环境是指由演示文稿编辑窗口进入播放界面的方法。通常进入演示文稿放映状态的方法有以下两种。

- 按F5键或单击功能区中的【幻灯片放映】→【开始放映幻灯片】→【从头开始】按钮，将从第一张幻灯片开始播放。
- 按Shift+F5组合键或单击功能区中的【幻灯片放映】→【开始放映幻灯片】→【从当前幻灯片开始】按钮，将从当前正在编辑的幻灯片开始播放。

当开始放映演示文稿后，可以通过单击鼠标左键以顺序的方式一张一张地播放幻灯片，也可以使用屏幕底部的 ⇦ 和 ⇨ 按钮切换上一张或下一张幻灯片。当播放到最后一张幻灯片时，如果继续单击鼠标，则默认情况下会显示一个黑屏并显示“放映结束，单击鼠标退出”。此时单击鼠标左键，即可退出放映状态。除此之外，还可以使用以下三种方法随时退出放映状态。

- 在放映状态下右击，在弹出的快捷菜单中选择【结束放映】命令。
- 单击放映屏幕左下角的 ▤ 按钮，在弹出的菜单中选择【结束放映】命令。
- 按Esc键。

21.2.2 跳跃式播放

用户有时可能希望直接切换到一个不连续的幻灯片中播放。例如，当前正在放映第三张幻灯片，接下来希望直接播放第五张幻灯片，那么可以使用下面的方法来实现：在放映状态下右击，在弹出的快捷菜单中选择【定位至幻灯片】命令，然后选择要切换到的幻灯片编号，如图21-11所示。

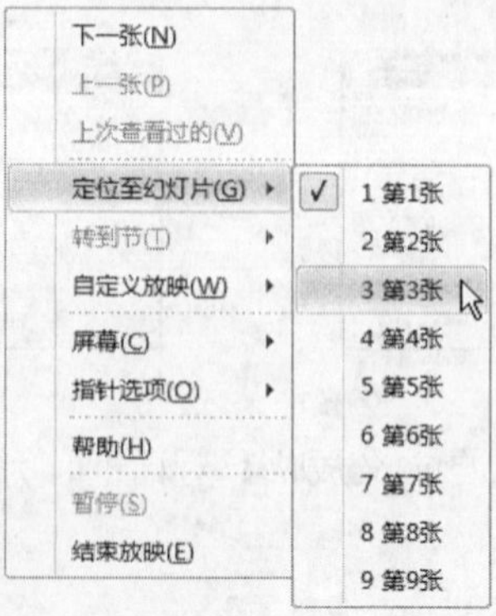

图21-11

21.2.3 在放映时为幻灯片添加注释

如果在放映演示文稿时需要对重点内容进行标注，那么可以使用PowerPoint提供的注释功能。进入放映状态后，单击屏幕底部的笔形按钮 ，在弹出的菜单中选择要使用的笔形和颜色，然后可以在放映幻灯片上随意书写和绘画，如图21-12所示。

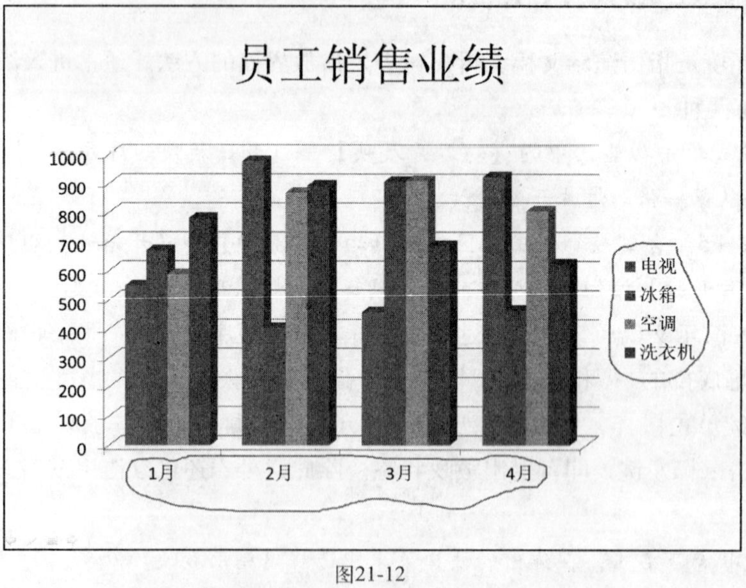

图21-12

如果发现在标注时书写有误，那么可以右击，在弹出的快捷菜单中选择【指针选项】→【橡皮擦】命令，然后单击错误标注即可去除该标注。如果在放映过程中添加了标注，那么在退出放映状态时会弹出一个对话框，询问用户是否保留已添加的标注。

> 提示　添加标注的操作也可以使用右键快捷菜单完成。在放映时右击，然后在弹出的快捷菜单中选择【指针选项】命令。

21.2.4 使用黑屏或白屏

可以通过在放映时设置黑屏或白屏，给演讲者留下一段足够的时间来讲解暂时还未演示的内容。为什么要使用黑屏或白屏呢？道理很简单，如果在讲解接下来的内容时仍将画面停留在之前的内容上，那么听众的注意力很有可能仍被吸引在之前的内容上，而未关注当前正在讲解的内容。因此，最好的做法是将屏幕转为黑色或白色，来收集听众的注意力。在放映状态下右击，在弹出的快捷菜单中选择【屏幕】→【黑屏】或【白屏】命令。还有一种简便的方法来启用黑屏或白屏，直接按W键或B键切换到黑屏或白屏。再次按W键或B键则退出黑屏或白屏并返回之前的画面。

21.2.5 在放映中运行其他程序

通常在放映演示文稿时都是以全屏幕播放的，如果希望在演讲时使用其他程序，那么在全屏幕方式下启动其他应用程序就变得不是很方便。这时可以右击，在弹出的快捷菜单中选择【屏幕】→【切换程序】命令，在屏幕下方会显示【开始】菜单和任务栏。单击任务栏中的任务按钮可以切换应用程序窗口，也可以单击【开始】按钮，从【开始】菜单中启动新的应用程序。图21-13所示为在播放演示文稿的状态下启动了计算器程序。

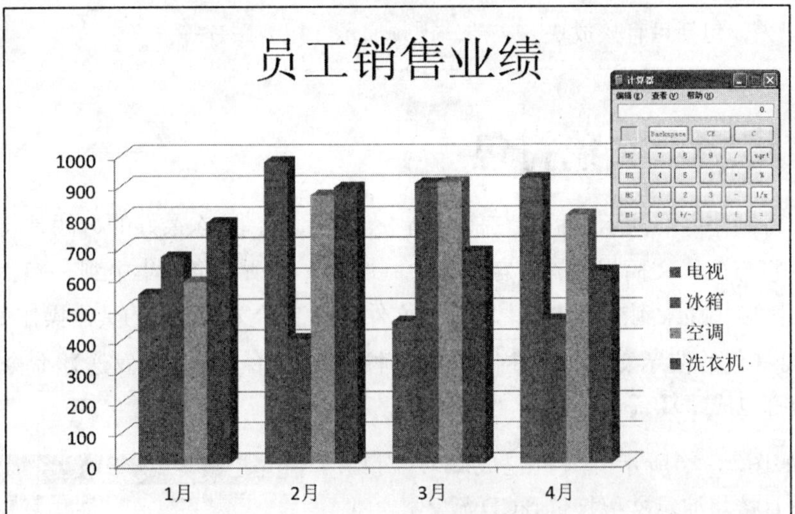

图21-13

21.2.6 使用预定义好的放映方式

如果在放映之前已经设置好了自定义放映，那么在进入放映状态后就可以按照预先的设置放映不同组中的幻灯片，以实现针对不同观众播放不同内容。如果当前正处于放映状态下，那么可以右击，在弹出的快捷菜单中选择【自定义放映】命令，然后在其子菜单中选择要播放的自定义放映，如图21-14所示。

如果还未开始放映，那么可以单击功能区中的【幻灯片放映】→【开始放映幻灯片】→【自定义幻灯片放映】按钮，在弹出的菜单中选择要放映的幻灯片组，如图21-15所示，这样可以在一进入放映状态时就直接播放指定组中的幻灯片。

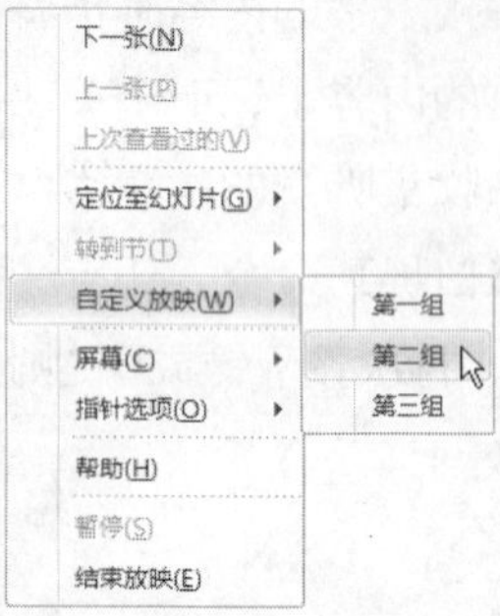

图21-14

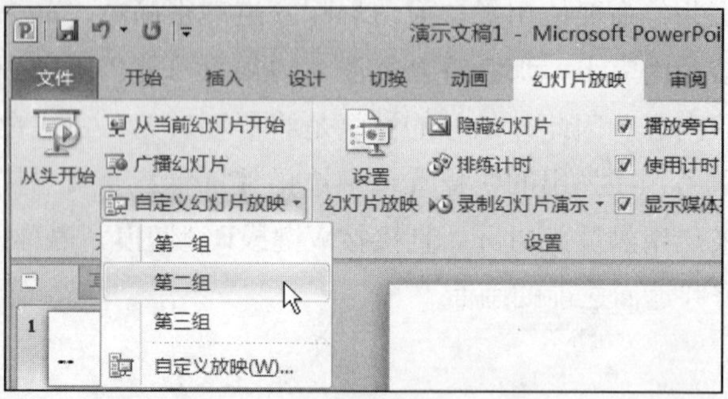

图21-15

21.3 打包和发布演示文稿

如果希望将制作好的演示文稿在不同电脑中正常播放，那么可以将演示文稿打包，这样方便携带与演示文稿有关的文件和数据，还可以将制作好的演示文稿以不同形式的文件发布出去，包括可直接放映的文档、视频演示文稿、图片等。

21.3.1 将演示文稿打包

如果需要将制作好的演示文稿在其他电脑中正常播放，那么最好的方法是将演示文稿打包，这样可以将与演示文稿相关的内容都集中到一起，使所有资料集中到一起，便于携带，尤其对于以链接形式插入到演示文稿中的媒体文件。将演示文稿打包的具体操作如下。

Step 01 打开要打包的演示文稿，单击【文件】按钮并选择【保存并发送】命令，然后双击【将演示文稿打包成CD】命令。

Step 02 打开如图21-16所示的【打包成CD】对话框，如果希望直接将演示文稿打包到CD光盘中，那么可以修改【将CD命名为】文本框中的名称，然后单击【复制到CD】按钮，即可将演示文稿打包到CD光盘中。

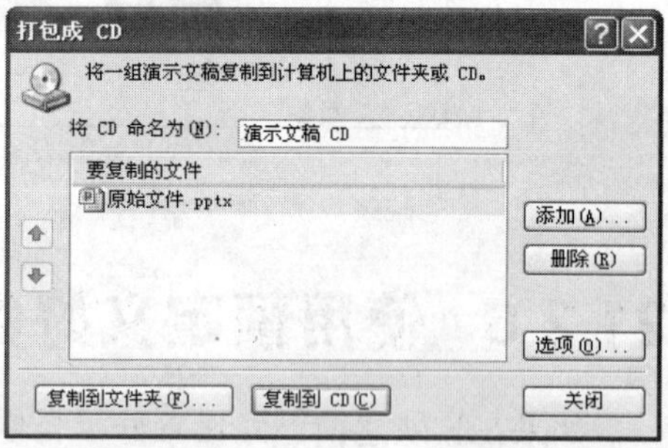

图21-16

在【打包成CD】对话框中可以执行以下不同的操作，主要是根据要打包文件的具体情况而定的。

- 【添加】按钮：将额外的演示文稿添加到当前打包环境中，这样可以将多个相关的演示文稿打包在一起。
- 【删除】按钮：将已经添加到打包队列中的无用文件删除。

- 【选项】按钮：单击该按钮，将在打开的对话框中设置与打包相关的一些选项。如果演示文稿中插入了外部的音频、视频文件，那么必须勾选【链接的文件】复选框，否则在打包后将无法正常播放演示文稿中的声音或视频，如图21-17所示。另外还可以设置打开和修改演示文稿的密码以及检查演示文稿中是否包含隐私数据。
- 【复制到文件夹】按钮：单击该按钮，打开如图21-18所示的【复制到文件夹】对话框，可以将演示文稿打包到电脑硬盘中，单击【浏览】按钮可以选择打包后的具体位置。

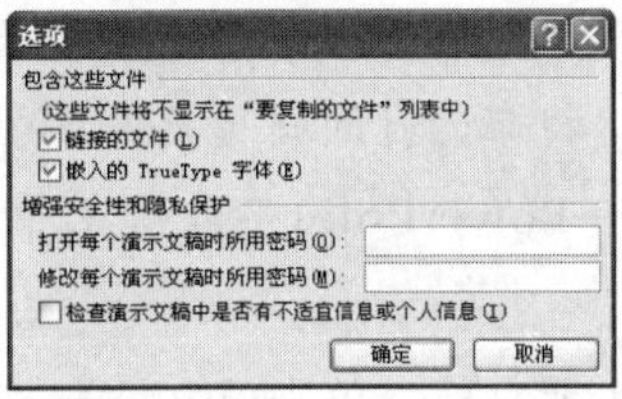

图21-17

图21-18

Step 03 单击【确定】按钮，弹出一个链接复制的提示信息，单击【是】按钮开始对演示文稿打包，最后单击【打包成CD】对话框中的【关闭】按钮。打包完成后，将自动打开打包文件所在的文件夹，可以看到打包后的内容。

21.3.2 将演示文稿发布为可放映格式

如果已经完成了演示文稿的所有编辑操作，则可以将其保存为放映格式。只要双击该格式的文件，即可直接开始播放其中的内容，而不会进入编辑窗口，具体操作如下。

Step 01 打开演示文稿，单击【文件】按钮，在弹出的菜单中选择【保存并发送】→【更改文件类型】命令，然后双击【PowerPoint放映】命令。

Step 02 打开【另存为】对话框，可以看到在【保存类型】中自动选择了【PowerPoint放映】类型。在【文件名】文本框中输入一个名称，然后单击【保存】按钮。

Step 03 图21-19所示左侧为演示文稿转换为可直接放映格式后的文件图标的外观，右侧为转换前的普通演示文稿，两种不同类型的文件图标是不同的。以后只需双击PowerPoint放映格式文件，即可直接进行播放。

图21-19

21.3.3 将演示文稿发布为视频

PowerPoint 2010提供了一种新式的发布演示文稿的方法——创建视频演示文稿。演示文稿制作者可以直接将制作好的演示文稿保存为视频格式，同时可以控制视频的大小和质量，这样可以为用户提供一个高保真的演示文稿。更重要的是，即使用户的电脑中没有安装

PowerPoint应用程序，也可以正常播放视频格式的演示文稿，因为系统内置了Windows Media Player多媒体播放器，而PowerPoint创建的视频演示文稿格式为wmv，因此可以进行无缝播放，丝毫没有问题。在将演示文稿创建为视频之前，需要注意以下几点。

- 可以在视频中播放动画和幻灯片切换效果。
- 可以在视频中播放演示文稿中嵌入的视频。
- 可以在视频中播放录制的语音旁白和激光笔运动轨迹。
- 创建视频所需的时间长短根据演示文稿本身的文件容量及其复杂程度而定。演示文稿越大，包含的内容及动画效果越多，那么创建视频的时间就越长。
- 这几种类型的内容无法在视频中正常播放：PowerPoint早期版本中插入的媒体、QuickTime媒体、宏以及OLE/ActiveX控件。

要将演示文稿转换为视频格式，需要先打开该演示文稿，单击【文件】按钮并选择【保存并发送】命令，然后选择【创建视频】命令，展开如图21-20所示的面板。

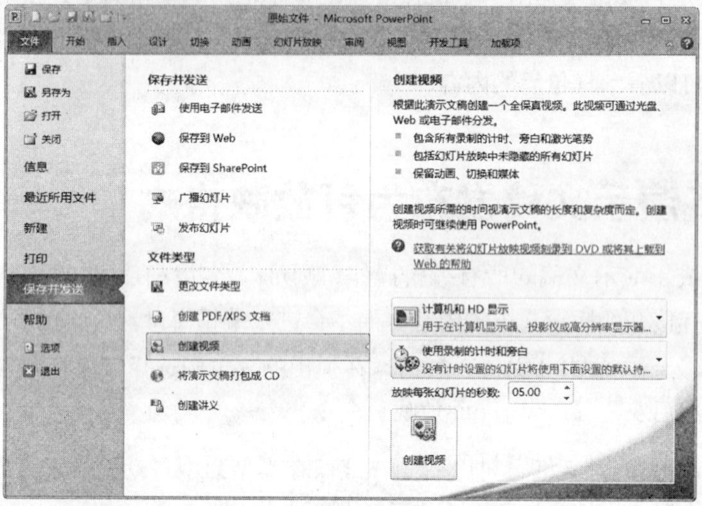

图21-20

在面板右侧包含三个选项，在第一个下拉列表中可以选择创建的视频质量，如图21-21所示，具体介绍如下。

图21-21

- 选择【计算机和HD显示】选项将创建质量较高的视频。这种视频文件最大。
- 选择【Internet和DVD】选项将创建中等质量的视频。
- 选择【便携式设备】选项将创建低质量视频。这种视频文件最小。

在第二个下拉列表中可以选择在创建的视频中是否包含已录制的旁白和激光笔动作，如图21-22所示，具体介绍如下。

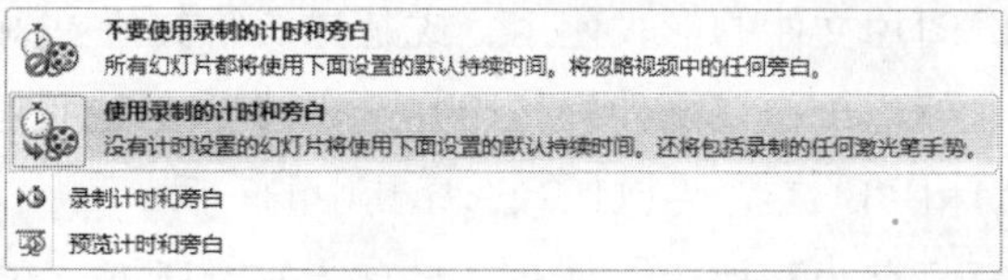

图21-22

- 如果没有录制旁白等内容，或者不希望在视频中播放旁白，则选择【不要使用录制的计时和旁白】选项。
- 如果已录制了旁白等内容，并希望在视频中播放，那么选择【使用录制的计时和旁白】选项。

最后，在【放映每张幻灯片的秒数】文本框中可以设定在视频中自动放映每张幻灯片的时间长度。全部设置好后，单击面板下方的【创建视频】按钮，在【另存为】对话框中输入视频名称并选择保存位置，单击【保存】按钮即可将当前演示文稿创建为视频文件，其格式为wmv，可以用Windows Media Player或其他多媒体播放器进行播放。

21.3.4 将演示文稿发布为图片

如果希望演示文稿的内容不会轻易被他人修改，并且希望将每张幻灯片的内容转换为图片的形式，这样任何人都无法修改幻灯片内容，起到了保护演示文稿的作用。除此以外，还可以将演示文稿中的幻灯片转换为图片文件，这样可以将图片文件分发出去，使用起来更为灵活。需要注意的是，在将演示文稿转换为图片文件时，可以选择是只将当前幻灯片转换为图片，还是将整个演示文稿的每一张幻灯片都转换为图片。

打开要转换为图片的演示文稿，再单击【文件】按钮并选择【更改文件类型】命令，然后双击右侧的【PowerPoint图片演示文稿】按钮，打开【另存为】对话框，在【保存类型】下拉列表中自动选择【PowerPoint图片演示文稿】，选择保存的位置并输入一个名称，单击【保存】按钮完成转换操作。打开转换后的演示文稿，可以发现每张幻灯片中的内容都已经是一个图片了，无法再对任何内容进行修改，如图21-23所示。

图21-23

如果希望将幻灯片以图片文件的形式使用，或是分发给其他人浏览，那么可以将幻灯片转换为独立的图片文件，然后单击【文件】按钮并选择【更改文件类型】命令，在右侧可以看到图片类型格式（PNG和JPEG），可以任意选择其中的一种。

也可以单击底部的【另存为】按钮，打开【另存为】对话框，在【保存类型】下拉列表中可以选择更多的图片文件类型。选择好图片格式后单击【保存】按钮，会弹出如图21-24所示的对话框，选择保存所有幻灯片还是当前幻灯片，即可将幻灯片保存为图片文件。以后在任何地方都可以使用这些幻灯片图片，例如，可以将它们分发给其他人，或者插入到其他文档中。

图21-24

21.4 合并演示文稿

PowerPoint 2010新增了一项功能——合并与比较演示文稿。使用该功能可以将两个演示文稿合并到一起，并对他们的内容进行比较，以便决定最终使用哪个版本的演示文稿。

首先打开一个演示文稿，然后单击功能区中的【审阅】→【比较】→【比较】按钮，打开【选择要与当前演示文稿合并的文件】对话框，选择要合并的另一个演示文稿。单击【合并】按钮，将所选择的演示文稿加入到当前演示文稿中，并根据两个演示文稿的内容得到比较结果。在PowerPoint窗口右侧会打开【修订】窗格，其中包含两个选项卡，【幻灯片】选项卡显示了当前所选幻灯片是否发现了有改动的部分；而【详细信息】选项卡则列出了当前所选幻灯片中发生改变的具体项目。图21-25所示为【修订】窗格的【详细信息】选项卡，其中列出了两个演示文稿中该幻灯片对比后发现的两处改动。

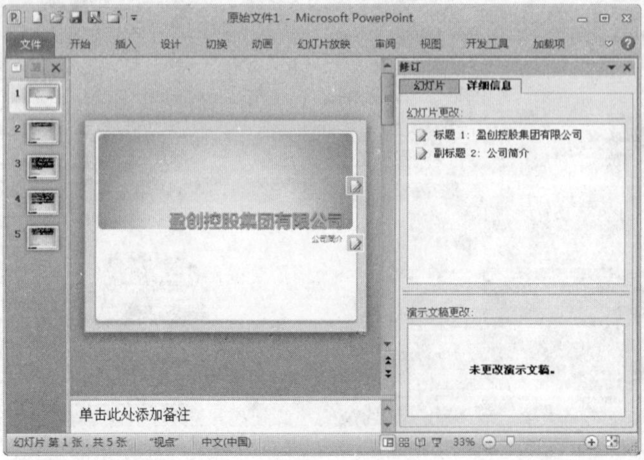

图21-25

图21-26所示为在【修订】窗格的【幻灯片】选项卡中的效果，窗格中的幻灯片缩略图为改动后的效果。

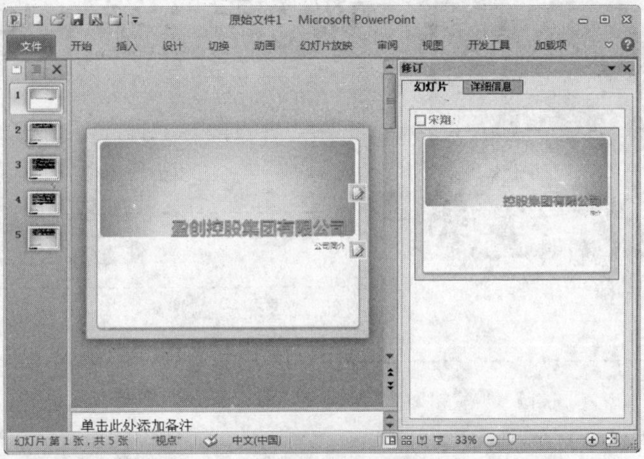

图21-26

在【详细信息】选项卡中，单击列表中的某个项目时，将会在幻灯片窗口的相应位置显示出改动的具体内容，如图21-27所示。通过勾选幻灯片中弹出的改动信息前的复选框，可确定已经进行的改动。

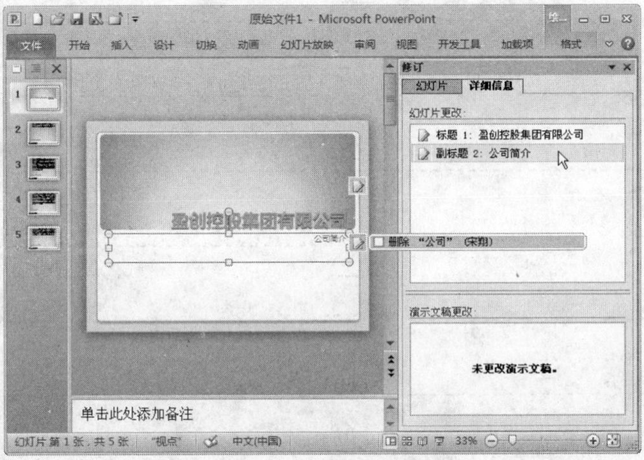

图21-27

如果希望确定幻灯片或整个演示文稿中所有幻灯片的所有改动，则可以单击功能区中的【审阅】→【比较】→【接受】和【拒绝】按钮，然后在弹出的菜单中选择相应范围的改动，如图21-28所示。如果需要定位演示文稿中的每一个改动，则可以单击功能区中的【审阅】→【比较】→【上一条】或【下一条】按钮。

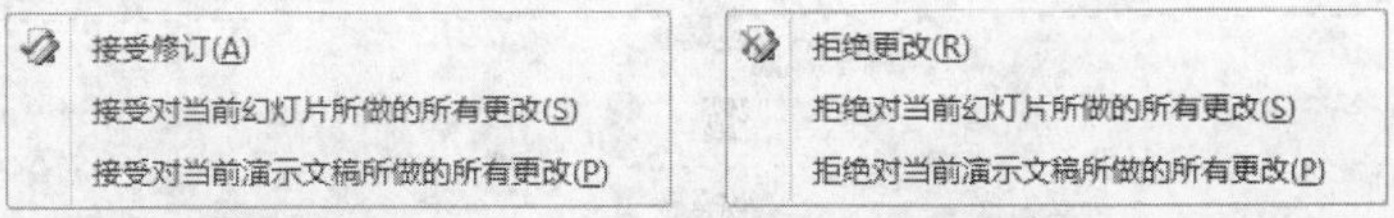

图21-28

当确认完各幻灯片中的所有改动后，单击功能区中的【审阅】→【比较】→【结束审阅】按钮，在弹出的对话框中单击【是】按钮将对最终的改动进行最后确定。

读·书·笔·记

Chapter 22

Access数据库基础

无论是个人还是公司，每天都需要处理大量数据，尤其对于大型企业而言更是如此。如何能够更有效地组织与处理信息是人们普遍关注的问题。Microsoft Office中的Access是一款优秀的关系型数据库应用程序，使用它可以开发出简洁高效、界面友好、功能强大的数据库管理系统。本章作为Access部分的第一部分，首先介绍使用Access进行数据库设计的一些基础知识，包括数据库术语、关系型数据库、数据库对象等内容。

22.1 数据库术语

在开始学习Access数据库设计之前，先来了解一下其中涉及的一些基本术语是非常有必要的，因为在使用Access的整个过程中都会用到这些术语。Access使用的是传统的数据库术语，层次由高到低分别是：数据库、表、记录、字段、值。

21 Chapter
22 Chapter
23 Chapter
24 Chapter
25 Chapter
26 Chapter
27 Chapter
28 Chapter
29 Chapter
30 Chapter

22.1.1 数据库

数据库是一个计算机术语，表示某类相关信息的集合。数据库中的数据以符合逻辑的形式组织到一起，从而便于用户使用其中的数据。Access数据库使用精心设计好的结构存储信息，而且可以存储各种不同类型的数据，包括文本、图片、声音、视频等。

由于Access是关系型数据库，因此可以在一个数据库中保存很多表，各个表之间通过一种关系联系在一起，然后用户才能根据多个表的信息从中提取有用信息。

在Access中，数据主要存储到表内，用户可以使用查询、窗体、报表等工具从表中提取数据。此外，有经验的开发人员还会在数据库中添加宏和VBA，这样可以使Access应用程序自动完成大量工作。

很多大型的Access数据库都包含大量的表、查询、窗体、报表、宏和模块，这些都是数据库中的对象，这些对象都包含在一个文件中，文件扩展名通常为accdb。

22.1.2 表

表是Access数据库中存储基本数据的对象，所有底层数据都保存在表中。Access数据库中的每个表都包含一个实体信息，例如“员工资料表”。表中的数据以行和列的形式分布，如图22-1就是Access数据库中的一个表。如果使用过Excel，那么会发现Access表与Excel工作表的结构类似，每一行表示一条完整的信息，而每一列表示一条记录中的一个数据类别。行与列的交叉点是一个具体的值，表示某个数据项。

编号	姓名	性别	学历	部门	年龄	工资
1	秦明	男	中专	财务部	48	422
2	秦磊	男	专科	技术部	43	281
3	冯慧	女	专科	销售部	33	110
4	尤娟	男	职高	客服部	24	223
5	朱京	女	本科	财务部	45	179
6	沈美	女	专科	客服部	22	414
7	褚梅	男	专科	信息部	44	483
8	秦磊	女	硕士	人力部	49	487
9	蒋达	女	中专	信息部	49	212
10	杨京	男	本科	财务部	50	101
11	王蕾	女	本科	信息部	43	327
12	沈亮	女	中专	技术部	37	241
13	杨慧	女	本科	技术部	28	201
14	王明	男	硕士	客服部	35	386

图22-1

22.1.3 记录、字段和值

22.1.2节已经简单介绍过记录、字段和值的概念。在Access表中，第一行包含表的字段名称，即标题行，也就是每一列的最上方的单元格，每一行是一条记录，包含与该记录有关的字段，行（记录）与列（字段）的相交处是一个具体的值。例如，在图22-1中的编号6所在的行就是表中的一条记录，“姓名”、“性别”等列是字段，“沈美”则是表中的一个具体的值，因为它是由第六行与字段“姓名”列相交而得到的。

22.2 关系型数据库

Microsoft Access是一个关系型数据库开发系统，数据库中的数据存储在相互关联的多个表中，每个表中的数据都与另一个表中的数据存在某种关系，从而使得整个数据库交织成一张大网，这样便于从多个表中提取所需的数据。

22.2.1 为什么要创建多个表

很多用户为了图一时方便，通常将所有数据都输入到一张表中。表面看起来只有一张表很省事，而且也不用额外考虑多个表之间的关系问题，但是随着时间的积累，就会发现表中的数据很快膨胀，而且变得越来越难以管理，表中存在了大量的冗余数据，使得Access数据库文件的容量成倍增长。

例如，可能创建了一个客户表，其中不但包含了客户的基本信息，如姓名、年龄、地址，还包括了客户购买商品的所有细节信息，包括商品名称、价格、折扣、金额等。如果一个客户在不同的时间段购买了同样或不同的商品，那么每条记录都会包含该客户的姓名、年龄、地址等信息。显然，对于同一个客户来说这些信息是重复的，这样的结果就是产生大量冗余数据，久而久之使表变得非常庞大，而且也不易于管理。

由此可见，如何设计表并组织表之间的结构，对日后的数据使用和维护起着至关重要的作用。如果只创建一个表，那么以后将会很难维护它，这样极大地降低了工作效率。为了改善这种状况，最好的做法就是将所有数据分散到多个表中，每个表只包含必要的最少量信息，即使每个表只包含与主要内容有关的字段。最后将多个表连接起来，让它们成为一个有机的整体，为以后使用这些表中的数据做好准备。从一个表创建多个表的过程称为规范化。

交叉参考

设计表的内容请参考本书第23章中的相关内容。

21 Chapter
22 Chapter
23 Chapter
24 Chapter
25 Chapter
26 Chapter
27 Chapter
28 Chapter
29 Chapter
30 Chapter

22.2.2 多个表之间的关系

22.2.1节简要地介绍了多个表取代一个表的好处，最明显的优势是简化数据操作、杜绝冗余数据、提高使用数据的效率，同时也可以控制Access数据库文件的体积。

例如，可以为客户购买商品情况创建两张表，一张表用于存储客户的个人信息，包括姓名、年龄、地址，另一张表则保存客户购买商品的情况。这样在每次打印商品订单时，就不用重复输入客户的姓名和地址等信息了，只需从客户个人信息表中提取对应的客户资料即可。

要实现类似上述的功能，在创建多个表后，需要为这些表创建关联。例如，在上面提到的客户个人信息和购买商品情况两张表中，只有将它们建立关系（为两个表中的客户ID建立联系），才能看到某个客户的所有购买记录。这样做的好处是，如果客户更改了地址、那么只需更改客户个人信息表中的相关信息，就可以在购买商品情况表中看到与该客户有关的所有销售记录中正确的客户地址，而不需要一个个地修改。

交叉参考

创建多个表之间关系的方法请参考本书第23章中的相关内容。

22.3 了解Access数据库对象

Access比Word和Excel等应用程序要更复杂一些，因为它包含了很多对象。为了更好地使用Access，在最开始有必要对Access数据库对象进行一些简单的了解。Access中主要包含以下几个对象：表、查询、窗体、报表、页、宏、模块。

1. 表

表是Access中保存最底层数据的位置，用户输入的所有基本数据都存储在表中。正如本章前面22.1.2节介绍的那样。数据表是表对象的视图之一，数据表的外观与Excel工作表非常类似，也是由行和列组成，行和列的交叉处表示一个具体的值。在表中可以输入任何数据，还可以查看或修改表中的内容。如果切换到设计视图，则可以对表的结构进行细致的设计。

2. 查询

Access数据库中包含了多个表，而这些表之间都存在一定的关系。查询则可以从多个相关联的表中提取出所需的数据。例如，有一个保存客户姓名和地址的表，以及一个保存客户订单详细信息的表。每天可能需要从这两个表中提取出客户订购商品的订单表，其中包含客户的姓名、订购商品的名称、价格以及给客户发货的地址。用户通过设置一定的条件来控制通过查询提取数据的范围，不同的查询会返回不同的结果，大大提高了查询的灵活性，而且可以通过查询提取出各种各样的数据。

3. 窗体

窗体可以提供给用户输入数据的界面，同时也可以用于在屏幕上输出信息。在窗体中定制用户输入界面，可以非常灵活地限制用户可访问的输入选项，这样可以强制用户输入某些内容，同时也禁止输入某些内容。

除了用于输入数据外，窗体也可以提供一个信息显示界面。通过在窗体中指定要显示的信息，可以很好地控制数据的隐私情况，因为可以将一些敏感数据屏蔽起来，而只显示许可的内容。

4. 报表

报表可以认为是数据的输出结果。在使用查询从数据库中提取出符合指定条件的数据后，可以利用报表功能设计数据的输入方式，然后打印输出。最常见的一个报表的例子就是产品订购的订单。报表还可以在汇总数据的同时对数据进行计算，例如，求和。

5. 页

页可以让Access与Internet联系得更紧密。用户可以利用网页设计工具创建页，然后将数据库中的数据作为文件存放在网页发布程序指定的文件夹中，或复制到网页服务器中，然后在Internet上发布信息。

6. 宏

宏是指一系列操作命令的有序集合，可以像录像一样对用户的操作进行录制，然后通过播放所录制的操作，来批量完成重复的工作，由此可提高工作效率。通过用户录制操作而生成的可播放动作，就是此处提到的“宏”。使用宏的一个原因，前面已经提到，就是可以提高工作效率。其他原因还包括希望将多个操作组合到一起，即将一个复杂操作通过宏一步完成；实现办公的自动化操作；降低Office软件的操作难度；通过宏简化复杂操作，轻松完成各种任务。

交叉参考

关于宏的详细内容请参考本书第29章中的内容。

7. 模块

编写的VBA代码都被保存在模块中。模块中包含了一个或多个过程，利用模块可以提高代码的重用性，并便于对代码进行组织与管理。

交叉参考

关于模块和过程的详细内容请参考本书第29章。

22.4 操作数据库及其对象

Access中操作的主体是数据库中的各个对象，包括表、查询、窗体、报表等，熟练掌握这些对象的使用方法是有必要的，本节将介绍这些数据库对象的基本操作方法。

22.4.1 创建数据库

在使用Access开发数据库之前，需要先创建数据库，一个数据库中包含了表、查询、窗体、报表等任何可以用到的对象。这种组织结构与Excel中的工作簿包含多个工作表一样，只不过Access要更复杂一些。

在Access 2010中可以使用两种方法创建数据库，一种是如果希望快速创建数据库，那么可以使用Access模板，这些模板都是Access预置的数据库，就像创建Word文档或Excel工作簿使用的模板一样；另一种方法是从头创建一个空白的数据库，然后根据需要重新开始设计表、创建查询、添加窗体、设计报表等工作。启动Access 2010后将会看到如图22-2所示的启动界面，它其实就是Access 2010的【文件】面板在选择【新建】命令后显示的界面。

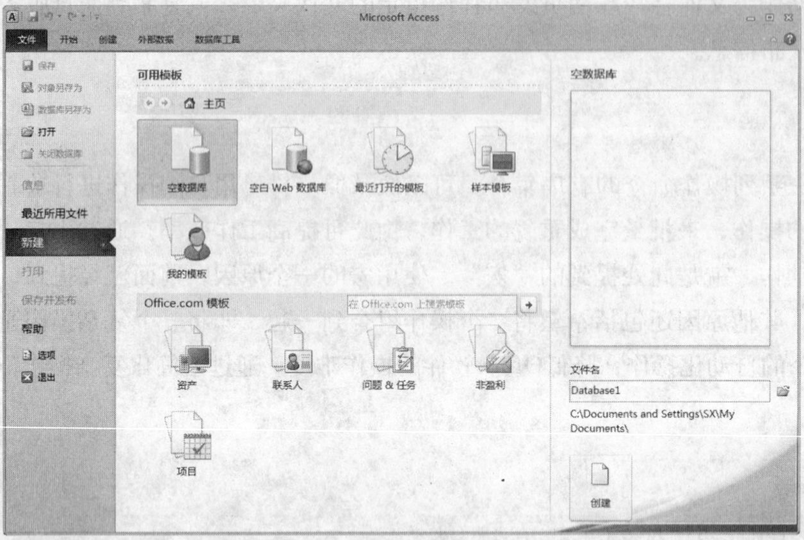

图22-2

中间区域列出了可供用户选择的模板，上半部分是本地电脑中的模板，下半部分是微软官方网站Office.com上可供下载的模板。例如，可以选择上半部分中的【样本模板】选项，然后选择一种详细的模板，以此为基础来创建新的数据库，如图22-3所示。界面右侧会提供一个默认的数据库名称，用户可以修改这个名称。数据库的默认保存路径位于【我的文档】文件夹中，用户可以单击右侧的 按钮重新选择其他位置。如果需要从【样本模板】类别导航到其他模板类别，可以单击中间区域顶部的文字【主页】，这个文字是可以单击的类似超链接的导航内容。

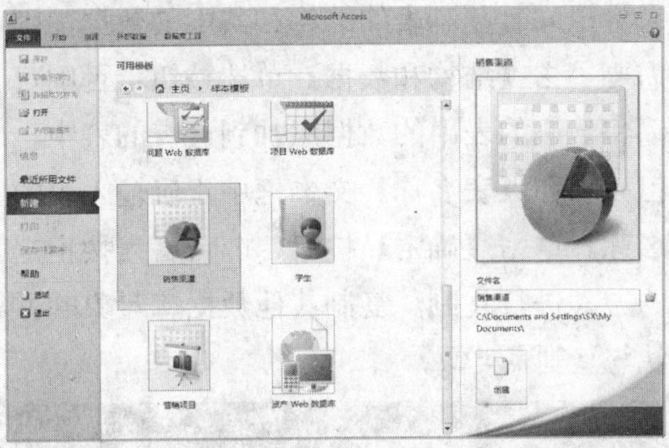

图22-3

如果希望从头开始创建空白数据库，那么可以选择模板主页中的【空数据库】选项，然后在右侧输入数据库的名称并选择保存位置，单击【创建】按钮即可创建一个空白数据库，此时Access会自动打开这个数据库，同时新建一个空白表并在数据表视图中打开它，如图22-4所示。当在数据库中添加多个对象后，会在Access窗口左侧的导航窗格中看到其他对象。在右侧窗口中打开的多个对象以选项卡的方式进行显示，通过单击不同对象的选项卡名称可以切换对象。

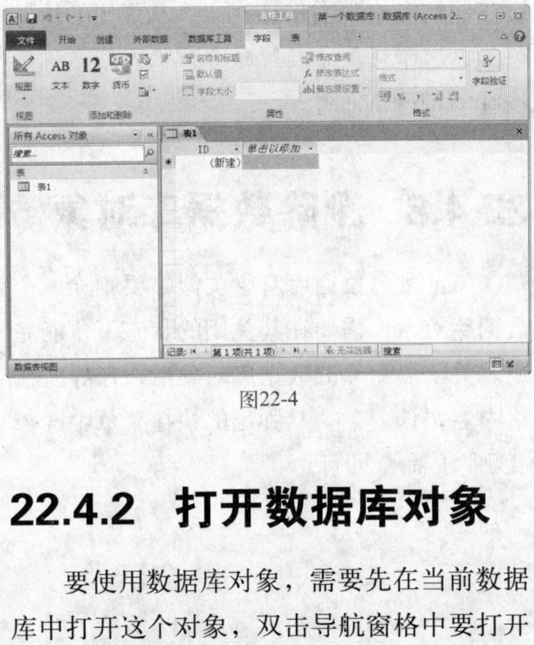

图22-4

22.4.2 打开数据库对象

要使用数据库对象，需要先在当前数据库中打开这个对象，双击导航窗格中要打开的对象即可。单击导航窗格顶部文字【所有Access对象】右侧的三角按钮，在打开的列表中可以选择数据库对象在导航窗格中的显示方式，如图22-5所示。

默认情况是按对象类型显示数据库中的所有对象，如图22-6所示就是这种显示方式的效果，当前数据库中包含表、窗体、报表三类对象，不同类型的对象显示在各自的分类中。如果只想显示数据库中的所有表，那么可以在【按组筛选】中选择【表】；如果希望将数据库中的所有对象按创建日期的顺序进行排列，那么可以选择【对象类型】中的【创建日期】。

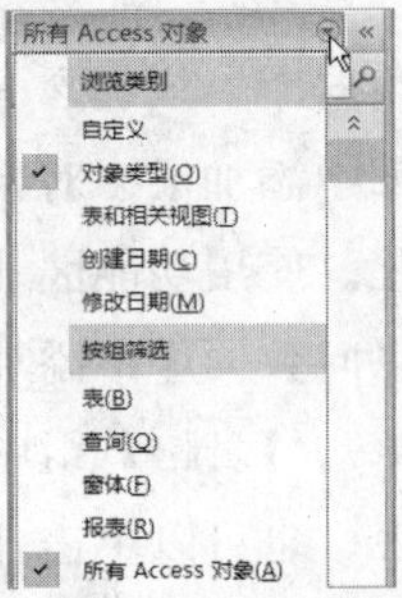

图22-5

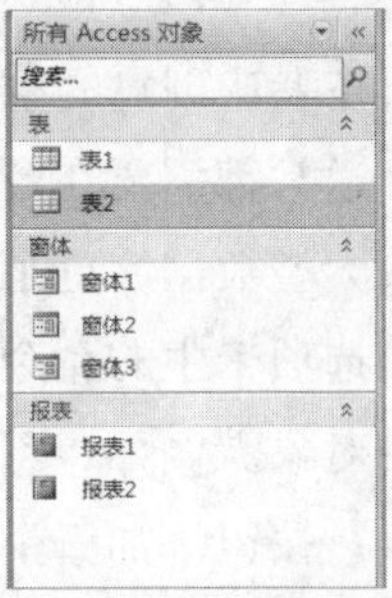

图22-6

22.4.3 保存数据库对象

为了让数据库对象存在于数据库中，需要在添加数据库对象后对其保存。例如，在数据库中添加一个表后，当关闭数据库时，会弹出提示信息询问用户是否要保存该表。还可以右击数据库对象的选项卡标签，在弹出的快捷菜单中选择【保存】命令，打开如图22-7所示的【另存为】对话框，输入对象的名称并单击【确定】按钮保存该对象。

图22-7

也可以单击【文件】按钮并选择【保存】命令保存当前数据库对象。如果选择【对象另存为】命令，则可以将当前对象以其他名称作为副本进行保存。

22.4.4 关闭数据库对象

如果暂时不打算编辑某些数据库对象，那么可以先将其关闭。右击数据库对象的选项卡标签，在弹出的快捷菜单中选择【关闭】命令即可关闭该对象。如果要关闭所有打开的对象，则可以选择【全部关闭】命令。

22.4.5 插入数据库对象

在默认创建的空白数据库中只包含一张表，通常都需要在数据库中添加很多对象，尤其大型数据库更是如此。使用功能区【创建】选项卡中的命令可以向数据库中添加所需的对象。例如，可以单击【表格】组中的【表】按钮添加一个新表，也可以单击【窗体】组中的【窗体】按钮添加一个窗体。

22.4.6 复制数据库对象

如果希望创建一个与当前表结构和内容十分类似的表，那么可以通过复制这个表而快速得到新表，新表与原表完全相同。在导航窗格中右击要复制的表，从弹出的快捷菜单中选择【复制】命令，然后右击导航窗格中的任意位置，从弹出的快捷菜单中选择【粘贴】命令，打开如图22-8所示的对话框，在【表名称】文本框中输入表副本的名称，然后选择复制方式，如果只希望复制表结构，那么可以单击【仅结构】单选按钮；如果希望同时复制表的结构和其中的数据，则需要单击【结构和数据】单选按钮；否则可以将复制的表中的数据添加到已有的表中，但必须在【表名称】文本框中正确输入表的名称。单击【确定】按钮，即可将表按指定的方式进行复制。复制其他数据库对象的方法与复制表类似。

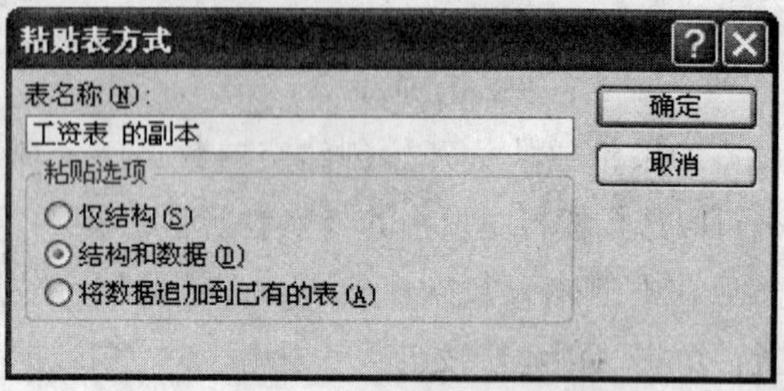

图22-8

22.4.7 重命名数据库对象

如果在起初没有为数据库对象起一个易于辨识的名称，那么也可以在以后修改这个名称。首先关闭要重命名的数据库对象，然后在导航窗格中右击该对象，从弹出的快捷菜单中选择【重命名】命令，输入新名称后按Enter键确认即可。

22.4.8 删除数据库对象

与重命名数据库对象类似，要删除一个数据库对象，需要在其关闭的状态下才能完成。关闭要删除的数据库对象后，在导航窗格中右击该对象，从弹出的快捷菜单中选择【删除】命令即可。

Chapter 23

创建Access表

表是Access数据库中其他操作的基础，因为表中包含了最基本的数据。数据库中的所有其他操作都是以表中的数据为依据的。因此，如何创建并设计表是Access中最为重要的一个环节。表设计包含大量的工作，除了输入并设置表中的字段外，还需要设置表的主键、索引。当数据库中包含多个表时，还需要建立表之间的关系。除此之外，本章还将介绍操作表数据的方法。

23.1 创建表

本节没有介绍创建表的具体过程，而只是给出了一些预备知识，包括表的整体设计流程、在数据库中添加新表的方法以及表的两种视图。

23.1.1 表的整体设计流程

创建表并不是一个简单的过程，需要多个步骤才能完成，具体操作如下。

Step 01 在数据库中创建新表。

Step 02 在表设计视图中输入所需的所有字段的名称，设置字段的数据类型以及描述信息。

Step 03 设置每个字段的属性。

Step 04 设置表的主键，用以唯一区分表中的每一条记录。

Step 05 设置表索引，从而加快数据排序等操作的速度。

Step 06 保存整个表的设计结果。

23.1.2 添加新表

添加新表等同于在数据库中插入对象，第22章曾经介绍过插入数据库对象的方法，且以添加新表为例进行了介绍。这里总结了添加新表的几种方法。

- 创建新数据库时会自动添加一张新的空白表。
- 启动Access后，单击功能区中的【创建】→【模板】→【应用程序部件】按钮，在弹出的菜单中选择一种表模板。
- 单击功能区中的【创建】→【表格】→【表】或【表设计】按钮。
- 将外部数据导入到数据库中创建表。本书第28章介绍了将Excel工作表中的数据导入到Access中的方法。

23.1.3 数据表视图和表设计视图

默认情况下，Access在数据表视图中显示表中的数据，该视图与Excel工作表界面十分相似，只不过不显示行号和列字母。数据表视图便于查看表中的每一条记录，而且可以很方便地对记录进行各种编辑操作。在定义好表结构后，输入数据的工作通常也是在数据表视图中完成的。表设计视图主要用于设计表的结构。当需要定义表结构以及设置字段数据类型和属性时，需要在表设计视图中进行。

双击导航窗格中的表，将自动在数据表视图中打开该表。如果希望在设计视图中打开表，那么可以在导航窗格中右击该表，从弹出的快捷菜单中选择【设计视图】命令。也可以使用Access窗口底部状态栏右侧的按钮切换表视图。

交叉参考

本章23.2节将详细介绍表设计视图的使用方法，23.6节将详细介绍在数据表视图中操作数据的方法。

23.2 设计表结构

在数据库中添加一个新表后，接下来的工作就需要开始设计表的结构了。一个表结构的好坏直接影响到以后整个数据库的性能以及使用的便利性，甚至会关系到数据的安全问题。设计表结构的核心问题就是对字段的定义，字段是表中每一列顶部的标题，字段有其数据类型，包括可以设置的很多属性，这些属性决定了字段具有的特性。

23.2.1 添加新字段

进入表设计视图后，可以看到窗口分为上、下两部分（如图23-1所示），上半部分用于输入表中包含的每一个字段的名称、数据类型和说明信息，下半部分用于设置字段的属性，包括字段大小、格式、输入掩码、默认值、有效性规则等。在上半部分的【字段名称】列中依次输入表中将要包含的所有字段的名称，然后设置每个字段的数据类型和说明（可选）。如果对字段有特殊要求，还可以在窗口的下半部分设置字段的属性。

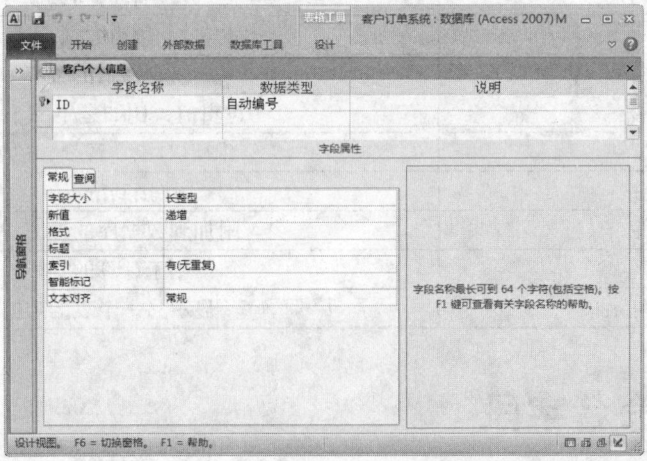

图23-1

提示 Access会自动在空白表中添加名为“ID”的字段，该字段的数据类型被自动设置为“自动编号”，而且Access自动将该字段设置为表的主键。

如果希望在已有字段的上方添加新字段，可以单击这个已有字段，然后单击功能区中的【设计】→【工具】→【插入行】按钮，在已有字段上方添加一个空行，然后输入新字段的名称和数据类型。

23.2.2 指定字段的数据类型

单击表设计视图【数据类型】列中的单元格，在单元格右侧会出现一个下拉按钮，单击该按钮，可以弹出如图23-2所示的列表，从中选择所需的数据类型。

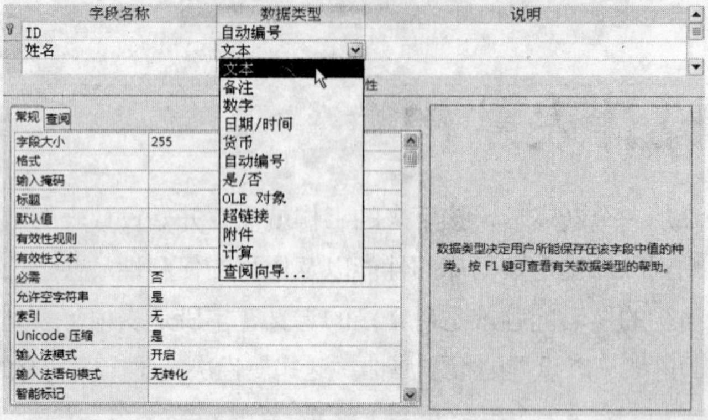

图23-2

表23-1列出了字段的数据类型及其简要说明。

表23-1 字段数据类型

数据类型	存储的数据类型
文本	字母数字字符
备注	字母数字字符
数字	数字
日期/时间	日期和时间数据
货币	货币数据
自动编号	自动递增的数字
是/否	逻辑值，比如是/否或真/假
OLE对象	图形对象、音频、视频
超链接	连接到Internet
附件	附加到数据库的外部文件
计算	用于计算的字段
查阅向导	显示另一个表的数据

23.2.3 重命名字段

如果字段名称输入有误，或对之前设置的字段名称不满意，那么可以随时修改字段名称。在表设计视图中单击要修改名称的字段，然后输入新名称，Access会自动更新表设计。

注 意

在开始将字段名称用于数据库之前，最好确定字段名称不会再做更改。因为一旦将字段名称用于其他对象或位置，当修改字段名称时，也要在所有使用该字段的位置修改其名称，这将是一件极其烦琐的事情，而且很有可能会出现错误，导致不必要的麻烦。

23.2.4 更改字段的位置和大小

在表设计视图中输入的字段顺序，决定了在数据表视图中从左到右各字段的排列顺序。可以使用下面的方法调整字段的位置。

- 在表设计视图中单击字段名称左侧的行选择器。选择整行后，拖动行选择器向上或向下移动字段的位置。
- 在数据表视图中单击字段名称以便选择字段所在的列，然后向左或向右拖动该列，从而移动字段的位置。

如果需要，可以更改字段的大小，只有文本或数字类型的字段才能设置大小。对于文本字段而言，字段大小决定了可输入的文本字数；对于数字类型的字段而言，字段大小决定了可输入的最大数值。

注 意

在表中已输入数据的情况下更改字段大小时应改尤其注意，应该确保表中的数据不会大于新字段的宽度，否则会截取现有的数据。

23.2.5 设置字段的数字格式

对于数据类型为【数字】的字段，可以在字段的【格式】属性中为字段选择一种数字格式，如图23-3所示。

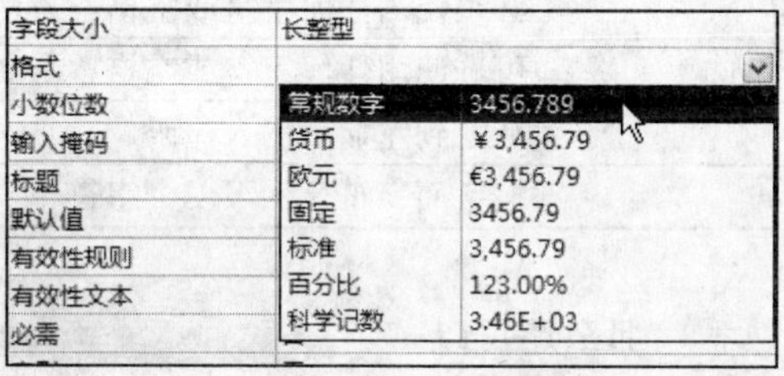

图23-3

在本书前面的章节中，曾经介绍过Excel中的数字格式，用户可以使用特定的数字格式代码自定义数字在单元格中的显示方式。例如，可以对表示金额的数字进行缩放，或者隐藏单元格中的零值。在Access中，用户也可以自定义设置字段的数字格式，其中的大部分格式代码与Excel类似，而且数字格式也分为四个部分，前三部分与Excel相同，最后一个部分则不同。

正数;负数;零值;空值

例如，下面的自定义格式代码可以让数字“1234”在Access中显示为“1,234”。

```
0,000
```

提示

无论数据的数字格式如何设置，都只改变数据的显示外观，而数据本身具有的值并未改变。

23.2.6 设置掩码

掩码用于预定义格式的数据，输入它可以限制用户输入数据的格式。例如，可以将邮政编码字段的掩码设置为6个0，这样将限定用户在邮政编码字段中只能输入连续的6个数字，而不能输入非数字字符。掩码最多由三个部分组成。

- 第一部分：包含掩码本身，掩码中常用的符号，见表23-2。
- 第二部分：告知Access是否存储掩码中包括的字面字符以及其余数据。例如，掩码可能包含横线来分隔电话区号和实际号码的各个部分。使用0告诉Access将字母字符存储为部分数据，使用1告诉Access只存储数据本身。
- 第三部分：指定用户输入区域中可以有多少字符的占位符字符。大部分情况都使用井号或星号作为占位符。

表23-2 掩码中常用的符号

掩码符号	说　明
0	必选的数字
9	可选的数字
#	可选的数字或空格
L	必须使用从A到Z的字母
?	可选使用从A到Z的字母
A	必须使用字符或数字
a	可选使用字符或数字
&	必须使用任何字符或空格
C	可选使用任何字符或空格
!	从右到左显示输入掩码
\	按字面字符显示下一个字符

如果对掩码符号并不熟悉，那么还可以借助掩码设置向导来输入掩码。单击字段属性窗格中的【输入掩码】右侧的 ⊡ 按钮，打开如图23-4所示的【输入掩码向导】对话框。从列表框中选择一个与预期值接近的掩码类型，可以在【尝试】文本框中输入一个测试值查看效果。

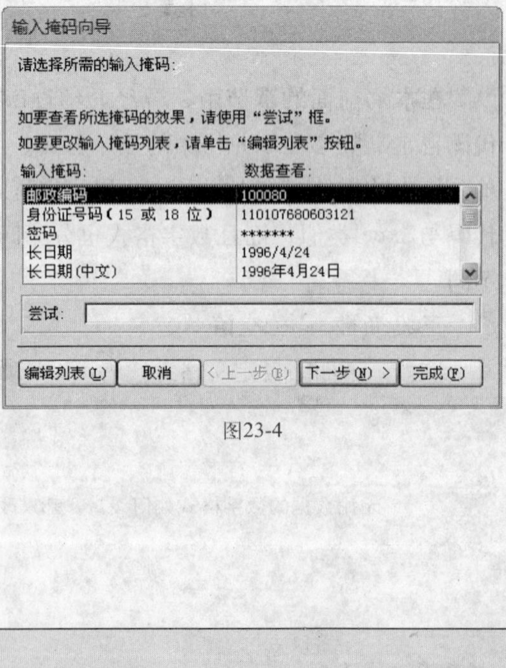

图23-4

如果列表中包含想要的掩码，那么在选择后可以直接单击【完成】按钮，否则单击【下一步】按钮，在进入的界面中设置掩码的符号以及占位符类型，如图23-5所示。

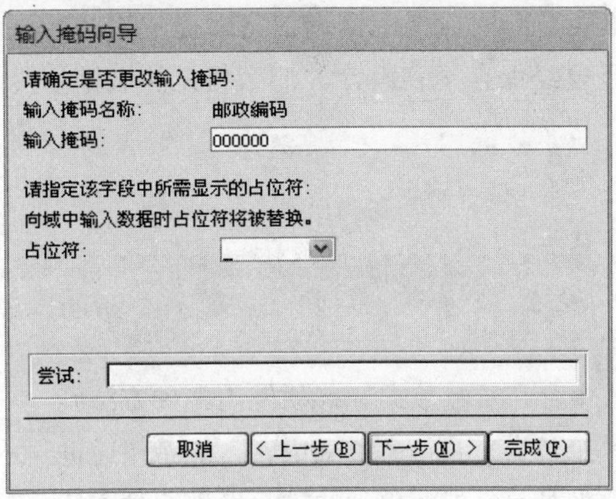

图23-5

单击【下一步】按钮后选择是否将特殊字符与数据一起存储。完成向导后，Access会在【输入掩码】文本框中自动输入设置的掩码符号。

23.2.7 设置数据的有效性规则

Excel中包含了一个十分有用的功能——数据有效性，使用该功能可以限制用户在工作表单元格中输入的内容。同样，Access中也提供了类似的功能，使用此功能也可以限制字段中数据输入的可能值。例如，对于年龄字段而言，可能只希望输入一个两位数，而不希望用户随意输入任意位数的数字，而且这个两位数只能位于20~50之间，因为公司招收的员工年龄不能低于20岁，也不能高于50岁。在字段属性窗格的【有效性规则】中设置如图23-6所示的数据有效性规则。同时在【有效性文本】中输入一个提示内容，当用户输入不符合条件的数值时，Access会用【有效性文本】中的内容提醒用户。

就本例而言，当输入的年龄不到20岁或大于50岁时，会收到如图23-7所示的提示信息。

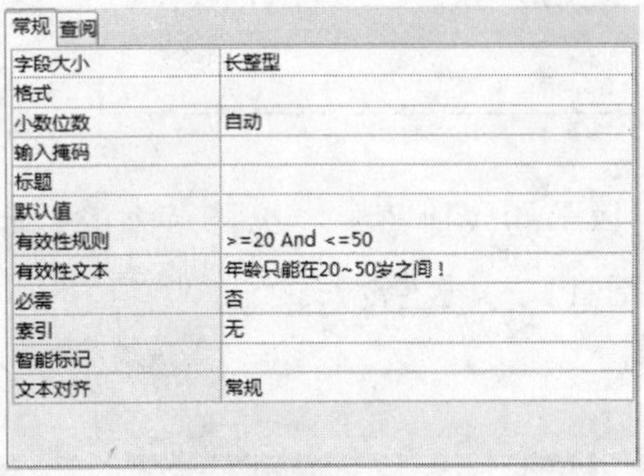

图23-6

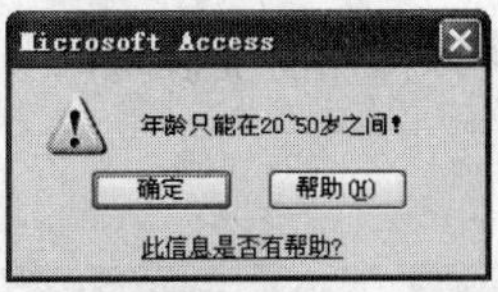

图23-7

23.2.8 删除字段

在表设计视图中，可以使用以下几种方法删除字段。

- 单击字段名称左侧的空白处，这个位置也可以称为行选择器。单击此处可以选择一整行，然后按Delete键即可删除该行。
- 右击字段所在行的任一单元格，在弹出的快捷菜单中选择【删除行】命令。
- 单击字段，然后单击功能区中的【设计】→【工具】→【删除行】按钮。

如果要删除的字段中包含了实际的数据，那么在删除时会显示提示信息以提醒用户。可以使用【撤销】命令恢复刚删除的字段，但是如果已经保存了表设计，那么将无法撤销字段的删除操作。

23.3 设置主键

Access表通常会包含很多数据，为了避免其中存在重复数据，必须使用一种方法确保可以唯一区别表中的每一条记录。例如，在一个包含客户信息的表中，可能希望通过客户姓名来区分每一个客户。这个方法看上去好像是可行的，但很快就会发现这种方法存在一定的问题，因为客户中很可能有同名的情况。为了解决这个问题，更好的方法是为每一个客户分配一个不重复的编号，这样可以确保表中没有重复的客户出现。唯一区别表中记录的字段就是表的主键，一个表中只能有一个主键。

在创建表时，Access会自动提供一个【自动编号】格式的字段，这个字段非常适合作为表的主键。自动编号字段就像前面提到的客户编号一样，在整个表中是唯一的。Access将对自动编号字段自动维护，每添加一条新记录，自动编号字段中的数字都会自动加1，从而确保不会出现重复编号的情况。

用户可以很容易将一个字段设置为表的主键。进入表设计视图，右击要作为主键的字段，在弹出的快捷菜单中选择【主键】命令，此时会在该字段左侧显示一个钥匙图标，表示该字段是当前表中的主键，如图23-8所示中的【客户编号】字段即是表的主键。

字段名称	数据类型	说明
客户编号	自动编号	
姓名	文本	
性别	文本	

图23-8

要删除主键，可以右击主键字段，然后在弹出的快捷菜单中选择【主键】命令。设置或删除主键也可以使用功能区中的【设计】→【工具】→【主键】按钮。

23.4 设置索引

在编辑表中的数据时，经常需要对数据进行排序、筛选或执行查询操作。如果表中包含很多数据，那么在对某一列数据进行排序时可能就会比较慢。解决这个问题的方法是为该字段设置索引。虽然为字段设置索引可以加快操作字段中数据的速度，但是并不建议将表中的所有字段都设置为索引，因为这样可能会适得其反。由于存在大量毫无意义的索引而影响在表中添加、删除或更新记录的速度。

Access会自动为表中的主键字段设置索引。除了主键字段外，用户也可以为其他任何字段设置索引，具体操作如下。

Step 01 切换到表设计视图，单击要设置索引的字段。

Step 02 在字段属性窗格中将【索引】设置为【有（有重复）】或【有（无重复）】，如图23-9所示，图中设置的是“年龄”字段的索引，因此需要选择【有（有重复）】选项。

Step 03 单击功能区中的【设计】→【显示/隐藏】→【索引】按钮，打开【索引】对话框，如图23-10所示。列表中显示了当前表中的所有索引，在【排序次序】列中为索引设置数据的排序方式，包括【升序】和【降序】两项。【索引属性】中还包括以下三个选项。

- 【主索引】：设置为【是】时表示Access使用该索引所在字段作为主键。
- 【唯一索引】：如果将该选项设置为【是】，那么该索引字段中的每一项数据都必须是唯一的，不能有重复值。
- 【忽略空值】：该值决定索引中是否可以包含空值。

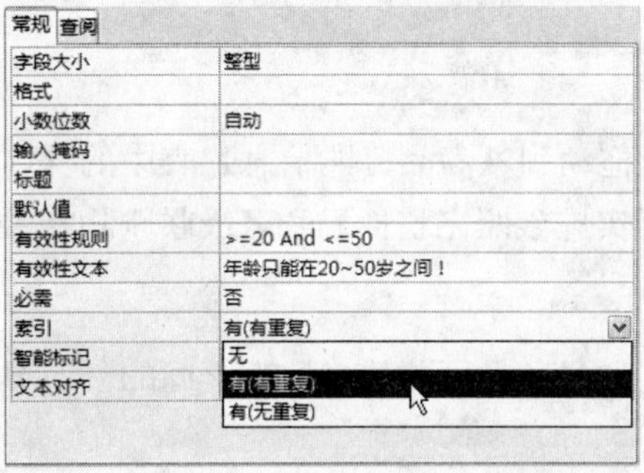

图23-9

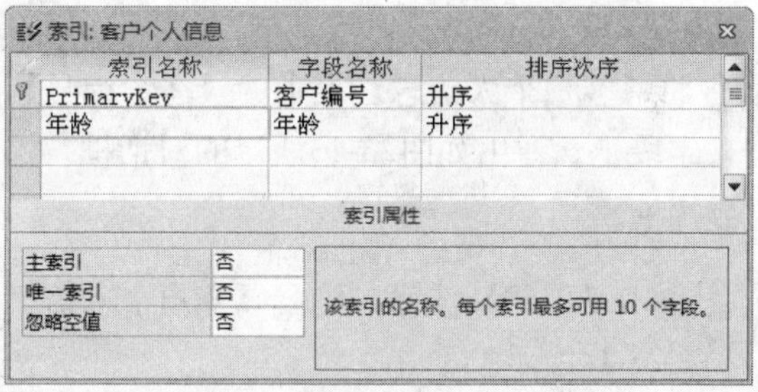

图23-10

Step 04 单击【索引】对话框右上角的关闭按钮，返回表设计视图，然后单击快速访问工具栏中的【保存】按钮保存对表的更改。

23.5 设置表关系

通常情况下，一个数据库中不会只有一张表，而是至少包含两张或更多的表。在本书第22章曾经讨论过将数据分散到多个表中的优点，为了让多个表中的数据形成一个有机整体，就需要在各个表之间建立一种关系，这种关系是通过表的主键和外键建立的。主键在本章前面已经介绍过，而外键其实只是相对不同表而言的。

例如，假设客户编号是表一中的主键，而表二中也有一个与表一中相同的客户编号字段，两个表通过该字段建立了关系，那么表二中的客户编号字段就是表一中的外键。当表之间建立关系以后，就可以使用查询从多个相关表中提取符合条件的记录。

下面通过建立客户个人信息表与商品订购信息之间的关系，演示了建立表关系的一般方法，具体操作如下。

Step 01 打开要创建表关系的数据库，单击功能区中的【数据库工具】→【关系】→【关系】按钮。

Step 02 单击【关系】按钮，打开【显示表】对话框，其中显示了当前数据库中的所有表，通过拖动鼠标或配合Ctrl键选择【客户个人信息】和【商品订购信息】两个表，如图23-11所示。

Step 03 单击【添加】和【关闭】按钮，将所选择的表添加到【关系】窗口中，如图23-12所示。

图23-11

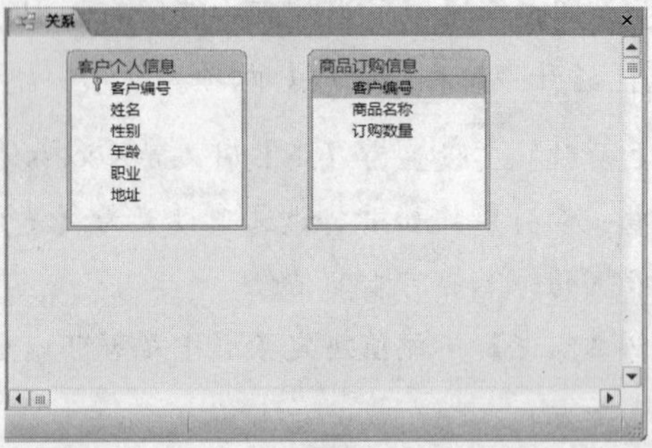

图23-12

Step 04 将【客户个人信息】表中的【客户编号】字段拖动到【商品订购信息】表中的【客户编号】字段上，弹出如图23-13所示的对话框，勾选【实施参照完整性】和【级联删除相关记录】复选框。

Step 05 单击【创建】按钮，建立【客户个人信息】表和【商品订购信息】表之间的一对多关系，如图23-14所示。

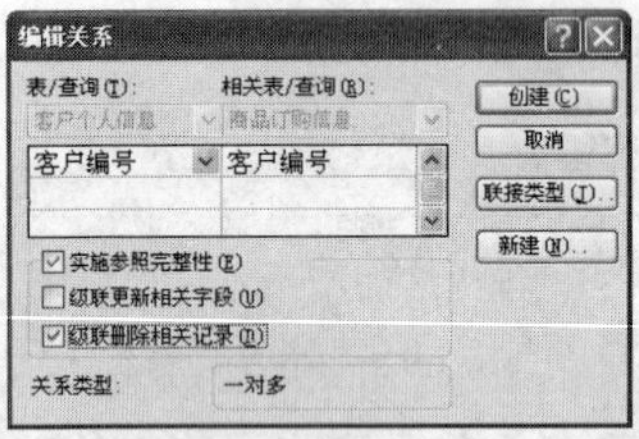

图23-13

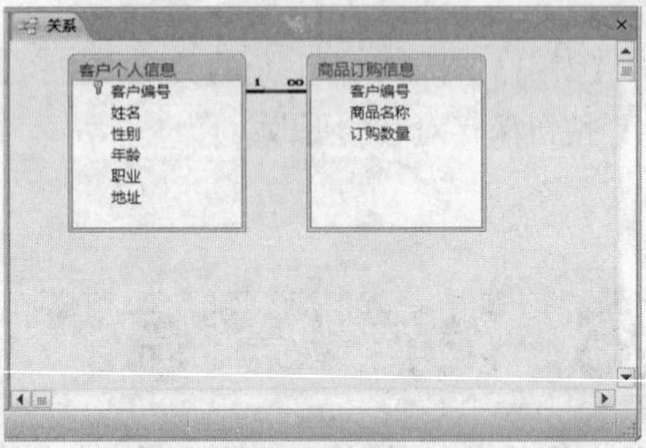

图23-14

> **提示** 【关系】窗口中表之间的连线是表与表之间的关系连接线，数字1表示“一”端表，无穷符号表示“多”端表。图23-14中创建的关系是一对多的关系，即一个表中的一条记录对应于另一个表中的多条记录。

Step 06 单击【保存】按钮保存已建立的关系。如果以后需要修改表之间的关系，可以双击【关系】窗口中的关系连接线，在打开的【编辑关系】对话框中修改表间的关系。单击要删除的关系连接线，按Delete键可删除该关系。

创建好表间的关系后，在Access中打开一对多关系中的主表，即“一”端表【客户个人信息】。单击记录前的【+】符号，可以查看每个客户订购的商品详情，如图23-15所示。

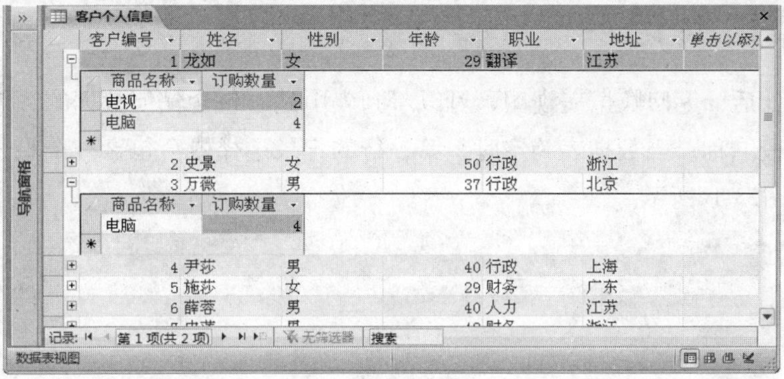

图23-15

23.6 操作表中的数据

设计好表结构后，接下来需要在表中输入数据，也就是添加记录。添加记录时需要注意设置了数据有效性规则的字段，如果输入的数据不符合规则，那么就会收到提示信息，需要重新输入数据。可以随时修改表中的数据，直接手工修改是其中的一种方法，如果要修改的数据太多，那么可以使用查找替换的方式进行批量修改。此外，还可以对表中的数据进行排序和筛选，从而便于查看和分析表中的数据。

23.6.1 在数据表中导航

如果要在数据表中移动位置，可以使用鼠标单击要移动到的记录；或者拖动Access窗口右侧的垂直滚动条；也可以使用窗口底部的导航按钮定位到上一条/下一条记录、第一个/最后一个记录或输入要定位到的记录编号；还可以使用快捷键进行导航，见表23-3所示。

表23–3 可用的快捷键

按 键	功 能
Shift+Tab	上一个字段
Tab	下一个字段
Home	当前记录的第一个字段
End	当前记录的最后一个字段
上箭头	上一条记录
下箭头	下一条记录
Ctrl+Home	第一条记录的第一个字段
Ctrl+End	最后一条记录的最后一个字段
PgUp	向上滚动一页
PgDn	向下滚动一页

23.6.2 添加新记录

在完成表设计后，返回数据表视图，可以看到表中是不包含任何数据的，但是表顶部会显示每一列的字段名称。当数据表为空时，第一行的记录选择器会包含一个星号，表示这是一个新记录，如图23-16所示。

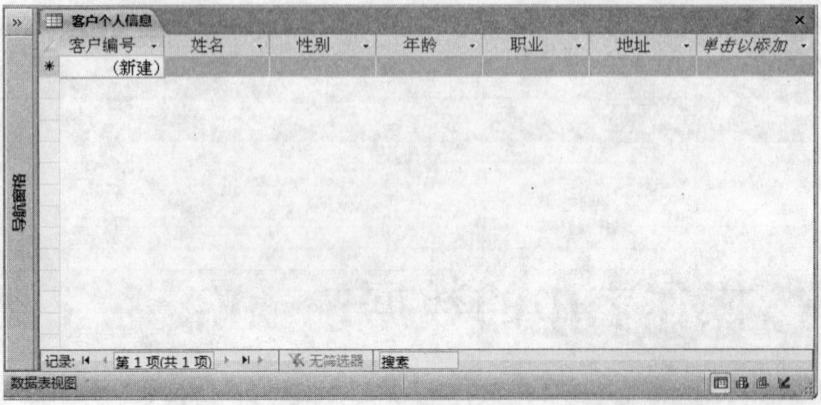

图23-16

当表中已经包含数据后，新记录会出现在表的底部，如图23-17所示。单击功能区中的【开始】→【记录】→【新建】按钮，可以将鼠标指针移动到表底部最后一行的新记录中，然后输入新的记录数据。

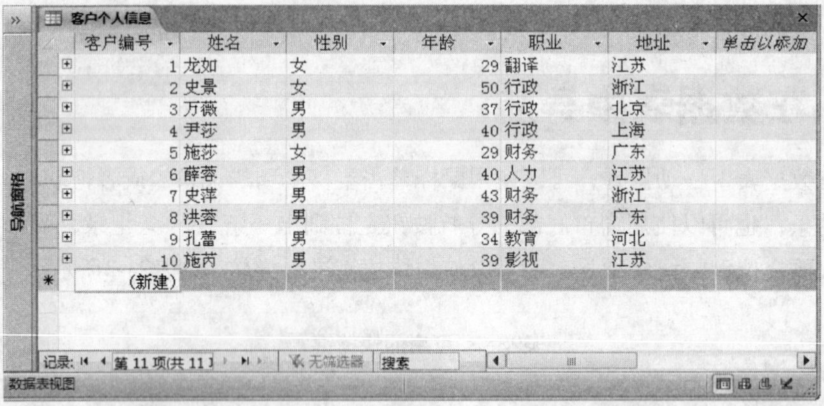

客户编号	姓名	性别	年龄	职业	地址	单击以添加
1	龙如	女	29	翻译	江苏	
2	史景	女	50	行政	浙江	
3	万薇	男	37	行政	北京	
4	尹莎	男	40	行政	上海	
5	施莎	女	29	财务	广东	
6	薛蓉	男	40	人力	江苏	
7	史萍	男	43	财务	浙江	
8	洪蓉	男	39	财务	广东	
9	孔蕾	男	34	教育	河北	
10	施芮	男	39	影视	江苏	
(新建)						

图23-17

提示　如果表中包含自动编号类型的字段，那么会在字段中显示“（新建）”，在这种字段中无法输入任何内容。可直接按Tab键将鼠标指针移动到下一个字段中继续输入数据。Access会自动在编号字段中添加编号。

23.6.3 保存记录

将鼠标指针移动到不同的记录上，即可保存已编辑好的记录。还可以使用以下方法保存编辑好的记录。

- 使用Tab键切换到其他字段。

- 单击导航按钮。
- 单击功能区中的【开始】→【记录】→【保存】按钮。

提示

只要记录选择器中的铅笔图标消失了，那么就说明记录已经被保存了。

技巧

如果既想保存记录，但是又不想离开当前字段位置，那么可以按Shift+Enter组合键。

23.6.4 修改数据

当表中已经包含数据时，可以随时修改这些数据。方法是单击单元格后使用BackSpace或Delete键逐一删除字符并输入新的内容，或者直接选择单元格中的内容，然后输入新内容替换原有内容。使用以下方法可以直接选中单元格中的内容。

- 使用Tab键或方向键。
- 在鼠标变为一个大加号时单击值的左侧。
- 双击值的左侧。
- 单击单元格并按F2键。

23.6.5 查找和替换数据

经常遇到需要在一个包含大量数据的表中修改某一类信息。例如，可能希望将“职业”字段中的“财务”全部改为“金融”，一个个手工修改相当麻烦，此时可以使用查找和替换功能。单击表中“职业”字段中的任意一个单元格，然后单击功能区中的【开始】→【查找】→【替换】按钮或按Ctrl+H组合键，打开【查找和替换】对话框，在【查找内容】文本框中输入“财务”，在【替换为】文本框中输入“金融”，如图23-18所示。

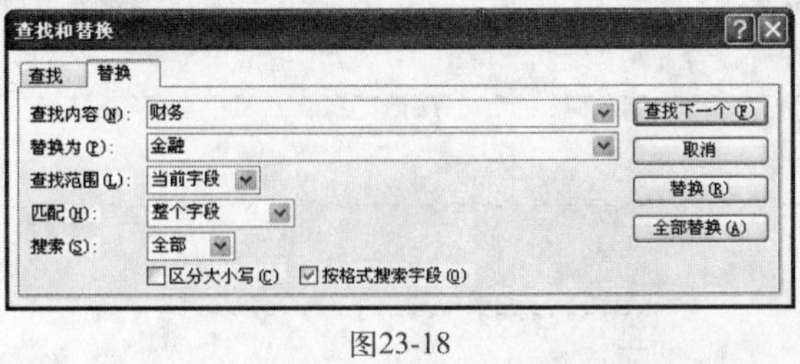

图23-18

注意

由于只修改“职业”字段中的值，因此确保【查找范围】中选择的是【当前字段】，这样可以防止将其他字段中的“财务”二字替换掉。

设置好替换选项后，单击【全部替换】按钮，可以将“职业”字段中的所有“财务”改为“金融”。

读·书·笔·记

中文版 Office 2010 应用大全

Chapter 24

使用查询、窗体和报表处理数据

在Access中创建表并输入数据后，接下来就可以使用Access中提供的各种工具来处理这些数据。例如，可以使用查询从多个表中提取符合条件的数据；使用窗体设计用户输入数据的界面或是在屏幕上显示数据的方式；还可以使用报表设计打印数据的方式。本章将介绍这些内容。

24.1 使用查询提取数据

在构建好数据库中包含底层数据的表后，就可以根据需要使用查询功能从不同的表中提取符合条件的数据，就像是一个向数据库提出问题并得到解答的过程。用户可以将从查询得到的结果在窗体中显示或是通过报表打印输出。通俗地讲，查询就是一个可以将数据库中的数据转变为有用信息的工具或过程。

24.1.1 什么是查询

查询的英文单词是query，意思是提问或者询问。所以可以将查询理解为是在向数据库提出问题的过程。在Access中使用查询从数据库中提取数据，然后再将得到的结果保存为一个对象。可以只从一个表中提取数据，也可以同时从多个表中提取数据，使用哪种方式要看问题的复杂性以及数据的组织情况。在创建并运行一个查询后，Access会检索相关表中的数据并返回一个记录集，可以将这个记录集看作是表数据的一个子集，因为记录集中只包含了符合条件的一条或多条记录。

24.1.2 查询的类型

Access支持以下很多不同类型的查询。

- 选择：通常创建的查询都是选择查询，该类型的查询是从一个或多个表中提取符合条件的数据，从而创建一个记录集。
- 汇总：汇总查询是选择查询的一个特殊类型，它可以对查询返回的记录进行求和或其他运算。
- 操作：操作查询允许创建一个新表或者更改查询涉及的表中的数据，包括追加、更新或删除等操作。
- 交叉表：交叉表查询可以用类似电子表格的交叉表形式显示总结数据，其中包含了表中字段的行、列标题。
- SQL：SQL用于高级数据库操作，通过编写SQL语句可以创建SQL查询。
- Top(n)：Top(n)查询可以指定从任何类型查询返回的记录数量或者记录百分比。

24.1.3 了解记录集

Access将从查询中得到的结果称为“记录集”，其外观就像一个表，但事实上记录集是动态数据集合。查询返回的记录集并不保存在数据库中，在关闭查询时，记录集就会消失。虽然记录集本身并不存在，但是被查询提取出来的组成记录集的数据仍然存在于底层表中。在保存查询时，Access只保存查询的结构，而不保存查询返回的记录，这样做的优势很明显，可以减少磁盘占用空间，而且查询返回的结果总是最新的。

24.1.4 创建简单查询

在Access中创建好底层的表并输入好原始数据后，就为查询做好了准备。用户可以使用查询向导或自定义的方式来创建查询，这里介绍自定义方式创建查询的方法。单击功能区中的【创建】→【查询】→【查询设计】按钮，打开【显示表】对话框，选择要从中提取数据的表，如图24-1所示。

单击【添加】和【关闭】按钮，关闭【显示表】对话框，并将所选择的表添加到一个新建的查询中，如图24-2所示。查询设计窗口包含上下两部分，上半部分显示了查询来源的表，下半部分则用于设置查询的条件。

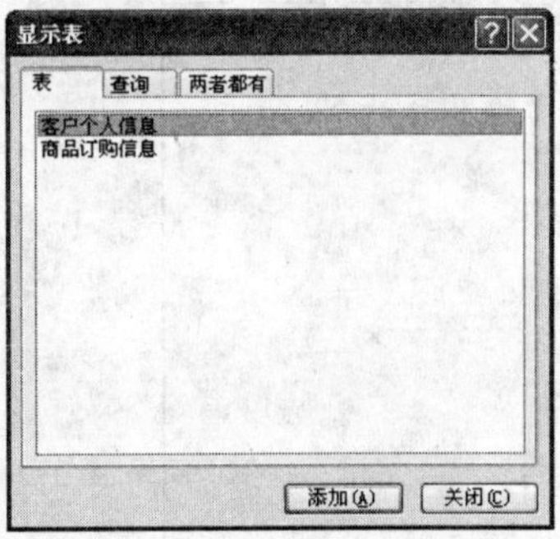

图24-1

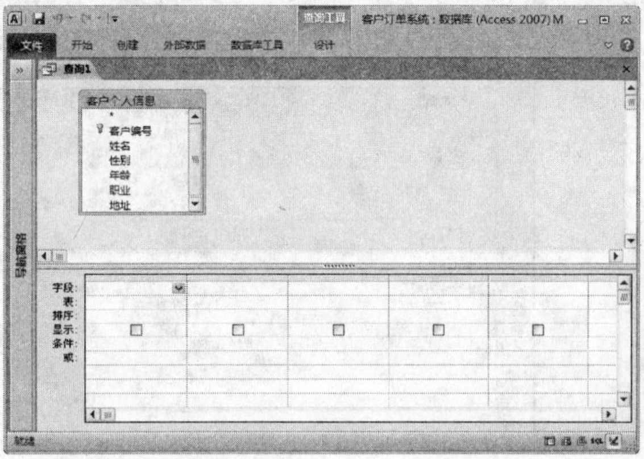

图24-2

提示

右击查询中的表，从弹出的快捷菜单中选择【删除表】命令，可以将该表从查询中删除。

下半部分用于设置查询条件的窗口包含以下六项。

- 字段：输入或添加字段名称。
- 表：显示字段的来源表，用于多表查询。
- 排序：为查询设置排序选项。
- 显示：确定是否显示返回记录集中的字段。
- 条件：筛选返回记录的条件。
- 或：添加多重查询条件的数行中的第一行。

本例添加到查询中的是“客户个人信息”表，假设希望查看年龄在30岁以上的所有客户信息，并将所有客户按年龄从大到小排列。创建查询的具体操作如下。

Step 01 单击查询设计窗口下半部分的字段单元格右侧的下拉按钮，从下拉列表中选择【姓名】选项，然后在同行右侧的两个单元格中依次选择【年龄】和【职业】选项。

Step 02 在【年龄】列中，将【排序】行对应的单元格设置为【降序】；在【条件】行对应的单元格输入“>＝30”，如图24-3所示。

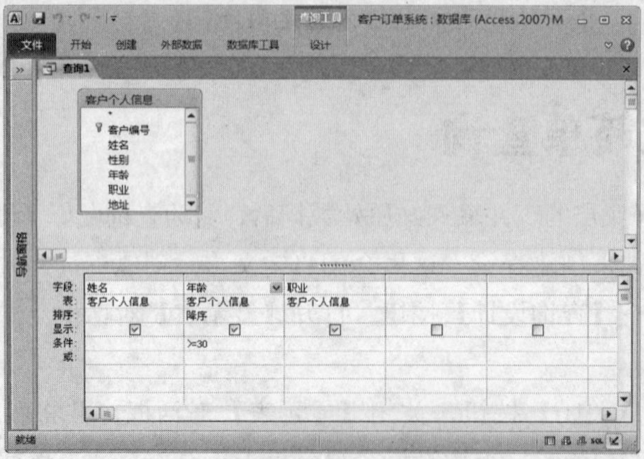

图24-3

Step 03 单击功能区中的【设计】→【结果】→【运行】按钮，将得到查询结果，如图24-4所示。如果要返回之前的查询设计窗口，可以单击状态栏中的【设计视图】按钮 。

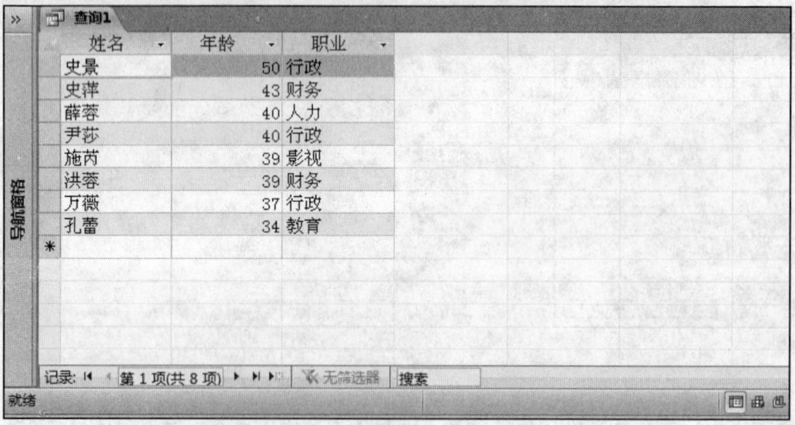

图24-4

24.1.5 创建多表查询

只从一个表中提取数据的情况并不是最常见的，更普遍的是从数据库的多个表中提取数据。这是因为在设计表结构时，通常都会将数据分散到多个表中，其优势已经在本书第22章介绍过。所以在提取数据时也需要从多个相关表中进行操作。

多表查询的操作方法与单表类似，只不过需要将多个表添加到查询中，然后从不同表中添加字段到查询中。如果要新建一个查询，那么可以在打开【显示表】对话框后，通过拖动鼠标或按住Ctrl键单击每一个表来选择多个表，这个操作与设置表关系时添加表的方法类似。如果要在一个已经存在的查询中添加表，那么可以打开这个查询，然后在查询窗口中右击，在弹出的快捷菜单中选择【显示表】命令，之后的操作与前面所述相同。

单击【添加】和【关闭】按钮后，将选择的多个表添加到查询中。与设置单表查询类似，依次在【字段】行中添加所需的字段。由于添加了多个表，因此在打开的字段列表中会以“表名+字段名”的形式显示字段名称，这样便于用户区别字段所属的表。设置好查询条件后，单击功能区中的【设计】→【结果】→【运行】按钮得到查询结果，如图24-5所示的结果表示从【客户个人信息】和【商品订购信息】表中提取出年龄在30岁以上，购买商品数量不少于三件的所有客户信息。

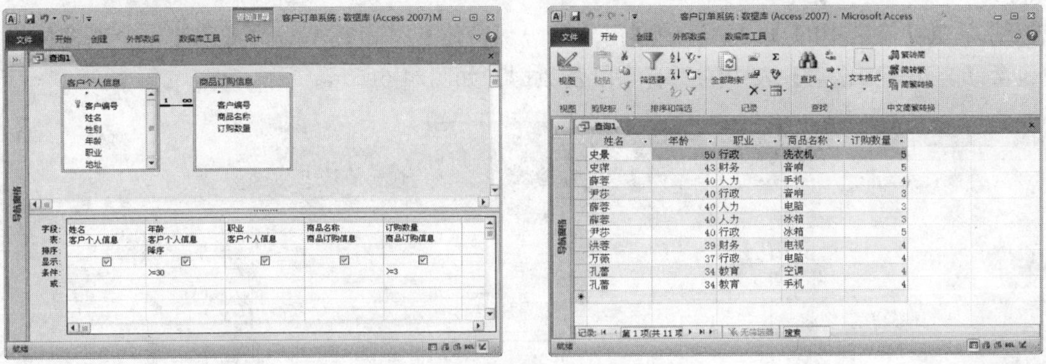

图24-5

24.1.6 保存查询

右击查询选项卡，从弹出的快捷菜单中选择【保存】按钮，如果是第一次保存查询，那么会要求提供查询的名称。输入一个名称并单击【确定】按钮，即可将查询保存到数据库中。不过保存的不是查询提取出的记录，而是查询中设置的条件。

24.2 使用窗体输入或显示数据

为了更加灵活地输入和显示数据，可以使用窗体对输入和显示界面进行自定义。为了使窗体便于操作，可以在窗体中添加不同类型不同用途的控件，如文本框、标签、按钮、列表框等。本节将介绍如何创建窗体并在窗体中添加控件。

24.2.1 创建窗体

创建窗体很容易，在功能区的【创建】→【窗体】组中列出了创建窗体的多种方法。

- 窗体：创建一个每次只能输入一条记录的窗体。
- 窗体设计：创建一个空白窗体并自动进入窗体设计视图，由用户对窗体进行完全自定义设计。
- 空白窗体：创建一个不带控件的窗体。
- 窗体向导：按照向导一步一步地操作创建出可自定义的简单窗体。
- 导航：创建用于浏览其他表单或报表的窗体。
- 其他窗体：可以创建更多类型的窗体，包括多个项目、数据表、分割窗体、模式对话框等。

可根据需求和用途选择创建的窗体类型。例如，可以基于【导航窗格】中当前所选择的表或查询创建窗体，具体操作如下。

Step 01 单击【导航窗格】中要创建窗体的表，例如【客户个人信息】表。

Step 02 单击功能区中的【创建】→【窗体】→【窗体】按钮，Access将创建一个新窗体，其中包含【客户个人信息】表中的所有字段及数据，如图24-6所示。

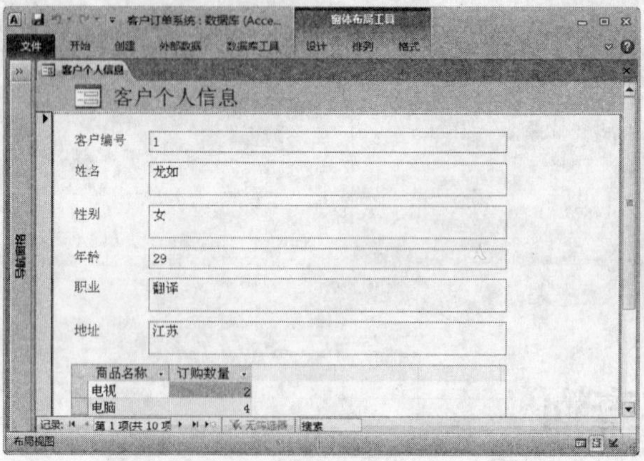

图24-6

创建窗体的另一个快捷方法是使用窗体向导。单击功能区中的【创建】→【窗体】→【窗体向导】按钮，打开【窗体向导】对话框。在【表/查询】下拉列表中选择要创建窗体的来源表或查询，中间的四个按钮将字段从左侧列表框中添加到右侧列表框中，如图24-7所示。

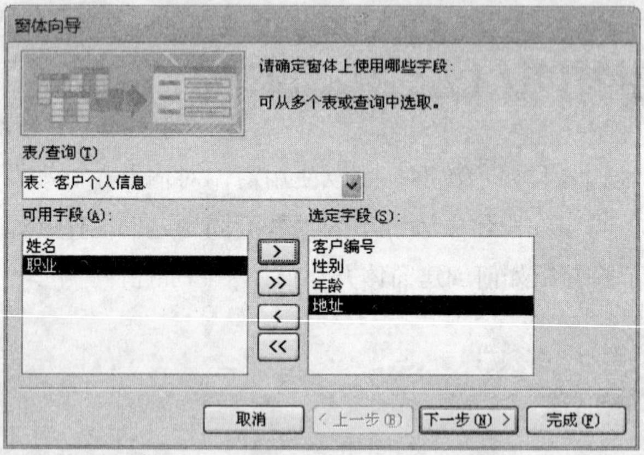

图24-7

单击【下一步】按钮选择窗体的布局结构，继续单击【下一步】按钮，为窗体指定一个名称，然后单击【完成】按钮即可创建窗体，其中包含了由用户自己指定的字段。

24.2.2 在窗体中添加控件

如果已经创建了窗体，那么可以单击状态栏中的【设计视图】按钮，进入窗体设计视图，以更改窗体的结构。如果创建了一个空白窗体，那么可以在设计视图中从头开始设计窗体结构，主要的工作就是向窗体中添加控件。

控件是窗体和报表的主要组成部分，而且在窗体和报表中使用控件的方法基本是相同的。控件是窗体中的任何对象，例如，一个按钮，一个用于输入文字的文本框，也可能是用于显示信息的标签，还可能是提供选项的下拉列表。

控件既可以接收用户输入的数据，也可以用于将数据显示到屏幕中。控件可以绑定到表中的一个字段上，这样在控件中输入数据时会自动将该数据输入到表中绑定的字段上，从而改变底层数据。首先进入窗体的设计视图，然后可以使用下面两种方法在窗体中添加控件。

- 单击功能区中的【设计】→【控件】组中的控件按钮（如图24-8所示），然后在窗体中绘制一个未绑定的新控件。
- 在【字段列表】窗格中将字段直接拖动到窗体，创建一个绑定到字段的控件。

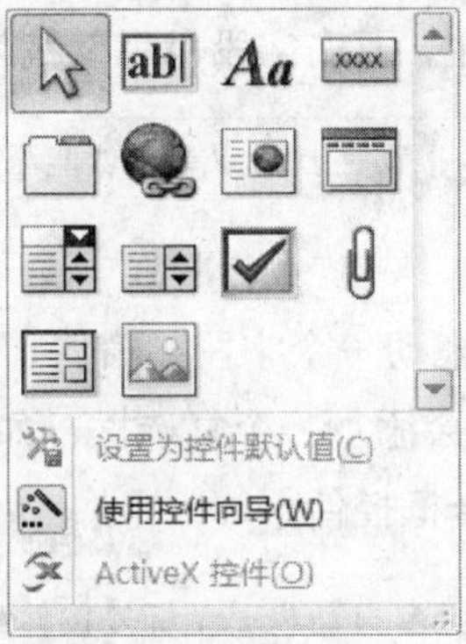

图24-8

通过使用功能区【设计】→【控件】组中的按钮添加控件，可以灵活决定想要使用的控件类型。使用这种方法添加的控件并未绑定到表字段中，如果需要可以在创建控件后手动设置绑定状态。在窗体中添加控件的具体操作如下。

Step 01 单击功能区中的【创建】→【窗体】→【窗体设计】按钮，在设计视图中新建一个空白窗体，如图24-9所示。

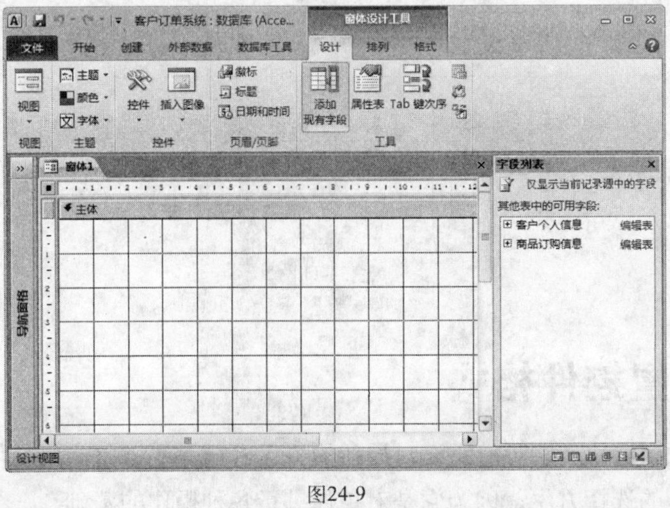

图24-9

Step 02 单击【设计】→【控件】组中的控件类型按钮，然后在窗体中拖动鼠标绘制所选类型的控件，如图24-10所示是在窗体中绘制了一个文本框控件、一个选项按钮和一个复选框。

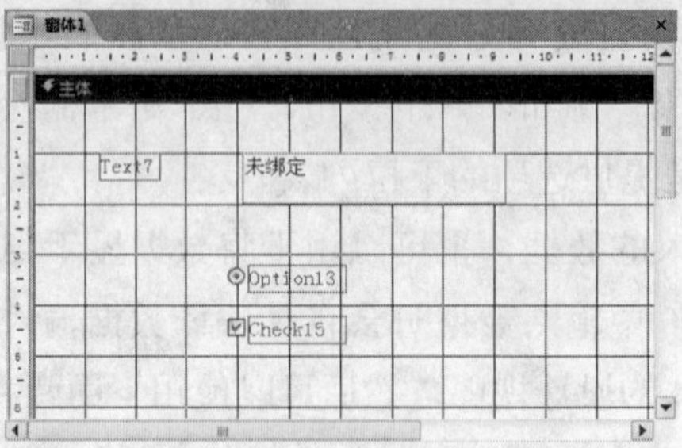

图24-10

在窗体设计视图时会在Access窗口右侧自动打开【字段列表】窗格，其中显示了窗体所基于的一系列来自表或查询所包含的字段。可以直接从【字段列表】窗格中将字段拖动到窗体中，这样可以添加绑定到字段的控件。双击字段也可以将其添加到窗体中。

提示　如果当前没有显示【字段列表】窗格，可以单击功能区中的【设计】→【工具】→【添加现有字段】按钮进行显示。

通常情况下，当从字段列表中拖动一个字段到窗体，则会添加一个绑定的文本框；如果拖动的是“是/否”类型的字段，则会添加一个复选框；如果拖动的是一个具有“查找”属性的字段，则会添加一个列表框或组合框控件。

提示　在添加文本框控件时，Access会自动将一个标签控件和一个文本框控件关联。如果只想处理调整文本框控件而不调整标签，那么需要对它们进行单独处理。

我们可以很容易地发现添加到窗体中的未绑定控件和绑定控件之间的区别：绑定到字段的控件标签会显示字段的名称，而没有绑定的控件则不会显示，如图24-11所示。

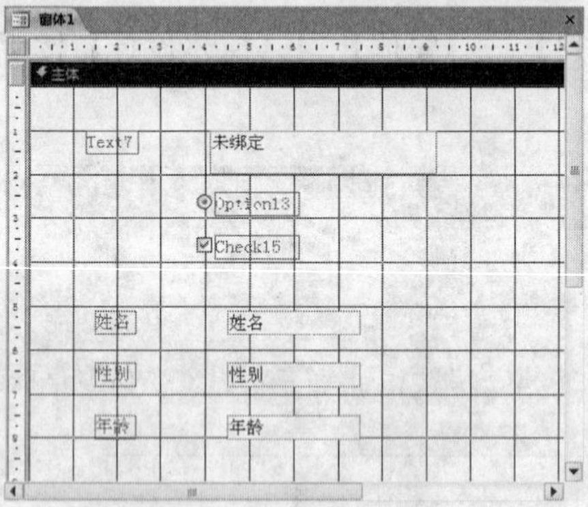

图24-11

24.2.3 设置控件格式

在将控件添加到窗体后，可能需要对控件的格式进行一些调整，包括位置、大小等。但是首先要掌握控件的选择方法，因为它是对控件进行各种操作的基础。一个选定的控件其四周可能会显示4~8个控制柄，（控件边框上的小方块），这些控制柄可用于调整控件的大小，左上角的控制柄较大一些，用于移动控件。如图24-12所示显示了一些选定的控件。

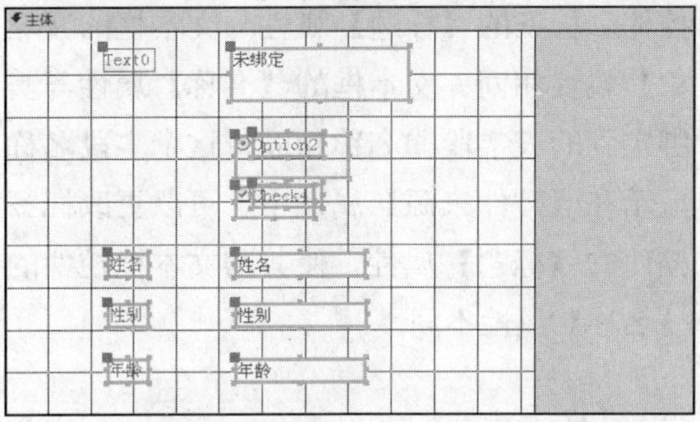

图24-12

单击某个控件即可将其选中，选定控件后就会显示四周的控制柄。如果控件具有关联标签，那么标签的移动控制柄也会出现。可以使用下面几种方法选择多个控件。

- 通过拖动鼠标划过想要选择的所有控件。
- 将鼠标移动到水平标尺或垂直标尺上，当鼠标变为下箭头或右箭头时拖动标尺。
- 按住Shift键的同时单击要选择的每一个控件。
- 在窗体的设计视图中按Ctrl+A组合键，选择窗体中的所有控件。

提示 如果发现鼠标拖动过的矩形区域所包含的控件没有被选中，那么可能是因为当前设置的【选中行为】是【全部包含】。解决方法如下：单击【文件】按钮并选择【选项】命令，打开【Access选项】对话框，选择【对象设计器】选项卡，然后单击【部分包含】单选按钮。

如果要取消选择控件，可以单击窗体中的空白处，这样将取消选择所有控件。按住Shift键的同时单击已选择的控件，可以只取消该控件的选择。

使用鼠标拖动控件四个边中间上的控制柄（鼠标变为水平或垂直方向的箭头），可以在一个方向扩大或缩小控件；如果拖动控件角上的控制柄可同时调整控件的宽度和高度（鼠标变为对角线方向的箭头）。可以在按住Shift键的同时按方向键，这样可以按每次1像素来调整控件大小。

技巧 双击控件上的任意一个用于调整大小的控制柄，Access会自动调整控件大小以便正好容纳其中包含的文本。

24.2.4 更改控件类型

如果发现最开始创建的控件并不是自己想要的，那么可以更改窗体中控件的类型。右击控件，在弹出的快捷菜单中选择【更改为】命令，然后在子菜单中选择要更改为的控件类型。需要注意的是，并不是可以将控件更改为任何其他控件类型，例如，可以将文本框控件更改为标签、列表框和组合框，而不能改为复选框或选项按钮。

24.2.5 修改控件属性

控件属性决定了控件的各种特性，例如，控件的名称、控件上显示的文字及其字体和字号、边框颜色、背景颜色、控件的尺寸以及在窗体中的位置等。前面介绍的调整控件大小的操作其实就是在设置控件的属性。如果希望更系统、更全面地设置控件的属性，那么可以使用Access专门为控件提供的【属性表】。

进入窗体设计视图，然后单击功能区中的【设计】→【工具】→【属性表】按钮，打开【属性表】窗格。如果当前没有选择任何控件，那么【属性表】中显示的是窗体的各项属性。单击窗体中的控件，此时【属性表】中会显示当前选中的控件的属性，其中包含五个选项卡，最后一个选项卡包含了前四个选项卡中的所有属性。如图24-13所示为文本框的【属性表】。

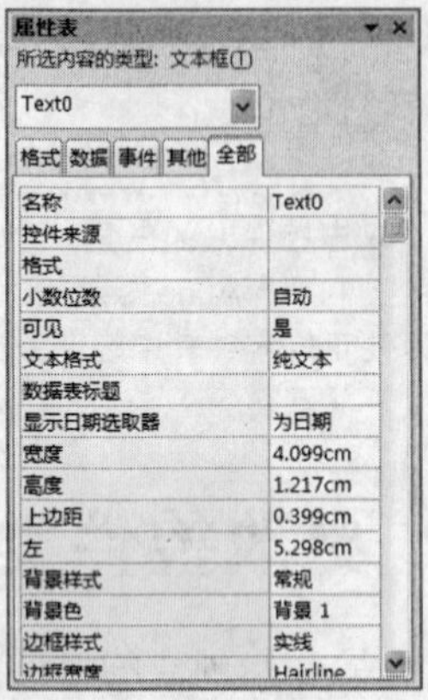

图24-13

> **提示** 如果在同时选择多个控件的情况下打开了【属性表】窗格，那么其中显示的属性则是当前所选控件共有的属性。

打开控件的【属性表】窗格还可以使用以下两种方法。

- 双击控件。
- 右击控件，在弹出的快捷菜单中选择【属性】命令。

要为控件设置属性，只需单击【属性表】窗格属性列表中的属性名称，然后选择预置的属性值或输入新值。不同的属性其设置方式有所不同，例如，在设置控件的【宽度】、【高度】等属性时需要手工输入具体的值；而设置控件的【可见】属性时则可以从列表中选择值，如图24-14所示。

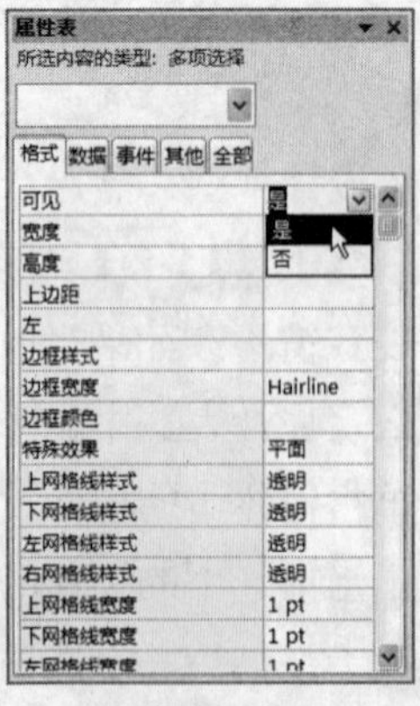

图24-14

我们可以很容易地发现，每个绑定到字段上的对象都有一个标签控件和一个文本框控件。标签的【标题】属性与文本框的【名称】属性相同，文本框的【名称】属性与其绑定到的表字段的名称相同，这个字段名称显示在【控件来源】属性中。可以更改标签控件的【标题】属性，使其与文本框控件的【名称】属性不同。

24.2.6 删除控件

在窗体的设计视图中选中控件并按Delete键，即可删除控件。如果同时选择了多个控件，那么在按下Delete键后可以一次性删除它们。如果选中关联控件的标签并按Delete键，则可以只删除该标签而不会删除与其关联的控件。还可以使用以下两种方法删除选中的控件。

- 单击功能区中的【开始】→【记录】→【删除】按钮。
- 右击控件，在弹出的快捷菜单中选择【剪切】命令。

24.2.7 打印窗体

可以将窗体中的一条或多条记录打印输出。最快速的打印方法是单击快速访问工具栏中的【打印】按钮，Access会使用Windows默认打印机打印当前窗体。如果希望在打印前进行一些设置，那么可以单击【文件】按钮并选择【打印】→【打印】命令，打开如图24-15所示的【打印】对话框。从【名称】下拉列表中选择要使用的打印机，如果只想打印选择的记录，那么需要单击【选中的记录】单选按钮，还可以在【打印份数】中设置要打印的份数。此外，可以单击【设置】按钮在打开的对话框中设置边距和列的尺寸。

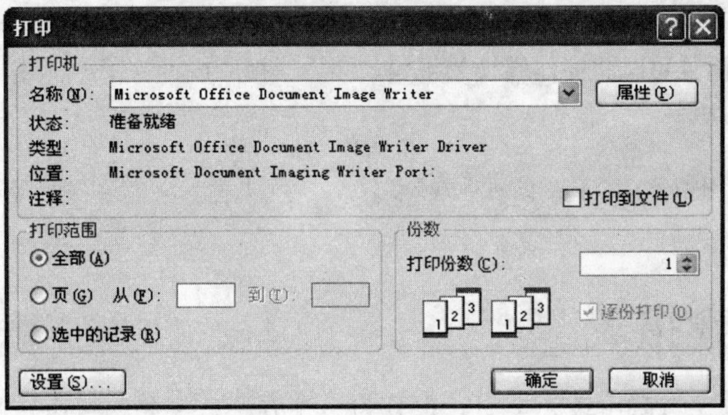

图24-15

可以在最终打印之前，预览一下整体的打印效果，最主要的是可以确定所有内容需要占用多少个页面。单击【文件】按钮并选择【打印】→【打印预览】命令，在打印预览窗口中可以看到窗体真实打印的效果。在功能区的【打印预览】选项卡中还可以对打印进行设置或缩放预览显示比例。单击功能区中的【打印预览】→【关闭预览】→【关闭打印预览】按钮可返回窗体视图。

24.3 使用报表输出数据

报表提供了自定义的数据视图，能够以任何希望的格式查看或打印信息，既可以使用报表将数据输出到屏幕上查看，也可以将报表打印到真实的纸张上。报表可以对数据库中的数据进行任意分组和总结，而且可以任何顺序进行排列，还可以对数值进行汇总计算。

24.3.1 了解报表的类型

根据报表中包含的内容以及布局的不同，报表可以分为以下几种。

- 列表式报表：这类报表以分组和汇总的行和列打印数据。
- 纵栏式报表：这类报表以表单形式打印数据，还可以包含汇总和图表。
- 邮件合并报表：这类报表可以创建表单信函。
- 邮件标签：这类报表可以创建多列标签或长列报表。
- 图表：创建图表布局的直观报表。

24.3.2 报表和窗体的区别

报表和窗体十分类似，但是它们之间也存在着差异，主要是输出的目的不同。窗体主要用

21 Chapter
22 Chapter
23 Chapter
24 Chapter
25 Chapter
26 Chapter
27 Chapter
28 Chapter
29 Chapter
30 Chapter

于数据的输入与用户交互，而报表则用于以不同的组合方式查看数据。报表可以完成窗体所能完成的任何工作，而且可以将窗体转换为报表，然后在报表设计视图中自定义窗体控件。

交叉参考

将窗体转换为报表的方法请参考本章24.3.4节。

24.3.3 创建报表

创建报表的方式与窗体较为类似，也分为多种方法。例如，可以使用报表向导创建报表，也可以创建一个空白报表后从头对其进行设计，还可以直接以选定的表或查询直接生成报表。总体来说，创建一个令人满意的报表大致需要以下步骤。

- 构建报表布局。
- 组合数据。
- 使用设计视图细化报表的创建。
- 查看或打印报表。

由于本书篇幅所限，因此这里介绍使用报表向导创建报表的方法，具体操作如下。

Step 01 打开要创建报表的数据库，然后单击功能区中的【创建】→【报表】→【报表向导】按钮，打开【报表向导】对话框，在【表/查询】中列出了当前数据库中包含的表和查询。

Step 02 选择要使用的表【表：商品订购信息】，下面左侧列表框中会显示出该表中包含的字段，选择要添加到报表中的字段，如图24-16所示。

Step 03 如果还需要添加其他表中的字段，那么可以重复上面的步骤，在【表/查询】中选择其他的表，接着将左侧列表框中新表的字段添加到右侧，如图24-17所示。添加好全部所需的字段后，单击【下一步】按钮。

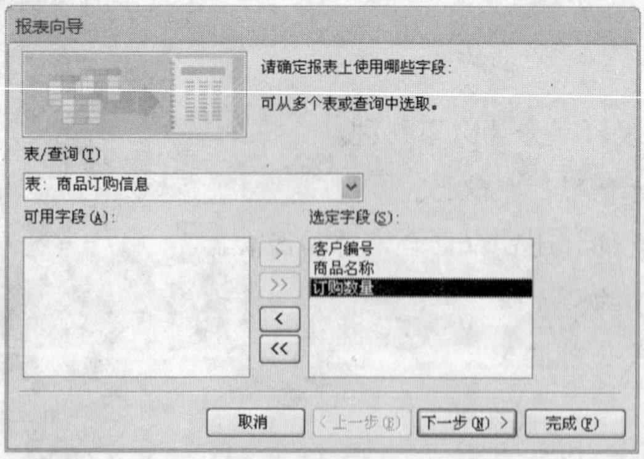

图24-16

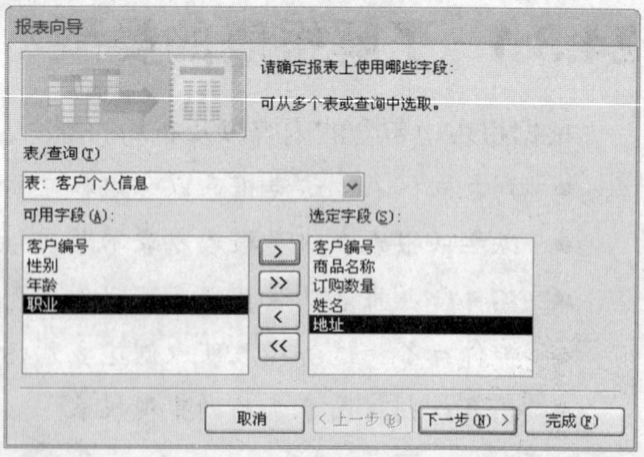

图24-17

Step 04 进入如图24-18所示的界面，选择查看数据的方式，保持默认不变，直接单击【下一步】按钮。

Step 05 进入如图24-19所示的界面，选择是否为报表数据进行分组。这里选择【客户编号】并单击 > 按钮，这样可以将同一个客户的商品订购信息显示在同一个组中。然后单击【下一步】按钮。

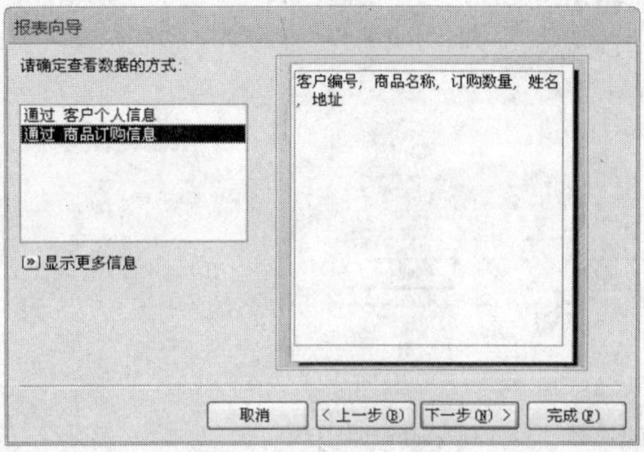

图24-18

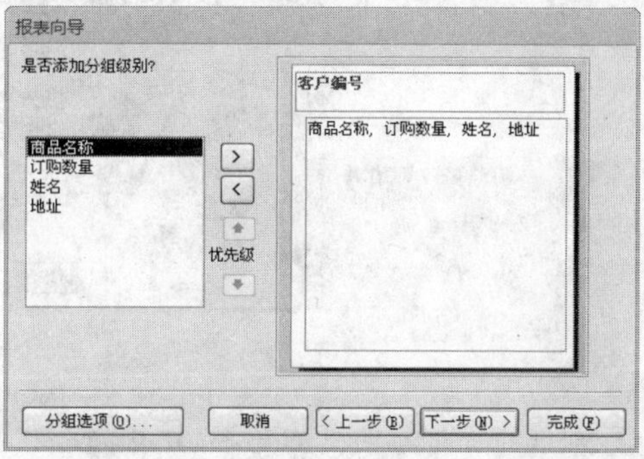

图24-19

提示　如果设置了分组级别，那么可以单击【分组选项】按钮，在如图24-20所示的【分组间隔】对话框中进行详细设置。【分组间隔】下拉列表中的选项会根据用于分组的字段的数据类型而不同。

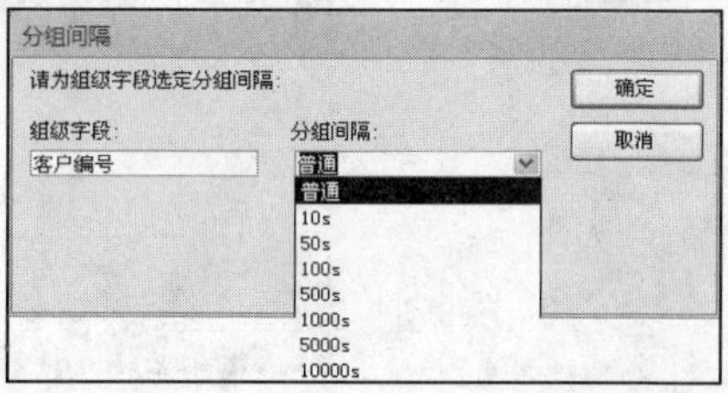

图24-20

Step 06 进入如图24-21所示的界面，选择报表中的数据以哪个字段进行排序，这里设置以“订购数量”对数据进行降序排列，然后单击【下一步】按钮。

Step 07 进入如图24-22所示的界面，这里用于选择报表的布局方式。【布局】中的选项用于设置是否重复列标题、是否缩进每个组以及在各行之间是否添加边框线；【方向】中的选项用于确定报表的方向，这里选择【递阶】和【横向】，然后单击【下一步】按钮。

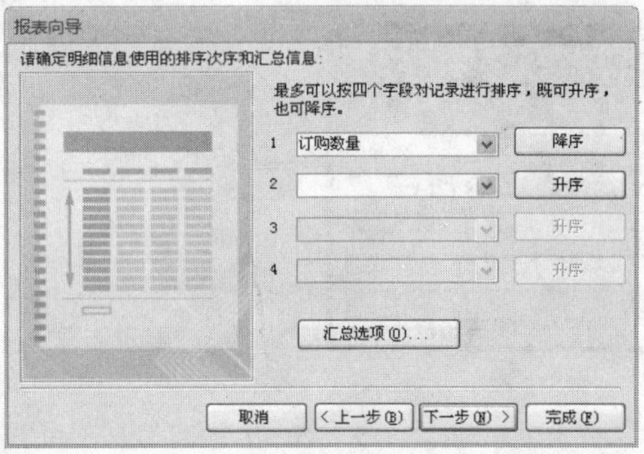

图24-21

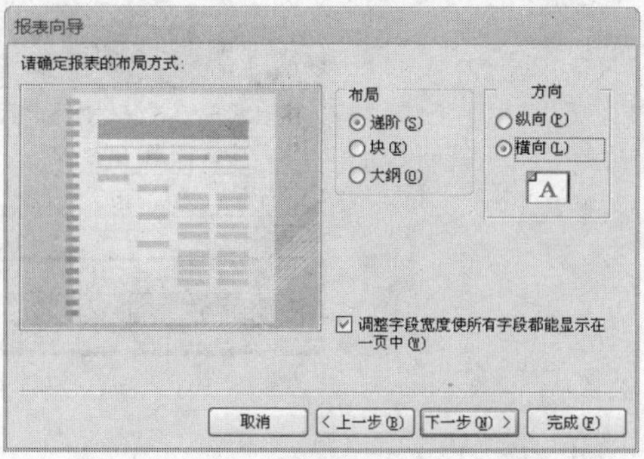

图24-22

Step 08 进入如图24-23所示的界面，设置报表的标题。如果希望预览报表的外观，则单击【预览报表】单选按钮；如果还需要对报表进行修改，那么可以单击【修改报表设计】单选按钮。

Step 09 单击【完成】按钮，在打开的窗口中显示了创建的报表，如图24-24所示。以后可以单击状态栏中的【设计视图】按钮 进入报表设计视图修改报表。

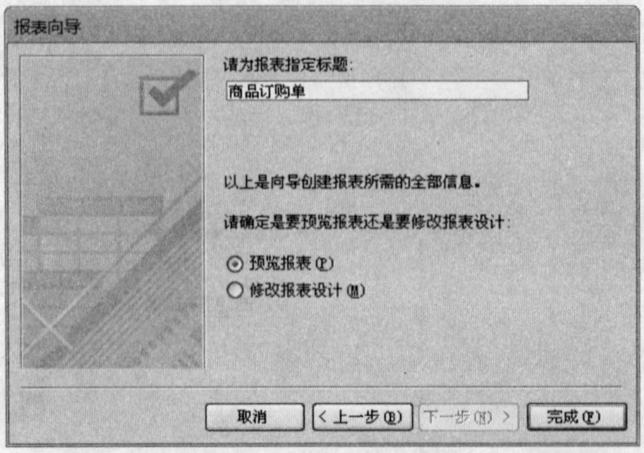

图24-23

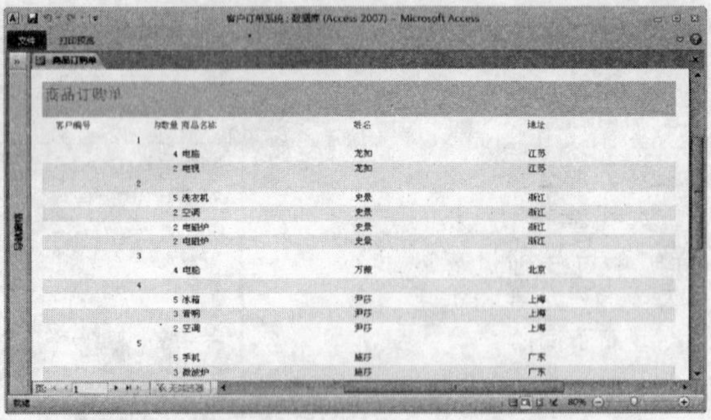

图24-24

24.3.4 将窗体转换为报表

在窗体设计视图中打开要转换为报表的窗体，然后单击【文件】按钮并选择【对象另存为】命令，在打开的对话框中将【保存类型】设置为【报表】，如图24-25所示。单击【确定】按钮即可将窗体转换为报表。

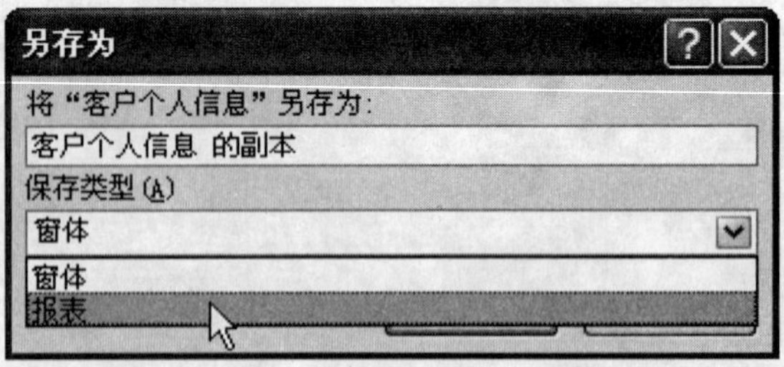

图24-25

中文版 Office 2010 应用大全

Chapter 25

使用Outlook收发与管理邮件

如果用户觉得每天使用网页浏览器登录邮箱太麻烦，那么不妨使用Microsoft Outlook来收发与管理电子邮件。使用Outlook不但可以正常发送与接收邮件，还可以管理邮件中的联系人、安排约会和会议，处理各种日常事务。本章将介绍Outlook 2010的使用方法。

25.1 配置电子邮件账户

在使用Outlook 2010之前，需要先在Outlook中正确设置账户信息。该过程为Outlook提供了相关信息，包括电子邮件地址和密码等。只有设置了账户，Outlook才能使用这些信息连接到电子邮件服务器，从而按顺序进行收发电子邮件的任务。本节将介绍在Outlook中设置电子邮件账户的内容。

25.1.1 创建电子邮件账户

如果电脑中没有使用类似Outlook Express或Windows Mail的邮件管理程序，那么就需要在Outlook 2010中创建电子邮件账户，具体操作如下。

Step 01 从【开始】菜单中启动Outlook 2010应用程序，如果是第一次使用Outlook 2010，那么启动界面如图25-1所示，单击【下一步】按钮。

Step 02 进入如图25-2所示的界面，选择【不升级】单选按钮，然后单击【下一步】按钮。

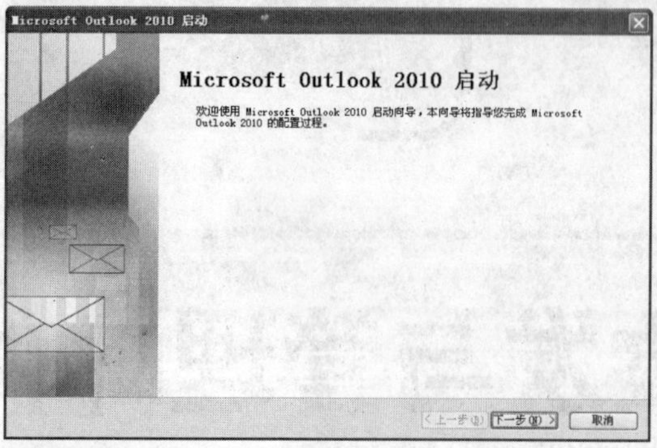

图25-1

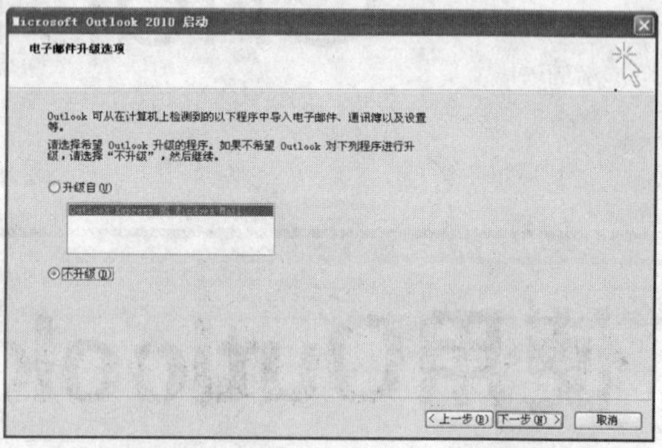

图25-2

Step 03 进入【自动账户设置】界面，选择【是】单选按钮，然后单击【下一步】按钮，进入如图25-3所示的界面，选择【电子邮件帐户】单选按钮，然后填写电子邮件账户信息，包括电子邮件地址和密码等。接着单击【下一步】按钮。

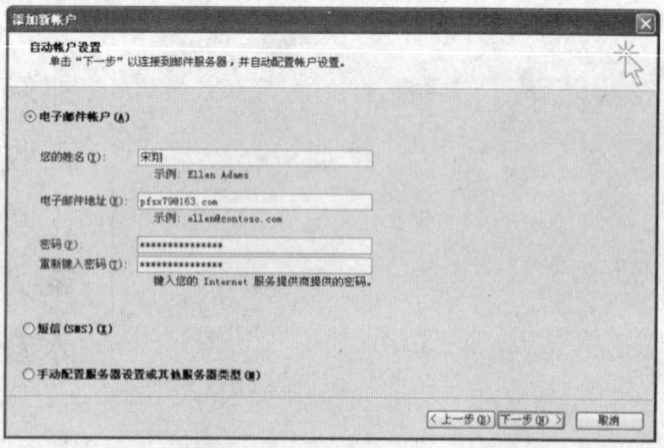

图25-3

Step 04 Outlook根据上一步输入的电子邮件账户信息开始配置电子邮件服务器，稍后将完成电子邮件账户的设置，单击【完成】按钮即可。如果到服务器的加密连接无法使用，那么稍后会收到此类信息的提示，询问用户是否尝试使用未加密连接，此时只需单击【下一步】按钮即可。

Step 05 账户设置成功后单击【完成】按钮，进入如图25-4所示的Outlook主界面，在左侧导航栏中显示新设置的电子邮件账户。Outlook开始自动使用新建的电子邮件账户接收邮件服务器中的所有邮件。

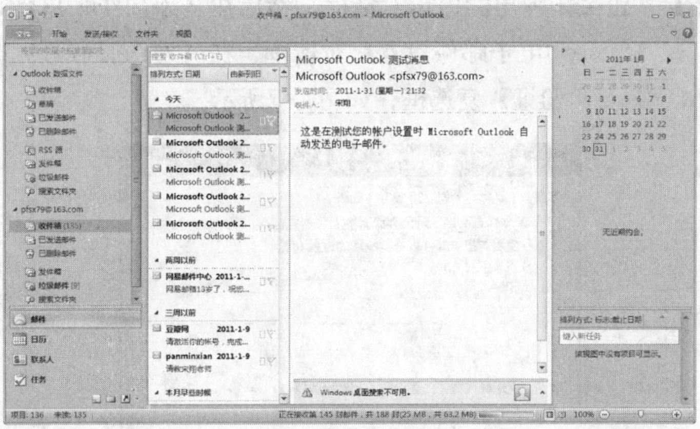

图25-4

25.1.2 手动设置电子邮件账户

设置电子邮件账户并非一帆风顺，有时可能会遇到设置失败的情况。如果使用加密连接和非加密连接都不能成功设置，那么可以手动配置电子邮件账户，具体操作如下。

Step 01 在【添加新帐户】对话框中选择【手动配置服务器设置或其他服务器类型】单选按钮，然后单击【下一步】按钮，在如图25-5所示的界面中选择【Internet电子邮件】单选按钮并单击【下一步】按钮。

Step 02 在如图25-6所示的界面中设置电子邮件账户的相关信息。在设置电子邮件账户的服务器信息时，需要选择邮件服务器的类型：POP3或IMAP。无论选择哪个，发送邮件服务器都将设置为类似SMTP.163.COM的形式。对于POP3来说的接收邮件服务器设置为POP3.163.COM，而IMAP的接收邮件服务器则设置为IMAP.163.COM。这里以网易163邮箱为例，如果是126邮箱，则将此处的163替换为126。

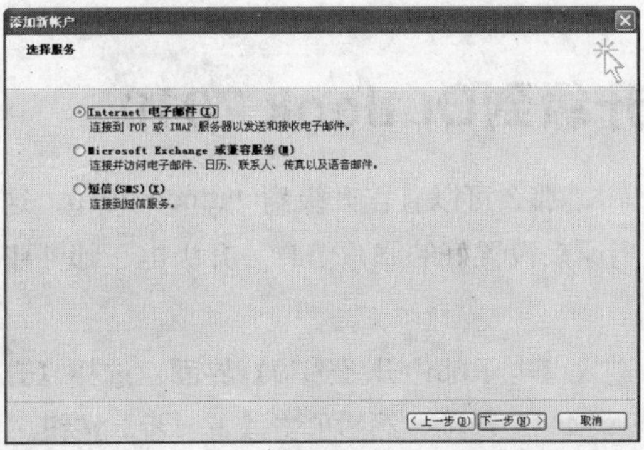

图25-5

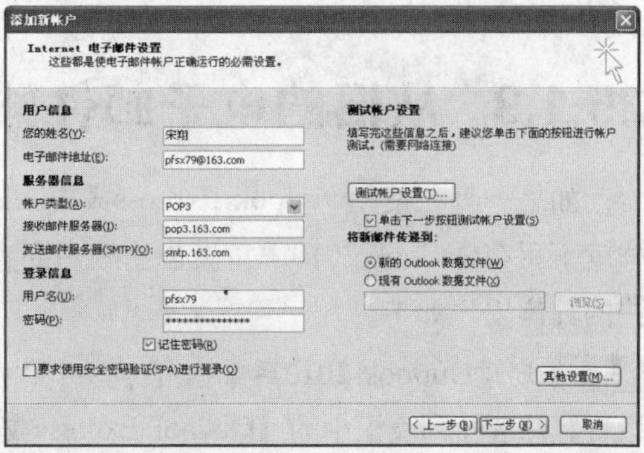

图25-6

提示 IMAP协议属于在线操作，邮件客户端使用IMAP方式打开邮箱，看到的都是邮件快照，所有对邮件的操作相当于在邮件服务器上进行一样；而使用POP协议的邮件客户端则是直接将邮件下载到本地电脑的硬盘中，操作的邮件并不直接作用于邮件服务器中的邮件。

Step 03 可以单击【测试帐户设置】按钮测试所设置的账户是否可用。通常情况下会显示失败信息，单击【关闭】按钮关闭弹出的提示对话框，然后在【添加新帐户】对话框中单击【其他设置】按钮，打开【Internet电子邮件设置】对话框，在【发送服务器】选项卡中选择【我的发送服务器（SMTP）要求验证】复选框，如图25-7所示。

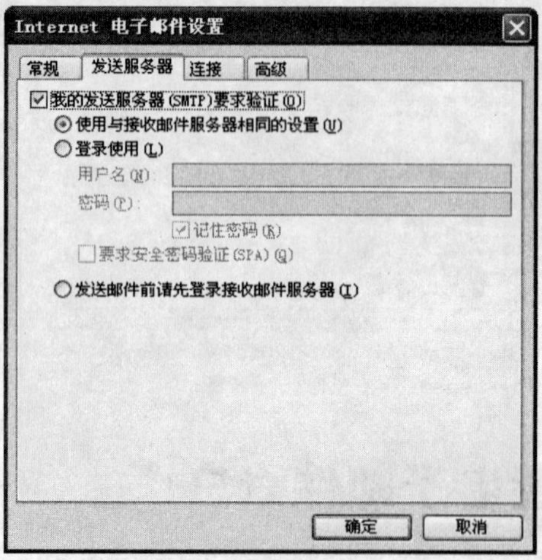

图25-7

Step 04 单击【确定】按钮返回【添加新帐户】对话框，然后单击【下一步】按钮，在如图25-8所示的对话框中可以看到成功测试账户设置，单击【关闭】按钮和【完成】按钮即可。

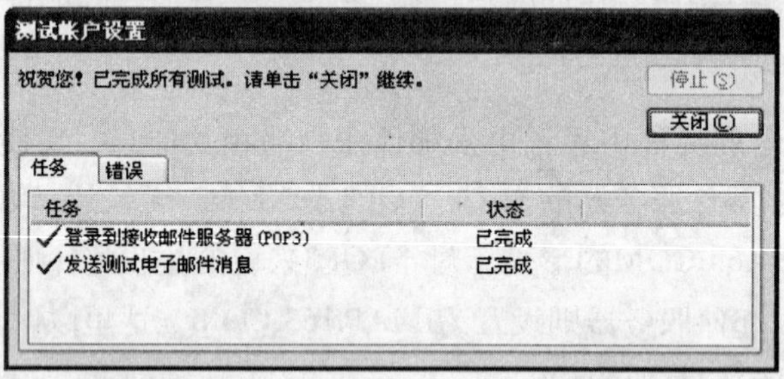

图25-8

25.1.3 从旧的电子邮件账户升级到Outlook 2010

如果一直在使用Outlook Express或Windows Mail，那么可以直接升级到Outlook 2010，这样就不用在Outlook 2010中重新创建账户而直接使用原来设置好的账户信息。升级电子邮件账户的具体操作如下。

Step 01 启动Outlook 2010后单击【下一步】按钮，进入【电子邮件升级选项】界面，选择【升级自】并选择列表框中的【Outlook Express或Windows Mail】选项，然后单击【下一步】按钮。

Step 02 根据向导配置电子邮件账户信息，如果每一步的默认信息正确无误，则可以直接单击【下一步】按钮进入下一步设置。如果全部保持默认设置，那么Outlook 2010将使用原来的Outlook Express或Windows Mail中的电子邮件账户信息进行配置。

25.1.4 更改账户设置

在Outlook中设置好电子邮件账户后，可以根据需要随时更改账户设置。单击【文件】按钮并选择【信息】选项，然后单击右侧的【帐户设置】按钮，在弹出菜单中选择【账户设置】命令，打开【帐户设置】对话框。【电子邮件】选项卡中列出了当前已经添加到Outlook中的电子邮件账户，如图25-9所示。

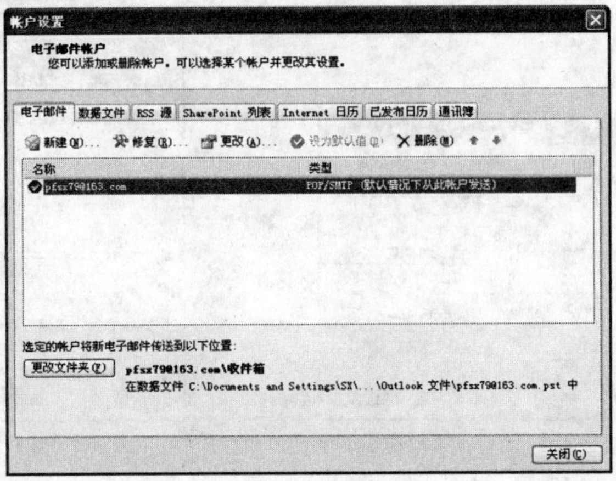

图25-9

选择要更改的账户会自动激活上方的一排工具按钮，单击其中的【更改】按钮可以打开【更改帐户】对话框。该对话框中的设置与新建账户时类似，在前面的内容中已经做了详细说明。在【帐户设置】对话框中还可以对电子邮件账户进行以下几项设置。

- 【新建】：添加新的电子邮件账户。
- 【修复】：这是电子邮件账户无法正常工作时的首选操作，使用【修复】功能可以让Outlook尝试连接到电子邮件服务提供商并刷新账户设置。
- 【设为默认值】：当Outlook中包含多个账户时，可以将指定账户设置为默认值。当新建一封电子邮件时，默认账户自动作为该封邮件的发件人。
- 【删除】：删除指定的账户。

25.1.5 使用Outlook配置文件

Outlook配置文件存储了关于电子邮件账户及其配置信息，每个账户都有一个配置文件。通常一个配置就可以满足使用要求，但在下面几种情况下可能需要使用多个配置文件。

- 多人使用同一台计算机时，为了保护个人隐私，每个人需要使用自己的配置文件。
- 将常规的POP、IMAP账户与Exchange账户分离。

- 为了分离不同类型的信息，需要为每类信息创建一个配置文件。

如果需要，可以随时创建新的Outlook配置文件。该操作需要在Windows控制面板中完成，具体操作如下。

Step 01 选择Windows【开始】菜单中的【控制面板】命令，打开【控制面板】窗口。

Step 02 切换到经典视图，双击【邮件】图标，打开【邮件设置——Outlook】对话框，单击【显示配置文件】按钮，如图25-10所示。

Step 03 打开如图25-11所示的【邮件】对话框，列表框中显示了已经存在的Outlook配置文件（如果有的话）。单击【添加】按钮，在弹出的【新建配置文件】对话框中输入配置文件的名称并单击【确定】按钮，即可创建新的配置文件。

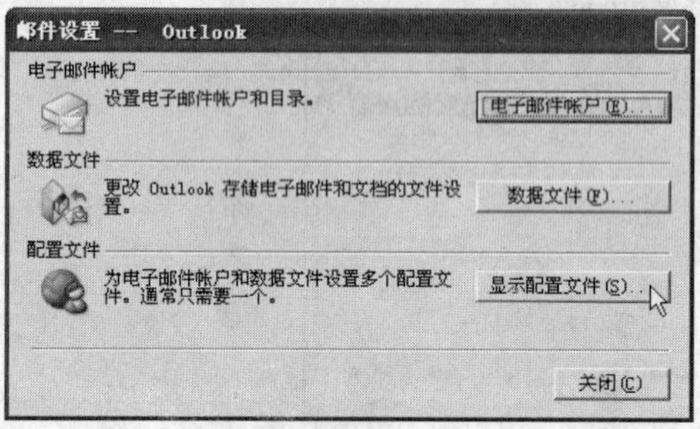

图25-10

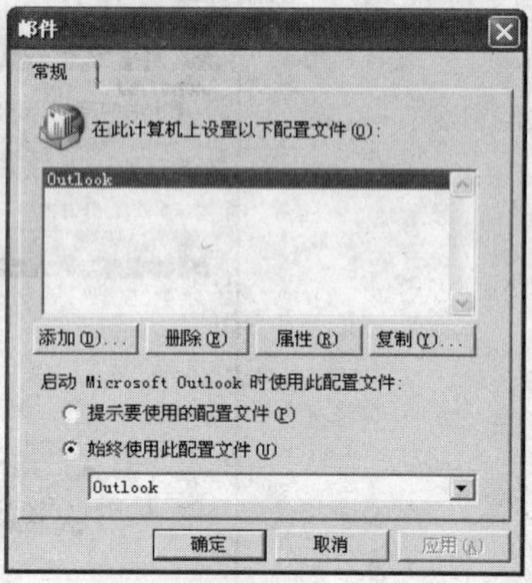

图25-11

在【邮件】对话框中还可以执行以下几项操作。

- 【删除】：删除列表框中选定的配置文件。
- 【属性】：查看和编辑指定的配置文件，包括电子邮件账户配置和数据文件。
- 【复制】：创建选定配置文件的一个副本，这个副本中的内容与选定的配置文件完全一致。可以在创建后对副本进行修改。
- 【提示要使用的配置文件】：当创建了多个配置文件并选择该选项时，在每次启动Outlook时用户都会被询问使用哪个配置文件，如图25-12所示。

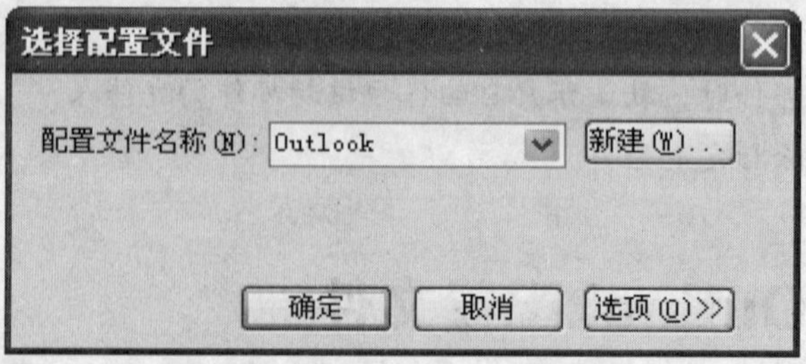

图25-12

- 【始终使用此配置文件】：每次启动Outlook时都使用选定的同一个配置文件。

25.2 收发电子邮件

在Outlook 2010中创建好电子邮件账户后，就可以开始收发邮件了。收发邮件的主要工作包括邮件的撰写、发送、保存、接收、阅读、回复和转发等操作。

25.2.1 撰写和发送邮件

当需要给其他人发送消息时，可以使用Outlook的发送邮件功能。首先需要在Outlook的文本编辑器中撰写邮件正文，然后再将邮件发出去。撰写并发送邮件的具体操作如下。

Step 01 单击功能区中的【开始】→【新建】→【新建项目】按钮，在弹出菜单中选择【电子邮件】命令。

Step 02 打开【邮件】窗口，在【收件人】文本框中输入收件人的邮件地址，或者单击【收件人】按钮，然后从通讯簿中选择收件人。

Step 03 在【主题】文本框中输入邮件的主题，如图25-13所示。

Step 04 在下方的大面积区域中输入邮件的正文内容，然后单击【发送】按钮，将邮件发送给收件人。发送后的邮件位于【已发送邮件】中。

还可以使用下面的方法发送邮件：单击功能区中的【开始】→【新建】→【新建项目】按钮，在弹出菜单中选择【使用电子邮件】命令，然后在子菜单中选择发送邮件的方式，其中的【HTML】就是创建邮件的默认格式。

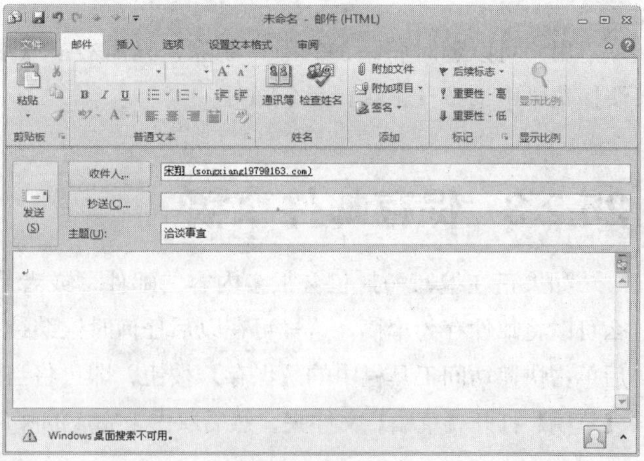

图25-13

25.2.2 在邮件中发送附件

邮件的附件是跟随邮件一起发送的额外文件，当收件人接收邮件后，可以将连带的附件保存到本地电脑中，然后打开这个文件查看其中包含的内容。很多情况都需要在邮件中发送附件，比如将公司简介文档作为附件发送，或者将一个数据表以Excel工作簿的形式添加到附件中。

在【邮件】窗口中单击功能区中的【邮件】→【添加】→【附加文件】按钮，然后在打开的对话框中选择要作为附件的文件。单击【插入】按钮即可将所选文件添加到当前正在编写的邮件中，如图25-14所示。

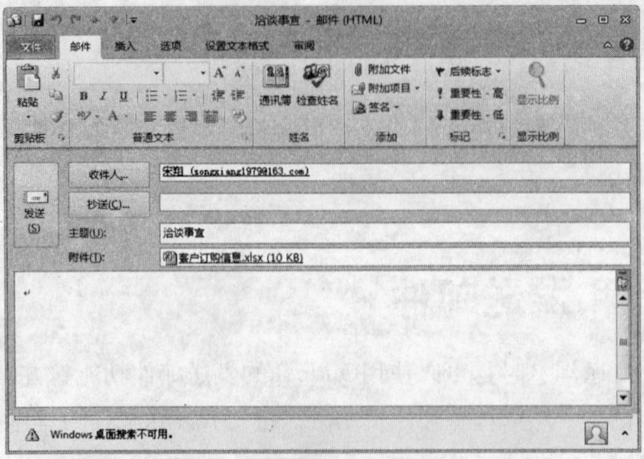

图25-14

注 意

不同的邮件服务提供商对附件的大小都有一定的限制，所以在向邮件添加附件之前，需要确切了解自己和收件人所使用的电子邮箱对附件的限制情况，否则可能会出现附件的发送和接收失败。

用户可以随时将添加的附件删除，只需右击【附件】文本框中要删除的附件，在弹出的快捷菜单中选择【删除】命令即可。

25.2.3 保存邮件草稿

如果正在编写一封包含很多内容的邮件，或者是手头突然有一个急事需要提前处理，那么可以将邮件存为草稿，这样可在以后任何时候继续编辑未完成的邮件。在打开【邮件】窗口后单击快速访问工具栏中的【保存】按钮，即可将当前邮件保存到【草稿】中。以后可以单击【草稿】打开【草稿】文件夹，然后双击未完成的邮件将其打开，接着继续编写邮件即可。

25.2.4 接收和阅读邮件

Outlook将从网络服务器中收到的邮件保存到【收件箱】中。默认情况下，Outlook会每隔30分钟从设定好的电子邮件服务器中接收新邮件（如果有的话）。如果邮件往来十分频繁，希望增加自动接收邮件的频率，那么可以单击功能区中的【发送/接收】→【发送和接收】→【发送/接收组】按钮，在弹出菜单中选择【定义发送/接收组】命令，在打开的对话框中修改【安排自动发送/接收的时间间隔为】文本框中的时间，如图25-15所示。

要接收邮件，可以单击功能区中的【开始】→【发送/接收】→【发送/接收所有文件夹】按钮，或者单击功能区中的【发送/接收】→【发送和接收】→【发送/接收所有文件夹】按钮。如果在Outlook中添加了多个电子邮件账户，而只想接收某个账户的新邮件，那么可以单击功能区中的【发送/接收】→【发送和接收】→【发送/接收组】按钮，在弹出菜单中选择要接收邮件的邮箱名称，然后在子菜单中选择【收件箱】命令，如图25-16所示。

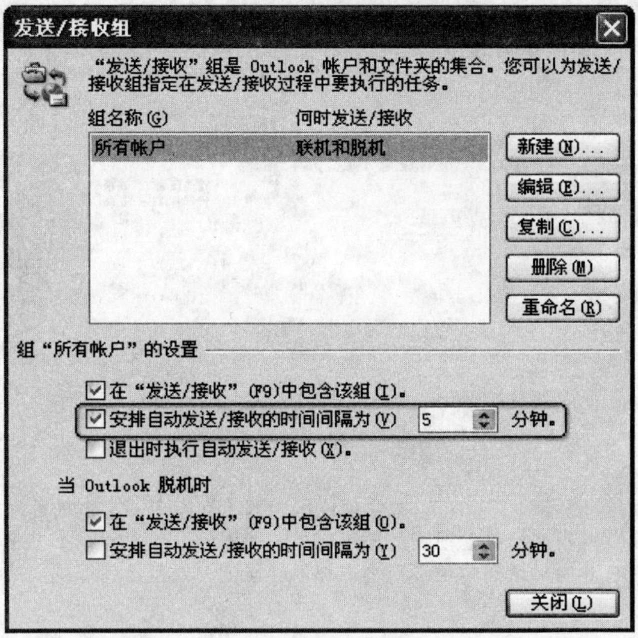

图25-15

图25-16

接收邮件时会显示如图25-17所示的对话框，可以看到邮件接收的进度情况。如果要接收的邮件太多而短时内接收不完，那么可以单击【全部取消】按钮暂时取消接收操作，等以后有时间再继续接收邮件。

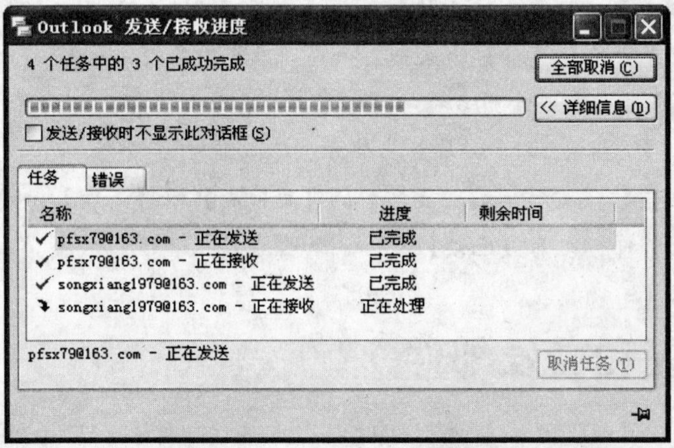

图25-17

Outlook会根据接收时间和日期对邮件进行排序，收件箱中邮件的显示方式默认情况如图25-18所示，左侧为接收到的邮件列表，右侧显示了左侧当前选定邮件的具体内容。

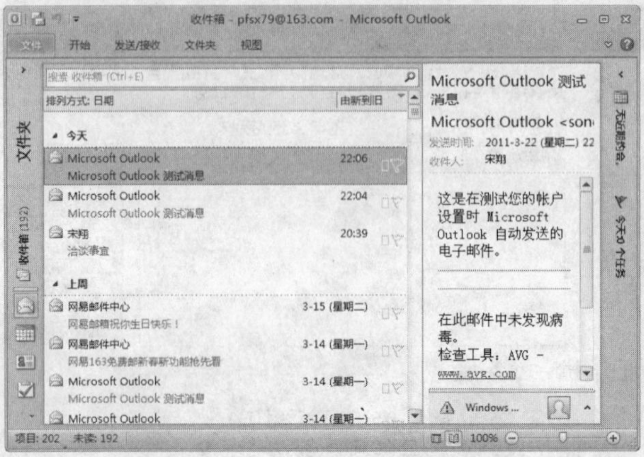

图25-18

> **提示** 如果不习惯这种显示方式，可以单击功能区中的【视图】→【当前视图】→【更改视图】按钮，然后在弹出菜单中选择其他视图。还可以单击功能区中的【视图】→【当前视图】→【视图设置】按钮，在打开的对话框中定义视图中邮件的显示方式包括列标题、按什么条件对邮件分组和排序等。

对于新接收且还没有读取过的邮件，在邮件标题的左侧会显示一个封闭的信封图标，而且邮件标题以加粗字体显示；但如果已经阅读了某个邮件，那么在邮件标题左侧就会显示一个开启的信封图标；如果邮件中包含附件，那么还会在邮件标题的左侧包含一个曲别针图标。

在【收件箱】中双击接收到的邮件，可以在打开的窗口中阅读该邮件。对于已经阅读过的邮件，其标题不会再显示加粗字体，但是对于未读过的邮件，Outlook会以粗体显示。用户可以自己为邮件标记，从而强制邮件称为未读或已读状态。可以使用下面的方法对一封邮件进行标记。

- 在邮件读取窗口中，单击功能区中的【邮件】→【标记】→【标记为未读】按钮。
- 在【收件箱】列表中，如果右击的是未读的邮件，那么可以在弹出菜单中选择【标记为已读】命令将其标记为【已读】；相反，如果右击的是已读的邮件，那么可以在弹出的快捷菜单中选择【标记为未读】命令将其标记为【未读】。
- 在【收件箱】中选择一个或多个邮件标题，然后单击功能区中的【开始】→【标记】→【未读/已读】按钮，该方法与上一个方法类似。
- 进入【收件箱】，然后单击功能区中的【文件夹】→【清理】→【全部标为已读】按钮，将所有邮件标记为【已读】。

25.2.5 回复和转发邮件

在阅读邮件时，可以随时回复该封邮件，只需在【邮件】窗口中单击功能区中的【邮件】→【响应】→【答复】按钮，也可以直接在【收件箱】列表中右击要回复的邮件，然后在弹出的快捷菜单中选择【答复】命令。答复邮件会创建一个新邮件，发给发送原邮件的所有人。选择【转发】命令则可以创建新的、无姓名地址的邮件，新邮件中引用了原邮件的整个部分，而且新邮件的主题为“答复：”后面是原邮件的主题。

25.2.6 处理收到的附件

当接收到包含附件的邮件时，在【收件箱】中邮件标题左侧会显示一个小的曲别针图标。用户既可以直接查看附件内容，也可以将附件保存到本地电脑中再打开它。可以使用下面的方法将附件保存到本地电脑中：在【收件箱】中选择包含附件的邮件标题，然后单击【文件】按钮并选择【保存附件】命令，打开如图25-19所示的对话框，选择要保存的附件，然后单击【确定】按钮。接着选择保存附件的位置并单击【保存】按钮，即可将附件保存到电脑的指定位置。

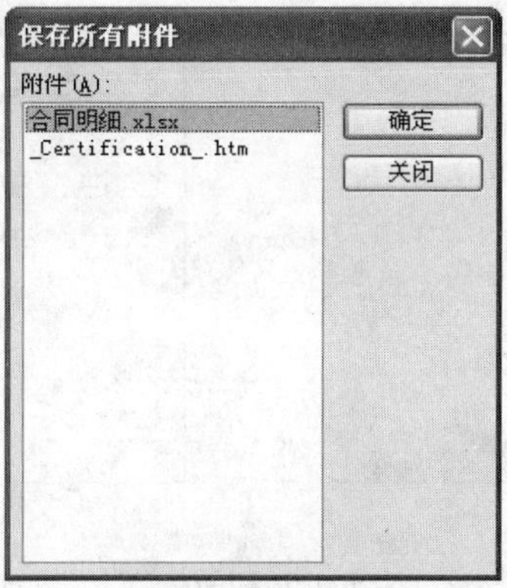

图25-19

用户也可以直接查看附件而不需要将其保存到电脑中。打开一个包含附件的邮件，在【主题】下方列出了每一个附件的名称，最左侧还有一个【邮件】按钮。可以单击每一个附件名称来查看附件内容，如果要返回邮件内容界面，则可以单击【邮件】按钮。如果要打开附件，那么可以右击附件名称并选择弹出的快捷菜单中的【打开】命令，此时会自动启动与附件类型对应的应用程序并打开这个附件。

25.3 管理电子邮件

Outlook提供了很多方法来管理邮件，例如，可以在邮件中添加签名，这样就不用每次自己输入一些固定信息；如果在Outlook中设置了多个账户，那么还可以指定发送邮件的默认账户。此外，Outlook还提供了保护邮件安全的强大功能，用于过滤垃圾邮件的骚扰。本节将介绍使用Outlook管理电子邮件的方法。

25.3.1 在邮件中使用签名

为了让收件人清楚地知道邮件是谁发来的，可以在邮件中使用签名，以后发送的每一封邮件的底部都会包含签名内容。签名可以是发件人的姓名、联系方式或网址等任何有价值的信息。在邮件中添加签名的具体操作如下。

Step 01 单击【文件】按钮并选择【选项】命令，打开【Outlook选项】对话框。

Step 02 选择【邮件】选项卡，然后单击【签名】按钮。

Step 03 打开【签名和信纸】对话框，然后单击【新建】按钮，打开如图25-20所示的【新签名】对话框，输入签名的名称。

Step 04 单击【确定】按钮，然后在下方的【编辑签名】文本框中输入签名的内容，接着在【电子邮件帐户】下拉列表中选择要设置签名的账户，然后在【新邮件】和【答复/转发】下拉列表中选择刚设置好的签名名称，如图25-21所示。

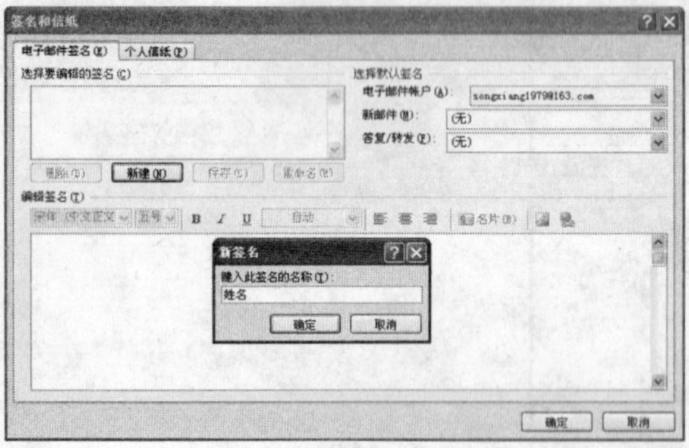

图25-20

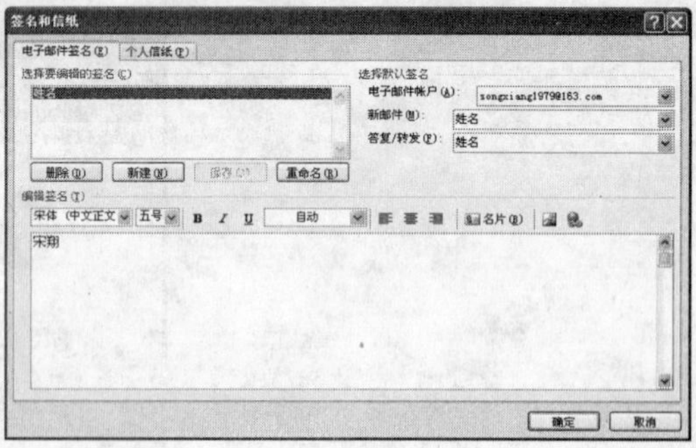

图25-21

Step 05 单击【确定】按钮，完成签名的创建与设置。以后使用图25-21中的电子邮件账户给别人发送邮件时，就会自动在邮件底部显示签名的内容。

25.3.2 更改发送账户

当Outlook中拥有多个账户时，每次新建邮件时将使用默认账户进行发送。用户可以随时更改默认账户，单击【文件】按钮并选择【信息】命令，然后在【帐户信息】下方的列表中选择要指定为默认账户的电子邮件账户，如图25-22所示。

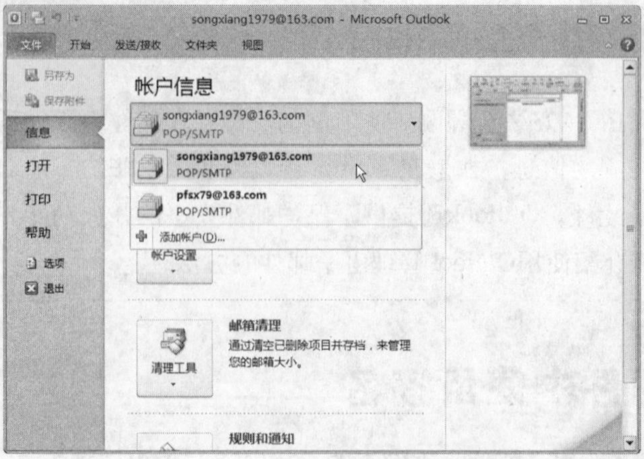

图25-22

还可以使用下面的方法设置默认账户。

Step 01 单击【文件】按钮并选择【信息】命令。

Step 02 单击【帐户设置】按钮并选择【帐户设置】命令。

Step 03 打开【帐户设置】对话框，在【电子邮件】选项卡中带有黑色对勾标记的账户是当前的默认账户，如图25-23所示。用户可以选择其他账户并单击【设为默认值】按钮来更改默认账户。

图25-23

25.3.3 设置邮件规则

用户可以通过设置邮件规则让Outlook自动对邮件执行特定的操作。例如，可能希望将特定发件人的邮件自动移动到指定文件夹中，或者自动删除主题中包含某些特定词语的邮件。设置规则的目的主要是为了节省时间，让Outlook自动对符合条件的邮件执行预先安排好的操作。

创建规则最简单的方法就是使用规则向导，具体操作如下。

Step 01 单击功能区中的【开始】→【移动】→【规则】按钮，在弹出菜单中选择【管理规则和通知】命令。

Step 02 打开如图25-24所示的【规则和通知】对话框，在【电子邮件规则】选项卡中显示了已经定义的规则。如果要创建新规则，可单击【新建规则】按钮。

Step 03 打开如图25-25所示的【规则向导】对话框，【选择模板】部分包含3个区域，每个区域中都包含了多个模板，可以根据需要进行选择。当单击某个具体规则时，对话框下方的【编辑规则说明】区域会显示规则的定义以及示例。

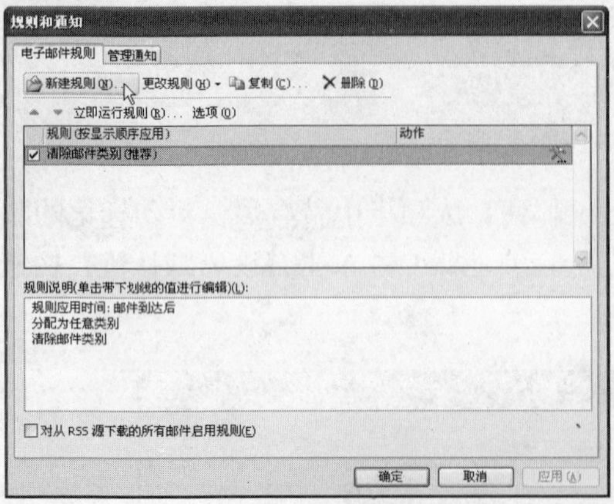

图25-24

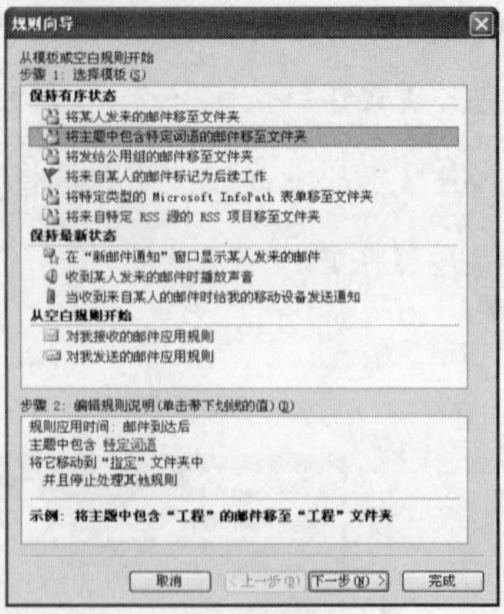

图25-25

Step 04 根据选择的规则不同，可以单击【编辑规则说明】区域中蓝色的文字来指定规则的具体内容。例如，如果在【选择模板】中选择【将主题中包含特定词语的邮件移至文件夹】，那么可以在【编辑规则说明】区域中通过单击【特定词语】和【指定】链接来指定主题中包含的词语以及要将该类邮件移动到的文件夹。图25-26显示了将主题中包含“财务”的邮件移动到收件箱的“财务部”文件夹中。

Step 05 按照类似的方法设置多个规则，然后单击【下一步】按钮，此时已经选中的项目表示启用的规则，如图25-27所示。可以通过选择其他项目复选框来启用更多规则，而且可以使用下方的【编辑规则说明】部分来修改规则。

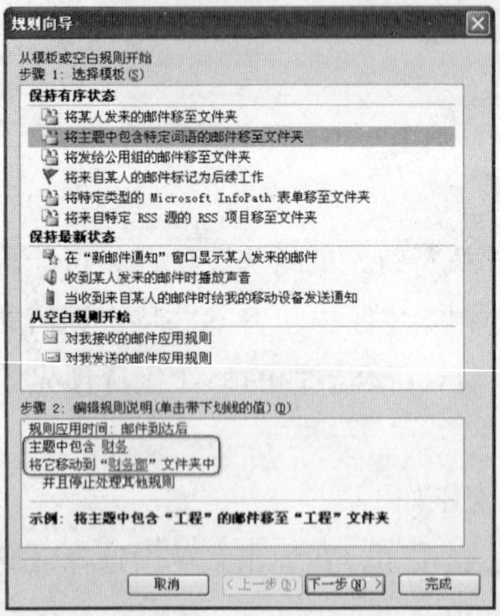

图25-26

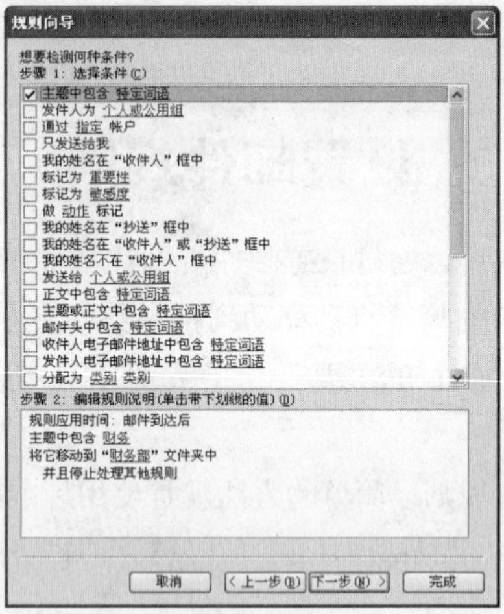

图25-27

Step 06 单击【完成】按钮，即可创建并保存新规则。返回【规则和通知】对话框可以看到新建的规则。

25.3.4 过滤垃圾邮件

在确认某个邮件是否为垃圾邮件时，通常根据下面两个条件来判断。

- 邮件中包含的某些关键词或短语会被认为是垃圾邮件。
- 发件人已经被定义为阻止的发件人，这样只要发件人位于阻止的发件人列表中，那么这个人发来的所有邮件都会被认为是垃圾邮件。

需要注意的是，Outlook在判断基于内容的垃圾邮件时并非准确无误，因此垃圾邮件并未被Outlook直接删除，而是暂存到【垃圾邮件】文件夹中，这样可以给人对邮件是否为垃圾邮件进行最后的确认。设置垃圾邮件的具体操作如下。

Step 01 单击功能区中的【开始】→【删除】→【垃圾邮件】按钮，在弹出菜单中选择【垃圾邮件选项】命令。

Step 02 打开【垃圾邮件选项】对话框，选择【选项】选项卡，在此处选择垃圾邮件的过滤级别，如图25-28所示。

Step 03 单击【确定】按钮，完成垃圾邮件选项的设置。

提示　如果已经定义了安全的发件人，那么可以使用【仅安全列表】单选按钮来以发件人过滤垃圾邮件。定义安全发件人的方法请参考本章25.3.5节。

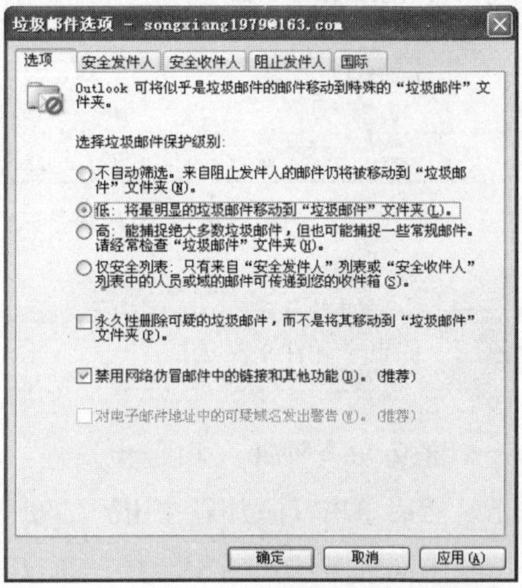

图25-28

25.3.5　定义安全或阻止的发件人

为了批量管理垃圾邮件，可以直接将某些发件人定义为安全发件人，这样无论这些人发来的邮件包含什么内容，Outlook都不会认为是垃圾邮件。用户还可以定义阻止的发件人，这样只要邮件的发件人位于阻止的发件人列表中，这些邮件就被认定为垃圾邮件。

定义安全发件人的具体操作如下。

Step 01 单击功能区中的【开始】→【删除】→【垃圾邮件】按钮，在弹出菜单中选择【垃圾邮件选项】命令。

Step 02 打开【垃圾邮件选项】对话框，选择【安全发件人】选项卡，单击【添加】按钮，然后在弹出的对话框中输入安全发件人的邮件地址或域名，如图25-29所示。

Step 03 单击【确定】按钮将上一步输入的邮件地址或域名添加到安全列表，如图25-30所示。也可以在列表中选择一个邮件地址或域名，然后单击【编辑】按钮修改其内容或单击【删除】按钮删除该项目。

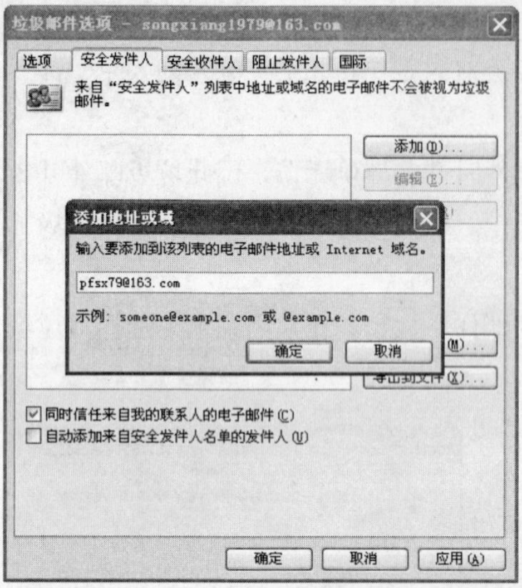

图25-29

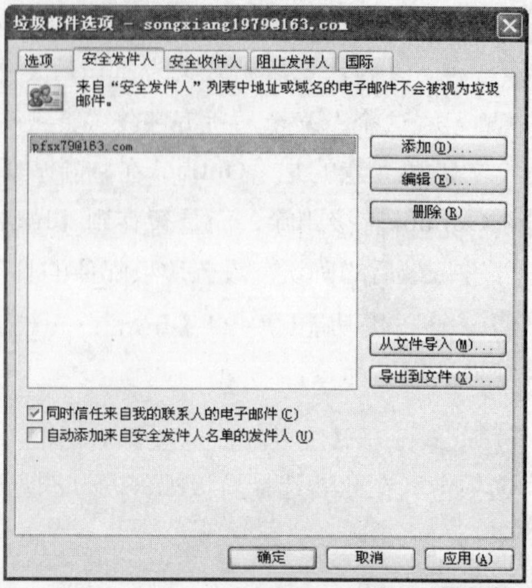

图25-30

提示　如果希望Outlook中已创建的联系人都是安全的，那么可以选择【同时信任来自我的联系人的电子邮件】复选框。

定义安全收件人和阻止发件人的方法与定义安全发件人类似，只需切换到相应的选项卡，然后单击【添加】按钮添加安全收件人地址或阻止发件人地址即可。

上面的方法通常用于统一定义一批安全或不安全的地址，如果在接收到某个未被过滤掉的垃圾邮件时，那么在收件箱中就可以就地处理这类邮件。进入收件箱，右击垃圾邮件并选择【垃圾邮件】命令，在子菜单中选择【阻止发件人】命令，即可将该垃圾邮件的发件人添加到阻止列表中。

25.3.6　添加联系人

联系人就像手机电话簿中的联系人，可以将平时经常联系的同事、客户、朋友、家人的信息都添加到Outlook中，然后就可以在邮件的收件人中选择这些人，这样就不用每次都手动输入收件人的电子邮件地址了。Outlook还提供了对联系人分组的功能，这样便于管理联系人，也更容易对一组联系人进行批量操作。

单击Outlook主窗口左下方的【联系人】按钮，此时Outlook会切换到联系人界面下，功能区中的选项也相应发生改变。单击功能区中的【开始】→【新建】→【新建联系人】按钮，打开如图25-31所示的【联系人】窗口，输入联系人的相关信息，然后单击功能区中的【联系人】→【动作】→【保存并关闭】按钮保存新建的联系人。

如果想向当前邮件中的电子邮箱地址添加联系人，那么可以右击发件人的电子邮件地址，在弹出的快捷菜单中选择【添加到Outlook联系人】命令，然后就会像第一种方法一样，输入并完善联系人的资料。

创建好联系人后，可以在联系人窗口中看到已经创建好的联系人的卡片，如图25-32所示。如果要删除联系人，可以右击联系人卡片并选择快捷菜单中的【删除】命令。

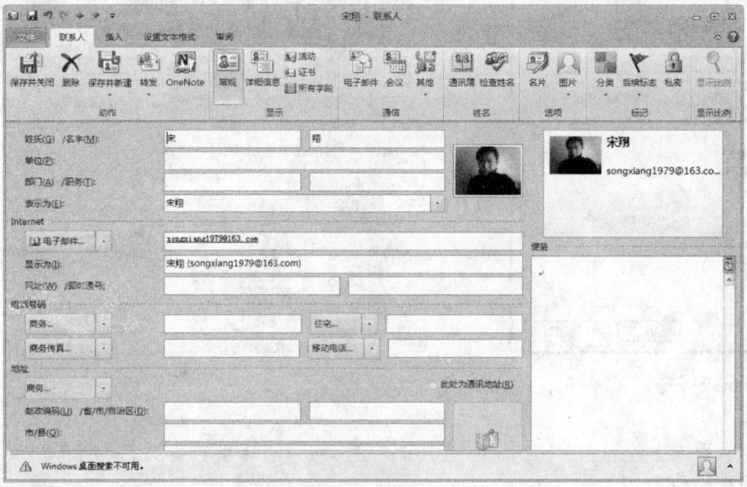

图25-31

图25-32

当Outlook中包含大量联系人时，可以将他们按类别分组，例如同事、客户、朋友、亲人等类别，这样可以使管理联系人更加简单和方便。为联系人分组的具体操作如下。

Step 01 单击Outlook主窗口左下角的【联系人】按钮切换到联系人界面。单击【我的联系人】，在其中存在一个默认的【联系人】类别。

Step 02 单击功能区中的【文件夹】→【新建】→【新建文件夹】按钮，打开【新建文件夹】对话框，在【名称】文本框中输入一个名称，这个名称就是联系人的类别名称，如图25-33所示。

Step 03 单击【确定】按钮，将在【我的联系人】列表框内创建一个新的类别。现在可以将其他联系人移动到新建的类别下。右击联系人卡片并选择快捷菜单中的【移动】命令，然后在子菜单中选择想要移动到的类别即可，如图25-34所示。

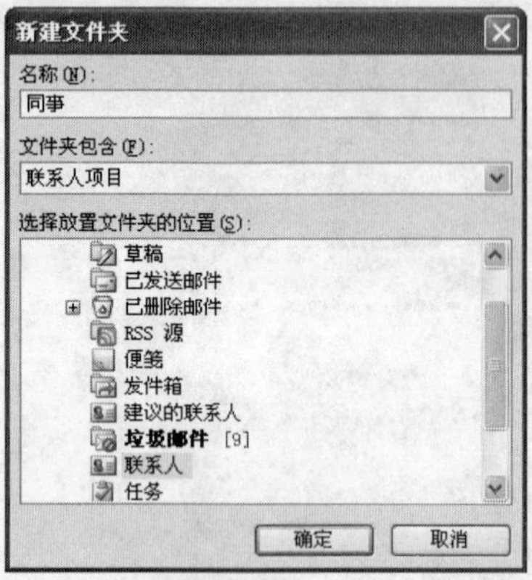

图25-33

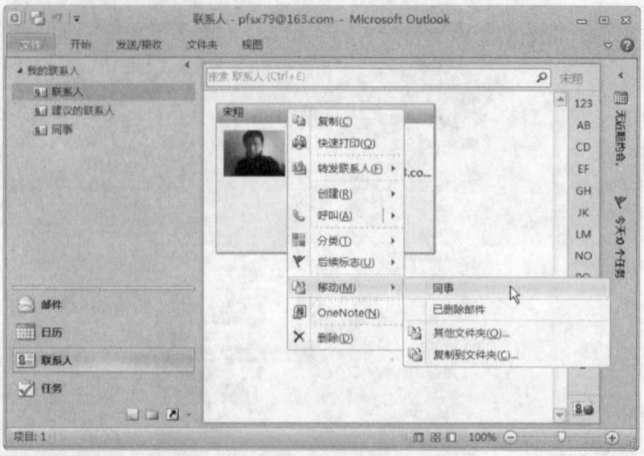

图25-34

技巧 在联系人卡片列表中按Ctrl+A组合键，这样可以选择当前类别下的所有联系人，然后将其移动。

25.4 使用日历、约会和任务

除了收发电子邮件外，使用Outlook还可以处理很多事情，包括日历、约会和任务，这样方便安排各种不同的事宜。

25.4.1 使用日历

用户可以使用日历查看日期，也可以了解到每一天都安排了哪些事情。单击Outlook主窗口左下方的【日历】按钮，切换到如图25-35所示的日历界面。界面左侧上方显示了当前所在月份的小日历，该区域称为“日期选择区”，在该区域中选择一个日期，右侧会显示该日期细化到小时的详细列表，如果当天创建了约会，那么就会显示在指定的时间段内。

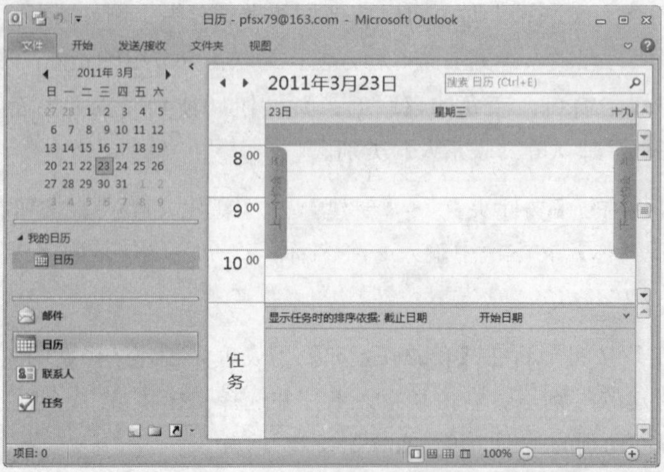

图25-35

可以使用功能区【视图】→【排列】组中的选项改变右侧窗口显示的日期范围，例如可以按周来显示日期。如果单击日期选择区顶部的左、右箭头，可以查看其他月份或其他年份。

25.4.2 创建和编辑约会

约会是在日历中计划的活动，不涉及邀请他人或保留资源，可以安排普通的约会或安排定期约会。安排约会的具体操作如下。

Step 01 单击Outlook主窗口左下角的【日历】按钮，切换到日历界面。单击功能区中的【开始】→【新建】→【新建约会】按钮，打开【约会】窗口。

技巧 在日历视图中将鼠标指针放在日历网格上的任何空白区域，当出现如图25-36所示的【单击可添加约会】提示信息时单击鼠标左键，即可添加新约会。

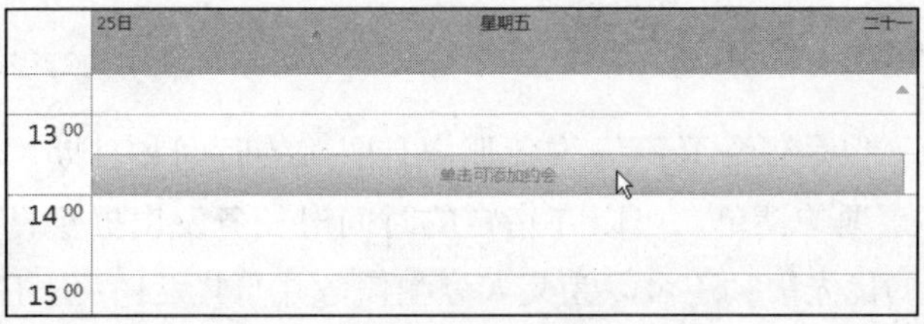

图25-36

Step 02 在【主题】文本框中输入约会的标题，在【地点】文本框中输入约会的地点，然后选择约会的开始时间和结束时间，如图25-37所示。

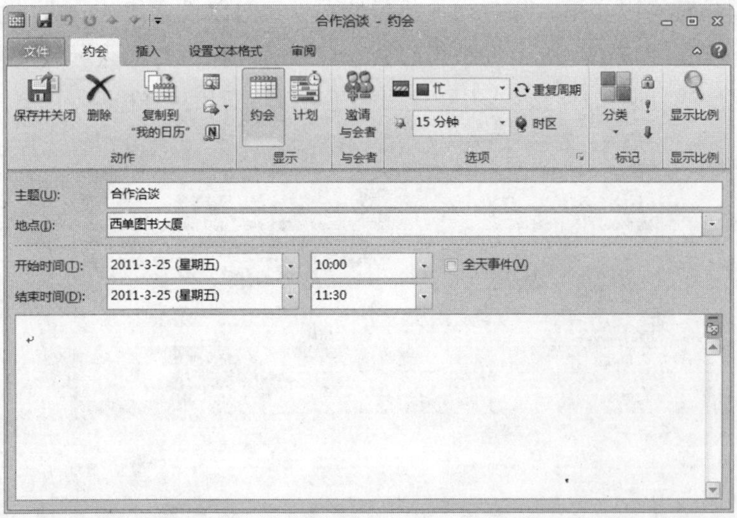

图25-37

Step 03 在【约会】窗口底部的文本框中输入有关约会的详细内容。单击【约会】→【动作】→【保存并关闭】按钮，创建新约会。返回Outlook主窗口后，可以单击功能区【开始】→【排列】组中的按钮以不同的时间范围来查看约会。图25-38所示为按周来查看约会情况。

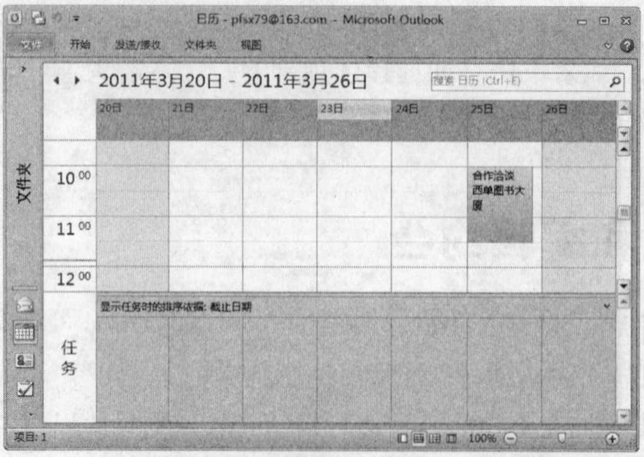

图25-38

如果以后需要修改约会的时间或内容，那么可以在日历视图中双击该约会。要删除一个约会，可以在日历视图中单击将其选中，然后按Delete键。

25.4.3 输入和分配任务

任何类似于约会，但是任务又不像约会那样有明确的时间和日期，任务类似于便笺，用于随时记录一些待办事项的清单。可以在指定的时间对任务发出提醒；也可以根据任务的重要性为任务指定不同的优先级；还可以为某人分配任务并向其发送关于任务的信息。

要创建任务，需要单击Outlook主窗口左下方的【任务】按钮，切换到任务界面，然后单击功能区中的【开始】→【新建】→【新建任务】按钮，打开如图25-39所示的【任务】窗口，与创建约会需要填写的内容有些类似，输入任务标题以及开始和截止日期；可以为任务设置一个状态，这样可以了解到任务当前执行情况；还可以设置任务的优先级和完成率，完成率表明了任务当前完成的进度；如果担心会忘记任务的执行，那么可以选择【提醒】复选框，然后设置提醒的日期和时间，单击音量图标还可以设置用声音提醒。

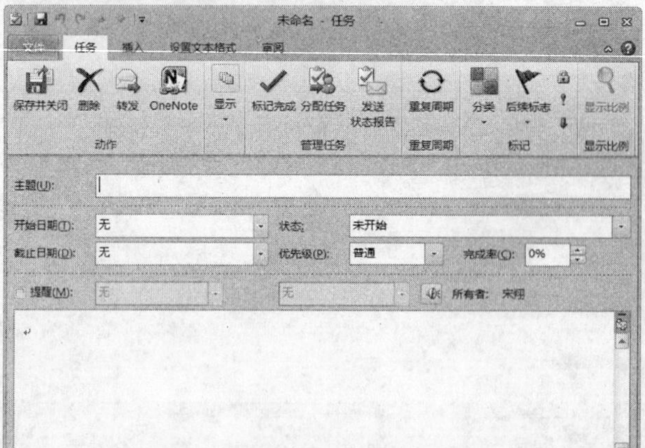

图25-39

在下面的区域中输入任务的具体内容，然后单击功能区中的【任务】→【动作】→【保存并关闭】命令保存该任务。

创建好任务后，可以将不同的任务分配给其他人，这样可以跟踪每个人执行任务的进度。分配任务的具体操作如下。

Step 01 右击任务列表中要分配的任务，在弹出的快捷菜单中选择【分配任务】命令。

Step 02 打开【任务】窗口，在【收件人】文本框中输入要将任务分配给哪些人，也可以单击【收件人】按钮从通讯簿中选择收件人，如图25-40所示。分配任务的同时还包含以下两个选项。

- 【在我的任务列表中保存此任务的更新副本】：选择该复选框可以在任务接收人更新其状态时收到自动更新提醒。
- 【此任务完成后给我发送状态报告】：选择该复选框可以在任务接收人将任务标记为完成时收到自动通知。

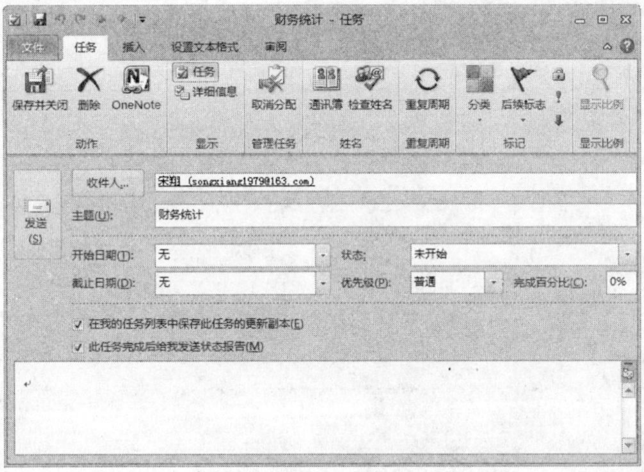

图25-40

Step 03 单击【发送】按钮，即可将任务发送给指定的收件人。

25.4.4 设置周期性重复执行任务

可以让任务按指定的周期重复执行，例如，可能在每个月底的时候都需要对这个月的销售而进行统计分析，像这类需要定期重复执行的任务，就可以将其设置为周期性任务。要设置周期性重复的任务，可以像平常一样创建这个任务，然后单击功能区中的【任务】→【重复周期】→【重复周期】按钮，打开如图25-41所示的【任务周期】对话框。

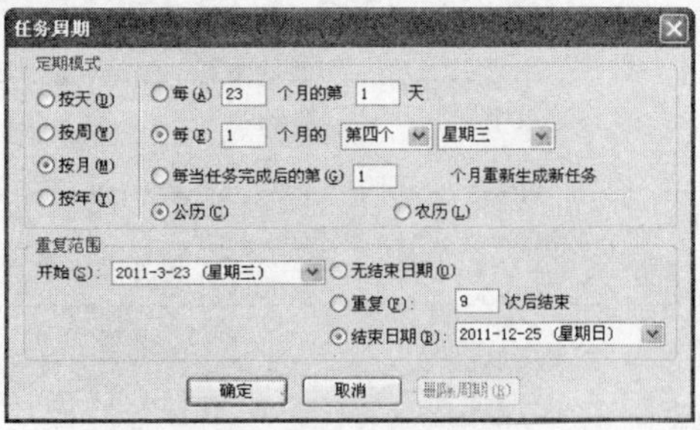

图25-41

重复周期的四个模式为【按天】、【按周】、【按月】、【按年】，根据所选模式的不同，Outlook会提供不同的选项，可以根据需要设置任务重复的周期。在重复发生的任务结束后，还需指定其开始日期。

读·书·笔·记

中文版 Office 2010 应用大全

Chapter 26

使用OneNote组织信息

人们处理信息的方式通常是做笔记、跟踪项目、创建与项目相关的数据文件、查找Web信息以及使用各种程序处理不同任务。OneNote提供了独特的信息管理方式，它可以收集笔记和其他类型的信息。使用OneNote可以将大量信息收集存放在一起，这样更加易于使用和管理信息。阅读本章内容可以了解并掌握使用OneNote组织与管理信息的方法。

21 Chapter
22 Chapter
23 Chapter
24 Chapter
25 Chapter
26 Chapter
27 Chapter
28 Chapter
29 Chapter
30 Chapter

26.1 OneNote简介

OneNote包括了跟踪各种数字信息的功能，可以将各种信息添加到OneNote笔记本中，具体包括笔记、图片、文件、屏幕剪辑、音频、视频以及Outlook任务等。最主要的是可以在OneNote中同时浏览并使用所有信息，而无须打开多个文件以致布满整个桌面。使用OneNote可以管理特定的客户、项目、调查和研究主题以及任何有意义甚至感兴趣的信息。

OneNote非常适合以下用途。

- 记录会议要点或项目信息。
- 处理多渠道来源的信息。
- 随时记录新的想法，收集信息，使用音频提高信息输入速度。
- 将大量笔记共享给其他用户。

OneNote使用笔记本、分区和页来组织信息，启动OneNote后的界面如图26-1所示。界面顶部是标题栏，标题栏下方的矩形区域是功能区。功能区下方的大面积区域是OneNote的工作区域，左侧包含纵向文字的每一个标签代表一个笔记本，笔记本并不是一个文件，而是一个文件夹；中间区域包含文字的每一个标签代表一个分区，每个笔记本由多个分区组成，每个分区是该笔记本所在文件夹中的一个文件；右侧可切换的每一个文字标签代表一个页，每个分区可以包含多个页。单击左侧的笔记本选项卡，可以切换到该笔记本并显示其中的分区；单击上方的分区选项卡，可以切换到该分区并显示其中包含的页，单击右侧的页选项卡可以切换到该页并显示其中的内容。OneNote的组成结构可以用以下形式表示。

笔记本→分区→页

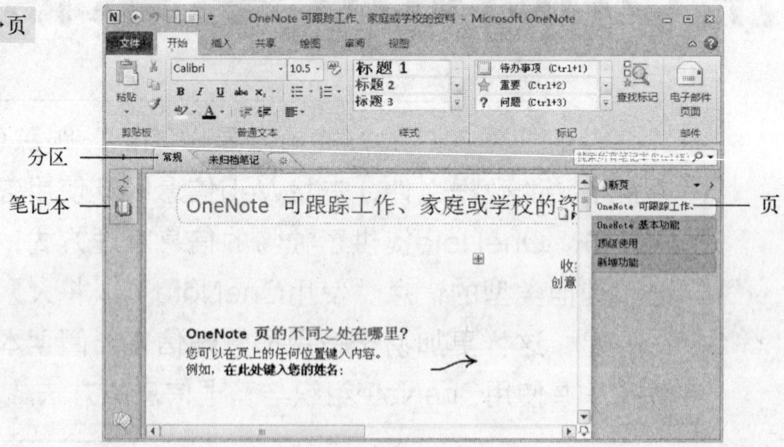

图26-1

默认情况下OneNote 2010包含一个名为“个人”的笔记本，其中包含针对入门用户使用OneNote的一些基础知识。如果要关闭默认的笔记本，可以右击笔记本选项卡，在弹出的快捷菜单中选择【关闭此笔记本】命令。可以随时打开现有的笔记本，单击【文件】按钮并选择【打开】命令，然后选择历史记录中要打开的笔记本。

26.2 创建笔记本

用户可以为任何内容创建笔记本，因为每个笔记本在Windows中就是一个文件夹，可以通过笔记本文件夹为分区文件分类。

创建笔记本的具体操作如下。

Step 01 单击【文件】按钮并选择【新建】命令，在展开的界面中选择希望将笔记本存储在哪个位置上，这个位置指的是存储环境，包括Web、网络或我的电脑。

Step 02 在【名称】文本框中输入笔记本的名称，然后单击下方的【浏览】按钮，选择一个具体的位置，如图26-2所示。

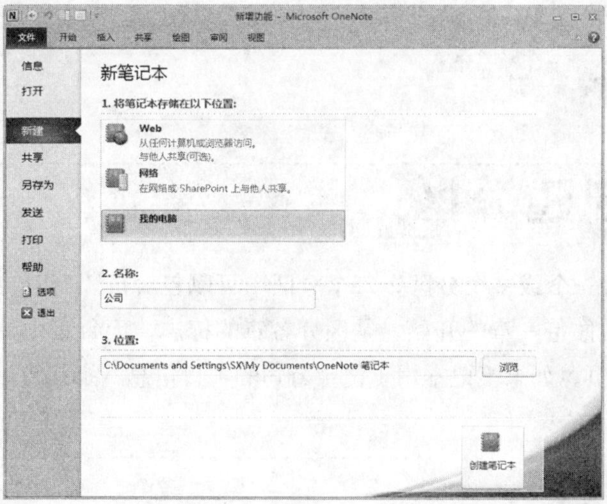

图26-2

Step 03 完成上述设置后，单击【创建笔记本】按钮，将创建指定名称的笔记本，如图26-3所示。默认创建的笔记本会包含一个名为“新分区1”的分区，该分区包含一个名为“无标题页”的页。

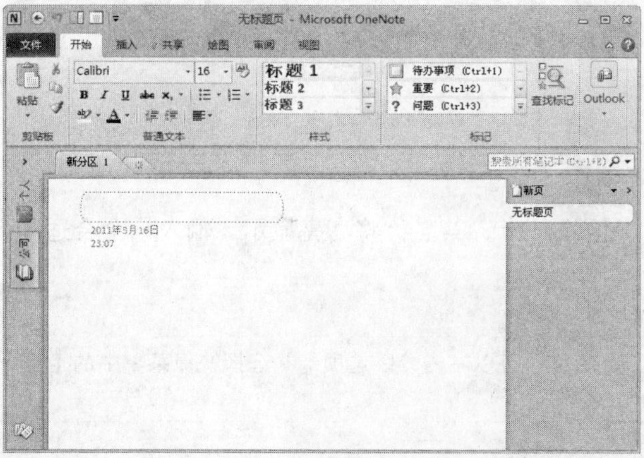

图26-3

提示　右击笔记本选项卡并选择弹出的快捷菜单中的【重命名】命令，可以对笔记本重新命名，而且可以选择笔记本选项卡标签的颜色，如图26-4所示。

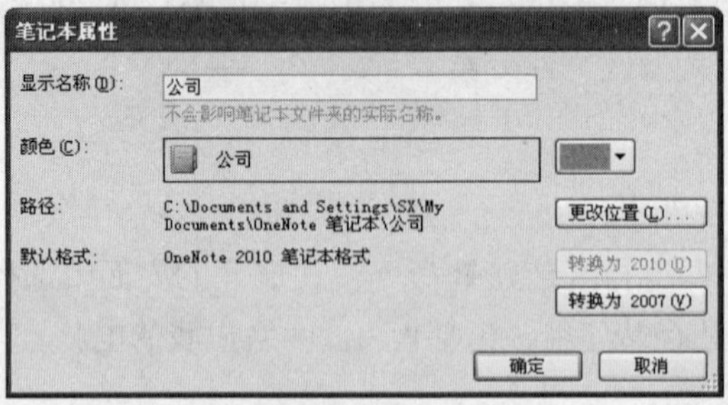

图26-4

提示　笔记本中名为“未归档笔记”的分区是存储便笺的位置。

26.3 创建分区

笔记本中包含一个或多个分区，每个分区中可以包含页。有时可以将笔记本理解为一本书，分区就像每一章的开始，是区分各章的标志。而每章中的每一页内容就像OneNote中的每一页。如果笔记本用于记录公司的项目信息，那么可以将分区用于划分公司的每个部门。

创建分区的具体操作如下。

Step 01 选择要创建分区所属的笔记本选项卡。

Step 02 单击分区选项卡右侧的【创建新分区】按钮，如图26-5所示。

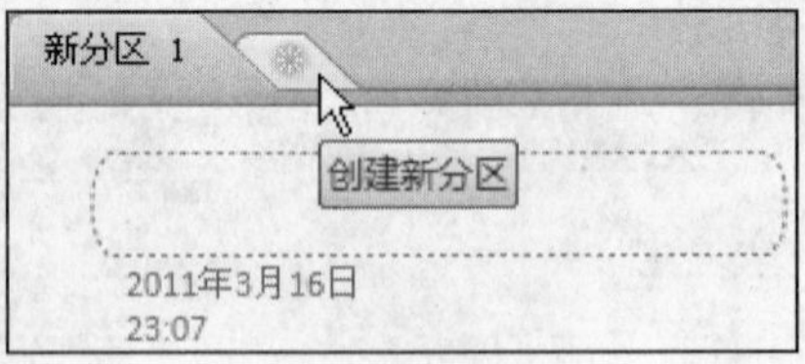

图26-5

Step 03 添加一个新的分区选项卡，其名称将高亮显示，输入一个合适的名称并按Enter键确认即可。

提示　如果要修改分区名称，可以右击分区选项卡并选择快捷菜单中的【重命名】命令，然后输入新的名称。

26.4 创建页

创建的每个分区在默认情况下都包含一个名为“无标题页”的空白页，可以根据需要随时添加新的页。例如，在工程部的分区中，可以为每一个工程的相关事项添加页；对于财务部来说，可以为每周甚至每一天添加一页。通过单击页选项卡可以非常快速地切换到指定的页，因此将信息分门别类地分配到多个页中，实际上是提高效率的一种非常好的方法。

26.4.1 添加新页

添加新页的具体操作如下。

Step 01 单击要添加页的笔记本选项卡，然后单击笔记本顶部要添加页的分区选项卡。

Step 02 单击笔记本右侧页选项卡顶部的【新页】按钮，此时会自动添加一个新的页选项卡，输入一个名称并按Enter键，这样就创建了一个新页，如图26-6所示。

图26-6

提示 页的名称由笔记本中该页顶部的标题框中的文字决定。因此，如果要重命名页名称，那么需要修改页顶部标题框中的文本。

26.4.2 使用页面模板

如果希望添加一些拥有预置结构和外观的页，那么可以使用页面模板。单击页选项卡顶部的【新页】按钮右侧的下三角按钮，在弹出菜单中选择【页面模板】命令，打开如图26-7所示的【模板】窗格，列表中显示了可用的模板类型，单击某个类型可以展开其中包含的详细模板，单击模板即可添加以该模板为基础的页。

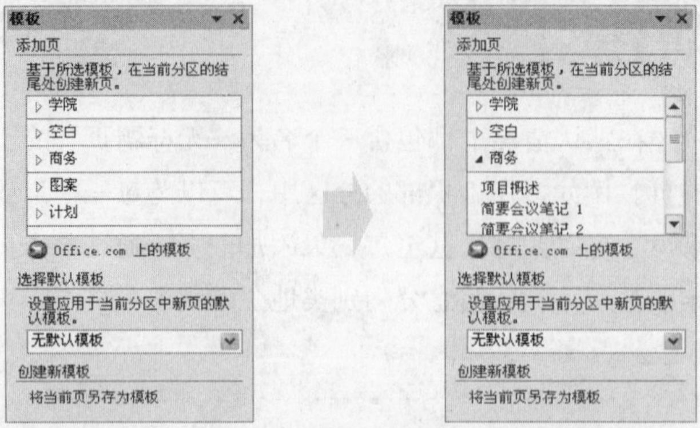

图26-7

也可以在设置好当前页后，将其保存为页面模板，这样便于以后重复使用该页。单击【模板】窗格底部的【将当前页另存为模板】链接，在打开的如图26-8所示的对话框中输入模板名称，然后单击【保存】按钮即可将当前页保存为页面模板。

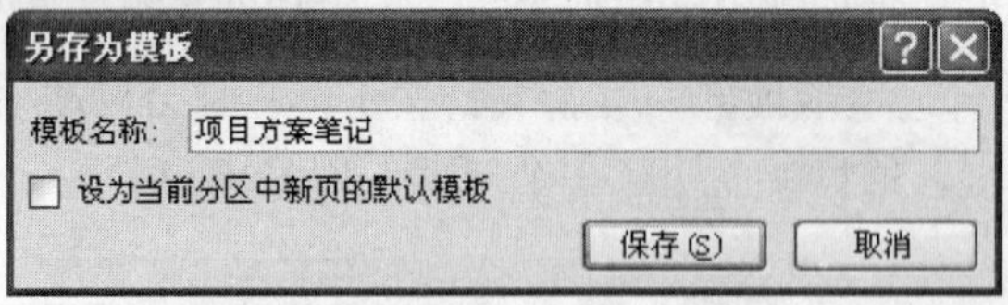

图26-8

26.5 在页中添加笔记

在笔记本的分区中添加页面后，接下来的工作就是在页中输入内容。本节将介绍向笔记本中添加笔记的一般方法。

26.5.1 添加普通笔记

只要分区中包含页，就可以在页的任何位置添加笔记，不受诸如Word程序默认从顶部开始向下输入内容的传统限制。只需单击页中的任何位置，然后输入笔记文本并在完成后单击笔记的外部即可，如图26-9所示。

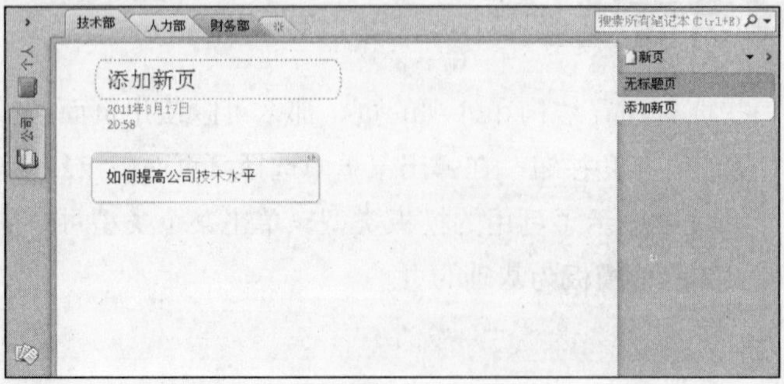

图26-9

21 Chapter
22 Chapter
23 Chapter
24 Chapter
25 Chapter
26 Chapter
27 Chapter
28 Chapter
29 Chapter
30 Chapter

在笔记中还可以至少输入一个文本后按Tab键，这样可以在笔记中创建表格，如图26-10所示。还可以在笔记中单击来决定插入点的位置，这样在任何时候都可以对笔记进行修改。

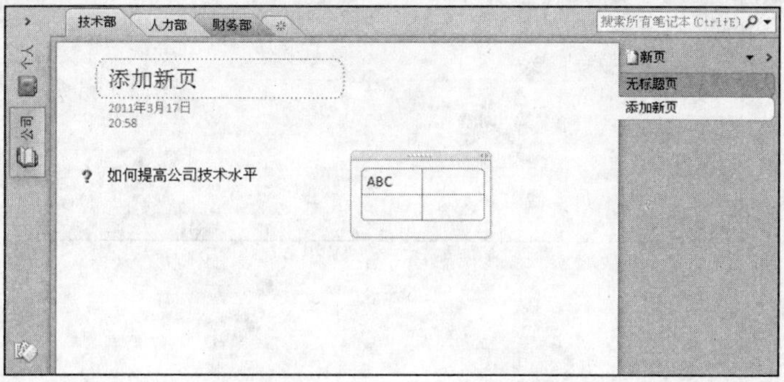

图26-10

26.5.2 为笔记添加标记

标记笔记可以将类别和图标分配给笔记，如“待办事项”标记、“重要”标记、“电话号码”标记、“家庭住址”标记等。标记图标显示在笔记的旁边，这样只需浏览页面就可以确定笔记包含哪类信息。还可以按照本章26.7.2节介绍的内容，按组查看带标记的笔记。

右击笔记，在弹出的快捷菜单中选择【标记】命令，然后可以从子菜单预置的标记中选择所需的标记类型。图26-11所示为将笔记标记为“问题”后的效果，在笔记开头有一个问号图标。

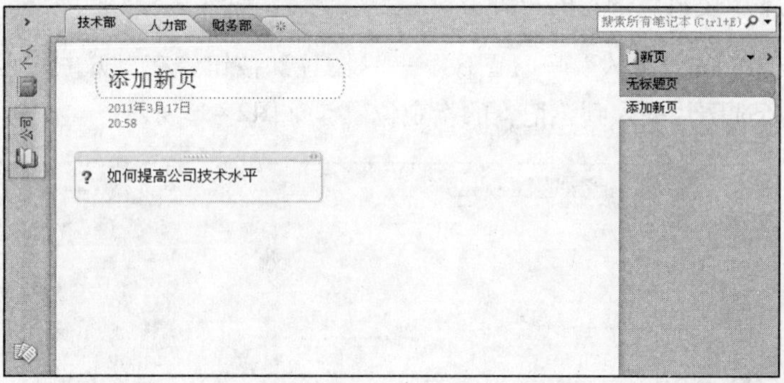

图26-11

26.5.3 添加额外的书写空间

除了可以在分区中创建新的页来添加更多的信息空间，还可以使用页面中提供的扩展空间选项，使之容纳更多的笔记或更大的项目。要添加更多的书写空间，可以单击功能区中的【插入】→【插入】→【插入空间】按钮，在笔记本中移动鼠标，当变为上下箭头时按住鼠标左键拖动，此时会看到如图26-12所示一个较大的蓝色箭头，该箭头的高度表示要添加的空间高度，释放鼠标后可添加指定高度的空间。如果在不向新空间添加任何内容的情况下向上回滚，则可以删除额外的空间。

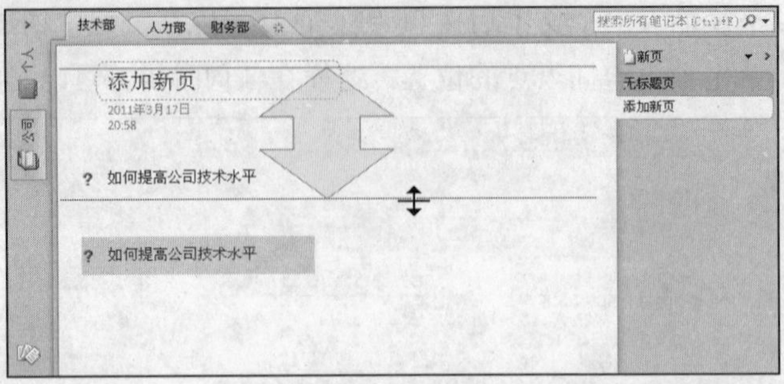

图26-12

26.6 插入其他内容

除了添加文本笔记外，在OneNote中还可以添加其他内容，包括图片、文件以及屏幕剪辑，这样可以使笔记内容更丰富，也便于及时插入所需的重要信息。

26.6.1 插入图片或文件

如果要添加到笔记本中的内容存在于外部文件中，那么可以尝试将这些文件直接插入到笔记本中。最常见的情况之一就是插入图片文件，具体操作如下。

Step 01 单击笔记本中要放置图片的位置。

Step 02 单击功能区中的【插入】→【图像】→【图片】按钮，在打开的对话框中双击要插入的图片，即可将所选图片插入到笔记本的指定位置，如图26-13所示。

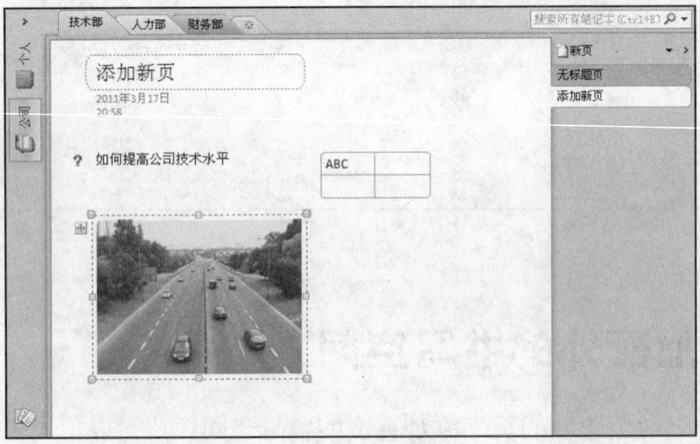

图26-13

插入图片后可以单击图片，在图片周围会显示虚线边框，通过拖动边框上的控制点调整图片大小。直接拖动图片可以移动图片。单击图片并按Delete键可以将图片从笔记本中删除。右击图片并选择弹出的快捷菜单中的【将图片设置为背景】命令，可以将图片设置为笔记本的背景。

除了图片，还可以在笔记本中插入其他类型的文件。如果希望文件本身的内容显示在笔记本中，那么可以使用功能区中的【插入】→【文件】→【附加文件】按钮来插入文件，否则可以使用【插入】→【文件】→【文件打印样式】按钮插入文件。图26-14所示为使用第一种方法插入到笔记本中的Excel工作簿。

图26-14

26.6.2 插入屏幕剪辑

利用屏幕剪辑可以将用户捕捉到的窗口信息或网页中的内容插入到笔记本中，这样可以立刻记住看到的信息。当利用网页上的屏幕剪辑时，OneNote也会插入指向网页的超链接。插入屏幕剪辑的具体操作如下。

Step 01 单击笔记本中要插入屏幕剪辑的位置。

Step 02 切换到要进行屏幕剪辑的位置，如桌面或网页。

Step 03 切换回OneNote，然后单击功能区中的【插入】→【图像】→【屏幕剪辑】按钮，此时OneNote自动最小化，并返回步骤2的环境。屏幕变为灰色，以等待用户进行屏幕剪辑操作。

Step 04 拖动鼠标选择要截取的区域，释放鼠标后即可将所选区域以图片的形式插入到笔记本中，如图26-15所示。

提示　也可以在笔记本中插入任意超链接。单击功能区中的【插入】→【链接】→【链接】按钮，在【链接】对话框中输入链接标题和URL地址，如图26-16所示。单击【确定】按钮即可创建一个超链接。

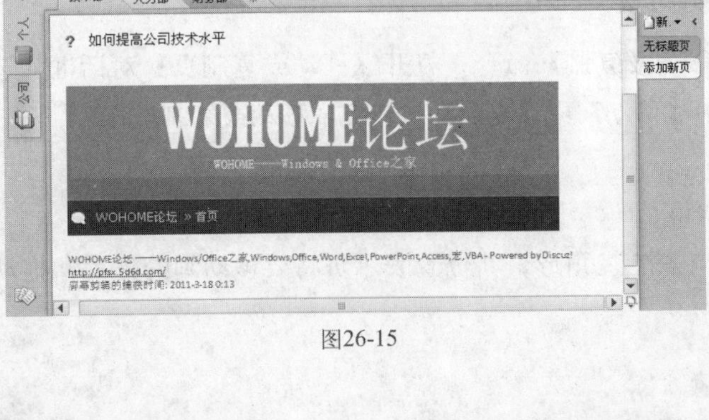

图26-15

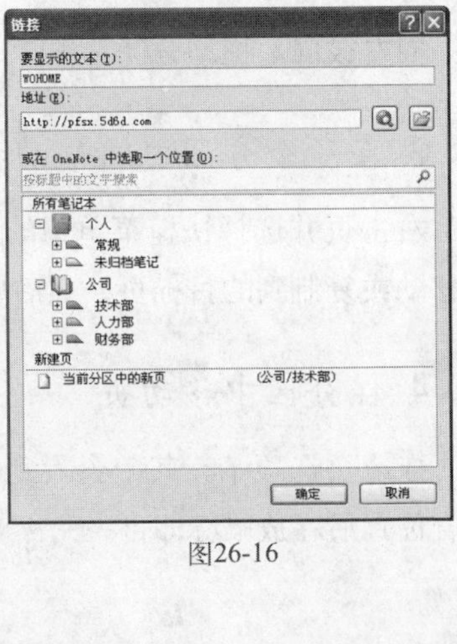

图26-16

26.7 组织和共享信息

OneNote提供了非常灵活地组织和共享信息的方法，包括更改、重排、更新以及发布等功能，本节将介绍这些内容。

26.7.1 重新组织笔记本、分区和页中的信息

用户可以在笔记本之间、分区之间以及页中重新组织和排列信息，这样可以确保笔记本中的信息经常处于最新状态。

1. 在多个笔记本之间移动分区

右击页并选择弹出的快捷菜单中的【移动或复制】命令，打开【移动或复制分区】对话框，选择要移动或复制到的目标笔记本，如图26-17所示。单击【移动】或【复制】按钮完成移动或复制操作。

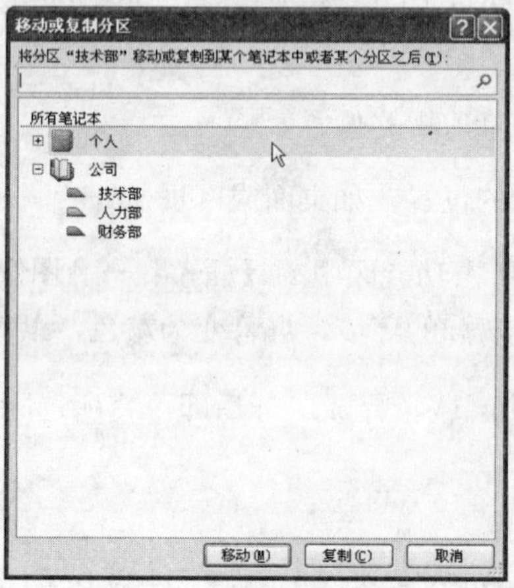

图26-17

2. 在笔记本中移动分区

向左或向右拖动分区选项卡，直到三角形标记出现在所需的位置，然后释放鼠标即可。

3. 在多个分区之间移动和复制页

右击页并选择快捷菜单中的【移动或复制】命令，打开【移动或复制页】对话框，选择要移动或复制到的目标页，然后单击【移动】或【复制】按钮完成移动或复制操作。

4. 在分区中移动页

拖动页选项卡，其中会看到一个黑色三角形，其位置表示页将要移动到的位置，拖动到适合位置后释放鼠标即可。

5. 在页中移动笔记

单击页中的笔记，此时会显示笔记周围的边框。将鼠标移动到顶部边框上，当变为四向箭头时拖动鼠标，即可移动笔记。

6. 删除分区和页

右击分区选项卡或页选项卡，在弹出的快捷菜单中选择【删除】命令，可以删除指定的分区和页。

26.7.2 查看带标记的笔记

如果以后需要查看重要笔记的信息，那么在编辑笔记时为其添加标记是非常值得的。OneNote可以显示所有打开的笔记本中带有标记的笔记，这样就可以快速筛选出所有标记笔记，而无需一个一个去查找。单击功能区中的【开始】→【标记】→【查找标记】按钮，打开【标记摘要】窗格，在【搜索】下拉列表中选择要查看带有标记的笔记所在的范围，然后单击【刷新结果】按钮，即可显示所选范围内所有带标记的笔记，如图26-18所示。上方的【按下列条件将标记分组】下拉列表中的选项可以对搜索到的笔记进行分类，还可以单击窗格底部的【创建摘要页】按钮来添加新页，从而列出当前笔记本中带有标记的笔记。

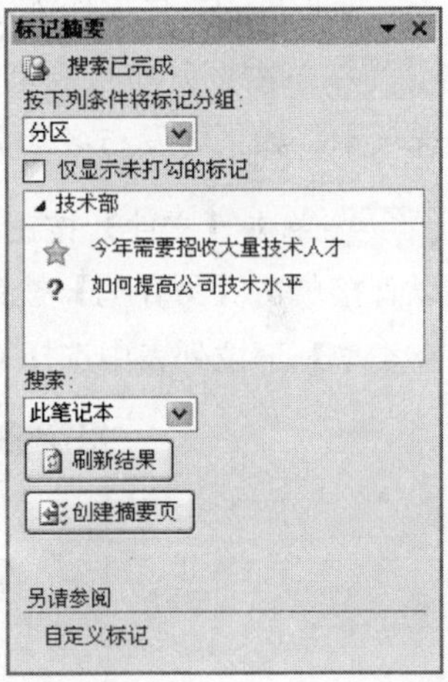

图26-18

26.7.3 搜索笔记

经过一段时间后，笔记本会包含大量的信息。当需要从笔记本中查找所需的信息时，可以使用搜索功能快速找到目标信息。在笔记本顶部分区选项卡右侧的文本框中直接输入要查找的内容并单击【搜索】按钮 或按Enter键，即可搜索到匹配的内容并突出显示，如图26-19所示。单击 × 按钮可关闭搜索。

图26-19

26.7.4 发布页

用户可以将笔记本中的一个或多个页发布给其他用户，这样可以共享笔记内容。发布是将页面信息转换为另一种格式的信息，并使用以下格式保存在文件中。

- 单个文件网页
- OneNote分区/OneNote 2007分区
- OneNote单文件包
- 单个文件网页
- PDF或XPS文档
- Microsoft Word文档

发布页的具体操作如下。

Step 01 单击要发布页的笔记本选项卡，然后单击页所在的分区选项卡，接着单击要发布的页选项卡。如果要发布多个页，则可以使用Ctrl键或Shift键配合鼠标单击进行选择。

Step 02 单击【文件】按钮并选择【另存为】命令，然后在右侧选择发布页的文件类型。也可以直接单击【另存为】按钮，打开如图26-20所示的【另存为】对话框，输入文件名并从【保存类型】下拉列表中选择文件类型。

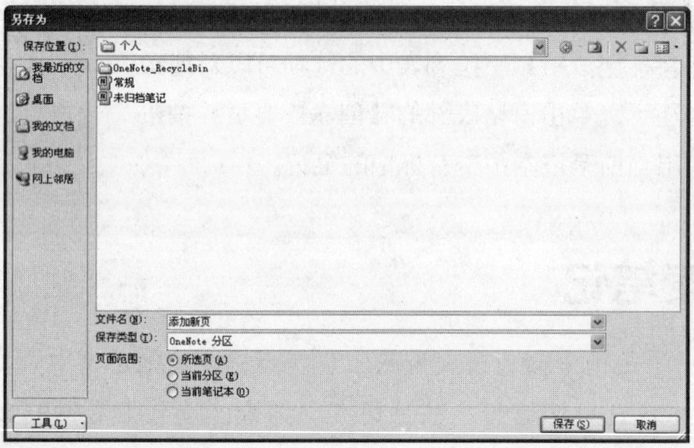

图26-20

Step 03 单击【保存】按钮，OneNote将创建文件，然后可以通过电子邮件将发布后的文件发送给其他用户。

21 Chapter
22 Chapter
23 Chapter
24 Chapter
25 Chapter
26 Chapter
27 Chapter
28 Chapter
29 Chapter
30 Chapter

中文版 Office 2010 应用大全

Chapter 27

使用Publisher设计出版物

Publisher是一款优秀的桌面出版软件，使用它可以使出版物的设计更容易、更方便快捷。Publisher从第一个版本开始就提供了易用的工具、图形、多种样式及极有吸引力的出版物设计方案。本章将介绍如何使用Publisher设计出版物。

27.1 Publisher工作区简介

无论是否是初次启动Publisher，在每次启动Publisher后，都需要选择模板界面，从而创建新的出版物。

启动Publisher后单击【文件】按钮，关闭模板界面，进入如图27-1所示的设计界面。可以发现Publisher的界面结构有些类似于PowerPoint，中间的大区域是页面设计窗口，这是设计Publisher出版物的主要工作区域；四周的蓝色区域是草稿区，该区域用于存放从一个页面拖出并需要在其他页面重复使用的任何对象；蓝色区域的上方和左侧是水平和垂直标尺，用于在页面中精确对齐对象；左侧的列表则显示了Publisher中包含的所有页面缩略图，单击某个页面可以切换到该页中，而且每一页底部都有一个自动编号，用于区分每一页并表示了各页面之间的顺序。

图27-1

27.2 创建出版物

当大致了解了Publisher工作区的布局结构后，接下来就可以开始创建并设计出版物了。在启动Publisher时，会自动进入模板选择界面，如图27-2所示。

在其他任何时候也可以通过单击【文件】按钮并选择【新建】命令进入模板选择界面。可以从【可用模板】下拉列表中选择要显示的模板来源类型，分为【已安装的模板和联机模板】、【联机模板】或【已安装的模板】。下方按类别显示了不同模板，可以选择空白模板或带有内容和结构的模板。用户也可以使用下拉列表右侧的搜索框查找所需的模板。

图27-2

单击一种模板类型后，会进入该类型的模板选择界面，右侧会显示当前选择模板的预览效果，如图27-3所示。预览图的下方提供了自定义设置，用户也可以不改变模板设置而直接单击【创建】按钮，以当前所选模板创建出版物。

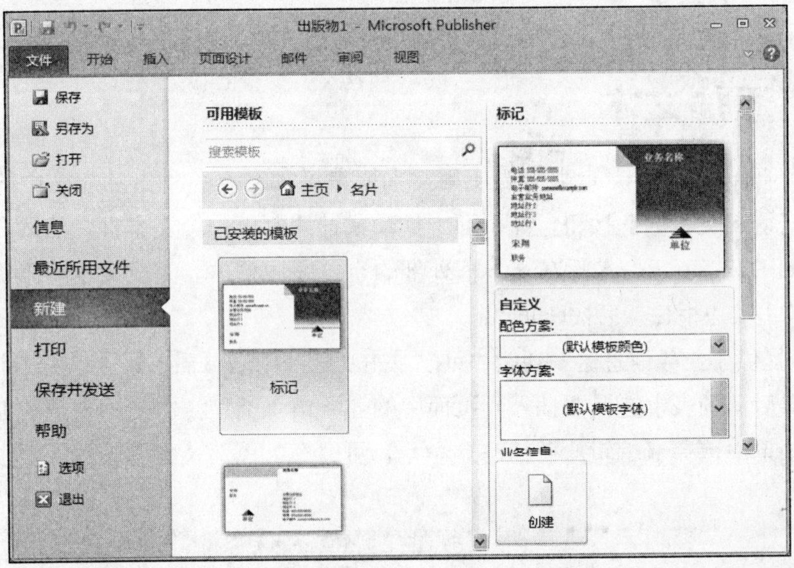

图27-3

提示

如果要从模板类型界面返回之前的模板主界面，可以单击【主页】按钮。

图27-4所示为选择【名片】类别下的【标记】模板创建的初始出版物，其中已经显示了一个设计好的名片，用户只需根据自身需要对其中的内容或布局进行修改或调整即可，这样可以快速完成一个出版物的设计。

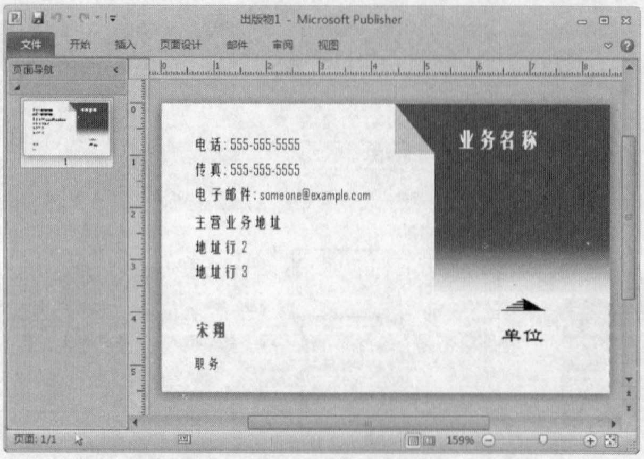

图27-4

27.3 设计出版物的内容

无论创建的出版物是否已经包含内容，都可以在创建后对出版物中的内容及其布局结构进行简单调整或重新设计。本节将详细介绍如何设计出版物的内容。

27.3.1 添加文本

与Word不同，在Publisher中需要使用文本框来添加文本。单击功能区中的【插入】→【文本】→【绘制文本框】按钮，在页面中拖动鼠标绘制出一个文本框，然后在其中输入所需的文字，如图27-5所示。最后在文本框外部的空白区域单击，完成文本的添加。要删除文本框，可以单击其边框，然后按Delete键。

Publisher提供了业务信息这一功能，可以单击功能区中的【插入】→【文本】→【业务信息】按钮，然后从列表中选择要插入到页面中的业务信息类型。右击列表中的业务信息，从弹出的快捷菜单中选择【编辑业务信息】命令，可以在如图27-6所示的对话框中修改业务信息的内容。

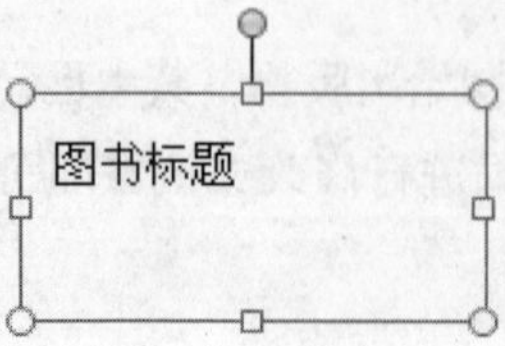

图27-5

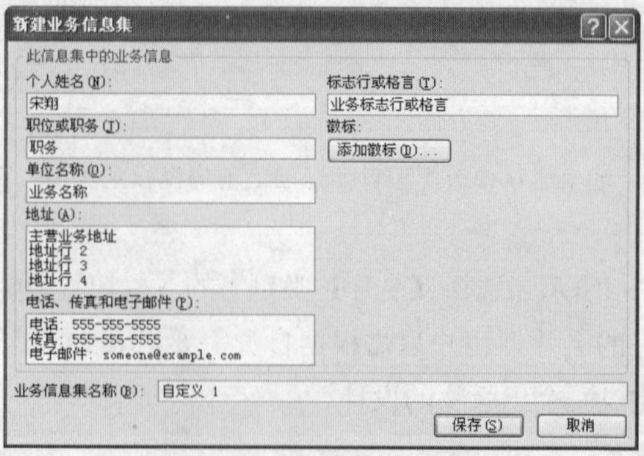

图27-6

也可以将页面中手动插入的文本框中的内容添加到业务信息库中，其实这个操作类似于Word中的添加构建基块。只需单击所需的文本框，再单击功能区中的【插入】→【文本】→【业务信息】按钮，在打开的列表中选择【将所选内容添加到业务信息库】命令，接着在打开的对话框中编辑业务信息，最后单击【确定】按钮即可。

> **技巧** 还有一种比较快速的方法是将所选文本框添加到业务信息库中。右击文本框，从弹出的快捷菜单中选择【另存为构建基块】命令，在打开的对话框中将【库】设置为【业务信息】，其他设置与前一种添加方法一样。

除了在Publisher中使用文本框来添加文本外，还可以插入文本文件。单击Publisher中要插入文件的文本框，然后单击功能区中的【插入】→【文本】→【插入文件】按钮，打开如图27-7所示的【插入文字】对话框，双击要插入的文件，即可将所选文件中的内容导入到所选择的文本框中。

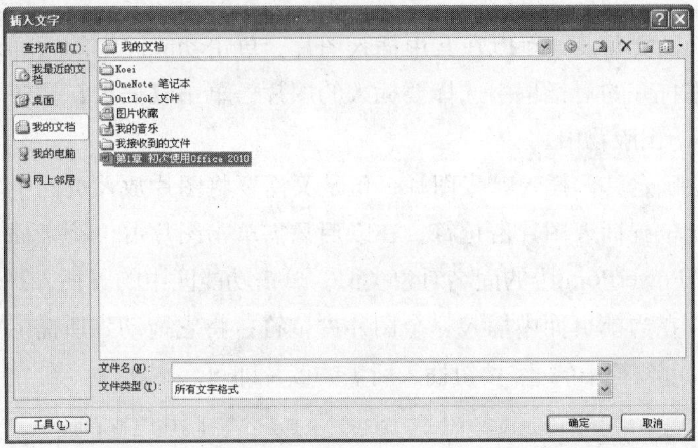

图27-7

根据插入文件的文件格式以及文件中文本是否应用了样式和格式，可能需要在插入文件后对文本的格式进行调整。

27.3.2 设置文本格式

在Publisher中设置文本格式的相关内容与前面介绍的Word和PowerPoint等十分类似，包括字体、字号、对齐方式等。在文本框中选择要设置格式的文字，然后在功能区的【开始】→【字体】组中可以对所选内容设置字体格式。如果要设置段落格式，那么只需单击文本框中某一段落内部，而不用选择整段内容。

与Word类似，也可以在Publisher中使用样式来设置文本段落的复杂格式。单击要设置的文本框中的文本段落内部，然后单击功能区中的【开始】→【样式】→【样式】按钮，在打开的列表中选择一种合适的样式。

可以将其他文件中包含的样式导入到Publisher中，最常见的情况就是将其他Publisher文件或Word文档中的样式导入到当前Publisher文件中。单击功能区中的【开始】→【样式】→【样式】按钮，在弹出的菜单中选择【导入样式】命令，在打开的【导入样式】对话框中选择包含样式的文件。单击【确定】按钮，即可将所选文件中的样式导入到当前Publisher文件中。

注 意

如果正在导入的文件中包含了与当前Publisher文件相同的样式，那么会收到如图27-8所示的提示信息，单击【是】按钮则不会覆盖当前Publisher文件中的同名样式。

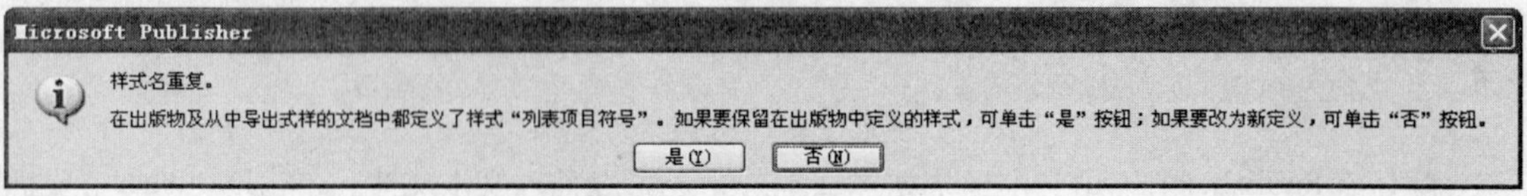

图27-8

27.3.3 插入图片文件

为了让出版物图文并茂，可以在其中插入图片。单击功能区中的【插入】→【插图】→【图片】按钮，在打开的对话框中选择要插入的图片。单击【插入】按钮，即可将所选图片插入到当前Publisher出版物中。

如果暂时无法确定具体插入哪张图片，但是又需要将图片放入页面中参与版式的编排，那么可以先在指定位置插入图片占位符，在以后只需单击图片占位符来插入真正的图片。图片占位符的外观与PowerPoint中的同名对象类似。单击功能区中的【插入】→【插图】→【图片占位符】按钮，在当前页面中插入一个图片占位符，将它拖动到所需的位置，如图27-9所示。以后单击图片占位符中的按钮插入所需的图片即可。

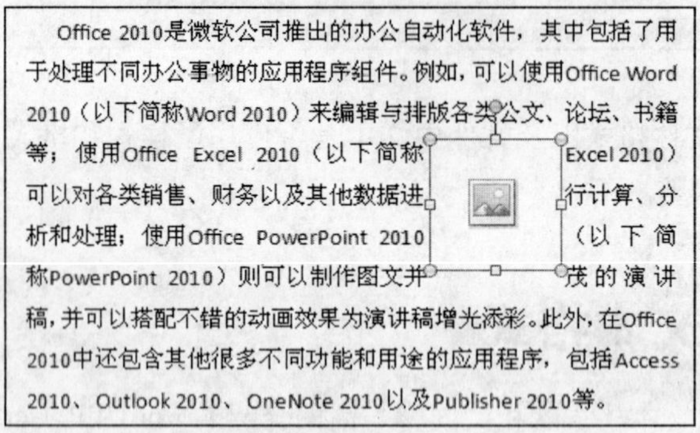
Office 2010是微软公司推出的办公自动化软件，其中包括了用于处理不同办公事物的应用程序组件。例如，可以使用Office Word 2010（以下简称Word 2010）来编辑与排版各类公文、论坛、书籍等；使用Office Excel 2010（以下简称Excel 2010）可以对各类销售、财务以及其他数据进行计算、分析和处理；使用Office PowerPoint 2010（以下简称PowerPoint 2010）则可以制作图文并茂的演讲稿，并可以搭配不错的动画效果为演讲稿增光添彩。此外，在Office 2010中还包含其他很多不同功能和用途的应用程序，包括Access 2010、Outlook 2010、OneNote 2010以及Publisher 2010等。

图27-9

27.3.4 设置图片格式

插入图片后，会立刻激活功能区中的【格式】选项卡，其中包含了大量用于设置图片格式的选项，这些选项与本书前面介绍的Word类似。例如，可以右击Publisher中的图片，在弹出的快捷菜单中选择【设置图片格式】命令，打开如图27-10所示的【设置图片格式】对话框，该对话框的外观与Word中的【设置图片格式】对话框基本相同，可以设置包括图片尺寸、版式、颜色和明亮度以及边框在内的格式。

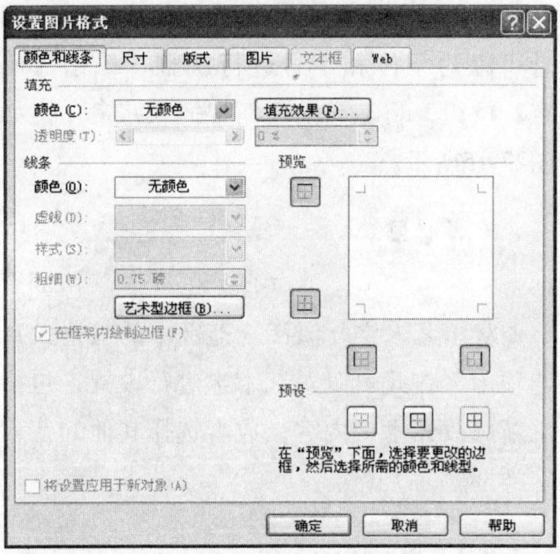

图27-10

27.3.5 绘制线条和形状

为了增加出版物的图形化功能，除了插入图片外，还可以手工绘制一些形状，例如直线、矩形、椭圆、箭头等。要绘制形状，需要单击功能区中的【插入】→【插图】→【形状】按钮，在打开的列表中列出了可供绘制的各种形状，并进行了分组，如图27-11所示。单击要绘制的形状，然后在页面中拖动鼠标进行绘制即可。

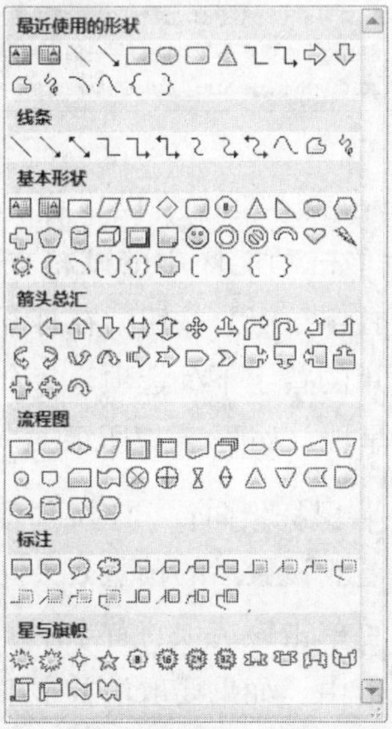

图27-11

提示　如果需要绘制水平或垂直的直线或箭头，那么可以在绘制的同时按住Shift键。如果要绘制正方形或圆形，在绘制的同时也需要按住Shift键。

与图片类似，也可以对绘制好的形状设置格式，对于直线类形状来说，一般只需要设置线形和线条颜色等格式，而对于矩形、椭圆等类型的形状来说，还包括填充色的设置。

27.3.6 插入表格并添加内容

如果希望数据在出版物中有序排列，例如，按行或按列来组织信息，使得信息看上去非常清晰醒目，那么可以使用表格，具体操作如下。

Step 01 选择要插入表格的页面，然后单击功能区中的【插入】→【表格】→【表格】按钮，在弹出的菜单中选择【插入表格】命令。

Step 02 打开如图27-12所示的【创建表格】对话框，输入将要创建的表格的行数和列数，然后单击【确定】按钮。

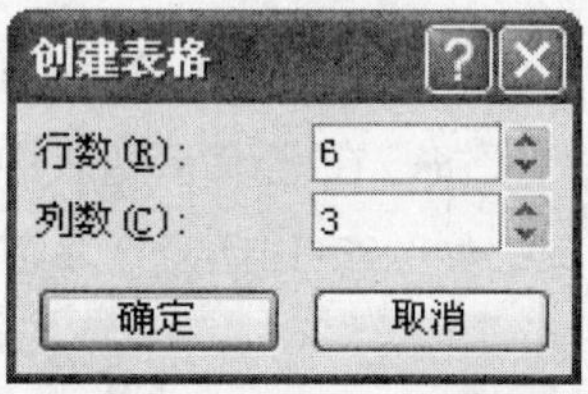

图27-12

Step 03 Publisher将在当前页面中创建指定行、列数的表格，如图27-13所示。表格上方有一个绿色标记，拖动该标记可以让表格以任意角度旋转。

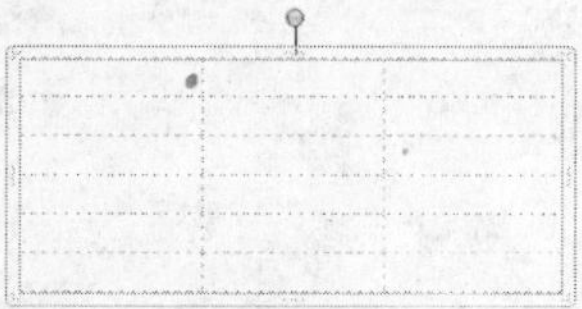

图27-13

创建表格后，可以使用【设计】选项卡对表格外观进行设置。如果希望从整体改变表格外观，可以使用【表格格式】组中的表格列表。如果希望改变表格的结构，例如，添加或删除行或列，或者设置文字在表格中的对齐方式。以上这些功能与在Word表格中的操作方法极为类似，具体操作可参考本书前面的Word部分。

在表格中输入数据很简单，单击要输入文字的表格内的单元格，然后输入所需内容，按Tab键移动到水平方向上的下一个单元格。当到达一行最后一个单元格时，再次按Tab键会自动转到下一行的第一个单元格中。

27.3.7 添加特殊效果

除了前面介绍的添加出版物包含的基本内容外，还可以在出版物中添加一些特殊效果，包括艺术字、设置段落的首字下沉以及设置页面的艺术型边框。

1. 艺术字

单击功能区中的【插入】→【文本】→【艺术字】按钮，在艺术字列表中选择一种艺术字类型，如图27-14所示。

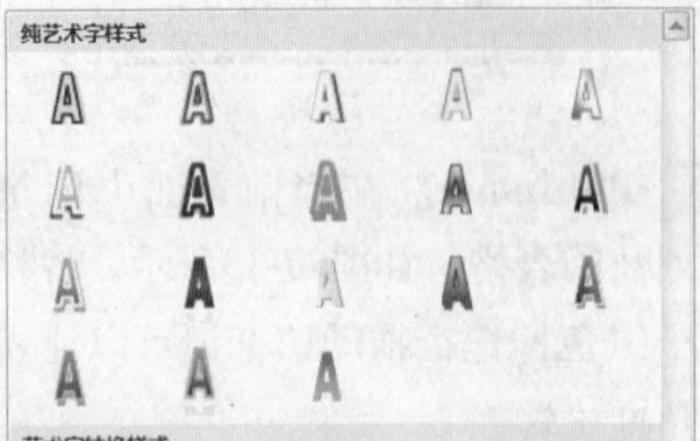

图27-14

在弹出的对话框中输入艺术字内容，同时可以对字体和字号进行调整，单击【确定】按钮，将在当前页面中插入艺术字，如图27-15所示。

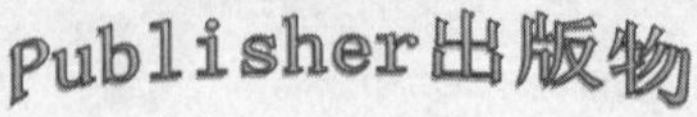

图27-15

双击艺术字，激活功能区中的【格式】选项卡，在此可以对艺术字进行设置，包括重新修改艺术字内容，或者选择其他的艺术字类型。

2. 首字下沉

在出版物中，将段落的第一个文字设置为首字下沉，通常可以有效地引起读者的注意。首字下沉效果主要是增加文字的尺寸，使其高于文本第一行的行高，这样可以让段落的第一个字非常醒目。如图27-16所示就是首字下沉的效果。设置首字下沉效果的具体操作如下。

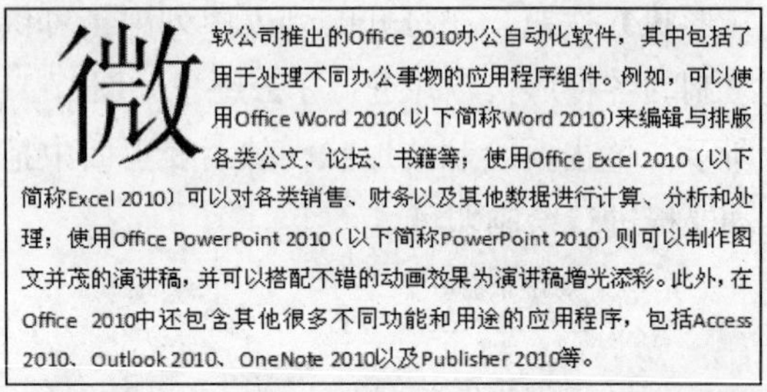

图27-16

Step 01 单击文本框中要设置首字下沉的段落，然后单击功能区中的【格式】→【版式】→【首字下沉】按钮，在打开的列表中列出了可用的首字下沉选项，每个选项以缩略图效果呈现，如图27-17所示。

Step 02 在将鼠标指向首字下沉选项时，会在文本框中看到设置后的预览效果。如果对效果满意，可单击该选项将首字下沉效果应用到当前段落中。如果要取消首字下沉，只需选择列表中的【无首字下沉】选项，即第一行第一列的选项。

图27-17

> **提示** 如果选择列表中的【自定义首字下沉】选项，那么将打开如图27-18所示的对话框，用户可以自定义首字下沉的效果。

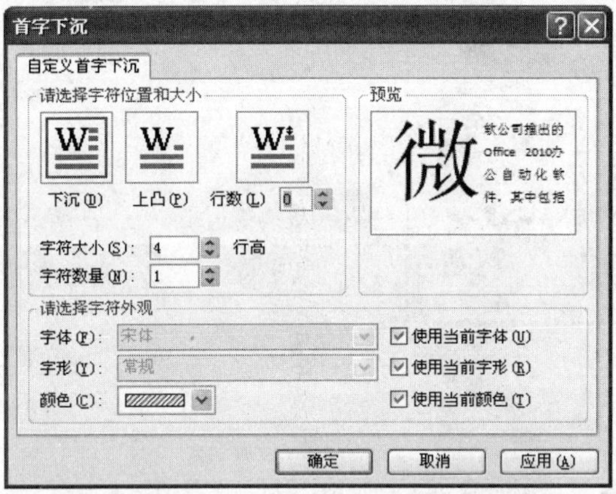

图27-18

3. 艺术型边框

为了让出版物更美观，可以为页面中的文本框添加艺术型边框。艺术型边框与普通的线形边框不同，因为艺术型边框是由小图形组成的，而不只是简单的线条。设置艺术型边框的具体操作如下。

Step 01 右击要设置艺术型边框的文本框，在弹出的快捷菜单中选择【设置文本框格式】命令，打开【设置文本框格式】对话框。

Step 02 在【颜色和线条】选项卡中单击【艺术型边框】按钮，打开【艺术型边框】对话框，从列表框中选择一种边框样式，右侧显示了当前所选边框的预览效果，如图27-19所示。

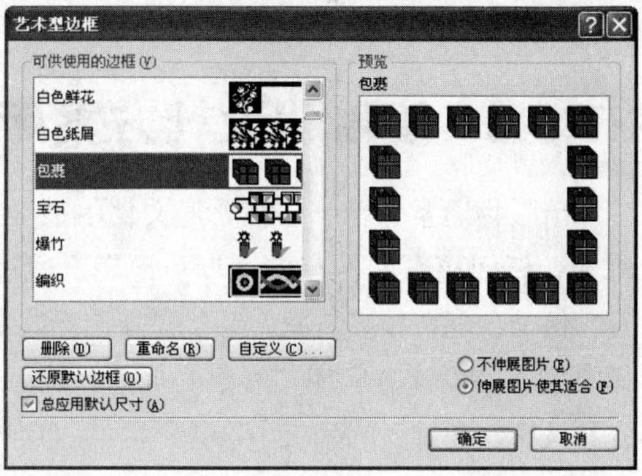

图27-19

> **提示** 默认选择【伸展图片使其适合】单选按钮，这样Publisher可以较完全地填充边框区域。如果不想使用该功能，那么可以单击【不伸展图片】单选按钮。

Step 03 选择好边框样式后，单击【确定】按钮，返回【设置文本框格式】对话框，可以在此处修改边框的粗细。完成后单击【确定】按钮，Publisher将自动使用选择的边框填充文本框的四周，如图27-20所示。

图27-20

> **提示** 用户可以使用自己收藏的图片作为边框的填充样式。首先打开【艺术型边框】对话框，然后单击【自定义】按钮，打开【创建自定义边框】对话框，取消勾选【使用“剪辑管理器”选择图片】复选框，然后单击【选择图片】按钮。在【插入图片】对话框中双击一张合适的图片，随后弹出【命名自定义边框】对话框，输入一个名称或直接单击【确定】按钮使用默认名称。新的边框会显示在【艺术型边框】对话框的【可供使用的边框】列表框中，接下来就可以使用新的边框了。

27.3.8 使用“设计方案库”

出版物通常包含一些在普通文档中很难找到的特殊元素。例如，新的产品手册可能包括赠券；新闻稿可能带有志愿者登记表。通过使用图形、文本框和边框创建这些内容虽然可行，但是会耗费很多时间。为了提高设计效率，可以使用Publisher提供的“设计方案库”。选择要插入“设计方案库”对象的页面，然后单击功能区中的【插入】→【构建基块】→【广告】按钮，在打开的列表中选择所需的选项，Publisher将在当前页面中插入所选择的设计方案库中的对象，如图27-21所示。

图27-21

27.4 设计出版物的版式和外观

除了需要添加出版物的内容外，还有很多工作要做，这包括设计出版物的版式和外观，因为只有这样才能设计出版式结构美观、令人满意的出版物。本节将介绍设计字体方案和配色方案、更改背景以及添加页面的方法。

27.4.1 设计字体方案

Word、Excel和PowerPoint共享主题字体、主题颜色和主题。Publisher也与它们共享同样的主题内容，这样就为Publisher设置不同的字体格式和颜色提供了大量选项。本节先介绍字体方案的选择与设置，下一节再介绍配色方案的设置。单击功能区中的【页面设计】→【方案】→【字体】按钮，打开字体方案列表，从中选择一种合适的字体。Publisher将使用选择的字体方案更新整个出版物每个页面中文本的字体。

27.4.2 设计配色方案

与字体方案类似，Publisher也提供了配色方案，使用配色方案可以整体改变出版物中的颜色配置，这样可以使整个出版物中不同内容的颜色保持一致。在功能区的【页面设计】→【方案】组包含了大量的配色方案可供选择，如图27-22所示。

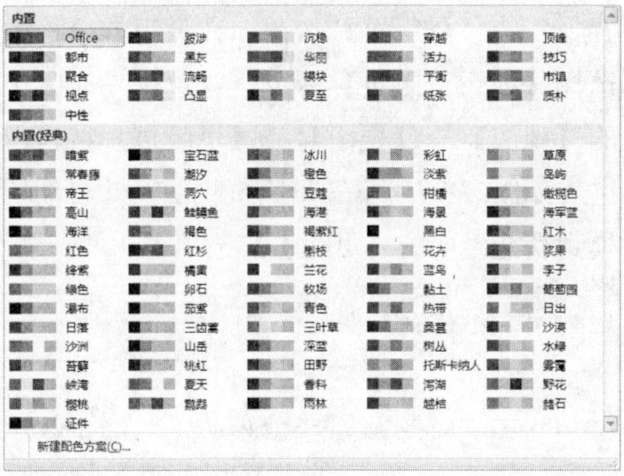

图27-22

27.4.3 设置背景

如果觉得白色背景太过乏味，那么可以为出版物设置背景。单击功能区中的【页面设计】→【页面背景】→【背景】按钮，在打开的列表中选择一种背景效果，如图27-23所示。如果要删除背景则可以选择列表中的【无背景】选项。

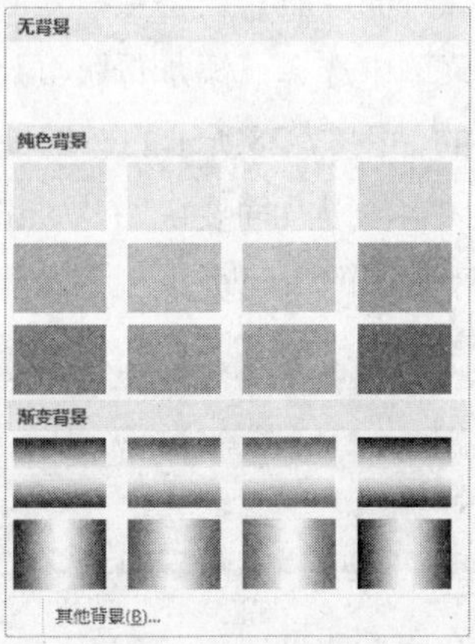

图27-23

提示　如果列表中没有满意的背景，那么可以选择【其他背景】选项，打开【填充效果】对话框，在该对话框中可以设置更多类型的背景，包括渐变填充、纹理、图案或图片。

27.4.4 添加页面

大多数出版物都包含多个页面，而不会只有一个页面，可以根据需要随时添加新的页面。Publisher窗口的左侧列表中显示了当前出版物包含的所有页面缩略图，单击缩略图可以切换到该页面中。如果要添加新的页面，可以单击功能区中的【插入】→【页】→【页面】按钮，在弹出的菜单中可以选择以下三个选项之一。

- 选择【插入空白网页】将直接在当前页下方添加一个新的空白页。
- 选择【插入重复页】将在当前页下方添加一个与当前页完全相同的新页，其中包含了当前页中的所有内容。
- 选择【插入页】将打开如图27-24所示的【插入页面】对话框，指定要插入的页面数量、插入的目标位置以及其他选项，单击【确定】按钮即可添加指定的页面。

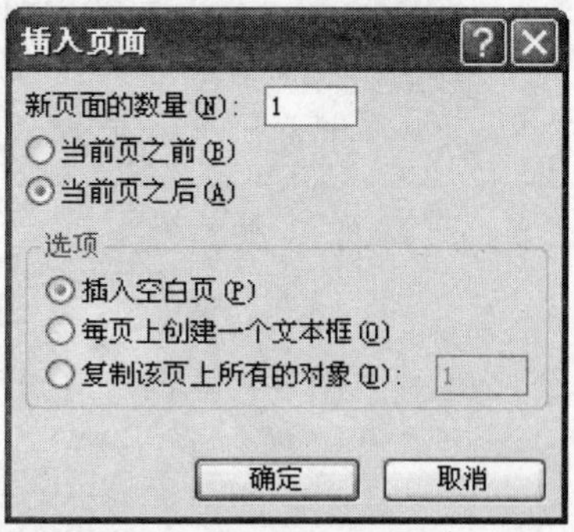

图27-24

提示　也可以右击Publisher窗口左侧列表中的页面，在弹出的快捷菜单中选择【插入页】或【插入重复页】命令以添加新的页面。

在Publisher左侧列表中右击要删除的页面，在弹出的快捷菜单中选择【删除】命令，即可将所选页面删除。

当出版物不止一页时，为了便于定位并了解页面之间的顺序，最好的做法就是为每一个页面添加页码。页码是添加到页面的页眉和页脚区域的。单击功能区中的【插入】→【页眉和页脚】→【页码】按钮，在打开的列表中选择添加页码的位置，如图27-25所示。选择后即可在每个页面的指定位置添加页码。

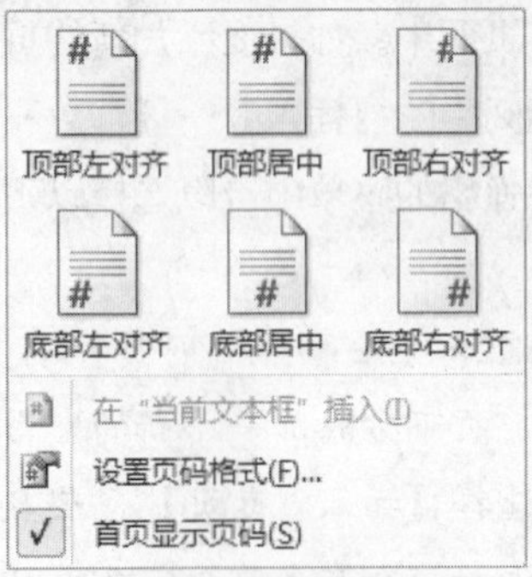

图27-25

如果对页码格式有特殊要求，那么可以选择【设置页码格式】命令，打开如图27-26所示的【页码格式】对话框，可以在此处设置页码的数字格式以及页码的起始编号。

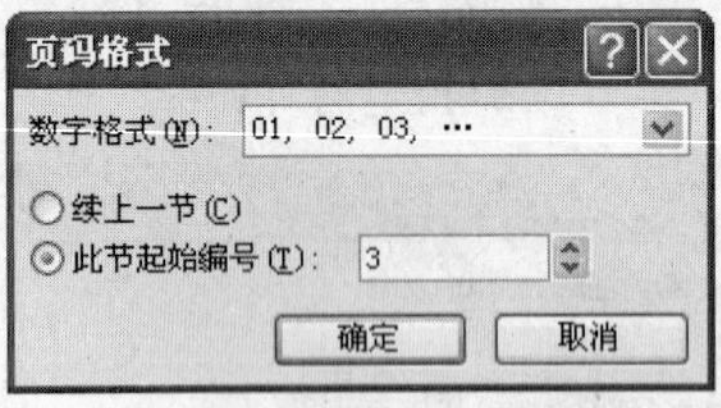

图27-26

提示 如果出版物的第一页不想显示页码，那么可以取消勾选【首页显示页码】选项。

27.4.5 设计母版页

在前面介绍PowerPoint部分的内容时，曾经介绍过幻灯片母版。在PowerPoint母版中添加的内容会同时出现在每一张幻灯片中，因此，可以将一些公用内容设计到幻灯片母版中。Publisher中的母版与PowerPoint母版类似，如果希望某些内容出现在出版物的每一个页面中，那么就需要将这些内容添加到母版页中。

单击功能区中的【页面设计】→【页面背景】→【母版页】按钮，在弹出的菜单中选择【编辑母版页】命令，或单击功能区中的【视图】→【视图】→【母版页】按钮，进入如图27-27所示的母版页视图，并自动切换到功能区中的【母版页】选项卡。

图27-27

默认情况下窗口左侧的【页面导航】窗格中会显示一个母版页。如果需要更多的母版页，那么可以单击功能区中的【母版页】→【母版页】→【添加母版页】按钮进行添加。也可以在【页面导航】窗格空白处右击，在弹出的快捷菜单中选择【添加母版页】命令，然后在打开的如图27-28所示的对话框中设置母版页的标识字母以及简要说明，单击【确定】按钮即可添加新的母版页。

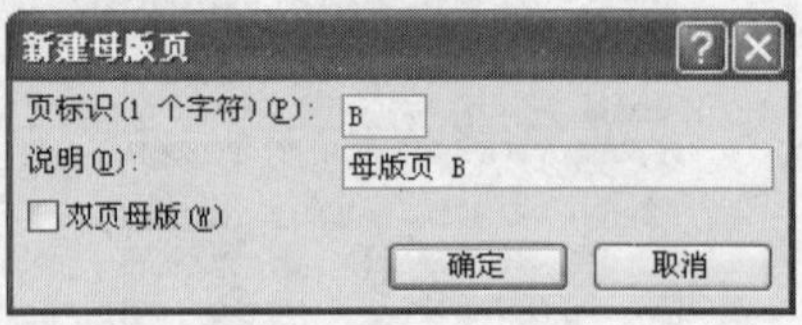

图27-28

提示 创建母版页后也可以通过单击功能区中的【母版页】→【母版页】→【重命名】按钮重命名母版页。右击【页面导航】窗格中的母版页，从弹出的快捷菜单中选择【删除】命令可删除选定的母版页。

在母版页中可以随时添加希望在出版物每一页中都显示的内容。例如，可以在母版页顶部的页眉区域中输入公司的名称，如图27-29所示。

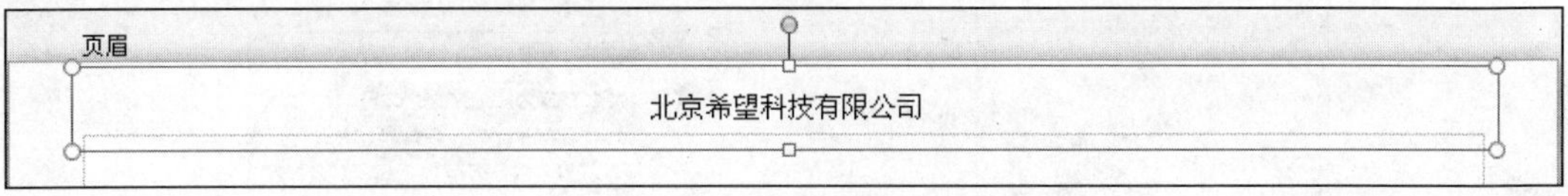

图27-29

单击功能区中的【母版页】→【关闭】→【关闭母版页】按钮关闭母版页视图，此时会看到当前出版物的每一页顶部都出现了之前在母版页中输入的公司名称。

27.5 打印和分发出版物

设计出版物的最终目的是将其打印输出或者通过网络分发给其他用户。本节将介绍打印出版物之前的准备工作以及打印和发送出版物的方法。

27.5.1 使用“检查设计方案”

为了确保出版物包含了预期的所有内容并尽可能减少错误，最好在打印之前对出版物进行检查，使用Publisher提供的“检查设计方案”功能可以完成这个任务。“检查设计方案”可以从出版物中检查出以下可能存在的问题。

- 溢出区域的文本。
- 空图文框。
- 隐藏的对象。
- 位于页面外的对象。
- 不在打印区域中的对象。
- 页面顶端的空白区域。
- 无效的超链接。

单击【文件】按钮并选择【信息】命令，然后单击【运行检查设计方案】按钮，检查结果显示在了自动打开的【检查设计方案】窗格中，如图27-30所示。如果要修复错误，则单击列表框中的错误，Publisher会自动显示错误发生的位置。

如果想要专业印刷文档，那么可以勾选【运行专业印刷检查】复选框，Publisher会立刻显示可能导致专业打印机出现问题的错误。将鼠标移动到错误上，然后单击错误右侧出现的下拉按钮，接着在弹出的菜单中修复错误或了解与错误有关的更多信息，如图27-31所示。

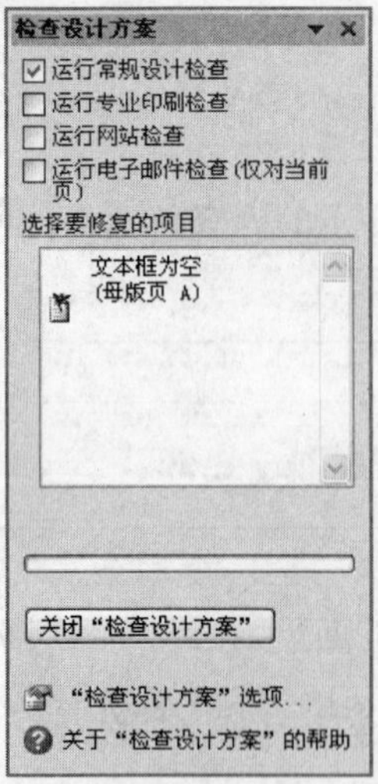

图27-30

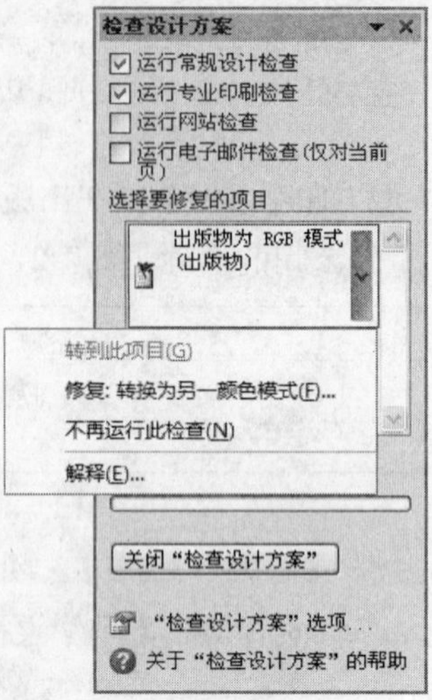

图27-31

27.5.2 打印出版物

当对出版物的各方面都感到满意时，就可以将其打印输出了。单击【文件】按钮并选择【打印】命令，展开如图27-32所示的面板。与Word等应用程序的打印界面类似，左侧提供了可以对打印进行设置的选项，右侧为当前出版物的预览效果。

图27-32

选择【打印机】下拉列表中的【高级输出设置】命令，打开如图27-33所示的对话框。在该对话框中可以完成以下设置。

- 在专业打印机上印刷时，可以将出版物转换为彩色打印所需的分色，可以选择【复合RGB】、【复合灰度】、【复合CMYK】等。
- 可以设置打印时是否允许出血。
- 可以设置是否允许打印机使用自己的字体取代出版物中的字体，以及打印图片时使用的分辨率。

完成设置后单击【确定】按钮，然后在打印面板中单击【打印】按钮，即可将出版物打印到纸张上。

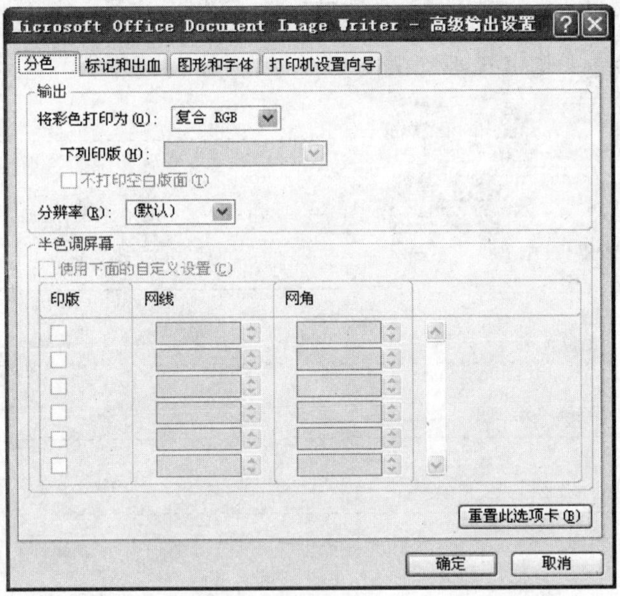

图27-33

27.5.3 通过电子邮件发送出版物

如果希望将出版物分发给其他用户，可以利用电子邮件以网络的形式传送给他们。单击【文件】按钮并选择【保存并发送】命令，然后选择【使用电子邮件发送】选项，在最右侧可以选择电子邮件的发送方式，如图27-34所示。例如，可以将当前出版物作为新邮件的附件进行发送。

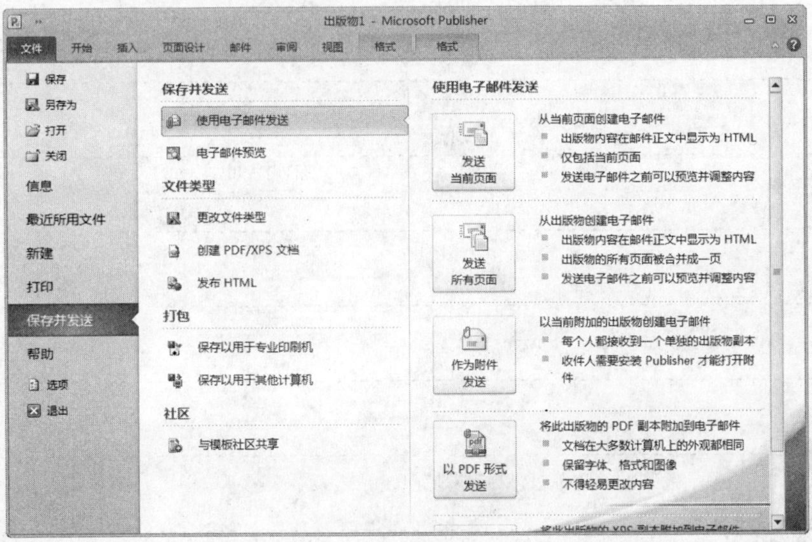

图27-34

读·书·笔·记

中文版 Office 2010 应用大全

Chapter 28

在Office组件之间共享数据

Office是一个应用程序系列的总称，其中包含了不同用途的多个应用程序，例如，Word、Excel、PowerPoint等。由于它们都属于Office中的组件，因此在很多操作上就存在着共同之处，而且各程序之间还可以非常方便地共享数据，实现应用程序之间的协同作业。本章将介绍Office各组件之间共享数据的方法。此外，还将介绍Office Web Apps在线协作。

28.1 Word与Excel协作

Word与Excel是最常通信的Office组件，不但可以在Word中使用Excel数据，也可以使用类似的方法在Excel中使用Word数据，而且还可以让Word与Excel进行联动。所谓联动，就是指在一个应用程序中修改数据后，修改的结果也会作用于另一个应用程序中。

28.1.1 在Word中使用Excel

由于在Excel工作表中输入和计算数据非常方便，因此，可以在Word文档中插入已经制作好的Excel工作表。最简单的方法就是将Excel工作表复制到Word中，也可以将整个Excel工作簿嵌入到Word中。

如果希望在Word中使用Excel中的某些数据，还可以使用复制、粘贴的方式将数据导入到Word文档中。在Excel工作表中选择要导入到Word中的单元格区域，然后按Ctrl+C组合键将所选数据复制到剪贴板中。切换到Word文档，将插入点定位到要放置数据的位置，然后按Ctrl+V组合键将Excel中的数据以文本形式复制到Word文档中，得到如图28-1所示的效果。

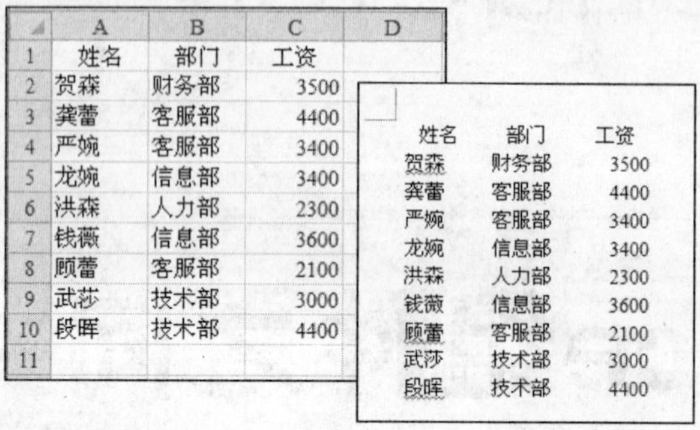

	A	B	C	D
1	姓名	部门	工资	
2	贺森	财务部	3500	
3	龚蕾	客服部	4400	
4	严婉	客服部	3400	
5	龙婉	信息部	3400	
6	洪森	人力部	2300	
7	钱薇	信息部	3600	
8	顾蕾	客服部	2100	
9	武莎	技术部	3000	
10	段晖	技术部	4400	
11				

姓名	部门	工资
贺森	财务部	3500
龚蕾	客服部	4400
严婉	客服部	3400
龙婉	信息部	3400
洪森	人力部	2300
钱薇	信息部	3600
顾蕾	客服部	2100
武莎	技术部	3000
段晖	技术部	4400

图28-1

使用这种方式导入的数据是静态数据，也就是说，无论如何修改Excel源文件中的数据，粘贴到Word中的数据都不会同步更新。

交叉参考

如果希望Word与Excel联动，请参考本章28.1.3节中的内容。

如果要想对数据进行一些复杂的计算和分析，Word可能无法胜任。此时就可以在Excel中完成这些工作，然后将整个Excel工作簿嵌入到Word中，这样就可以在Word中使用Excel提供的功能，来弥补Word对数据处理方面的不足。嵌入数据与普通的复制数据不同，嵌入数据是将整个Excel工作簿添加到Word文档中，成为文档的一部分，并且可以在文档中直接对Excel数据进行修改，而复制、粘贴数据得到的只是一个静态数据。如果目前已经有一个制作好的Excel工作簿，那么可以按照以下操作步骤将这个工作簿嵌入到Word中。

Step 01 新建或打开一个Word文档，将插入点定位到要放置Excel数据的位置。

Step 02 单击功能区中的【插入】→【文本】→【对象】按钮，打开【对象】对话框。在【由文件创建】选项卡中单击【浏览】按钮，如图28-2所示。

Step 03 打开【浏览】对话框，选择要导入到Word中的Excel工作簿。单击【插入】按钮，将所选工作簿添加到【对象】对话框中，如图28-3所示，其中显示了Excel工作簿的路径。

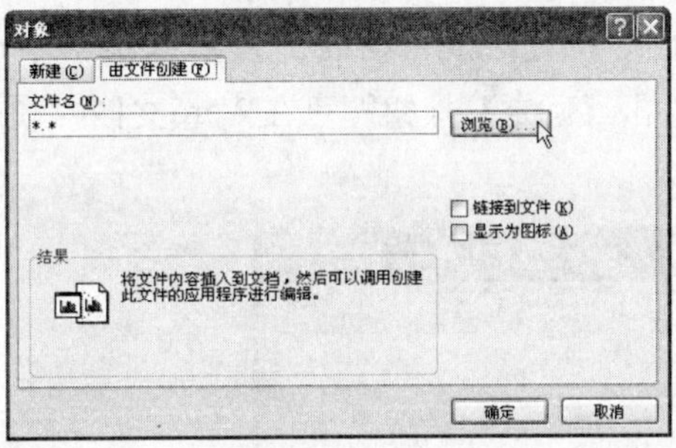

图28-2

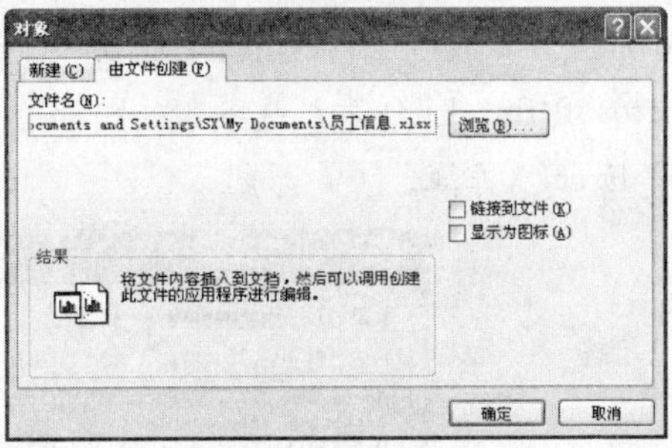

图28-3

Step 04 单击【确定】按钮，即可将指定的工作簿嵌入到Word文档中，如图28-4所示。

姓名	性别	籍贯	学历	部门	职位	工资
施婉	女	重庆	中专	销售部	普通职员	2900
万伟	女	甘肃	职高	信息部	总经理	5000
毛晖	男	辽宁	硕士	客服部	高级职员	2100
薛妮	男	安徽	高中	人力部	部门经理	2600
薛莎	男	浙江	博士	市场部	普通职员	2200
牛琪	女	云南	大专	市场部	部门经理	2200
白骏	男	浙江	大本	市场部	部门经理	4700
贺骏	男	山东	大专	人力部	总经理	3000
郝妮	女	江西	大专	客服部	普通职员	4700
施琬	女	福建	中专	客服部	普通职员	2400

图28-4

单击文档中嵌入的工作簿可以将其选中，选择后的嵌入工作簿的四周会显示蓝色虚线边框。右击嵌入工作簿，从弹出的快捷菜单中选择【设置对象格式】命令，可以像设置图片和图形那样设置工作簿的格式，例如，大小、文字环绕方式等格式。如果要编辑工作簿中的数据，就可以直接双击嵌入工作簿，此时会使用Excel功能区代替Word功能区，如图28-5所示。这就是嵌入Excel工作簿的好处，因为可以在Word中使用Excel提供的各种功能。单击Word文档空白区域退出Excel编辑环境并返回Word环境。

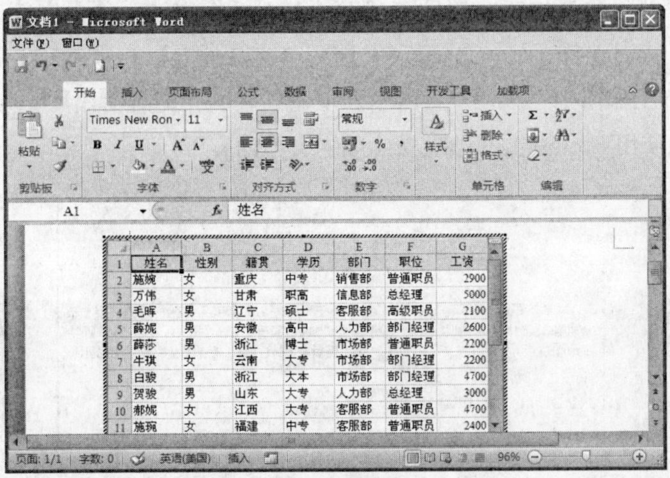

图28-5

21 Chapter
22 Chapter
23 Chapter
24 Chapter
25 Chapter
26 Chapter
27 Chapter
28 Chapter
29 Chapter
30 Chapter

提示　如果希望双击嵌入工作簿后可以在独立的Excel程序窗口中编辑Excel数据，那么可以在【对象】对话框中勾选【链接到文件】复选框。

还可以在Word文档中嵌入新工作簿，方法与嵌入已有的工作簿类似，将插入点定位到Word文档中要放置工作簿的位置，然后打开【对象】对话框，在【新建】选项卡中选择【Microsoft Excel工作表】选项，如图28-6所示。单击【确定】按钮即可在Word文档内嵌入一个新的Excel工作簿。

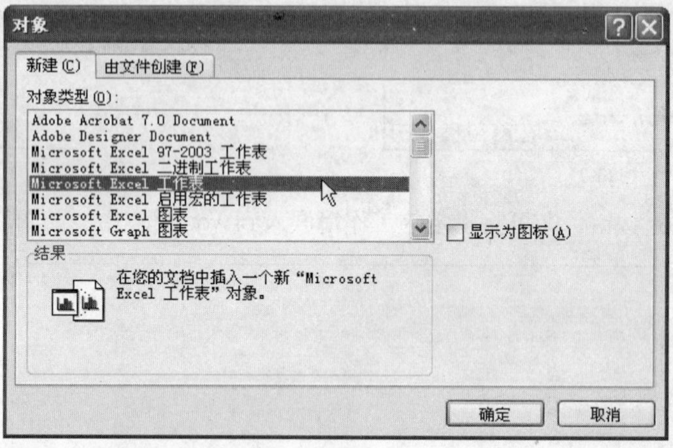

图28-6

28.1.2　在Excel中使用Word

与在Word中使用Excel数据类似，也可以将Word文档内容添加到Excel工作表中。可以在Word文档中选择并复制一些内容，然后在Excel中选择一个单元格，再按Ctrl+V组合键将复制到剪贴板中的内容粘贴到所选单元格中。

如果希望保留Word文档格式，并且希望在Excel中使用Word的排版功能，那么可以在Excel中嵌入Word文档。与在Word中嵌入Excel工作簿的操作类似，单击Excel功能区中的【插入】→【文本】→【对象】按钮，然后在【对象】对话框中选择【由文件创建】选项卡并单击【浏览】按钮，接着选择要嵌入的Word文档。单击【插入】和【确定】按钮后，即可将指定文档插入到Excel工作簿中，如图28-7所示。双击嵌入文档即可使用Word功能区替代Excel功能区，然后就可以使用Word提供的排版功能编辑文档内容了。

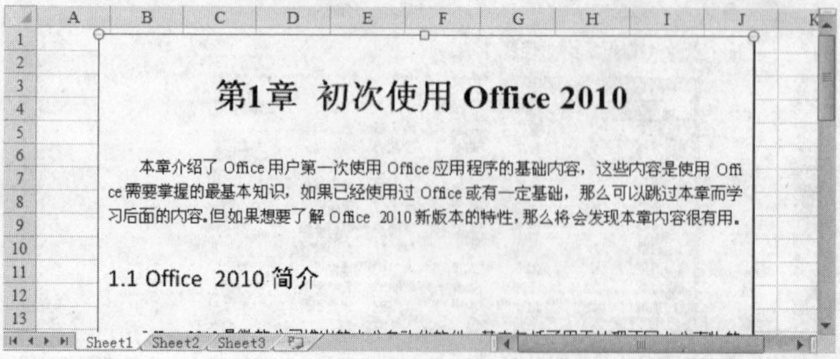

图28-7

28.1.3 让Word与Excel联动

如果希望Word和Excel中的数据可以同步更新，那么在粘贴复制的数据时需要使用动态链接的方式。例如，可以在Word中使用链接到Excel中的数据，这样每当修改Excel数据时，Word文档中的数据也会自动更新。实现这种功能可按如下操作。

Step 01 打开包含要使用数据所在的工作表，然后复制所需的数据。切换到Word文档，将插入点定位到要放置数据的位置。

Step 02 单击功能区中的【开始】→【剪贴板】→【粘贴】按钮，在打开的列表中选择【选择性粘贴】命令，如图28-8所示。

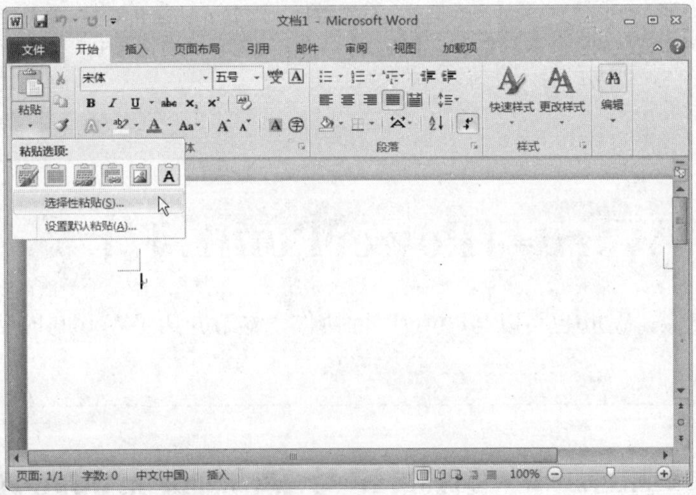

图28-8

Step 03 打开如图28-9所示的对话框，单击【粘贴链接】单选按钮，然后在列表框中选择一种格式。

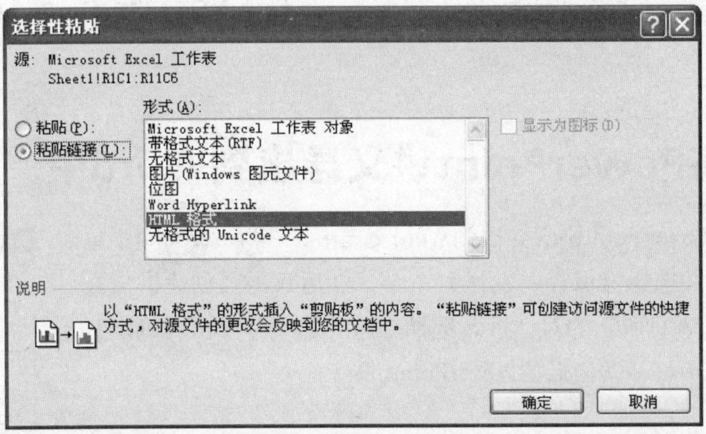

图28-9

Step 04 单击【确定】按钮，按所选格式将复制的内容粘贴到Word文档中。

如果同时打开了Excel工作簿和粘贴了链接数据的Word文档，那么当修改工作簿中的数据时，Word文档中的数据会自动更新。如果修改Excel数据时没有打开包含链接数据的Word文档，那么在以后打开该文档时，由于其中的链接数据有所改动，会弹出如图28-10所示的提示，单击【是】按钮即可将新内容更新到Word文档中。

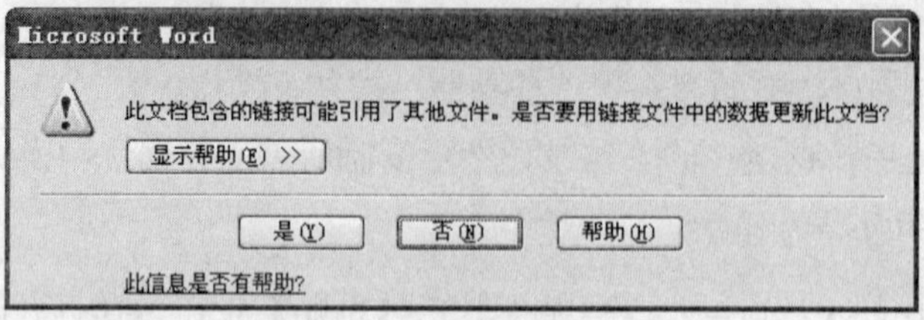

图28-10

提示　如果希望将Word文档中的动态数据转为静态数据，那么可以右击文档中的链接数据，在弹出的快捷菜单中选择【链接的工作表对象】→【链接】命令，在打开的对话框中单击【断开链接】按钮，即可切断Word文档数据与Excel工作簿之间的关系。

28.2 Word与PowerPoint协作

与Excel类似，Word也可以与PowerPoint协作，本节介绍了Word与PowerPoint之间共享数据的方法。

28.2.1 将PowerPoint演示文稿转换为Word文档

在PowerPoint中单击【文件】按钮并选择【另存为】命令，在【另存为】对话框的【保存类型】下拉列表中选择【大纲/RTF文件】选项，输入一个文件名并单击【保存】按钮，然后在Word应用程序中打开刚刚转换的RTF文件，这样就实现了将PowerPoint演示文稿转换为Word文档的要求。

28.2.2 将PowerPoint讲义导出到Word中

用户可以将PowerPoint讲义导出到Word文档中，在PowerPoint中单击【文件】按钮并选择【保存并发送】命令，然后双击【创建讲义】选项，打开如图28-11所示的对话框。选择合适的选项并单击【确定】按钮，将在Word中打开转换后的PowerPoint讲义。

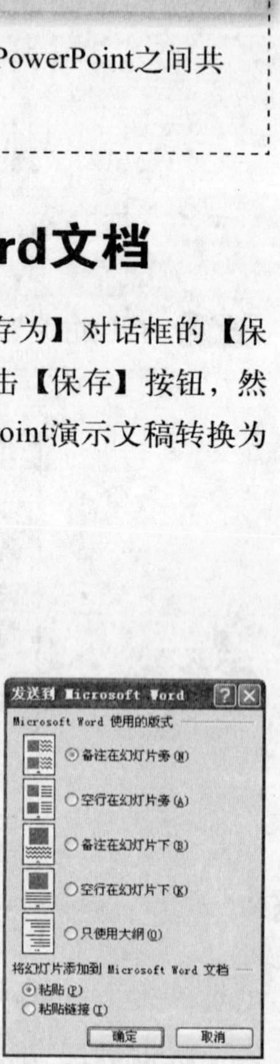

图28-11

28.2.3 将Word文档转换为PowerPoint演示文稿

如果Word文档中的标题使用了标题样式，就可以将这些标题转换到PowerPoint中。需要注意的是，在这类Word文档中不应该包含任何其他文本，而只包含应用了样式的标题。准备好Word文档后，单击PowerPoint功能区中的【开始】→【幻灯片】→【新建幻灯片】按钮，在打开的列表中选择【幻灯片（从大纲）】选项，并在打开的对话框中双击已准备好的Word文档，即可将所选文档中的标题导入到PowerPoint幻灯片中。

28.3 Excel与Access协作

虽然Excel与Access是不同的应用程序，但是在Access中切换到数据表视图时，其界面和操作方式与Excel工作表非常相似。经常遇到的情况是，制作好的Excel工作表包含了大量的原始数据，而这些数据正准备用作Access数据库中的底层数据。如果重新在Accss中输入这些数据，势必是在浪费时间，因此可能希望采用一种方法快速将Excel中的数据导入到Access中。此外，Access数据库还可以作为Excel数据透视表的数据源来创建数据透视表。

28.3.1 在Excel中使用Access作为数据源创建数据透视表

如果需要对海量数据进行分析，那么可以先在Access中制作数据库，然后使用Excel以Access数据库中的数据为数据源来创建数据透视表。使用Access数据库创建数据透视表的具体操作如下。

Step 01 新建一个工作簿，然后单击功能区中的【数据】→【获取外部数据】→【自Access】按钮，打开【选取数据源】对话框，选择要连接的Access数据库文件，单击【打开】按钮。

Step 02 打开如图28-12所示的【选择表格】对话框，从中选择要使用的数据所在的Access表，然后单击【确定】按钮。

Step 03 打开如图28-13所示的【导入数据】对话框，单击【数据透视表】单选按钮，然后选择创建数据透视表的位置。

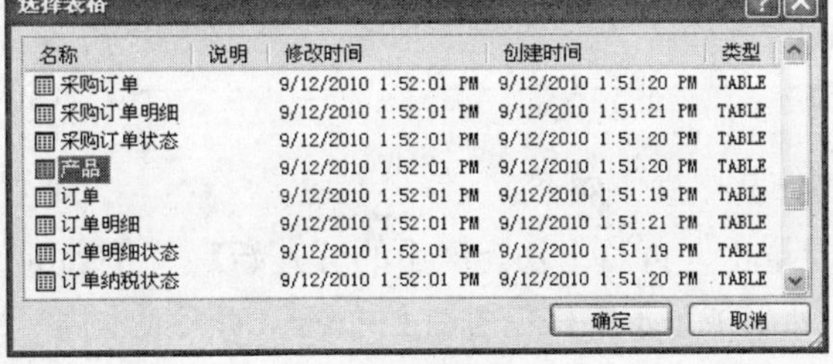

图28-12

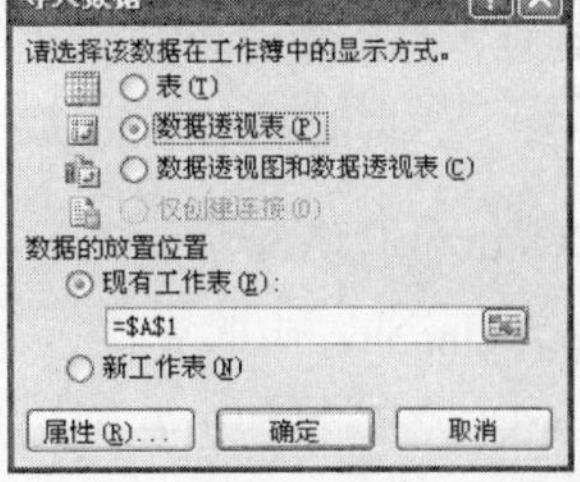

图28-13

Step 04 单击【确定】按钮，在Excel中创建一个空白的数据透视表，接下来对数据透视表中的字段进行布局即可。

28.3.2 在Access中导入Excel数据

使用Access中的导入功能可以将Excel中的数据导入到Access中。单击Access功能区中的【外部数据】→【导入并链接】→【Excel】按钮，打开【获取外部数据-Excel电子表格】对话框。通过单击【浏览】按钮选择要导入的Excel工作表，如图28-14所示。然后单击【确定】按钮，根据向导提示将Excel数据导入到Access中。

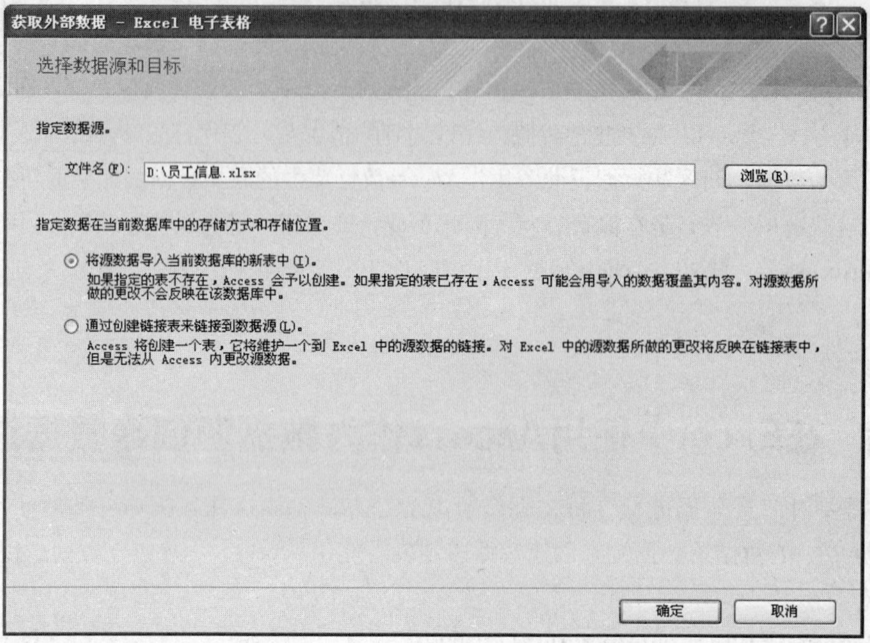

图28-14

28.4 Outlook与OneNote协作

在OneNote页中添加的任何Outlook任务自动出现在Outlook中的【待办事项】列表中。如果和许多人一样曾有过跟踪操作项失败的经历（因为没有将操作项从会议笔记复制到日历），则此功能可以带来更高的效率。

将Outlook任务添加到OneNote笔记本的具体操作如下。

Step 01 在OneNote中需要插入任务的位置单击，再单击功能区中的【开始】→【Outlook】→【Outlook任务】按钮，在弹出的菜单中列出了用于安排任务（如今天、明天或本周）的标记子菜单或列表，如图28-15所示。

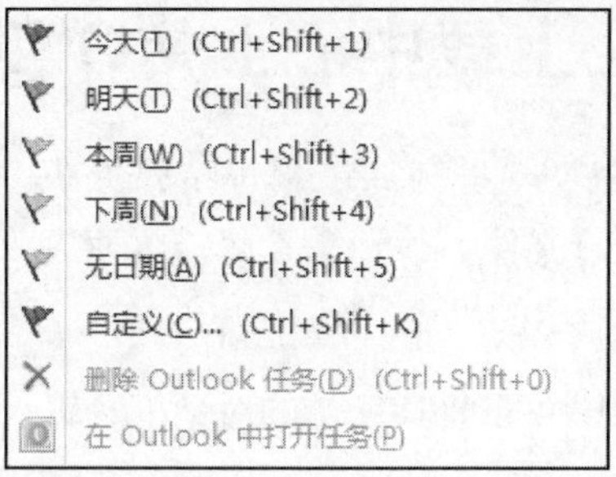

图28-15

提示 如果选择【自定义】选项，将会打开Outlook的任务窗口，可以自定义【开始日期】和【结束日期】，从而安排Outlook任务。

Step 02 单击所需的标记，显示带有特定标记的笔记容器，输入笔记文本。当选择Outlook任务时，Outlook会将其识别为链接到OneNote的任务，如图28-16所示，两个应用程序将同步任务信息。

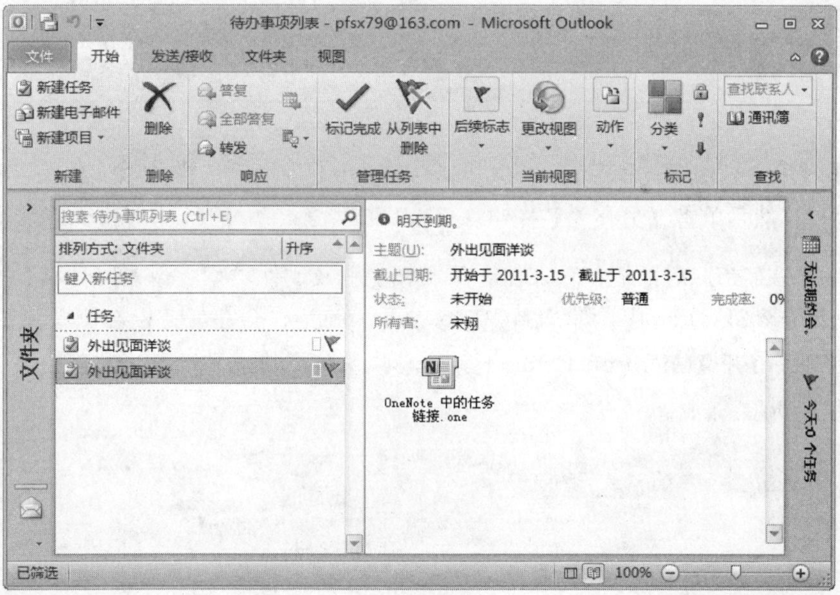

图28-16

28.5 使用Office Web Apps在线协作

可以使用Office Web Apps功能将文档保存到网络中，然后可以在网上查看和编辑文档。对于个人用户来说，如果已经拥有了Windows Live ID，则可以将文档保存到与Windows Live ID对应的SkyDrive网络存储空间中。本节将以个人用户的Windows Live ID为例介绍如何使用Office Web Apps功能在线处理文档。

28.5.1 使用Office上载中心上传Office文档

个人用户使用Office Web Apps功能非常简单，这里以Word 2010为例进行讲解，具体操作如下。

Step 01 在编辑好文档后，单击【文件】按钮并选择【保存并发送】→【保存到Web】命令，将在右侧面板中出现如图28-17所示的界面。

Step 02 单击【登录】按钮，弹出如图28-18所示的对话框，输入已经注册好的Windows Live ID账号及其密码。

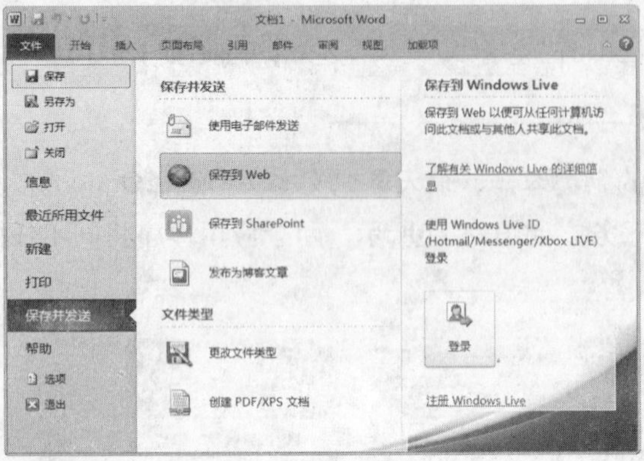

图28-17

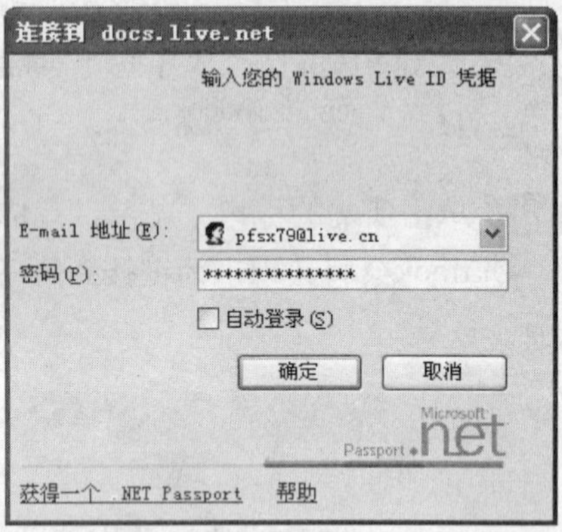

图28-18

Step 03 单击【确定】按钮，稍后，出现如图28-19所示的界面，选择要将文档保存到的网络位置中的文件夹，然后单击【另存为】按钮。

Step 04 打开【另存为】对话框，输入保存的文档名称及文件类型。单击【保存】按钮，即可将指定文档保存到SkyDrive中。在启用Office Web Apps后，会在任务栏右侧看到 ■ 图标，双击该图标，可以打开【Microsoft Office上载中心】窗口，其中显示了当前正在保存文档的进度，如图28-20所示。

图28-19

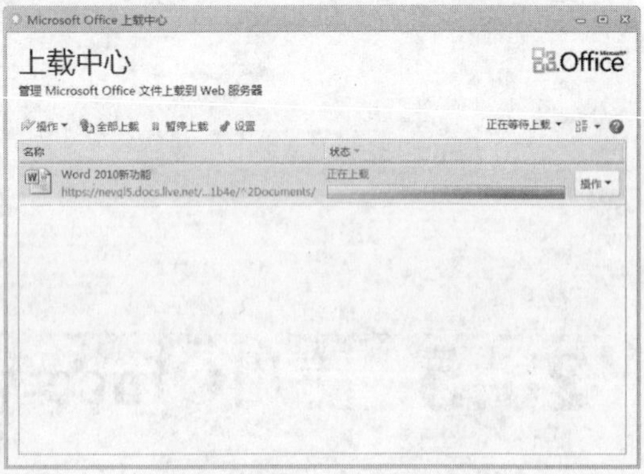

图28-20

28.5.2 在线处理Office文档

在SkyDrive上保存好文档后，当进入SkyDrive时，可以看到指定文件夹中的文档，如图

28-21所示。

单击要操作的文档，进入如图28-22所示的界面，选择要查看或编辑的文档，然后单击上方的【查看】或【编辑】。

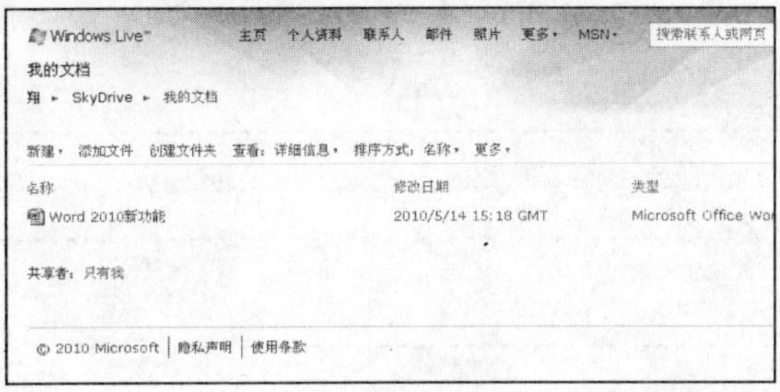

图28-21

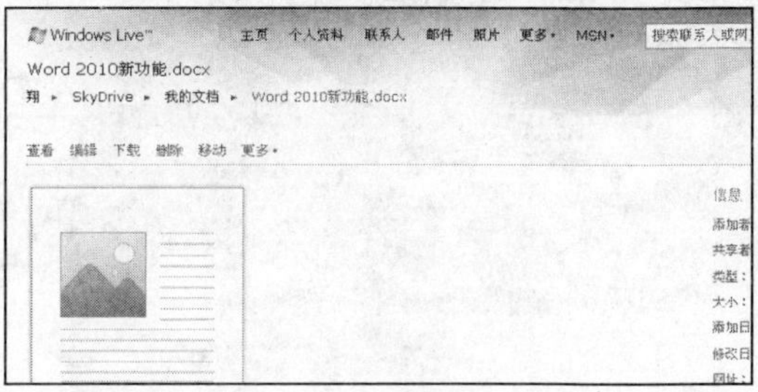

图28-22

如果是初次使用，则会要求用户接受Office Web Apps协议。单击【接受】按钮接受该协议后，即可进入如图28-23所示的界面，在浏览器中可查看或编辑文档。界面中包含了【文件】按钮，单击该按钮可以打开一个菜单，从中选择是否在本地电脑的Office应用程序中打开该文档，或者打印或关闭文档。

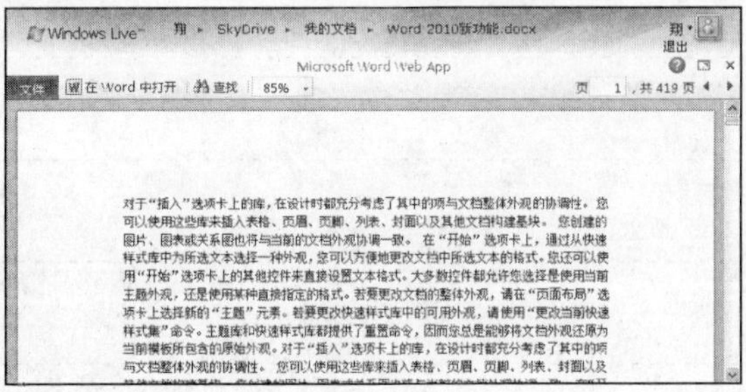

图28-23

28.5.3 设置Office上载中心

打开【Microsoft Office上载中心】窗口，单击【设置】按钮，打开如图28-24所示的对话框，可以对上载进行详细设置。例如，如果不想在任务栏上的通知区域中显示上载中心的图标，那么可以取消勾选【通知区域中的“显示”图标】复选框。

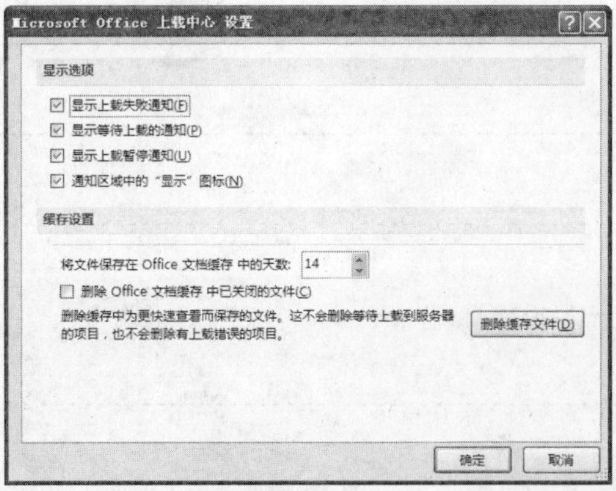

图28-24

读·书·笔·记

中文版 Office 2010 应用大全

Chapter 29

VBA零基础入门

VBA可能是Office中最难掌握的技术，但是一旦掌握了VBA技术，会觉得任何问题解决起来都游刃有余、轻而易举。本章将介绍VBA中最重要且最常用的知识，因为只有一章内容，所以不可能面面俱到，但是会尽可能选择最有用的内容讲解。

29.1 了解宏

在学习VBA的相关内容之前，有必要先来了解一下宏。一个原因是大多数用户都是从宏开始接触的；另一个原因是因为宏是学习VBA的一个助手，也可以说是学习VBA的必经之路，因为可以通过录制宏来了解对象模型。本节将介绍与宏密切相关的内容，其中还包括一些在使用宏时可能遇到的问题。

29.1.1 宏的概念

宏是指一系列操作命令的有序集合。在Office中，可以像录像一样对用户的操作进行录制，然后通过播放所录制的操作，来批量完成重复的工作，由此提高工作效率。通过用户录制操作而生成的可播放动作，就是此处提到的“宏”。使用宏的一个原因，前面已经提到，就是可以提高工作效率。其他还包括希望将多个操作组合到一起，即将一个复杂操作通过宏一步完成；实现办公的自动化操作；降低Office软件的操作难度，通过宏简化复杂操作，轻松完成各种Office任务。

29.1.2 宏与VBA的关系

VBA，即Visual Basic for Applications，用于弥补应用程序现有功能的不足，而对应用程序进行的二次开发，从而强化应用程序的功能。VBA是由不同模块以及其中的过程组成的，而过程又是由一行行代码组成。宏其实就是VBA中的一个个过程，只不过宏是由人为录制，因此相对手工编写的VBA代码而言，宏存在以下缺陷。

- 宏只能单纯地录制机械化操作，通常会使代码执行效率很低。
- 对于Excel而言，录制的宏不能在工作表中作为自定义函数使用。
- 录制的宏是不包括任何参数的，因此使用起来极不灵活。
- 录制的宏只能通过人为执行，而无法作为事件自动触发并执行。

相对于宏而言，VBA具有以下以下优势。

- VBA代码由人工编写，因此，可以使用最简单的代码来完成录制宏所实现的相同操作，有效提高程序的运行效率。
- 对于Excel而言，使用VBA编写自定义函数，可以有效简化复杂公式，甚至可以完成Excel内置函数无法实现的功能。
- 可以在编写VBA代码时，为过程提供参数，然后可以在执行VBA代码时为过程提供参数，使程序执行更灵活。
- 可以编写Word文档、Excel工作簿和工作表等对象的事件代码，这样可以在用户触发指定事件时自动化运行代码，使程序运行更智能、更自动。

21 Chapter
22 Chapter
23 Chapter
24 Chapter
25 Chapter
26 Chapter
27 Chapter
28 Chapter
29 Chapter
30 Chapter

29.1.3 从录制宏开始

如果用户从未使用过宏，那么现在最关心的问题可能是想知道宏该如何使用。首先简要介绍一下使用一个宏的大致流程，稍后会做详细讲解。整体流程如下。

计划好要进行的操作→开始录制宏→播放宏，检测录制结果→将宏用于类似的重复工作

使用宏的第一步是先在脑海中构思要完成的工作都包括哪些任务，实现这些任务的具体操作步骤是什么。这些内容都应该在开始录制宏之前整理好，以免开始录制后发生多次误操作，这样会极大地影响宏运行时的效率。因为在录制过程中用户大多数的操作都会被记录下来的。

构思好操作步骤后，接下来就可以将这些操作录制下来了。需要注意的是，PowerPoint 2010取消了录制宏的功能。而Word 2010和Excel 2010录制宏时打开的对话框名称有所不同。Word 2010打开的对话框名为“录制宏”，而Excel 2010打开的对话框名为“录制新宏”。为了便于讲解，这里以Excel 2010为例，打开【录制新宏】对话框的方法有以下三种方法。

- 单击Excel 2010窗口底部状态栏左侧的 按钮。
- 单击功能区中的【开发工具】→【代码】→【录制宏】按钮。
- 单击功能区中的【视图】→【宏】→【宏】按钮，在弹出的菜单中选择【录制宏】命令。

提示　默认情况下【开发工具】选项卡是不显示在功能区中的，可以右击功能区，从弹出的快捷菜单中选择【自定义功能区】命令，在打开的对话框中勾选右侧列表框中的【开发工具】复选框，单击【确定】按钮将【开发工具】选项卡添加到功能区中。

打开的【录制新宏】对话框如图29-1所示。在【宏名】文本框中为待录制的宏起一个名字，最好可以表现出宏的功能或作用。如果希望使用快捷键组合来运行宏，那么可以在【快捷键】文本框中输入一个字母，然后可以通过按Ctrl键加字母键来运行宏。

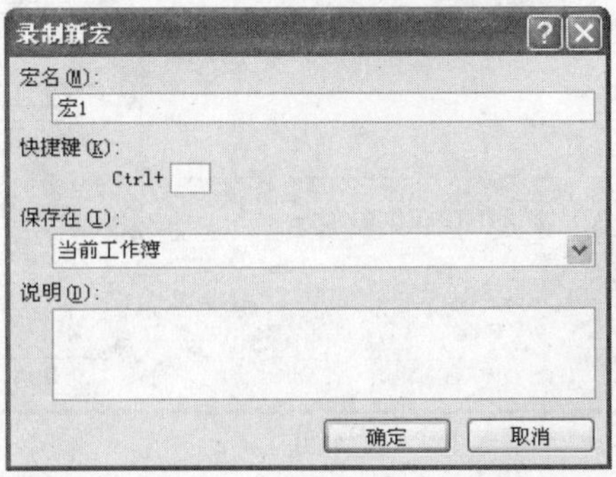

图29-1

在【保存在】下拉列表中可选择将录制的宏存储在什么位置，可以使用以下三个选项。

- 个人宏工作簿（Personal.xlsm）：如果将宏保存到该工作簿中，那么在启动Excel程序后，所有打开的工作簿都可以使用个人宏工作簿中的宏。换句话说，如果希望每个打开的工作簿都可以使用录制的宏，就需要将宏保存到个人宏工作簿中。
- 新工作簿：将宏保存到新建的工作簿中。
- 当前工作簿：将宏保存到当前正在录制宏的工作簿中。

21 Chapter
22 Chapter
23 Chapter
24 Chapter
25 Chapter
26 Chapter
27 Chapter
28 Chapter
29 Chapter
30 Chapter

> **提示** 个人宏工作簿默认保存在以下路径中（Windows XP）：C:\Documents and Settings\<用户名>\Application Data\Microsoft\Excel\XLSTART。在将宏保存到个人宏工作簿之前，无法在该路径下看到个人宏工作簿（Personal.xlsm）。

除了用户自己使用外，如果宏还可能提供给他人使用，那么最好的做法是在【说明】文本框中输入对宏的说明信息。设置好各个选项（有些选项不是必须设置的）后，单击【确定】按钮，Excel将开始录制用户所做的每一步操作，无论操作正确与否，Excel都将进行录制。单击Excel窗口状态栏左侧的【停止录制】按钮，完成宏的录制工作。

> **提示** 默认情况下是使用绝对引用方式来录制的，但是也可以根据需要使用相对引用的方式进行录制。这里所说的绝对引用和相对引用与Excel的单元格引用的含义是类似的。如果要使用相对引用录制宏，那么需要开始录制前单击功能区中的【开发工具】→【代码】→【使用相对引用】按钮，启用相对引用录制。

录制好宏后，可以使用以下两种方法测试宏的运行效果。

- 单击功能区中的【视图】→【宏】→【宏】按钮，在弹出的菜单中选择【查看宏】命令。
- 单击功能区中的【开发工具】→【代码】→【宏】按钮。

无论使用上面哪种方法，都将打开如图29-2所示的对话框，列表中显示了当前可以运行的所有宏。选择所需的宏并单击【执行】按钮即可运行所选择的宏。如果单击【选项】按钮，则可以打开【宏选项】对话框，修改宏的配置信息，包括快捷键以及对宏的说明内容。此外，如果录制前设置了快捷键，那么还可以使用快捷键来运行宏。

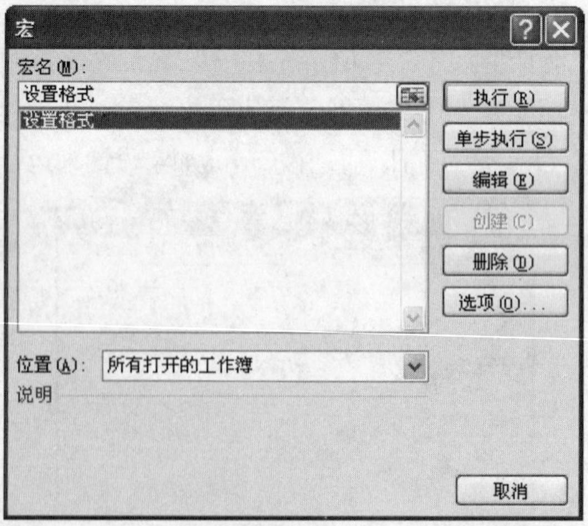

图29-2

29.1.4 如何将宏保存到工作簿中

如果在录制宏之前选择将宏保存在当前工作簿中，那么在录制好宏后，需要保存当前工作簿，而且需要以一种特殊格式进行保存，否则在下次打开工作簿时将无法使用宏。录制好宏后按Ctrl+S组合键，打开【另存为】对话框，需要在【保存类型】下拉列表中选择如图29-3所示的工作簿类型。这是Excel 2010中可以包含宏的工作簿类型。

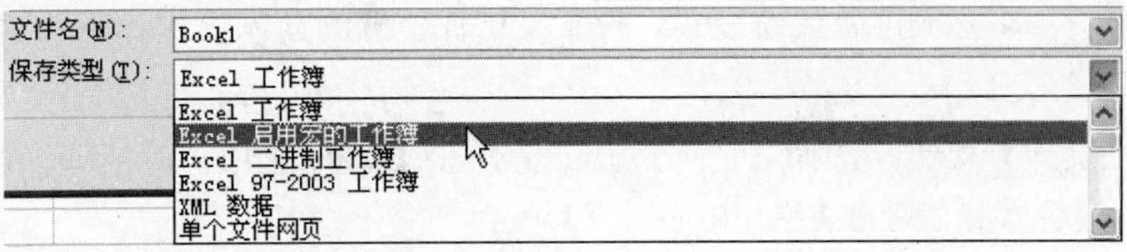

图29-3

提示 也可以选择【Excel 97–2003工作簿】文件类型，因为在Excel 2010和Excel 2007之前的版本中，工作簿中是否包含宏所使用的文件都是同一种类型。但是选择Excel 97–2003工作簿文件类型将无法使用Excel 2010中提供的新功能。在Excel 2010中按工作簿中是否包含宏将工作簿分为两种：普通工作簿和启用宏的工作簿。如果电脑中显示了文件的后缀名，那么对于Excel 2010工作簿来说，后缀名为xlsm的可以包含宏，而后缀名为xlsx的工作簿不能包含宏。

如果是将宏录制到了已经保存过的普通工作簿中，那么当录制好宏后，按Ctrl+S组合键时会弹出一个对话框，提示用户如果不保存到启用宏的工作簿中，那么宏将会丢失。如果单击【是】按钮强行保存，那么在下次打开此工作簿时，将会发现宏并未被保留下来。因此这里应该单击【否】按钮，然后按照前面的方法选择【Excel 97-2003工作簿】或【Excel启用宏的工作簿】中的一种。

29.1.5 如何解决无法运行宏的问题

采用正确的方法录制了宏，也使用了正确的文件格式保存宏，保存后测试一切正常。但当以后再次打开此工作簿时，发现宏竟然无法正常运转了，并可能会看到如图29-4所示的界面：在功能区下方显示一个消息栏。如果确认宏是安全的，则可以单击【启用内容】按钮，接下来就可以使用前面介绍的方法来运行宏了。

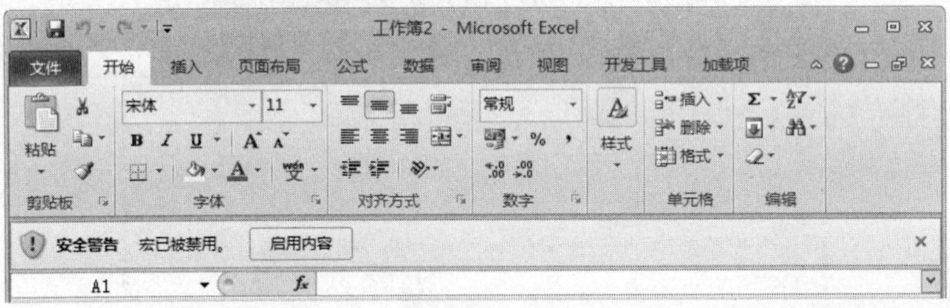

图29-4

提示 如果在打开包含宏的工作簿之前，已经打开了其他工作簿窗口，并打开了VBE（Visual Basic编辑器）窗口。那么在打开包含宏的工作簿时会弹出一个对话框，通过单击【启用宏】或【禁用宏】按钮来启用或禁用宏。

为了简化每次打开包含宏的工作簿在操作上的麻烦，可以采取以下两种方法。

1. 只运行指定位置上的宏

如果确定某个位置中存放的工作簿都是来源可靠的，不会存在任何安全问题，那么可以将这个位置添加到Excel被称为受信任的位置中。以后只要是打开这个位置中的任何工作簿，都会自动启用宏，而无须再做任何设置。设置受信任位置的具体操作如下（这里仍以Excel 2010为例）。

Step 01 单击【文件】按钮并选择【选项】命令，打开【Excel选项】对话框，选择【信任中心】选项卡，然后单击右侧的【信任中心设置】按钮。

Step 02 打开【信任中心】对话框，选择【受信任位置】选项卡，在右侧可以看到所有默认的信任位置，如图29-5所示。

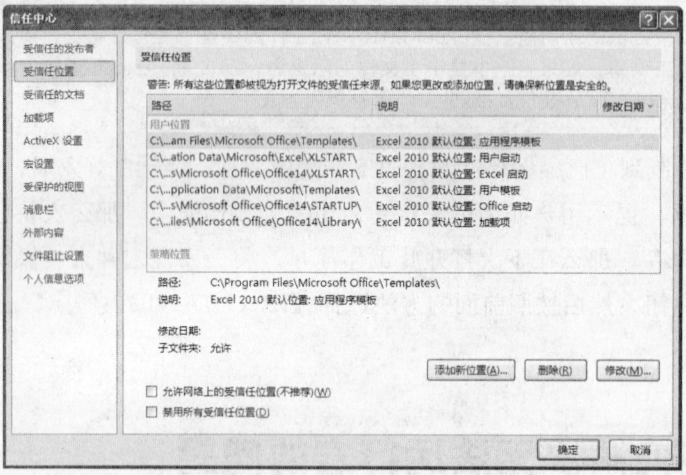

图29-5

Step 03 除了默认的信任位置外，可以添加新的信任位置。单击【添加新位置】按钮，在打开的对话框中单击【浏览】按钮，然后定位到一个新的路径下，单击【确定】按钮后即可看到在【路径】文本框中显示了刚选择的文件夹，如图29-6所示。

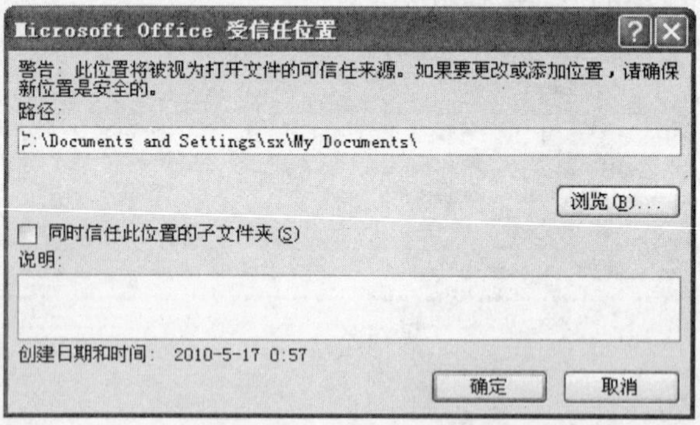

图29-6

提示

可以勾选【同时信任此位置的子文件夹】复选框，让所选文件夹中的子文件夹也自动成为信任位置。

Step 04 单击【确定】按钮，将在【信任中心】对话框中看到新添加的信任位置，依次单击【确定】按钮关闭所有打开的对话框即可。

选择列表中的信任位置，然后单击【修改】按钮，可以对所选信任位置进行变更，单击【删除】按钮可删除所选择的信任位置。

2. 永远运行所有宏

上一种方法仅限于特定位置的工作簿中的宏，在运行时无须额外设置，但如果平时需要频繁使用包含宏的工作簿，而又不希望总是将这些工作簿复制到指定的信任位置中，或是手工开启宏运行的设置，那么此时可以使用一种相对来说不是很安全的做法。打开【信任中心】对话框，选择【宏设置】选项卡，然后单击右侧的【启用所有宏（不推荐：可能会运行有潜在危险的代码）】单选按钮，如图29-7所示。以后再打开任何包含宏的工作簿时，无须进行额外设置，即可运行其中包含的宏。

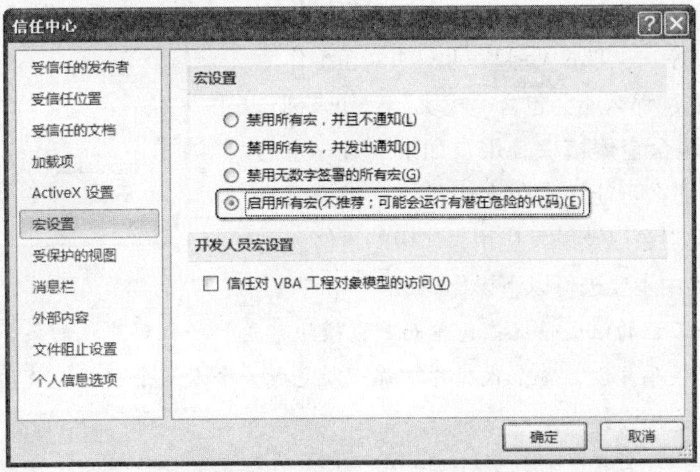

图29-7

29.1.6 使用VBA编辑器

VBA代码的编写工作都是在Visual Basic编辑器（VBE）窗口中进行的。为了提高代码编写效率，非常有必要掌握VBE窗口的结构和使用方法。可以使用以下几种方法打开VBE窗口。

- 单击功能区中的【开发工具】→【代码】→【Visual Basic】按钮。
- 按Alt+F11组合键。

除此之外，还可以使用以下三种方法打开指定内容（宏或工作表模块）的代码窗口。

- 打开指定宏的代码窗口：单击功能区中的【开发工具】→【代码】→【宏】按钮，或单击功能区中的【视图】→【宏】→【宏】按钮并选择【查看宏】命令，打开【宏】对话框，选择宏后单击【编辑】按钮。
- 打开工作表模块的代码窗口：右击工作表标签，在弹出的快捷菜单中选择【查看代码】命令。
- 选择【开发工具】→【控件】→【查看代码】命令。

VBE窗口主要由菜单栏、工具栏、工程资源管理器、属性窗口和代码窗口组成。使用VBE窗口【视图】菜单中的命令可以显示或隐藏这些组件。编写代码时的各种操作都可以通过VBE菜单栏中的命令来完成。但为了加快操作速度，也可以使用内置提供的工具栏来完成同样的操作，如图29-8所示。

图29-8

1. 工程资源管理器

工程资源管理器如图29-9所示（以Excel为例），其布局与Windows资源管理器类似，显示了当前所有打开的工作簿（VBAProject）、工作簿中包含的工作表（Sheet1、Sheet2等）、ThisWorkbook。如果在工作簿中录制并保存了宏，那么还会包含“模块”。如果创建了用户窗体，还包含窗体模块。用户如果具有一定的VBA编程经验，那么可能还会包含类模块。类模块主要用于创建自定义对象以及触发应用程序级的事件。

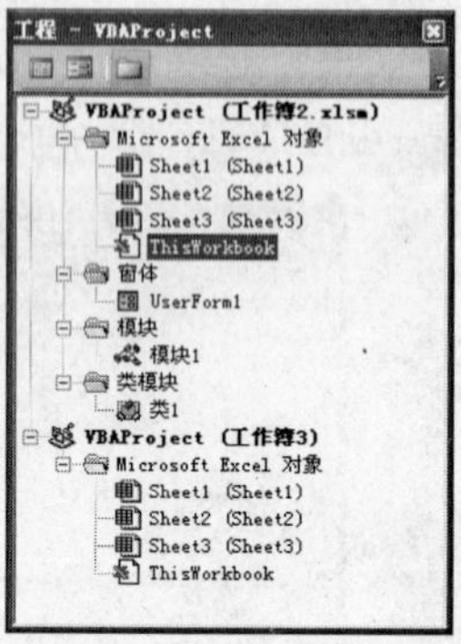

图29-9

在资源管理器中主要进行以下操作。

- 查看每个工程的组成情况：简单而言，模块就是一些代码片段的集合。每个模块都包含了很多代码片段，每个代码片段都可以完成一个或多个功能。使用模块对不同类型的代码段进行分组。
- 插入新模块：右击工程内的任意一个模块，在弹出的快捷菜单中可以选择要添加的模块类型，如图29-10所示。

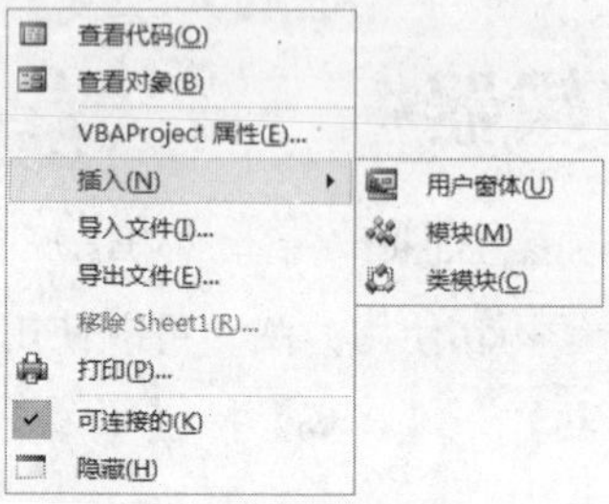

图29-10

- 导出模块：为了节省日后编写一些实现重复功能代码的时间，可以将一些目前已经编写完成的代码模块导出进行备份，然后在其他工程中使用时直接导入即可。右击要导出的模块，从弹出的快捷菜单中选择【导出文件】命令，然后选择文件保存位置并输入一个名称即可。
- 导入模块：右击工程内的任意一个模块，在弹出的菜单中选择【导入文件】命令，然后选择要导入的模块文件，这样通常是高效编程的一种方法。
- 删除无用的模块：对于不再需要的模块，右击该模块，从弹出的快捷菜单中选择【移除xx】命令即可（xx表示模块的名称）。

2. 【属性】窗口

在【属性】窗口中可以定制VBA对象的属性。例如，单击工程资源管理器中的

ThisWorkbook模块，然后打开【属性】窗口（选择【视图】→【属性窗口】命令或按F4键）。在【属性】窗口中显示了当前包含代码的工作簿的一些属性（这些属性通常都是可以设置的），从而改变工作簿的外观或特性，如图29-11所示。要设置属性值，只需单击【属性】窗口中的属性名，然后输入或选择属性值即可。可以通过【属性】窗口顶部的下拉列表切换要设置的对象。

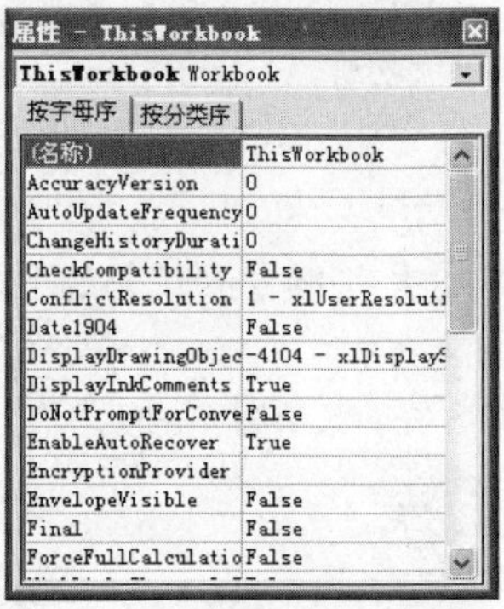

图29-11

3. 代码窗口

双击工程资源管理器中的任意一个模块，即可打开与该模块对应的代码窗口。在代码窗口中编写代码就像在记事本中输入与编辑文本内容一样，可以使用删除键、移动和复制等常用编辑操作。在代码窗口的顶部有两个下拉列表，左侧的列表用于选择当前模块中包含的对象，而右侧的列表用于选择Sub过程、Function过程或对象特有的事件过程，如图29-12所示。选择好这两部分内容后，即可为指定的Sub过程、Function过程或事件过程编写代码。

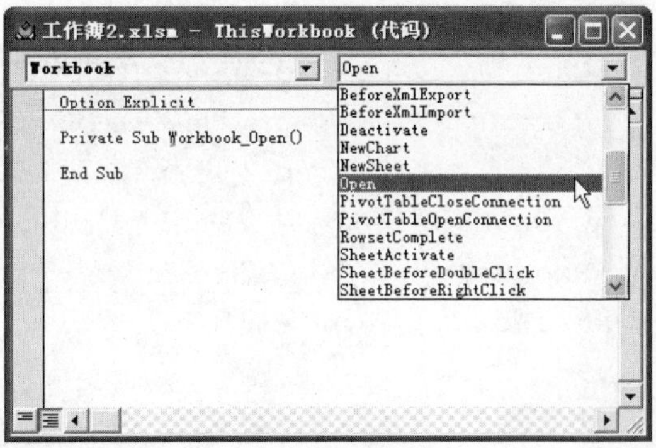

图29-12

默认情况下，在同一个模块中的各代码片段都会全部显示出来，每个代码片段会用一条灰色线条分隔开。在VBA中，每一个代码片段都是一个过程，这个过程可能是Sub过程、Function过程或事件过程。对于类模块来说，还可能是Property过程。如果某个代码片段过长，那么可以单击代码窗口底部的【过程视图】按钮，这样将只显示出光标所在的代码片段的具体内容，再单击【全模块视图】按钮则可以再次显示模块内的所有代码片段。

29.2 掌握VBA语法

本节将快速浏览VBA中的主要语法规则，由于篇幅所限，不可能做到面面俱到，但是会尽可能对最为重要的内容进行详细介绍。本节所介绍的是VBA的编程规则，是在Office不同组件中都适用的规则。

29.2.1 养成良好的代码输入风格

这里总结了几条比较有用的代码输入规则，遵循下面列出的规则通常可以编写出整体、美观、易读的代码。

1. 让代码体现层次感

VBA代码具有鲜明的层次结构，试比较下面代码的两种写法，相信哪种格式更好，读者会一目了然。

结构糟糕的代码如下。

```
Sub 计算税率()
Dim rate, pay As Single
rate = InputBox("请输入税率：")
If rate = "" Then Exit Sub
Select Case rate
Case Is < 0.2: pay = rate * 200
Case Is < 0.4: pay = rate * 400
Case Is < 0.6: pay = rate * 600
Case Is < 0.8: pay = rate * 800
Case Else: pay = rate * 1000
End Select
MsgBox pay
End Sub
```

结构鲜明的代码如下。

```
Sub 计算税率()
    Dim rate, pay As Single
    rate = InputBox("请输入税率：")
    If rate = "" Then Exit Sub
    Select Case rate
        Case Is < 0.2: pay = rate * 200
        Case Is < 0.4: pay = rate * 400
        Case Is < 0.6: pay = rate * 600
        Case Is < 0.8: pay = rate * 800
        Case Else: pay = rate * 1000
    End Select
    MsgBox pay
End Sub
```

为了呈现层次结构良好的代码，可以在输入代码的起始处按Tab键对代码进行手工缩进。默认情况下，每按一次Tab键，字符自动向右缩进四个字符的长度。如果要使代码的位置向外突出则可以按Backspace键。也可以一次性设置多行代码的缩进，使用鼠标同时选择多行代码，然后单击【编辑】工具栏中的【缩进】按钮 或者按Tab键，如图29-13所示。

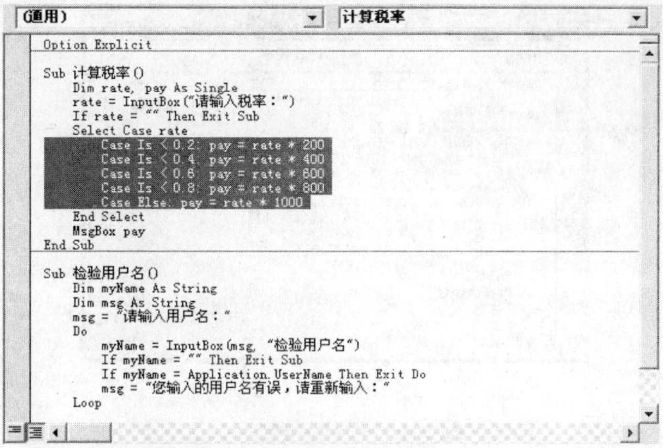

图29-13

2. 将长语句分行输入

如果一行的代码过长而超过一个屏幕，那么在查看屏幕外未显示的代码时，需要拖动滚动条或移动方向键。为了避免这种麻烦，可以将长代码行通过续行符分到多个代码行中显示，拆分的方法很简单，在要断开的位置后面输入一个空格外加一条下划线即可，如图29-14所示。

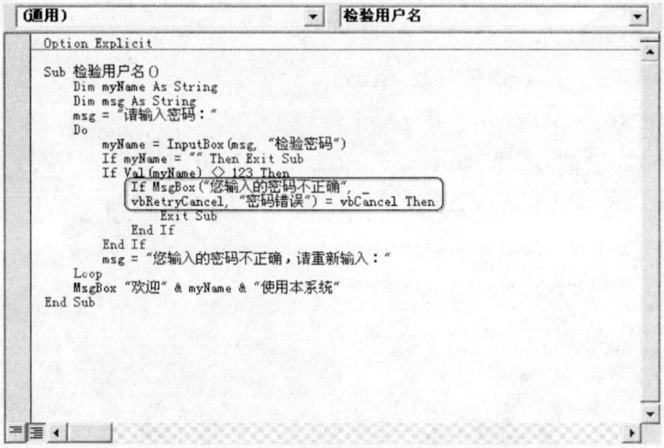

图29-14

3. 为代码添加注释

在编写代码时，可以在重要代码开始前添加注释性内容。为什么给代码添加注释呢？很多人都有过这样的经历：一个月前亲手编写了一段功能完善的代码，但是当客户在一个月甚至更长时间后提出需要添加新功能时，此时面对以前开发的代码感觉很陌生。这是因为在当时编写代码时没有对重要语句进行注释，由于时间流逝，如今早已忘记当时编写代码时的思路了。在将自己编写的代码交给他人维护时，注释也会显得格外重要。因为良好的注释会帮助别人更好地理解代码。因此，对代码进行注释是非常有价值的。注释以单引号开始“'”，在单引号之后是注释的内容，并显示为绿色，如图29-15所示。VBA会自动识别哪些内容是注释，哪些内容是要执行的代码。

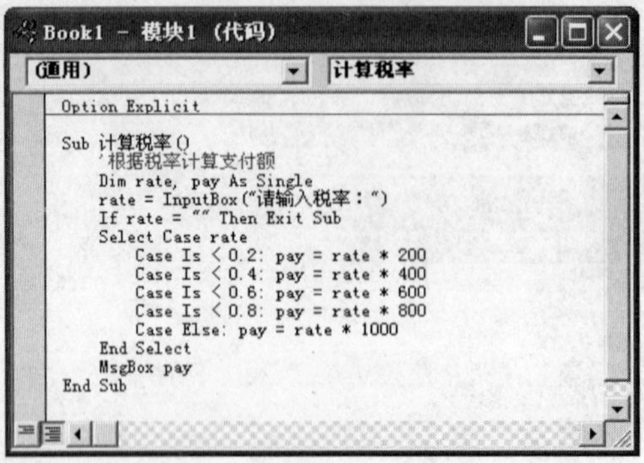

图29-15

4. 同行输入多条语句

一般情况下，不建议在一行中输入多条语句。但有时如果每一行语句都特别短，为了使程序更加紧凑，可以考虑将多条相关语句放置到一行中，这样可以有效缩短整个代码的长度。例如，下面的代码就是应用了这一规则，通过比较输入的税率值，来计算不同的表达式。代码使用了冒号来分隔一行中两条不同的语句，这样使整个程序看起来更紧凑。

```
Sub 计算税率()
    Dim rate, pay As Single
    rate = InputBox("请输入税率：")
    If rate = "" Then Exit Sub
    Select Case rate
        Case Is < 0.2: pay = rate * 200
        Case Is < 0.4: pay = rate * 400
        Case Is < 0.6: pay = rate * 600
        Case Is < 0.8: pay = rate * 800
        Case Else: pay = rate * 1000
    End Select
    MsgBox pay
End Sub
```

29.2.2 MsgBox和InputBox函数

可以使用VBA自带的InputBox和MsgBox两个函数构建简单易用的对话框，从而实现与用户进行简单的交互。下面列出了InputBox和MsgBox函数的语法结构，其中只给出了一些必要和常用的参数。

```
InputBox(prompt[, title] [, default])
MsgBox(prompt[, buttons] [, title])
```

- prompt：要显示在对话框中的内容。该参数同时适用于InputBox函数和MsgBox函数。

- title：要显示在对话框标题栏中的内容。该参数同时适用于InputBox函数和MsgBox函数。
- default：要显示在对话框中的默认输入内容，即在用户未进行任何输入的情况下，该参数提供了默认值。该参数只适用于InputBox函数。
- buttons：要在对话框中显示的按钮类型，可以是多个按钮的组合。该参数只适用于Msgbox函数。buttons参数的取值见表29-1所示。表29-2列出了MsgBox函数返回值的情况。

表29-1 MsgBox函数buttons参数值

常 量	数 值	说 明
vbOKOnly	0	只显示【确定】按钮
vbOKCancel	1	显示【确定】和【取消】按钮
vbAbortRetryIgnore	2	显示【终止】、【重试】和【忽略】按钮
vbYesNoCancel	3	显示【是】、【否】和【取消】按钮
vbYesNo	4	显示【是】和【否】按钮
vbRetryCancel	5	显示【重试】和【取消】按钮
vbCritical	16	显示“关键信息”图标
vbQuestion	32	显示“询问信息”图标
vbExclamation	48	显示“警告信息”图标
vbInformation	64	显示“通知信息”图标
vbDefaultButton1	0	指定第一个按钮为默认按钮
vbDefaultButton2	256	指定第二个按钮为默认按钮
vbDefaultButton3	512	指定第三个按钮为默认按钮
vbDefaultButton4	768	指定第四个按钮为默认按钮

表29-2 MsgBox函数的返回值

常 量	数 值	说 明
vbOK	1	单击了【确定】按钮
vbCancel	2	单击了【取消】按钮
vbAbort	3	单击了【终止】按钮
vbRetry	4	单击了【重试】按钮
vbIgnore	5	单击了【忽略】按钮
vbYes	6	单击了【是】按钮
vbNo	7	单击了【否】按钮

对于InputBox函数来说，通常将它的返回值赋给一个变量。InputBox函数返回一个字符串类型的值，但如果在InputBox对话框中输入一个数字，那么其返回值不加转换也可以参加数学计算。需要注意的一点是，如果在InputBox对话框中单击了【取消】按钮，那么该函数会返回一个空字符串。通常在代码中都会加入对空字符串的检测，以免用户单击【取消】按钮后程序运行时产生错误。

例如，下面的代码提示用户输入自己的姓名，如果输入的姓名与当前系统用户名相同，那么就显示欢迎界面，否则提示用户重新输入姓名，同时提示信息会有所变化。如果用户单击了【取消】按钮，则结束该过程。

```
Sub 检验用户名()
    Dim myName As String
    Dim msg As String
    msg = "请输入用户名："
    Do
        myName = InputBox(msg, "检验用户名")
        If myName = "" Then Exit Sub
        If myName = Application.UserName Then Exit Do
        msg = "您输入的用户名有误，请重新输入："
    Loop
    MsgBox "欢迎" & myName & "使用本系统"
End Sub
```

对于MsgBox函数来说，它既可以有返回值，也可以只显示一个消息而不返回任何值。如果将MsgBox的结果赋值给一个变量，那么该函数的返回值表示用户最后单击了对话框中的哪个按钮。例如，在下面的示例中，如果用户输入的密码不是“123”，那么将显示一个提示信息，通过判断用户单击的按钮类型来决定下一步要进行的操作：如果单击【重试】按钮，将继续尝试输入密码；如果单击【取消】按钮，则结束当前过程。

```
Sub 检验密码()
    Dim myName As String
    Dim msg As String
    msg = "请输入密码："
    Do
        myName = InputBox(msg, "检验密码")
        If myName = "" Then Exit Sub
        If Val(myName) <> 123 Then
            If MsgBox("您输入的密码不正确", vbRetryCancel, "密码错
误") = vbCancel Then
                Exit Sub
            End If
        End If
        msg = "您输入的密码不正确，请重新输入："
    Loop
    MsgBox "欢迎" & myName & "使用本系统"
End Sub
```

上面这段代码是在前一个示例的基础上进行的改进，在Do循环中加入了一个嵌套的If判断，其中包含了MsgBox函数的应用。通过判断用户是否单击了【取消】按钮来决定是否终止当前正在进行的操作。

29.2.3 变量与常量的声明与赋值

在一个程序中总会使用一些不确定或经常需要改变的值，这些值可能是数字类型的，也可能是文本类型的。为了在程序中灵活使用这些可变的因素，因此出现了变量这个概念。例如，在一个计算支付额的程序中，可以使用rate这个词来表示程序中要参加计算的税率，而使用pay来表示最终需要计算的支付额，然后使用运算符构建rate和pay之间的数学运算关系。这里所说的rate和pay就是两个变量，它们代表着不同的内容，而这些内容在程序中都是不确定的。

在VBA中使用变量之前，可以不声明变量而直接使用它。声明的目的就是在使用变量前，为其指定一种数据类型，然后为其分配内存地址。当然，不声明而直接使用也是可以的，但是通常情况下会降低程序的运行效率。

注意

不声明变量而直接使用的最大缺点就是，当代码日益增多时，在调试程序时出现的错误大多数都是因为变量名不同而导致程序未按照预期计划执行。请看下面的代码，由于在程序中将变量myrate误写为myrata，因此本该返回50的计算结果，由于错误返回了0，这是因为程序认为包含了myrate和myrata两个变量。如果是在一个包含大量代码的程序中，这种错误通常很难发现，给开发者带来了不必要的麻烦。

```
Sub 未声明变量()
    myrate = 0.5
    pay = myrata * 100
    MsgBox pay
End Sub
```

如果在程序中强制声明了变量，那么将不会出现上述错误。可以在模块内所有过程之前输入语句Option Explicit。当运行程序时，如果发现有未声明的变量，则会出现编译错误提示信息，并自动选中未声明的变量，如图29-16所示。这样就可以借助VBA来帮我们监视变量输入上的错误，节省了很多时间。

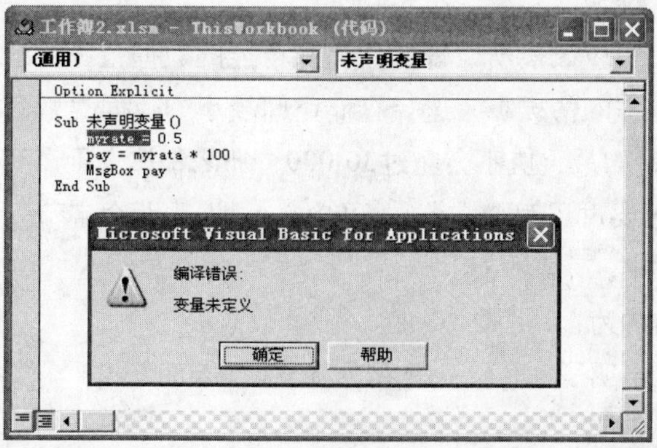

图29-16

提示

在每个模块中手工输入一次Option Explicit有点麻烦，可以让VBA自动为每个模块添加该语句。方法是：打开VBE窗口，然后选择【工具】→【选项】菜单命令，打开【选项】对话框，在【编辑器】选项卡中勾选【要求变量声明】复选框。

在前面的示例中，使用Dim语句声明了一个名为myrate的变量，但是并未指定变量的具体类型。在这种情况下，实际上是使用了VBA默认的Variant数据类型。然而，在一般情况下，使用Variant数据类型通常效率很低。表29-3列出了在VBA中可以使用的数据类型。

表29-3 VBA中的数据类型

变量类型	中文名称	取值范围	存储空间	默认值
Boolean	布尔	True或False	2字节	False
Byte	字节	0~255	1字节	0
Currency	货币	-922337203685477.5808~922337203685477.5807	8字节	0
Date	日期	100年1月1日~9999年12月31日	8字节	00:00:00
Integer	整型	-32768~32767	2字节	0
Long	长整型	-2147483648~2147483647	4字节	0
Single	单精度	负数：-3.402823E38~-1.401298E-45 正数：1.401298E-45~3.402823E38	4字节	0
Double	双精度	负数：-1.79769313486232D308~-4.49065645841247D-324 正数：4.49065645841247D-324~1.79769313486232D308	8字节	0
String（定长）	定长字符串	1~65400个字符	字符串的长度	该字符串长度的空格数
String（变长）	变长字符串	0~20亿个字符	10字节+字符串长度	零长度字符
Object	对象	任何对象的引用	4字节	Nothing
Variant（字符型）	变体	同变长字符串的范围	22字节+字符串长度	Empty
Variant（数字型）	变体	同Double的范围	16字节	Empty
用户自定义类型	用户自定义	各组成部分的取值范围	各组成部分的空间总和	各组成部分的默认值

在声明变量时，用户应该根据变量的用途和可能的数据范围，从表29-3中合理地选择数据类型。在数据范围允许的情况下，选择存储空间越小的数据类型，越能提高代码的运行效率。例如，如果变量pay的最大值不会超过30 000，那么将该变量声明为Integer要比Long好得多，因为Long类型数据要占用四个字节，而Integer只占用两个字节，内存用量越少，必然有利于提高程序的运行效率。

声明变量的一般结构为：声明语句 变量名 As 数据类型

例如，下面的代码声明了一个Long类型的变量mySum。

```
Dim mySum As Long
```

下面的代码声明了两个变量，它们的类型都为Integer。

```
Dim i As Integer, j As Integer
```

下面的代码和上面代码的结果不同，它将第一个变量声明为Variant类型，而将第二个变量声明为integer。

```
Dim i, j As Integer
```

除了使用Dim语句声明变量外，还可以使用Private、Public和Static声明变量。它们的区别在于变量的作用域和生存期。

在声明变量后，通常都会在程序中对变量赋值，因为如果不赋值，那么变量几乎没有价值。在声明变量后赋值之前，变量有其默认值，不同类型的变量其默认值是不同的，具体请参考表29-3。例如，下面的代码首先声明了一个Integer类型的变量，然后为变量赋一个初始值，再使用一个数学计算将该变量乘以50，最后使用MsgBox函数输出结果。

```
Sub 乘法运算()
    Dim mySum As Integer
    mySum = 68
    mySum = mySum * 50
    MsgBox mySum
End Sub
```

除了直接给变量赋一个数字或字符串外，在Office VBA中，经常会将对象变量的某个属性值赋值给声明的变量。例如，下面的代码将Excel中区域A123:F567包含的行数赋值给一个名为myRows的变量。

```
myRows = Range("A123:F567").Rows.Count
```

注 意

如果声明的是一个对象变量，那么必须使用Set语句为对象变量赋值。

29.2.4 对象变量

对于Office VBA编程来说，对象变量是极其常用的一种变量类型，这是因为在Office VBA中，对象无处不在。为了简化对象的引用，因此出现了对象变量，这也正是使用对象变量的一个原因。通常，在使用对象变量时，需要执行以下3步操作，然后才能正确使用对象变量来进行一系列操作。

第一步：将对象类实例化。

这一步是指声明一个对象变量，且该对象变量是以某个对象类为基础。例如，在Excel VBA中声明一个工作表对象（Worksheet），代码如下。

```
Dim wks As Worksheet
```

这样，变量wks就表示一个工作表对象。

第二步：将具体的对象赋值给对象变量。

这一步是将具体的对象赋值到对象变量中，赋值时需要使用Set语句。在第一步中声明了一个名为wks的工作表对象，但是现在还不知道该对象具体是指哪个工作表，因此，需要将具体的工作表指定给该变量。例如，下面的代码将当前工作簿中名为“公司员工工资表”的工作表赋值给对象变量wks。

```
Set wks = Worksheets("公司员工工资表")
```

执行上述语句之后，就可以在代码中使用变量wks来代表名为“公司员工工资表”的工作表了。很明显可以看出，使用wks要比使用Worksheets（“公司员工工资表”）简单得多。

第三步：使用完对象变量，释放其占用的内存。

当使用完某个对象变量后，最好使用Set 对象变量=Nothing语句释放对象变量所占用的内存。这一步不是必须的，但是如果能进行该步操作，将减少系统资源的占用。为了减少代码体积，在本书后续的VBA示例中，都将省略该步操作。

29.2.5 Sub过程与Function过程

在VBA中，主要包括四类过程：Sub过程、Function过程、事件过程和Property过程。这里主要介绍Sub过程和Function过程，因为它们是四类过程中最常用的两种。首先需要了解两个问题，过程是什么？什么要使用过程？

过程是一个完成相同功能所需代码的组合。最好的做法是在一个过程中只实现一个有针对性的功能。使用过程的最大优点就是，可以将复杂代码模块化。这里所说的模块并非指前面所介绍的标准模块和类模块，而是指将一个复杂的代码按功能划分为多个子部分。这样做的好处有以下几点。

- 便于代码的编写。将复杂代码分别输入到各子过程中，减轻了代码的复杂程度，而且对于查看代码来说也变得更加容易。
- 便于代码的调试。在调试一个复杂代码时，由于代码太多，加大了调试的时间和难度，很难发现出错的位置。而将复杂代码分割到多个子过程中，可以逐一调试，然后快速锁定出现问题的过程，最后再对该过程进行详细测试，提高代码调试的速度。
- 便于代码的重用。编写可以实现某个功能的相对独立的过程，可以在其他工程中重复使用，这样可以极大地缩短应用程序的开发时间。

Sub过程和Function过程都可以实现指定的功能，它们的唯一区别主要在于是否能够返回一个值。Sub过程不会返回一个值，而仅仅是完成一个特定的功能，而Function过程则可以返回一个值，该过程就像在Excel中使用函数一样，无论使用什么函数，都会在工作表中得到一个计算结果，这就是Function过程与Sub过程的最主要区别。

回忆一下之前介绍宏时的内容，当在Word或Excel中录制了一个宏后，打开【宏】对话框，选择录制的宏并单击【编辑】按钮，将打开该宏所属的代码窗口，可以看到宏对应的VBA代码由Sub和End Sub包围起来，如图29-17所示。这说明宏就是一个Sub过程。

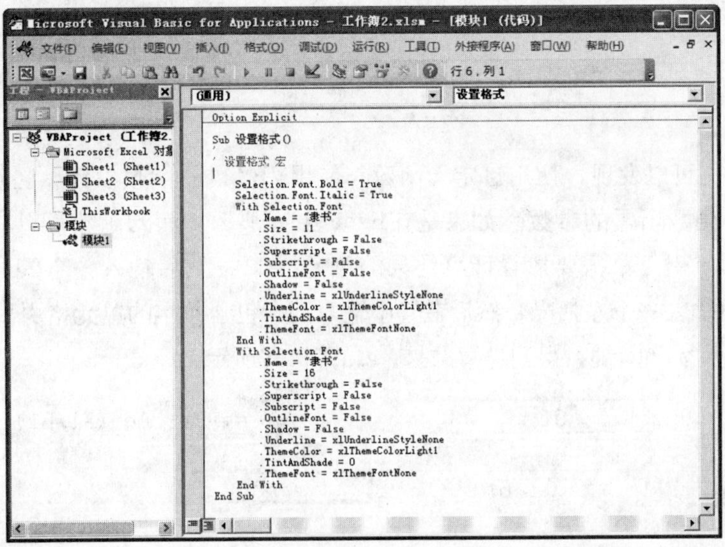

图29-17

在此要注意的是，录制的宏过程是由Sub语句开始的，其实它省略了Public关键字。但无论是否在Sub语句前输入Public，该Sub过程都是工程级的，即该Sub过程可以被工程内任意一个模块中的过程调用。下一节将探讨变量和过程的作用域和生存期，这里暂不作详细介绍。

在运行一个Sub过程时，可以使用以下三种方法。

- 将光标置于编写的子过程代码段内部，按F5键或单击VBE窗口工具栏中的【运行子过程/用户窗体】按钮 ▶。
- 切换到Excel界面（单击VBE窗口工具栏左侧的第一个按钮 ），然后选择【开发工具】→【代码】→【宏】命令。在打开的【宏】对话框中选择子过程名称，然后单击【执行】按钮。
- 在其他过程中调用该过程。

Function过程是指函数过程，即利用VBA创建的自定义函数。例如，下面的代码创建了一个名为myProduct的Function过程，该过程用于将两个参数相乘，并返回最后的乘积。

```
Function myProduct(var1, var2)
    myProduct = var1 * var2
End Function
```

Function过程由Function关键字开头，后跟函数名，然后可以在函数名后面指定是否包含需要处理函数的参数，最后以End Function结尾。在上面的代码中，myProduct函数包含两个参数：var1和var2，它们的类型为Variant类型，这是因为没有显式指定它们的数据类型，所以使用默认的Variant，可以使用As字句来定义参数的数据类型以及函数的返回值类型，然后在代码中使用函数名myProduct作为变量，将两个参数的乘积var1×var2赋值给函数名。

接下来可以在其他过程中使用这个自定义函数。例如，在下面的代码中，在一个Sub过程中调用之前创建的函数myProduct，并使用信息框显示给定的两个数字的乘积，如图29-18所示。

```
Sub 求积()
    MsgBox myProduct(6, 8), vbOKOnly, "求积"
End Sub
```

由上面的示例可以发现，使用自定义函数与使用VBA内置函数没什么区别，都是输入函数名，然后输入函数所需的参数。如果是在Excel中，那么上面的函数可以在工作表中像其他内置函数一样使用。单击要放置计算结果的单元格C1，然后输入一个等号并输入函数名myProduct，接着输入一个左括号，然后在其中输入两个包含数字的单元格引用A1和B1，最后输入一个右括号并按Enter键，得到计算结果，如图29-19所示。

图29-18

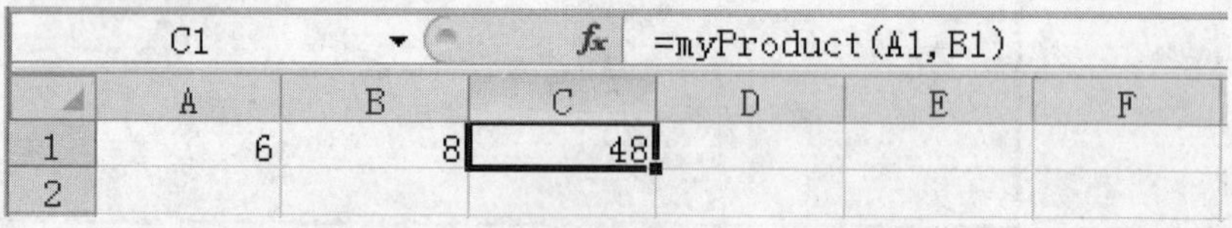

图29-19

与Function过程类似，编写好的Sub过程也可以被其他过程调用。在下面的示例中，MyName过程定义了根据其参数值的不同来显示不同的消息框，然后在“验证用户名”过程中使用Call语句显式调用MyName过程，根据用户输入的用户名而显示不同的信息，如果输入的用户名是admin，则显示“你好”，否则显示“用户名错误”。

```
Sub MyName(uname As String)
    If uname = "admin" Then
        MsgBox "你好"
    Else
        MsgBox "用户名错误"
    End If
End Sub
Sub 验证用户名()
    Dim name As String
    name = InputBox("请输入用户名", "验证用户")
    Call MyName(name)
End Sub
```

在上面的示例中，由于被调用过程包含一个参数，因此在使用Call语句显示调用包含参数的过程时，必须使用一对括号将参数括起来。如果省略Call语句而变为隐式调用，则可以使用下面的形式。

```
MyName name
```

注 意

如果调用Function过程，那么Function过程的返回值将被舍弃。

29.2.6 变量和过程的作用域及生存期

本节介绍的作用域与生存期的概念对常量、变量和过程同时有效。用于确定常量、变量和过程作用域的方法是在创建它们时使用不同的关键字，具体分为以下几种情况。

1. 过程级

在过程内部使用Dim关键字进行声明后的常量、变量只能在过程内部使用，这种声明是过程级的。换句话说，在不同的过程中，可以声明名称完全一样的常量和变量，虽然名称相同，但是它们各自工作于不同的过程中，互不影响。另外，当过程运行结束后，常量和变量中保存的值将被立刻清空，并自动恢复为其初始值。

下面的示例在A和B两个过程中都声明了一个名为i的变量，但是两个过程的运行结果不同。第一个过程的结果为5，第二个过程的结果为10。

```
Sub A()
    Dim i As Integer
    i = i + 5
    MsgBox i
End Sub
Sub B()
    Dim i As Integer
    i = i + 10
    MsgBox i
End Sub
```

在不关闭当前Office应用程序的情况下，重复运行上面这两个过程，i的值仍然是5和10。

如果希望再重复运行同一个过程时，变量的值可以继续使用上一次运行过程后得到的结果，那么可以在过程内部使用Static关键字。当使用Static声明变量时，将可以在关闭工作簿之前保留变量的当前值。修改上面的代码如下。

```
Sub A()
    Static i As Integer
    i = i + 5
    MsgBox i
End Sub
Sub B()
    Static i As Integer
    i = i + 10
    MsgBox i
End Sub
```

第一次运行上面两个过程时，变量i的值分别为5和10。当再一次运行这两个过程时，变量i分别为10和20，这是因为第一次运行过程后变量i的值为5和10，在第二次重复运行这两个过程时，变量i的初始值为第一次运行过程后得到的值。因此第二次的i=i+5相当于是i=5+5=10，而第二个过程则为i=10+10=20。

2. 模块级

如果在模块的顶部使用Dim、Static或Private声明的常量和变量，则它们可用于模块内的任意一个过程，这种声明是模块级的。例如，下面的示例声明了一个模块级变量，该模块内的过程A和过程B将共享该变量。首先运行过程A，变量i的值变为5。再运行过程B，由于变量i是模块级的，因此，过程B继续使用变量i的值，从而返回15。

```
Option Explicit
Dim i As Integer
Sub A()
    i = i + 5
    MsgBox i
End Sub
Sub B()
    i = i + 10
    MsgBox i
End Sub
```

注 意

如果声明了一个模块级变量，但是在该模块内的某个过程内又声明了一个同名的过程级变量，那么模块级变量将不会被该过程使用，而该过程只使用同名的过程级变量。

3. 工程级

如果希望常量和变量可以被所有模块中的所有过程使用，那么需要在声明常量或变量时使用Public关键字，并将声明置于模块的顶部。下面的代码声明了一个工程级变量，它的值将存在于工作簿打开期间。也就是说，只要不关闭工作簿，那么它的值就会被一直保留下来。

```
Public myPay As Single
```

对于过程而言，分为私有和公有两种。像平时录制的宏是以Sub关键字开头，它其实是一个公有过程，因为它省略了关键字Public。因此，录制的宏可以被任意一个模块内的任意过程调用。

对于Function过程来说也是这样，如果使用Public关键字或省略它创建了一个Function过程，那么该过程也可以被所有模块内的任意过程调用。而且对于Excel来说，公有的Function过程可以用于工作表公式中，就像使用工作表函数一样使用公有的Function过程。但如果使用Private关键字创建了一个Function过程，那么该过程只能在其所在的模块内被其他过程调用，并且无法在工作表公式中使用。

21 Chapter 22 Chapter 23 Chapter 24 Chapter 25 Chapter 26 Chapter 27 Chapter 28 Chapter 29 Chapter 30 Chapter

Sub过程同理，如果使用Private关键字创建了一个Sub过程，那么该过程就不能被用户通过【宏】对话框执行，但是可以在其所在的模块内被其他过程调用。

注意

如果在不同的模块中存在同名的过程，那么在调用这些过程时，必须前置模块名称外加一个点分隔符来区分同名的过程。例如，工程中包含名为“模块1”、“模块2”和“模块3”的三个模块，在“模块1”和“模块2”中各有一个名为MySum的过程。现在需要在模块3中调用模块1中的MySum过程，那么需要使用下面的形式。

```
Call 模块1.MySum
```

29.2.7 判断

由于VBA中包含判断结构，因此，用户可以自由地在VBA中决定代码的走向。换句话说，可以通过编写判断结构的代码来控制后续代码如何执行，这点很像Excel应用程序中的IF函数。在判断结构中，会根据给定条件来得到逻辑值True或False，然后用户在编写判断结构为True和False时执行不同的代码即可。If判断结构主要有以下几种形式。

```
第一种：If 条件 Then 语句
第二种：If 条件 Then 语句 Else 语句
第三种：If 条件 Then
            语句
        End If
第四种：If 条件 Then
            语句
        Else
            语句
        End If
第五种：If 条件1 Then
            语句1
        ElseIf 条件2 Then
            语句2
        ElseIf 条件3 Then
            语句3
        Else
            语句n
        End If
第六种：嵌套的If结构
        If 条件 Then
            语句
        Else
```

```
        If 条件 Then
            语句
        Else
            语句
        End If
    End If
```

下面通过示例来演示上述各种If结构的用法。下面的代码演示第一种If结构的用法，如果价格大于100，那么折扣为0.7，即7折。

```
Sub MyPrice()
    Dim price As Integer
    Dim discount As Single
    price = InputBox("请输入价格")
    If price > 100 Then discount = 0.7
    MsgBox Format(discount, "0.#")
End Sub
```

可以对上一个示例进行修改，使得在价格小于等于100时返回另一个折扣。

```
Sub MyPrice()
    Dim price As Integer
    Dim discount As Single
    price = InputBox("请输入价格")
    If price > 100 Then discount = 0.7 Else discount = 0.8
    MsgBox Format(discount, "0.#")
End Sub
```

如果需要在判断条件后执行多条语句，那么可以使用下面的形式。

```
Sub MyPrice()
    Dim price As Integer
    Dim discount As Single
    Dim pay As Single
    price = InputBox("请输入价格")
    If price > 100 Then
        discount = 0.7
        pay = price * discount
    End If
    MsgBox pay
End Sub
```

与If 条件 Then 语句和Else 语句类似，如果需要处理多条语句，则可以使用If块结构。

```
Sub MyPrice()
    Dim price As Integer
    Dim discount As Single
    Dim pay As Single
    price = InputBox("请输入价格")
    If price > 100 Then
        discount = 0.7
        pay = price * discount
    Else
        discount = 0.8
        pay = price * discount + 5
    End If
    MsgBox pay
End Sub
```

当需要判断的条件大于两个时，可以使用第五种或第六种If结构。下面的代码使用的是第五种If结构。

```
Sub MyPrice()
    Dim price As Integer
    Dim discount As Single
    Dim pay As Single
    price = InputBox("请输入价格")
    If price > 100 Then
        discount = 0.7
    ElseIf price > 80 Then
        discount = 0.8
    ElseIf price > 60 Then
        discount = 0.9
    Else
        discount = 0.95
    End If
    pay = price * discount
    MsgBox pay
End Sub
```

下面的代码使用了第六种If结构完成同样的操作。

```
Sub MyPrice()
    Dim price As Integer
    Dim discount As Single
```

```
    Dim pay As Single
    price = InputBox("请输入价格")
    If price > 100 Then
        discount = 0.7
    Else
        If price > 80 Then
            discount = 0.8
        Else
            If price > 60 Then
                discount = 0.9
            Else
                discount = 0.95
            End If
        End If
    End If
    pay = price * discount
    MsgBox pay
End Sub
```

另外，还可以使用VBA提供的IIf函数，该函数的语法如下。

```
IIf(expr, truepart, falsepart)
```

- expr：待测试条件，其返回值为True或False。
- truepart：条件返回True时执行的操作。
- falsepart：条件返回False时执行的操作。

例如，下面的代码在i值大于等于0时，返回1，否则返回-1。

```
MsgBox IIf(i >= 0, 1, -1)
```

注 意

即使IIf函数的第一个参数返回True，那么IIf函数仍然会处理第三个参数中的表达式。假如IIf函数的第三个参数返回一个错误值，那么IIf函数将出错。例如，在IIf(i= 0, 0, 1/i)语句中，如果i等于0，那么IIf函数的第一个参数返回True，整个函数的返回值为0，但是与期望相反的是，该语句将显示一个错误消息，这是因为i为0时，1/i产生一个错误，而IIf函数仍然会计算第三个参数的值。

当需要对多重条件进行判断时，使用多层If嵌套是比较麻烦的，此时可以使用VBA提供的Select Case结构。该结构非常适合对一个值进行检测，然后根据检测结果来执行不同的操作或返回不同的值。使用Select Case结构修改前面示例中的代码。

```
Sub MyPrice()
    Dim price As Integer
    Dim discount As Single
    Dim pay As Single
```

21 Chapter 22 Chapter 23 Chapter 24 Chapter 25 Chapter 26 Chapter 27 Chapter 28 Chapter 29 Chapter 30 Chapter

```
    price = InputBox("请输入价格")
    Select Case price
        Case Is > 100
            discount = 0.7
        Case Is > 80
            discount = 0.8
        Case Is > 60
            discount = 0.9
        Case Else
            discount = 0.95
    End Select
    pay = price * discount
    MsgBox pay
End Sub
```

29.2.8 循环

判断结构用于决定程序的走向，而循环结构则用于重复执行指定的代码块。在VBA中包括以下几种循环结构。

- For Next
- Do While
- Do Until
- While Wend

1. For Next循环

For Next循环用于知道要循环的总次数，语法如下。

```
For counter = start To end [Step step]
    [statements]
    [Exit For]
    [statements]
Next [counter]
```

该结构的关键是为一个计数器变量指定一个初始值和终止值，然后该变量将在初始值和终止值之间循环。只要计数器变量的值不大于终止值，就执行For Next结构中的代码。可以通过指定Step的值来决定计数器变量每次递增或递减的幅度。例如，下面的示例根据用户输入的数字进行求和。

```
Sub 求和()
    Dim i As Long, j As Long, total As Long
    j = InputBox("请输入一个数字")
```

```
    For i = 1 To j
        total = total + i
    Next i
    MsgBox "数字1-" & j & "的总和是: " & total
End Sub
```

运行上述过程，在对话框中输入一个数字，例如100，然后单击【确定】按钮显示求和结果。如果希望计算1到用户指定的数字上限之间的奇数求和，那么可以通过设置For Next循环中的Step值来实现，代码如下。

```
Sub 求和()
    Dim i As Long, j As Long, total As Long
    j = InputBox("请输入一个数字")
    For i = 1 To j Step 2
        total = total + i
    Next i
    MsgBox "数字1-" & j & "之间的奇数之和是: " & total
End Sub
```

2. Do While循环

如果不知道要循环的具体次数，只知道在什么条件下可以循环，或在什么条件下停止循环，那么可以使用Do While或Do Until循环结构。Do While结构用于当条件成立时执行循环操作，有以下两种形式。

形式一：

```
Do While 条件
    语句
Loop
```

形式二：

```
Do
    语句
Loop While 条件
```

这两种形式的区别在于在循环开始之前，是否先对条件进行一次判断。下面的示例检测用户输入的用户名是否就是当前登录的用户名，如果不是则重新输入，如果是则显示欢迎信息。

```
Sub 验证用户()
    Dim uname As String
    Do While uname <> Application.UserName
        uname = InputBox("请输入用户名")
```

```
    Loop
    MsgBox "欢迎" & uname
End Sub
```

上面的代码也可以改为下面的形式。

```
Sub 验证用户()
    Dim uname As String
    Do
        uname = InputBox("请输入用户名")
    Loop While uname <> Application.UserName
    MsgBox "欢迎" & uname
End Sub
```

3. Do Until循环

Do Until结构正好与Do While相反。Do Until是直到条件成立时停止循环，也包括两种形式。

形式一：

```
Do Until 条件
    语句
Loop
```

形式二：

```
Do
    语句
Loop Until 条件
```

这两种形式的区别在于在循环开始之前，是否先对条件进行一次判断。如果使用Do Until结构，则可以将上面的示例修改为以下两种形式。

形式一：

```
Sub 验证用户()
    Dim uname As String
    Do Until uname = Application.UserName
        uname = InputBox("请输入用户名")
    Loop
    MsgBox "欢迎" & uname
End Sub
```

形式二：

```
Sub 验证用户()
    Dim uname As String
    Do
        uname = InputBox("请输入用户名")
    Loop Until uname = Application.UserName
    MsgBox "欢迎" & uname
End Sub
```

如果希望在特殊条件发生时立刻退出循环，则可以使用Exit Do语句。下面的示例将在用户单击InputBox对话框的【取消】按钮，或在未输入任何内容的情况下单击【确定】按钮时，退出循环。

```
Sub 验证用户()
    Dim uname As String
    Do While uname <> Application.UserName
        uname = InputBox("请输入用户名")
        If uname = "" Then
            MsgBox "没有输入任何内容或单击了【取消】按钮"
            Exit Do
        End If
    Loop
    If uname <> "" Then MsgBox "欢迎" & uname
End Sub
```

29.2.9 数组

在开发程序时，数组是经常用到的一种数据结构，而且也是最有用且最有效率的数据处理方式，用途很广，而且很多高级功能只能通过数组来实现。因此对于数组这种特殊的数据结构，读者有必要熟悉并掌握它。数组是一种可以存放多个数据的变量，数组名称后跟一对圆括号，其中放置的数字决定了数组的维数以及包含元素的个数。可以通过数组名加索引号的方式来引用数组中的特定元素。

1. 声明数组

声明数组时，需要指定一个数组名，然后在其右侧输入一对圆括号，并在括号内输入至少一个数字，用于指定数组的元素个数。下面的代码将声明一个名为的My Array数组，其元素个数为四个，这是因为在不指定数组下限的情况下，默认从0开始。因此，该数组中的索引号为0~4，一共四个数字，所以该数组一共包含四个元素。

```
Dim MyArray(3) As Integer
```

更好的声明方法是显式指定数组的下限。例如，下面的代码，声明了一个包含三个元素的数组，数字下限从1开始。

```
Dim MyArray(1 To 3) As Integer
```

也可以在模块顶部放置Option Base语句，强制所有数组的下限从1开始。使用数组名加索引号可以引用数组中的单个元素。例如，如果强制声明了数组下限为1，则MyArray(1)表示数组MyArray的第一个元素。如果未声明数组的下限为1，则MyArray(1)就是数组MyArray的第二个元素，而MyArray(0)是该数组的第一个元素。

2. 多维数组

前面介绍的数组可以称为一维数组，下面的代码声明了一个二维数组，它包含了5×5共25个元素。

```
Dim MyArray(1 To 5, 1 To 5) As Integer
```

如果将一维数组看作是一行或一列的话，那么二维数组就是由行和列组成的表。表中的每一个单元格由行和列的编号组成，而表格中包含的单元格数量，即行数与列数的乘积就是数组包含的元素总数。

在引用多维数组中的元素时，必须同时使用多个索引号。例如，要引用前面创建的二维MyArray数组中的某个元素，需要使用类似于下面的形式。

```
MyArray(2, 3)
```

3. 数组赋值

声明数组后通常都会为数组赋值，也可能是几个固定的值，也有可能像Excel应用那样将一个单元格区域赋值给数组。根据源数据情况的不同，赋值的方法也有所不同。

例如，如果希望将1、2、3、4、5这五个数字赋给一个数组，那么可以使用下面的代码为数组赋值。

```
Sub 数组赋值()
    Dim MyArray As Variant
    MyArray = Array(1, 2, 3, 4, 5)
End Sub
```

上面代码的关键在于两点：第一，需要先声明一个Variant类型的变量，因为该类型的变量可以存储任何数据类型；第二，使用Array函数为之前声明的Variant类型的变量赋值。

可以通过索引号随便取出数组中的任何一个元素来检测数组是否赋值成功。例如，根据上面的代码，用户可以使用下面的语句来测试数组的第三个元素的值是否是3。

```
MsgBox MyArray(2)
```

注 意

如果未在模块顶部使用Option Base语句，那么数组的默认下限是0。

对于Excel应用程序来说，经常要将某个单元格区域中的数据赋值给一个数组。如果有此需要，那么可以使用类似于下面的方法。

```
Sub 数组赋值()
    Dim MyArray As Variant
    MyArray = Range("A1:B10")
End Sub
```

也可以使用For-Next循环结构来为数组赋值。下面的示例依次为数组中的每一个元素赋值，且下一个元素总比上一个元素大1。为了验证数组赋值情况，最后使用MsgBox函数显示MyArray数组中第三个元素的值。

```
Sub 数组赋值()
    Dim MyArray(1 To 5) As Integer
    Dim i As Integer
    For i = 1 To 5
        MyArray(i) = i + 1
    Next i
    MsgBox MyArray(3)
End Sub
```

4. 动态数组

如果在声明数组时无法确定数组中的元素个数，那么可以使用动态数组技术。也就是说，先声明一个没有上下限的数组，然后在程序运行过程中重新指定数组的上下限。下面的示例将当前工作簿中所有工作表的名称载入名为SheetName的数组中。由于只有在程序运行后才能确定工作簿中包含的工作表数量，因此使用了动态数组技术。

```
Sub 动态数组()
    Dim SheetName() As String
    Dim i As Integer, SheetCount As Integer
    SheetCount = Worksheets.Count
    ReDim SheetName(1 To SheetCount)
    For i = 1 To SheetCount
        SheetName(i) = Worksheets(i).Name
    Next i
End Sub
```

在上面的代码中，首先声明了一个未指定大小的数组，然后将工作簿中包含的工作表总数赋给一个变量SheetCount，然后使用Redim语句以1为下限，SheetCount为上限重新指定数组大小。最后使用For-Next循环将每个工作表的名称赋值给数组中的每个元素。

如果在程序中需要多次使用Redim语句分配数组大小，当使用Redim语句时将清除数组之前保存的数据，了解这一点很重要。如果需要在重新分配数组大小时保留数组中的值，那么可以在Redim后加上Preserve关键字，类似于下面的形式。

```
ReDim Preserve SheetName(1 To SheetCount)
```

29.2.10 错误处理

大到开发好的一个功能完备的应用程序，小到编写的实现某一功能的VBA过程，开发者都不可能保证在运行时不会出现问题。最好的做法就是将一个复杂功能分割为多个实现单一功能的过程，然后在编写好每一个过程后进行代码测试，以便及时发现问题并解决，加快代码的开发及调试速度。可以单击要运行的过程内部，然后按F5键开始运行过程内的程序。当发现错误时，程序会停止运行，并弹出一个错误消息窗口，其中显示错误编号和简要说明，如图29-20所示。

单击【调试】按钮，会以黄色标记出有问题的代码行，如图29-21所示。同时，VBE窗口标题栏上会显示“中断”字样，程序进行中断模式，停止代码的继续运行。可以在该模式下修改程序代码，然后单击工具栏中的【重新设置】按钮 ，再按F5键重新运行程序，以检查错误是否解决。

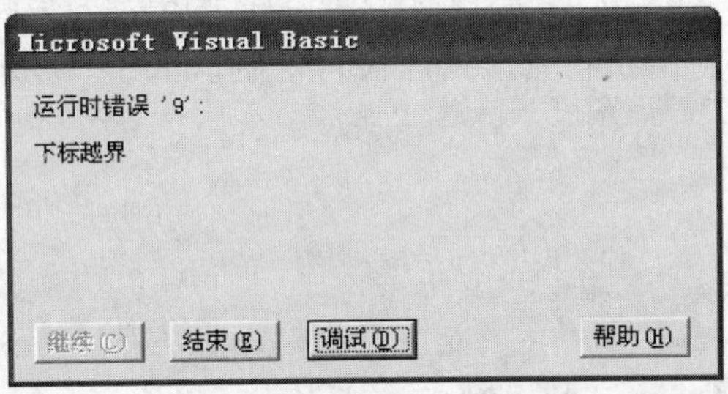

图29-20

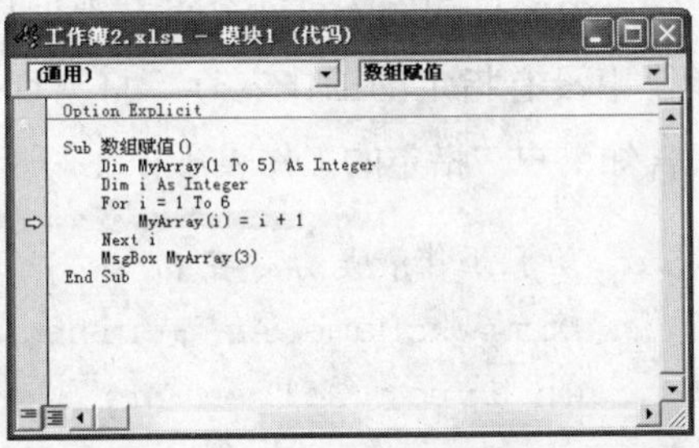

图29-21

如果有多行代码，那么可以按F8键逐行运行过程内的每一条语句，这样可以精确定位出错的位置，因为有时Excel所给出的出错位置可能并不准确。

以上内容是调试代码的相关技术，本节重点介绍错误处理技术。错误处理技术很重要，为什么这么说呢？因为如果在编写的代码中没有对可能发生的错误采取必要的应对措施，那么当用户使用由开发者提供的应用程序时，一旦发生错误，用户将无法应对。因为发生错误通常都会显示VBA的内置错误消息对话框，而这类对话框通常对于普通用户来说是毫无意义的。用户需要的是，在发生意外操作后，显示的是开发人员预先安排好的、对用户有价值的指导性内容。因此，开发人员有必要尽可能全面地在一个应用程序中预先设想可能会发生的问题，并编写出适当的错误处理代码。

在Word、Excel乃至其他支持VBA的Office组件中，在代码中处理错误的方式通常都是使用“On Error Goto错误标签”语句，然后在代码的后面添加错误标签及其中包含的错误处理代码。创建错误处理程序的通用步骤总结如下。

Step 01 在过程中可能导致错误的代码行的前面添加错误处理语句On Error Goto ErrHandler，其中的“ErrHandler”为自定义的错误标签名称。

Step 02 在有可能导致错误的代码行后面添加取消错误处理的语句On Error Goto 0，这样当遇到错误时，就不会跳转到指定的错误标签处，而是直接显示错误提示窗口，其中包括【调试】、【结束】等按钮。

Step 03 在宏的末尾（正常程序的末尾）添加代码行Exit Sub，这样可以避免程序未发生错误时执行错误处理程序。

Step 04 在代码行Exit Sub的下一行添加一个错误标签，该标签由名称和冒号组成，例如，“MyErr:”。

Step 05 在错误标签的下一行编写错误处理代码。如果要返回导致错误的代码行后面的代码行，可以使用Resume Next语句。

注 意

可以在过程的末尾添加多个错误处理程序，但必须确保每个错误处理程序都以Resume Next或Exit Sub语句结束，这样可以避免从当前错误程序之后继续执行后面的错误处理程序。

举一个简单的例子可能会更直观地反映出上面所说的内容。在下面的代码中，当检测到工作簿中没有指定的工作表时，将出现错误并自动执行错误处理代码，显示了一个提示信息，告知用户“指定的工作表不存在”。

```
Sub 检测工作表是否存在()
    Dim wksName As String, msg As String
    On Error GoTo MyErr
    wksName = Worksheets("sx").Name
MyErr:
    msg = "指定的工作表不存在"
    MsgBox msg
End Sub
```

注 意

无论在导致问题的代码行前面使用On Error Resume Next语句还是“On Error Goto 标签”语句，要想让程序重新获取其他错误信息，则都必须在导致问题的代码行后面使用On Error Goto 0语句恢复正常的错误捕获状态。否则当前的错误处理程序将对后面的所有错误都起作用。

虽然用户不希望在程序运行时出现错误，但是有些时候可以利用错误来提高代码的执行效率。例如，当用户由于某种原因将工作簿中的某个工作表删除，如果VBA程序中包括操作该工作表的代码，那么当用户运行该程序时，将导致错误发生。此时，可以利用错误来检测要操作的工作表是否存在于工作簿中，然后将一些有用信息提示给用户，代码如下。

```
Sub 检测工作表是否存在()
    Dim wksName As String
    On Error Resume Next
    wksName = Worksheets("sx").Name
    If Err.Number <> 0 Then
        MsgBox prompt:="此工作簿中未找到工作表sx", Title:="错误"
    End If
    On Error GoTo 0
End Sub
```

29.3 VBA中的对象和集合

Office VBA程序开发的主体是Office组件中的各种对象，只不过在VBA中是使用代码来控制不同对象。因此，要想更好地进行Office的二次开发，熟练掌握Office VBA中的常用对象是非常有必要的。由于本书并非重点介绍VBA的知识，而且不同的Office组件其开发的对象并不相同，因此，本节只介绍VBA开发中关于对象和集合的基本概念。

29.3.1 对象与集合

对象是Office VBA程序开发的主体，这是因为整个Office应用程序几乎都是由对象构成的。例如，Word 2010应用程序本身就是一个对象，在VBA中对应于Application对象；Word 2010应用程序由多个文档组成，每一个文档也是一个对象，对应于VBA中的Document对象；文档中由字、词、句、段等组成，这里面的字、词、句、段等都是对象，对应于VBA中的Characters、Words、Sentences和Paragraph对象。在面向对象程序设计中，类是一个非常重要的概念，它是对同一类对象的统称。可以将类看作是一种创建对象的模型，使用类可以创建出具有相同特征的多个对象。

在VBA编程中有一个很重要的概念——集合，它由一组类型相同的对象构成。通常情况下，使用集合可以批量处理一系列对象，而且也可以通过集合来引用其中某个位置或顺序上的特定对象。在Office VBA中，集合通常和对象的名称相同，唯一区别是在对象名称后多加了一个字母s。

例如，当前打开了五个Word文档，这五个打开的文档构成了Documents集合，而每一个文档都属于这个集合中的一员。可以使用索引号或对象名称来引用集合中的特定对象。例如，要引用所有打开文档中的第二个文档，那么可以使用下面的形式。

```
Documents(2)
```

如果知道要引用的文档名称为“宣传海报”，那么可以使用下面的形式来引用该文档。

```
Documents("宣传海报")
```

而下面的代码则在一个对话框（Msgbox函数）中显示了当前打开文档的总数，它使用了Documents集合的Count属性。

```
MsgBox Documents.Count
```

类似于下面的代码经常会在VBA中用到，它通过定义一个对象变量，然后使用该变量遍历集合，如果发现符合指定条件的对象（本例中是判断Excel工作表中单元格的值是否大于50），就执行特定操作（本例中是将单元格字体加粗）。

```
Dim cell As Range
For Each cell In Range("A1:B10")
    If cell.Value > 50 Then
        cell.Font.Bold = True
    End If
Next cell
```

正如在上面代码中看到的那样，如果要操作一个集合中的多个对象，那么通常使用For Each Next结构是最好的选择。该结构的具体用法为：For Each 对象变量 In 集合。通常先定义一个对象变量，然后使用For Each Next结构让对象变量遍历指定的集合，最后根据设定的条件返回需要的结果。

29.3.2 对象的属性、方法和事件

如何区分不同的对象？这应该说是一个不难回答的问题。可以这样问：人和人之间有什么区别？首先想到的是人名不同，其次，人的性别、年龄、身高、血型、籍贯、学历等各种资料都不同。在VBA中，如果把人看作是一种普通的对象，那么人的上述资料就是对象的不同属性，由各种属性确定了对象的具体外观和特征。例如，在Excel中，工作表（Worksheet）对象拥有Cells（单元格）、Name（名称）、Range（区域）等属性；而区域（Range）对象则拥有Value（值）、Height（高）、Width（宽）等属性。有对象的属性可以轻易改变对象的外观。

改变对象的属性值可以在属性窗口中进行设置，也可以在程序运行时自动改变。编写VBA代码改变属性值很容易，唯一要注意的是对象与属性之间是通过点分隔符“.”连接的，并且在输入对象和点分隔符后，可以使用VBA内置的自动列表功能来选择要设置对象的属性或方法，如图29-22所示。

图29-22

设置对象的属性时相当于一个赋值操作，即使用一个等号连接对象的属性名和属性值。属性名在等号左侧，属性值在等号右侧。例如，下面的代码将当前工作表中的单元格A1的值设置为100。换句话说，就是在单元格A1中输入数字100。假设当前工作表为Sheet1，它位于第一个工作表标签。

```
Worksheets("Sheet1").Range("A1").Value = 100
```

由于在此假设名为Sheet1的工作表是工作簿中的第一个工作表，因此还可以使用下面的形式。

```
Worksheets(1).Range("A1").Value = 100
```

由于名为Sheet1的工作表是正在编辑的活动工作表，因此还可以使用ActiveSheet对象来代替Worksheets集合引用，形式如下。

```
ActiveSheet.Range("A1").Value = 100
```

由于是在当前活动工作表的单元格A1中输入数字，因此，可以省略对工作表对象的引用，而直接使用Range对象，形式如下。

```
Range("A1").Value = 100
```

如果当前选择的是单元格A1，即A1是活动单元格，那么也可以使用下面的形式。

```
ActiveCell.Value = 100
```

由于Value属性是Range对象的默认属性，因此，可以省略Value属性，形式如下。

```
Range("A1") = 100
```

在Excel中还可以使用一种更简单的方式来引用单元格和区域，就是在单元格或区域两侧使用一对方括号。因此，可以将上述代码改为下面的形式。

```
[A1] = 100
```

提示

[A1]方式其实是Application对象Evaluate方法的简写形式。

方法是对象拥有的动作。例如，在Excel中，Range对象包含一个SpecialCells方法，它可以选择区域中满足特定条件的单元格。下面的代码将选择区域A1:B10中包含数字常量的单元格。最后使用Select方法选择满足条件的所有单元格。

```
    Range("A1:B10").SpecialCells(xlCellTypeConstants, xlNumbers).
Select
```

方法通常都包含数量不等的参数，参数可提供给方法执行动作的具体方式。例如，上面的代码就为SpecialCells方法提供了两个参数xlCellTypeConstants和xlNumbers，第一个参数表示要查找的单元格类型为常量，第二个参数表示要查找的常量类型为数字。

注 意

在Excel界面操作中通常都需要先选择区域然后再进行相关的操作，而在VBA中，通常不需要执行选择操作，而直接执行下一步操作。

事件提供了响应用户操作的自动化处理方式。例如，在Word VBA中有一个打开文档的事件（Document_Open）。如果在该事件中编写了VBA代码，那么在打开具有该代码的文档时，将会执行其中的代码。例如，下面的代码可以实现在每次打开包含该代码的文档时，弹出一个消息框，其中会显示欢迎信息，如图29-23所示。

```
Private Sub Document_Open()
    MsgBox "Hello " & Application.UserName
End Sub
```

图29-23

当然，上面的代码非常简单，这里只是为了演示事件可以自动处理用户的行为，这样可以很好地实现与用户操作之间的交互。

1. 属性会返回对象

在学习VBA程序开发时，有一个现象很令人困惑。下面的示例对于初学者来说是非常迷惑的，该代码设置单元格A1中的字体为“隶书”。

```
Range("A1").Font.Name = "隶书"
```

按照前面介绍的内容来看，在Range("A1").Font部分中，Range("A1")是一个区域对象，而Font则是Range对象的一个属性，这是没错的。但是在Font后面还有一个“.Name”，这不得不让人感到迷惑：此处的Font到底是属性，还是对象呢？

其实在VBA中，很多属性和对象是不可分割的。换句话说，一个对象，它本身可能就是一个对象，然而同时它又可作为另一个对象的属性。正如前面示例中的Font，对于Range对象来说，Font作为其属性出现；但同时它又是Name属性的对象。所以，关于属性与对象的划分和鉴别，是学习VBA中的一个难点。

这里顺便再介绍一下对象的父子关系。在前面列举的示例中，Range对象是Font对象的父对象，而Font对象是Range对象的子对象。在VBA中，有很多对象都不止一个父对象。仍以Font对象为例，它除了有一个Range父对象外，还有Characters、CellFormat、Style、FormatCondition等多个父对象。换句话说，这些对象都包含Font属性，即可以设置这些对象的字体格式。

2. 在方法中使用命名参数

前面曾经举了一个使用Range对象的SpecialCells方法来选择满足特定条件的单元格的示例，代码如下。

```
    Range("A1:B10").SpecialCells(xlCellTypeConstants, xlNumbers).
Select
```

该代码将选择区域A1:B10中数字常量的单元格。如果从未使用过SpecialCells方法，或者对该方法根本不熟悉，那么在看到上面的代码时，可能并不知道代码要实现什么功能，尤其不了解xlCellTypeConstants和xlNumbers是如何工作的。

为了增加代码的可读性，最好的方法是使用命名参数。命名参数就是在VBA帮助系统中，语法部分中的斜体字，如图29-24所示的Type和Value就是SpecialCells方法的命名参数。请记住这样一条规则，在给属性赋值时使用一个等号，而给方法的参数赋值时，最好是使用命名参数以及一个冒号外加一个等号，即“:=”的形式。

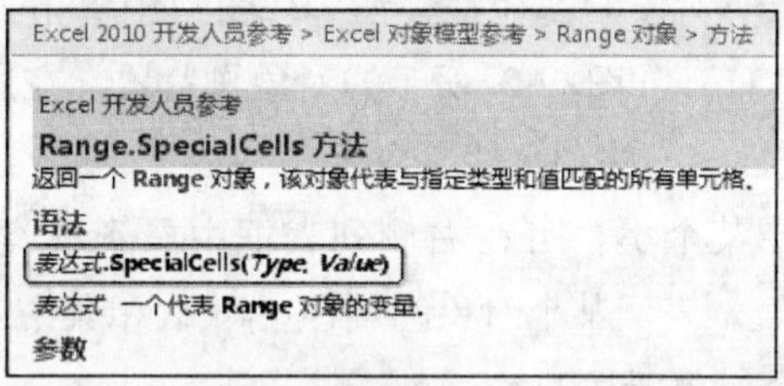

图29-24

例如，可以将前面示例中的代码改为以下形式，这样更便于人们对代码的理解。

```
    Range("A1:B10").SpecialCells(Type:=xlCellTypeConstants,
Value:=xlNumbers).Select
```

29.3.3 深入学习VBA对象

如何获得各类不同对象的信息，最直接的方法就是在录制好一个宏后，进入VBE窗口，然后打开宏所在的代码窗口，单击想要了解的对象，然后按F1键，此时将打开VBA帮助窗口（以Excel为例），并自动显示与鼠标所在位置的对象对应的帮助内容，如图29-25所示。

提示　图29-25左侧有一个列表，类似目录的结构，可以在该列表中全面浏览Excel对象模型中的不同对象及其各自的属性、方法和事件。要显示该目录列表，可单击帮助窗口顶部工具栏中的按钮。

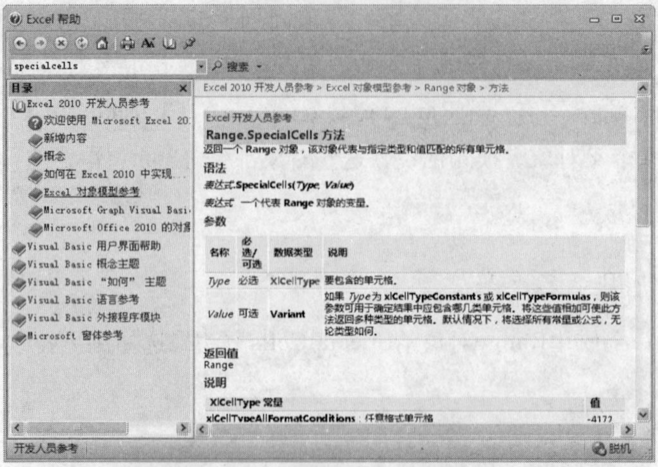

图29-25

如果想从帮助窗口中了解当前显示的Range对象的其他属性或方法，则可以单击窗口底部【请参阅】中的链接，如图29-26所示。这样可以打开该对象的属性和方法列表，其中有属性和方法的名称以及说明信息。

图29-26

另一个可以全面了解VBA对象的途径是，在VBE窗口中单击工具栏中的【对象浏览器】按钮（也可以按F2键），打开如图29-27所示的对象浏览器。在这个浏览器中可以非常方便地查询各种对象、集合、属性、方法和事件等内容。

在【类】列表框中选择某个类，可在右侧列表框中看到该类所拥有的属性、方法和事件，如图29-27所示。其中，表示某个对象的属性，表示某个对象的方法，表示某个对象的事件，而则表示某个对象所属的类。

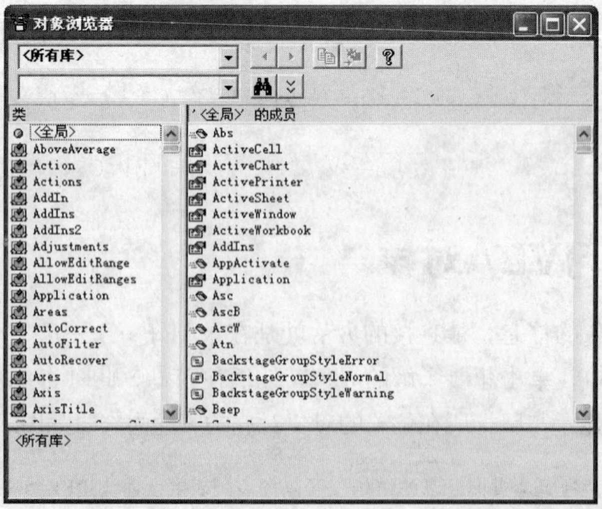

图29-27

> **提示** 可以在【所有库】下拉列表中选择不同的对象库，这样可以按类别查看不同库中所包含的对象。

21 Chapter
22 Chapter
23 Chapter
24 Chapter
25 Chapter
26 Chapter
27 Chapter
28 Chapter
29 Chapter
30 Chapter

中文版 Office 2010 应用大全

Chapter 30

VBA典型应用

本章给出了一些实用的VBA代码示例，用于演示如何在VBA中进行编程，也可以了解到VBA在实际应用中的强大功能。这些示例主要围绕Word、Excel和PowerPoint进行。

30.1 Word VBA典型应用

本节给出了一些在实际工作中可能会有用的Word VBA方面的示例，用户可以根据实际的操作环境对示例中的代码稍作修改，然后用于自己的工作中。

30.1.1 关闭所有打开的Word文档

本例将关闭当前打开的所有文档，其中也包括正在运行VBA过程的文档。代码中定义了一个文档变量doc，然后遍历当前打开的每一个文档。如果文档名称不是当前包含代码的文档，那么就直接保存并关闭。完成遍历后，最后再保存并关闭包含代码的文档。

```
Sub 关闭所有打开的Word文档()
    Dim doc As Document
    For Each doc In Documents
        If doc.Name <> ThisDocument.Name Then
            doc.Close wdSaveChanges
        End If
    Next doc
    ThisDocument.Close wdSaveChanges
End Sub
```

30.1.2 批量设置嵌入式图片大小

如果在Word文档中使用过图片，那么可能很清楚，在Word中无法同时选中一张以上的嵌入式图片（以默认方式插入到Word文档的图片都是嵌入式的）。如果想要对文档中的多个或所有图片设置相同大小，那么只能手工一个个地设置，很浪费时间。本例将批量设置文档中多个嵌入式图片的尺寸，代码如下。

```
Sub 批量设置图片大小()
    Dim oInShp As InlineShape
    For Each oInShp In ActiveDocument.InlineShapes
        With oInShp
            If .Type = wdInlineShapePicture Then
                .LockAspectRatio = msoFalse
                .Width = MillimetersToPoints(50)
                .Height = MillimetersToPoints(50)
            End If
        End With
```

```
    Next oInShp
End Sub
```

本例中，使用声明的对象变量遍历文档内的所有嵌入式对象（可能是图片，也可能是OLE对象等），然后判断嵌入式对象的类型。如果是嵌入式图片，那么解除锁定图片的比例，然后将图片的宽度和高度都设置为50毫米，这样就实现了一次性设置文档内所有图片大小的目的。

提示

如果希望以厘米为单位，则需要将上面代码中的MillimetersToPoints改为CentimetersToPoints。

30.1.3 删除文档中的所有公式

本例可以删除文档中的公式，这些公式是通过【插入】→【文本】→【对象】按钮创建的。本例与上一示例有些类似，因为它们处理的都是文档内的嵌入式对象，区别是处理的嵌入式对象的类型不同。本例处理的是文档中的公式，因此在判断嵌入式对象的类型属性时，wdInlineShapeEmbeddedOLEObject代表OLE对象。当判断出OLE对象后，还需要判断OLE对象的类型，最后将找到的每一个公式删除。

```
Sub 删除文档中的公式()
    Dim oInliShp As InlineShape
    For Each oInliShp In ActiveDocument.InlineShapes
        If oInliShp.Type = wdInlineShapeEmbeddedOLEObject Then
            If oInliShp.OLEFormat.ClassType = "Equation.3" Then
                oInliShp.Delete
            End If
        End If
    Next oInliShp
End Sub
```

30.1.4 删除表格中的空行

本例将删除文档中插入点所在的表格包含的所有空行。代码首先判断插入点是否位于表格内，如果不在表格内，那么将显示“光标附近没有表格”的提示信息。否则，将光标位置上的表格赋值给一个表格对象变量，然后使用一个表示行号的变量从表格最后一行遍历到表格的第一行。判断空行的方法是：一个空白单元格的长度为2（一个段落标记+一个表格边框线），每行最后一个单元格右侧，也就是位于表格外侧还有一个段落标记，该段落标记的长度也为2。因此，需要检测每行的总长度是否等于（表格列数+1）×2，如果是则说明该行为空行，可删除，否则不是空行。Len(oTbl.Rows(iRow).Range.Text)语句表示表格某行包含文本的总长度。

```
Sub 删除表格中的空行()
    Dim oTbl As Table
    Dim iRow As Integer
    If Selection.Information(wdWithInTable) Then
        Set oTbl = Selection.Tables(1)
        For iRow = oTbl.Rows.Count To 1 Step -1
            If Len(oTbl.Rows(iRow).Range.Text) = (oTbl.Columns.Count + 1) * 2 Then
                oTbl.Rows(iRow).Delete
            End If
        Next iRow
    Else
        MsgBox "光标附近没有表格"
    End If
End Sub
```

30.1.5 朗读文本内容

在Excel应用程序中有一个Speech对象，可以使用该对象自动朗读数据内容。如果希望在Word应用程序中朗读文档内容，则需要借助Excel中的Speech对象。当执行下面的过程时，将听到一个语音开始朗读当前文档中的文本内容。

```
Sub 朗读文档内容()
    Dim sp As Object
    Set sp = CreateObject("Excel.Application")
    sp.Speech.Speak ActiveDocument.Content
End Sub
```

为了使用Excel应用程序中的Speech对象，需要在Word VBA中引用Excel对象库。常用的方法是在VBE窗口中选择【工具】→【引用】菜单命令，然后在打开的对话框中勾选【Microsoft Excel 14.0 Object Library】复选框，如图30-1所示。

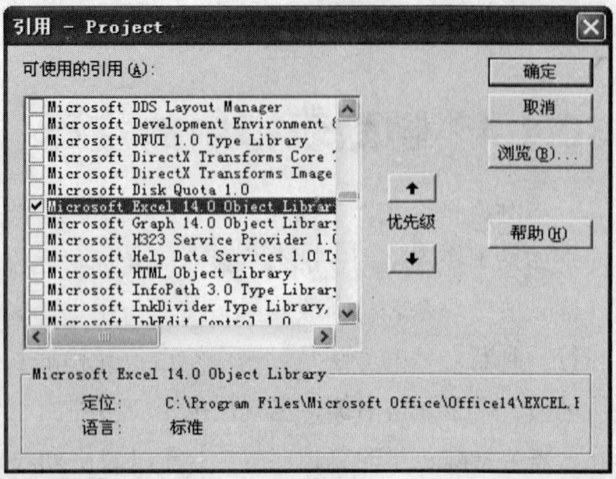

图30-1

提示 Microsoft Excel 14.0 Object Library表示Excel 2010，通过数字14.0来代表Excel的版本号。因此，Microsoft Excel 12.0 Object Library表示Excel 2007，Microsoft Excel 11.0 Object Library表示Excel 2003。

这种方法需要用户手动进行操作，对于不太熟悉的用户来说可能会遇到某些问题。因此，本例中使用了CreateObject函数来对Excel对象库进行后期绑定，这种方式可以免去手工添加对象库引用的麻烦，但是在编写代码时则无法通过自动弹出列表功能来方便地选择Excel对象的属性和方法。

30.1.6 选择光标所在的当前页

在Word中可以很容易地使用鼠标选择字、词、句、段或整个文档，但如果希望选择光标所在的整页内容，可能只有使用鼠标拖动选择才行，本例提供的方法可以快速选择光标所在的页面内容。本例代码主要用到的技术是Selection对象的Information属性、GoToNext方法和GoToPrevious方法。主要思路是，首先将插入点所在的页码和文档总页数赋给两个变量，然后判断当前页码是否是最后一页。如果不是，指定一个区域的起点和终点，则将插入点下移一个页面，将该页面起始位置赋值给区域的终点，再上移一个页面并将起始位置赋值给区域的起点。如果插入点所在页码是文档最后一页，则将文档的结尾赋值给区域的终点，而将上移一个页面后的起点赋值给区域的起点。最后，使用Document对象的Range方法选择起点和终点包围的区域。

```
Sub 快速选择当前页()
    Dim StartRange As Long, EndRange As Long
    Dim i As Integer, j As Integer
    With Selection
        i = .Information(wdActiveEndPageNumber)
        j = .Information(wdNumberOfPagesInDocument)
        If i < j Then
            EndRange = .GoToNext(wdGoToPage).Start
            StartRange = .GoToPrevious(wdGoToPage).Start
        Else
            EndRange = ActiveDocument.Content.End
            StartRange = .GoToNext(wdGoToPage).Start
        End If
    End With
    ActiveDocument.Range(StartRange, EndRange).Select
End Sub
```

30.2 Excel VBA典型应用

本节给出了一些在实际工作中可能会有用的Excel VBA方面的示例，用户可以根据实际的操作环境对示例中的代码稍作修改，然后用于自己的工作中。

30.2.1 判断工作簿是否存在

由于使用VBA程序打开工作簿都是自动完成而不需要人工干预，因此在运行打开工作簿的代码前应该先判断该工作簿是否已经存在。如果该工作簿不存在，那么程序将会出错。在VBA代码中可以使用Dir函数来获取指定文件所在的路径字符串，然后使用LEN函数判断字符串长度。如果大于0，那么说明指定工作簿存在，否则就说明工作簿不存在。可以使用以下代码在打开工作簿前先判断该工作簿是否存在。

```
Sub 判断工作簿是否存在()
    If Not Len(Dir("E:\工作簿素材\第1章.xlsx")) > 0 Then
        MsgBox "要打开的工作簿不存在!"
    Else
        Workbooks.Open "E:\工作簿素材\第1章.xlsx"
    End If
End Sub
```

运行上面的代码，如果要打开的工作簿不存在，那么将显示提示信息，如图30-2所示。

图30-2

30.2.2 保存并关闭所有工作簿

本例将关闭当前打开的所有工作簿，其中也包括正在运行VBA代码的工作簿。运行下面的代码，Excel将遍历所有已打开的工作簿，ThisWorkbook属性表示当前包含宏的工作簿。需要设置一个IF语句来判断当前要关闭的工作簿是否是宏工作簿，如果不是则关闭。因为如果关闭了包含宏的工作簿，那么这段代码也就无法继续运行了。

21 Chapter
22 Chapter
23 Chapter
24 Chapter
25 Chapter
26 Chapter
27 Chapter
28 Chapter
29 Chapter
30 Chapter

```
Sub 关闭所有打开的工作簿()
    Dim wkb As Workbook
    For Each wkb In Workbooks
        If wkb.Name <> ThisWorkbook.Name Then
            wkb.Close True
        End If
    Next wkb
    ThisWorkbook.Close True
End Sub
```

30.2.3 删除指定工作表以外的其他工作表

本例将允许用户指定一个要保留的工作表名称，然后程序将自动删除工作簿中的其他工作表。本例中的代码较为复杂，因为它包含了多个检测程序。首先将要在用户输入工作表名称的对话框中显示的提示信息赋值给一个变量，这样做的目的是为了可以在后面的代码中，通过修改变量的值来根据不同的环境改变对话框中显示的提示信息，进入一个Do循环后，首先将用户输入的内容赋值给一个变量，如果用户单击了【取消】按钮则退出该Sub过程，然后判断用户输入的工作表名称是否存在于当前工作簿中，如果不在，则改变输入对话框的提示信息，并重新显示输入对话框。否则退出Do循环。

接下来关闭Excel的消息提示功能，使用一个工作表变量遍历当前工作簿中的每一个工作表，如果工作表名称不等于用户指定的工作表名称，那么就删除这个工作表。为了严格比较工作表名称，因此，使用了Ucase函数来将用户输入的名称和遍历时的每个工作表名称都转化为了大写形式。

```
Sub 批量删除工作表()
    Dim wksName As String
    Dim wks As Worksheet
    Dim msg As String
    msg = "请输入要保留的工作表名称"
    Do
        wksName = UCase(InputBox(msg))
        If wksName = "" Then Exit Sub
        On Error Resume Next
        Set wks = Worksheets(wksName)
        If wks Is Nothing Then
            msg = "您指定的工作表不存在，请重新输入"
        End If
    Loop Until Err.Number = 0
```

```
    Application.DisplayAlerts = False
    For Each wks In Worksheets
        If UCase(wks.Name) <> wksName Then
            wks.Delete
        End If
    Next wks
    Application.DisplayAlerts = True
End Sub
```

30.2.4 删除所有空行

本例将删除当前工作表数据区域中的所有空行，首先将当前工作表中已用区域的行数赋值给一个变量，然后从数据区域的最后一行开始向上循环，使用工作表函数CountA来统计每一行中是否全为空。如果都为空，则删除该行。从工作表数据区域最底部开始循环，是为了避免从上至下删除行而导致的行号错乱，代码如下。

```
Sub删除工作表中的所有空行()
    Dim lRows As Long
    Dim i As Long
    lRows = ActiveSheet.UsedRange.Rows.Count
    For i = lRows To 1 Step -1
        If Application.WorksheetFunction.CountA(Rows(i).Cells)
= 0 Then
            Rows(i).Delete
        End If
    Next i
End Sub
```

30.2.5 选择工作表中的所有合并单元格

本例将选择当前工作表中的所有合并单元格，代码如下。

```
Sub 选择工作表中的所有合并单元格()
    Dim myUsedRange As Range
    Dim myMergeRange As Range
    Dim cell  As Range
    Set myUsedRange = ActiveSheet.UsedRange
    For Each cell In myUsedRange
        If cell.MergeCells Then
```

```
                If myMergeRange Is Nothing Then
                    Set myMergeRange = cell
                Else
                    Set myMergeRange = Union(myMergeRange, cell)
                End If
            End If
        Next cell
        If Not myMergeRange Is Nothing Then
            myMergeRange.Select
        End If
    End Sub
```

上述代码的关键是判断当前已用的数据区域中每一个单元格是否为合并单元格，通过Range对象的MergeCells属性来判断。如果返回True，那么使用Union方法来获得这些合并单元格的并集，最后通过Select方法选择这些合并单元格。在执行上述过程后，将选中当前活动工作表中的所有活动单元格，如图30-3所示。

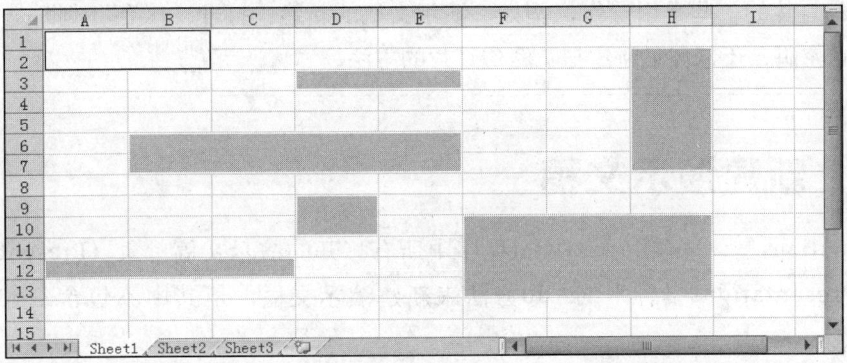

图30-3

30.2.6 提取字符串中的数字

下面这个名为GetNum的自定义函数可以提取在单元格中输入的字符串中包含的所有数字，并将结果转换为数值类型，该函数接受一个Range类型的参数，用于指定要提取数字的单元格。代码遍历指定单元格中的每一个字符，判断每一个字符是否是数字，如果是则将其添加到变量Str中。遍历完成后，首先判断Str中是否为空，如果为空则说明不包含数字，否则，使用Val函数将字符串型的数字转换为数值型。

```
Function GetNum(cell As Range)
    Dim Str As String
    Dim strLen As Integer
    strLen = Len(cell.Value)
```

```
        Dim i As Integer
        For i = 1 To strLen
            If IsNumeric(Mid(cell.Value, i, 1)) Then
                Str = Str & Mid(cell.Value, i, 1)
            End If
        Next i
        If Str = "" Then GetNum = "字符串中不包含数字": Exit Function
        GetNum = Val(Str)
    End Function
```

30.3 PowerPoint VBA典型应用

本节将给出一些使用VBA处理PowerPoint演示文稿和幻灯片的代码实例，包括演示文稿和幻灯片的一些常用操作，例如，演示文稿的新建、打开、保存、判断是否打开以及设置密码，还包含了新建与隐藏幻灯片的方法。

30.3.1 新建演示文稿

Presentations集合包含PowerPoint程序中所有打开的演示文稿对象（Presentation）。可以使用Presentations集合中的Add方法来新建演示文稿，但其中不包含幻灯片，代码如下。

```
Sub 新建演示文稿()
    Presentations.Add
End Sub
```

30.3.2 打开演示文稿

使用Presentations集合的Open方法可以打开一个指定的演示文稿，在代码中要注意正确输入演示文稿的路径和名称（包括扩展名）。例如，下面的代码将打开电脑中磁盘分区C中名为“销售计划.pptx”的演示文稿。

```
Sub 打开演示文稿()
    Presentations.Open ("C:\销售计划.pptx")
End Sub
```

30.3.3 判断演示文稿是否存在

由于使用VBA程序打开演示文稿都是自动完成而不需要人工干预的，因此在运行打开演示文稿的代码前应该先判断该演示文稿是否已经存在。如果该演示文稿不存在，那么程序将会出错。在VBA代码中可以使用Dir函数来获取指定文件所在的路径字符串，然后使用LEN函数判断字符串长度。如果大于0，那么说明指定演示文稿存在，否则就说明演示文稿不存在。用户可以使用以下代码在打开演示文稿前先判断该演示文稿是否存在。

```
Sub 判断演示文稿是否存在()
    If Len(Dir("C:\销售计划.pptx")) > 0 Then
        Presentations.Open "C:\销售计划.pptx"
    Else
        MsgBox "要打开的演示文稿不存在!"
    End If
End Sub
```

运行上面的代码，如果要打开的演示文稿不存在，那么将显示提示信息，如图30-4所示。

图30-4

30.3.4 保存所有演示文稿

如果要对当前所有打开的多个演示文稿进行一次性保存，可以使用For Each语句遍历所有演示文稿，然后对每个演示文稿执行保存命令，代码如下。

```
Sub 保存所有演示文稿()
    Dim pst As Presentation
    For Each pst In Presentations
        pst.Save
    Next pst
End Sub
```

30.3.5 设置演示文稿的密码

如果希望保护演示文稿的安全，那么可以使用VBA来设置打开演示文稿的密码。使用

Presentation对象的Password属性可以完成这个工作。下面的代码将要求用户输入一个密码，然后关闭当前演示文稿。

```
    Sub 设置演示文稿密码()
        With ActivePresentation
            .Password = InputBox("请您输入密码：", "设置演示文稿密码")
            .SaveAs FileName:="销售计划", FileFormat:=ppSaveAsOpenXM
LPresentationMacroEnabled
            .Close
        End With
    End Sub
```

运行上面的代码时，将打开如图30-5所示的对话框，输入密码并单击【确定】按钮后，即可关闭当前演示文稿。

图30-5

要删除演示文稿的密码，可以使用下面的代码。

```
ActivePresentation.Password = ""
```

30.3.6 新建幻灯片

要新建幻灯片，需要使用Slides集合的Add方法，Slides集合包含了每一张幻灯片对象（Slide）。使用下面的代码可以在当前演示文稿中新建一张版式为“空白”的幻灯片，且该幻灯片是第一张幻灯片。

```
ActivePresentation.Slides.Add 1, ppLayoutBlank
```

Add方法包含两个参数：Index和Layout，含义如下。

- Index：用于指定幻灯片的序号。
- Layout：用于指定新建幻灯片的版式。

30.3.7 隐藏幻灯片

使用下面的代码可以隐藏不想播放的幻灯片。

```
Sub 隐藏幻灯片()
    Dim ans As Integer
    With ActivePresentation.Slides(2).SlideShowTransition
        .Hidden = msoTrue
        ans = MsgBox("第2张幻灯片已隐藏", vbOKCancel, "提示信息")
        If ans = 2 Then .Hidden = msoFalse
    End With
End Sub
```

运行上面的代码，将隐藏演示文稿中的第2张幻灯片，并弹出一个对话框，如图30-6所示。如果单击【取消】按钮，将取消隐藏操作。

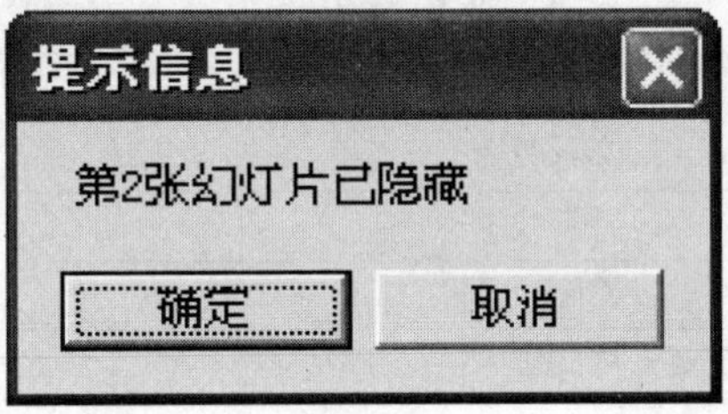

图30-6

附录1 Office常用快捷键

本部分列出了Word、Excel和PowerPoint中常用的快捷键，当按键不止一个时，各按键之间以“+”（加号）相连。

Word常用快捷键

文档基本操作的快捷键

快捷键	功 能
F1	显示帮助
Ctrl+F1	隐藏或显示功能区
Ctrl+N	新建文档
Ctrl+O或Ctrl+F12或Ctrl+Alt+F2	打开文档
Ctrl+S或Shift+F12或Alt+Shift+F2	保存文档
F12	另存文档
Ctrl+W	关闭文档
Ctrl+P或Ctrl+Shift+F12	打印文档
Alt+F4	退出Word程序
Alt+Ctrl+P	切换到页面视图
Alt+Ctrl+O	切换到大纲视图
Alt+Ctrl+N	切换到草稿视图
Alt+Ctrl+S	拆分文档窗口
Alt+Shift+C	取消拆分的文档窗口
Esc	关闭当前打开的对话框
Ctrl+*	显示或隐藏编辑标记

定位光标位置的快捷键

快捷键	功 能
左箭头键	左移一个字符
右箭头键	右移一个字符
上箭头键	上移一行
下箭头键	下移一行
Ctrl+左箭头键	左移一个单词
Ctrl+右箭头键	右移一个单词
Ctrl+上箭头键	上移一段
Ctrl+下箭头键	下移一段
End	移至行尾
Home	移至行首
Alt+Ctrl+PageUp	移至窗口顶端
Alt+Ctrl+PageDown	移至窗口结尾
PageUp	上移一屏
PageDown	下移一屏

（续表）

快捷键	功 能
Ctrl+PageDown	移至下页顶端
Ctrl+PageUp	移至上页顶端
Ctrl+End	移至文档结尾
Ctrl+Home	移至文档开头
Shift+F5	移至上一次关闭时进行操作的位置

选择文本的快捷键

快捷键	功 能
Shift+向右键	将所选内容向右扩展一个字符
Shift+向左键	将所选内容向左扩展一个字符
Shift+向下键	将所选内容向下扩展一行
Shift+向上键	将所选内容向上扩展一行
Ctrl+Shift+向右键	将所选内容扩展到字词的末尾
Ctrl+Shift+向左键	将所选内容扩展到字词的开头
Ctrl+Shift+向下键	将所选内容扩展到段落的末尾
Ctrl+Shift+向上键	将所选内容扩展到段落的开头
Shift+End	将所选内容扩展到一行的末尾
Shift+Home	将所选内容扩展到一行的开头
Shift+PageDown	将所选内容向下扩展一屏
Shift+PageUp	将所选内容向上扩展一屏
Ctrl+Shift+Home	将所选内容扩展到文档的开头
Ctrl+Shift+End	将所选内容扩展到文档的末尾
Alt+Ctrl+Shift+PageDown	将所选内容扩展到窗口的末尾
Alt+Ctrl+Shift+PageUp	将所选内容扩展到窗口的开头
Ctrl+A	选择文档内所有内容
F8	使用扩展模式选择
Esc	关闭扩展模式
按住Alt键拖动鼠标	纵向选择内容

编辑文本的快捷键

快捷键	功 能
Ctrl+C	复制所选内容
Ctrl+X	剪切所选内容
Ctrl+V	粘贴内容
Ctrl+Alt+V	选择性粘贴
Ctrl+Shift+C	仅复制格式
Ctrl+Shift+V	仅粘贴格式
BackSpace	删除光标左侧的一个字符
Ctrl+BackSpace	删除光标左侧的一个单词

（续表）

快捷键	功 能
Delete	删除光标右侧的一个字符
Ctrl+Delete	删除光标右侧的一个单词
Ctrl+F	打开【导航】窗格中的【搜索】选项卡
Ctrl+H	打开【查找和替换】对话框的【替换】选项卡
Ctrl+G	打开【查找和替换】对话框的【定位】选项卡
Alt+F3	选中内容后将打开【新建构建基块】对话框
Alt+Ctrl+Y	打开【查找和替换】对话框的【查找】选项卡
Ctrl+Z	撤销上一步操作
Ctrl+Y	恢复或重复上一步操作
F4	重复上一步操作
Shift+F5或Alt+Ctrl+Z	在最后四个已编辑过的位置间切换

设置字体格式的快捷键

快捷键	功 能
Ctrl+Shift+>	增大字号
Ctrl+Shift+<	减小字号
Ctrl+]	逐磅增大字号
Ctrl+[	逐磅减小字号
Ctrl+B	使文字加粗
Ctrl+I	使文字倾斜
Ctrl+U	给文字加下划线
Ctrl+Shift+D	给文字加双下划线
Ctrl+等号	应用下标格式
Ctrl+Shift+等号	应用上标格式
Ctrl+D	打开【字体】对话框

设置段落格式的快捷键

快捷键	功 能
Ctrl+1	单倍行距
Ctrl+2	双倍行距
Ctrl+5	1.5倍行距
Ctrl+0	在段前添加或删除一行间距
Ctrl+L	左对齐
Ctrl+R	右对齐
Ctrl+E	居中对齐
Ctrl+J	两端对齐
Ctrl+Shift+J	分散对齐
Ctrl+M	左缩进
Ctrl+Shift+M	取消左缩进
Ctrl+T	悬挂缩进

（续表）

快捷键	功 能
Ctrl+Shift+T	减小悬挂缩进量
Ctrl+Tab	插入制表符
Alt+Ctrl+shift+S	打开【样式】任务窗格
Ctrl+Shift+S	打开【应用样式】任务窗格
Ctrl+Shift+N	应用【正文】样式
Alt+Ctrl+1	应用【标题1】样式
Alt+Ctrl+2	应用【标题2】样式
Alt+Ctrl+3	应用【标题3】样式
Alt+Shift+向左键	提升段落级别
Alt+Shift+向右键	降低段落级别
Alt+Shift+向上键	上移所选段落
Alt+Shift+向下键	下移所选段落
Alt+Shift+加号	展开标题下的文本（仅限大纲视图）
Alt+Shift+减号	折叠标题下的文本（仅限大纲视图）
Alt+Shift+A	展开或折叠所有文本或标题（仅限大纲视图）
Alt+Shift+L	显示首行正文或所有正文（仅限大纲视图）
Alt+Shift+1	显示所有具有【标题1】样式的标题（仅限大纲视图）
Alt+Shift+n	显示从【标题1】到【标题n】的所有标题（仅限大纲视图）

操作表格的快捷键

快捷键	功 能
Tab	定位到一行中的下一个单元格（或选择下一个单元格的内容）
Shift+Tab	定位到一行中的上一个单元格（或选择上一个单元格的内容）
Alt+Home	定位到一行中的第一个单元格
Alt+End	定位到一行中的最后一个单元格
Alt+PageUp	定位到一列中的第一个单元格
Alt+PageDown	定位到一列中的最后一个单元格
向上键	定位到上一行
向下键	定位到下一行
Shift+向上键	向上选择一行
Shift+向下键	向下选择一行
Alt+Shift+PapeDown	从上到下选择光标所在的列
Alt+Shift+PageUp	从下到上选择光标所在的列
Alt+数字键盘上的5（需关闭NumLock）	选定整张表格
Alt+Shift+向上键	将当前内容上移一行
Alt+Shift+向下键	将当前内容下移一行
Ctrl+Tab	在单元格中插入制表符

域和宏的快捷键

快捷键	功 能
Ctrl+F9	插入空白域
F9	更新选定的域
Shift+F9	在当前选择的域代码及域结果间切换
Alt+F9	在文档内所有域代码及域结果间切换
Shift+F11或Alt+Shift+F1	定位到上一个域
F11或Alt+F1	定位到下一个域
Ctrl+F11	锁定域
Ctrl+Shift+F11	解除锁定域
Ctrl+Shift+F9	取消域的链接
Alt+F8	运行宏
Alt+F11	打开代码编辑窗口

Excel常用快捷键

工作簿基本操作

快捷键	功 能
F10	打开或关闭功能区命令的按键提示
F12	打开【另存为】对话框
Ctrl+F1	显示或隐藏功能区
Ctrl+F4	关闭选定的工作簿窗口
Ctrl+F5	恢复选定工作簿窗口的窗口大小
Ctrl+F6	切换到下一个工作簿窗口
Ctrl+F7	使用方向键移动工作簿窗口
Ctrl+F8	调整工作簿窗口的大小
Ctrl+F9	最小化工作簿窗口
Ctrl+N	创建一个新的空白工作簿
Ctrl+O	打开【打开】对话框
Ctrl+S	保存工作簿
Ctrl+W	关闭选定的工作簿窗口
Ctrl+F10	最大化或还原选定的工作簿窗口

在工作表中移动和选择

快捷键	功 能
Tab	在工作表中向右移动一个单元格
Enter	默认向下移动单元格，可在【Excel选项】对话框中的【高级】选项卡中设置
Shift+Tab	可移到工作表中的前一个单元格
Shift+Enter	向上移动单元格

（续表）

快捷键	功 能
方向键	在工作表中向上、下、左、右移动单元格
Ctrl+方向键	移到数据区域的边缘
Ctrl+空格键	可选择工作表中的整列
Shift+方向键	将单元格的选定范围扩大一个单元格
Shift+空格键	可选择工作表中的整行
Ctrl+A	选择整个工作表。如果工作表包含数据，则选择当前区域。当插入点位于公式中某个函数名称的右侧时，将打开【函数参数】对话框
Ctrl+Shift+空格键	选择整个工作表。如果工作表中包含数据，则选择当前区域。当某个对象处于选定状态时，选择工作表中的所有对象
Ctrl+Shift+方向键	将单元格的选定范围扩展到活动单元格所在列或行中的最后一个非空单元格。如果下一个单元格为空，则将选定范围扩展到下一个非空单元格
Home	移到行首
Home	当Scroll Lock处于开启状态时，移到到窗口左上角的单元格
End	当Scroll Lock处于开启状态时，移动到窗口右下角的单元格
PageUp	在工作表中上移一个屏幕
PageDown	在工作表中下移一个屏幕
Alt+PageUp	在工作表中向左移动一个屏幕
Alt+PageDown	在工作表中向右移动一个屏幕
Ctrl+End	移到工作表中的最后一个单元格
Ctrl+Home	移到工作表的开头
Ctrl+PageUp	移到工作簿中的上一个工作表
Ctrl+PageDown	移到工作簿中的下一个工作表
Ctrl+Shift+*	选择环绕活动单元格的当前区域。在数据透视表中选择整个数据透视表
Ctrl+Shift+End	将单元格选定区域扩展到工作表中所使用的右下角的最后一个单元格
Ctrl+Shift+Home	将单元格的选定范围扩展到工作表的开头
Ctrl+Shift+PageUp	可选择工作簿中的当前和上一个工作表
Ctrl+Shift+PageDown	可选择工作簿中的当前和下一个工作表

在工作表中编辑

快捷键	功 能
Esc	取消单元格或编辑栏中的输入
Delete	在公式栏中删除光标右侧的一个字符
Backspace	在公式栏中删除光标左侧的一个字符
F2	进入单元格编辑状态
F3	打开【粘贴名称】对话框
F4	重复上一个命令或操作
F5	打开【定位】对话框
F8	打开或关闭扩展模式
F9	计算所有打开的工作簿中的所有工作表
F11	创建当前范围内数据的图表

（续表）

快捷键	功 能
Ctrl+'	将公式从活动单元格上方的单元格复制到单元格或编辑栏中
Ctrl+;	输入当前日期
Ctrl+`	在工作表中切换显示单元格值和公式
Ctrl+0	隐藏选定的列
Ctrl+6	在隐藏对象、显示对象和显示对象占位符之间切换
Ctrl+8	显示或隐藏大纲符号
Ctrl+9	隐藏选定的行
Ctrl+C	复制选定的单元格。连续按两次Ctrl+C组合键将打开Office剪贴板
Ctrl+D	使用【向下填充】命令将选定范围内最顶层单元格的内容和格式复制到下面的单元格中
Ctrl+F	打开【查找和替换】对话框的【查找】选项卡
Ctrl+G	打开【查找和替换】对话框的【定位】选项卡
Ctrl+H	打开【查找和替换】对话框的【替换】选项卡
Ctrl+K	打开【插入超链接】对话框或为现有超链接打开【编辑超链接】对话框
Ctrl+R	使用【向右填充】命令将选定范围最左侧单元格的内容和格式复制到右侧的单元格中
Ctrl+T	打开【创建表】对话框
Ctrl+V	粘贴已复制的内容
Ctrl+X	剪切选定的单元格
Ctrl+Y	重复上一个命令或操作
Ctrl+Z	撤销上一个命令或删除最后键入的内容
Ctrl+F2	打开打印面板
Ctrl+减号	打开用于删除选定单元格的【删除】对话框
Ctrl+Enter	使用当前内容填充选定的单元格区域
Alt+F8	打开【宏】对话框
Alt+F11	打开Visual Basic编辑器
Alt+Enter	在同一单元格中另起一个新行，即在一个单元格中换行输入
Shift+F2	添加或编辑单元格批注
Shift+F4	重复上一次查找操作
Shift+F5	打开【查找和替换】对话框中的【查找】选项卡
Shift+F8	使用方向键将非邻近单元格或区域添加到单元格的选定范围中
Shift+F9	计算活动工作表
Shift+F11	插入一个新工作表
Ctrl+Alt+F9	计算所有打开的工作簿中的所有工作表
Ctrl+Shift+"	将值从活动单元格上方的单元格复制到单元格或编辑栏中
Ctrl+Shift+(	取消隐藏选定范围内所有隐藏的行
Ctrl+Shift+)	取消隐藏选定范围内所有隐藏的列
Ctrl+Shift+A	当插入点位于公式中某个函数名称的右侧时，将会插入参数名称和括号
Ctrl+Shift+U	在展开和折叠编辑栏之间切换
Ctrl+Shift+加号	打开用于插入空白单元格的【插入】对话框
Ctrl+Shift+;	输入当前时间

在工作表中设置格式

快捷键	功 能
Ctrl+B	应用或取消加粗格式设置
Ctrl+I	应用或取消倾斜格式设置
Ctrl+U	应用或取消下划线格式设置
Ctrl+1	打开【设置单元格格式】对话框
Ctrl+2	应用或取消加粗格式设置
Ctrl+3	应用或取消倾斜格式设置
Ctrl+4	应用或取消下划线格式设置
Ctrl+5	应用或取消删除线格式设置
Ctrl+Shift+~	应用“常规”数字格式
Ctrl+Shift+!	应用带有两位小数、千位分隔符和减号（用于负值）的“数值”格式
Ctrl+Shift+%	应用不带小数位的“百分比”格式
Ctrl+Shift+^	应用带有两位小数的“指数”格式
Ctrl+Shift+#	应用带有日、月和年的“日期”格式
Ctrl+Shift+@	应用带有小时和分钟以及AM或PM的“时间”格式
Ctrl+Shift+&	对选定单元格设置外边框
Ctrl+Shift+_	删除选定单元格的外边框
Ctrl+Shift+F	打开【设置单元格格式】对话框并切换到【字体】选项卡
Ctrl+Shift+P	打开【设置单元格格式】对话框并切换到【字体】选项卡

PowerPoint常用快捷键

演示文稿和幻灯片的快捷键

快捷键	功 能
F1	显示帮助
Ctrl+F1	隐藏或显示功能区
Alt+F4	退出PowerPoint程序
Esc	关闭当前打开的对话框
Ctrl+N	新建演示文稿
Ctrl+O或Ctrl+F12或Ctrl+Alt+F2	打开演示文稿
Ctrl+S或Shift+F12或Alt+Shift+F2	保存演示文稿
F12	另存演示文稿
Ctrl+W	关闭演示文稿
Ctrl+P或Ctrl+Shift+F12	打印演示文稿
Ctrl+M或Ctrl+Shift+M	新建幻灯片
Ctrl+Shift+D	复制幻灯片

定位光标位置的快捷键

快捷键	功 能
向左键	左移一个字符
向右键	右移一个字符
向上键	上移一行
向下键	下移一行
Ctrl+向左键	左移一个单词
Ctrl+向右键	右移一个单词
Ctrl+向上键	上移一段
Ctrl+向下键	下移一段
End	移至行尾
Home	移至行首
PageUp	上一张幻灯片
PageDown	下一张幻灯片
Ctrl+End	移至占位符内的开头或演示文稿中的第一张幻灯片
Ctrl+Home	移至占位符内的结尾或演示文稿中的最后一张幻灯片

选择文本的快捷键

快捷键	功 能
Shift+向右键	将所选内容向右扩展一个字符
Shift+向左键	将所选内容向左扩展一个字符
Shift+向下键	将所选内容向下扩展一行
Shift+向上键	将所选内容向上扩展一行
Ctrl+Shift+向右键	将所选内容扩展到字词的末尾
Ctrl+Shift+向左键	将所选内容扩展到字词的开头
Ctrl+Shift+向下键	将所选内容扩展到段落的末尾
Ctrl+Shift+向上键	将所选内容扩展到段落的开头
Shift+End	将所选内容扩展到一行的末尾
Shift+Home	将所选内容扩展到一行的开头
Ctrl+Shift+Home	将所选内容扩展到段落的开头
Ctrl+Shift+End	将所选内容扩展到段落的末尾
Ctrl+A	选择占位符内的所有内容，或选择所有幻灯片

编辑文本的快捷键

快捷键	功 能
Ctrl+C	复制所选内容
Ctrl+X	剪切所选内容
Ctrl+V	粘贴内容
Ctrl+Alt+V	选择性粘贴

（续表）

快捷键	功 能
Ctrl+Shift+C	只复制格式
Ctrl+Shift+V	只粘贴格式
BackSpace	删除光标左侧的一个字符
Ctrl+BackSpace	删除光标左侧的一个单词
Delete	删除光标右侧的一个字符
Ctrl+Delete	删除光标右侧的一个单词
Ctrl+F	打开【查找】对话框
Ctrl+H	打开【替换】对话框
Ctrl+K	插入超链接
Ctrl+Z	撤销上一步操作
Ctrl+Y	恢复或重复上一步操作
F4	重复上一步操作
F7	拼写检查
Shift+F7	打开同义词库

设置字体格式的快捷键

快捷键	功 能
Ctrl+Shift+>	增大字号
Ctrl+Shift+<	减小字号
Ctrl+]	逐磅增大字号
Ctrl+[	逐磅减小字号
Ctrl+B	使文字加粗
Ctrl+I	使文字倾斜
Ctrl+U	给文字加下划线
Ctrl+等号	应用下标格式
Ctrl+Shift+加号	应用上标格式
Ctrl+T	打开【字体】对话框

设置段落格式的快捷键

快捷键	功 能
Ctrl+L	左对齐
Ctrl+R	右对齐
Ctrl+E	居中对齐
Ctrl+J	两端对齐
Ctrl+Tab	插入制表符
Alt+Shift+向左键	提升段落级别
Alt+Shift+向右键	降低段落级别
Alt+Shift+向上键	上移所选段落
Alt+Shift+向下键	下移所选段落

操作表格的快捷键

快捷键	功 能
Tab	定位到一行中的下一个单元格（或选择下一个单元格的内容）
Shift+Tab	定位到一行中的上一个单元格（或选择上一个单元格的内容）
Alt+Home	定位到一行中的第一个单元格
Alt+End	定位到一行中的最后一个单元格
Alt+PageUp	定位到一列中的第一个单元格
Alt+PageDown	定位到一列中的最后一个单元格
向上键	定位到上一行
向下键	定位到下一行
Shift+向上键	向上选择一行
Shift+向下键	向下选择一行
Alt+Shift+PapeDown	从上到下选择光标所在的列
Alt+Shift+PageUp	从下到上选择光标所在的列
Ctrl+数字键盘上的5	选定整张表格

放映演示文稿快捷键

快捷键	功 能
F5	从第一张幻灯片开始放映
Shift+F5	从当前幻灯片开始放映
Esc	结束放映
数字+Enter	转到第几张幻灯片
Enter键、向右键、向下键或空格键	播放下一个动画或切换到下一张幻灯片
P、向左键、向上键或BackSpace键	播放上一个动画或切换到上一张幻灯片

附录2 Excel函数速查表

本部分列出了Excel 2010所有函数的完整列表，包括新增函数与兼容性函数。

逻辑函数

函 数	功 能
AND	判断多个条件是否同时成立
FALSE	返回逻辑值“False”
IF	根据条件判断而获取不同结果
IFERROR	如果公式的计算结果错误，则返回指定的值；否则返回公式的结果
NOT	对逻辑值求反
OR	判断多个条件中是否至少有一个条件成立
TRUE	返回逻辑值“True”

信息函数

函 数	功 能
CELL	获取有关单元格格式、位置或内容的信息
ERROR.TYPE	获取对应于错误类型的数字
INFO	获取有关当前操作环境的信息
ISBLANK	如果值为空，则返回“True”
ISERR	如果值为除“#N/A”以外的任何错误值，则返回“True”
ISERROR	如果值为任何错误值，则返回“True”
ISEVEN	如果数字为偶数，则返回“True”
ISLOGICAL	如果值为逻辑值，则返回“True”
ISNA	如果值为错误值“#N/A”，则返回“True”
ISNONTEXT	如果值不是文本，则返回“True”
ISNUMBER	如果值为数字，则返回“True”
ISODD	如果值为奇数，则返回“True”
ISREF	如果值为一个引用，则返回“True”
ISTEXT	如果值为文本，则返回“True”
N	获取转换为数字的值
NA	获取错误值“#N/A”
TYPE	获取表示值的数据类型的数字

文本函数

函数	功能
ASC	将全角（双字节）字符转换为半角（单字节）字符
BAHTTEXT	将数字转换为泰语文本
CHAR	获取与数值序号对应的字符
CLEAN	删除文本中所有非打印字符
CODE	获取与字符对应的数值序号
CONCATENATE	将多个文本合并到一处
DOLLAR	将数字转换为美元文本
EXACT	比较两个文本是否相同
FIND和FINDB	以区分大小写的方式精确查找
FIXED	将数字按指定的小数位数取整
JIS	将半角（单字节）字符转换为全角（双字节）字符
LEFT和LEFTB	从文本最左侧开始提取字符
LEN和LENB	获取文本中的字符个数
LOWER	将文本转换为小写
MID和MIDB	从文本指定位置开始提取字符
PHONETIC	获取文本中的拼音（汉字注音）字符
PROPER	将文本中每个单词的首字母转换为大写
REPLACE和REPLACEB	以指定位置替换
REPT	生成重复的字符
RIGHT和RIGHTB	从文本最右侧开始提取字符
SEARCH和SEARCHB	以不区分大小写的方式进行查找
SUBSTITUTE	以指定文本替换
T	将参数转换为文本
TEXT	以多样化格式设置函数
TRIM	删除文本中的空格
UPPER	将文本转换为大写
VALUE	将文本转换为数字
WIDECHAR	将半角字符转换为全角字符

数学和三角函数

函数	功能
ABS	计算数字的绝对值
ACOS	计算数字的反余弦值
ACOSH	计算数字的反双曲余弦值
AGGREGATE	获取列表或数据库中的聚合
ASIN	计算数字的反正弦值
ASINH	计算数字的反双曲正弦值

（续表）

函　数	功　能
ATAN	计算数字的反正切值
ATAN2	计算给定坐标的反正切值
ATANH	计算数字的反双曲正切值
CEILING	以远离0的指定倍数舍入
CEILING.PRECISE	将数字向上舍入为最接近的整数或最接近的指定基数的倍数。无论该数字的符号如何，该数字都向上舍入
COMBIN	计算给定数目对象的组合数
COS	计算数字的余弦值
COSH	计算数字的双曲余弦值
DEGREES	将弧度转换为角度
EVEN	沿绝对值增大的方向舍入到最接近的偶数
EXP	计算e的n次方
FACT	计算数字的阶乘
FACTDOUBLE	计算数字的双倍阶乘
FLOOR	以接近0的指定倍数舍入
FLOOR.PRECISE	将数字向下舍入为最接近的整数或最接近的指定基数的倍数。无论该数字的符号如何，该数字都向下舍入
GCD	计算最大公约数
INT	计算永远小于原数字的最接近的整数
LCM	计算最小公倍数
LN	计算自然对数
LOG	计算以指定底为底的对数
LOG10	计算以10为底的对数
MDETERM	计算数组的矩阵行列式的值
MINVERSE	计算数组的逆矩阵
MMULT	计算两个数组的矩阵乘积
MOD	求商的余数
MROUND	计算一个舍入到所需倍数的数字
MULTINOMIAL	计算一组数字的多项式
ODD	沿绝对值增大的方向舍入到最接近的奇数
PI	获取pi的值
POWER	计算数字的乘幂
PRODUCT	计算数字的乘积
QUOTIENT	获取商的整数部分
RADIANS	将度转换为弧度
RAND	获取0和1之间的一个随机数
RANDBETWEEN	获取介于两个指定数字之间的一个随机数
ROMAN	将阿拉伯数字转换为文本格式的罗马数字
ROUND	将数字按指定位数舍入
ROUNDDOWN	舍入到接近0的数字

（续表）

函 数	功 能
ROUNDUP	舍入到远离0的数字
SERIESSUM	计算基于公式的幂级数的和
SIGN	获取数字的符号
SIN	计算给定角度的正弦值
SINH	计算数字的双曲正弦值
SQRT	计算正平方根
SQRTPI	计算某数与pi的乘积的平方根
SUBTOTAL	获取指定区域的分类汇总结果
SUM	对指定单元格求和
SUMIF	按给定条件对指定单元格求和
SUMIFS	按给定的多个条件对指定单元格求和
SUMPRODUCT	计算对应数组元素的乘积和
SUMSQ	计算参数的平方和
SUMX2MY2	计算两个数组中对应值平方差之和
SUMX2PY2	计算两个数组中对应值平方和之和
SUMXMY2	计算两个数组中对应值差的平方和
TAN	计算数字的正切值
TANH	计算数字的双曲正切值
TRUNC	获取数字的整数部分

统计函数

函 数	功 能
AVEDEV	计算数据点与其平均值的绝对偏差的平均值
AVERAGE	计算参数的平均值
AVERAGEA	计算参数的平均值，包括数字、文本和逻辑值
AVERAGEIF	计算满足给定条件的所有单元格的平均值
AVERAGEIFS	计算满足多个给定条件的所有单元格的平均值
BETA.DIST	获取Beta累积分布函数
BETA.INV	获取指定Beta分布的累积分布函数的反函数
BINOM.DIST	计算一元二项式分布的概率值
BINOM.INV	计算使累积二项式分布小于或等于临界值的最小值
CHISQ.DIST	获取累积Beta概率密度函数
CHISQ.DIST.RT	获取χ2分布的单尾概率
CHISQ.INV	获取累积Beta概率密度函数
CHISQ.INV.RT	获取γ2分布的单尾概率的反函数
CHISQ.TEST	获取独立性检验值
CONFIDENCE.NORM	获取总体平均值的置信区间
CONFIDENCE.T	获取总体平均值的置信区间（使用学生的t分布）

（续表）

函　数	功　能
CORREL	获取两个数据集之间的相关系数
COUNT	计算参数列表中数字的个数
COUNTA	计算参数列表中值的个数
COUNTBLANK	计算空白单元格的数量
COUNTIF	计算满足给定条件的单元格的数量
COUNTIFS	计算满足多个给定条件的单元格的数量
COVARIANCE.P	计算协方差，即成对偏差乘积的平均值
COVARIANCE.S	计算样本协方差，即两个数据集中每对数据点的偏差乘积的平均值
DEVSQ	计算偏差的平方和
EXPON.DIST	获取指数分布
F.DIST	获取F概率分布
F.DIST.RT	获取F概率分布
F.INV	获取F概率分布的反函数值
F.INV.RT	获取F概率分布的反函数值
FISHER	获取Fisher变换值
FISHERINV	获取Fisher变换的反函数值
FORECAST	获取沿线性趋势的值
FREQUENCY	以垂直数组的形式获取频率分布
F.TEST	获取F检验的结果
GAMMA.DIST	获取γ分布
GAMMA.INV	获取γ累积分布函数的反函数
GAMMALN	获取γ函数的自然对数
GAMMALN.PRECISE	获取γ函数的自然对数
GEOMEAN	计算几何平均值
GROWTH	计算沿指数趋势的值
HARMEAN	计算调和平均值
HYPGEOM.DIST	获取超几何分布
INTERCEPT	获取线性回归线的截距
KURT	获取数据集的峰值
LARGE	获取数据集中第k个最大值
LINEST	获取线性趋势的参数
LOGEST	获取指数趋势的参数
LOGNORM.INV	获取对数累积分布的反函数
LOGNORM.DIST	获取对数累积分布函数
MAX	获取参数列表中的最大值，忽略文本和逻辑值
MAXA	获取参数列表中的最大值，包括文本和逻辑值
MEDIAN	获取给定数值集合的中值
MIN	获取参数列表中的最小值，忽略文本和逻辑值
MINA	获取参数列表中的最小值，包括文本和逻辑值

（续表）

函 数	功 能
MODE.NULT	获取一组数据或数据区域中出现频率最高或重复出现的数值的垂直数组
MODE.SNGL	获取数据集内出现次数最多的值
NEGBINOM.DIST	获取负二项式分布
NORM.DIST	获取正态累积分布
NORM.INV	获取标准正态累积分布的反函数
NORM.S.DIST	获取标准正态累积分布
NORM.S.INV	获取标准正态累积分布函数的反函数
PEARSON	获取Pearson乘积矩相关系数
PERCENTILE.EXC	获取区域中数值的第k个百分点的值（k取值在0和1之间，但不包含0和1）
PERCENTILE.INC	获取区域中数值的第k个百分点的值
PERCENTRANK.EXC	获取数据集中值的百分比排位，此处的百分点值的范围在0和1之间，但不包含0和1
PERCENTRANK.INC	获取数据集中值的百分比排位
PERMUT	获取给定数目对象的排列数
POISSON.DIST	获取泊松分布
PROB	获取区域中的数值落在指定区间内的概率
QUARTILE.EXC	获取数据集的四分位数，此处的百分点值的范围在0和1之间，但不包含0和1
QUARTILE.INC	获取数据集的四分位数
RANK.AVG	获取一个数字在数字列表中的排位
RANK.EQ	获取一个数字在数字列表中的排位
RSQ	获取Pearson乘积矩相关系数的平方
SKEW	获取分布的不对称度
SLOPE	获取线性回归线的斜率
SMALL	获取数据集中的第k个最小值
STANDARDIZE	获取正态化数值
STDEVA	估算基于样本的标准偏差，包括文本和逻辑值
STDEVPA	估算基于整个样本总体的标准偏差，包括文本和逻辑值
STDEV.P	估算基于整个样本总体的标准偏差，忽略文本和逻辑值
STDEV.S	估算基于样本的标准偏差，忽略文本和逻辑值
STEYX	获取通过线性回归法预测每个x的y值时所产生的标准误差
T.DIST	获取学生的t分布的百分点
T.DIST.2T	获取学生的t分布的百分点
T.DIST.RT	获取学生的t分布
T.INV	获取作为概率和自由度函数的学生t分布的t值
T.INV.2T	获取学生的t分布的反函数
TREND	获取沿线性趋势的值
TRIMMEAN	获取数据集的内部平均值
T.TEST	获取与学生的t检验相关的概率

（续表）

函 数	功 能
VARA	计算基于给定样本的方差，包括文本和逻辑值
VARPA	计算基于整个样本总体的方差，包括文本和逻辑值
VAR.P	计算基于整个样本总体的方差，忽略文本和逻辑值
VAR.S	计算基于给定样本的方差，忽略文本和逻辑值
WEIBULL.DIST	获取韦伯分布
Z.TEST	获取z检验的单尾概率值

查找和引用函数

函 数	功 能
ADDRESS	获取与给定的行号和列号对应的单元格地址
AREAS	获取引用中包含的区域数量
CHOOSE	根据给定序号从列表中选择对应的内容
COLUMN	获取单元格或单元格区域首列的列号
COLUMNS	获取数据区域的列数
GETPIVOTDATA	获取数据透视表中的数据
HLOOKUP	在数据区域的行中查找数据
HYPERLINK	为指定内容创建超链接
INDEX	获取指定位置中的内容
INDIRECT	获取由文本值指定的引用
LOOKUP	仅在单行单列中查找
MATCH	获取指定内容所在的位置
OFFSET	根据给定的偏移量获取新的引用区域
ROW	获取单元格或单元格区域首行的行号
ROWS	获取数据区域的行数
RTD	获取支持COM自动化程序的实时数据
TRANSPOSE	转置数据区域的行列位置
VLOOKUP	在数据区域的列中查找数据

日期和时间函数

函 数	功 能
DATE	获取指定日期的数值序号
DATEVALUE	将常规的日期形式转换为数值序号
DAY	获取日期中具体的某一天
DAYS360	以一年360天为基准计算两个日期间的天数
EDATE	计算从起始日前几个月或后几个月的日期的数值序号
EOMONTH	计算从起始日期前几个月或后几个月的月份最后一天的数值序号
HOUR	获取小时数

（续表）

函　数	功　能
MINUTE	获取分钟数
MONTH	获取月份
NETWORKDAYS	计算两个日期间的所有工作日天数
NETWORKDAYS.INTL	计算两个日期间的所有工作日天数（使用参数指明周末有几天并指明是哪几天）
NOW	获取当前日期和时间
SECOND	获取秒数
TIME	将指定内容显示为一个时间
TIMEVALUE	将文本格式的时间转换为数值序号
TODAY	获取当前日期
WEEKDAY	获取当前日期是星期几
WEEKNUM	获取某个日期位于一年中的第几周
WORKDAY	计算与指定日期相隔数个工作日的日期
WORKDAY.INTL	计算与指定日期相隔数个工作日的日期（使用参数指明周末有几天并指明是哪几天）
YEAR	获取年份
YEARFRAC	计算从起始日期到终止日期所经历的天数占全年天数的百分比

财务函数

函　数	功　能
ACCRINT	计算定期支付利息的有价证券的应计利息
ACCRINTM	计算在到期日支付利息的有价证券的应计利息
AMORDEGRC	计算每个结算期间的折旧值（折旧系数取决于资产的寿命）
AMORLINC	计算每个结算期间的折旧值
COUPDAYBS	计算当前付息期内截止到结算日的天数
COUPDAYS	计算结算日所在的付息期的天数
COUPDAYSNC	计算从结算日到下一付息日之间的天数
COUPNCD	计算成交日之后的下一个付息日
COUPNUM	计算成交日和到期日之间的应付利息次数
COUPPCD	计算成交日之前的上一付息日
CUMIPMT	计算两个付款期之间累积支付的利息
CUMPRINC	计算两个付款期之间为贷款累积支付的本金
DB	使用固定余额递减法计算一笔资产在给定期间内的折旧值
DDB	使用双倍余额递减法或其他方法计算一笔资产在给定期间内的折旧值
DISC	计算有价证券的贴现率
DOLLARDE	将以分数表示的美元价格转换为以小数表示的美元价格
DOLLARFR	将以小数表示的美元价格转换为以分数表示的美元价格
DURATION	计算定期支付利息的有价证券的年度期限

（续表）

函 数	功 能
EFFECT	计算有效年利率
FV	计算一笔投资的未来值
FVSCHEDULE	应用一系列复利率计算初始本金的未来值
INTRATE	计算一次性付息证券的利率
IPMT	计算一笔投资在给定期间内支付的利息
IRR	计算一系列现金流的内部收益率
ISPMT	计算特定投资期内要支付的利息
MDURATION	计算假设面值为￥100的有价证券的Macauley修正期限
MIRR	计算正负现金流在不同利率下支付的内部收益率
NOMINAL	计算名义年利率
NPER	计算投资的期数
NPV	基于一系列定期的现金流和贴现率计算投资的净现值
ODDFPRICE	计算首期付息日不固定的面值￥100的有价证券价格
ODDFYIELD	计算首期付息日不固定的有价证券的收益率
ODDLPRICE	计算末期付息日不固定的面值￥100的有价证券的价格
ODDLYIELD	计算末期付息日不固定的有价证券的收益率
PMT	计算年金的定期支付金额
PPMT	计算一笔投资在给定期间内偿还的本金
PRICE	计算定期付息的面值￥100的有价证券的价格
PRICEDISC	计算折价发行的面值￥100的有价证券的价格
PRICEMAT	计算到期付息的面值￥100的有价证券的价格
PV	计算投资的现值
RATE	计算年金的各期利率
RECEIVED	计算一次性付息的有价证券到期收回的金额
SLN	计算某项资产在一个期间中的线性折旧值
SYD	计算某项资产按年限总和折旧法计算的指定期间的折旧值
TBILLEQ	计算国库券的等价债券收益
TBILLPRICE	计算面值￥100的国库券的价格
TBILLYIELD	计算国库券的收益率
VDB	使用余额递减法计算一笔资产在给定期间或部分期间内的折旧值
XIRR	计算一组未必定期发生的现金流的内部收益率
XNPV	计算一组未必定期发生的现金流的净现值
YIELD	计算定期支付利息的有价证券的收益率
YIELDDISC	计算折价发行的有价证券的年收益率
YIELDMAT	计算到期付息的有价证券的年收益率

工程函数

函数	功能
BESSELI	获取修正的贝赛耳函数In(x)
BESSELJ	获取贝赛耳函数Jn(x)
BESSELK	获取修正的贝赛耳函数Kn(x)
BESSELY	获取贝赛耳函数Yn(x)
BIN2DEC	将二进制数转换为十进制数
BIN2HEX	将二进制数转换为十六进制数
BIN2OCT	将二进制数转换为八进制数
COMPLEX	将实系数和虚系数转换为复数
CONVERT	将数字从一种度量系统转换为另一种度量系统
DEC2BIN	将十进制数转换为二进制数
DEC2HEX	将十进制数转换为十六进制数
DEC2OCT	将十进制数转换为八进制数
DELTA	测试两个值是否相等
ERF	获取误差函数
ERF.PRECISE	获取误差函数
ERFC	获取余误差函数
ERFC.PRECISE	获取从x到无穷大积分的互补ERF函数
GESTEP	测试某值是否大于阈值
HEX2BIN	将十六进制数转换为二进制数
HEX2DEC	将十六进制数转换为十进制数
HEX2OCT	将十六进制数转换为八进制数
IMABS	计算复数的绝对值（模数）
IMAGINARY	获取复数的虚系数
IMARGUMENT	获取一个以弧度表示的角度的参数theta
IMCONJUGATE	获取复数的共轭复数
IMCOS	计算复数的余弦
IMDIV	计算两个复数的商
IMEXP	计算复数的指数
IMLN	计算复数的自然对数
IMLOG10	计算复数的以10为底的对数
IMLOG2	计算复数的以2为底的对数
IMPOWER	计算复数的整数幂
IMPRODUCT	计算复数的乘积
IMREAL	获取复数的实系数
IMSIN	计算复数的正弦
IMSQRT	计算复数的平方根
IMSUB	计算两个复数的差
IMSUM	计算多个复数的和

（续表）

函数	功能
OCT2BIN	将八进制数转换为二进制数
OCT2DEC	将八进制数转换为十进制数
OCT2HEX	将八进制数转换为十六进制数

数据库函数

函数	功能
DAVERAGE	计算满足条件的数值的平均值
DCOUNT	计算满足条件的包含数字的单元格个数
DCOUNTA	计算满足条件的非空单元格个数
DGET	获取符合条件的单个值
DMAX	获取满足条件的列表中的最大值
DMIN	获取满足条件的列表中的最小值
DPRODUCT	计算满足条件的数值的乘积
DSTDEV	获取满足条件的数字作为一个样本估算出的样本总体标准偏差
DSTDEVP	获取满足条件的数字作为样本总体计算出的总体标准偏差
DSUM	计算满足条件的数字的和
DVAR	获取满足条件的数字作为一个样本估算出的样本总体方差
DVARP	获取满足条件的数字作为样本总体计算出的样本总体方差

多维数据集函数

函数	功能
CUBEKPIMEMBER	获取关键性能指标属性并显示名称
CUBEMEMBER	获取多维数据集中的成员或元组
CUBEMEMBERPROPERTY	获取多维数据集中成员属性的值
CUBERANKEDMEMBER	获取集合中的第n个成员或排名成员
CUBESET	定义成员或元组的计算集
CUBESETCOUNT	获取集合中的项目数
CUBEVALUE	获取多维数据集中的汇总值

加载宏和自动化函数

函数	功能
CALL	调用动态链接库或代码源中的程序
EUROCONVERT	欧洲货币间的换算
REGISTER.ID	获取已注册的指定动态链接库或代码源的注册号
SQL.REQUEST	以数组的形式返回外部数据源的查询结果

兼容性函数

函数	功能
BETADIST	获取Beta累积分布函数
BETAINV	获取指定Beta分布的累积分布函数的反函数
BINOMDIST	计算一元二项式分布的概率值
CHIDIST	获取χ2分布的单尾概率
CHIINV	获取γ2分布的单尾概率的反函数
CHITEST	获取独立性检验值
CONFIDENCE	获取总体平均值的置信区间
COVAR	计算协方差，即成对偏差乘积的平均值
CRITBINOM	计算使累积二项式分布小于或等于临界值的最小值
EXPONDIST	获取指数分布
FDIST	获取F概率分布
FINV	获取F概率分布的反函数值
FTEST	获取F检验的结果
GAMMADIST	获取γ分布
GAMMAINV	获取γ累积分布函数的反函数
HYPGEOMDIST	获取超几何分布
LOGINV	获取对数分布函数的反函数
LOGNORMDIST	获取对数累积分布函数
MODE	获取在数据集中出现次数最多的值
NEGBINOMDIST	获取负二项式分布
NORMDIST	获取正态累积分布
NORMINV	获取标准正态累积分布的反函数
NORMSDIST	获取标准正态累积分布
NORMSINV	获取标准正态累积分布函数的反函数
PERCENTILE	获取区域中数值的第k个百分点的值
PERCENTRANK	获取数据集中值的百分比排位
POISSON	获取泊松分布
QUARTILE	获取数据集的四分位数
RANK	获取一个数字在数字列表中的排位
STDEV	估算基于样本的标准偏差，忽略文本和逻辑值
STDEVP	估算基于整个样本总体的标准偏差，忽略文本和逻辑值
STEYX	获取通过线性回归法预测每个x的y值时所产生的标准误差
TDIST	获取学生的t分布
TINV	获取学生的t分布的反函数
TTEST	获取与学生的t检验相关的概率
VAR	计算基于给定样本的方差，忽略文本和逻辑值
VARP	计算基于整个样本总体的方差，忽略文本和逻辑值
WEIBULL	获取韦伯分布
ZTEST	获取z检验的单尾概率值